金属板壳结构承载力统一理论及应用（上）

康孝先 李志辉 著

科学出版社

北京

内 容 简 介

本书系统地阐述了金属板壳结构的弹性、弹塑性稳定理论、极限承载力和概率设计法。考察了金属板壳结构的几何缺陷、残余应力和弹塑性参数随机性对其极限承载力的影响，着重于稳定理论、原理及研究方法的叙述和推导。介绍了金属板壳结构的折减厚度法、塑性佯谬、承载力统一理论，以及承载力统一理论在金属板壳结构承载力分析中的应用；特别在此基础上，开展了金属(合金)板壳桁架式大型航天器离轨再入极限承载力环境致结构响应非线性力学行为统一理论建模与模拟；同时也介绍了稳定承载力极限状态设计法的一般验算方法和合理分项系数。本书分为上、下两册，上册内容主要包括钢结构的制安、压杆及简单受力构件的弹性与弹塑性稳定理论、极限承载力、稳定问题近似分析法和设计应用。下册内容主要包括板件、构件和复杂金属(合金)结构的屈曲与曲后力学性能，板壳结构的承载力统一理论与应用，以及"天宫一号"飞行器再入极限承载力环境结构响应失效行为模拟。

本书可供与金属板壳结构承载力理论相关专业如工业与民用建筑、土建结构、桥梁隧道、航空航天和工程力学等领域的科研与工程技术人员以及相应专业的高校老师、高年级本科生和研究生参考。

图书在版编目（CIP）数据

金属板壳结构承载力统一理论及应用. 上 / 康孝先, 李志辉著. -- 北京：科学出版社, 2025. 2. -- ISBN 978-7-03-081001-4

I. TG14

中国国家版本馆 CIP 数据核字第 2025PN5958 号

责任编辑：刘信力 杨 探 / 责任校对：彭珍珍
责任印制：张 伟 / 封面设计：无极书装

科学出版社 出版

北京东黄城根北街 16 号
邮政编码：100717
http://www.sciencep.com

北京中科印刷有限公司印刷
科学出版社发行 各地新华书店经销

*

2025 年 2 月第 一 版 开本：720×1000 1/16
2025 年 2 月第一次印刷 印张：32
字数：639 000

定价：298.00 元
（如有印装质量问题，我社负责调换）

序

  金属板壳通过大宽厚比的薄壁构造实现轻量化设计，在维持材料用量的同时显著提升结构效能，获得了优异的实用和经济价值。从工业革命时期铸铁穹顶的初现锋芒，到当代航天器整流罩的极致轻量化，这种以薄取胜、以形塑强的结构形式不断突破物理极限，演绎着力与美的协奏曲。板壳结构通过展开成平面或曲面的薄壁构造，使宽厚比可达数百甚至上千量级，这种拓扑结构使得单位质量材料的刚度与强度得到几何级数提升，该结构效能的经济转化在桥梁、船舶与航空航天等领域尤为显著。但是，薄壁导致的局部屈曲与整体失稳是制约其极限承载性能的关键瓶颈。当板壳结构承受压缩或剪切载荷时，微小的初始缺陷可能引发多米诺效应，微小焊接变形会导致临界屈曲载荷显著降低。

  结构极限承载力的科学评估始终是工程界关注的焦点，该研究不仅关乎建筑结构等的经济性设计，更是涉及重大工程安全的核心技术挑战。经过两个多世纪的理论积淀与技术革新，该领域已有两条研究路径：基于解析方法的理论推导和依托数值模拟的技术分析，二者相互补充相互验证，共同构建了现代结构承载力评估的方法体系。解析分析方法的发展轨迹与材料力学理论进步紧密交织。19 世纪中叶，欧拉关于压杆稳定性的开创性研究揭开了结构稳定性理论的序幕，经典弹性稳定理论在桥梁、穹顶等实际工程中的成功应用，验证了理论分析的有效性。进入 20 世纪后期，随着弹塑性力学和非线性数学理论的突破，研究者开始系统考虑几何大变形与材料塑性的耦合效应。有限元等数值方法的出现彻底改变了结构分析的技术范式。从 20 世纪 60 年代基于矩阵位移法的初级程序，到当今集成多重非线性算法的商业软件包，数值模拟分析能力已有质的飞跃。现代有限元分析不仅能精确模拟复杂结构的几何变形，还能通过本构模型模拟材料的损伤演化等复杂力学行为。

  康孝先博士、李志辉研究员历时三载编著的这部《金属板壳结构承载力统一理论及应用》，向系统研究其解析分析与数值模拟方法迈出了坚实的一步。作者系统梳理了结构稳定性分析的经典解析理论，得到了受压简支板的极限承载力公式，同时考虑了初始几何缺陷和残余应力对极限承载力的影响；在深入探讨塑性佯谬的本质后，将薄壁结构通过结构边界的简化，将结构的极限承载力分析化简到弹性边界板在面内荷载作用下的极限承载力分析，并将简支板的极限承载力公式推广到板钢结构的极限承载力公式。在数值模拟领域，针对金属板壳结构的几何非线性、大变形和稀薄空气流场等计算难题，分析了压杆、板、加劲板、工字梁的极限承载力，最后对大型桥梁节段的力学试验和苻太阳翼帆板的大型航天器再入稀薄过渡流域的气动力、热特性进行了数值模拟。航天器金属板壳结构的极限承载力不仅取决于材料本身的基本力学参数，还需考虑高频振动激励、极端热循环载荷以及烧蚀效应引发的材料性能的时变特性，其服役环境比土建结构更为严苛。

专著的研究成果已在多个国家重要科技项目中得到应用验证，所阐述的理论与方法均展现了实践指导力。展望未来，结构极限承载力研究必将走向多学科深度交叉的新阶段，新材料本构理论的突破、智能传感技术的普及以及量子计算带来的算力革命，都将为这一经典分析方法注入新的活力。对于结构工程、工程力学和航空航天领域的专业人员而言，本书既提供了解决复杂工程问题的理论工具，也展示了学科交叉创新的巨大潜力，值得研读与借鉴。

郑耀

2025 年 1 月 14 日

于浙江大学

前　　言

  钢材具有高强、轻质和力学性能良好的优点，是制造结构物的一种优良材料。钢结构与在建筑结构中广泛应用的钢筋混凝土结构相比，对于承载相同受力功能的构件，具有截面轮廓尺寸小、构件细长和板件柔薄的特点。对于因受压、受弯和受剪等存在受压区的构件或板件，如果在技术上处理不当，可能造成钢结构整体失稳或局部失稳。失稳前结构物的变形可能很微小，突然失稳使结构物的几何形状急剧改变从而导致结构物完全丧失承载能力，甚至整体坍塌。钢结构因失稳而破坏的情况在国内外都曾发生过，有的后果十分严重。

  位于加拿大的圣劳伦斯河上的魁北克 (Quebec) 大桥本该是著名设计师 Theodore Cooper 的一个真正有价值的不朽杰作。其作为当时世界上最大跨度的钢悬臂桥 (三跨悬臂桥)，Cooper 过分自信地把大桥的主跨由 490m 延伸至 550m，以此节省建造桥墩基础的成本，但是由于设计考虑不周，忽略了桥梁重量的精确计算，导致构件失稳。大桥在架桥过程中，悬臂伸出的由四部分分肢组成的格构式组合截面的下弦压杆因所设置的角钢缀条过于柔细，组装好的钢桥的挠度在合龙之前已经发展到无法控制，分肢屈曲在先，随之弦杆整体失稳。1907 年 8 月 29 日，在这座大桥即将竣工之际，大桥杆件发生失稳，突然倒塌 (图 0.1)，19000t 钢材和 86 名建桥工人落入水中，只有 11 人生还。1913 年，这座大桥重新开始建设，1916 年 9 月，中间跨度最长的一段桥身在被抬举过程中突然掉落塌陷，13 名工人被夺去了生命 (图 0.2)。事故的原因是抬举过程中一个支撑点的材料指标不合格。1917 年，在经历了两次惨痛的悲剧后，魁北克大桥终于竣工通车，这座桥至今仍然是世界上跨度最大的悬臂大桥 (图 0.3)。

图 0.1　魁北克大桥第一次施工倒塌照片

图 0.2　魁北克大桥第二次倒塌照片

图 0.3　建成后的魁北克大桥

世界上有不少桥梁因失稳而丧失承载能力的事故。例如，俄罗斯的克夫达 (Кевда) 敞开式桥于 1875 年因上弦压杆失稳而引起全桥破坏；苏联的莫兹尔 (Мозыр) 桥在 1925 年试车时由于压杆失稳而发生事故 (图 0.4)；1969～1971 年欧洲和澳大利亚有 5 座正在施工中的正交异性桥的面板发生坠梁事故 (详述见 1.4 节)。事故调查结果表明，是加劲板的计算理论不够成熟，没有足够的安全系数，并且横隔板构造处理不合理等原因造成的。近年来，桥梁施工事故频发，桥梁坍塌事故不断。2001 年 3 月，葡萄牙里斯本一座桥梁垮塌；2002 年 5 月，美国俄克拉荷马州阿肯色河上的一座桥梁垮塌；2005 年 11 月，西班牙南部一座正在建设中的高速公路桥垮塌；2006 年 9 月，加拿大魁北克一座桥梁垮塌；2007 年 8 月，美国明尼苏达州一座横跨密西西比河的大桥垮塌；2007 年 8 月，中国湖南省湘西凤凰县堤溪沱江大桥在竣工前夕坍塌。

(a) 侧视图　　　　　　　　　　　　(b) 截面图

图 0.4　莫兹尔桥失稳后桁梁的变形

桥梁事故中属于结构局部或整体失稳的占主导地位,给国家和社会造成了巨大的经济损失,钢结构的稳定性在设计、施工和运营管理中应引起高度的重视。

桥梁结构的失稳现象可分为下列几类:

(1) 个别构件的屈曲或失稳,例如压杆的屈曲 (图 0.5(a) 和 (b)) 和梁的侧倾失稳 (图 0.5(c))。

(2) 部分结构或整个结构的失稳,例如桥门架或整个拱桥的失稳 (图 0.5(d)~(f))。

(3) 构件的局部屈曲,例如组成压杆的板和板梁腹板或翼缘板的屈曲 (图 0.5(g) 和 (h)) 等,而局部屈曲常导致整个体系的失稳。

(4) 其他失稳形式,如构件因构造造成的畸变屈曲,结构受集中荷载引起的蹶屈,还有构件节点 (或连接、支撑) 因构造造成的局部屈曲或坍塌等。

与桥梁结构相关的板壳结构稳定理论已有悠久的历史。早在 1744 年,欧拉 (L. Euler) 就进行了弹性压杆屈曲的理论计算。1889 年恩格赛 (Fr. Engesser) 给出了塑性稳定的理论解。布赖恩 (G. H. Bryan) 在 1891 年做了简支矩形板单向均匀受压的稳定分析。1900 年,普朗特尔 (L. Prandtl) 和米切尔 (J. H. Michell) 几乎同时发表了他们关于梁侧倾问题的研究结果。薄壁杆件的弯扭屈曲问题于 20 世纪 30 年代得到了基本的解决。此后,桥梁结构稳定理论结合各种形式的荷载、支承情况和结构构造得到了不断的发展。钢桥的稳定承载力分析方法主要有解析方法和数值方法两大类。迄今为止,对钢结构基本构件的稳定理论问题的研究已较多,基于各种数值分析方法的计算分析已较成熟。国内外的钢桥设计规范和钢结构设计规范稳定部分的内容分为整体稳定和局部稳定两部分,局部稳定主要采用半经验半理论的方法给出单一荷载、组合荷载或复杂荷载作用下结构的承载力相关公式；整体稳定研究主要限于压杆、压弯构件和梁的弯扭屈曲。对桥梁的整体稳定性或承载力分析未给出普遍适用的分析方法和判断标准。在目前对实际桥梁整体稳定性的研究实践中，仍以考虑桥梁整体的极限承载力为主，并考虑一定的稳定安全系数。但是，桥梁结构的弹性屈曲安全系数的概念过于笼统，基于极限承载力的稳定安全系数仍属于经验数据。

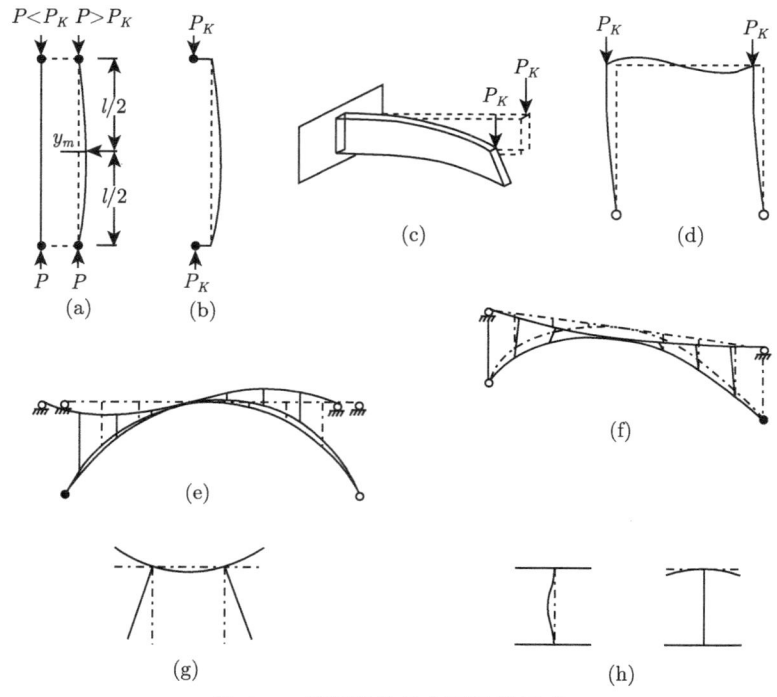

图 0.5　桥梁结构的主要失稳形式

(a) 中心压杆的屈曲；(b) 偏心压杆的屈曲；(c) 悬臂梁的侧倾；(d) 框架的平面屈曲；(e) 拱桥的面内屈曲；
(f) 拱桥的侧倾；(g) 压杆的板屈曲；(h) 板梁腹板和翼缘板的屈曲

金属板壳结构体系的稳定性一直是国内外学者们关注的研究领域，经过几十年的研究，已取得不少研究成果。结构承载力研究最先开始于欧拉的压杆理论，由于压杆是一维构件，适合解析分析，基于压杆的弹性屈曲、弹塑性屈曲和极限承载力公式的研究和试验一直是稳定理论研究领域的主要课题。随着金属板壳结构的大量应用，人们开始研究更为复杂的板件弹性屈曲、弹塑性屈曲和极限承载力。由于板件或浅壳的分析是三维的，因此解析分析的方法更为困难，金属板壳结构研究由于塑性佯谬、结构初始缺陷对极限承载力的影响和结构参数的随机性对极限承载力的影响，使得金属板壳结构极限承载力研究一直处于停滞状态。

随着有限元理论的发展,人们采用数值分析和比拟压杆理论方法研究复杂金属板壳结构的极限承载力,也取得了一定的进展,但几乎所有的结论都是针对单一结构,甚至单一的边界条件的数值分析,缺乏理论的指导和推广。20 世纪欧洲和澳大利亚发生的 5 次大型钢箱梁桥施工坠梁事故是桥梁稳定性问题研究的新起点,也说明大跨度钢结构桥梁建设应按极限承载力理论来指导设计。分析桥梁结构的极限承载力,不仅可以用于极限状态设计,而且可以了解桥梁结构的破坏形式,准确知道结构在给定荷载下的安全储备和超载能力,为其安全施工和营运管理提供依据和保障。我国在大跨度钢桥和超高层房屋建筑工程建设上某些指标已经赶超世界先进水平,但基础理论研究仍滞后于工程实践。随着我国桥梁建设的发展,钢桥跨径不断增大,广泛采用高强钢并向全焊形式发展,桥塔高耸化、箱梁薄壁化使结构整体和局部的刚度下降,稳定问题显得比以往更为重要,迫切需要对桥梁钢结构稳定性和极限承载力等关键技术问题进行深入的理论研究和模型试验。

金属桁架和板壳结构不仅在桥梁和工业及民用建筑钢结构中应用广泛,而且也应用于近地轨道运行的大型航天器。随着空间飞行器,特别是低地球轨道环境的大型航天器如空间实验室、货运飞船、空间站等的快速发展,这类航天器在轨运行通常采用金属桁架几何构型,进入轨道后环形桁架自行展开锁定形成纵横数十米非规则复杂结构航天器,在轨运行的航天器太阳电池翼处在外悬式展开状态(如图 0.6 所示),长期经受太阳、行星和空间高/低温的交替影响,热载荷是低轨航天器太空环境中的主要荷载,沿空间轨道运行的航天器相对于太阳与地球的位置和方向不断变化,外热流和辐射交换随之改变,由于周期性经历日照区和阴影区,空间飞行器及电池翼经受大幅度高低温变化。这种冷热交变的空间轨道环境在太阳电池翼结构中产生时变的温度梯度,导致金属桁架结构发生屈曲、变形,甚至振动、失稳。热振动严重时会影响航天器正常的在轨运行甚至导致飞行任务失败。例如,1990 年发射的哈勃空间望远镜 (HST),太阳电池翼在轨道热载荷作用下引起大挠度变形,导致扭转屈曲而损坏;又如我国的东方红三号 (DFH-3) 卫星(图 0.6(a)),由于太阳电池翼铰链关节间隙的作用产生了热颤振导致卫星姿态剧烈扰动,以致力矩失衡、姿态异常,寿命结束,成为我国较深刻的由于低地球轨道高层大气空间环境造成大型航天器在热力耦合作用下金属桁架结构变形失效毁坏的惨痛教训。这些问题凸显了如何准确预测分析因空间外部力热环境致在轨运行大型航天器太阳电池翼等桁架结构所受热力响应变形对航天器稳定安全运行的重要性,这样的问题如何模拟解决?随着我国低地球轨道环境大型复杂结构航天器研制发展进程而日显紧迫性与意义价值。

另一方面,近地轨道运行的金属桁架/板壳结构大型载人航天器 (空间实验室、货运飞船、空间站) 和大型近地遥感航天器平台等服役期满陨落再入过程,以近第一宇宙速度超高速飞行产生的外部空气动力环境使金属 (合金) 桁架/板壳结构材料温度剧烈变化，并在飞行器内部产生热载荷，气动加热导致的温度交替变化也会激起金属桁架/板壳结构的热振以致颤振，再加上强烈的气动压力与过载，这些因素都导致结构材料的力学性能降低，这种热/力耦合响应过程持续到一定程度将使航天器金属桁架/板壳结构变形软化失效甚至毁坏解体 (图 0.6(b))。如何对这类在轨或陨落再入飞行的航天器外部强气动力/热环境致金属桁架/板壳结构瞬态传热、热/力耦合响应变形失效等弹塑性力学行为进行可计算建模有限元算法模拟研究，是计算数学、空气动力学、材料结构力学研究工作者面临的挑战。

(a) 东方红三号卫星太阳电池翼在轨道外热流载荷作用致金属桁架结构变形扭转屈曲损坏

(b) 服役期满大型航天器陨落再入强气动环境致结构变形失效解体

图 0.6　承受强气动力热作用下的大型航天器在轨飞行与陨落再入过程

本书分为上、下两册，共 8 章，上册介绍了钢结构的制安、压杆及简单受力构件的弹性与弹塑性稳定理论、极限承载力、稳定问题近似分析法和设计应用。下册介绍了金属板壳结构极限承载力统一理论及其在压杆、工字梁和钢箱梁的极限承载力分析中的应用，介绍了数值模拟方法在大型航天器的离轨飞行轨道衰降陨落再入解体分析中的应用，也介绍了目前金属板壳结构极限承载力研究的进展。本书是在西安建筑科技大学陈骥教授的经典著作《钢结构稳定理论与设计》的基础上，结合国内外金属板壳结构承载力领域的最新进展和编者的研究成果编著而成。本书由西南科技大学康孝先 (第 1~2 章、第 4~7 章) 和中国空气动力研究与发展中心李志辉 (第 1 章、第 3 章、第 6~8 章) 共同编著。全书由李志辉统稿，并对各章内容作了适当增减和调整。

西南科技大学研究生胡江、姜山、毛广茂、徐富樑和陈祥斌参与了本书文稿整理及部分图表绘制。由于我们的水平有限，同时将不同领域的钢结构稳定性问题整合在一起，也是初次尝试，不足之处在所难免，真诚地欢迎读者提出批评和改进意见，通过邮件和电话沟通，以期共同进步。

本书如能给读者以启迪，由此萌生学习的兴趣便是我们三生有幸。

目 录

序
前言
符号表
第1章 概论 ··· 1
  1.1 钢结构的性能 ··· 1
    1.1.1 钢结构的特点和类型 ································· 1
    1.1.2 钢结构的破坏形式 ··································· 6
    1.1.3 钢材料的主要性能 ··································· 8
    1.1.4 钢材的分类与选择 ·································· 17
  1.2 钢结构的焊接应力与变形 ·································· 21
    1.2.1 焊接应力与变形 ···································· 21
    1.2.2 焊接残余应力分布 ·································· 28
    1.2.3 残余应力对结构的影响 ······························ 37
    1.2.4 焊接变形对钢结构的影响 ···························· 37
    1.2.5 焊接符号及标注说明 ································ 38
    1.2.6 常见的变形及产生原因 ······························ 45
    1.2.7 桥梁钢结构对变形的要求 ···························· 47
  1.3 我国建筑与桥梁钢结构的发展 ······························ 49
    1.3.1 建筑钢结构的发展 ·································· 50
    1.3.2 桥梁钢结构的发展 ·································· 54
    1.3.3 当代钢结构体系的变革和发展趋势 ···················· 59
  1.4 钢箱梁桥垮塌事故回顾 ···································· 60
    1.4.1 维也纳多瑙河第四大桥 ······························ 61
    1.4.2 英国威尔士 Cleddau 大桥 ···························· 63
    1.4.3 墨尔本西门大桥 ···································· 64
    1.4.4 德国科布伦茨莱茵河大桥 ···························· 67
    1.4.5 德国 Zeulenroda 大桥 ······························· 68
  1.5 结构稳定问题的概念与发展 ································ 70
    1.5.1 结构稳定问题的类型 ································ 70

1.5.2 结构稳定问题的计算方法················78
   1.5.3 钢结构稳定性理论····················81
   1.5.4 Koiter 初始曲后理论··················92
   1.5.5 几个与稳定有关的概念················99
 1.6 航天器结构的动态热力耦合响应··············103
   1.6.1 航天器的空间飞行环境················105
   1.6.2 航天器结构的材料性能与力学分析········106
   1.6.3 金属桁架和壳体结构在空间环境的极限承载力分析····110
   1.6.4 航天器气动力/热环境致结构响应分析概况····111
 参考文献····································115
第 2 章 轴心受压构件的屈曲理论··················122
 2.1 概述····································122
 2.2 轴心受压构件的弹性屈曲····················124
   2.2.1 静力法····························124
   2.2.2 动力法····························126
 2.3 端部有约束的轴心受压构件··················128
 2.4 轴心受压构件的计算长度系数················135
 2.5 轴心受压构件的大挠度弹性理论··············139
 2.6 轴心受压构件的非弹性屈曲··················142
   2.6.1 切线模量理论······················143
   2.6.2 双模量理论························144
   2.6.3 Shanley 理论······················147
 2.7 初始缺陷对轴心受压构件的影响··············152
   2.7.1 初弯曲对轴心受压构件的影响··········152
   2.7.2 初偏心对轴心受压构件的影响··········155
   2.7.3 残余应力对轴心受压构件的影响········157
 2.8 轴心受压构件的稳定性能设计················162
   2.8.1 实用轴心压杆的弹塑性稳定············162
   2.8.2 轴心受压构件承载力设计··············165
 参考文献····································180
第 3 章 弹塑性稳定和航天器结构有限元算法分析······182
 3.1 概述····································182
 3.2 能量守恒原理和稳定分析方法················183
   3.2.1 能量守恒原理······················183
   3.2.2 势能驻值原理和最小势能原理··········188

3.2.3　瑞利–里茨法 · 194
　　　3.2.4　伽辽金法 · 195
　3.3　简单力学模型的稳定分析 · 199
　　　3.3.1　完善力学模型的稳定分析 · 199
　　　3.3.2　非完善力学模型的稳定分析 · 207
　　　3.3.3　跃越屈曲模型的稳定分析 · 213
　3.4　数值分析方法 · 215
　　　3.4.1　有限差分法 · 215
　　　3.4.2　有限积分法 · 219
　　　3.4.3　有限单元法 · 226
　　　3.4.4　蒙特卡罗随机有限元方法 · 245
　3.5　航天器结构有限元数值分析 · 249
　　　3.5.1　结构动力学有限元分析基础 · 249
　　　3.5.2　热平衡方程与外热流计算 · 251
　　　3.5.3　温度场的有限元计算理论基础 · 254
　　　3.5.4　直接模拟蒙特卡罗方法基础 · 256
　　　3.5.5　气动力热环境致金属桁架结构响应有限元算法 · · · · · · · · · · · · · · · · 260
　　　3.5.6　轴对称结构线弹性问题二阶双尺度分析与计算 · · · · · · · · · · · · · · · · · 274
参考文献 · 291

第 4 章　构件的弯扭屈曲 · 295
　4.1　压弯构件在弯矩作用平面内的稳定性 · 296
　　　4.1.1　概述 · 296
　　　4.1.2　两端铰接横向荷载作用下弹性压弯构件的变形和内力 · · · · · · · · · 298
　　　4.1.3　两端固定弹性压弯构件在横向荷载作用下的变形和内力 · · · · · · 303
　　　4.1.4　端弯矩作用下弹性压弯构件的变形和内力 · 307
　　　4.1.5　压弯构件的转角位移方程 · 309
　　　4.1.6　压弯构件在弯矩作用平面内的极限荷载 · 313
　4.2　刚架稳定 · 317
　　　4.2.1　刚架的失稳形式 · 317
　　　4.2.2　平衡法求解刚架的弹性屈曲载荷 · 320
　　　4.2.3　位移法求解刚架的弹性屈曲载荷 · 323
　　　4.2.4　主弯矩对单层单跨刚架稳定的影响 · 326
　　　4.2.5　刚架的弹塑性稳定 · 332
　　　4.2.6　侧倾刚架的极限荷载 · 334
　4.3　受压构件的扭转屈曲和弯扭屈曲 · 343

4.3.1 概述·········343
4.3.2 开口薄壁构件截面的剪力中心·········344
4.3.3 开口薄壁构件的扭转·········348
4.3.4 轴心受压构件的弹性扭转屈曲·········360
4.3.5 轴心受压构件的弹塑性扭转屈曲·········365
4.3.6 轴心受压构件的弹性弯扭屈曲·········368
4.3.7 轴心受压构件的弹塑性弯扭屈曲·········374
4.3.8 压弯构件的弹性弯扭屈曲·········377
4.3.9 压弯构件的弹塑性弯扭屈曲·········389
4.4 受弯构件的弯扭屈曲·········390
4.4.1 概述·········390
4.4.2 纯弯构件的弹性弯扭屈曲·········392
4.4.3 横向荷载作用的受弯构件·········397
4.4.4 受弯构件的弹塑性弯扭屈曲·········402
4.5 构件弯扭屈曲理论在设计中的应用·········406
4.5.1 压弯构件在弯矩作用平面内的稳定设计方法·········406
4.5.2 刚架的稳定设计方法·········413
4.5.3 受压构件的扭转屈曲和弯扭屈曲设计方法·········426
4.5.4 受弯构件弯扭屈曲稳定设计方法·········437
4.5.5 双向弯曲压弯构件和双向受弯梁的稳定设计方法·········445

参考文献·········459

附录 1 李雅普诺夫稳定性简介·········465
1.1 基本概念·········466
1.2 稳定性定义·········467
　1.2.1 稳定·········467
　1.2.2 渐进稳定·········467
　1.2.3 大范围渐进稳定·········468
　1.2.4 不稳定性·········468
1.3 李雅普诺夫稳定性原理在工程上的应用·········469

附录 2 可靠度基本原理·········471
2.1 极限状态和极限状态方程·········471
2.2 失效概率和可靠度指标·········473
2.3 一次二阶矩理论的中心点法·········476
2.4 一次二阶矩理论的验算点法·········477

符 号 表

A	截面积；毛截面面积；常数
A_1	常数；刚架柱局部 P-δ 弯矩放大系数；辐射表面面积
A_2	常数；有侧移刚架整体 P-Δ 弯矩放大系数
A_e	弹性单元面积；有效截面面积；弹性区的截面面积
A_f	翼缘的截面积
A_m	弯矩放大系数
A_w	腹板的截面积
B_ω	约束受扭双力矩
C_1, C_2, C_3, C_4, C_i	常数；系数
C_{ijkl}	材料四阶弹性张量
$\boldsymbol{C}_u$	$3N_v \times 3N_v$ 整体阻尼矩阵
C_s	材料比热
D	弹性柱面刚度
D_s	弹塑性柱面刚度；结构特性系数
E, E^ε	弹性模量
E_r	折算模量
E_s	割线模量
E_{st}	强化模量
E_t	切线模量
E_c	碰撞中的总碰撞能量
E_a	反应中需要的活化能
F	应力函数
G	剪变模量
G_{st}	强化剪变模量
G_t	弹塑性剪变模量
H	水平反力；材料对流换热系数
I	截面的惯性矩
I_1	受压翼缘对 x 轴的惯性矩

I_2	受拉翼缘对 y 轴的惯性矩
I_a	卷边截面有效惯性矩
I_e	弹性区面积惯性矩
I_{ef}	有效截面惯性矩
I_{et}	弹性区的抗扭惯性矩
I_{ex}	弹性区截面对 x 轴的惯性矩
I_{ey}	弹性区截面对 y 轴的惯性矩
$I_{e\omega}$	弹性区的翘曲惯性矩
$I_{\min}$	中间加劲肋截面最小惯性矩
I_{pt}	屈服区的抗扭惯性矩
I_s	卷边截面惯性矩
I_t	圣维南扭转常数; 抗扭惯性矩
I_x, I_y	对 x 轴和 y 轴的截面惯性矩
I_ω	扇性惯性矩; 翘曲惯性矩
K	第一类完全椭圆积分; 线刚度 $K = EI/l$; 扭转刚度参数

$$K = \sqrt{\frac{\pi^2 E I_\omega}{G I_t l^2}}$$

K_1, K_2	交于刚架柱上端和下端的横梁线刚度之和与柱线刚度之和的比值; 约束参数; 常数
$\boldsymbol{K}_u$	$3N_v \times 3N_v$ 整体弹性刚度矩阵
$\boldsymbol{K}_\theta$	$N_v \times N_v$ 经修正的整体热质量
$\overline{K}$	Wagner 效应系数,

$$\overline{K} = \int_A \sigma \rho^2 \mathrm{d}A = \int_A \sigma \left[(x-x_0)^2 + (y-y_0)^2\right] \mathrm{d}A$$

$\left[K^{(e)}\right]$	单元质量矩阵
$\left[K_1^{(e)}\right]$	单元对热传导矩阵的贡献
$\left[K_2^{(e)}\right]$	第三边界条件对热传导矩阵的修正
$\left[K_3^{(e)}\right]$	非稳态引起的附加项
M, M_1, M_2	弯矩, 构件的端弯矩
M_{cr}	弯扭屈曲临界弯矩
M_{0cr}	纯弯构件的弹塑性临界弯矩
M_e	外弯矩; 弹性弯扭屈曲临界弯矩
M_{eq}	等效弯矩
M_f	翼缘翘曲弯矩

符 号 表

M_{FA}, M_{FB}	固端弯矩
M_i	内力矩
$M_{\max}$	最大弯矩
M_p	全截面屈服弯矩；塑性铰弯矩
M_{pc}	压力和弯矩共同作用的全截面屈服弯矩；塑性铰弯矩
M_s	圣维南扭矩；自由扭矩；有效塑性弯矩
M_t	外扭矩
M_u	极限弯矩；整体弹性质量矩阵
M_x, M_y	绕 x 和 y 两个主轴的弯矩；板单位长度截面的弯矩
M_{xy}	单位长度截面的扭矩
M_y	截面边缘纤维屈服弯矩
M_z	对 z 轴的扭矩
M_ζ	对移动坐标轴 ζ 的扭矩
M_θ	$N_v \times N_v$ 经修正的整体热质量
M_ξ、M_η	对移动坐标轴 ξ 和 η 的弯矩
M_ω	翘曲扭矩
$[M^{(e)}]$	单元刚度矩阵，单元阻尼矩阵
$[N]$	积分算子；单元形函数
N_x, N_y	板在 x 和 y 方向单位长度截面的中面力
N_{xy}	板单位长度截面的中面剪力
N'_x, N'_y, N'_{xy}	中面的薄膜力
O	截面形心
P	荷载；轴心压力
P_{cr}	屈曲载荷
P_{crx}, P_{cry}	对 x 轴和 y 轴的屈曲载荷
P_d	荷载的设计值
P_E	欧拉荷载
P_e	截面边缘纤维屈服荷载
P_p	一阶刚塑性机构破坏荷载
P_r	双模量屈曲载荷；折算模量屈曲载荷
P_t	切线模量屈曲载荷
P_u	极限荷载
P_x, P_y	对 x 轴和 y 轴的轴心受压弹性屈曲载荷
$P_{x\omega}, P_{xy\omega}, P_{y\omega}$	弯扭屈曲载荷
P_y	全截面屈服荷载

P_ω	扭转屈曲载荷
P_r	化学反应概率
Q, Q_i	横向力, 第 i 层刚架柱端剪力
Q_x, Q_y	与 x 轴和 y 轴平行的剪力; 板单位长度的剪力
Q_1	太阳直接加热
Q_2	太阳反射加热
Q_3	地球红外加热
Q_4	空间背景加热
Q_5	卫星内热源
Q_6	卫星辐射热源
Q_7	卫星内能变化
R	反力; 棱角外半径; 系统耗散能
$\overline{R}$	残余应力的 Wagner 效应系数,

$$\overline{R} = \int_A \sigma \rho^2 \mathrm{d}A = \int_A \sigma\left[(x-x_0)^2 + (y-y_0)^2\right]\mathrm{d}A$$
$$= \int_A \sigma_r(x^2+y^2)\mathrm{d}A$$

R_f	随机数
S	压弯构件远端抗弯刚度系数; 剪力中心; 截面静矩; 太阳辐射强度
S_x, S_y	对 x 轴和 y 轴的截面静矩
T	动能; 绝对温度值
T_0	未变形状态下的温度值
T_{ext}	物体外部温度值
T_w	物体表面温度
T^*	气体分子作用势的特征温度
T_B	飞行器内部空气温度
U	应变能
V	外力势能; 剪力
$V_{-\infty}$	金属材料表面的烧蚀速率
W	截面抵抗矩; 外力功; 广义力
W_e	有效截面抵抗矩
W_{xc}	受压边缘截面抵抗矩
W_{xt}	受拉边缘截面抵抗矩
W_ω	毛截面的扇心抵抗矩
Z_r^C	连续流气体分子的转动松弛碰撞数

Z_v^C	连续流气体分子的振动松弛碰撞数
$(Z_r)_\infty$	气体分子作用势的实验测定的极限值
a	单元长度; 板的长度; 反照率
b	截面宽度
b_f	受压翼缘宽度
b_e	有效宽度
c	弹簧常数; 反力常数; 材料的比热容
c_0	弹簧常数的限值
$\bar{c}$	分子平均热运动速度
$\boldsymbol{d}(t)$	节点位移向量
$d_{ij}(t)$	$i=1,\cdots,n_V$; $j=1,2,3$ 表示第 i 个结点位移的第 j 个分量
e, e_0	偏心距, 初偏心距; 缺陷偏心
e_x, e_y	在 x 和 y 两个主轴线上的偏心距
$\boldsymbol{e}^\varepsilon$	应变向量
f	板的挠度; 钢材的强度设计值; 体积力向量
f_0	板的初挠度
f_p	比例极限
f_y	屈服强度
f_{yf}	翼缘屈服强度
f_{yw}	腹板屈服强度
f_{vy}	剪切屈服强度
$\{f\}$	体力
f_1^ε	沿轴向体积力
g	地球重力平均加速度
h	截面高度; 上下翼缘中心距离; 层间高度; 热源项
h_0	腹板高度
h_1	形心至上翼缘的距离
h_{1s}	剪心至上翼缘的距离
h_2	形心至下翼缘的距离
h_{2s}	剪心至下翼缘的距离
h_B	对流换热系数
h_w	飞行器壁焓
h_s	来流的滞止焓
$h_\text{熔}$	金属材料的熔解潜热
i	回转半径

i_0	极回转半径，$i_0^2 = (I_x + I_y)/A + x_0^2 + y_0^2$
i_r	梁截面的弯扭屈曲有效回转半径
i_x, i_y	对 x 轴或 y 轴的回转半径
k	抗移动弹簧常数；对于受压构件，参数 $k = \sqrt{P/(EI)}$；板的屈曲系数；导热系数
k_e	压弯剪共同作用板的弹性屈曲系数
k_{ij}	材料热传导张量
k_p	压弯剪共同作用板的弹塑性屈曲系数
k_s	板的剪切屈曲系数；导热系数
k	玻尔兹曼常量
k_x, k_y, k_z	各自方向上的热传导系数
l	构件的几何长度
l_0	构件的计算长度
l_1	受压翼缘的侧扭自由长度
l_x, l_y	对 x 轴或 y 轴的计算长度
l_ω	扭转屈曲计算长度
m	板屈曲在 x 方向的半波数；轴心压力比值
m_r	分子折合质量
$\boldsymbol{n}$	板屈曲在 y 方向的半波数；构件屈曲半波数；相应混合物的数密度；$\boldsymbol{n} = [\ n_1\ \ n_2\ \ n_3\ ]^\mathrm{T}$ 为边界 Γ_2 单元外法向矢量
n_s	该表面处法向
n_S	组元 S 的数密度
n_V	结点形函数
n	数密度
O	坐标原点
$\{\bar{p}\}$	面力
$p_{crx}, p_{cry}, p_{crxy}$	板的屈曲线荷载
p_x, p_y	板在 x 或 y 方向的中面线荷载
p_{xy}	板在中面的剪切线荷载
q	单位长度荷载；结点力；边界热流值
q_{cr}	均布屈曲线荷载
q_n	热流密度（单位面积内导热功率）
q_N	进入材料内部的净热流
q_w	DSMC 计算的壁面热流
q_w, p	外流场计算得到的冷壁热流与表面压力

r	抗弯弹簧常数;棱角内半径
s	沿薄壁截面中心线的曲线坐标;曲线的弧长
t	板厚度
$t(s)$	曲线坐标为 s 处的薄壁厚度
t_w	腹板厚度
u	剪切中心在 x 方向的位移;板任意点在 y 方向的位移;位移向量
u_0	板的中面的任意点在 x 方向的位移
u_B	截面上任意点 B 在 y 方向的位移
$\boldsymbol{u}^\varepsilon$	位移向量 $\boldsymbol{u}^\varepsilon = [\begin{array}{cc} u_1^\varepsilon & u_2^\varepsilon \end{array}]^\mathrm{T}$
u_1^ε	径向位移
u_2^ε	轴向位移
v	剪切中心在 y 方向的位移;板任意点在 y 方向的位移;构件的挠度
v_0	初弯曲的矢高;板中面的任意点在 y 方向的位移
v_B	截面上任意点 B 在 y 方向的位移
ν, ν^ε	泊松比
ν_p	塑性泊松比
w	板的挠度
x_0, y_0	截面剪切中心坐标;剪心距
x_i, y_i	单元坐标
$y_{\max}$	最大挠度
z_{ei}	弹性单元至 y 轴的距离
z_i	单元至 y 轴的距离
α	应变梯度;冷弯薄壁型钢受压构件翘曲约束系数;板的长宽比;横梁线刚度修正系数;单角钢主轴 u 和几何轴 x 之间的夹角
α_0	应力梯度;指数;待定系数
α_b	受压翼缘绕 y 轴惯性矩与全截面惯性矩的比值
α_{kl}	材料热膨胀系数
$\alpha_x, \alpha_y, \alpha_{xy}$	x、y 方向的正应力或剪应力与等效应力的比值
β	冷弯薄壁型钢受压构件的约束系数;考虑屈曲前变形受弯构件临界弯矩修正系数;T 形截面梁临界弯矩系数
β_1	受弯构件临界弯矩修正系数
β_2	受弯构件荷载作用点位置修正系数
β_3	与荷载形式有关的单轴对称截面受弯构件修正系数
β_b	构件弯扭失稳等效弯矩系数

β_{ij}	热弹性模量
β_{mx}, β_{my}	压弯构件弯曲失稳等效弯矩系数
β_s	阳光和受照表面法线方向的夹角
β_{tx}, β_{ty}	压弯构件弯扭失稳等效弯矩系数
β_x, β_y	不对称截面常数
γ	横梁抗弯刚度折减系数；变截面受弯构件弹性临界弯矩折减系数；材料体弹性模量 $\gamma = E/(3(1-2\nu))$
γ_{pg}	薄腹梁截面弯矩折减系数
γ_x, γ_y	截面塑性发展系数
γ_{xy}	剪应变
γ_{xy0}	板中面剪应变
δ	挠度；结点位移
δ_{ij}	Kronecker 符号
σ_{ij}^0	均匀化应力
ε	应变；物体发射率；对称因子；材料表面发射率
ε_1	吸收率
ε_0	轴向应变；相对初弯曲；等效缺陷；等效偏心率
ε_i	单元应变或等效应变
ε_{ii}	体积应变 $\varepsilon_{ii} = \varepsilon_{11} + \varepsilon_{22} + \varepsilon_{33}$
ε_{ij}	应变
$\varepsilon_{\min}, \varepsilon_{\max}$	最小应变和最大应变
ε_{ri}	任意点残余应变
ε_{st}	强化应变开始时的应变
$\varepsilon_{x0}, \varepsilon_{y0}$	板中面应变
ε_y	屈服应变
η	弹性模量折减系数；折减系数
η_b	不对称截面影响系数
η_s	变形模量折减系数
θ	角位移；温度增量 $\theta = T - T_0$
θ_0	初始角
θ_v	振动特征温度
λ	构件长细比；板件宽厚比；柔度系数；Lamé 常数
$\overline{\lambda}$	构件相对长细比；板件相对宽厚比，$\overline{\lambda} = \sqrt{f_y/\sigma_{cr}}$
$\overline{\lambda}_e$	弹性相对长细比限值

符 号 表

$\overline{\lambda}_p$	塑性相对长细比限值
$\lambda_{x\omega}, \lambda_{y\omega}$	弯扭屈曲换算长细比
$\lambda^\varepsilon, \mu^\varepsilon$	材料的 Lamé 系数
λ_ω	扭转屈曲换算长细比
μ	计算长度系数；翘曲系数
μ_x, μ_y, μ_ω	对 x、y 或 z 轴的弯曲屈曲和扭转屈曲计算长度系数
ρ	截面的核心距；侧移角；剪心至截面任意点的距离；板件宽度的折减系数；材料密度
ρ_O	形心至任意点切线方向的垂直距离
ρ_s	剪心至任意点切线方向的垂直距离；材料密度
$\rho^\varepsilon(x_1)$	材料密度
σ	正应力；斯特藩–玻尔兹曼常量 $(5.67 \times 10^{-8} \mathrm{W/(m^2 \cdot K^4)})$
σ_{cr}	屈曲应力
$\bar{\sigma}_{cr}$	屈曲应力与屈服强度的比值；等效屈曲应力
σ_{crr}	双模量屈曲应力；折算模量屈曲应力
σ_{crt}	切线模量屈曲应力
σ_{cs}	压弯剪共同作用板的屈曲应力
σ_d	应力的设计值
σ_E	欧拉应力
σ_e	弹性屈曲应力
σ_i	等效应力
σ_{ij}	热应力
σ_p	比例极限
σ'_p	有效比例极限
σ_r	残余应力
σ_{rc}	残余压应力峰值
σ_{ri}	任意点的残余应力
σ_{rt}	残余拉应力峰值
σ_u	极限应力；抗拉强度
σ_x, σ_y	大挠度板 x 或 y 方向的中面应力
σ_y	屈服强度
σ_ω	翘曲正应力；扭转屈曲应力
$\sigma_{x\omega}, \sigma_{y\omega}, \sigma_{xy\omega}$	弯扭屈曲应力
σ_v	分子振动碰撞截面
σ_R	反应截面

σ_T	总碰撞截面
τ	剪应力;变形模量比值;材料阻尼系数
τ_{cr}	剪切屈曲应力
τ_s	自由扭转剪应力
τ_y	剪切屈服强度
τ_ω	翘曲剪应力
τ_c	分子平均碰撞时间
τ_{MW}	分子振动松弛时间
τ_p	高温修正项
ϕ	抗力系数
ϕ_1	太阳辐射角系数
ϕ_2	地球反射角系数
ϕ_3	地球红外角系数
ϕ_b	受弯构件抗力系数
ϕ_c	受压构件抗力系数
ϕ_p	受拉构件抗力系数
ϕ_v	剪切抗力系数
Φ	曲率
φ	轴心受压构件稳定系数;扭转角
φ_b	受弯构件稳定系数
φ'_b	受弯构件弹塑性稳定系数
φ_{b0}	纯弯构件稳定系数
φ_x, φ_y	对 x 轴或 y 轴的稳定系数
χ	约束系数
ω	扇性坐标;转速;辐射常数
ω_0	以形心为极点的扇性坐标
ω_n	主扇性坐标
ω_s	以剪心为极点的扇性坐标
$\xi_i(t)$	在节点 i 处的温度增量值
$\bar{\xi}$	碰撞分子的平均内自由度
ζ_t	分子平动自由度
ζ_r	分子转动自由度
ζ_v	分子振动自由度
ϵ	材料表面辐射发射率
$\Gamma_1, \bar{\Gamma}_1$	边界,对应于空心结构内部表面

$\Gamma_2, \bar{\Gamma}_2$	边界,对应于航天器外表面
$\Gamma_2^h, (\Gamma_2')^h$	边界 $\Gamma_2, (\Gamma_2')$ 在有限元空间 V_h 的离散逼近
Δ	位移
Δt	时间步长 $\Delta t = \bar{T}/N_t$
Π	总势能

第 1 章 概　　论

1.1 钢结构的性能

金属板壳结构在桁架型大跨方案设计中，为了提高截面效率、充分发挥钢材的强度，钢结构一般做成薄壁结构。为保证承重结构的承载能力和防止在一定的热力响应条件下出现脆性破坏，应根据结构的重要性、荷载特征、结构形式、应力状态、连接方法、钢材厚度和工作环境等因素综合考虑，选用合适的钢材牌号和材质[1-9]。以热轧型钢 (角钢、工字钢、槽钢、钢管等)、钢板、冷加工成形的薄壁型钢以及钢索作为基本元件，通过焊接、螺栓、铆钉或销轴连接等方式，按一定的规律连接起来制成钢梁、钢柱、钢桁架等基本构件后，再用焊接、螺栓、铆钉或销轴连接，将基本构件连接成能够承受外荷载的结构称为钢结构[3,6-17]。承重结构的钢材应具有抗拉强度、伸长率、屈服强度以及硫、磷含量的合格保证，对于焊接承重结构还应具有碳含量、冷弯试验与常温冲击韧性的合格保证。

1.1.1 钢结构的特点和类型

钢结构自重较轻，且施工简便，目前已在国民经济各部门获得非常广泛的应用，不仅在传统的工业部门，如工业与民用建筑业中的建筑结构，交通运输业中的船舶、车辆、飞机、桥梁，电力部门的高架塔桅，水工建筑中的闸门、大型管道，以及机械工业中的工程机械、重型机械等方面，而且在新兴的宇航工业、海洋工程中都大规模应用了钢结构。

(1) 钢结构如此广泛的应用，原因在于钢结构与其他材料制成的结构相比，具有下列特点：

(i) 强度高、重量轻。

钢材比木材、砖石、混凝土等建筑材料的强度要高出很多倍，因此，当承受的荷载和条件相同时，用钢材制成的结构自重较轻，所需截面较小，运输和架设亦较方便。

(ii) 塑性和韧性好。

钢材具有良好的塑性，在一般情况下，不会因为偶然超载或局部超载造成突然断裂破坏，根据相应的可计算建模算法分析[5,6]，应是事先出现较大的变形预兆，以便采取补救措施。钢材还具有良好的韧性，对作用在结构上的动力荷载适应性强，为钢结构的安全使用提供了可靠的保证。

(iii) 材质均匀。

钢材的内部组织均匀，各个方向的物理力学性能基本相同，很接近各向同性体，在一定的应力范围内，钢材处于理想弹性状态，与工程力学所采用的基本假设较为符合，计算结果准确可靠。

(iv) 制造方便。

钢结构是由各种加工制成的型钢和钢板组成，采用焊接、螺栓、铆接或销轴等制造成基本构件，运至现场装配拼接，因此制造方便、施工周期短、效率高，且修配更换也方便。这种工厂制造、工地安装的施工方法，具备了成批、大件生产和产品精度高等优点，同时为降低造价、发挥投资的经济效益创造了条件。

(v) 密封性好。

采用焊接方法连接的钢结构易做到紧密不渗透，密封性好，适用于制作容器、油罐、油箱等。

钢结构的主要缺点是造价高、耐腐蚀性差、耐高温性差和低温脆性等。

(2) 钢结构应用在各种建筑物和工程构筑物上，类型很多。

钢结构根据其基本元件的几何特征，可分为杆系结构和板壳结构。若干杆件按照一定的规律组成几何不变结构，称为杆系结构，其特征是每根杆件的长度远大于宽度和厚度，即截面尺寸较小。常见的塔式起重机的臂架和塔身是杆系结构 (见图 1.1)，高压输电线路塔架、变电构架和广播电视发射塔架也是杆系结构 (见图 1.2)。

图 1.1 塔式起重机

图 1.2 广播电视发射塔架

网架结构是一种高次超静定的空间杆系结构,也称为网格结构。网架结构空间刚度大、整体性强、稳定性好、安全度高,具有良好的抗震性能和较好的建筑造型效果,同时兼有重量轻、材料省、制作安装方便等优点,因此是适于大、中跨度屋盖体系的一种良好结构形式。近三十年来,空间网架结构包括桁架结构在国内外得到了普遍的推广应用。

板壳结构主要是由钢板焊接而成,按照板壳中面的几何形状,又分为薄板和薄壳。薄板是中面为平面的板;薄壳是中面为曲面的板。因为板壳结构是由薄板和薄壳组成的,所以板壳结构又称为薄壁结构[10]。板壳结构如储气罐、储液罐等要求密闭的容器,大直径高压输油管、输气管等,以及高炉的炉壳、轮船的船体等。另外还有汽车起重机箱型伸缩臂架、转台、车架、支腿等 (见图 1.3),挖掘机的动臂、斗杆、铲斗,门式起重机的主梁、刚性支腿、挠性支腿等也都属于板壳结构。

钢结构按其外形的不同,可分为臂架结构、车架结构、塔架结构、人字架转台、桅杆、门架结构 (见图 1.4)、网架等。

钢结构按其构件的连接方式以及建立的力学计算模型的不同,可分为铰接结构 (见图 1.5)、刚接结构和混合结构 (见图 1.6)。

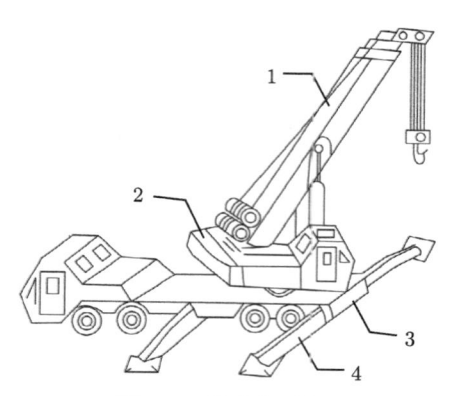

图 1.3 汽车起重机
1-臂架；2-转台；3-车架；4-支腿

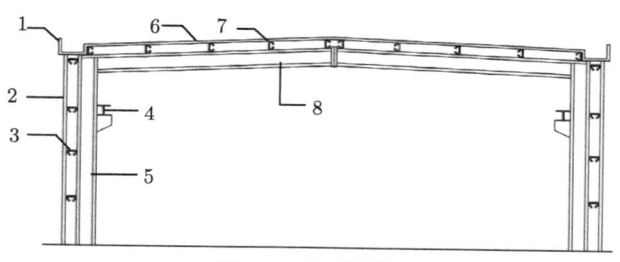

图 1.4 门式刚架
1-外天沟；2-压型钢板；3-墙架；4-吊车梁；5-刚架柱；6-压型钢板；7 檩条；8-刚架横梁

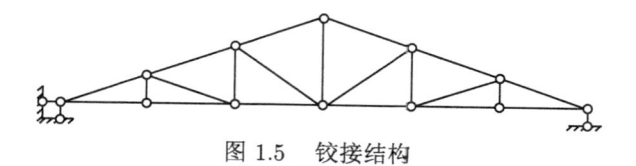

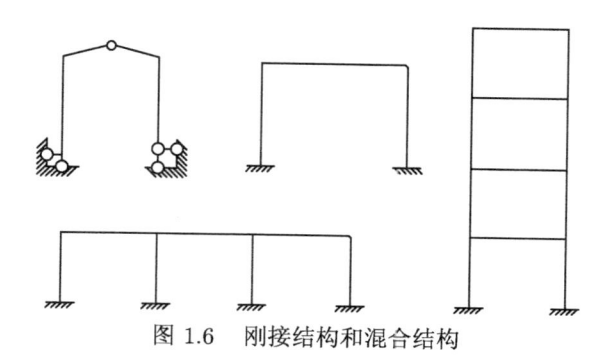

图 1.5 铰接结构

图 1.6 刚接结构和混合结构

钢结构根据外荷载与结构杆件在空间的相互位置不同,可分为平面结构和空间结构。外荷载的作用线和全部杆件的中心轴线都处在同一平面内,则结构称为平面结构。在实际结构中,直接应用平面结构的情况较少,但许多实际结构通常由平面结构组合而成,故可简化为平面结构来计算,如塔式起重机水平臂架(图 1.7),小车轮压、结构自重与桁架式臂架平面共面,因此该臂架可简化为平面结构来计算。

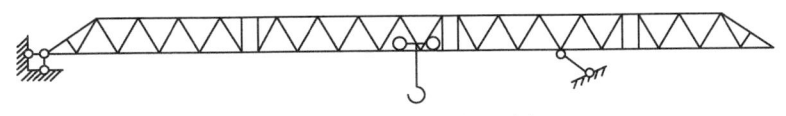

图 1.7 塔式起重机水平臂架

当结构杆件的中心轴线不在同一平面,或者结构杆件的中心轴线虽位于同一平面,但外荷载作用线却不在其平面内时,这种结构称为空间结构,如轮胎式起重机车架。

钢结构根据其连接方法的不同,可分为焊接结构、螺栓连接结构和铆接结构。焊接连接是目前钢结构最主要的连接方法,其优点是构造简单、省材料、易加工,并可采用自动化作业,但焊接会引起结构的变形和产生残余应力。

螺栓连接也是一种较常用的连接方法,有装配便利、迅速的优点,可用于结构安装连接或可拆卸式结构中,缺点是构件截面削弱、易松动。螺栓连接分为普通螺栓连接和高强度螺栓连接两种,普通螺栓又分粗制螺栓和精制螺栓。高强度螺栓的接头承载能力比普通螺栓要高,同时高强度螺栓连接能减轻钉孔对构件的削弱作用,因而得到广泛的应用。

铆钉连接是一种较古老的连接方法,由于它的塑性和韧性较好,便于质量检查,故经常用于承受动力荷载的结构中。但制造费工、用料多,钉孔削弱构件截面,目前在制造业中已逐步被焊接所取代。

钢结构根据其构造的不同,可分为实腹式结构和格构式结构。

实腹式构件的截面组成部分是连续的,一般由轧制型钢制成,常采用角钢、工字钢、T 字形钢、圆钢管、方形钢管等。构件受力较大时,可用轧制型钢或钢板焊接成工字形、圆管形、箱形等组合截面,如汽车起重机箱型伸缩臂架。

格构式构件的截面组成部分是分离的,常以角钢、槽钢、工字钢作为肢件,肢件间由缀材相连。根据肢件数目,又可分为双肢件、三肢件和四肢件。其中双肢式外观平整,易连接,多用于大型桁架的拉、压杆和受压柱;四肢式由于两个主轴方向能达到等强度、等刚度稳定性,广泛用于塔机的塔身(见图 1.1)、轮胎起重机的臂架等,以减轻重量。根据缀材形式不同,分为缀板式和缀条式,缀条采用角钢或钢管,在大型构件上则用槽钢;缀板采用钢板。

在桥梁工程和工业与民用建筑工程的钢结构中，桥塔、加劲梁、箱梁和工字梁等结构主要由矩形板连接而成，国外统称为板钢结构 (steel plated structures)[4,7-9]。当考虑薄板的初始几何缺陷时，矩形板为具有初始几何弯曲的曲面，这时板壳的性质也应该考虑，板壳理论也可以应用到板钢结构的分析中。因此，板钢结构属于金属板壳结构的一种。

1.1.2 钢结构的破坏形式

钢结构可能发生的破坏形式有塑性破坏、脆性断裂破坏、疲劳破坏、损伤累积破坏和与体系本身有关的稳定破坏 (见 1.5 节)。

1. 结构的塑性破坏

结构在不发生整体失稳和局部失稳的条件下，内力将随荷载的增加而增加，当结构构件截面上的内力达到截面的承载力并使结构形成机构时，结构就丧失承载力而破坏。在杆件结构系统中，结构的强度破坏都由受拉杆件或受弯构件的强度破坏所引起，受压杆件一般发生失稳破坏。

受拉构件的破坏一般是截面中的拉应力达到材料的屈服点后，受拉杆件进入塑性变形，出现明显的伸长；随后材料进入强化阶段，构件截面的拉应力继续增加；最后，拉应力达到材料的最大抗拉强度后，受拉构件被拉断。由于受拉构件在拉断之前会出现明显的伸长，因此很容易被觉察并采取措施加以避免。

受弯构件的破坏一般是截面中的边缘纤维应力首先达到材料的屈服强度后，截面进入弹塑性受压阶段，逐步形成塑性铰；随后，塑性铰发生塑性转动，结构内力重新分布，使其他构件和截面相继出现塑性铰；最后，当塑性铰出现使结构或其局部形成机构后，结构失去承载能力而倒塌破坏，这个过程同样也会出现很明显的变形，容易被觉察并采取措施防止破坏。

综上所述，结构形成强度破坏时会出现明显变形，因此也称塑性破坏或延性破坏。事实上结构发生纯粹的强度破坏是很少的，因为在强度破坏过程中出现的明显变形会改变结构的整体受力，使结构某些部位的受力偏离并超出预先计算的数值从而引发其他类型的破坏，如失稳破坏等。

2. 结构的损伤累积破坏

在交变荷载作用下，材料在塑性状态的损伤和损伤累积不仅会降低材料的屈服强度、弹性模量和强化系数，而且当损伤累积到某一限值时，损伤部位的钢材会开裂，并最终断裂而破坏。

钢构件在交变荷载作用下也会出现损伤，特别是在强震动的作用下，钢梁与柱的连接节点会进入弹塑性状态并开始受到损伤。在反复荷载的作用下，损伤不断累积，当累积达到其临界状态时导致断裂。由于构件损伤累积造成的断裂是在强度很大的反复荷载作用下而反复次数并不很多的情况下发生的,因此也称低周疲劳断裂。其实高周疲劳断裂也是损伤累积造成的,也可归结为同一种类型的损伤累积破坏。

影响钢构件损伤累积破坏的最重要因素是应力集中和材料性能的脆化。为了控制损伤累积破坏,应采取以下措施:对钢材和焊缝进行无损检测,防止在钢材或焊缝中存在不同类型和不同程度的缺陷,如夹杂、气孔和裂缝等;妥善设计节点构造细节,在钢构件中尽量避免出现三向受拉应力的焊缝,防止使钢材性能变脆;构件和节点构造要尽量降低应力集中,因为应力集中不仅会产生高峰应力,而且还会形成三向拉应力;构件处于低温工作环境时,应选择韧性好的钢材,采用镇静钢或特殊镇静钢等,防止钢材在低温时变脆;在焊接钢结构加工工艺中要避免形成所谓"人工裂缝",如图 1.8 所示,在焊接梁柱节点中的下翼缘焊缝时,为保证焊透,工艺上一般采用垫板,施焊后垫板就留存在节点中,这样,梁板与梁已连成一体,而与柱之间留下一条缝隙,形成所谓的"人工裂缝",极易造成损伤累积断裂。

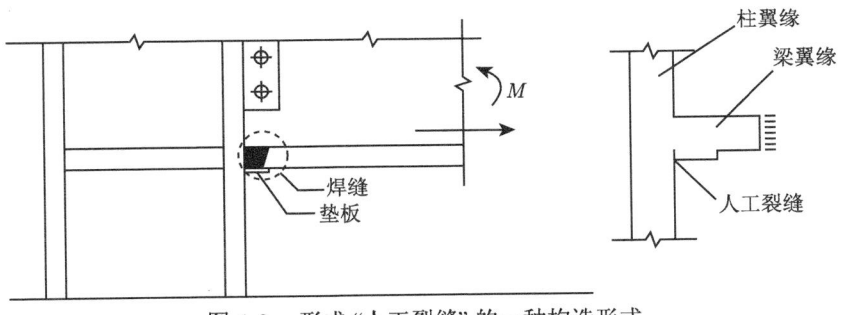

图 1.8 形成"人工裂缝"的一种构造形式

3. 防止钢结构各种破坏的总体思路

以上阐述了钢结构可能发生的各种破坏形式。到目前为止,只有整体失稳、局部失稳与强度破坏得到了较为系统和深入的研究,并通过计算加以有效地防止。疲劳破坏虽然已经积累了丰富的试验资料,也能通过计算加以预估疲劳寿命,但仍较多地依赖于经验,在理论上并未得到真正的解决。至于损伤累积破坏和脆性断裂破坏还远未达到能用理论进行分析的阶段,即使采用经验方法也很不完善和不成熟。

由于桥梁、重型厂房、露天车间以及处于地震设防区的结构等所处的工作环境或荷载状况比较恶劣,发生疲劳破坏、损伤累积破坏或脆性断裂破坏的危险性不容忽视,但目前又缺少完善的分析方法加以防止,因此设计工作者必须予以充分的重视，并应对每一个工程的具体情况具体分析，更多地从概念设计和构造细节方面对防止上述类型的破坏作精心考虑。

1.1.3 钢材料的主要性能

1. 钢结构对材料的要求

钢结构所用的钢材必须符合下列要求：

(1) 较高的抗拉极限强度 f_u 和屈服强度 f_y。f_y 是衡量结构承载能力的指标，f_y 高则可减轻结构自重、节约钢材和降低造价。f_u 是衡量钢材经过较大变形后的抗拉能力，它直接反映钢材内部组织的优劣，同时 f_u 高可以增加结构的安全储备。

(2) 较高的塑性和韧性。结构塑性和韧性好，在静载和动载作用下有足够的应变能力，既可减轻结构脆性破坏的倾向，又能通过较大的塑性变形调整局部应力，同时又具有较好的抵抗交变荷载作用能力。

(3) 良好的工艺性能。良好的工艺性能不但能保证钢材通过冷加工、热加工和焊接加工加工成各种形式的结构，而且不致因加工而对结构的强度、塑性、韧性等造成较大的不良影响。

此外，根据结构的具体工作条件，有时还要求钢材具有适应低温、高温和腐蚀环境的能力。

按以上要求，钢结构设计规范具体规定：承重结构的钢材应具有抗拉强度、伸长率、屈服强度和碳、硫、磷含量的合格保证；焊接结构还应具有冷弯试验的合格保证；对某些承受动力荷载的结构以及重要的受拉或受弯的焊接结构还应具有常温或负温冲击韧性的合格保证。

2. 强度性能

钢材拉伸图的应力-应变曲线可以划分为如图 1.9(a) 所示的四个阶段，它们与钢结构的稳定性能有直接关系。这四个阶段是：Ⅰ 弹性阶段、Ⅱ 弹塑性阶段、Ⅲ 塑性阶段和 Ⅳ 强化阶段。承重结构的钢材宜采用 Q235 钢、Q345 钢、Q390 钢和 Q420 钢，其质量应分别符合现行国家标准《碳素结构钢》GB/T 700—2006 和《低合金高强度结构钢》GB/T 1591—2018 的规定。下面以 Q235 钢为例说明与低碳钢有关的机械性能 [3]。

在图 1.9(a) 中，OA 段为弹性阶段。在弹性极限之前，应力和应变成比例变化直至比例极限 f_p。Q235 钢的 f_p 约为 190MPa，此时应变 ε_p 约为 0.1%，弹性模量 $E = 2.06 \times 10^5$ MPa。AB' 段为弹塑性阶段，包括非线性弹性变形区段和屈服阶段。超过比例极限后，应变比应力增长稍快，应力-应变关系线微曲，但在弹性极限之前，试件卸载后应变仍沿加载线返回原点，无残余变形，该区段为非线性弹性变形区。超过弹性极限后应变增长加快,曲线斜率稍减。到达上屈服点后,应力迅速跌落,出现一个小尖峰;继续增大应变,应力经过下屈服点后有少量回升。此后,曲线进入屈服阶段,应力虽有上下波动,但渐趋稳定,形成明显的台阶。上屈服点取决于试件的形状和加载速度而在一定范围内变动,下屈服点则相对稳定。在弹塑性阶段,应力与应变呈非线性关系,直至钢材屈服,与屈服强度 f_y 对应的屈服应变 ε_y 约为 0.15%,Q235 钢屈服强度的标准值为 $f_y = 235\mathrm{MPa}$。以后文中符号 σ_y 则泛指钢材的屈服强度,而 f_y 是国家标准规定的屈服强度的标准值。在弹塑性阶段,应力 σ 与应变 ε 呈非线性关系,这时曲线上任一点的变形模量为切线模量 $E_t = \mathrm{d}\sigma/\mathrm{d}\varepsilon$,可根据钢材拉伸试验给出的应力–应变曲线确定。也可参考 A. Ylinen 建议的切线模量计算公式 (1.1a) 或 F. Bleich 建议的近似式 (1.1b) 确定:

$$E_t = (\sigma_y - \sigma) E / (\sigma_y - \alpha\sigma) \tag{1.1a}$$

$$E_t = \sigma (\sigma_y - \sigma) E / [\sigma_p (\sigma_y - \sigma_p)] \tag{1.1b}$$

式中,α 是根据不同建筑材料试验资料概括的系数,对于有明显屈服点的钢材,α 为 0.96~0.99。

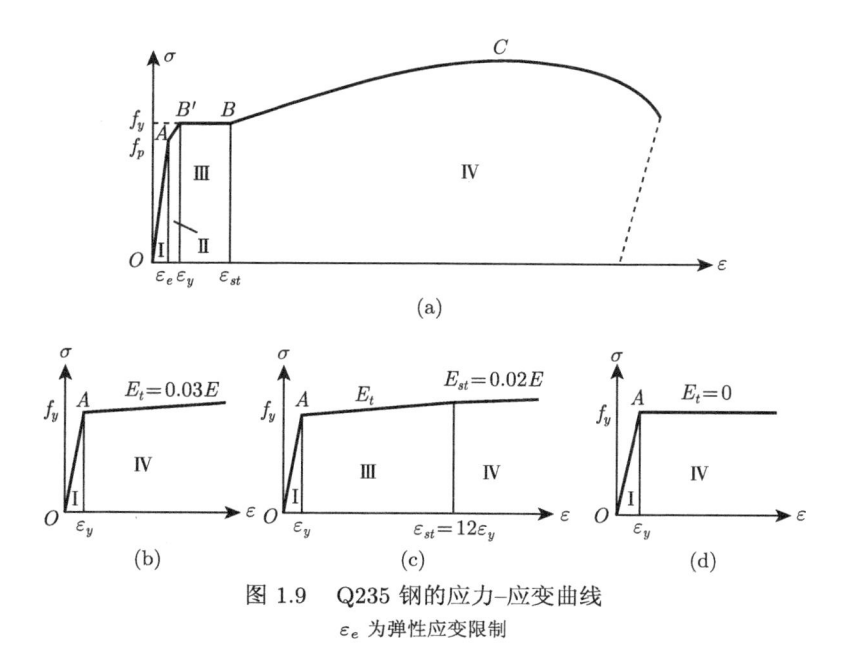

图 1.9 Q235 钢的应力–应变曲线

ε_e 为弹性应变限制

F. Bleich 建议在比例极限和屈服强度之间用二次抛物线过渡,但由此得到的切线模量值偏小。对于分岔屈曲失稳的完善构件,当其屈曲应力超过比例极限时,其屈曲载荷与钢材的切线模量有关,E_t 的取值不同将影响屈曲载荷的理论值。

图 1.9(a) 中的 $B'B$ 段为塑性阶段,在 $\varepsilon = 0.15\% \sim 2.5\%$ 的范围内应力的增加很微小,表现出钢材有明显的屈服台阶。从 B 点开始直至 C 点为强化阶段,而后试件颈缩直至拉断,拉断时延伸率可达 $20\% \sim 26\%$,在曲线的最高点 C 达到了钢材的抗拉极限强度 f_u。Q235 钢抗拉强度的标准值 $f_u = 375 \sim 400\mathrm{MPa}$,在强化开始阶段强化模量 E_u 约为弹性模量 E 的 $2\% \sim 3\%$。

为了进行弹塑性稳定的理论分析,根据钢材应力-应变曲线的特点,结合钢构件的试验研究成果,可将应力-应变关系简化为如图 1.9(b)~(d) 三种模式。在弹塑性阶段 AB',应力的变动范围不大,但切线模量的变动较大,它对理想构件的分岔屈曲应力超过比例极限后的弹塑性屈曲载荷的影响较大,但是对于存在缺陷的实际构件,切线模量的变动对构件极限荷载的影响不大。因此,在计算实际构件的极限荷载时,常常可以将钢材的应力-应变关系简化为在屈服强度以下呈直线的应力-应变关系,此时 ε_y 的计算值为 0.00114。达到屈服强度以后应力-应变关系有以下三种模式。第一种模式,如图 1.9(b) 所示,是建立在钢材连续屈服理论的基础上的,认为钢材的应力达到屈服强度后,会连续出现滑移面,应变由 ε_y 达到钢材的强化应变 ε_{st},而材料呈现出弹塑性性质,切线模量 $E_t = 0.03E$。第二种模式,如图 1.9(c) 所示,是建立在钢材非连续屈服理论基础上的,认为钢材的应力达到屈服强度后,一部分开始滑移,应变由 ε_y 跳跃到 ε_{st},另一部分没有滑移的材料,应变仍停留在 ε_y,其变形模量仍为 E,这样整体的平均应变在 ε_y 和 ε_{st} 之间,而 ε_{st} 可取 $12\varepsilon_y$。在 E 和 E_{st} 之间的切线模量 E_t 可由下式确定:

$$E_t = \frac{11E}{11 + 49\left(\varepsilon/\varepsilon_y - 1\right)} \tag{1.2}$$

当 $\varepsilon > \varepsilon_{st}$ 时,可取 $E_{st} = 0.02E$。第三种模式,如图 1.9(d) 所示,是由两条直线组成的应力-应变关系,把钢材看作是理想的弹塑性体,当 $\varepsilon < \varepsilon_y$ 时取弹性模量 E,当 $\varepsilon \geqslant \varepsilon_y$ 时取切线模量 $E_t = 0$。当考虑构件内的残余应力计算构件的分岔屈曲载荷,以及计算具有极值点失稳构件的极限荷载时,数值分析表明采用以上三种不同模式的应力-应变关系,所得计算结果的差别甚小,而第三种模式计算比较简便,所以应用最为广泛,但是这种模式不能解释塑性设计的刚架何以在出现塑性铰后翼缘不致屈曲。图 1.9(c) 所示应力-应变关系则表明,材料在屈服后仍具有一定的变形模量,符合构件在形成塑性铰的过程中不致发生板件因屈服而产生屈曲的实际情况。为了保证塑性铰能充分展开,还要求钢材的强屈比应不小于 1.2 [3]。

在弹性阶段,钢材的剪变模量 $G = E/(2(1+\nu))$,泊松比 $\nu = 0.3$,这样 $G = 7.9 \times 10^4 \mathrm{MPa}$;在 σ_p 和 σ_y 之间的剪变模量 G 值不变,钢材屈服后,剪变模量为 G 的 $1/4 \sim 1/3$,计算时可取 $G_t = G/4$。G_t 的变化对构件的弹塑性性能

影响很小。在强化阶段，G_{st} 可按下式确定：

$$G_{st} = \frac{2G}{1 + E/[4E_{st}(1+\nu)]} \tag{1.3}$$

钢材屈服以后，根据材料不可压缩的条件，泊松比 ν 应取 0.5，此为塑性泊松比。

路德威克 (Ludwick) 的试验表明，在使用真实应力和对数应变时，拉伸曲线与压缩曲线完全相同，或说极为接近[16,17]。因此，在钢结构的分析中，材料受压的特性与受拉的特性一致，受剪的情况也相似。

高强度钢或金属无明显屈服点和屈服台阶。这类钢的屈服条件是根据试验分析结果而人为规定的，故称为条件屈服强度。条件屈服点是以卸荷后试件中残余应变为 0.2% 所对应的应力定义的，如图 1.10 所示。由于这类钢材不具有明显的塑性平台，因此设计中不宜用它的塑性。

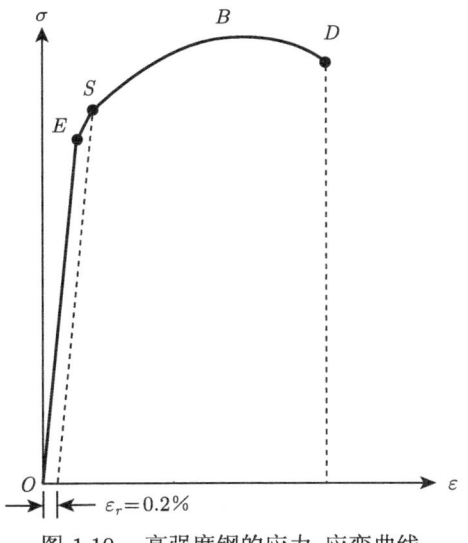

图 1.10 高强度钢的应力-应变曲线

超过屈服台阶，材料出现应变硬化，曲线上升，直至曲线最高处的 B 点，这点的应力称为抗拉强度 R_m。当应力达到 B 点时，试件发生颈缩现象，至 D 点而断裂。当以屈服点的应力作为强度极限值时，抗拉强度 R_m 成为材料的强度储备。

试件被拉断时的绝对变形值与试件原标距之比的百分数，称为伸长率。当试件标距长度与试件直径 d (圆形试件) 之比为 10 时，以 δ_{10} 表示；当该比值为 5 时，以 δ_5 表示。伸长率代表材料在单向拉伸时的塑性应变能力。

3. 冷弯性能

冷弯性能按 GH232—2010《金属材料弯曲试验方法》来确定，如图 1.11 所示。试验时按照规定的弯心直径在试验机上用冲头加压，使试件弯成 180°，如试件外表面不出现裂纹和分层即为合格。冷弯试验不仅能直接检验钢材的弯曲变形能力或塑性性能，还能暴露钢材内部的冶金缺陷，如硫、磷偏析和硫化物与氧化物的掺杂情况，这些都将降低钢材的冷弯性能。因此，冷弯性能合格是鉴定钢材在弯曲状态下的塑性应变能力和钢材质量的综合指标。

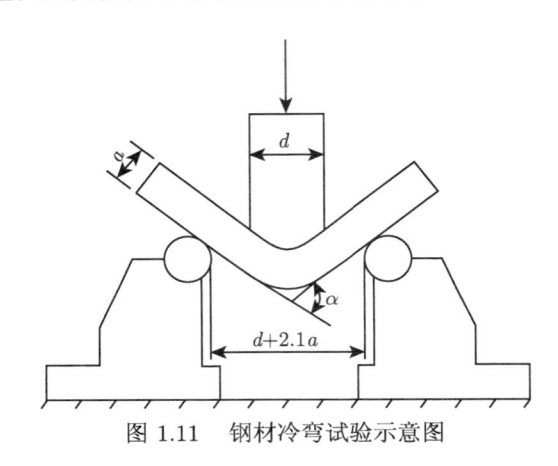

图 1.11 钢材冷弯试验示意图

4. 冲击韧性

拉力试验表现钢材的强度和塑性，是静力性能，而韧性试验则可获得钢材的一种动力性能。韧性是钢材抵抗冲击荷载的能力，它用材料在断裂时所吸收的总能量（包括弹性和非弹性能量）来量度，其值为图 1.9 中 σ-ε 曲线与横坐标所包围的总面积，总面积越大，韧性越高，故韧性是钢材强度和塑性的综合指标。通常是钢材强度提高，韧性降低，则表示钢材脆性增加。

材料的冲击韧性数值随试件缺口形式和使用试验机不同而异。GB/T229—2007《金属材料夏比摆锤冲击试验方法》规定采用夏比（Charpy）V 形缺口或夏比 U 形缺口试样在夏比试验机上进行，如图 1.12(a) 所示，所得结果以所消耗的功 A_{KV} 或 A_{KU} 表示，单位为 J，试验结果不除以缺口的截面面积。过去我国长期皆采用梅氏（Mesnager）试样在梅氏试验机上进行，如图 1.12(b) 所示，所得的结果以单位截面积上所消耗的冲击功表示，其符号为 α_K，单位为 J/cm^2。夏比 V 形缺口试样比夏比 U 形缺口试样具有更为尖锐的缺口，更接近构件中可能出现的严重缺陷。

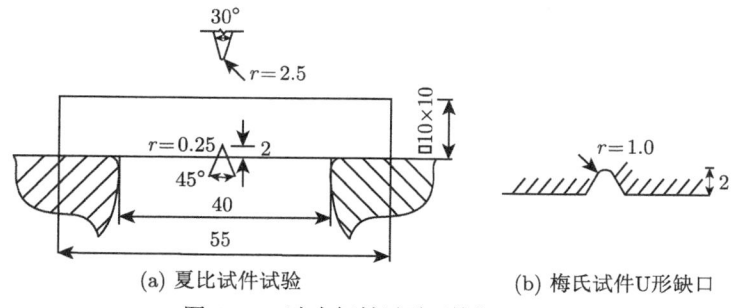

图 1.12 冲击韧性试验 (单位：mm)

低温对钢材的脆性破坏有显著影响，在寒冷地区建造的结构不但要求钢材具有常温 (20℃) 冲击韧性指标，还要求具有负温 (0℃、−20℃ 或 −40℃) 冲击韧性指标，以保证结构具有足够的抗脆性破坏能力。

5. 影响钢材主要性能的因素

1) 化学成分

组成钢的各种化学成分及其含量对钢的性能特别是力学性能有着重要的影响。铁 (Fe) 是钢材的基本元素，纯铁质软，在碳素结构钢中约占 99%，碳和其他元素仅占 1%，但对钢材的力学性能却有着决定性的影响。其中提高力学性能的元素有硅 (Si)、锰 (Mn)，有害元素有硫 (S)、磷 (P)、氮 (N)、氧 (O) 等。低合金钢中还含有少量 (低于 5%) 合金元素，如铜 (Cu)、钒 (V)、钛 (Ti)、铌 (Nb)、铬 (Cr) 等。

在碳素结构钢中，碳是主要元素，它直接影响钢材的强度、塑性、韧性和可焊性等，碳含量增加，钢的强度提高，而塑性、韧性和疲劳强度下降，同时恶化钢的焊接性和抗腐蚀性。因此，为保证焊接性和综合性能的要求，碳素结构钢中含碳量一般不超过 0.20%，在焊接结构用钢中其含量还应小于 0.20%。

硫和磷 (其中特别是硫) 是钢中的有害元素，它们降低钢材的塑性、韧性、可焊性和疲劳强度。在高温时，硫使钢变脆，又称热脆，焊接时产生热裂；在低温时，磷使钢变脆，又称冷脆。氧的作用和硫类似，使钢热脆；氮的作用和磷类似，使钢冷脆。由于熔炼技术不断提高，氧、氮一般不会超过极限含量，故通常不要求作含量分析。硅和锰是炼钢时的脱氧剂，同时使钢材的强度提高，含量在规定范围时，不仅可提高强度，而且可在一定范围内提高塑性。在碳素结构钢中，硅的含量一般不大于 0.3%，锰的含量为 0.3%～0.8%；对于低合金高强度结构钢，锰的含量可达 1.0%～1.6%，硅的含量可达 0.55%。钒和钛是钢中的合金元素，可细化晶粒，提高钢的强度和塑性。铜在碳素结构钢中属于杂质元素，但在普通低合金高强度钢 (普低钢) 中加入 0.10%～0.15% 的铜，其耐海洋大气及工业大气腐蚀的能力可提高一倍以上,但过多的铜将使钢产生热脆倾向。

2) 冶金缺陷

常见的冶金缺陷有偏析、非金属夹杂、气孔和裂纹等。偏析是指钢中化学成分不一致和不均匀性,特别是硫、磷的偏析,严重恶化钢材的性能。非金属夹杂是钢中的硫化物与氧化物等杂质。气孔是浇注钢锭时由氧化铁与碳作用所生成的一氧化碳气体不能充分逸出而形成的。这些缺陷都将影响钢材的力学性能,会严重降低钢材的冷弯性能。

冶金缺陷对钢材性能的影响,不仅在结构受力时表现出来,有时在加工制作过程中也可表现出来。

3) 钢材硬化

冷拉、冷弯、冲孔、机械剪切等冷加工使钢材产生很大塑性变形,从而提高了钢材的屈服强度,同时降低了钢材的塑性和韧性,这种现象称为冷作硬化或应变硬化。

在高温时溶于铁中的少量氮和碳,随着时间的延长逐渐从纯铁中析出,形成自由碳化物和氮化物,对纯铁体的塑性变形起遏制作用,从而使钢材的强度提高,塑性、韧性下降,这种现象称为时效硬化,俗称老化。时效硬化的过程一般很长,但如在材料塑性变形后加热,可使时效硬化发展得特别迅速,这种方法称为人工时效。此外还有应变时效,是指应变硬化或冷作硬化后又加时效硬化。

在一些重要结构中要求对钢材进行人工时效后检验其冲击韧性,以保证结构具有足够的抗脆性破坏能力。

4) 温度影响

钢材和钢铸件的线性膨胀系数 $\alpha = 1.2 \times 10^{-\varepsilon}$,质量密度 $\rho = 7.580 \times 10^4 \text{kg/m}^3$。钢材的力学性能随温度的变化如图 1.13 所示,总的倾向是随温度的升高,钢材强度降低,塑性增加;反之,温度降低,钢材强度会略有增加,塑性和韧性却会降低。

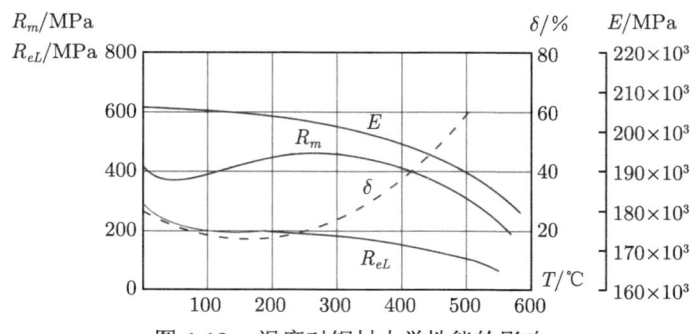

图 1.13 温度对钢材力学性能的影响

R_m-抗拉强度;R_{eL}-屈服强度;E-弹性模量;δ-挠度

当温度从常温开始下降,特别是在负温度范围内时,钢材强度虽有提高,但其塑性和韧性降低,由塑性材料逐渐变为脆性材料,这种性质称为低温冷脆。图 1.14 是钢材冲击韧性与温度的关系曲线,随着温度的降低冲击功迅速下降,材料将由塑性破坏转变为脆性破坏,另外,这一转变是在一个温度区间 $T_1 \sim T_2$ 内完成的,此温度区称为钢材的脆性转变温度,在此区内曲线的反弯点 (最陡点) 所对应的温度 T_0 称为转变温度。如果把低于 T_0,完全脆性破坏的最高温度 T_1 作为钢材的脆断设计温度,即可保证钢结构低温下工作的安全。每种钢材的脆性转变温度区及脆断设计温度需要由大量破坏或不破坏的使用经验和实验资料统计分析来确定。

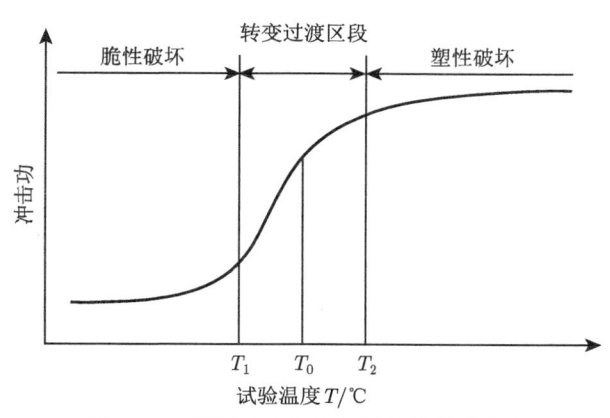

图 1.14 钢材冲击韧性与温度的关系曲线

5) 结构中的应力集中

钢材的工作性能和力学性能指标都是以轴心受拉杆件中应力沿截面均匀分布的情况作为基础的,实际上在钢结构的构件中有时存在着孔洞、槽口、凹角、截面突变以及钢材内部缺陷等,此时构件中的应力分布将不再保持均匀,而是在某些区域产生局部高峰应力,在另外一些区域则应力降低,形成应力集中现象,如图 1.15 所示。

高峰区的最大应力与净截面的平均应力之比称为应力集中系数。研究表明,在应力高峰区域总是存在着同号的双向或三向应力,这是因为由高峰拉应力引起的截面横向收缩受到附近低应力区的阻碍而引起垂直于内力方向的拉应力 σ_y,在较厚的构件里还产生 σ_z,使材料处于复杂受力状态。由能量强度理论得知,这种同号的平面或立体应力场有使钢材变脆的趋势。应力集中系数越大,变脆的倾向亦越严重。但由于建筑钢材塑性较好,在一定程度上能促使应力进行重新分配,使应力分布严重不均的现象趋于平缓。因此,受静荷载作用的构件在常温下工作时,在计算中可不考虑应力集中的影响。但在负温下或动力荷载作用下工作的结构,应力集中的不利影响将十分突出，往往是引起脆性破坏的根源。故在设计中应采取措施避免或减小应力集中，并选用质量优良的钢材。

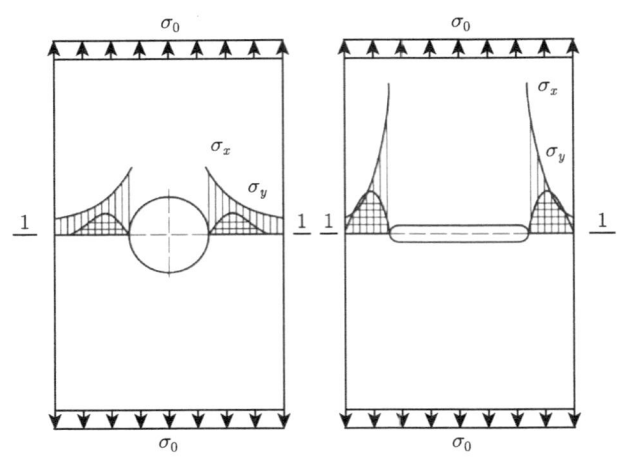

图 1.15　孔洞及槽孔处的应力集中

6) 反复荷载作用

钢材在反复荷载作用下，结构的抗力及性能都会发生重要变化，甚至发生疲劳破坏。在直接连续反复的动力荷载作用下，根据试验，钢材的强度将降低，即低于一次静力荷载作用下的拉伸试验的极限强度，这种现象称为钢材的疲劳。材料总是有"缺陷"的，在反复荷载作用下，先在其缺陷处发生塑性变形和硬化而生成一些极小的裂痕，此后这种微观裂痕逐渐发展成宏观裂纹，试件截面削弱，而在裂纹根部出现应力集中现象，使材料处于三向拉伸应力状态，塑性变形受到限制，当反复荷载达到一定的循环次数时材料最终破坏，疲劳破坏表现为突然发生的脆性断裂，实际上仍是累积损伤的结果。

实践证明，构件的应力水平不高或反复次数不多的钢材一般不会发生疲劳破坏，计算中不必考虑疲劳的影响。但是，长期承受频繁的反复荷载的结构及其连接，例如承受重级工作制吊车的吊车梁等，在设计中就必须考虑结构的疲劳问题。

这里介绍了各种因素对钢材基本性能的影响，研究和分析这些影响的最终目的是了解钢材在什么条件下可能发生脆性破坏，从而可以采取措施予以防止。钢材的脆性破坏往往是多种因素影响的结果，例如当温度降低，荷载速度增大，使用应力较高，特别是这些因素同时存在时，材料或构件就有可能发生脆性断裂。根据现阶段研究情况来看，在建筑钢材中脆性破坏还不是一个单纯由设计计算或者加工制造某一个方面来控制的问题，而是一个必须在设计、制造及使用等多方面来共同加以防止的事情。

为了防止脆性破坏的发生，一般需要在设计、制造及使用中注意下列各点。

A. 合理的设计

构造应力求合理，使其能均匀、连续地传递应力，避免构件截面突变。对于焊接结构，可参考有关焊接连接的内容。低温下工作，受动力作用的钢结构应选择合适的钢材，使所用钢材的脆性转变温度低于结构的工作温度，例如分别选用Q235-C (或 D)、Q345-C (或 D) 钢等，并尽量使用较薄的材料。

B. 精细的制造

应严格遵守设计对制造所提出的技术要求，例如尽量避免使材料出现应变硬化，因剪切、冲孔而造成的局部硬化区，要通过扩钻或刨边来除掉；要正确选择焊接工艺，保证焊接质量，不在构件上任意起弧、打火和锤击，必要时可用热处理的方法消除重要构件中的焊接残余应力；重要部位的焊接要由经过考试挑选的有经验的焊工操作。

C. 规范的使用

例如，不在主要结构上任意焊接附加的零件，不任意悬挂重物，不任意超负荷使用结构；要避免任何撞击和机械损伤；注意检查维护、及时油漆防锈。原设计在室温工作的结构，在冬季停产检修时要注意保暖等。对设计工作者来说，注意适当选择材料和正确处理细部构造设计，对于制造工艺的影响也不能忽视，对于使用也应提出需要注意的主要问题。

1.1.4 钢材的分类与选择

1. 钢材的品种与分类

钢材的品种繁多，性能各异，在钢结构中采用的钢材主要有两类：一是碳素结构钢 (或称普通碳素钢)；二是低合金结构钢，低合金钢因含有锰、钒等合金元素而具有较高的强度。

1) 碳素结构钢

根据现行的国家标准《碳素结构钢》(GB700—2006) 的规定，将碳素结构钢分为 Q195、Q215、Q235、Q255 和 Q275 等五种牌号，钢的牌号有屈服强度字母 Q、屈服强度值、质量等级符号、脱氧方法符号等四个部分顺序组成。如 Q235A·F，其中 Q 是钢材屈服强度"屈"字汉语拼音字母，235 三位数字表示屈服强度最低值为 235MPa，A 表示质量等级为 A 级，F 表示沸腾钢。

质量等级分为 A、B、C、D 四级，由 A 到 D 表示质量由低到高，不同质量等级对冲击韧性 (夏比 V 形缺口试验) 的要求有区别。A 级无冲击功规定，对于冷弯试验只在需方有要求时才进行；B 级要求提供 20℃ 时冲击功不小于 27J (纵向)；C 级要求提供 0℃ 时冲击功不小于 27J (纵向)；D 级要求提供 −20℃ 时冲击功不小于27J(纵向)。B、C、D级也都要求提供冷弯试验合格证书,不同质量等级对化学成分的要求也有区别。

脱氧方法符号Z、b、F和TZ分别表示镇静钢、半镇静钢、沸腾钢和特殊镇静钢。对Q235来说,A、B两级钢的脱氧方法可以是Z、b或F,C级钢只能是Z,D级钢只能是TZ。Z和TZ表示牌号时可以省略。碳素结构钢成本低,并有各种良好的加工性能,所以使用较广泛。其中Q235在使用、加工和焊接方面的性能都比较好,是钢结构常用钢材品种之一。碳素结构钢交货时供方应提供力学性能质保书,还要提供化学成分质保书。

2) 低合金钢

低合金钢是在普通碳素钢中添加一种或几种少量合金元素,总量低于5%,故称低合金钢。根据GBT1591—2018《低合金高强度结构钢》的规定,低合金高强度结构钢分为Q355、Q390、Q420、Q460等4种,阿拉伯数字表示该钢种屈服强度的大小,单位为MPa。其中Q355、Q390为钢结构常用的钢种。低合金钢交货时供方应提供力学性能质保书,其内容含屈服强度、抗拉强度、伸长率(δ_5或δ_{10})和冷弯性能;还要提供碳、锰、硅、硫、磷、钒、铝和铁等含量的化学成分质保书。

低合金高强度钢按现行标准规定的化学成分和力学性能可查有关手册。

按照GBT1591—88中低合金高强度钢共列出17种钢号,钢结构常用的钢种为16锰钢和15锰钒钢,牌号以数字+合金元素符号+数字的形式表示。钢号前面两位数字表示钢中平均含碳量的万分之几;合金元素后的数字以百分之几表示该合金元素的含量。当其平均含量小于1.5%时,只标明元素符号不标明含量;当其平均含量不小于1.5%、2.5%等时,则在元素后面相应标出2、3数字。例如,16Mn就表示平均含碳量为0.16%,含有合金元素锰,锰的平均含量少于1.5%。在特别容易混淆的情况下,也可在元素含量小于1.5%时标数字1。例如,12CrMoV与12CrMo1V两个牌号的钢,12CrMoV中含铬量在0.4%~0.6%,而12CrMo1V中含铬量在0.9%~1.2%,为加以区别,在后者的Cr后面加注数字1。

1964年以来我国结合现有资源情况,大力发展低合金结构钢,并在钢结构中推广使用。二十年来,应用的低合金钢已有16Mn、16MnCu、16MnNbb、16MnRe、14MnNb、14MnNbb、18Nbb、15MnV、15MnTi、09Mn等。

采用低合金钢的主要目的是减轻结构重量、节约钢材和延长使用寿命。这类钢材具有较高的屈服强度和抗拉强度,也有良好的塑性和冲击韧性(尤其是低温冲击韧性)。

GBT1591—2018《低合金高强度结构钢》牌号表示方法:

钢的牌号由代表屈服强度"屈"字的汉语拼音首字母Q、规定的最小上屈服强度数值、交货状态代号、质量等级符号(B、C、D、E、F)四个部分组成。

注1：交货状态为热轧时，交货状态代号 AR 或 WAR 可省略；交货状态为正火轧制状态时，交货状态代号均用 N 表示。

注2：Q+ 规定的最小上屈服强度数值 + 交货状态代号，简称为"钢级"。示例：Q355ND。其中，Q 为钢的屈服强度的"屈"字汉语拼音的首字母；355 为规定的最小上屈服强度数值，单位为兆帕 (MPa)；N 为交货状态为正火或正火轧制；D 为质量等级为 D 级。

当需方要求钢板具有厚度方向性能时，则在上述规定的牌号后加上代表厚度方向 (Z 向) 性能级别的符号，如：Q355NDZ25。

3) 优质碳素结构钢

优质碳素结构钢是碳素钢经过热处理 (如调质处理和正火处理) 得到的优质钢。优质碳素结构钢与碳素结构钢的主要区别在于钢中含杂质元素较少，硫、磷含量都不大于 0.035%，并且严格限制其他缺陷，所以这种钢材具有较好的综合性能。GB699—2015《优质碳素结构钢》中，优质碳素结构钢共有 28 种品种。用于制造高强度螺栓的 45 号优质碳素钢就是通过调质处理提高强度的。低合金钢也可通过调质处理来进一步提高其强度。

此外，为了提高普通低碳钢中的耐候钢和耐海水腐蚀用钢的性能，需要在钢中加入必要的合金元素。常用元素中铜、磷的效果最佳，也符合我国资源条件。目前，我国的耐大气和海水腐蚀用钢大部以铜、磷为主要合金元素，并配镍、钛、锰和稀土等；美国发展 Cu-P-Cr-Ni 系钢。耐候钢比碳素结构钢的力学性能高，冲击韧性好，特别是低温冲击韧性较好，它还具有较好的耐腐性、良好的冷成形性和热成形性。

世界各国的钢材品种和牌号表示方式虽然各有不同，但其共同点是钢材品种和牌号均以强度等级来划分，其表示方式如图 1.16 所示，字首符号各国的有所不同。如美国采用 A，日本采用 SS、SM、SNSMA 等，德国采用 St，意大利采用 Fe，法国采用 A、E 等，苏联采用 C，英国无字首。

图 1.16 钢材品种和牌号表示方式

钢材最小抗拉强度的单位用 MPa 来表示，如 360 表示该钢材最小抗拉强度为 360MPa。有的国家采用屈服强度表示法，单位为 ksi (千磅力/英寸^2，1ksi×6.895=1MPa)，如美国 A36，表示屈服强度为 36ksi。

2. 选用原则

焊接承重结构以及重要的非焊接承重结构的钢材应具有冷弯试验的合格保证。对于需要验算疲劳强度以及主要受拉或受弯的焊接结构的钢材，应具有常温冲击韧性的合格保证；对于 Q235 钢和 Q345 钢，当结构工作温度等于或低于 0℃，但高于 -20℃ 时，应具有 0℃ 冲击韧性的合格保证；对于 Q390 钢和 Q420 钢应具有 -20℃ 冲击韧性的合格保证。当结构工作温度等于或低于 -20℃ 时，Q235 钢和 Q345 钢应具有冲击韧性的合格保证；对于 Q390 钢和 Q420 钢应具有 -40℃ 冲击韧性的合格保证。

钢材的选择在钢结构设计中是重要的一环，选择的目的是既要保证结构的安全，又要做到可靠和经济合理。选择钢材时应考虑以下几点。

1) 结构的重要性

对于重型工业建筑钢结构、大跨度钢结构、压力容器、高层或超高层的民用建筑或构筑物等重要结构，应考虑选用质量好的钢材；对于一般工业与民用建筑结构，可按工作性质分别选用普通质量的钢材。另外，按《建筑结构设计统一标准》规定的安全等级，把建筑物分为一级 (重要的)、二级 (一般的) 和三级 (次要的)，安全等级不同，要求的钢材质量也应不同。

2) 荷载情况

荷载可分为静态荷载和动态荷载两种。直接承受动态荷载和强地震区的结构，应选用综合性能好的钢材，一般承受静态荷载的结构则可选用价格较低的 Q235 钢。与腐蚀介质接触的钢结构应选用相应的耐腐蚀钢。

3) 连接方法

钢结构的连接方法有焊接和非焊接两种。由于在焊接过程中会产生焊接变形、焊接应力以及其他焊接缺陷，如咬肉、气孔、裂纹、夹渣等，有导致结构产生裂缝或脆性断裂的危险。因此，焊接结构对材质的要求应严格一些。例如，在化学成分方面焊接结构必须严格控制碳、硫、磷的含量，而非焊接结构对含碳量可适当降低要求。

4) 结构所处的温度和环境

钢材处于低温时容易冷脆，因此在低温条件下工作的结构尤其是焊接结构，应选用具有良好抗低温脆断性能的镇静钢。此外，露天结构的钢材容易产生时效，有害介质作用的钢材容易腐蚀、疲劳和断裂，也应加以区别地选择不同材质。

5) 钢材厚度

薄钢材辊轧次数多，轧制的压缩比大，厚度大的钢材压缩比小，所以厚度大的钢材不但强度较小，而且塑性、冲击韧性和焊接性能也较差。因此，厚度大的焊接结构应采用材质较好的钢材。

对钢材质量的要求,一般来说,承重结构的钢材应保证抗拉强度、屈服点、伸长率和硫、磷的含量,对于焊接结构应控制碳的含量。由于 Q235-A 钢的碳含量不作为交货条件,故一般不用于重要的焊接结构。

1.2 钢结构的焊接应力与变形

一般钢结构是由多种型材组合焊接而成的,熔化焊接是一个不均匀加热过程,当钢结构局部加热,随温度的升高而膨胀时,由于受到周边未受热金属的限制,冷却后导致钢结构产生内应力和变形。当残余应力和变形超过某范围时,将直接影响钢结构的承载能力、使用寿命、加工精度和尺寸,引起脆性断裂、疲劳断裂、应力腐蚀裂纹等。

本节将介绍残余应力及测量,了解焊接的标识和桥梁钢结构对变形的要求。特别是对于初学者,需要了解这些内容。由于焊接变形、构件制作或安装时的工艺误差,因此工程实际中采用的构件或结构是有相应施工工艺要求和制安缺陷限值,绝对平直或完全满足设计线型的构件或结构是不存在的。所以,在第 6 章对实用板件的分析和讨论时还会深入研究这个问题。

1.2.1 焊接应力与变形

1. 应力与变形的概念

引起金属材料内力的原因有工作应力和内应力。工作应力是指外力施加给构件的,工作应力的产生、消失与外力有关。当构件有外力时,构件内部即存在工作应力,相反则同时消失。内应力是指在没有外力的条件下平衡于物体内部的应力,在物体内部构成平衡的力系。按产生原因,内应力的分类有热应力、相变应力和塑变应力。

热应力是指在加热过程中,焊件内部温度有差异所引起的应力,故又称温差应力。热应力的大小与温差大小有关,温差越大应力越大,温差越小应力越小。相变应力是指在加热过程中,局部金属发生相变,使比容增大或减小而引起的应力。塑变应力是指金属局部发生拉伸或压缩塑性变形后引起的内应力,对金属进行剪切、冲压、铆接、铸造等冷热加工时常产生这种内应力。

1) 温度产生内应力的原因

温度差异所引起应力(热应力)的举例,如图 1.17 所示。它是一个既无外应力又无内应力的封闭金属框架,若只对框架中心杆件加热,而两侧杆件保持初始温度,则如果无两侧杆件,中心杆件随加热温度的升高而伸长,但由于受到两侧杆件和封闭框架的限制,不能自由伸长,此时中心杆件受压而产生压应力。两侧杆件受到中心杆件的反作用受拉而产生拉应力,压应力和拉应力是在没有外力作用下产生的。压应力和拉应力在框架中互相平衡，由此构成了内应力。如果加热的温度较低，应力在金属框架材料的弹性极限范围内，当温差消失后，温度差产生的应力随之消失。

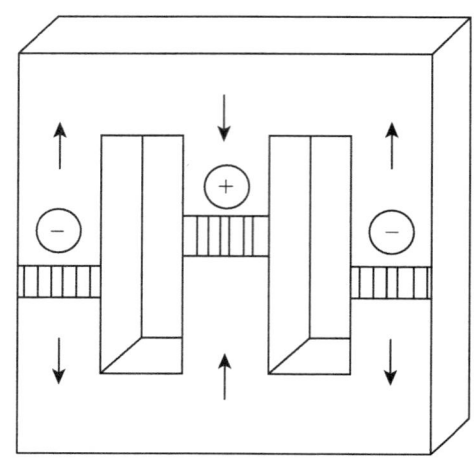

图 1.17 封闭金属框架

2) 残余应力

如果加热时产生的内应力大于材料的弹性极限，当温度恢复到原始温度时，中间杆件就会产生压缩塑性变形。若杆件能自由收缩，那么中间杆件的长度必然要比原来的短，这个差值就是中间杆件的压缩塑性变形量。应力是温度均匀后产生在物体中的，若杆件不能自由收缩，则中间杆件就会产生内应力。这种内应力是温度均匀后产生在物体中的，故称残余应力。实际上框架两侧杆件阻碍着中间杆件的自由收缩使其受到残余拉应力，两侧杆件本身则由于中间杆件的反作用而产生残余压应力。

2. 变形

在外力或温度等因素的作用下，引起金属物体形状和尺寸发生变化，这种变化称为物体的变形。变形有弹性变形、塑性变形、自由变形和非自由变形 (包括外观变形和内部变形)。当外力去除或温度均匀化后变形随即消失，物体恢复到原状，这种变形称弹性变形，不能恢复原状的变形称塑性变形。如果金属杆件因受热发生相变，引起形状和尺寸变化时，未受到外界任何阻碍而自由的变形，这种变形称自由变形，受到外界阻碍的称非自由变形。图 1.18(a) 是一端固定自由状态 (无约束) 的金属杆件，加热时变形按如下规律变化：

$$\Delta L_T = \alpha L_0 (T - T_0) \tag{1.4}$$

1.2 钢结构的焊接应力与变形

式中，ΔL_T 为自由变形量，L_0 为原长，α 为金属材料线膨胀系数，T 为加热的温度，T_0 为初始温度。

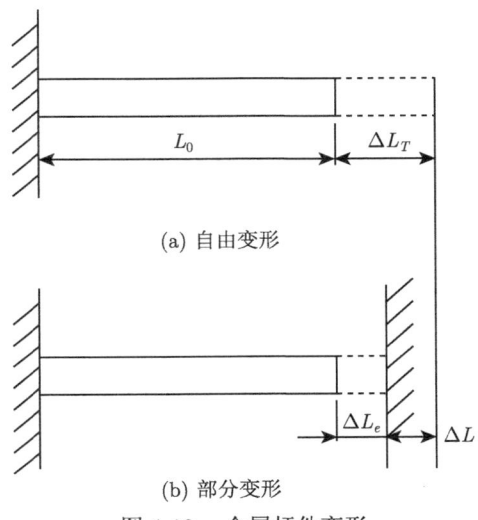

(a) 自由变形

(b) 部分变形

图 1.18　金属杆件变形

自由变形率 ε_T 为单位长度上的自由变形，用下式计算：

$$\varepsilon_T = \frac{\Delta L_T}{L_0} = \alpha(T - T_0) \tag{1.5}$$

如果杆件加热时受到阻碍 (非自由变形)，使其不能完全自由地变形，只能部分地表现出来，如图 1.18(b) 所示，能够表现出来的部分变形，称外观变形，用 ΔL_e 表示，未表现出来的部分变形称内部变形，用 ΔL 表示，$\Delta L = \Delta L_T - \Delta L_e$。外观变形率用 ε_e 表示，计算公式为 $\varepsilon_e = \dfrac{\Delta L_e}{L_0}$，内部变形率 ε 用下式计算：

$$\varepsilon = \frac{\Delta L}{L_0} \tag{1.6}$$

对于低碳钢来说，当变形在弹性范围内时应力 σ 和应变 ε 可用胡克定律来计算：

$$\sigma = E\varepsilon = E(\varepsilon_e - \varepsilon_T) \tag{1.7}$$

式中，低碳钢杆件中的应力 σ 达到材料的屈服强度 σ_y 后不再升高，E 为材料的弹性模量。

3. 研究焊接应力与变形的基本假定

焊接中由于温度场变化复杂,焊接接头的应力、性能也比较复杂,为了便于研究和应用,有如下基本假定[4]。

(1) 细长杆件的平截面假定。研究的构件较长,横截面相对长度来说较小,当构件伸长、缩短、弯曲变形时,其横截面总是保持平面。

(2) 屈服强度 σ_y 与温度的关系。低碳钢加热温度低于 500℃ 时,σ_y 不变,500~600℃ 时,σ_y 逐渐线性减小到零 (见图 1.19),大于 600℃ 时,呈全塑性状态。加热或冷却时均按此规律发生变化。

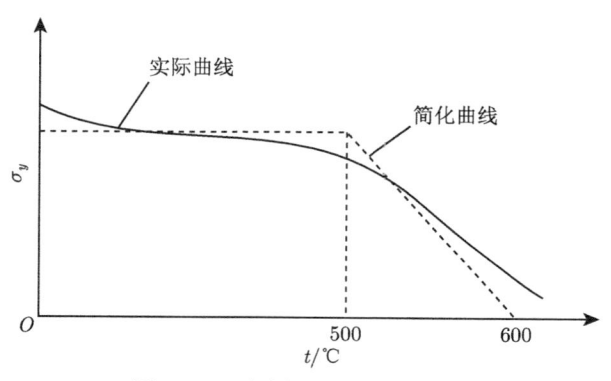

图 1.19 碳素钢 σ_y 与温度关系

(3) 金属的物理性能与温度无关。假定在加热过程中材料的线膨胀系数、比热容、热导率等均不随温度而变化 (实际是随温度变化的)。

4. 焊接应力与变形产生的原因

1) 简单杆件受热的应力和变形

A. 不受约束的自由杆件均匀加热和冷却时应力变形

自由杆件加热和冷却如图 1.18(a) 所示,因杆件一端固定,加热时杆件随加热温度变化,加热伸长多少,冷却后缩短多少,杆件尺寸没有变化,所以杆件没有残余应力和变形。由此可知焊件采取整体预热可减少残余应力。

B. 受绝对刚性约束杆件均匀加热和冷却时的应力变形

绝对刚性约束是指杆件加热和冷却时两端都进行牢固连接,加热或冷却时杆件轴线方向从外观无法判定加热伸长多少,冷却后缩短多少,如图 1.20 所示,所以外观变形率 $\varepsilon_e = 0$。$\varepsilon = -\alpha T$,也就是 $\Delta L = \Delta L_e$,对于低碳钢 $E = 1.96 \times 10^5 \text{MPa}$;$\alpha = 1.2 \times 10^{-5} \text{K}^{-1}$;$\sigma_y = 235 \text{MPa}$,因 $\sigma_y^- = \sigma_y^+ = \sigma_y$,所以将常数代入下式:

$$T_s = \frac{\sigma_y^-}{\alpha E} = \frac{\sigma_y^+}{\alpha E} = 99.9 \text{K} \tag{1.8}$$

式中，σ_y^- 为材料受压的屈服极限，σ_y^+ 为材料受拉的屈服极限，T_s 为材料屈服时的温度。

图 1.20 杆件刚性固定

结果说明，完全刚性约束条件下，加热到 99.9K 左右时，低碳钢杆件内的应力就可以达到材料的屈服极限，小于 99.9K 时杆件内产生弹性变形，加热温度大于 99.9K 时杆件内产生塑性变形。摄氏温度 (℃) 与华氏温度 (°F) 的换算关系为华氏温度 = 9/5 摄氏温度 + 32。

根据这一估算可以看出，当加热温度 $T < T_s$ 时，低碳钢杆件内只有弹性变形存在，随着加热温度的升高，产生的弹性变形率 ε_e^- 越大，压应力 σ^- 也越大。冷却时随着温度的降低，弹性变形率 ε_e^- 逐渐趋于零，压应力 σ^- 也逐渐趋于零，杆件恢复到原长，最后杆件内无应力和残余变形。

当加热温度 $T > T_s$ 时，低碳钢杆件内产生最大弹性变形率 σ_{em} 的同时，又产生了塑性变形率 ε_p，而随着加热温度 T 的提高，最大弹性变形率 σ_{em} 逐渐减小，塑性变形率 ε_p 逐渐增大。

对于低碳钢来说，当 $T \geqslant 600℃$ 时，弹性变形率 σ_{em} 等于零，内部变形率 ε 等于塑性变形率 ε_p。也就是说加热温度大于等于 600℃ 时，杆件内只产生塑性变形，无弹性变形。冷却后，恢复到初始温度，杆件产生了压缩量 ΔL_e。

2) 长板条不均匀受热时的应力和变形

前面介绍的构件是均匀加热的，对试验板件的焊接实际是一个局部不均匀加热过程。假设加热中三个板条可分开，每个板条可认为是均匀受热。为了便于分析，假定图 1.21(a) 三个板条尺寸完全相同，几个板条连接后无内应力；对中间板条加热时，不向两侧传导热量。

A. 三个板条加热冷却自由变形

当三个板条均处于自由状态，对 B 板条进行加热时，B 独立伸长，板条 A、C 未受热，所以长度无变化。

实际上三个板条是连在一起的，可见变形率为 ε_e。B 板条因加热伸长，A、C 板条阻碍其伸长所以受拉，用 (+) 表示；同时板条 B 受板条 A、C 的限制，得不到自由伸长而产生压应力，用 (−) 表示。

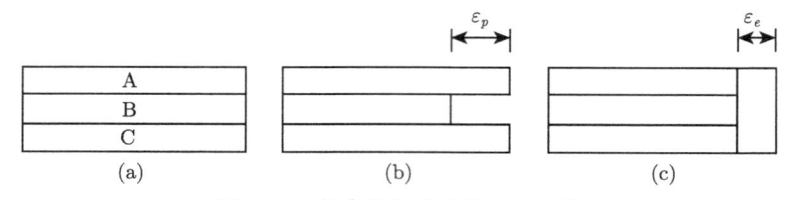

图 1.21　板条加热冷却应力与变形

冷却时板件的变化分两种情况：第一种，当加热温度不足以使板件产生塑性变形时，冷却后板件 B 不缩短，板件 A、C 也无变化，最后板件无应力，也无残余变形；第二种，当加热温度较高时，使中间板条既产生了压缩弹性变形，同时也产生了压缩塑性变形，中间板条的应力 $\sigma = \sigma_y$，两侧板条产生的应力 $\sigma = \frac{1}{2}\sigma_y$，冷却时因中间板条产生塑性变形率 ε_p，若容许自由收缩，则中间板条应缩短 ε_p，如图 1.21(b) 所示，两侧板条因无塑性变形，缩回原长。但实际上三个板条是连在一起的，中间板条不可能自由缩短，而是带动两侧板条同时缩短 ε_e 长度，如图 1.21(c) 所示。最后中间板条产生拉应力，两侧板条产生压应力，整个板条产生缩短变形。

B. 板条正中加热 (不均匀) 时的应力与变形

图 1.22(a) 所示材料为低碳钢，在板中间沿长度方向上用电阻丝进行加热，则在板条宽度方向上出现中间高两侧低的不均匀温度场 T，而在板厚和长度方向可视为均匀的温度场。假设该板条由若干个互不相连的窄板条组成，加热平衡时温度场在板条上呈抛物线，可以看出板条上每个截面上的温度曲线分布都不均匀，此时如果把板条分成若干个小板条，使每个小板条自由伸长，其规律为中间伸出最长，像阶梯一样，与温度场分布规律一样，如图 1.22(b) 所示。但实际上板条是一个整体，不可能单独自由伸长，而是按平截面假设保持平面，内部中间变形率 $\varepsilon = \varepsilon_e - \varepsilon_T$ 为负值，产生压应力，两侧 $\varepsilon = \varepsilon_e - \varepsilon_T$ 为正值，产生拉应力，如图 1.22(c) 所示。

冷却时，假设板条是互不相连的小窄条，则冷却后板条中心区端面将出现凹陷，由于板条表示一个整体，中心部位收缩时受到两侧金属的限制，端面只能按平截面缩短，如图 1.22(d) 所示的 x 轴线下方虚线所示。最后板条中间部位出现残余拉应力，板条两侧出现残余压应力，整个平板缩短 ΔL_e 长度 (残余变形)，而且加热时的温度越高，金属产生的塑性变形率越大，残余应力越大。

1.2 钢结构的焊接应力与变形

图 1.22 板条正中加热

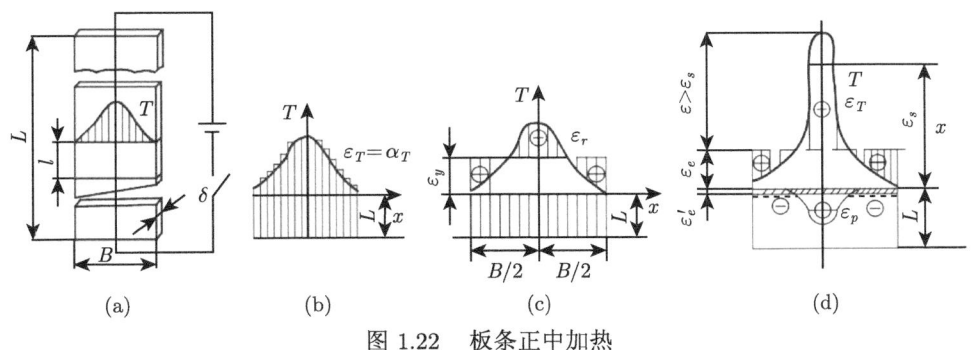

T-温度场；δ-板厚；L-板长；B-板宽

C. 板条一侧非对称加热时的应力与变形

在实际结构中多数是在板件的边缘加热。图 1.23(a) 中的电阻丝移至板条的一侧加热，在长板条中产生相对于截面中心不对称的温度场。加热时的应力和变形可用计算方法或测量得出。假设该板条由若干个互不相连的窄板条组成，加热平衡时，就会出现放置电阻丝端伸出最长，而另一端尺寸几乎不变。但实际上板条是整体的，电阻丝加热部位不可能单独伸长而是按平截面假设伸长，且保持平面，按内应力构成平衡力系判断。

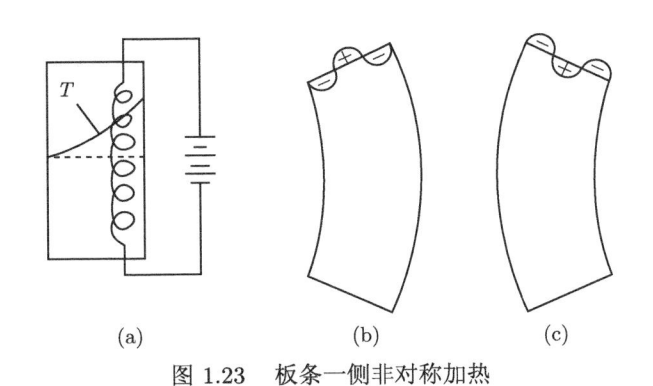

图 1.23 板条一侧非对称加热

加热时两侧受压，中间受拉，受压的面积等于受拉的面积。整个平板产生拉伸并向左发生弯曲变形，如图 1.23(b) 所示。冷却时，如果加热温度不能使一侧板条发生压缩塑性变形，冷却后板条不缩短、无变形；如果加热温度较高，板条一侧除产生了弹性变形外，也产生了塑性变形，冷却后，两侧受拉，中间产生缩短并向右弯曲变形，如图 1.23(c) 所示。

1.2.2 焊接残余应力分布

残余应力可以通过理论分析、数值计算和实际测量加以确定[12]。本节主要介绍焊接后残存在常用焊接接头中的应力分布情况。焊接残余应力基本是沿两个方向分布，即板件的长和宽，为了便于分析，平行焊缝轴线方向的应力称为纵向残余应力 σ_x，垂直焊缝轴线方向的应力称为横向残余应力 σ_y，厚度方向的残余应力为 σ_z。在厚度小于 20mm 的对接接头结构中，厚度方向应力 σ_z 较小，可以不计。

1. 纵向应力

图 1.24 是低碳钢板件熔化焊对接接头残余应力分布，从图中看出，沿焊缝 x 轴方向应力分布不完全相同，焊缝的中间区域纵向应力为拉应力，其数值可达到材料的屈服点；在板件两端，拉应力逐渐减小至自由边界 $\sigma_x = 0$。靠近自由端面 I-I 和 II-II 截面 $\sigma_x < \sigma_s$。随着截面离开自由端距离的增大，σ_x 逐渐趋近于 σ_s，板件两端都存在一个残余应力过渡区。在 III-III 截面 $\sigma_x = \sigma_s$，此区为残余应力稳定区。图 1.25 是三种长度堆焊焊缝的纵向残余应力在焊缝横截面上的分布情况。从图中看出，随着焊缝的长度增加，稳定区也增长，当焊缝的长度较短时无稳定区，则 $\sigma_x < \sigma_s$，焊缝越短 σ_x 越小。

图 1.24 对接焊缝各截面 σ_x 的分布

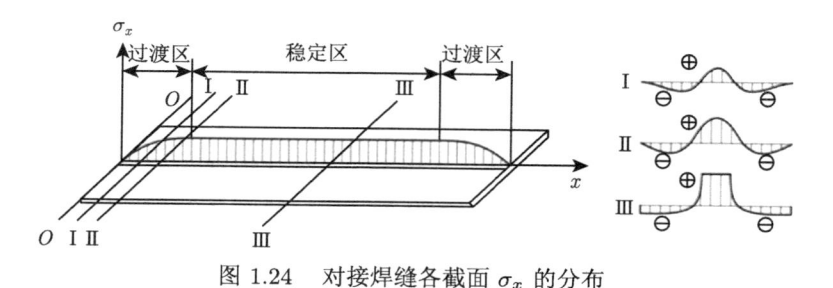

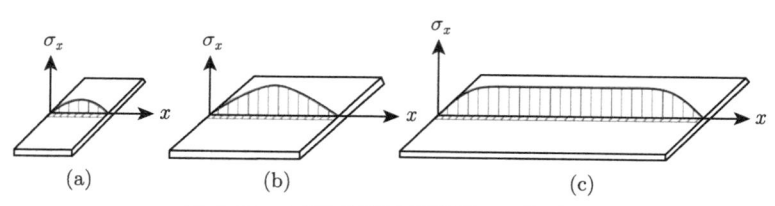

图 1.25 三种长度堆焊焊缝 σ_x 的分布

不同成分的板材纵向应力分布规律基本相同，但由于热物理性能和力学性能不同，其残余应力大小不尽相同。例如，钛材焊缝中的纵向应力一般为板件材料屈服强度的 0.5~0.8 倍，铝材焊缝为 0.6~0.8 倍。

1.2 钢结构的焊接应力与变形

T 形接头的应力分布较对接接头复杂。图 1.26 是 T 形接头不开坡口角焊缝纵向残余应力的分布情况。当翼板厚度 δ 与腹板 h 之比较小时，腹板中的纵向残余应力分布相似于板边堆焊，如图 1.26(a) 所示，比值较大时与等宽板对接焊时情况相似，如图 1.26(b) 所示。

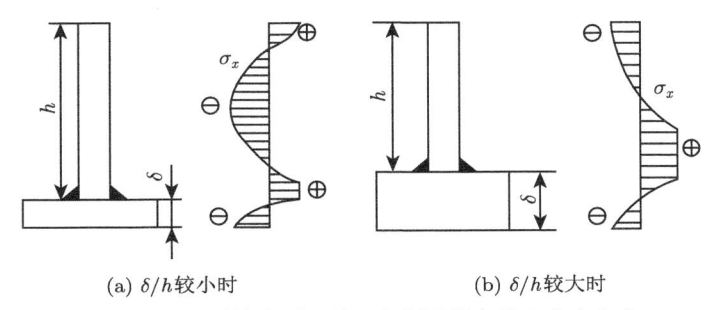

图 1.26 T 形接头不开坡口角焊缝纵向残余应力分布

2. 横向应力

平板对接焊缝中横向残余应力 σ_y 垂直于焊缝，它的分布与纵向应力 σ_x 的分布规律不同。横向残余应力由两部分组成：一部分是由焊缝及其附近塑性区的纵向收缩引起的横向应力 σ'_y；另一部分是由焊缝及其附近塑性变形区的横向收缩所引起的横向应力 σ''_y。

图 1.27 是两块平板对接的板件，图中表示连接后室温板件的应力分布。板件中间受拉，两侧受压。如果假想沿焊缝中心将板件一分为二，就相当于板边堆焊，有焊缝一边产生压缩变形，无焊缝一边出现伸长变形，如图 1.27(b) 所示。要使两块板件恢复原来的位置，应在两端加上横向拉应力，由此推断，焊缝及其附近塑

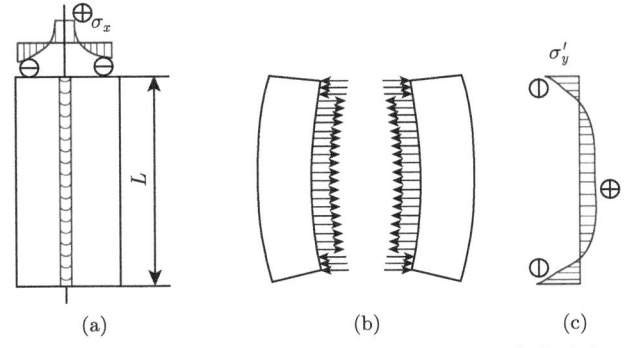

图 1.27 平板对接纵向收缩引起的横向应力 σ'_y 的分布

性变形区的纵向收缩会使板件两端存在着压应力，而中心部位存在着拉应力，如图 1.27(c) 所示。同时两端压应力的最大值要比拉应力的值大得多。图 1.28 是不同长度的焊缝 σ_y' 的分布规律，只是长焊缝中部的拉应力将有所降低，其他的基本相同。

焊缝的横向应力分布还与焊接速度、焊接方向和顺序等有关。长焊缝平板对接，焊接速度很慢，在引弧端会产生高值的横向拉伸残余应力，而在焊缝中部为压应力。由此看出，慢焊速平板对接焊缝的横向应力分布图形的正负符号与图 1.28 所示短板快速焊时的符号相反。

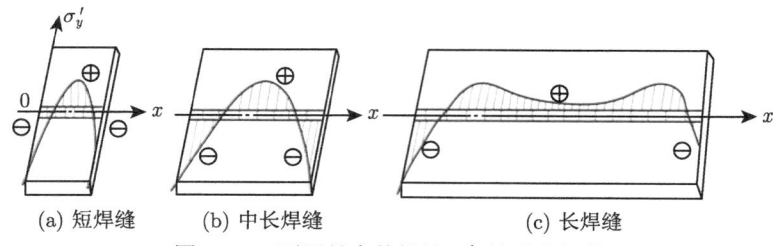

(a) 短焊缝　　(b) 中长焊缝　　(c) 长焊缝

图 1.28　不同长度的焊缝 σ_y' 的分布规律

不同焊接方向时 σ_y'' 的分布规律也不相同。一条焊缝如果不能同时完成，先焊部分先冷却，后焊部分后冷却。先冷却的焊缝限制后冷却焊缝的横向收缩。这种相互制约构成横向应力 σ_y''。此外，一条焊缝从中间分成两段焊时，先焊的焊缝部分受压，后焊的焊缝部分受拉，如图 1.29 所示，图中箭头表示焊接方向。直通焊的尾部 σ_y'' 受拉，分段焊的 σ_y'' 有多次正负反复，拉应力峰值往往高于直通焊。

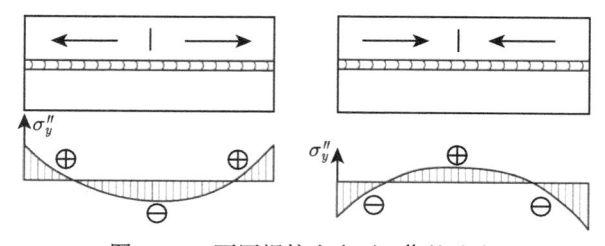

图 1.29　不同焊接方向时 σ_y'' 的分布

从以上分析可知，横向应力 σ_y 应由 σ_y' 和 σ_y'' 组合而成。从减小总横向应力 σ_y 来看，应合理地选用不同的分段和不同的焊接方向。

3. 厚板中的残余应力

图 1.30 是厚板对接多层焊模型的横向残余应力分布情况。图 1.30(a) 中间为填充材料，随着填充材料厚度的增加，横向收缩应力 σ_y 也沿 z 轴向上移动，并

在已填充坡口的纵截面上引起应力。若板材在焊接中可自由变形，即板边在无拘束的情况下，随着坡口填充层的增加，产生急剧的角收缩，导致横向残余应力在焊根部位为高值拉应力，如图 1.30(b) 所示。相反，厚板根部如果采用刚性约束，则发生图 1.30(c) 所示的根部为高值横向残余压应力。

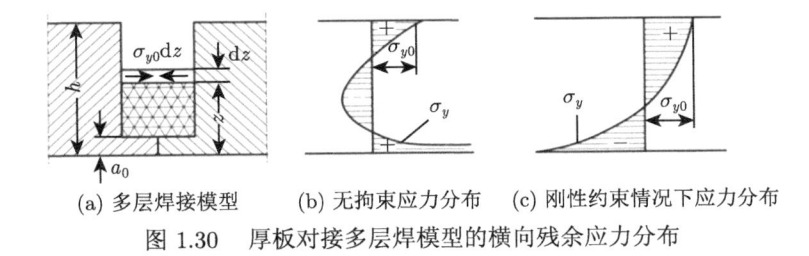

(a) 多层焊接模型   (b) 无拘束应力分布   (c) 刚性约束情况下应力分布

图 1.30　厚板对接多层焊模型的横向残余应力分布

综上所述，厚板结构中除了存在纵向和横向应力之外，厚度方向还存在着较大的残余应力 σ_z。这三个方向的残余应力在厚度方向上的分布很不均匀，其分布与焊接工艺有直接的关系。

图 1.31 所示材料为低碳钢，在图中的技术条件下焊后焊缝根部 σ_y 的值极高，大大超过了材料的屈服强度 σ_s，产生这种情况的原因是：多层焊时每焊一层都会使焊接接头产生一次角变形，在根部引起一次拉伸塑性变形。数次塑性变形的积累，使根部金属发生硬化，应力不断上升，严重时会导致焊缝根部开裂，焊接时，如果限制焊缝的角变形，则根部可能出现压应力。

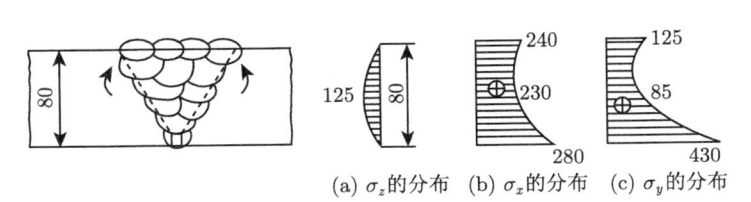

(a) σ_z 的分布   (b) σ_x 的分布   (c) σ_y 的分布

图 1.31　厚板多道多层焊中残余应力的分布 (单位：MPa)

4. 工字梁的残余应力

梁、柱、工字梁是在框架结构、起重设备、钢结构厂房框架等中用来承受荷载的，它的加工方法不同，残余应力分布也不同。图 1.32 是低碳钢焊接工字梁中的纵向焊接残余应力分布情况。从图中看出，在腹板的中间部位是压应力区，而且压应力的数值也较高，如图 1.32(a) 所示。

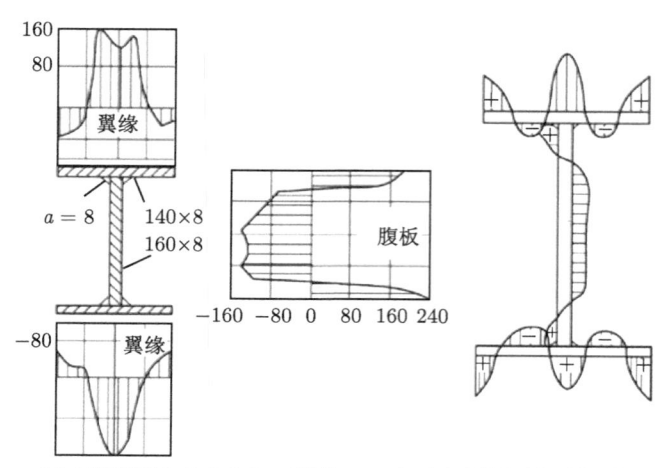

(a) 工字梁残余应力分布σ_x(单位: MPa)　(b) 火焰切割下料工字梁残余应力

图 1.32　焊接工字梁纵向残余应力分布

在腹板的两端焊缝处和上、下翼板焊缝周围以及板边主要产生的都是残余拉应力,并且腹板和翼板焊缝周围拉应力重叠。如果翼板采用火焰切割,焊接后在翼板边缘仍保留有火焰切割所产生的残余拉伸应力,如图 1.32(b) 所示。因此,火焰切割下料的翼板边残余应力与用其他方法切割时的不同。

5. 钢构件内截面的残余应力分布

构件的残余应力是构件内部自相平衡的内应力。沿构件轴线方向截面的纵向残余应力分布和大小与一系列因素,诸如截面的形状和尺寸、型钢和钢板的轧制、焊接工艺和材料性能等有关。许多国家曾用锯割法测定构件中的残余应力,并经统计分析,拟定典型的残余应力图式,用于构件或板件的稳定计算。图 1.33 是几种截面的残余应力分布,截面的上半部给出了实测值,实际上残余应力的分布在截面的上下左右各部位均不完全对称,但其差别不大,截面的下半部给出的是可用于计算的数值,正号值为拉应力,负号值为压应力。也可以先根据不同的构件截面实测残余应力数据与材料屈服强度的比值折算出残余应力的分布图,再类推不同强度材料的截面残余应力分布和数值。严格说来残余应力分布呈曲线形式,但为便于计算,也可用折线代替,其中残余压应力的峰值和此峰值所在截面的位置对受压构件和板件稳定性的影响最大。

图 1.33(a) 是 18 号普通 I 形钢截面的残余应力分布,由于翼缘窄而厚,轧制冷却时延续时间长,因此翼缘全部是拉应力,翼缘外侧的拉应力很微小;图 1.33(b) 是由三块 8×140 钢焊接成的 I 形截面,翼缘边缘原是火焰切割的,但试件成形后又经过刨边,因此边缘出现压应力,其上侧为测点残余应力分布曲线,其下侧为

经简化的分布曲线；图 1.33(c) 是 8in (1in=0.0254m) 的轻型轧制宽翼缘 I 形钢；图 1.33(d) 为翼缘具有火焰切割边的焊接 I 形钢，翼缘与腹板连接处的残余拉应力达到屈服强度，而翼缘的外侧也存在很高的拉应力；图 1.33(e) 为厚钢板的焊接 I 形钢，由于翼缘很厚，其内表和外表的残余应力有很大差别，在翼缘与腹板的连接处，内表的残余拉应力高达屈服强度，而外表却存在压应力；图 1.33(f) 是箱形截面的残余应力分布，残余压应力的峰值与板的宽厚比有关，当宽厚比小于 30 时其峰值可达 $0.6f_y$。

图 1.33(g) 是等边角钢截面的残余应力分布，对于大尺寸的角钢，残余应力的峰值可达 $(0.25\sim0.3)f_y$；图 1.33(h) 为焊接 T 形截面，翼缘外侧残余压应力的峰值由截面内力的自相平衡条件决定；图 1.33(i) 和 (j) 分别是焊接圆管半个圆周截面纵向和沿壁厚环向残余应力分布，管壁内侧残余拉应力的峰值为 $0.33f_y$，外侧残余压应力的峰值为 $0.35f_y$。图 1.33(i) 和 (j) 的残余应力分布都是根据直径为 560mm、壁厚为 8mm 和长度为 1.2m 的焊接圆柱壳测定的。

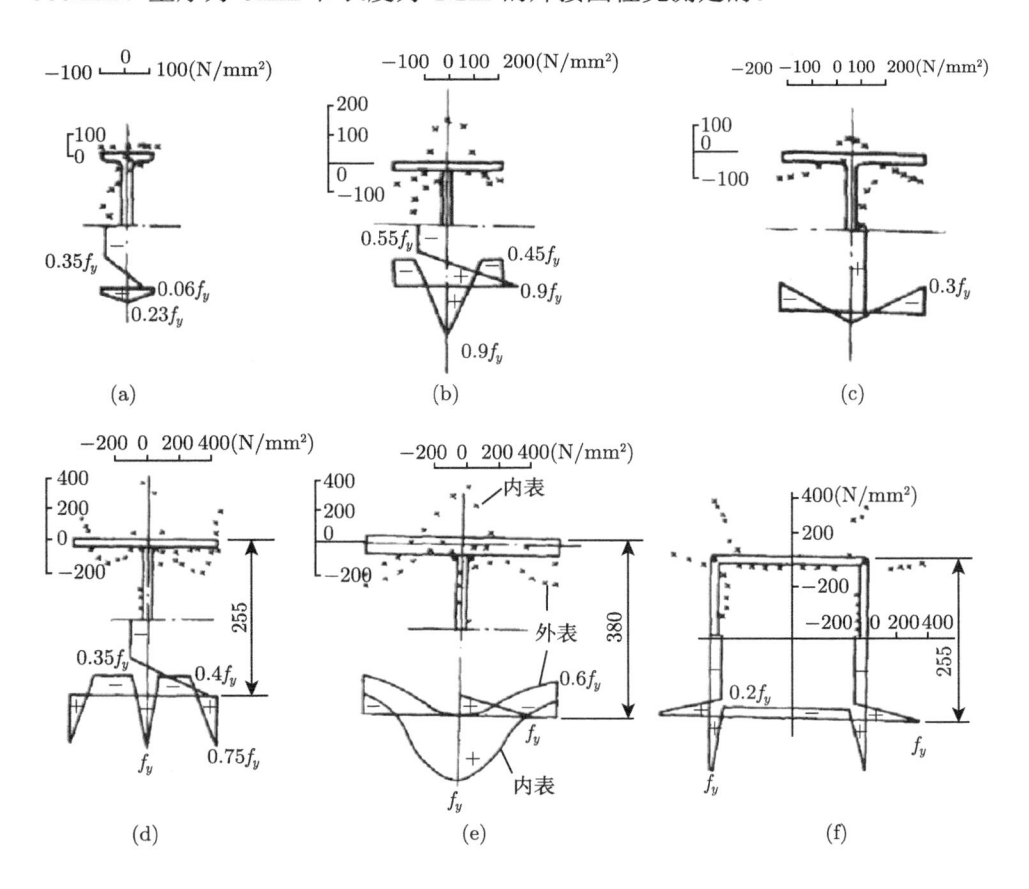

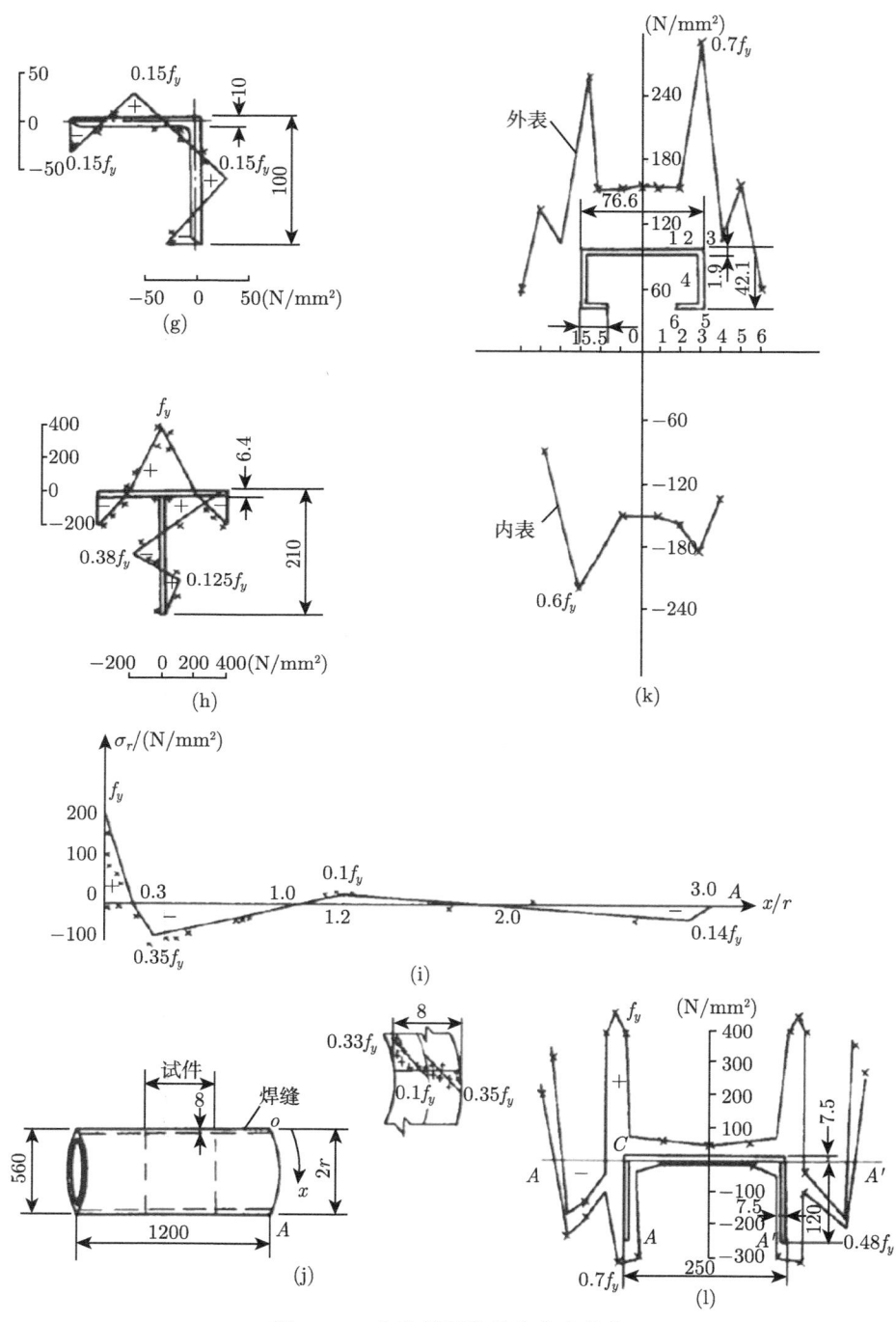

图 1.33　几种截面的残余应力分布

图 1.33(k) 是厚度为 1.9mm 的冷弯薄壁带卷边的 Ⅱ 形截面展开用电射剥离技术测得的残余应力分布，由于冷弯加工原因，存在着纵向和横向残余应力，图中画出的是纵向残余应力，截面的内表和外表的残余应力有很大差别，图中上侧的折线是外表残余拉应力的实测值，而下侧的折线是内表残余压应力的实测值，它们的峰值都达到了 $(0.6\sim0.7)f_y$；图 1.33(l) 是厚度为 7.5mm 的冷弯薄壁 Ⅱ 形展开截面的残余应力分布，残余应力的产生有钢板热轧后冷却温度不均匀、卷板拉直和冷加工等多重原因，截面外表和内表的残余拉应力和压应力的峰值都达到或接近屈服强度，左右两侧基本上是相同的。

为研究 960MPa 高强钢焊接箱形截面的残余应力，文献 [14,15] 采用分割法对 3 个截面尺寸不同的试件进行了试验研究，分析了板件宽厚比对残余应力的影响以及截面板件残余应力的自平衡性；通过总结国内外针对其他不同强度钢材焊接箱形截面残余应力的大量试验数据，研究钢材强度对残余应力分布规律的影响。研究结果表明：板件中部残余压应力的大小与截面尺寸直接相关，与钢材强度等级无明显关系；焊缝附近残余拉应力与截面尺寸无直接关系，并随钢材强度提高而增大，但对于高强度钢材截面残余拉应力低于钢材强度；焊接箱形截面四块板件的残余应力分别能够满足自平衡条件。统计分析表明，对于高强钢 460MPa 和 690MPa 钢材，截面的最大残余应力为 $0.75f_y$，对于低强度钢最大残余应力为 f_y；截面的残余应力分布图中峰值点的残余应力值近似满足正态分布，离散度系数为 0.083~0.415，截面的幅面尺寸越小，离散程度越高。

6. 残余应力测量

虽然目前已经发展到焊接热弹塑性理论，借助有限元和高速计算机来预测模拟焊接残余应力的分布，但是模拟计算仍然具有局限性，实际的焊接检测仍然具有实际意义。

焊接残余应力的测量始于 20 世纪 30 年代，至今已研究出数十种测量方法，可分为两大类：一类是机械测量法，例如小孔法、分割全释放法等；另一类是物理测量法，例如 X 射线衍射法、超声波法和中子束成像法等。机械测量法是将构件的一小部分从整体中分离或切割出来使应力释放，采用仪器测量出释放的应变大小，然后通过应力-应变公式计算出焊接残余应力，其特点是对构件有一定的损伤。物理测量法虽然对被测构件无损害，但成本较高。其中小孔法和 X 射线衍射法是使用较多的，尤其以小孔法最多。

小孔法是 J. Mather 于 1934 年提出的，该方法操作相对简单，测试成本较低，对构件破坏程度小，可测量各种金属和非金属材料的残余应力，但是小孔法测量精度受许多因素的影响，例如孔边塑性变形、钻削附加应变、孔位偏移、孔径和孔深误差、应变片粘贴质量及灵敏度误差等，另外采用小孔法测量高残余应力时，应力集中会造成孔边屈服而产生塑性变形，这会导致很大的测量误差。

残余应力是影响构件稳定承载力的主要因素之一。已有的研究报道主要集中在焊接工字形、箱形和钢管截面，也有轧制截面。研究已达成两点共识：一是高强钢残余应力分布规律和普通钢大致相同；二是随着板件宽厚比增大，残余压应力减小。但是由于焊接工艺、板件尺寸的不同，测出的残余应力峰值也不同。

Rasmussen 等测量了名义屈服强度为 690MPa 的焊接工字形和箱形截面的残余应力。但由于采用名义屈服强度为 360MPa 的焊条，故仅测量了残余压应力，而未测得残余拉应力。对于焊接工字形截面，测得翼缘和腹板部分的平均压应力分别是 135MPa 和 32MPa，相当于 $0.20f_y$ 和 $0.05f_y$（f_y 为屈服强度）。对于焊接箱形截面，测得腹板部分的平均压应力是 123MPa，相当于 $0.18f_y$。Usami 等先后测量了 HT80 钢（屈服强度为 690MPa）和 SM58 钢（屈服强度为 460MPa）焊接方管的残余应力，得到残余应力的分布模式如图 1.33(f) 所示，试件宽厚比分别为 22、33 和 44，测得的残余拉应力峰值 $\sigma_{rt} = 0.6f_y = 444.6$MPa；残余压应力峰值 σ_{rc} 分别为 $0.138f_y$、$0.087f_y$、$0.112f_y$。此处 f_y 取实测屈服强度，若取名义屈服强度，则 $\sigma_{rt}=0.64f_y$；σ_{rc} 分别为 $0.15f_y$、$0.09f_y$、$0.12f_y$。当试件宽厚比分别为 29、44 和 58 时，测得 $\sigma_{rt}=0.8f_y=454.4$MPa；σ_{rc} 分别为 $0.32f_y$、$0.22f_y$、$0.15f_y$，f_y 也取实测屈服强度。由这两组数据可以看出，随着板件宽厚比增大，残余压应力减小[9]。其他文献也有相同报道。

班慧勇等和 Wang Yanbo 等测量了 Q460 钢焊接方形管截面的残余应力，其实测残余应力的分布也和 Rasmussen 等测量的相同，但大部分试件的残余拉应力小于钢材的名义屈服强度 460MPa。班慧勇等和 Wang Yanbo 等测量了 Q460 钢翼缘为火焰切割边焊接工字形截面的残余应力，得出高强钢残余应力分布与普通钢没有太大区别的结论。Wang Yangbo 等测量了 4 个 Q460GJ 钢火焰切割板和 8 个翼缘为火焰切割边的焊接工字形截面的残余应力。结果表明，火焰切割板边的残余拉应力变化范围在 217~398MPa；焊接工字形截面的残余应力分布和普通钢略有不同：一是翼缘火焰切割边为残余压应力，而非残余拉应力；二是翼缘最大拉应力出现在焊缝附近，而不是焊缝本身。另外，班慧勇等采用分割法还测量了 Q420 等边角钢的残余应力。但由于测量数据离散性较大，提出了四种残余应力分布模式，两种是二次曲线模型，一种是三角函数模型，另一种是折线模型。残余拉应力峰值平均值 $\sigma_{rt} = 0.068f_y$，残余压应力峰值平均值 $\sigma_{rc} = 0.039f_y$。魏言磊等报道了 Q690 钢焊接钢管实测残余应力的分布，在焊接部位残余拉应力达到了名义屈服强度[15]。

1.2.3 残余应力对结构的影响

熔化焊必然会带来焊接残余应力,焊接残余应力在钢结构中并非都是有害的。根据钢结构在工程中的受力情况、使用的材料、不同的结构设计等,正确选择焊接工艺,将不利的因素变为有利的因素,同时要做到具体情况具体分析。

1. 对静载强度的影响

正常情况下,如图 1.27 所示平板对接直通焊纵向残余应力的中间部分为拉应力,两侧为压应力,焊件在外拉应力 F 的作用下,内部的应力分布将发生变化。焊件两侧受压应力会随着拉应力 F 的增加,压应力逐渐减小而转变为拉应力,而焊件中的拉应力与外力叠加。如果焊件是塑性材料,当叠加力达到材料的屈服点时,局部会发生塑性变形,在这一区域应力不会再增加。通过塑性变形,焊件截面的应力可以达到均匀化,因此塑性良好的金属材料,焊接残余应力的存在并不影响焊接结构的静载强度。在塑性差的焊件上,因塑性变形困难,当残余应力峰值达到材料的抗拉强度时,局部首先发生开裂,最后导致钢结构整体破坏。由此可知,焊接残余应力的存在将明显降低脆性材料钢结构的静载强度。

2. 对受压构件稳定性的影响

焊接工字梁 (H 形) 中的残余压应力和外载引起的压应力叠加之和达到材料的屈服点时,这部分截面就丧失进一步承受外载的能力,削弱了有效截面积。这种压力的存在,会使工字梁的稳定性明显下降,易导致局部或整体失稳,产生变形。

焊接残余应力对杆件稳定性影响的大小与内应力的分布有关。图 1.34 所示为带火焰切割边及带翼板的 H 形焊接杆件的内应力分布。如果 H 形杆件中的翼板采用火焰切割,或者翼板由几块叠焊起来,则可能在翼板边缘产生拉伸应力,其失稳临界应力比一般焊接的 H 形截面高。

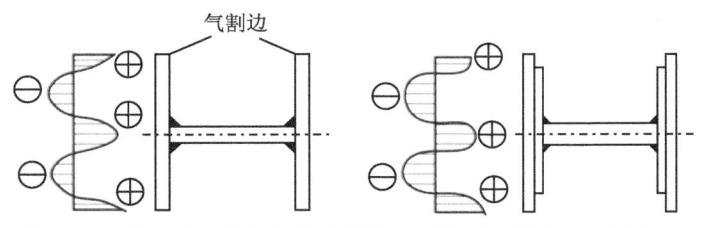

图 1.34 带火焰切割边及带翼板的 H 形焊接杆件的内应力分布

1.2.4 焊接变形对钢结构的影响

对于采用螺栓进行连接的焊接构件,要充分考虑到因焊接、切割热过程引起的纵向、横向收缩使构件发生缩短的现象,如果事先未预留收缩量,会造成钢结构整体缩短难以组装。

多数钢结构的部件经焊接成形后，都采用螺栓、螺钉、铆钉等连接件组装在一起，或通过压板与其他构件进行拼接。如果焊接使构件发生变形、表面凸凹不平、构件发生弯曲扭斜等，则组装时很难将拼接件贴紧，变形量超过某一数值时，拼接很难进行甚至不能拼接。钢结构整体如果产生扭曲变形，就会降低承载能力，降低使用寿命，甚至不能使用。焊接变形对钢结构的影响有：

(1) 对构件加工尺寸精度的影响。对尺寸精度要求高的焊接结构，焊后一般都采用切削加工来保证构件的技术条件和装配精度。

(2) 对应力腐蚀裂纹的影响。金属材料在某些特定介质和拉应力的共同作用下发生的延迟开裂现象，称为应力腐蚀裂纹。应力腐蚀裂纹主要是由材质、腐蚀介质和拉应力共同作用的结果。

(3) 对结构拼接组装的影响。设计的钢结构首先要安全、实用、经济美观，焊接成形的钢结构必须满足设计要求，表面平整，无凸凹不平现象，整体上平整顺直无弯曲扭斜。

(4) 变形会降低构件的承载能力。例如，H形钢在承受竖向荷载时发生挠曲变形，当承受的荷载小于发生挠曲变形的某一强度值时，H形钢处于稳定状态。当竖向荷载大于某一强度值时，H形钢则向凹的方向弯曲，甚至发生扭转，使H形钢丧失稳定性而失去继续承载的能力。如果H形钢发生的变形较小，或控制在技术要求的范围内，则其承载能力损失就会大大减小。变形可使其受力状态发生改变，进而导致结构的破坏，也会使钢结构承载能力下降。消除焊接残余应力的方法有热处理、锤击、振动法和加载法等。

(5) 变形会影响钢结构的正常使用。例如，桥式、门式起重机的变形会引起车轮啃道、滑坡、打滑、电机烧损甚至掉道。桥梁发生变形，车辆在桥上行驶会使车辆左右摇摆，上下颠簸甚至倾覆等。

(6) 变形会浪费工时、增加生产周期，或矫正变形过程中使构件产生加工硬化。如果采用加热矫正，往往会使构件内部组织变得粗大，降低构件的承载能力。

1.2.5 焊接符号及标注说明

焊接符号是一种工程语言，是采用一些符号在图样上用技术制图方法表示焊缝的基本形式、几何尺寸和焊接方法[4]。焊接符号可以表示出：

(1) 所焊焊缝的位置；
(2) 焊缝横截面形状 (坡口形状) 及坡口尺寸；
(3) 焊缝表面形状特征；
(4) 表示焊缝某些特征或其他要求。

焊接符号的国家标准主要有两个：

(1) GB/T 324—2008《焊缝符号表示法》；

1.2 钢结构的焊接应力与变形

(2) GB/T 985.1—2008《气焊、焊条电弧焊、气体保护焊和高能束焊的推荐坡口》。

焊接符号一般是由基本符号和指引线组成，必要时还可以加上辅助符号、补充符号和焊缝尺寸符号。焊缝基本符号是表示焊缝截面形状的符号，它采用近似于焊缝横剖面形状的符号来表示。GB/T 324—2008 中规定了 13 种焊缝的形式符号，见表 1.1。

表 1.1　焊缝的形式符号

焊缝名称	焊缝横截面形状	符号	焊缝名称	焊缝横截面形状	符号
卷边焊缝		八	塞焊缝或槽焊缝		⊓
I 形焊缝		‖	点焊缝		○
V 形焊缝		V	缝焊缝		⊖
单边 V 形焊缝		V	陡边 V 形焊缝		V
带钝边 V 形焊缝		Y	陡边单 V 形焊缝		V
带钝边单边 V 形焊缝		Y	端焊缝		‖‖

续表

焊缝名称	焊缝横截面形状	符号	焊缝名称	焊缝横截面形状	符号
带钝边U形焊缝			堆焊缝		
带钝边J形焊缝			平面连接(钎焊)		
封底焊缝			斜面连接(钎焊)		
角焊缝			折叠连接(钎焊)		

辅助符号表示焊缝表面形状特征的符号,见表1.2。不需要确切地说明焊缝的表面形状时,可以不用辅助符号。

表 1.2 焊缝的辅助符号

序号	名称	示意图	符号	说明
1	平面符号			焊缝表面齐平(一般通过加工)
2	凹面符号			焊缝表面凹陷
3	凸面符号			焊缝表面凸起

1.2 钢结构的焊接应力与变形

补充符号是为了补充说明焊缝的某些特征而采用的符号,见表 1.3。

表 1.3 焊缝的补充符号

序号	名称	示意图	符号	说明
1	平面		—	焊接表面通常经过加工后平整
2	凹面		⌣	焊缝表面凹陷
3	凸面		⌢	焊缝表面凸起
4	圆滑过渡			焊趾处过渡圆滑
5	永久衬垫		M	衬垫永久保留
6	临时衬垫		MR	衬垫在焊接完成后拆除
7	三面焊缝			三面带有焊缝
8	周围焊缝		○	沿着工件周边施焊的焊缝标注位置为基准线与箭头线的交点处
9	现场焊缝		▶	在现场焊接的焊缝
10	带垫板符号			表示焊缝底部有垫板
11	尾部		<	可以表示所需的信息

焊缝的尺寸符号见表 1.4。

表 1.4　焊缝的尺寸符号

符号	名称	示意图	符号	名称	示意图
δ	工件厚度		c	焊缝宽度	
α	坡口角度		K	焊脚高度	
β	坡口面角度		d	点焊：熔核直径 塞焊：孔径	
b	根部间隙		n	焊缝段数	
p	钝边高度		l	焊缝长度	
R	根部半径		e	焊缝间距	
H	坡口高度		n	相同焊缝数量	
S	焊缝熔透深度		h	焊缝余高	

1.2 钢结构的焊接应力与变形

指引线是表示指引焊缝位置的符号。由带箭头的指引线和两条基准线（一条为实线，另一条为虚线）组成。指引线指向有关焊缝处，基准线一般应为水平线。焊缝符号及尺寸标注在基准线上，必要时基准线末端加一尾部作其他说明用（如焊接方法等），如图 1.35 所示。

完整的焊缝表示方法应包括上述基本符号、辅助符号、补充符号，以及指引线、一些尺寸符号和数据等。标注箭头线时，可指向焊缝或不指向焊缝，如图 1.36 所示。

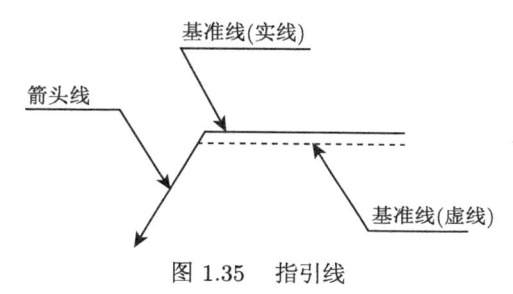

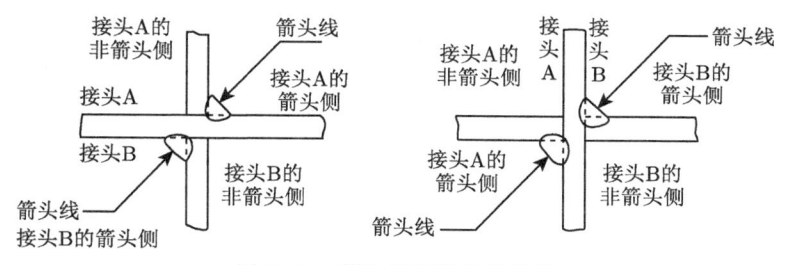

图 1.35 指引线

图 1.36 箭头线和接头的关系

基准线的虚线可在基准线的实线上侧或下侧，若焊缝在接头的箭头侧，则基本符号标在基准线的实线侧，如果焊缝在接头非箭头侧，则将基本符号标在基准线的虚线侧。标注对称焊缝或双面焊缝可不加虚线，如图 1.37 所示。

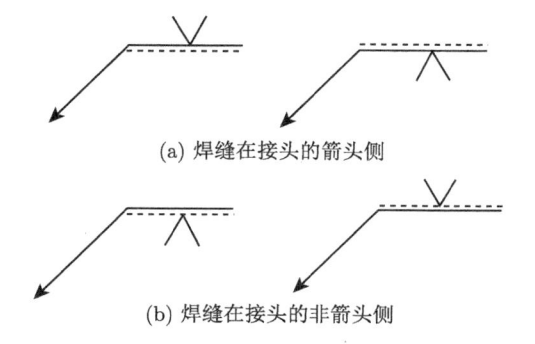

(a) 焊缝在接头的箭头侧

(b) 焊缝在接头的非箭头侧

(c) 对称焊缝   (d) 双面焊缝

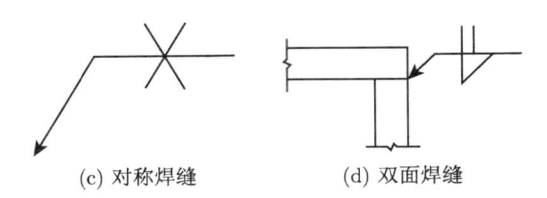

图 1.37   基本符号与基准线的相对位置

焊缝尺寸符号及数据的标注原则如下：

(1) 在基本符号左边标注：钝边高度 p，坡口高度 H，焊角高度 K，焊缝余高 h，熔透深度 S，根部半径 R，焊缝宽度 c，焊角孔径 d；

(2) 在基本符号右边标注：焊缝长度 l，焊缝间隙 e，相同焊缝数量 n；

(3) 在基本特号上边标注：坡口角度 α，根部间隙 b。

在焊接结构图样上，焊接方法可按国家标准 GB/T5185—2005 的规定用阿拉伯数字表示，标注在指引线的尾部。常用焊接方法代号见表 1.5。如果是组合焊接方法，可用 "/" 分开，左侧表示正面 (或盖面) 的焊接方法，右侧表示背面 (或打底) 的焊接方法。例如，V 形焊缝先采用钨极氢弧焊打底，后用手工电弧焊盖面，则表示为 141/111。焊缝符号和焊接方法代号标注示例如图 1.38 所示。该图表示 V 形坡口对接焊缝，背面封底焊，正面焊缝表面齐平。

表 1.5   常用焊接方法代号

名称	焊接方法	名称	焊接方法
电弧焊	1	电阻焊	2
焊条电弧焊	111	电焊	21
埋弧焊	12	缝焊	22
熔化极惰性气体保护电弧焊 (MIG)	131	闪光焊	24
钨极惰性气体保护焊 (TIG)	141	气焊	3
压焊	4	氧-乙炔焊	311
超声波焊	41	氧-丙烷焊	312
摩擦焊	42	其他焊接方法	7
扩散焊	45	激光焊	751
爆炸焊	441	电子束	76

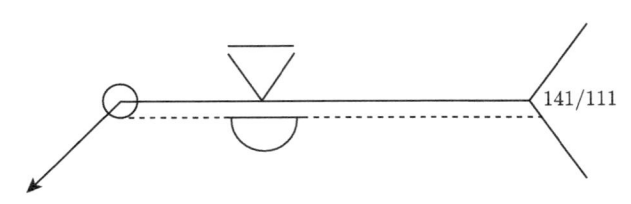

图 1.38   焊缝符号和焊接方法代号标注示例

1.2.6 常见的变形及产生原因

变形分为焊接变形、原材料的变形和加工过程产生的变形。钢结构因焊接和其他加工产生的变形可降低其承载能力；部件变形会造成装配困难，甚至无法使用；原材料变形会导致加工工序尺寸精度下降等。因此，应对变形的成因加以研究并进行严格的控制。

1. 焊接变形

焊接是一种局部加热的工艺过程，焊件局部被加热产生膨胀，受到周边冷却金属的约束不能自由伸长，产生了压缩塑性变形，冷却时这部分金属不能自由收缩，就会产生残存在结构内部的应力，引起焊接构件形状和尺寸的变化，称为焊接变形。

钢结构焊接后出现变形的类型和大小与结构的材料、板厚、形状、焊缝所在结构位置，以及采用的焊接顺序、焊接电流大小、焊接方法等有关。按焊接残余变形的外观形态来分，有收缩变形、角变形、弯曲变形、波浪变形和扭曲变形五种基本类型，见表1.6。

表 1.6　焊接变形的形式

名称		变形示意图	说明
整体变形	纵向收缩变形		沿焊缝轴线方向尺寸的缩短
	横向收缩变形		垂直于焊缝轴线方向尺寸的缩短
	弯曲变形		焊缝纵向收缩引起的弯曲变形
			焊缝横向收缩引起的弯曲变形

续表

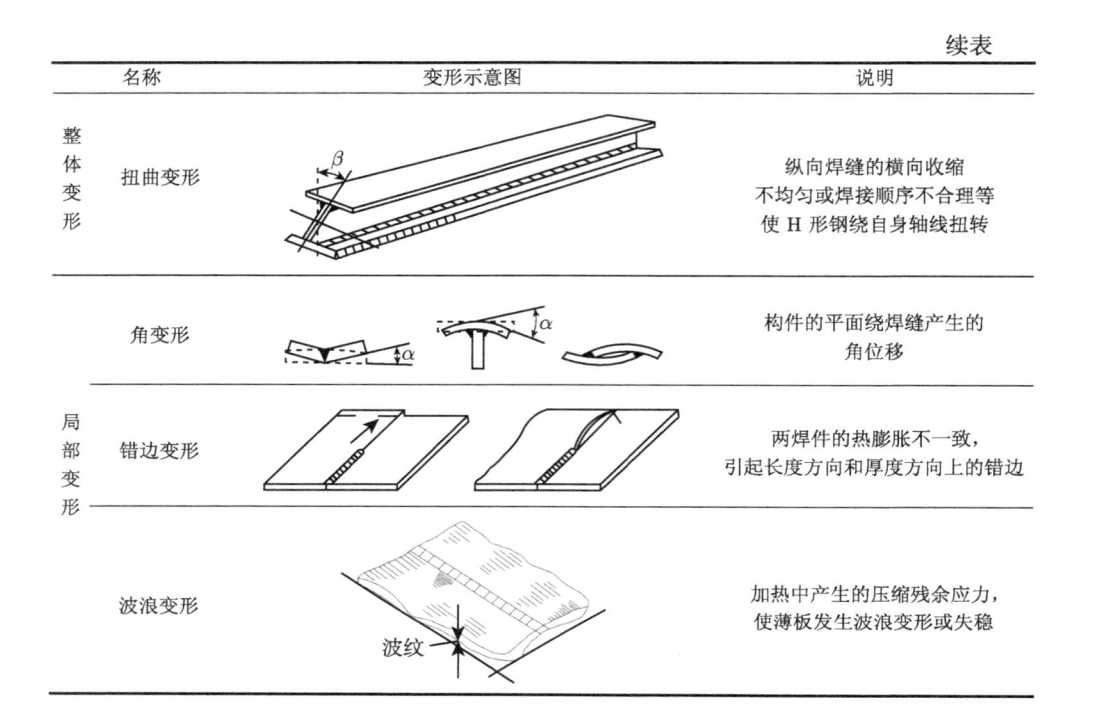

名称		变形示意图	说明
整体变形	扭曲变形		纵向焊缝的横向收缩不均匀或焊接顺序不合理等使 H 形钢绕自身轴线扭转
	角变形		构件的平面绕焊缝产生的角位移
局部变形	错边变形		两焊件的热膨胀不一致,引起长度方向和厚度方向上的错边
	波浪变形		加热中产生的压缩残余应力,使薄板发生波浪变形或失稳

2. 原材料的变形

原材料的变形主要来自钢材在轧制、运输过程中和不正确的堆放。钢材轧制时,如果存在板材受热不均匀、轧辊弯曲、轧辊间隙不一致等问题,就会使板材在宽度方向的压缩不均匀。延伸较多的部分受延伸较少部分的拘束而产生压缩应力,因此,延伸较少部分产生拉应力,延伸较多的部分产生压缩应力,延伸较多的部分在压缩应力作用下可能产生失稳而导致变形。钢板特别是薄板,易产生局部凹凸变形、折皱变形或比较平缓的大波浪变形;较大的槽钢易产生侧向波浪形弯曲,有时产生扭曲;较大的槽钢易产生弯曲变形;较小的角钢常产生扭曲变形等。

钢结构使用的一般都是较长、较大的钢板和型钢,在吊运、运输和堆放不当时,钢材就会因自重产生弯曲、扭曲和局部变形。

3. 其他加工过程产生的变形

钢材经过气割、等离子切割、剪切、冲裁、切削等工序,都会或多或少使钢材产生变形。气割和等离子切割产生变形的原因主要是钢材(特别是薄板)局部受到不均匀加热而产生残余应力,导致钢材变形,尤其在气割窄而长的钢板时,切割下的钢板最易产生弯曲变形。

剪切钢板时由于受外力作用，被剪切下来的钢板会发生弯曲、侧向弯曲和扭曲变形。剪切引起变形量的大小与被剪切钢板的宽度和厚度有关，宽板、薄板变形小，窄板、厚板变形大。冲裁主要是在切口断面附近产生挤压塑性变形等。

组装引起的变形有多种形式，其中工字梁、T 型梁、箱型梁等构件的腹板和翼板组装时相互不垂直；柱子的竖杆和底板组装不垂直；细长件由于支撑面不平或支撑位置不当，组装中产生弯曲和扭曲；不正确的组装造成的错位、尺寸不对称等。组装产生的变形难以矫正，即使矫正也会残留局部变形，所以要尽量避免组装中的变形。

4. 变形矫正

实践证明，变形严重影响着钢结构的制造、安装和承载能力，并对使用造成很大的影响，因此，防止变形要比矫正变形更为重要。预防变形可以从设计和工艺两方面考虑。

钢结构焊接生产中，矫正是一种补救措施，有些大型结构的变形是很难矫正的。所以，首先应立足采取各种措施对变形进行防止和焊接变形的控制；其次当变形超过技术要求范围时，才考虑对焊件的变形进行矫正。

焊件矫正方法有冷加工法和热加工法。冷加工包括手工矫正和机械矫正，冷加工法矫正时会使金属产生冷作硬化，并且会引起附加应力，一般对尺寸较小、变形较小的零件可以采用。对于变形较大、结构较大的应采用热加工法矫正 (火焰矫正)。

在选择正确的矫正方法时，应注意：第一，对刚性较大的钢结构产生的弯曲变形不宜采用冷矫正方法，否则将会在结构中产生较大的叠加应力或裂纹。应在与焊接部位所对称的位置，采用火焰矫正法矫正。这样焊接残余应力与火焰矫正产生的残余应力可以相互抵消一部分。第二，火焰矫正时要严格控制加热温度，尤其是温度过高时会使钢材的组织发生变化，并产生较大的残余应力，大大降低钢材的力学性能和结构的承载能力。第三，尽量避免在结构危险截面的受拉区进行火焰矫正。对简支梁要避免在跨中加热。在承受中等载荷应力的截面内加热时，加热面积在每个截面都不要太大。第四，对预设挠曲变形的承重梁，不允许采用火焰加热起拱，以免造成先天残余应力等。

1.2.7　桥梁钢结构对变形的要求

钢结构主要用来承受载荷，其中有承受静载荷、交变载荷的，有承受抗拉、抗弯、抗压、抗扭、抗剪载荷的，也有抗磨、抗振动、抗冲击、抗摇摆的，两种或两种以上载荷共同作用等。如果对已变形的钢结构的变形程度不进行限制，就会降低钢结构的承载能力，甚至出现过早失效。所以，根据各种钢结构的使用情况，出于安全角度和规范的考虑，各行各业制定了制造、焊接、矫正和检验标准等，并且都提出了具体的技术要求。其中《铁路钢桥制造规范》(Q/CR 9211—2015) 对板梁桥和桁梁桥的杆件外形尺寸公差做出了明确规定，还对钢材的矫正、杆件的组装和矫正等都提出了具体要求[18]。杆件装配质量部分标准见表 1.7，杆件矫正质量部分标准见表 1.8。

表 1.7　杆件装配质量部分标准　　　　　　(单位：mm)

序号	图例	项目	允许偏差
1		对接高低差 Δ_1	$0.5(t<25)$ $1.0(t\geqslant 25)$
		对接间隙 Δ_2	1.0
2		盖板中心线与腹板中心线偏移 Δ	1.0
3		盖板倾斜 Δ	0.5
4		组装间隙 Δ	1.0
5		主桁插入式斜、竖杆高度 h	0 * −1.5
		主桁对拼式斜、竖杆高度 h	+1.5 * 0
		箱形杆件对角线差 $|l_1-l_2|$	2.0
		箱形杆件宽度 b	±1.0(有拼接时)

注：* 可根据坡口深度、焊脚尺寸及工艺方法调整。

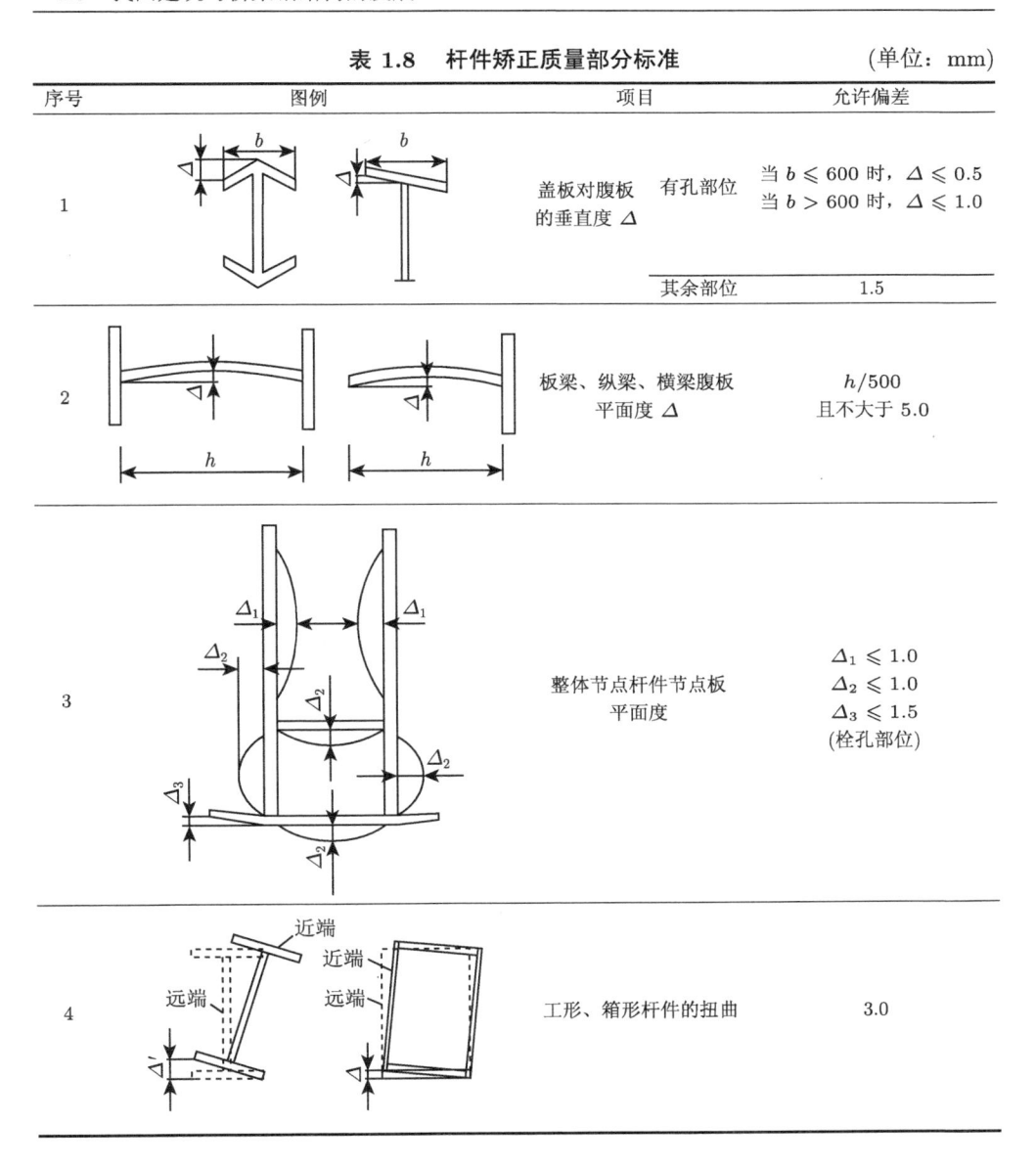

表 1.8 杆件矫正质量部分标准　　　　　　　　　　（单位：mm）

序号	图例	项目	允许偏差
1		盖板对腹板的垂直度 Δ　有孔部位	当 $b \leqslant 600$ 时，$\Delta \leqslant 0.5$ 当 $b > 600$ 时，$\Delta \leqslant 1.0$
		其余部位	1.5
2		板梁、纵梁、横梁腹板平面度 Δ	$h/500$ 且不大于 5.0
3		整体节点杆件节点板平面度	$\Delta_1 \leqslant 1.0$ $\Delta_2 \leqslant 1.0$ $\Delta_3 \leqslant 1.5$ (栓孔部位)
4		工形、箱形杆件的扭曲	3.0

1.3　我国建筑与桥梁钢结构的发展

20 世纪以来，随着科学技术的飞速发展及人们对物质和文化生活要求的不断提高，对各类建筑提出了更新、更高的要求。建筑钢结构由于钢材的优异性能，制作安装的高度工业化以及结构体形的新颖和灵巧，已越来越广泛地得到应用。随着城市建设的快速发展，城市与城市之间的经济交流日益密切，这就对铁路、公路的发展提出了更高的要求。现在，从公铁两用桥到人行天桥，钢桥得到广泛应用，发挥着重要的作用。我国现在钢桥的主要形式有钢梁桥、钢拱桥、斜拉桥和悬索桥。自 20 世纪 80 年代开始，钢-混凝土组合结构在我国发展十分迅速，已广泛应用于冶金、造船、电力、交通等部门的建筑中，并以迅猛的势头进入了桥梁工程和高层与超高层建筑中。新的结构形式，新的设计、计算理论以及制作安装工艺层出不穷，特别是计算机技术和工程力学理论的飞速发展，更为钢结构的发展提供了前提和保证[16-26]。

新中国成立以来，根据我国钢材产量的变化情况，我国钢结构的发展历程大致可以分为四个阶段，对应于国家发展钢结构的政策分别是节约钢材、限制使用、合理使用和大力推广使用。自 20 世纪 90 年代以来，我国钢铁产量已连续二十余年保持世界第一，并且遥遥领先于其他国家；2008 年中国钢铁产量比排名 2~8 位的日本、美国、俄罗斯、印度等国家总和还多。随着钢铁总量的增加，钢铁产品品种丰富、质量提高，这两方面均达到了国际先进水平。国内三十多家具有实力的钢结构安装企业承担了重点大型钢结构工程安装，其新技术、新工艺、新设备层出不穷，施工安装也达到了国际先进水平，建成了具有世界水准的钢结构工程。钢结构具有能耗及环境排放量少、绿色施工等优点，且可以再生利用、减少建筑垃圾排放，是符合循环经济特征的节能环保绿色建筑，因而得到了广泛的推广应用。

1.3.1 建筑钢结构的发展

1. 建筑钢结构的发展历程

山东济宁市铁塔和江苏镇江甘露寺铁塔是很古老的建筑，1927 年建成沈阳皇姑屯机车厂钢结构厂房，1931 年建成广州中山纪念堂钢结构圆尾顶。建筑钢材的突破性进展是从 20 世纪 60 年代开始的。20 世纪 80 年代沿海地区引进轻钢建筑，国内各种钢结构的厂房、亚运会的一大批钢结构体育馆的建设，以及多栋高层钢结构建筑的建成是中国钢结构发展的第一次高潮。但在 1994 年前，中国超过 100m 高的高层建筑 152 幢，其中只有 9 幢采用钢结构或钢-混结构，而在国外这样高的建筑一般都首选钢结构。我国每年的建筑用钢量仅 1% 被用于预制钢结构，与发达国家 80% 以上的用量比较，差距巨大。与国外相比，我国钢结构建筑的发展相对滞后，在我国钢产量连年居世界首位，钢结构建筑的建造条件基本成熟的前提下，钢结构技术仍未得到有效推广，是颇值得深思的。目前我国建筑设计界普遍存在着对钢结构建筑认识不足，观念落后；对钢结构体系积极性不高，管理跟不上等问题。这些都严重阻碍着钢结构建筑在我国的进一步发展。可喜的是，目前我国钢结构建筑的发展出现了未曾有过的兴旺景象。主要表现在：

(1) 高层、超高层建筑由中外合作到国产化的起步。我国著名的高层、超高层

1.3 我国建筑与桥梁钢结构的发展

建筑大多是中外合作的产物,如上海金茂大厦、环球金融中心、深圳地王大厦、北京京广中心等。中外合作设计对于掌握国外先进技术及锻炼培养人才起到了促进和推动作用。1998 年建成的大连远洋大厦 (高 201m,51 层) 标志着高层钢结构建筑国产化的起步,1999 年建成的深圳赛格广场 (291.6m,72 层) 是世界上最高的钢管混凝土结构建筑。

(2) 轻钢结构建筑的迅猛发展与国外公司的大批涌入。近年来,轻钢建筑以其商品化程度高、施工速度快、使用效果好、应用面广、造价低等优势获得了迅猛发展。全国每年约有 200 万 m^2 轻钢建筑竣工。在此背景下,国外轻钢结构生产厂商也纷纷在我国设分公司、制造厂,获得了很大的销售量。

(3) 空间结构得到了进一步的发展,大量大跨度的建设项目陆续兴建,如天津体育中心 (直径 108m,1994 年)、上海 8 万人体育场看台顶盖 (1998 年) 和沈阳博展中心室内足球场 (144m×204m,2000 年) 等。

我国钢结构建筑虽达到了一定的水准,但在材料、工艺设计手段等方面与发达国家相比仍存在不少差距,在有些领域尚属空白,如大跨度开合空间结构等。三十余年来,利用钢格、玻璃、膜材等现代建筑材料及相应的结构、构造技术与施工工艺建筑起来的钢结构建筑,彻底改变了以往建筑造型的模式,建筑设计的理念与方法亦随之嬗变。如今,技艺合一与可持续发展等理念已深入人心,以钢结构技术为基本手段,注重材料特性与技术表现的建筑创作倾向已成为时代的潮流。

2. 建筑钢结构的成就

1) 高层重型钢结构

高层钢结构建筑是一个国家经济实力和科技水平的反映,又往往被当作一个城市的标志性建筑。高层钢结构在我国的发展经历了国外设计、我国参与设计到国内自主设计的过程,从结构体系角度看,反映了纯钢框架、框架-抗侧力、筒体到巨型结构体系的发展过程。结构体系的演变既代表了设计、施工、安装等技术的进步,也从一个侧面反映了高层钢结构高度和层数不断增加的趋势。1989 年建成的北京长富宫中心 (地上 26 层,地下 3 层,高 90.9m) 是我国最早的高层钢结构建筑,采用纯框架结构。1987 年建成的深圳发展中心大厦 (地上 43 层,地下 1 层,高 165.30m) 是中国大陆首座超 100m 的建筑,采用钢框架-钢筋混凝土剪力墙结构体系,楼板为压型钢板组合楼板。1990 年建成的北京京广中心 (地上 52 层,地下 3 层,高 208m) 是我国大陆首座超过 200m 的建筑,采用钢框架-预制带缝混凝土剪力墙混合结构体系,非标准层采用钢支撑,楼板为压型钢板组合楼板。1996 年建成的深圳地王大厦 (地上 69 层,加上设备层等实际为 81 层,地下 3 层,高 325m,桅杆顶高 383.95m) 是我国大陆首座超过 300m 的建筑,采用外围钢框架-钢筋混凝土核心筒结构体系。1997 年大连远洋大厦 (地上 51 层,地下

4层，高200.8m)建成，标志着我国高层建筑的建设迈上了新台阶，该大厦是我国首幢从设计、钢材加工制作、安装、施工及监理等方面全部实现国产化的工程，采用钢框架-混凝土核心筒结构体系，楼板为压型钢板组合楼板。1998年建成的上海金茂大厦(地上88层，地下3层，结构顶高420.5m)是我国大陆首座超过400m的建筑，其建成标志着我国的超高层钢结构已进入世界前列；该结构采用巨型外伸桁架、巨型柱和核心筒组成的混合结构体系。2008年建成上海环球金融中心(地上101层，地下3层，总高492m)是大陆首座500m级的建筑，结构由三重结构体系组成：即由巨型柱、巨型斜撑以及带状桁架构成的三维巨型框架结构；钢筋混凝土核心筒结构；构成核心筒和巨型结构柱之间相互作用的伸臂钢桁架；在90层安装了两台用来抑制建筑物由于强风引起摇晃的风阻尼器，这是我国大陆地区首座使用风阻尼器装置的超高层建筑。2016年建成的第一高楼上海中心大厦是我国第一幢超过600m的建筑，项目面积433954m^2，建筑主体为118层，总高为632m，结构高度为580m，从顶部看，上海中心大厦的外形好似一个吉他拨片，随着高度的升高，每层扭曲近1°，这种设计能够延缓风流。

重型厂房广泛应用于鞍山、武汉、包头、宝钢等钢厂的炼钢、轧钢、连铸车间钢结构以及冶金、电力、重型机械、船舶制造等行业的厂房钢结构，这些重型厂房的显著特点是跨度大、高度高、吨位大。例如，冶金工业的转炉车间，装配三个容积4000m^3的转炉，其跨度可达30m，多层部分的高度可达10m，整个厂房占地面积达30000m^2，吊车的起重量可达450t。在机械制造行业，有高度60m，吊车起重量高达1200t的重型厂房。

2) 大跨度、空间钢结构(包括膜结构)

近年来，以网架和网壳为代表的空间结构继续大量发展，不仅用于民用建筑，而且用于工业厂房、候机楼、体育馆、大剧院、博物馆等，在使用范围、结构型式、安装施工工法等方面均具有中国建筑结构的特色。例如，杭州、成都、西安、长春、上海、北京、武汉、济南、郑州等地的飞机航站楼、机库、会展中心等建筑，都采用圆钢管、矩型钢管制作为空间桁架、拱架及斜拉网架结构，其新颖和富有现代特色的风格使它们成为所在城市的标志性建筑。

工程实践代表我国大跨空间结构的发展经历了传统的网架、壳、悬索结构体系到新型组合结构体系，如张弦梁、弦支穹顶到张力结构体系的过程，逐步形成了较重体系向轻型体系发展、刚性体系向柔性体系发展、单一形式向组合形式发展的趋势。以下为发展过程中具有代表性的工程。1975年建成的上海体育馆是我国早期网架结构的杰出代表，采用三向平板型网架和焊接空心球节点，直径达110m，是我国圆形平面跨度最大的网架构，它的成功建造使这种结构体系在我国大量普及，因而在设计、制作和安装技术等方面处于世界先进行列。1996年建成的首都四机位机库采用了三层网架，长306m、宽90m、高40m，为国内最大的机库网架。2007年建成的国家大剧院，采用双层空腹网壳，由148榀空腹桁架构成径向主肋，53榀桁架构成纬向环，东西长轴212.24m、南北短轴143.64m、高43.35m。1986年建成的吉林滑冰馆，为5m×72m的矩形平面，采用单曲面双层悬索结构，其建成促进了由承重索和稳定索组成的索桁架体系的发展。广东佛山世纪莲体育场屋盖结构，采用40根上径向索、40根下径向索组成的沿圆形平面环形布置的索桁架和柔性内环索构成了索网体系，整个结构建筑上与莲花的创意贴近，而且结构受力合理。1997年建成的上海浦东国际机场一期航站楼是国内首次在大跨建筑中采用张弦梁结构体系，上弦为圆弧形梁，下弦用高强度拉索，中间设撑杆，水平投影跨度为826m。建成于2008年浦东国际机场二期航站楼，为采用Y形柱支承的多跨连续张弦梁，屋盖钢结构最大跨度为89m。建于1994年的上海东方明珠电视塔，总高度468m，是一个带斜撑的巨型空间框架结构，采用三圆筒式格构塔身，总建筑面积55000m^2，已成为上海的标志性建筑之一。建于2000年的黑龙江电视塔，总高336m，为正八边形抛物线形钢管塔，工程成功地解决了"高寒地区多功能钢结构电视塔的温度效应及对策"、"高耸钢塔振动控制工程设计、设备安装及实测"、"多功能钢结构电视塔消防"等多个关键技术问题，其落成成功实现了科学研究成果向实际工程应用的转换，因而在国内多功能钢结构电视塔的建造史上具有重要意义。2009年建成的广州新电视塔，总高610m，其中结构高度454m，发射天线高度156m，采用钢结构外框筒和钢筋混凝土核心筒组成的筒中筒结构体系，塔身呈两端大、中间小的形状，从整体看无明显塔楼，似少女回眸，开创了塔桅钢结构体系的新形式。

3) 轻钢结构

轻钢结构是相对于重钢结构而言的，其类型有门式刚架、拱型波纹钢屋盖结构等，用钢量(不含钢筋用量)一般为每平方米约30kg。我国轻钢结构建筑发展较快、应用广泛，主要用于轻型工业的厂房、仓库、各类交易市场、体育场馆等建筑，全国每年新建轻钢房屋面积共800万m^2、用钢约20万t。门式刚架轻型钢结构在我国的应用大约始于20世纪80年代初期，最早由国外引进，用在经济技术开发区中，经过我国科技人员的消化、吸收和自主研究，目前技术已经十分成熟，因其具有自重轻(耗钢量一般为10~30kg/m^2)、造价低、工业化程度高、施工方便、综合经济效益好等优点，在我国已是遍地开花，广泛应用于工业厂房、仓库、大型超市、展厅及活动房屋等领域中。

4) 钢-混凝土组合结构

钢-混凝土组合结构是充分发挥钢材和混凝土两种材料各自优点的合理组合，不但具有优良的静、动力工作性能，而且能大量节约钢材、降低工程造价和加快施工进度，同时，对环境污染也较小，符合我国建筑结构发展的方向。

5) 钢结构住宅

发挥钢结构住宅的自身优势，可提高住宅的综合效益。用钢结构建造的住宅重量是钢筋混凝土住宅重量的 1/2 左右，可满足住宅大开间的需要，使用面积也比钢筋混凝土住宅提高 4%左右；从国内外震后调查结果看，钢结构住宅建筑倒塌数量是最少的，说明其抗震性能好，延性优于钢筋混凝土；钢结构构件、墙板及有关部品都在工厂制作，其质量可靠，尺寸精确，安装方便，易与相关部品配合，因此，不仅减少了现场工作量，也缩短了施工工期；钢结构住宅工地实质上是工厂产品的组装和集成场所，再补充少量无法在工厂进行的工序项目，符合产业化的要求；钢结构住宅在建造和拆除时对环境污染较少，且钢材可以回收，符合推进住宅产业化和发展节能省地型住宅的国家政策。

3. 建筑钢结构发展前景展望

钢结构是一种较为符合产业化生产方式的结构形式。它容易实现设计标准化、构配件生产的工厂化、施工的机械化和装配化，能够进行标准化的设计，系列化的开发，集约化的生产和社会化的供应。

从发达国家钢结构建筑的发展轨迹，结合我国的实际，不难看出我国钢结构发展前景光明，但会有许多不同于发达国家的特点。政府已开始高度重视钢结构建筑的发展，在 1998 年把钢结构技术列为重点推广的新技术之后，1999 年成立了国家建筑用钢领导小组，组长由中华人民共和国住房和城乡建设部副部长叶如棠担任。与此同时，专家组则分九个课题专门研究钢结构在建筑领域的应用问题。目前发达国家的建筑用钢量为其钢产量的 45%～55%，而我国建筑用钢量仅占总产量的 20%左右。我国年钢产量已超过 1 亿 t，如按此比例推算，则我国建筑用钢有 3000 万 t 左右的发展空间。

我国的国情不同于西方发达国家，劳动力相对低廉，造价低、技术含量稍低的钢结构会得到优先发展。在今后一段时间内，钢管混凝土结构、轻钢结构等将会得到较快发展。钢管混凝土结构与其他结构相比，具有承载力高、塑性和抗震性能优越、节省材料和施工简便的特点，用于高层建筑中，这些特点尤为突出，中国在此领域已处于领先地位。轻钢结构除在大跨单层房屋中普遍应用外，今后还会在住宅与中小型多层公共建筑中大面积应用。

1.3.2 桥梁钢结构的发展

1. 钢桥的发展历程

在公元前 200 多年秦始皇时代就曾用铁造桥墩。链始见于青铜器，链到铁链的材料过渡，为铁索桥提供了形式、材料和技术的可能。我国古代记载最早的铁索桥是陕西留坝县马道镇上跨褒河的支流——樊河上的樊河桥，始建于西汉元年（公元

1.3 我国建筑与桥梁钢结构的发展

前 206 年)。樊河今名西河,又名寒溪、韩溪、马道河。公元 60 年左右汉明帝时代建造了兰津桥 (铁链悬桥)。西藏的铁索桥绝大多数是 V 形双索桥,唐东杰布于 1420 年在雅鲁藏布江上建成了跨度 138m 的铁索桥。四川的泸定桥始建于清康熙四十四年 (1705 年),桥净跨 100m,净宽 2.8m,由 9 根底索、4 根扶栏索组成[18]。

我国早在 1888 年就开始了现代钢桥的建设,到现在已经约有 130 年的历史了。但建国以前所建的钢桥,跨度都很小,建桥的钢材是进口的,结构是铆接的,工艺也很简陋。在 20 世纪三四十年代,根据在西南地区高山大川的地形自然条件,必须修建大跨径桥梁,西南公路上修建了一些钢桁架桥和悬索桥,所有桁架和缆索等钢材和配套部件均在国外订购,运回后拼制安装。钱塘江大桥 (主跨 65.84m) 于 1937 年 9 月建成,是我国自行设计、建造的第一座双层公铁两用桥,是我国铁路桥梁史上的一块里程碑。新中国成立后我国钢桥技术发展很快,武汉长江大桥是在苏联专家指导下,借用苏联的钢材和技术,修建的公铁两用双层钢桁架桥,三联九跨各为 128m 连续桁架梁组成,于 1957 年 10 月建成通车,主桥全长 1155.5m。南京长江大桥是长江上第一座采用国产 16Mnq 钢,由中国自行设计和建造的双层式公铁两用桥梁,三联九跨 160m+1 跨 128m 下加劲弦杆连续钢桁架桥,主桥全长 1576m,于 1968 年 12 月建成,在中国桥梁史乃至世界桥梁史上具有重要意义,是 20 世纪 60 年代我国经济建设的重要成就、中国桥梁建设的重要里程碑。同时建成的还有四川宜宾金沙江大桥 (112m+176m+112m 连续钢桁架桥,桁高为 20m)。

2010 年统计显示,全国钢结构和钢-混组合结构桥梁分别只有 584 座和 1293 座,如图 1.39 所示,数量占比仅分别为 0.08% 和 0.17%,钢材消耗占比仅分别为 1.17% 和 1.55%,远远小于钢筋混凝土桥梁。

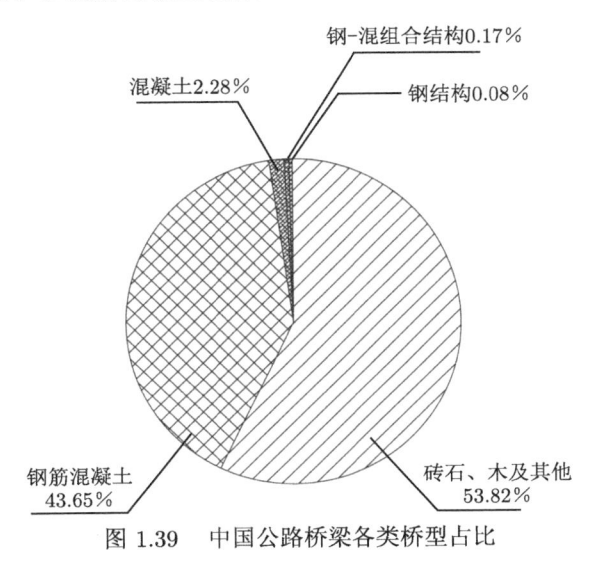

图 1.39 中国公路桥梁各类桥型占比

随着公路、铁路的大规模发展，我国桥梁工程师们积极学习和引进国外现代桥梁技术，以上海南浦大桥为契机开启了我国大跨度桥梁自主建设道路。桥梁钢结构的发展紧随钢材及其制造技术的进步而发展，钢桥在制造方面经历了钢钉连接、铆接、焊接及高强螺栓连接的发展过程。现代钢桥工厂制作全部为焊接，工地拼装也以焊接为主，高强度螺栓连接为辅。钢结构主要采用碳素结构钢和低合金高强度结构钢。我国普通桥梁用钢的发展虽起步早，但与国外相比发展速度缓慢。我国桥梁钢的发展主要有如下几个阶段[19-27]：在 20 世纪 60~80 年代开发了 16Mnq、15MnVNq，其中 16Mnq 在行业中虽然应用广泛，但其致命的缺点是板厚效应严重。20 世纪 70~80 年代包括南京长江大桥在内的大型公路和铁路桥都采用 16Mnq。20 世纪 90 年代上海南浦、杨浦、徐浦等斜拉桥采用的都是进口或国产的 StE355 钢。随后武钢研制开发的桥梁钢 14MnNbq 先后用于芜湖长江大桥、南京长江二桥、黄河长东二桥等长江、黄河上的近 20 座桥梁。2007 年初武钢推出第五代 WNQ570(Q420qE) 桥梁钢，用于在 2009 年通车的南京大胜关长江大桥。在国内桥梁高性能钢材（HPS）生产和应用尚属空白。表 1.9 为我国铁路钢桥发展的 5 个标志性桥梁工程，显示出我国桥梁用钢由低碳钢 → 低合金钢 → 高强度钢 → 高性能钢的发展轨迹。

表 1.9 铁路钢桥标志性发展阶段

桥梁名称	主桥跨度/m	上部钢梁结构	钢种	桥梁钢发展	建成时间
武汉长江大桥	128	铆接菱形连续梁	A3(苏联)	$R_{el} \geqslant 240\text{MPa}$	1957 年
南京长江大桥	160	栓焊连续梁	16Mnq (鞍钢)	$R_{el} \geqslant 240\text{MPa}$ $-40°C A_{kv} \geqslant 30\text{J}$	1969 年
九江长江大桥	216	栓焊柔性拱加劲梁	15MnVNq (鞍钢)	$R_{el} \geqslant 412\text{MPa}$ $-40°C A_{kv} \geqslant 48\text{J}$	1995 年
芜湖长江大桥	321	栓焊斜拉索加劲梁（焊接整体节点）	14MnVNq (武钢)	$R_{el} \geqslant 370\text{MPa}$ $-40°C A_{kv} \geqslant 120\text{J}$	2000 年
大胜关长江大桥	336	六跨连续钢桁架梁拱桥	WNQ570 (武钢)	$R_{el} \geqslant 420\text{MPa}$ $-40°C A_{kv} \geqslant 120\text{J}$	2009 年

随着国家大规模基础设施建设的投入及桥梁钢结构技术的逐步成熟，国内跨区域的公路、铁路建设所涉及的跨江、跨海大桥，市政建设中所涉及的城市高架桥、跨江、跨湖大桥，开始越来越多地采用钢结构。跨海、跨江的斜拉桥、悬索桥多为大跨径结构，钢结构在安全性、稳定性和材料韧性方面有突出优势，使得此类桥梁的主梁或加劲梁多采用钢结构，钢梁多选择连续型钢箱梁或者钢桁梁。截至 2010 年底，世界上已建成的主跨跨径前十大的斜拉桥、悬索桥中，我国分别占有 7 座、5 座。总体来看，得益于国家经济建设快速发展，我国桥梁钢结构行业正处于快速发展期，市场空间巨大。

1.3 我国建筑与桥梁钢结构的发展

2. 我国钢桥的成就

20世纪60年代中期，为加快铁路建设，在成昆铁路修建中，系统地研究发展了栓焊钢桥新技术，为我国钢桥技术发展开创了新纪元[4,19-25]。1993年用国产高强度钢材15MnVNq厚板建成九江长江公铁两用大桥(主跨214m)；1997年香港建成青马公铁路悬索桥(主跨1377m)。1999年建成汕头礐石公路斜拉桥(主跨518m)及江阴长江公路悬索桥(主跨1385m，建成时位列世界第四、国内第一)；2000年以14MnNbq钢建成芜湖长江公铁两用斜拉桥(主跨312m)。2003年建成上海卢浦大桥，位居世界同类型桥之首(跨度750m)，被誉为"世界第一拱桥"；2005年建成南京长江第三公路大桥(主跨648m)；2006年建成山东鄄城黄河主桥(70m+11×120m+70m)，为波形钢腹板PC箱型连续梁桥；2006建成重庆长江大桥复线桥(86.5m+3×138m+138m+330m+104.5m)，为钢-混组合连续刚构桥；2007年建成武汉阳逻长江大桥，为主跨1280m的悬索桥；2007年贯通的西堠门大桥以跨度1650m，成为国内第一、世界第二的悬索桥梁；2008年建成的江苏苏通大桥(主跨1088m，建成时跨径居世界第一)；2008年建成"杭州湾跨海大桥"，以长度36km成为亚洲第一、世界第二的跨海大桥；2009年建成重庆朝天门大桥为双层公轨两用桥，主桥为190m+552m+190m，三跨连续中承式钢桁系杆拱桥；2009建成香港昂船洲大桥(3×70m+80m+1018m+80m+3×70m，斜拉桥)；2010年建成湖北鄂东长江大桥(3×67.5m+72.5m+926m+72.5m+3×67.5m)，为9跨连续半漂浮双塔混合梁斜拉桥；2016年建成港珠澳大桥，是全长为49.968km，主体工程长为35.578km，主桥为双塔双索面钢箱梁斜拉桥，桥跨布置1150m，最大跨度达458m；沪通长江大桥是新建沪通铁路关键性控制工程，主航道桥跨径1092m，是世界上首座主跨超千米级的公铁路两用斜拉桥，2019年9月全桥合龙。

在桥梁建设领域，钢梁桥、钢-混凝土组合桥、钢管混凝土桥近年来有日益广泛的应用，取得了令人瞩目的成就，500m以上大跨度悬索桥、斜拉桥的加劲梁多采用钢箱梁，大跨度拱桥中钢拱桥、钢管混凝土拱桥占了主导地位。截至2014年底，我国已建成公路桥梁75.71万座、4257.89万m。中华人民共和国交通运输部统计显示，2015年末，全国公路桥梁77.92万座，铁路桥梁总数也已超过20万座。我国大跨度桥梁设计施工水平已迈入国际先进行列，部分成果达到国际领先水平。随着高速公路、高速铁路建设快速发展，新世纪以来我国桥梁建设不断向大跨、重载、新材料方向发展，高铁桥梁、大跨公路桥梁、跨海大桥不断刷新着世界纪录。

3. 钢桥的发展前景

我国钢铁工业的发展和成熟为桥梁钢结构的发展奠定了物质基础。经过改革开放以来特别是近十年的发展，市场配置资源的作用不断加强，钢材产品结构、组织结构、技术装备不断优化，我国钢铁行业逐渐在发展中走向成熟。国内高性能钢材的技术突破和产能提升，桥梁钢结构所需钢材基本可以通过国内采购满足，同时更多的钢铁企业能够生产桥梁钢结构所需的钢材类型，也有利于降低桥梁钢结构工程企业的钢材采购和运输成本。

在我国公路、铁路桥梁的快速发展中，钢桥的发展最为突出。大跨度桥梁采用钢结构已成为一种趋势，即便中小跨度桥梁、城市高架桥、立交桥、人行桥以及景观桥中也大量采用钢结构，主要原因有：① 钢材的强度高、韧性好、自重轻、工厂化程度高、工期短、属于环保型材料；② 钢材产量逐年增加，已经连续 23 年居世界首位；③ 钢材的加工精度、可焊性、焊接材料、焊接设备、焊接工艺水平的提高，以及探伤检测检验仪器设备的改进、检测方法的提高和检测数据分析方法的改善，为保证焊缝达到设计要求提供了保证；④ 从桥梁的全寿命设计角度评价，钢桥不一定是最高造价。在发达国家，日本 13 万座桥梁中，钢桥约占 41%；美国 60 万座桥梁中，钢桥占 35%；法国钢和钢-混组合桥梁占比达 85%。可见，我国钢桥比例远远低于发达国家。加上我国的钢铁产量比较丰富，这就使得在不久的将来钢桥一定会代替其他桥梁材料而存在，钢桥的发展前景一片大好。

根据中华人民共和国交通运输部 2007—2013 年的《公路水路交通运输行业发展统计公报》，我国特大桥梁总长度占公路桥梁的比例已从 2007 年的 8.99%，提升到 2013 年的 13.73%，大跨径桥梁已成为桥梁建设的重要趋势。由于大跨径桥梁对桥梁工程技术有更高的要求，通常会选择钢结构作为桥梁的主体结构。国家先后颁布《国家中长期科学与技术发展规范纲要 (2006—2020 年)》、《产业结构调整指导目录 (2011 年本)》等产业政策也均鼓励和推广桥梁钢结构产品的应用。中华人民共和国交通运输部 2016 年 7 月印发《关于推进公路钢桥建设的指导意见》，决定推进钢箱梁、钢桁梁、钢混组合梁等公路钢桥建设，提升公路桥梁品质，发挥钢桥性能优势，助推公路建设转型升级。未来在国家政策与社会需求的共同推动下，将有更多的桥梁采用钢结构的形式，桥梁建设中钢桥比例会逐渐扩大。

相比于传统桥梁，城市高架桥梁的施工条件更复杂、运载强度更高，桥梁建设中使用钢结构有很多优点，主要表现在：① 城市中各类建筑物较多，桥梁施工中容易受到地形限制，钢结构工程在施工时可采用大跨径手段，这点在混凝土结构中是无法实现的；② 城市高架桥施工一般要跨越交通要道，既要保证施工进度又不能影响现场交通，钢结构工程施工既可保障施工的安全和高效，又能有效地减少对已建道路交通的影响；③ 城市高架桥承担的交通运输量大，钢结构的力学性能有利于提高桥梁的稳定性和安全性。随着城市高架桥梁建设的日益增多，桥梁钢结构工程行业将迎来广阔的发展空间。

随着我国生产效率的提高和可持续发展的需要，钢-混凝土组合结构桥梁在我国的应用范围将会不断扩大。钢-混凝土板组合梁作为技术最为成熟的一种桥梁结构形式，将会得到大量的应用。

公路作为国家基础设施建设，在"十五"到"十三五"期间取得了快速增长，并且每年增长三千多千米，大量的钢桥得到广泛采用。正在规划设计的琼州海峡、台湾海峡、北海湾等将建造超大型桥梁。随着人们对于环保和钢铁资源循环利用等战略问题的重要性有越来越准确的认识，钢结构在桥梁建设方面会有非常广阔的空间。

1.3.3 当代钢结构体系的变革和发展趋势

钢结构的创新激发和推动人类在建筑史上不断创造奇迹，是人类挑战大自然的本能，是人类社会进步、科学技术发展的必然结果。近 50 年来大跨度空间结构体系是结构方面最活跃的研究领域，其结构形式经历了由传统的梁肋体系、拱结构体系、桁架体系、薄壳空间结构体系，到现代的网架、网壳、悬索、悬挂 (斜拉)、充气结构、索膜结构、各种杂交结构、可伸展结构、可折叠结构及张拉集成结构等。已有的大跨度空间结构体系基本上可分为三大分支，即刚性体系 (折板、薄壳、网架、网壳、空间桁架等)、柔性体系 (悬索结构、膜结构、索膜结构、张拉集成体系等) 和杂交体系 (拉索-网架、拉索-网壳、拱-索、索-桁架等)。大跨度结构的"柔"性化，使得结构表现出很强的非线性特征，甚至不同的应力状态结构会有不同的几何位置，因而每一种新结构体系的出现，都可能引出全新的需要解决的问题[4-18]。

随着结构学科的进步和计算机技术的发展，钢结构在外界荷载作用下的全过程反应已受到越来越多的关注。对于强度破坏，需要了解结构在从弹性进入弹塑性，出现塑性内力重分配直到形成机构丧失承载能力这一整个过程中的内力、应力和变形的变化情况，以及结构在丧失承载能力后的性态等。对于失稳破坏，目前除压杆、压弯构件和工字梁的侧扭弹性稳定性理论较为完善外，在钢结构稳定性问题的基础研究方面还存在问题，需要进一步了解结构在弹性失稳、弹塑性失稳过程中力与变形的变化情况，结构在失稳后的性态以及结构中各种初始缺陷对稳定承载力和结构性态的影响等。对于断裂破坏，需要了解裂纹在结构受力过程中的出现、发展直到结构断裂破坏等[28-38]。

可以想象，要解决这些问题是非常复杂的，钢结构体系的稳定问题必须从最基本处着手。首先，要建立符合实际的钢材本构关系，包括常温、高温和反复受力时的本构关系以及材料的断裂准则和裂纹发展机理；由于塑性伴谬的存在，因此采用非线性有限元法分析板钢结构曲后承载力方法的合理性受到质疑[31]。其次，要合理考虑实际结构的初始缺陷，包括那些必须考虑的初始几何缺陷，由制作产生的残余应力，以及截面尺寸和材料强度等的随机性。由于初始缺陷对承载力影响十分明显，因此如何考虑结构的初始缺陷还没有统一的办法。最后，要建立合适的计算方法,这一计算方法应做到能将计算假定减至最少,能够考虑结构变形的影响即几何非线性,能够考虑钢材的实际本构关系即物理非线性;建立一套定量分析初始缺陷的影响,精确考虑结构几何和材料非线性的分析理论、计算方法。

近年来结构的耐久性又提到相当重要的程度,在设计时,除了需要考虑结构的承载能力和使用合适性外,通常还需要考虑结构在使用年限内的耐久性。对于已使用多年的结构,也常需要估计其耐久性。这样,结构在外荷载作用下的全过程反应又扩大到结构在其生命期内的全过程反应。对于这种情况,还必须建立考虑钢材损伤及损伤累积效应的本构关系,使结构在分析后,不但能得到内力、应力和变形的反映,而且能得到结构是否有损伤、损伤的大小以及损伤的累积。另外必要时还应对结构进行健康监测,建立健康档案。

结构钢材的各项力学指标、损伤以及结构的各种初始缺陷都是随机变量,作用在结构上的外荷载因与时间有关,属于随机过程。如何分析板钢结构参数的随机性对承载力的影响,如何在工程实际应用中合理、有效、经济地利用材料的强度、结构的承载力等问题都需要系统、全面的研究,并将理论成果应用到钢结构设计中。

对于上述很高的要求,随着计算机技术的发展和有限元方法的进步,正在逐步实现,而且已有可能实现对实际结构的计算机仿真。

综上所述,进行全寿命精细分析已成为钢结构分析方法的发展趋势。

1.4 钢箱梁桥垮塌事故回顾

桥梁事故 (bridge failure) 是桥梁在施工 (或使用) 过程中,因人为失误 (或自然灾害) 导致的各种损害事故,包括桥梁结构的整体 (或局部) 损毁、人员伤亡、设备毁坏等。按事故原因划分,可分为人为失误造成的事故和自然灾害引发的事故两大类。人为失误造成的事故,属于"人祸",特点包括:① 事故占比高,这类事故占事故总数的八成左右;② 事故原因错综复杂,往往是多种因素的共同作用。人为失误造成事故的原因再细分为历史局限、决策失误和管理混乱。历史上一些事故的出现,是因为对事故隐患缺乏认识。例如,1940 年美国塔科马大桥的风致毁坏,以及后来桥梁空气动力学的发展,是最能说明"历史局限"类事故的一个活教材。一些事故是因为在桥梁的设计、施工、使用过程中的技术决策失误。本来已存在避免事故的理论知识和技术措施,但决策者或执行者因判断偏差而未予贯彻,这就会埋下事故隐患或直接导致事故。若开展科学决策,这类事故应可减少或避免。管理混乱这类事故的发生主要是因为职责划分不明、制度执行不力、人员素质低下、工程质量低劣等。管理出问题,有些出自于其他行业 (如交通管理、治安管理等),有些则来自于本行业的工程管理。对此,必须使相关管理工作规范

1.4 钢箱梁桥垮塌事故回顾

化、制度化，提高从业人员的专业素质，这样事故方能减少。

自然灾害引发的事故，即指地震、飓风、泥石流等极端环境变化导致的事故，属于"天灾"，也有两个特点：① 事故占比较低；② 事故原因较为明确。当然，有些"天灾"与"人祸"之间，也存在着一定关联。

桥梁是线路上的重要节点，是重要的社会公共产品，一旦出事，后果通常比较严重。因为事故影响的不仅仅是一个点，还可能牵涉到一条线，甚至波及一个区域 (对铁路桥梁尤为如此)；事故导致的不仅仅是桥梁本身的损失，还可能会给社会运行和生命财产带来难以估计的损失。当然，桥梁事故可作为桥梁足尺极限承载力试验研究的有效补充，对已经发生的桥梁事故应进行深入、全面的研究，避免同类事故再次发生。

自 1850 年为跨越 Menai 海峡而修建的 Britannia 大桥以来，钢箱梁桥形成了较为成熟的理论，但是其发展并不是一帆风顺的。Britannia 大桥标志着一种新的、较为成功的钢箱梁桥理论的诞生，很快和桁梁桥并肩成为主流桥型。但是直到第二次世界大战结束，钢箱梁桥才再次成为一种较为有竞争力的桥型。20 世纪 60 年代大型热轧钢板伴随着自动化切割和焊接科技的产生，使得桥梁的大型截面构件得以生产，促进钢箱梁桥快速发展。1966 年建于德国科隆主跨 259m 的 Zoo 大桥，是当时世界上跨度最长的钢箱梁桥，也是这种"新型"桥梁理论的开端，特别是它首次采用了无支架悬臂架设施工方法。由于在 1969 年到 1973 年的 4 年时间中，至少有 5 座钢箱梁桥在建造过程中垮塌，悬臂施工方法和钢箱梁桥一度受到了很大的质疑。尽管当时板的屈曲理论被广为了解，但是规范中缺少关于钢箱梁桥设计的规定，尤其是加劲肋的设计，后面我们介绍的施工方法也会产生相应的应力，这些在当时的设计中肯定是没有特别考虑的。每一个失败的案例中的特殊问题进一步加深了我们对薄壁柔性板屈曲现象的理解[32]。

对于承受轴向压力的大型薄壁板结构而言，现代钢箱梁桥属于当今桥梁设计者需掌握的最基本桥型。对于这些桥型，最重要的是选取板的厚度和加劲肋的位置，最大程度减小板件屈曲的可能性。对于如今修建的符合空气动力学的桥梁截面，已能较为全面地分析和解决结构板件屈曲的相关问题。

1.4.1 维也纳多瑙河第四大桥

1969 年 11 月 6 日晚上，在奥地利维也纳多瑙河第四大桥建设的最后阶段，在远离桥梁位置的地方人们听到了 3 次类似于爆炸的声响，间隔 5s，都是由于桥梁受到过度荷载屈曲时发出的声音。由于该桥还没有投入使用，屈曲只能是来自梁体的自重。

多瑙河第四大桥为 120m+210m+82m 三跨连续钢箱梁桥，全长 412m；采用双箱单室箱型梁，上下翼缘使用纵向扁钢进行加劲；桥梁在支座处内侧有加腋，跨中梁截面高 5.2m，宽 32.0m。该桥的立面图、断面布置和屈曲破坏的位置如图 1.40 所示，当时施工如图 1.41 所示。

图 1.40　多瑙河第四大桥简图

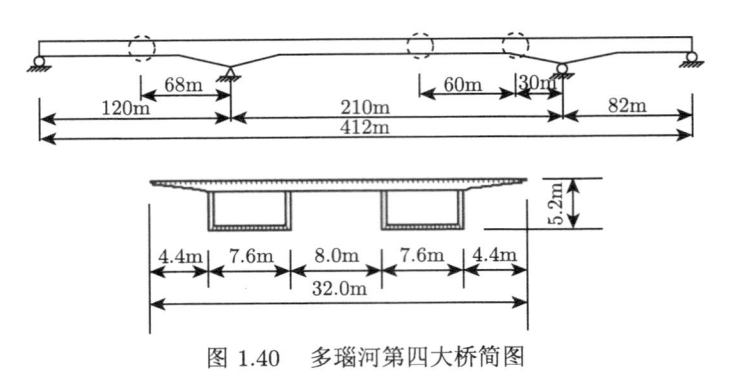

图 1.41　两悬臂准备合龙时的照片

为了减少施工对多瑙河航运的影响，该桥选择了悬臂法施工。为了不使用临时支架将悬臂末端的箱梁拼接完成，在箱梁尾部支撑段设置了足够强的锚固装置，也具有足够的承载能力。

当两个悬臂端在跨中合龙时，合龙段截面由于受到当天温度的影响，上顶板受拉增长较明显，合龙段顶部纵桥向不得不削去 15mm，如图 1.42 所示。到了晚上，温度降低，最后的拼装约束使得在上翼缘产生了拉力，在下翼缘产生了新的压应力。由于这个作用，在其所选择的施工方法带来很高的下部压应力之外，又产生了新的压应力。两个巨型梁体已经被连接成一个整体，但是其弯矩分布却不是所期望的连续梁的弯矩分布形式。按理说，为了解决这个问题，必须将中间支座向下调整，以减小这个附加弯矩。由于在傍晚的时候两个悬臂梁端才被连接成整体，没有足够的时间对跨中支座进行向下调整，因此工作被推迟到第二天。

1.4 钢箱梁桥垮塌事故回顾

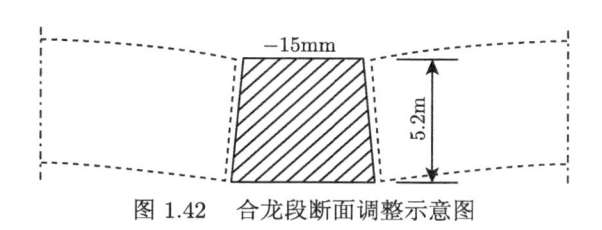

图 1.42 合龙段断面调整示意图

由于上述原因，加之也没有很好地选择合适的加劲肋，导致了桥梁的屈曲。该桥采用的扁钢加劲肋在焊接过程中很容易变形，在拼接安装过程中不可避免的碰撞和损坏也会使其发生变形，变形的扁钢加劲肋的整体屈曲强度会明显降低，即使该加劲肋对于运营荷载有足够的刚度，但其对于施工过程中的临时荷载却承载能力不足。该桥为超静定结构，事故发生后，造成了结构的局部破损，通过局部节段的修补和加强，桥梁整体仍可使用。

1.4.2 英国威尔士 Cleddau 大桥

威尔士米尔福德港附近的 Cleddau 大桥于 1970 年 6 月 2 日在建造过程中崩塌。该桥为 7 跨连续钢箱梁桥 (77m+149m+214m+149m+3×77m)，总长 820m，采用倒梯形断面，下翼缘宽 6.71m，上翼缘宽 20.13m，梁高 6.10m。

该桥在两边边跨建好后，接下来采用悬臂法施工。计划在北端第二跨中间使用一个临时支撑，因南边跨度相对较小，不使用临时支撑。桥梁南侧第二跨在垮塌时悬臂已经拼装出了 61m，在第二跨最后一个节段即将要拼装到位时，支座处发生了屈曲，在南侧破坏前后的示意图见图 1.43。如图 1.44 所示，巨大的悬臂段从 30m 高空砸向地面，4 人死亡。

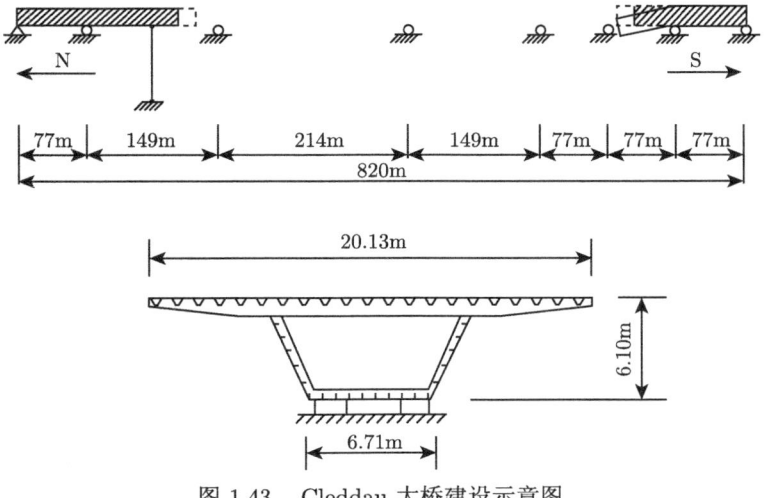

图 1.43 Cleddau 大桥建设示意图

图 1.44 第二跨悬臂在支座处屈曲照片

Cleddau 大桥为静定系统，在建造时没有额外的安全富余，由于在支座处加劲横隔板不够刚劲导致了屈曲(踬曲)，支座的屈曲形成铰，随后形成了可动机构。

当时，设计规范对支座横隔板的使用没有足够的认识，设计者对支座受力状态也没有了解全面。现在设计的支座横隔板不仅厚度较大，且设置了粗壮的加劲肋，还在应力集中较大的局部区域设置有额外的加劲。

此案例表明，当时的认知是不够的，如何设计和加强在施工过程中集中荷载作用处的横隔板是非常关键的。

1.4.3 墨尔本西门大桥

墨尔本西门大桥钢桥部分为 112m+144m+336m+144m+112m 五跨连续箱型梁桥，中间三跨用斜拉索拉起，跨越雅拉河。主梁采用单箱三室箱梁，带有两个斜腹板、两个垂直腹板的梯形截面，如图 1.45 所示。桥梁两侧引桥桥跨长度各为 67m 的钢筋混凝土桥，中间部分为总长度 848m 的钢结构桥梁，总长 2.6km。

该桥于 1968 年 4 月开工，计划于 1970 年 12 月完工。为了节省梁体架设时间和减小抬升重量，梁体被截成独立的左右两部分，先通过液压千斤顶将半幅抬升，再通过滑动梁使两个半幅梁体平移就位。

右幅桥跨在地面上拼装时，跨中部分的自由翼缘边由于自重弯矩作用，下翼缘受拉，上翼缘受压，已经产生了屈曲。由于在空中无法给半幅梁体卸载，因此只能通过简单地松开纵向加劲肋的横向拼接，使板件相互错开来矫直屈曲板件，并"释放"内部应力。

1.4 钢箱梁桥垮塌事故回顾

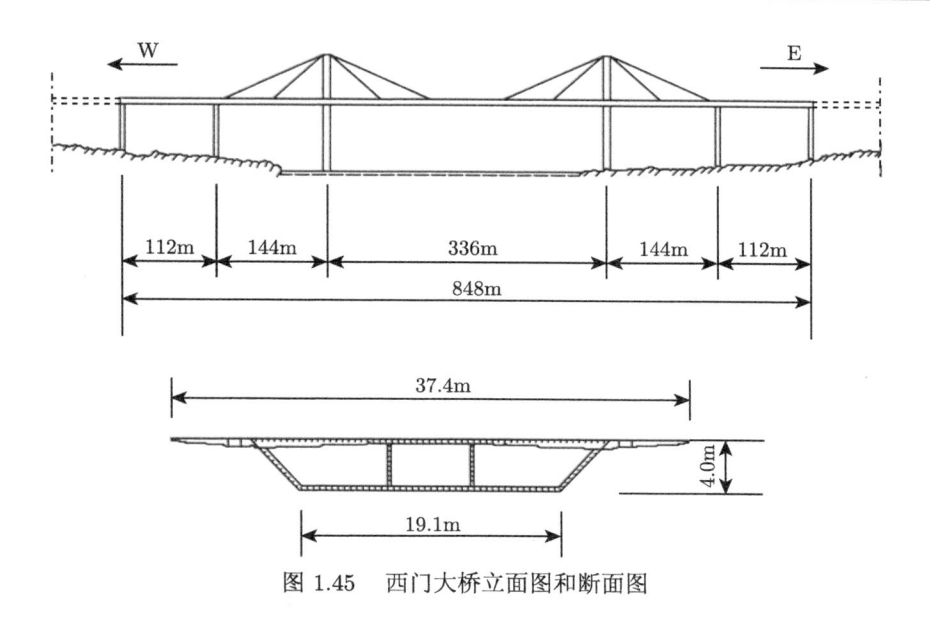

图 1.45　西门大桥立面图和断面图

鉴于右幅梁体施工经验，左幅梁体施工时上翼缘边增设了一个额外的纵向加劲肋。在空中拼装时这种额外的加强还是有效果的。当左右两幅梁体拼接时，由于挠度差异，在两幅梁体跨中存在 115mm 的竖向挠度差。施工方在左幅跨中用混凝土块加载，使其下挠。砼块共 7 块，每块重达 8t。如图 1.46 所示，将砼块放在半个桥体跨中，迫使梁体加大下挠。

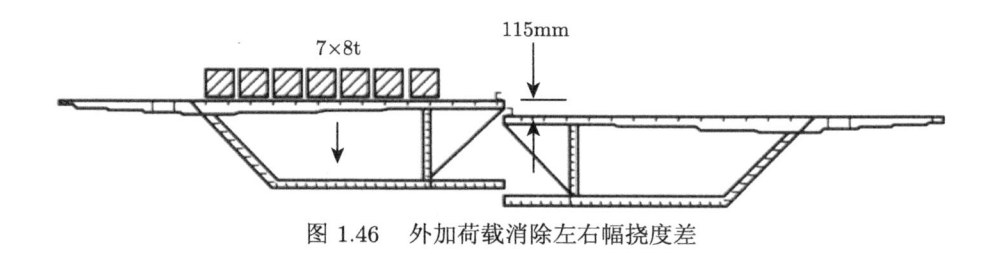

图 1.46　外加荷载消除左右幅挠度差

这时发现左幅梁体整个上翼缘都屈曲了，包括纵向加劲肋。这时决定继续使用右幅的方法，即通过拧掉螺栓卸下横向拼接的方法矫直屈曲板件。在第 16 个螺栓被卸下后，通过板件错动，屈曲明显减小，但是一些保留的螺栓压得更紧，使得接下来松螺栓的工作变得更加困难。

当第 37 个螺栓被卸掉之后，垮塌不可避免地开始了。左幅梁体上翼缘板的屈曲开始向横向扩散；由于净截面的超载，竖向腹板也从顶部压力区开始屈曲；上翼缘余下的螺栓由于受到板件间过大的剪应力被剪坏，随之而来的是左幅梁体的缓慢下挠；由于早先在两幅梁体间有些连接，因此开始由已完成的右幅承载，但右幅梁体也承受不了过大的荷载，最终整个桥体坠落 50m 砸向地面。在 1970 年 10 月 15 日，有 36 人死于这场悲惨的事故。

正如米尔福德港的 Cleddau 大桥一样，横隔板的屈曲形成铰使得系统从静定结构变成了一个可动机构，西门大桥的"人造铰"使得简支梁跨垮塌。从垮塌后的照片可以看到，如图 1.47 所示，上翼缘像可以折叠一样，形成了明显可见的铰；每隔 16m 就可以在上翼缘看到一个局部的"隆起"结构，这正是前文描述的纵向加劲肋连接处较为薄弱造成的结果。

图 1.47　垮塌后的左幅梁体照片（自由边、纵向加劲肋屈曲）

这个局部破坏和桥梁的整体破坏没有太大的关系，可以被看作是"最后一根稻草"。垮塌事件是由一系列的错误决定导致的，而开端是因为建造者选择了一种十分罕见的将桥梁一分为二的建造方式。Stephenson 明确表示，即使回溯到 1850 年，成功抬升 1600t 的重型桥梁节段也不是不可能，与 Britannia 大桥中跨一个梁体的重量差不多。如果他们决定将西门大桥整体抬升，重量也只有 1200t，那么屈曲和挠度差异的问题都将不复存在。

在桥梁垮塌原因调查中发现，除了承包商外，Freeman 和 Fox 与他的同事要承担主要责任。他们始终没有检验将桥梁分为两半后拼装或抬升的承载能力是否足够；他们忽略了关于结构施工过程中的整体稳定问题；加之工地现场的检查不足，负责检查的是一个年仅 23 岁缺乏经验的土木工程师；最后也是最主要的是，他们决定卸下那些"要命的"螺栓。

1.4.4 德国科布伦茨莱茵河大桥

1971 年 11 月 10 日,在科布伦茨附近莱茵河靠近摩泽尔河支流入口处,一座在建的钢箱梁桥垮塌,造成 13 人死亡。该桥是一座 103m+236m+103m 加腋连续钢箱梁桥,总长 442m,如图 1.48 所示,跨中横截面下翼缘宽 11m,上翼缘宽 29.5m,梁高 5.88m;上翼缘和斜向腹板纵桥向加劲采用球头扁钢,下翼缘采用 T 形加劲肋。

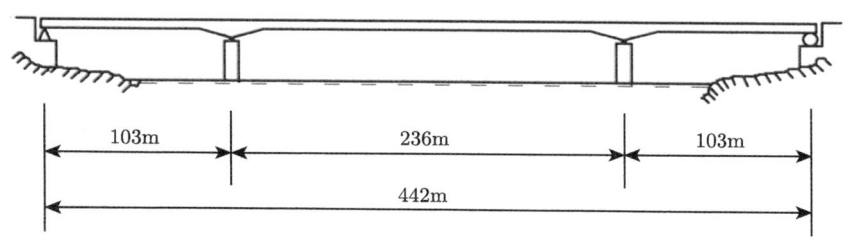

图 1.48 莱茵河大桥立面图

为了减少对航运的影响,跨中选定双向悬臂施工方案。当最后一个节段拼接时,悬臂大约有 100m 长,一个长 16m、重 85t 的梁段单元从水面提升 18m,在已建悬臂段大约中间的位置垮塌,如图 1.49 和图 1.50 所示。

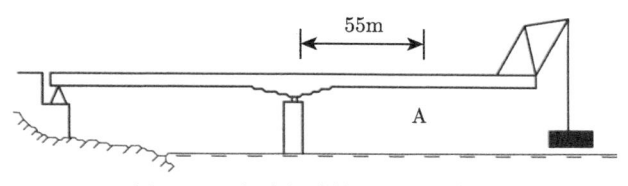

图 1.49 主跨悬臂施工垮塌前简图

图 1.50 垮塌后照片

垮塌前的不利荷载包括悬臂段自重、吊机重量,以及悬臂起吊节段因为摆动而产生的附加惯性力。这些荷载使得下翼缘承载了过多的压应力,悬臂段屈曲使得静定系统转变为一个可动机构。奇怪的是，屈曲发生在悬臂段中间离支座 55m 处，而不是在弯矩最大的邻近支座处。

梁体在支座处因加腋而增大了梁高，其承载力增强。屈曲位置距离支座 55m 处，对于连续系统来讲此处被认为是零弯矩点，也可以被假定这里的加劲肋规模最小。但在悬臂施工阶段，该处内力却是相当大。屈曲发生的位置就是在下翼缘纵向加劲肋拼接位置，当两个节段被连接时，距离横向焊缝都有 22.5mm 的水平距离，如图 1.51 所示，考虑到该处加劲肋不多，横向单元可采用自动焊接相连接。为了使得纵向加劲肋保持完整性，避免交叉焊接所带来的疲劳和脆性断裂强度的降低，纵向加劲肋连接选择在两个相邻的加劲肋处插入一个 T 形构件，而不是用完全一样的短段构件来填补这个空隙。

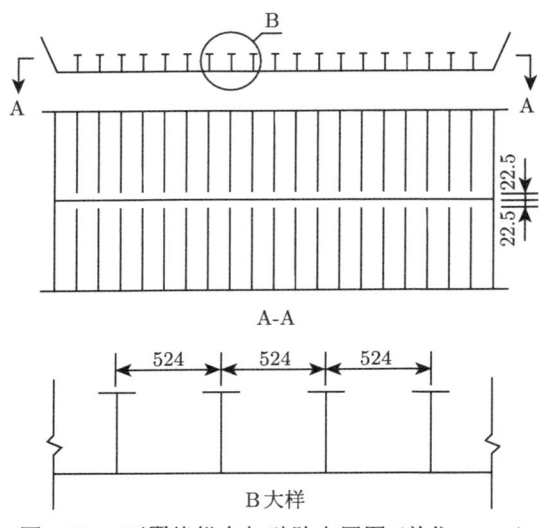

图 1.51 下翼缘纵向加劲肋布置图 (单位：mm)

该纵向加劲连接方法使得在插入构件和翼缘板之间有一个 25mm 的空隙，被嵌入的 T 形肋后来证明是屈曲发生的直接原因。因此，该桥梁体两个节段之间不恰当的加劲肋连接细节导致局部屈曲，引起全桥垮塌。

1.4.5 德国 Zeulenroda 大桥

1998 年德国科学杂志 *Stahlbau* 报道了一起钢箱梁桥垮塌事故，同样也是发生在 20 世纪 70 年代早期。Zeulenroda 大桥位于 Leipzig 以南大约 100km 处，靠近捷克共和国的边境，在 1973 年 8 月 13 日倒塌，造成 4 人死亡。如图 1.52 所示，该桥为 55m+4×63m+55m 六跨连续钢箱梁桥，总长 362m。在垮塌前，第二跨悬臂已经伸出一半，计划在跨中临时支撑上拼装完成下一个节段。然而，跨中

1.4 钢箱梁桥垮塌事故回顾

的临时支撑还没有得到使用，桥梁就突然垮塌，如图 1.53 所示。

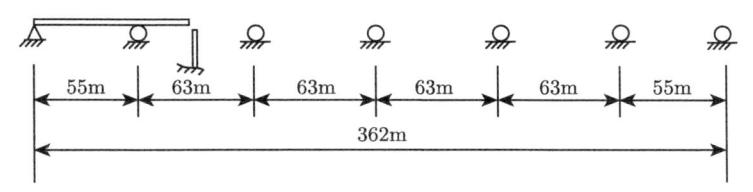

图 1.52 Zeulenroda 大桥建设过程中立面简图

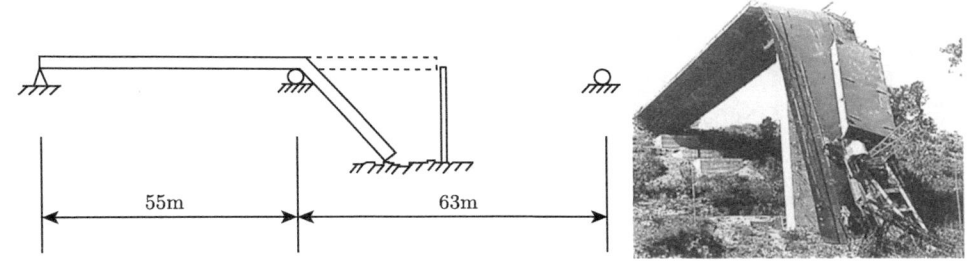

图 1.53 Zeulenroda 大桥垮塌示意图和照片

从当时的图纸计算分析表明该桥的纵向加劲肋尺寸过小，使得桥梁在架设过程中注定会毁坏，桥梁的截面形式如图 1.54 所示。

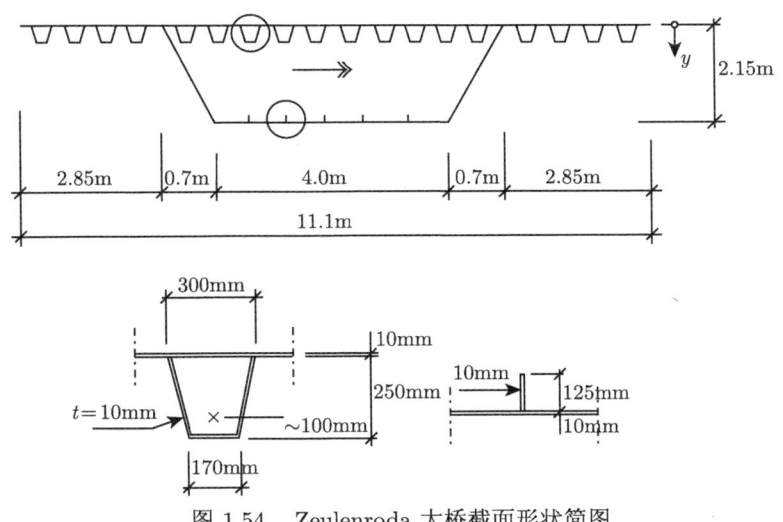

图 1.54 Zeulenroda 大桥截面形状简图

在这个独特的案例中，Zeulenroda 大桥的设计问题尤为突出。Zeulenroda 大桥纵向加劲肋截面选择了错误的构件，整体承载能力不足，与 Cleddau 大桥对比，Zeulenroda 大桥的梁高相对太小。

另外需要说明的是，当时采用的扁钢作为加劲肋易扭转变形，也容易因焊接变形的影响增加了侧向变形，在运输、组装和拼接过程中也易受到损伤和破坏，一个局部损伤可能导致加劲肋丧失其大部分屈曲抗力。

1.5 结构稳定问题的概念与发展

结构稳定是工程力学的一个分支，主要研究各种结构的稳定性，是工程结构安全性的重要内容之一。稳定可以分成静力稳定和动力稳定，本书主要研究静力稳定，动力稳定的简单介绍见附录 1。静力稳定问题是房屋结构和桥梁工程中经常遇到的问题，与强度问题有着同等重要的意义。随着结构跨径的不断增大，房屋结构和桥塔高耸化，钢结构薄壁化及高强材料的应用，结构整体和局部刚度下降，使得稳定问题显得比以往更为重要。

结构在荷载作用下处于平衡位置，微小外界扰动使其偏离平衡位置，若外界扰动除去后仍能回复到初始平衡位置，则是稳定的；若外界扰动除去后不能恢复到初始平衡位置，且偏离初始平衡位置越来越远则是不稳定的；若外界扰动除去后不能回复到初始平衡位置，但仍能停留在新的平衡位置，则是临界状态，也称随遇平衡。由此可见，结构在失稳过程中变形是迅速持续增长的，结构将在很短时间内破坏甚至倒塌。结构失稳是指结构在外力增加到某一量值时，稳定性平衡状态开始丧失，稍有扰动，结构变形迅速增大，使结构失去正常工作能力的现象。也即稳定问题的实质是结构的位移问题。在结构工程中，总是要求结构保持稳定平衡，也即沿各个方向都是稳定的。

1.5.1 结构稳定问题的类型

结构的失稳现象表现为结构的整体失稳或局部失稳。结构整体失稳是指结构所承受的外荷载尚未达到按强度计算得到的结构强度破坏荷载时，结构已不能承担荷载并产生较大的变形，整个结构偏离原来的平衡位置而倒塌。局部失稳是指部分子结构的失稳或个别结构的失稳，常常导致整个结构体系的失稳。

1. 整体失稳的类型

结构的失稳现象是多种多样的，但是就其性质而言，可以分为以下三类稳定问题。

1) 平衡分岔失稳

无缺陷的、挺直的完善轴心受压杆和在中面内受压的完善平板都属于平衡分岔失稳问题，理想的受弯构件以及受压的圆柱壳等也属于这一类。现以完善的轴心受压构件为例，予以说明。当作用于图 1.55(b) 所示构件端部的荷载未达到某一限值时，构件始终保持着挺直的稳定平衡状态，构件的截面只承受均匀的压应力，同时沿构件的轴线只产生相应的压缩变形 Δ。如果在其横向施加一微小干扰，构件会呈现微小弯曲，但是一旦撤去此干扰，构件又会立即恢复到原有的直线平衡状态。如果作用于上端的荷载达到了限值 P_{cr}，构件会突然发生弯曲，这种现象称为屈曲，或者称为丧失稳定。这时如图 1.55(c) 所示构件由原来挺直的平衡状态转变到与其相邻的伴有微小弯曲的平衡状态。荷载到达 A 点后，图 1.55(a) 的荷载挠度曲线上呈现了两个可能的平衡途径，即直线 AC 和水平线 AB (或 AB')，在同一点 A 出现了分岔。构件所能承受的荷载限值 P_{cr} 称为屈曲载荷或称临界荷载。由于在同一个荷载点出现了平衡分岔现象，所以称为平衡分岔失稳。平衡分岔失稳还分为稳定分岔失稳和不稳定分岔失稳两种。

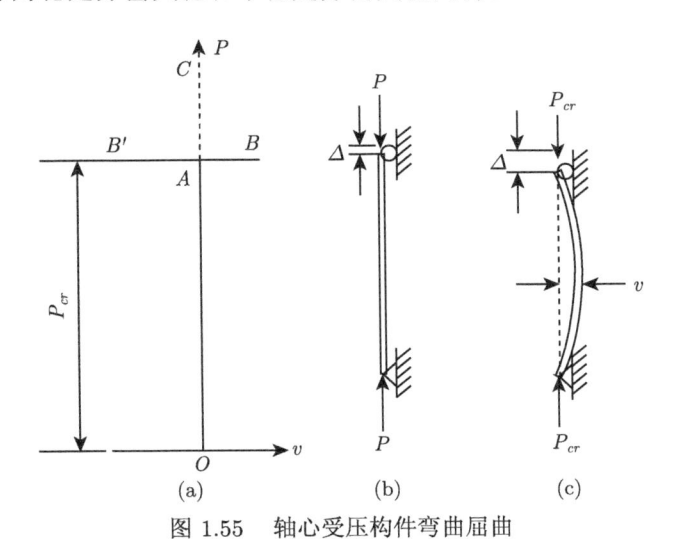

图 1.55 轴心受压构件弯曲屈曲

A. 稳定分岔失稳

图 1.55(a) 荷载挠度曲线是按小挠度理论分析得到的。理论上轴心受压构件屈曲后，挠度增加时荷载还略有增加，如图 1.56(a) 所示，屈曲后构件的荷载挠度曲线是 AB (或 AB')，这时平衡状态是稳定的，属于稳定分岔失稳，也称第一类失稳或第一类稳定问题。不过大挠度理论分析表明，荷载的增加量非常小而挠度的增加却很大，构件因有弯曲变形而产生弯矩，在压力和弯矩的共同作用下，中央截面边缘纤维先开始屈服，随着塑性发展，构件很快就达到极限状态。

对于四边有支承的薄板，如图 1.56(b) 所示，其中面在均匀的压力 P 作用下达到屈曲载荷 P_{cr} 后发生凸曲。由于其侧边同时产生薄膜力，对薄板的变形起了牵制作用，促使荷载还能有较大程度的增加，荷载挠曲线如图 1.56(b) 的 OAB (或 OAB')，屈曲后板的平衡状态也是稳定的，也属于稳定分岔失稳。由于板的极限荷载 P_u 可能远超过屈曲载荷 P_{cr}，所以板的曲后强度可以利用。

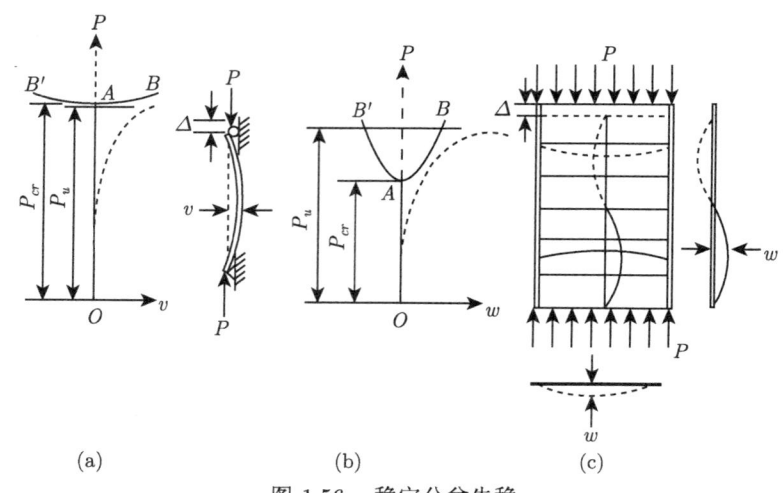

图 1.56 稳定分岔失稳

应该注意到，上面研究的轴心受压构件和薄板的失稳现象都是在理想条件下发生的。实际的轴心受压构件和薄板并非是平直的，它们在受力之前都可能存在微小弯曲变形，称为初始弯曲缺陷或几何缺陷，初始弯曲缺陷使压杆和压板的极限荷载 P_u 有所降低，其荷载挠度曲线不再有分岔点，而是如图 1.56(a) 和 (b) 中的虚线所示。但是对于具有稳定分岔失稳性质的构件来说，初始弯曲缺陷的影响较小，对于薄板，即使有弯曲缺陷的影响，其极限荷载仍可能高于屈曲载荷。

B. 不稳定分岔失稳

还有一类结构在屈曲后只能在远比屈曲载荷低的条件下维持平衡状态。例如，承受均匀压力的圆柱壳，其荷载变形曲线如图 1.57(a) 所示的 OAB (或 OAB')，这属于不稳定分岔失稳，这种屈曲形式也称为有限干扰屈曲。因为在不可避免的极微小有限干扰的作用下，圆柱壳在达到平衡分岔屈曲载荷之前，就可能由屈曲前的稳定平衡状态跳跃到非邻近的平衡状态，如图中的曲线 $OA'CB$，不经过理想的分岔点 A。缺陷对这类结构的影响很大，使实际的极限荷载 P_u 远小于理论上的屈曲载荷 P_{cr}，其荷载变形曲线如图 1.57(a) 中虚线所示。研究这类稳定问题的目的是要探索安全可靠的极限荷载 P_u。

1.5 结构稳定问题的概念与发展

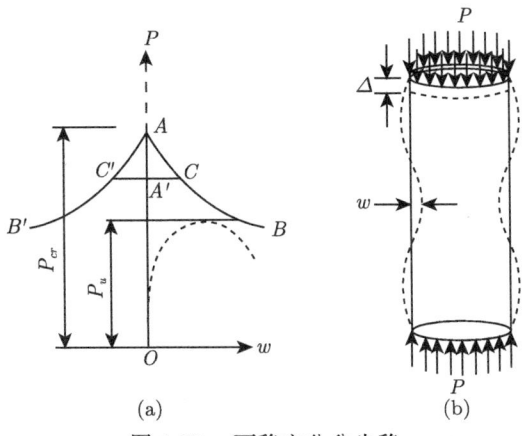

图 1.57 不稳定分岔失稳

2) 极值点失稳

偏心受压杆在轴向压力作用下产生弯曲变形，其荷载挠度曲线如图 1.58 所示，在曲线的上升段 OAB 构件的挠度随荷载而增加，处在稳定平衡状态，而曲线上的 A 点表示构件中点的截面边缘纤维开始屈服，荷载继续增加时由于塑性向内扩展，弯曲变形加快，图中曲线出现下降段 BC，表示维持平衡的条件是要减小构件端部的压力，因而使构件处于不稳定平衡状态。曲线的极值点 B 标志了此偏心受压构件在弯矩作用的平面内已达到了极限状态，对应的荷载 P_u 为构件的极限荷载。由图 1.58 可知，极值点失稳的荷载挠度曲线只有极值点，没有出现两

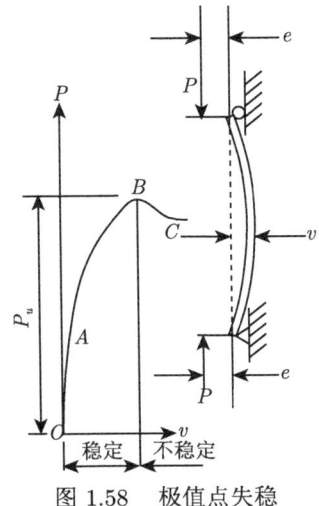

图 1.58 极值点失稳

种变形状态的分岔点，构件弯曲变形的性质始终如一，故称为极值点失稳，也称第二类失稳或第二类稳定问题。

实际的轴心受压构件因为都存在初始弯曲和荷载作用点稍稍偏离构件轴线的初始偏心，因此其荷载挠度曲线呈现如图 1.56(a) 中虚线所示的极值点失稳现象，与极值点对应的荷载 P_u 才是实际轴心受压构件的极限荷载。

极值点失稳的现象是十分普遍的，如双向受弯构件和双向压弯构件发生弹塑性弯扭失稳都属于极值点失稳。

3) 跃越失稳

如图 1.59 所示的两端铰接较平坦的拱结构，在均布荷载 q 的作用下有挠度 w，其荷载挠度曲线也有稳定的上升段 OA，但是到达曲线的最高点 A 时会突然跳跃到一个非邻近的具有很大变形的 C 点，拱结构顷刻下垂，在荷载挠度曲线上，虚线 AB 是不稳定的，BC 段虽然是稳定的而且一直是上升的，但是因为结构已经破坏，故不能被利用。与 A 点对应的荷载 q_{cr} 是坦拱的临界荷载。这种失稳现象称为跃越失稳，它既无平衡分岔点，又无极值点，但和不稳定分岔失稳又有某些相似的现象，都在丧失稳定平衡之后又跳跃到另一个稳定平衡状态。

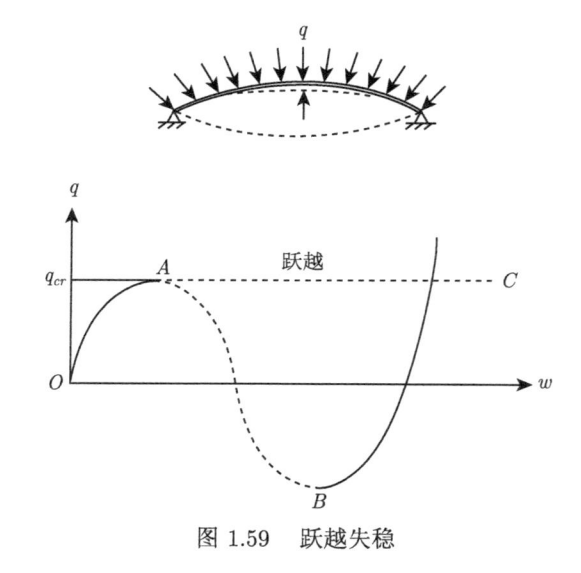

图 1.59 跃越失稳

对于轴心受压构件，可以有弯曲失稳、扭转失稳和弯扭失稳；对于受弯构件有弯扭失稳；对于单轴压弯构件在弯矩作用平面内为弯曲失稳，在弯矩作用平面外为弯扭失稳；对于双轴压弯构件为弯扭失稳；对于框架和拱在框架和拱平面内为弯曲失稳，在框架和拱平面外为弯扭失稳。对于横截面较大的柔性构件还可能发生畸变屈曲，这一类问题将在第 6 章讨论。

1.5 结构稳定问题的概念与发展

区分结构失稳类型的性质十分重要，这样才有可能正确估量结构的稳定承载力。对于具有平衡分岔失稳现象的结构，如前所述，理论上的极限荷载区分为三种情况，一种比较接近于屈曲载荷，一种大于屈曲载荷，一种远小于屈曲载荷。大挠度理论才能揭示具有平衡分岔失稳结构的曲后性能，然而用大挠度理论分析实际结构的计算过程十分复杂。为了揭示结构具有分岔失稳现象的共性，W. T. Koiter 于 1945 年利用简单的力学模型系统地分析了弹性结构考虑初始缺陷的曲后性能，建立了完整的初始曲后理论[31]。

2. 结构和构件的局部屈曲

1) 局部屈曲的基本概念

结构和构件局部屈曲是指结构和构件在保持整体稳定的条件下，结构中的局部构件或构件中的板件已不能承受外荷载的作用而发生屈曲。这些局部构件在结构中可以是受压的柱或受弯的梁，在构件中可以是受压的翼缘板或受剪的腹板。

受压柱和受弯梁的失稳是平衡分岔失稳和极值型失稳，从图 1.60 典型荷载-侧移曲线中可以看出到达临界荷载或失稳极限荷载后，构件仍有一定的承载能力，其值随位移的增加而减小。如从构件的刚度分析，可以看出失稳后构件的刚度在不断退化。如果整个结构是一个超静定体系，而且局部构件的失稳并不使整体结构或结构的局部形成机构时，整个结构不会因局部构件的失稳而失去承载能力。此时，可称结构发生了局部屈曲。

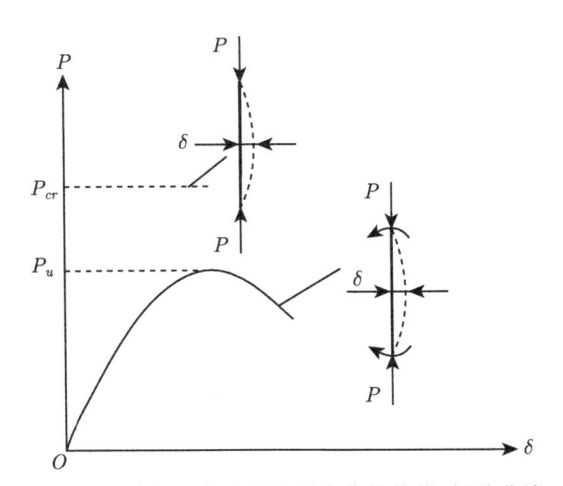

图 1.60 欧拉屈曲及极值型失稳的荷载-侧移曲线

构件中受压板件的失稳是曲后极值型失稳。从图 1.61 看出，当板件承受的荷载达到屈曲载荷时，板件发生屈曲，但未丧失承载能力，屈曲后仍有一定的承载能力，因此构件整体也不会因受压板件的局部弯曲而失去承载能力，构件可以继续承载，此时称为构件的局部失稳。只是局部弯曲的板件会呈现出可以观察到的局部变形，并进入曲后强度阶段。

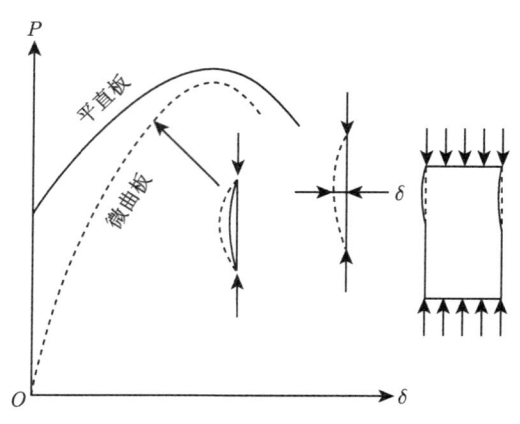

图 1.61　屈曲后极值型失稳的荷载–侧移曲线

对于在实际工程中是否利用局部屈曲后的曲后强度还存在不同的观点，第一种观点为不可以利用，因为构件或板件失稳后会出现明显的变形，不利于继续使用。第二种观点认为不宜在承受动力荷载的结构或杆件中利用，如桥梁、吊车梁等。因为在这类结构中动力荷载每作用一次，局部构件和受压板件就会局部失稳一次，每次局部失稳就会出现一次明显的变形。由于这类结构动力荷载作用频繁，使局部失稳和变形也频繁出现，形成一种称为"呼吸现象"。"呼吸现象"会使得局部失稳的构件或板件不断受到损伤，当损伤累积到一定程度后就会导致断裂，出现所谓的低周疲劳断裂或疲劳断裂。第三种观点认为可以利用，但有动力荷载时，局部失稳的临界荷载不能太小，以防止呼吸现象的出现。

2) 局部与整体相关稳定

对于局部失稳后具有曲后强度的结构和构件，虽能继续承载，但其最后的整体失稳极限荷载将受到局部失稳的影响而降低，这时出现的整体稳定问题属于局部与整体相关稳定。

3) 截面的分类问题

由于构件的板件存在局部失稳的可能性，而局部失稳的屈曲载荷与板件的宽厚比有关，宽厚比越大，则屈曲载荷越小。参考国内外钢结构设计规范，常用的工字形截面和矩形管截面的大致分类界限见表 1.10，将截面按宽厚比的大小分为四类[10]。第一类截面中板件的宽厚比最小，符合这一条件的板件，即使在构件受弯形成塑性铰并发生塑性转动时，板件仍不会产生局部失稳。塑性设计时应采用这类截面，因此也称塑性设计截面。第二类截面在构件受弯并形成塑性铰但不发生

1.5 结构稳定问题的概念与发展

塑性转动时，板件不会发生局部失稳。因此，此类截面称为弹塑性设计截面，也称厚实截面。第三类截面在构件受弯并当边缘纤维达到屈服点时，板件不会发生局部失稳，因此这类截面称为弹性设计截面，也称为非厚实截面。第四类截面在构件受弯时会发生局部失稳，应该利用曲后强度的设计方法进行计算，因此这类截面称为超屈曲截面，也称纤细截面或薄柔截面。

表 1.10 截面分类

截面类型	第一类	第二类	第三类	第四类
均匀受压翼缘	$\dfrac{b}{t_f} \leqslant 0.32\sqrt{\dfrac{E}{f_y}}$	$\dfrac{b}{t_f} \leqslant 0.38\sqrt{\dfrac{E}{f_y}}$	$\dfrac{b}{t_f} \leqslant 0.56\sqrt{\dfrac{E}{f_y}}$	$\dfrac{b}{t_f} \leqslant 0.56\sqrt{\dfrac{E}{f_y}}$
受弯的腹板	$\dfrac{b}{t_w} \leqslant 2.5\sqrt{\dfrac{E}{f_y}}$	$\dfrac{b}{t_w} \leqslant 3.8\sqrt{\dfrac{E}{f_y}}$	$\dfrac{b}{t_w} \leqslant 5.8\sqrt{\dfrac{E}{f_y}}$	$\dfrac{b}{t_w} \leqslant 5.8\sqrt{\dfrac{E}{f_y}}$
均匀受压翼缘	$\dfrac{b}{t_f} \leqslant 0.95\sqrt{\dfrac{E}{f_y}}$	$\dfrac{b}{t_f} \leqslant 1.12\sqrt{\dfrac{E}{f_y}}$	$\dfrac{b}{t_f} \leqslant 1.51\sqrt{\dfrac{E}{f_y}}$	$\dfrac{b}{t_f} \leqslant 1.51\sqrt{\dfrac{E}{f_y}}$
受弯的腹板	$\dfrac{b}{t_w} \leqslant 2.5\sqrt{\dfrac{E}{f_y}}$	$\dfrac{b}{t_w} \leqslant 3.8\sqrt{\dfrac{E}{f_y}}$	$\dfrac{b}{t_w} \leqslant 5.8\sqrt{\dfrac{E}{f_y}}$	$\dfrac{b}{t_w} \leqslant 5.8\sqrt{\dfrac{E}{f_y}}$

3. 钢结构稳定性问题的特点

1) 多样性

凡是钢结构的受压部位，在设计时都必须考虑其稳定性。有时某一部位从表面上看来并不受压或不是主要受压部分，但仍然也会出现失稳问题。例如，简支钢板梁的端部腹板处，一般情况下弯曲正应力较小，比较大的是剪应力，然而，顺梁轴向和垂直梁轴向两个方向的剪应力相结合，可能形成较大的斜向压应力，并导致腹板局部失稳。此外，结构的某部位也有可能随结构变形由不受压变为受压，从而导致失稳。

2) 整体性

对于结构来说，它是由各个构件组成为一个整体。当一个构件发生失稳变形后，它必然牵动和它刚性连接的其他构件。因此，构件的稳定性不能就某一构件去孤立地分析，而是应当考虑其他构件对它的约束作用。这种约束作用是要通过对结构的整体分析来确定的。

3) 相关性

稳定的相关性指的是不同失稳模式的耦合作用。例如，单轴对称的轴心受压构件，当在对称平面外失稳时，呈现既弯又扭的变形，它是弯曲和扭转的相关屈曲。另外，局部和整体稳定的相关性还常见于冷弯薄壁型钢构件，其壁板的局部屈曲一般并不立刻导致整体构件丧失承载能力，但它对整体稳定临界力却有影响。对于有缺陷的构件来说，局部和整体之间相互影响更具有复杂性。格构式压杆也有局部和整体稳定的相关性问题。组成钢构件的板件之间发生局部屈曲时的相互约束，有时也称为相关性。

1.5.2 结构稳定问题的计算方法

从前面分析的几种结构失稳现象可知，并非处在平衡状态的结构都是稳定的。为了进一步说明这一问题，可以用图 1.62 中的小钢球所处的三种不同的平衡位置来说明平衡的稳定性。图中的三个小钢球都处在平衡状态，但其稳定性却并不相同。对于图 1.62(a)，当小球被微小扰动后，小球虽然暂时离开了原点，但其势能增加了，一旦撤去干扰，小球又可回复到原点，因此这种平衡状态是稳定的；图 1.62(b) 则不然，小球被扰动离开原点以后，其势能减小了，撤去干扰后小球不仅不能回复到原来的原点，反而继续向下滚动，远离原点，因此这种平衡状态是不稳定的；图 1.62(c) 的小球被扰动后离开原点，干扰撤去后停留在新的位置，处在中性平衡状态，又称随遇平衡状态，也可以说是从稳定平衡过渡到不稳定平衡的临界状态。

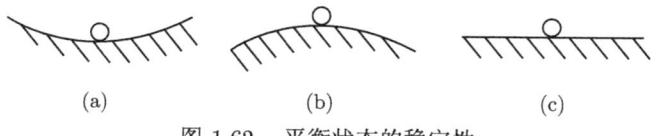

图 1.62 平衡状态的稳定性

对于结构的稳定计算，既要确定其屈曲载荷，又要明确屈曲后平衡状态的稳定性。结构稳定问题的分析方法都是针对在荷载作用下存在变形的条件下进行的，由于所研究的结构变形与荷载之间呈非线性关系，因此稳定计算属于几何非线性问题，采用的是二阶分析的方法。在 3.3 节中还将采用简单力学模型进行深入探讨。这种分析方法与结构的强度计算不同，对于静定结构，强度计算与结构的变形无关，属于一阶分析，对于超静定结构，虽然在确定赘余力的过程中要计及变形，但是在确定了赘余力之后，在计算各部分的内力时是在原来未变形结构的基础上进行的，没有再考虑结构的变形，因此也采用了一阶分析的方法。

1.5 结构稳定问题的概念与发展

1. 稳定问题的分析方法

1) 平衡法

中性平衡法或静力平衡法，简称平衡法，这是求解结构稳定极限荷载的最基本方法。对于有平衡分岔点的弹性稳定问题，在分岔点，存在着两个极为邻近的平衡状态，一个是原结构的平衡状态，一个是已经有了微小变形的结构平衡状态。平衡法是根据已产生了微小变形的结构受力条件建立平衡方程然后求解的。如果得到的符合平衡方程的解不止一个，那么其中值最小的一个解才是该结构的分岔屈曲载荷。平衡法只能求解屈曲载荷，不能判断结构平衡状态的稳定性。尽管如此，由于常常只需要得到结构的屈曲载荷，所以经常采用平衡法。在许多情况下，采用平衡法可以获得精确解。

2) 能量法

如果结构承受着保守力，可以根据有了变形的结构受力条件建立总的势能，总的势能是结构的应变能和外力势能两项之和。如果结构处在平衡状态，那么总势能必有驻值。根据势能驻值原理，先由总势能对于位移的一阶变分为零得到平衡方程，再由平衡方程求解分岔屈曲载荷。按照小变形理论，能量法一般只能获得屈曲载荷的近似解，但是，如果事先能够了解屈曲后的变形形式，采用此变形形式作计算可以得到精确解。能量法用于大挠度理论分析，可以判断屈曲后的平衡是否稳定。对于图 1.62 中三个均处于平衡状态的小钢球，当有微小干扰时其势能有变化，在平衡位置，势能对位移的一阶微分都是零。但是图 1.62(a) 的势能具有最小值，它的二阶微分是正值，平衡状态是稳定的。稳定平衡时总势能最小的原理称为最小势能原理。图 1.62(b) 的势能具有最大值，它的二阶微分是负值，平衡状态是不稳定的。图 1.62(c) 的二阶微分仍为零，属于中性平衡。这就是说，用总势能驻值原理可以求解屈曲载荷，而用总势能最小原理可以判断屈曲时平衡的稳定性。

3) 动力法

处于平衡状态的结构体系，如果施加微小干扰，使其发生振动，因为这时结构的变形和振动加速度都和已经作用在结构上的荷载有关，当荷载小于稳定的临界值时，加速度和变形的方向相反，因此干扰撤去以后，运动趋于静止，结构的平衡状态是稳定的；当荷载大于临界值时，加速度和变形的方向相同，即使将干扰撤去，运动仍是发散的，因此结构的平衡状态是不稳定的；临界状态的荷载即为结构的屈曲载荷，可由结构振动频率为零的条件解得。

由于结构的复杂性，不可能单靠上述方法来解决所有稳定性问题。大量使用的是稳定性问题的近似求解方法。归结起来主要有两种类型：一类是从微分方程出发，通过数学上的各种近似方法求解，如逐次渐进法；另一类是基于能量变分原理的近似法，如里茨 (Ritz) 法。有限元方法可以看成是里茨法的特殊形式。当今非线性力学将有限元与计算机结合，得以将稳定性问题当作非线性力学的特殊问题，用计算机程序实现求解，并取得了巨大的成功。

研究结构的稳定性可以从小的范围内观察，即在邻近初始状态的微小区域内进行研究。为揭示失稳的真谛，也可从大范围内进行研究。前者以小位移理论为基础，而后者建立在大位移非线性理论的基础上。研究结构稳定性问题主要有两类：第一类稳定，为分岔点失稳问题；第二类稳定，为极值点失稳问题。实际工程中的稳定性问题一般都表现为第二类失稳。但是，由于第一类稳定问题是特征值问题，求解方便，在许多情况下两类问题的临界值相差不大且具有相关性，因此研究第一类稳定问题仍有着重要的工程意义。

2. 结构稳定分析的原则

结构稳定性分析与经典的结构强度分析的主要区别在于以下几点。

1) 几何非线性的影响

几何非线性可以包括众多非线性因素，需要根据研究对象的性质加以确定。在分析钢结构和钢构件的稳定性时，考虑的几何非线性有以下几种：第一种为位移和转角都在小变形的范围，但考虑结构变形对外力效应的影响，考虑这种几何非线性的分析方法也称为二阶分析，钢构件、钢框架和钢拱的整体稳定分析都采用这一方法。第二种为考虑大位移但转角仍在小变形的范围，钢框架既考虑构件又考虑结构整体失稳的稳定分析时可采用这种方法。第三种为考虑大位移和大转角的非线性分析，网壳结构的稳定、板件考虑曲后强度的稳定以及构件考虑整体与局部相关稳定时的分析应采用这一方法。

2) 材料非线性的影响

钢结构或钢构件失稳破坏时，一般都会进入弹塑性阶段，因此要了解其真实失稳极限荷载，必须考虑材料非线性的影响。这样，稳定分析就需要采用双非线性，即考虑材料非线性和几何非线性，该方法具有很大的难度。

3) 结构和构件的初始缺陷

研究表明结构和构件的初始缺陷对稳定荷载的影响是显著而不可忽视的。这些初始缺陷主要包括：构件的初始弯曲、荷载的初偏心、结构形体的偏差以及残余应力等。这是钢结构和钢构件的稳定分析具有不同于一般强度分析的明显特点。

3. 结构极限承载力

钢结构构件在钢材塑性能充分发展时的极限承载力有两种可能。一种是钢结构构件上的某些截面达到全截面塑性并形成机构，不能继续承担更大的荷载，这时可称钢结构构件达到了强度极限状态，它所能承担的最大荷载为强度极限承载力。另一种是钢结构构件尚未达到强度极限状态，但由于构件整体或局部失去稳

1.5 结构稳定问题的概念与发展

定而不能继续承担更大的荷载,这时可称钢结构构件达到了稳定极限状态,所能承担的最大荷载为稳定极限承载力。

除了强度极限状态和稳定极限状态外,根据实际工程设计的需要,尚可另行约定设计用的极限状态,一般有以下几种。由于构件在进入弹塑性阶段工作时,会出现不能恢复的塑性变形,当塑性变形增大到某种程度使构件不宜继续使用时,可将这种状态定为塑性变形极限状态。有的时候还将构件上的最大应力达到屈服点定为极限状态,可称为初始屈服极限状态。这些极限状态均可归属于强度极限状态。又如考虑到构件出现局部失稳后会产生较显著的局部变形,即把出现局部失稳定为极限状态而不管局部失稳后构件是否有曲后强度,是否能继续承担荷载的增加,这种极限状态可称为局部失稳极限状态,也可归属于稳定极限状态。可以看出,到达以上几种极限状态的荷载均没有达到构件所能承受的最大荷载,也就是说都没有达到构件的稳定极限承载力,只是由于钢结构设计的需要而已。

1.5.3 钢结构稳定性理论

关于结构稳定问题的最初研究可以追溯到 18 世纪。早在 1744 年,L. 欧拉就在他的著作《曲线的变分法》中,用最小位能原理导出弹性直杆的临界荷载公式,但当时人们还没有认识到欧拉公式的意义。到了 19 世纪后期,钢结构被广泛应用,不断出现的事故,促使人们不断地进行试验和研究,并提出了一些经验公式,如兰金公式及泰特迈尔公式。其后,1889 年 F. 恩盖塞给出塑性稳定的理论解。1891 年 G. H. 布赖恩完成了简支矩形板单向均匀受压的稳定分析。这些成果构成了稳定理论的初步基础。进入 20 世纪后,研究工作在理论和应用两方面广泛展开。例如,B. 3. 符拉索夫对薄壁杆件空间失稳问题的研究,冯·卡门对板壳结构非线性失稳问题的研究等。20 世纪 40 年代以来,北美洲、欧洲、日本等相继成立了结构稳定问题的国际性研究机构,对结构稳定问题进行了大量的理论与实验研究,并对结构设计方法不断加以改进。钱学森在薄壳稳定理论方面,李国豪在弹性稳定理论及桥梁结构稳定理论方面也都做出了贡献。20 世纪六七十年代 5 座箱型钢梁桥的失稳坠毁事故 (见 1.4 节桥梁事故),引起了人们对板件稳定问题的注意。在电子计算机被广泛应用后,以掌握结构的真正安全度为目的,对实际结构 (包括屈曲强度的承载力问题) 的理论分析方法已趋实用化,并且正在用可靠性分析法研究结构的最终强度问题。用有限元法对板、壳结构进行屈曲分析也已有了长足的进步。然而,关于结构物的屈曲及屈曲后的塑性破坏强度的理论分析包括一系列复杂的问题,如残余应力、结构物的弹塑性化及大挠度非线性问题等。同时考虑所有这些问题的直接解法将是很复杂的,所以关于实际结构的屈曲强度及承载力的系统分析方法还有待进一步研究。此外,20 世纪 60 年代出现了一门称为突变理论的新学科,正在被用来描述渐变力产生突变效应的现象,其中也包括结构失稳现象。

结构的失稳现象按其发生的范围可分为：整个结构或其部分失稳，个别构件失稳和构件的局部失稳；且均可分为平面内或平面外失稳。有时结构在弹性范围内不发生屈曲，而在全截面达到塑性以前发生弹塑性屈曲，因此可分为弹性稳定、弹塑性稳定与塑性稳定。任何一种失稳现象都可能使结构不能有效地工作。

稳定问题还可分为动力稳定与静力稳定。上述稳定性概念是指静力稳定。动力稳定性可按能量特征表述为：一个受外荷载作用的体系，在正阻尼情况下，体系的位能随时间而衰减，则该体系是动力稳定的；在负阻尼情况下，体系的位能随时间而增大，则该体系是动力不稳定的。

结构理论对稳定问题的研究是在理想化的数学模型上进行的，而实际结构却并不像数学模型那样理想，因此实用上需要考虑各种因素的影响。以受压直杆为例，荷载不可能绝对对准截面中心；杆件本身总会有某种初始弯曲，即所谓"几何缺陷"；材料本身也不可避免地具有某种"组织缺陷"，如屈服应力的离散性及由杆件制造方法所造成的残余应力等。这样，除了弹性模量和杆件的几何尺寸之外，所有上述各项因素也都不同程度地影响着压杆的承载力，在结构设计时这种影响常常应予以考虑。关于压杆几何缺陷，根据大量的实验统计研究的结果，一般认为可假定为一弯月形曲线，其矢度为杆长的 1/1000。关于组织缺陷，各国规范中的公式不尽相同，所给出的容许屈曲应力曲线也很不相同，其中有些问题尚待进一步研究。通常将基于理想化的数学模型进行研究的稳定理论称为压屈理论，基于实际杆件考虑上述各种因素进行研究与稳定性有关的极限承载力的稳定理论称为压溃理论。

1. 板的稳定理论研究进展

工程中大量存在一类特殊的三维结构，它的一个方向尺寸 (厚度) 远远小于其他两个方向的尺寸，而且是无曲率的，这种特殊的三维结构就称为"板"或"平板"。平分板的厚度且与板的两个面平行的平面称为中面。

板按厚度分为厚板、薄板和薄膜三种。如果板的厚度 t 与幅面的最小宽度 b 之比相对说来不算小时 ($t/b > 1/5 \sim 1/8$)，由于板内的横向剪力产生的剪切变形与弯曲变形相比属于同量级大小的，因此计算时不能忽略不计，这种板称为厚板。如果板的厚度与板的幅面相比较小时 ($1/80 \sim 1/100 < t/b < 1/5 \sim 1/8$)，剪切变形与弯曲变形相比微小，可以忽略不计，这种板称为薄板[3]。当板的厚度极小，以至其抗弯刚度几乎降至为零时，这种板完全靠薄膜拉力来支承横向荷载的作用，称为薄膜。薄板既具有抗弯能力还可能存在薄膜拉力。

1) 弹性板理论的发展历程

板的第一次分析和试验研究是从板的自由振动开始的。弹性板理论的建立始

1.5 结构稳定问题的概念与发展

于法国工程师、桥梁专家纳维 (L. M. H. Navier) 在 1821 年给出的弹性体平衡和运动微分方程中,纳维给出了第一个令人满意的、完整的薄板弯曲理论,列出了板弯曲变形能的正确公式[32]。泊松讨论了板的边界条件,对简支边和固定边,他给出的边界条件方程与现在通用的边界条件是完全一样的,但对沿着有已知分布力的边界情况,他要求有三个边界条件(剪力、扭矩和弯矩)。由于板的控制微分方程是四阶的,而一个边界上有三个边界条件是矛盾的。从三个边界条件减为两个边界条件是由基尔霍夫 (G. R. Kirchhoff) 完成的。1850 年基尔霍夫提出了薄板的两个基本假定,确立了板弯理论的基础。开尔文 (L. Kelvin) 对有分布力作用的边界上的边界条件,由三个减为两个做了物理上的解释。19 世纪末,列维 (M. Levy) 研究了对边简支另两边任意支承矩形板问题,提出了"单三角级数法"。对薄板理论做过贡献的科学家还有 И. Г. Бубнов、M. T. Huber、H. W. Westgard、Д. Ф. ПАПКОВИИ、符拉索夫 (B. З. Власов)、С. Г. Лехницкии、铁摩辛柯 (S. Timoshenko) 等。

当板有较大挠度时,必须考虑中面的拉伸,这就是非线性(大挠度)板问题。基尔霍夫等首先对这一问题进行了研究,但是由于他们得到的非线性方程很难处理,只能用于最简单的情况。1909 年冯·卡门 (von Kármán) 推导出了大挠度板(柔性板)理论的控制方程组的最终形式。

在线性板弯理论中所建立的控制微分方程,根据基尔霍夫假设忽略了横向剪切对挠度的影响,因而即使在板很薄时,它也是近似的理论。随着板厚度的增加,剪切的影响逐渐加大,利用板弯理论将带来逐渐加大的误差。为此很多科学家致力于建立更为精确的板理论,也即板的"精化理论"或称"中厚板理论",即考虑剪切影响的理论。在不同的中厚板理论中,以赖斯纳 (E. Reissner) 在 1945 年建立的理论应用最为广泛。

由于现代航空、航天、造船、建筑、桥梁、公路等工业(程)的发展,因此对板结构的分析提出了更高的要求。所以,在继续追求板的精确解的同时,也致力于近似求解的研究。经典的近似方法,如里茨法、伽辽金方法、差分法等在板的数值解中有着广泛的应用。近代由于计算机的普遍应用,有限单元法、有限条法、边界积分法等已成为板结构分析的重要工具。此外,一些半解析法也已普遍用于板的分析中。

2) 矩形板的稳定性

边缘受压板的稳定理论发展历史可以推溯到 1891 年,当时 Bryan 提出了关于各边简支而在两个相对边上作用着均布荷载的矩形板的分析结果。Bryan 不仅是第一个论述了板的稳定问题,而且他首先应用稳定的能量准则来求解屈曲问题。在 15 年后,Timoshenko 讨论了与压力平行的两条边在各种支承情况下的板的稳定。Reissner 独立地在 1909 年发表了两边固定以及一边固定一边自由的边缘受压矩形板的解答。1924 年, Bleich 将平板稳定理论扩展到非弹性范围内, 假定板为各向异性, 并将一变化的弹性模量引入作为求解弹性屈曲问题的基本微分方程中。Bijlaard 和 Ilyushin 提出一个以最新破坏理论为基础的在超过弹性极限后板的稳定问题的合理理论[34]。

J. M. Coan 于 1959 年首次给出了有初始弯曲的受压简支板曲后性能的解析解[33], 同年, Yamaki 采用数值方法研究了板的弹性曲后性能[34]。Robert 和 Archibald 基于塑性迹线的方法研究了有初始弯曲的受压简支板曲后性能, 并采用塑性卸载曲线与受压板的弹性曲后曲线的交线描述受压板的极限承载力, 该方法得到试验的验证[37,38]。沈惠申采用摄动法研究了受压薄板、正交异性板的弹性曲后力学性能, 也采用卸载曲线与弹性曲后曲线的交线描述极限承载力[37,38]。吴连元等提出了有限元增量摄动法, 用于分析非完善板的屈曲和曲后性能[39]。王明贵和黄义用三维弹性理论的非线性应变公式研究了弹性薄板的曲后特性, 旨在探讨冯·卡门平板大挠度方程的可靠性范围[40]。高轩能、孙祖龙根据冯·卡门大挠度平板理论, 采用半解析半能量法对薄壁槽形截面腹板在非均匀压力作用下的屈曲与曲后性能进行了理论分析[41]。徐凯宇以 Marguerre 方程式为基础, 用奇异性理论研究了初始挠度以及横向荷载对弹性板曲后分叉解的影响, 借助于普适开折的原理, 在单特征值局部领域内将该问题的失稳分析转化为三次代数方程的讨论, 从而确定出分叉解的性态, 同时也给出了在不同参数下的分叉解支[42]。

颜少荣等采用里茨法, 对三边简支、一边自由的板在非均匀板面内压力作用下板的弹塑性屈曲强度作了较全面的理论分析。在塑性范围内应用基于割线理论的全量理论, 并考虑材料的可压缩性, 确定了各种荷载分布情况下板的临界宽厚比。对一定数量的冷弯槽形截面和角形截面试件进行了屈曲破坏试验, 试件翼缘或角钢一肢比拟上述条件的板, 其试验结果与理论分析吻合[43]。朱慈勉等提出了一种适合于分析初弯曲板大挠度和曲后问题的有限元列式, 基于总体的拉格朗日描述, 导出了计及初弯曲效应的非线性分析有关公式[44]。杨伟军、曾晓明对在均布荷载作用下, 一边支承一边卷边的矩形板进行了研究, 得出了矩形板的临界应力方程, 采用二分点法求解[45]。孟春光、张伟星采用滑动最小二乘法和变分原理, 用无单元法研究了薄板的弹性稳定问题[46]。曾晓辉等考虑横向剪切变形的影响和四边弹性转角约束的边界条件, 首先构造出了满足弹性转角约束边界条件的三个广义位移函数, 采用能量法求出了正交异性板的临界荷载; 并用此法, 在退化到极限情况 (简支和固支) 下, 对若干矩形板进行了计算, 并与现有文献比较, 吻合较好[47]。熊渊博、龙述尧基于基尔霍夫理论和对挠度函数采用移动最小二乘近似函数进行插值, 进一步研究了无网格局部 Petrov-Galerkin (MLPG) 方法在各向异性板稳定问题中的应用; 分析中本质边界条件采用罚因子法施加, 离散的特征值方程由板稳定控制方程的局部积分对称弱形式得到；通过数值算例并与其他方法的计算结果进行了比较[48]。

板的经典稳定性理论已日趋完善，对于计及初始缺陷和横向荷载影响的板的曲后性能，变厚度板及粘弹性板的屈曲等，越来越引起力学工作者的兴趣，成为研究的热点。随着现代工业技术的发展，特别是航空、航天和原子能的飞速发展，大跨轻型超薄结构将应用于各个工业领域，大量的稳定问题将涌现出来。在这些问题的推动下，在计算技术和实验技术的带动下，必将促进固体力学这一分支学科的蓬勃发展。

2. 受压板的塑性佯谬

至今各种描述钢材塑性变形规律的理论大致可以分为两大类。一类理论认为在塑性状态下仍是应力和应变全量之间的关系，建立在这个关系上的理论称为塑性全量理论，又称为形变理论。属于这类理论的主要有：1924 年 H. Hencky 提出的理论，不计弹性变形，也不计硬化；1938 年 A. Nadai 提出的理论，考虑了有限变形和硬化，但总变形中仍不计弹性变形；1943 年 А. А. Ильюшин 提出的理论，是对 Hencky 理论的系统化，考虑了弹性变形和硬化。另一类理论认为塑性状态下是塑性应变增量 (或应变率) 和应力及应力增量 (或应力率) 之间的关系，这类理论就称为塑性增量理论，又称为流动理论。属于这类理论的主要有：Levy-Mises 理论和 Prandtl-Reuss 理论。

板壳塑性屈曲中的佯谬是在对受压平板的弹塑性屈曲研究中提出来的。Handelman 和 Prager 在 20 世纪 40 年代末用一般认为理论上合理的等向强化流动理论求出了无限长简支平板弹塑性屈曲问题的解。几乎同时，Bijlaard 和 Stowell 则用一般认为理论上不合理的形变理论求解了同一问题。但两种理论结果的比较却出人意料，认为是不合理的形变理论的结果与实验值符合良好，而认为是合理的流动理论的结果却反而与实验值相差很远。1956 年，Gerard 重新计算了 Bijlaard 等的问题，也得出基本相同的结论。Pearson 认为之所以出现这种情况，是由于 Handelman 和 Prager 在求解时作了板截面上会产生部分卸载的假定。他认为，若在板的弹塑性屈曲研究中也采用 Shanley 解决杆的塑性屈曲佯谬时那样认为板在屈曲时全截面加载，就会降低由流动理论得出的屈曲载荷值，Pearson 由此得到的结果尽管较前有所改善，但与实验仍有很大差距。后来 Bijlaard 在评论 Pearson 的工作时认为，Pearson 得到的改善结果与他在计算中取弹性变形的泊松比为 0.5 有关。因此，Pearson 的工作说明不了问题的症结[29,51]。

为了进一步认识这种现象，人们又做了大量的实验，期望通过对两种本构方程的比较研究来解释上述现象。他们将一根圆柱加压进入塑性变形阶段，然后保持该压力再使之受扭。对于这样的加载方式，形变理论得出的初始等效剪切模量

为 GE_s/E (其中 E 为弹性模量，G 为剪切模量，E_s 为割线模量)，而流动理论给出的值为 G。显然，这时流动理论给出了合理的结果。

令人难以理解的事就出在屈曲上。我们知道，弹性简支无限长板的屈曲应力 σ_{cr} 满足

$$\sigma_{cr} = \frac{\pi^2 E t^2}{3(1-\nu)(1+\nu)b^2} = 9.4G\,(t/b)^2 \tag{1.9}$$

式中，t 为板厚；b 为板宽；ν 为柏松比。

因此，一般可解释为板在扭转扰动下屈曲。若将塑性屈曲的应力表达式也化为式 (1.9) 的形式，则只需将式 (1.9) 中的 G 改为相应的等效剪切模量 $\bar{G}$。由实验得 $\bar{G} = GE_S/E$，这与形变理论得出的

$$\bar{G}_d = \frac{GE_s}{E} \frac{2(1+\nu)}{3+(2\nu-1)E_s/E} \tag{1.10}$$

很接近，但流动理论却得出 $\bar{G}_f = G$。

这样，就产生了所谓的板的弹塑性屈曲中的佯谬：合理的流动理论得出的屈曲载荷反而远不如由不合理的形变理论得出的结果更符合实验结果。

以后，人们仍希望能找出与佯谬相反的例子。这项工作一直延续至今。但不幸的是，几乎所有的结果都支持形变理论。而且少数文献还报道，如果板的柔度变小，则流动理论会导致更差的结果。表 1.11 和表 1.12 列出了 H. A. El-Ghazaly 等对 H 形柱非比例加载试验所做的比较，并给出了两种理论结果差别的定量概念，H 形柱试验的试件及加载方式如图 1.63 所示。试件型号不同，其几何尺寸和加载距离也不同 (图 1.63 中的 l_2)。

表 1.11　H 形柱试验的屈曲载荷比较　　　　(单位：kN)

试件型号	试验	形变理论	流动理论
A	370.4	378.0	448.0
H	264.6	288.0	352.0

表 1.12　H 形柱试验的理论与试验结果的比较误差

8 个型号试件的比较	形变理论	流动理论
平均误差	6.2	33.5
最大误差	8.8	62.5

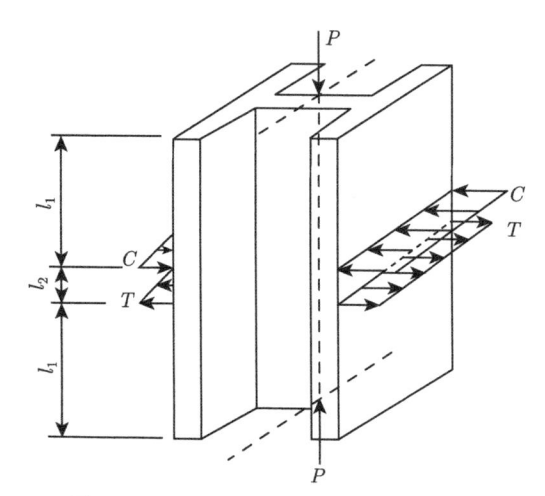

图 1.63　H 形柱试验的试件和加载方式

3. 近代结构稳定理论的发展

近代稳定性理论的提出和发展主要是从研究圆柱薄壳受轴向压力失稳这一传统问题开始的。早期的轴压柱壳试验结果只有线性理论预测值的 1/5~1/2，这一巨大差别引起了许多研究者的重视和努力，推动了近代弹性稳定理论的建立和发展[52,53]。

1932 年，Flügge 首先考虑了在理论分析中假定的端部条件与试验中实现的端部条件的差别，发现端部条件的影响仅延伸到与 $\sqrt{Rt}$（R 为圆柱壳半径，t 为壁厚）相近的距离，因此单从这一点考虑还无法解释长度大于 $\sqrt{Rt}$ 的中长柱壳理论与试验值间的巨大差别。Flügge 和 Donnell 认为之所以造成理论和试验间的大差别是由于轴压柱壳有初始缺陷。可是后来这个判断被冯·卡门和钱学森否定了。冯·卡门和钱学森分析了一根具有几何缺陷的铰支压杆，在它的跨中有一个非线性弹簧支承着。分析结果发现，破坏力如要下降到临界力的 60%，缺陷幅度必须要达到一个很大的数值。于是，他们认为，如果说缺陷是使圆柱薄壳破坏力降低的主要原因，那么缺陷必须等于几倍壳的厚度，这是不可能的。

1941 年，冯·卡门和钱学森从求解非线性大挠度方程出发，提出了非线性跳跃理论[52]。他们指出在远低于临界压力的情况下存在一种曲后的大挠度平衡位形，壳体会由曲前平衡位形跳跃到曲后平衡位形，从而造成壳体结构的失稳破坏。他们定义曲后平衡位形的最小载荷为"下临界荷载"，并建议将此最小载荷值作为设计载荷。由于轴压圆柱壳问题的"下临界荷载"值接近于许多试验结果的平均值，因此该理论在当时具有一定的可信度。直到 1966 年，Hoff 等通过理论推导，发现这一"下临界荷载"与实际壳体的最小失稳载荷几乎没有关系，才结束人们继续探寻"下临界荷载"精确值的努力。冯·卡门和钱学森虽未真正找出轴压柱壳理论与试验间差别的原因，却给出了理想的完善结构曲后分析的一般方法。

1945 年，Koiter 在其博士学位论文中提出初始曲后理论，该理论把分岔点附近足够小的邻域作为研究对象，用摄动法研究了弹性结构的初始曲后性态，导得了临界压力与缺陷参数之间的渐进关系，并由此提出了初始缺陷敏感度的概念。Koiter 理论研究了弹性结构的初始曲后形态，并将缺陷敏感度与完善结构的初始曲后形态联系起来。用 Koiter 理论计算，结果表明对于轴压柱壳，只要缺陷幅度达到壁厚的 1/5，临界压力就下降 50% 左右。后续的研究表明：Koiter 理论只能用于变形很小的初始曲后阶段，要把它进一步推广到曲后状态那是不可能的；并且，搞清结构的缺陷敏感度仍无法确定实际结构的极限承载力。1950 年，Donnell 和 Wan[53] 等将非线性大挠度理论推广用于有初始几何缺陷的壳体，建立了基于大挠度理论的有初始缺陷壳的稳定性理论。

在研究轴压柱壳的屈曲时，线性屈曲理论假定前屈曲为无矩应力状态，造成前屈曲状态和边界条件的不协调。1962 年，Stein 抛弃了非线性大挠度理论和初始曲后理论中对曲前状态的无力矩假设，使前屈曲状态与边界条件相一致，提出非线性曲前一致理论[56-58]。求解曲前状态是从 Donnell 基本方程组出发，该方程组是由 9 个方程组组成的完全方程组，加上曲前的边界条件可求出方程组的 9 个未知数，这一曲前解和实际边界条件是一致的，所以称为"一致理论"。在 $R/t \leqslant 400$ (R 为壳的半径，t 为壳的厚度) 范围内曲前一致理论的临界压力与优良的模型实验结果是相当好的符合。在 $R/t > 400$ 的范围也比较接近。对于球扁壳受外压的失稳问题，用曲前一致理论也得出与实验相符的结果。因此，曲前一致理论及其实验解释了经典线性理论与实验之间的差异。虽然曲前一致理论可以部分地解释经典线性理论与实验之间差异的原因，但是它的研究对象仍然停留在理想完善的壳体，对于工程实际壳体结构，原始缺陷则是更为重要的影响因素。

近代 Tielemann、Esslinger 等的试验研究表明，轴压柱壳曲后会出现多稳态跳跃情形。每次由不稳定平衡跳跃到低稳态时，周向波数减少 1，并且随着柱壳长度的缩短屈曲波数增加。这些试验现象利用上述理论难以得到圆满的解释，还有待于稳定性理论进一步的发展。

事实上，圆柱薄壳的非线性曲前性能是与边界支承条件相关联的，并且仅仅在支承边缘附近那一部分才受到边界转动约束的影响。与 Flügge 所指出的类似，沈惠申于 1986 年首次提出圆柱壳屈曲的边界层理论，认为圆柱薄壳屈曲问题存在边界层现象，非线性曲前效应仅在支承边界附近很窄一个薄层内起主要作用，这一薄层称为边界层，其宽度为 $\sqrt{Rt}$ 的量级；而在壳体边界层的"外部区域"，非线性曲前性态的影响可以忽略[39]。沈惠申将 Kármán-Donnell 大挠度方程化为边界层型方程，以挠度为摄动参数，采用奇异摄动法研究了固支圆柱薄壳在各种载荷作用下的屈曲和曲后性态[42]。

一般认为近代弹性稳定性理论可以分为以下三大分支：非线性大挠度理论 (non-linear large deflection theory)；非线性曲前一致理论 (non-linear pre-buckling consistent theory)；初始曲后理论 (initial post-buckling theory)。

非线性大挠度理论着重分析较大范围内的平衡位形，是进行曲后分析的基本方法。研究薄壳在较大范围的曲后性能，特别是极值点屈曲或分析较大缺陷对屈曲影响时通常需借助该理论。该理论的不足之处主要表现在：① 由于计算较大范围的变形花费巨大，而且在大变形发生的同时，将不可避免地出现物理非线性，分析计算更为困难，因而在复杂结构曲后分析中的应用受到一定限制；② 所选择的挠曲函数不一定完全满足边界条件，故该理论只适用于足够长的壳体；③ 求解过程中协调方程须严格满足，而在使用里茨方法和 Galerkin 方法时，平衡方程并不严格满足，因而其解带有一定的近似性。

非线性曲前一致理论是经典线性理论的完善化，适用于曲前应力状态变化较大的情形，如扁壳。该理论所考虑的是完善结构，不能对带有缺陷的结构进行稳定性分析。同时，该理论只研究分岔屈曲情形，不分析极值点屈曲，也不讨论曲后行为。考虑到在很多情况下，人们最关心的问题是屈曲何时发生，而不一定研究曲后的行为，因而该理论仍有很强的实用价值。

初始曲后理论把分岔点附近足够小的邻域作为研究对象，依据能量原理和能量准则，讨论以下问题：分岔点的确定；初始曲后状态的渐近解；各平衡状态稳定性的判定；小初始缺陷对于曲后力学性能的影响。初始曲后理论将非线性问题线性化，得出在分岔点附近足够小范围内的曲后性能，是进行结构曲后分析的一种比较简单的方法，便于衡量完善结构对缺陷的敏感程度和研究缺陷对稳定性的影响。该理论虽不能用于挠度和缺陷很大的情况，但其结果在渐近的意义上是精确的。该理论是针对已知基本状态的分岔点问题建立的，除了由于缺陷的影响而从分岔点问题退化出来的极值点问题外，不能讨论一般的极值点屈曲问题，也不能讨论跳跃屈曲问题。由于极值点屈曲是实际工程结构中一种重要和常见的屈曲形式，初始曲后理论向极值点屈曲问题的推广成为该理论在应用方面的一个重要发展方向。

4. 桥梁结构的稳定问题

桥梁结构不可避免地存在着初始缺陷，严格地说桥梁结构在失稳时应属于第二类失稳，但由于其方程求解的复杂性，在实际桥梁设计中，对中小跨度的桥梁多按第一类稳定理论验算其稳定性。解析法研究桥梁结构的第一类稳定性问题基于压杆稳定性理论，或对桥梁结构的单一构件进行近似分析，例如桥墩、桥塔、加劲板和拱桥的稳定性。对于大跨度桥梁多采用有限元方法，并参照压杆理论取一个弹性稳定安全系数。

1) 第一类稳定问题

在《公路桥涵设计规范》中，对于长细比不大，且矢跨比 f/L 在 0.3 以下的拱，纵向稳定性验算表达为强度校核的形式，即将拱肋换算成相当长度的压杆，按平均轴向力，采用轴心受压构件强度计算公式；当拱肋 (换算直杆) 的长细比大于《桥规》规定值时，按压杆临界力验算纵向稳定，安全系数为 4~5 [59]。这种计算方法是基于拱的弹性屈曲分析，假定拱轴线不变形，没有考虑几何非线性和材料非线性，一般安全系数比考虑非线性时稍高，偏于不安全，因此主要适用于小跨度拱桥的纵向稳定性计算。《公路斜拉桥设计规范 (试行)》(JTJ 027—96) 第 5.1.7 条指出，应对斜拉桥索塔和主梁进行稳定性分析，结构稳定安全系数应大于 4 [60]，条文说明称结构安全系数取值是参照拱桥的稳定安全系数取用的。

目前对桥梁的整体稳定性研究还有很多问题需要解决，对桥梁的整体稳定性还缺乏合理的理论基础与试验相关资料。苗家武等 [61] 针对苏通大桥的稳定分析，就目前国内外研究机构在桥梁第一类稳定性分析的判别准则进行了评述。分析表明，国内外关于大跨度桥梁的结构稳定分析在加载方法和相应准则上尚没有形成统一认识，但都强调了按第一类稳定分析方法进行结构稳定性评定的必要性。广义上讲，目前采用的稳定判别准则都属于第一类稳定问题的范畴，均采用了荷载-挠度法进行研究，但是各稳定判别准则之间却存在差别。有的稳定判别准则从工程实际出发，认为构件截面边缘出现屈服点时整个结构就达到了极限强度，而不考虑部分构件曲后结构承载能力的提高，是偏于安全的；有的按照第二类稳定分析步骤，以刚度矩阵出现负定为失稳判据，故能够考虑单个构件发生边缘屈服后结构仍可承载的情况；有的在加载方式上与前两者有较大区别，按此法进行稳定性分析时，荷载模式与进行结构强度分析时比较一致，结构稳定系数安全性评价也源于失稳材料所对应的强度分项安全系数。

2) 第二类稳定问题

20 世纪 70 年代所发生的 5 次大型钢箱梁桥施工坠梁事故也是桥梁稳定性问题研究的新起点。5 次桥梁事故说明应该按极限承载力理论来指导设计，设计者必须对结构初始缺陷、温差、残余应力和施工产生的应力等对承载力有影响的因素进行具体分析，做出比较可靠的判断，从而避免发生事故。随着桥梁的跨度越来越大，各种几何非线性效应明显增大，工程实践表明必须进行结构的第二类稳定性研究。桥梁第二类稳定问题把结构的非线性、稳定性和强度问题联系起来考虑，实质上属于极限承载力问题。桥梁结构的极限承载力是指桥梁承受外荷载的最大能力。分析桥梁结构的极限承载力，不仅可以用于其极限状态设计，而且可以了解其破坏形式，准确地知道结构在给定荷载下的安全储备和超载能力，为安全施工和营运管理提供依据及保障。

1.5 结构稳定问题的概念与发展

结构的极限承载力理论在钢框架研究中得到了充分的发展，形成了高等钢结构理论。该理论全面考虑构件的几何非线性，并通过塑性模型考虑材料的非线性；考虑初始几何缺陷的方法有直接模拟法、等效名义荷载法、再次折减切线模量法和带缺陷单元法等；残余应力按典型的残余应力分布图式，或直接在截面上模拟残余应力的分布；采用有效宽度法考虑板件局部屈曲对结构承载力的影响。国外有学者针对薄壁构件组成的钢框架进行大尺度的试验研究，根据试验和数值计算结果提出了一些简化方法间接考虑板件局部屈曲的影响。

关于桥梁极限承载力的理论分析，国内外许多学者已进行了大量研究。早期桥梁极限承载力的计算采用线弹性理论，这对于当时的跨度来说，是可以满足工程要求的。但随着桥梁结构跨径的增大，逐渐发现采用线弹性理论会过高地估计结构的承载能力，是偏于不安全的。因此，建立了极限承载力分析的挠度理论，考虑结构几何非线性对极限荷载的影响。随后，更为精确的弹塑性分析理论被建立起来，并被运用于桥梁结构极限承载力分析。该理论由于综合考虑了结构几何、材料非线性的影响，故采用该理论计算出的临界荷载能较真实地反映结构的承载能力。国内外学者在采用几何非线性和材料非线性耦合的方法进行极限承载分析方面以及采用 U. L. 列式法进行结构平衡方程的求解方面已达成共识，但对于材料非线性分析中弹塑性刚度矩阵的形成则意见不一，不同学者会采用不同的方法去形成结构的弹塑性刚度矩阵。

李国豪提出了悬索桥二阶理论分析方法[62]。强士中教授引入工程实用板的概念，并采用塑性机构法对钢板梁的极限承载力进行研究。贺拴海提出了拱桥挠度理论。Podolny 将斜拉桥的非线性问题归结为塔、梁、索三类构件的非线性行为，并认为塔、梁刚度较柔时不可忽略它们在极限荷载下压、弯的相互影响。Fleming 从产生斜拉桥几何非线性因素的根源出发，将其分为斜拉索垂度效应、p-delta 效应和结构大位移影响，并系统地导出了求解上述三类几何非线性的分析方法 (等效模量、稳定函数、增量法与拖动坐标法)。Namzy 将稳定函数法推广到三维 (3D) 空间梁元，奠定了斜拉桥几何非线性分析的理论基础。沈锐利、强士中等在悬索桥力学性能、成桥线型控制方面提出了精细分析方法。

桥梁极限承载力分析的数值方法或非线性方程的求解策略有逐步搜索法、摄动法、位移控制法和弧长法等。1985 年日本大阪大学 NAKAI 等四人首先对一座钢斜拉桥施工阶段和运营阶段极限承载力进行了较为全面的分析。由此，关于面内荷载作用下超大跨径缆索承重桥梁极限承载力问题引起了学者的普遍关注。我国在 20 世纪 80 年代末由同济大学桥梁系开始了斜拉桥的极限承载力研究。随后，西南交通大学伏魁先等采用等效弹性模量考虑斜拉索非线性，将单元沿竖向分层考虑材料弹塑性对一座钢斜拉桥进行了面内极限承载力分析。

由于超大跨径缆索承重桥梁理论分析的复杂性及存在的困难，其极限承载力研究的另一条途径是试验研究。对超大跨径缆索承重桥梁极限承载力分析的试验研究始于 1976 年，结合阿根廷 Zarate-Brazo Largo 公铁两用斜拉桥的兴建，进行了一个按 1:33.3 比例缩尺的模型试验。试验结表明：竖向挠度实测结果与理论计算结果误差一般在 5%~15%；索力实测结果与计算结果误差为 5%~20%。试验结果略大于理论分析结果，但能满足工程设计要求。长沙铁道学院颜全胜进行了两跨 3m+3m 的独塔钢斜拉桥模型试验。试验结果表明：结构失效表现为拉索应力过大滑脱，引起全桥破坏；钢丝滑脱前的实测结果与理论分析结果吻合良好，误差在 10% 以内[4]。同济大学杨勇结合黄山太平湖大桥建设，进行了一个按 1:40 比例缩尺的单索面斜拉桥模型试验，试验模型为双跨对称独塔单索面斜拉桥，跨度为 4.75m+4.75m，试验结果表明该桥的破坏形态为加载区截面顶板被剪坏而丧失承载能力，并且试验结果与理论分析结果吻合良好。

1.5.4　Koiter 初始曲后理论

弹性初始曲后理论不考虑材料的塑性本构关系，大多采用摄动法研究弹性结构在屈曲前或屈曲后的力学性能。弹性初始曲后的一般理论解决了过去经典屈曲理论解决不了的许多重要问题，因此越来越多地受到力学、结构和数学学科的重视。

1. 初始曲后理论产生的历史背景

20 世纪 30 年代初期，人们从纵压作用下圆柱壳的破坏试验中发现了新的问题，即破坏压力的实验值比理论值低得多，前者一般只有后者的二分之一，或者更少，另外，所有精制的柱壳模型，表面上看似乎差别很少，但实验值很分散，究竟原因何在？当时引起了许多专家们的兴趣。

冯·卡门和钱学森于 1942 年前后，从大挠度方程出发，分析了理想圆柱壳在纵压作用下以及理想球壳在外压作用下的屈曲后性态，结果发现在屈曲后路径 CB 上有一个下临界点 L，如图 1.64 所示，它对应的压力 P_L 比按线性理论求得的临界压力 P_{cr} 低得多，而且 L 点的位置与圆柱壳的曲率半径有关。

因此，他们认为这种下临界点的存在是圆柱壳破坏压力大大降低的原因，这说明了实际结构的破坏力和理想结构的屈曲后性态有关，这种基于非线性研究所得的认识，使屈曲问题的分析大大加深了一步，它是近代弹性稳定理论的开端，但是，这种认识是初步的，它不仅无法解释一组相同尺寸的模型为什么会得出十分分散的实验结果，而且也不能估计缺陷大小对临界压力的影响，因为他们的研究仅仅局限在理想壳体上。

到 1945 年，荷兰学者 W. T. Koiter 在他的博士论文《关于弹性平衡的稳定性》中提出了弹性结构曲后的一般理论 (general theory of postbuckling)，这才大大地丰富了弹性平衡稳定性的近代理论内容[31]。

1.5 结构稳定问题的概念与发展

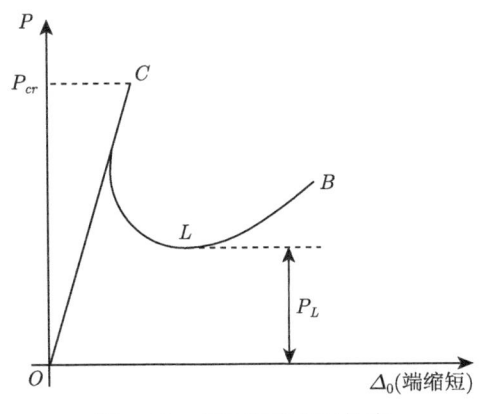

图 1.64 受压柱壳曲后性态

Koiter 的贡献有两点，第一，他把曲后路径在临界点 C 处展成下列级数的渐近形式：

$$\frac{P}{P_{cr}} = 1 + a\xi + b\xi^2 + \cdots \tag{1.11}$$

式中，ξ 为摄动参数，可选取某一个无量纲的变形量。a 和 b 都有明显的几何意义，a 是曲后路径 CB 在 C 点的斜率，b 则是 CB 在 C 点曲率的一半 (如图 1.65 所示)。Koiter 指出，实际结构的破坏压力在缺陷不大的情况下，主要是与 a 和 b 的值有关，a 和 b 有时称为初始曲后系数，因为它们只是描述曲后路径在临界点附近的性态，这就把整个曲后问题简化成初始曲后性态的研究。

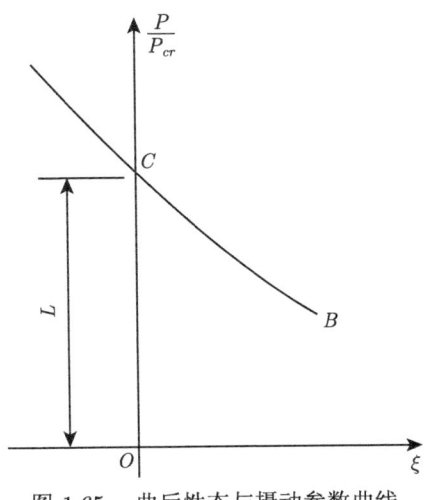

图 1.65 曲后性态与摄动参数曲线

第二，他指出实际结构的破坏压力除了与理想结构的曲后性态有关外，还与缺陷参数 (缺陷幅度的无量纲值) 的大小有关，并导出了它们的渐近关系，从而定量地解决了结构的缺陷敏感度问题。

Koiter 的一般理论完全证实了圆柱壳受纵压以及球壳受外压对初始缺陷十分敏感，只要缺陷幅度达到壳厚度的 1/5，临界压力就下降 50% 左右。

然而很遗憾，当初 Koiter 的论文是用德文写的，很长一段时间没有引起人们的注意，直到 20 世纪 60 年代初期，他的论文被译成英文以后，弹性初始曲后理论的进一步研究才渐渐活跃起来[63,64]。这个时期，由于航空与航天技术的迅速发展，各种壳体 (包括加筋壳) 开始被广泛采用，为了达到减轻重量的目的，这就要求对它们的分析既要可靠又要经济，因此弹性稳定理论的研究取得了很大的进展[65,66]。

2. 曲后分析的一般方法

根据 Koiter 的一般理论可知，曲后分析所包含的内容主要是确定初始屈曲系数以及具有初始缺陷的实际结构的极限压力。

1) 直接求解大挠度微分方程组

现以无肋圆柱壳为例，它具有已知的初始缺陷形状 $w_0(x,y)$，在法向压力 $q(x,y)$ 作用下，其平衡方程和协调方程分别为

$$D\nabla^4 w - t\left(L(\varphi,w) + L(\varphi,w_0) + \frac{1}{R}\frac{\partial^2 \varphi}{\partial x^2}\right) - q = 0 \tag{1.12a}$$

$$\frac{1}{E}\nabla^4 \varphi + \frac{1}{2}L(w,w) + L(w,w_0) + \frac{1}{R}\frac{\partial^2 w}{\partial x^2} = 0 \tag{1.12b}$$

式中，$w(x,y)$ 和 $\varphi(x,y)$ 分别为待求的挠曲函数和应力函数。方程组 (1.12a) 和线性理论的不同在于多了非线性算子 L 项，$L(A,B) = \frac{\partial^2 A}{\partial x^2}\frac{\partial^2 B}{\partial y^2} - 2\frac{\partial^2 A}{\partial x \partial y}\frac{\partial^2 B}{\partial x \partial y} + \frac{\partial^2 A}{\partial y^2}\frac{\partial^2 B}{\partial x^2}$，这就大大增加了求解的困难，目前采用的方法有两个：一个是利用差分法、ГалерKNH 法或有限元法将其离散化为非线性代数方程组求解；另一个是通过摄动法将方程组 (1.12b) 逐次线性化以后求解。

2) 利用 Koiter 的一般理论

设初始缺陷 $\bar{u}$ 的形状和经典屈曲波形 u_1 一致 (一致缺陷理论)，即 $\bar{u} = \bar{\xi}u_1$，$\bar{\xi}$ 为缺陷参数，它为缺陷幅度的一个量度，λ 表示一个标量荷载。

在 $\bar{\xi}$ 比较小的情况下，Koiter 导出了 λ,ξ 和 $\bar{\xi}$ 三者之间的关系。

$$\left(1 - \frac{\lambda}{\lambda_{cr}}\right)\xi + a\xi^2 + b\xi^3 = \frac{\lambda}{\lambda_{cr}}\bar{\xi} \tag{1.13}$$

1.5 结构稳定问题的概念与发展

这也是实际结构在荷载作用下的平衡路径方程，它的形状如图 1.66 曲线 Om 所示，一般来说它不再有分岔现象，最大压力点 m 称为极限点 (limit point)。

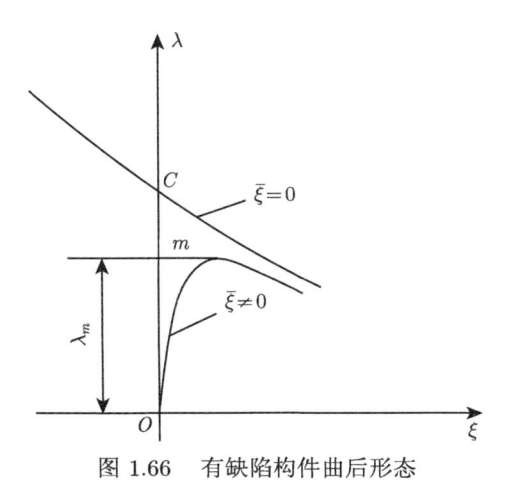

图 1.66 有缺陷构件曲后形态

式 (1.13) 是根据虚功原理推导的，这时位移 u_Σ、应变 e_Σ 和应力 S_Σ 应写成

$$u_\Sigma = u + \overline{u} = \lambda u_0 + \xi u_1 + \xi^2 u_2 + \cdots + \overline{\xi} u_1 \tag{1.14}$$

$$e_\Sigma = e + L_{11}(u, \overline{u}) = \lambda e_0 + \xi e_1 + \xi^2 e_2 + \cdots$$
$$+ \xi \overline{\xi} L_2(u_1) + \xi^2 \overline{\xi} L_{11}(u_2, u_1) + \cdots \tag{1.15}$$

$$S_\Sigma = \lambda S_0 + \xi S_1 + \xi^2 S_2 + \cdots + \xi \overline{\xi} H[L_2(u_1)] + \cdots \tag{1.16}$$

再代入虚功方程中，略去了 $\xi\overline{\xi}$ 和 $\overline{\xi}^2$ 以上的高阶项，以及引用应力-应变关系 $S = H(e)$。

微分式 (1.13)，根据 m 处 $d\lambda/d\xi = 0$，$\lambda = \lambda_m$，$\xi = \xi_m$ 得

$$1 - \frac{\lambda_m}{\lambda_{cr}} + 2a\xi_m + 3b\xi_m^2 = 0 \tag{1.17}$$

由式 (1.13) 和式 (1.17) 就可确定极限压力 λ_m。它和缺陷参数 $\overline{\xi}$ 以及初始曲后系数 a，b 有关，根据 a 和 b 的值可以将理想结构的分岔点分为三类。

第一类是 $a \neq 0$，此时 C 点称为不对称分岔点 (asymmetric point of bifurcation)，进一步分析可以看出这种分岔点是不稳定的，他对缺陷十分敏感 (如图 1.67 所示)，圆柱壳受纵压的分岔点属于这种类型。

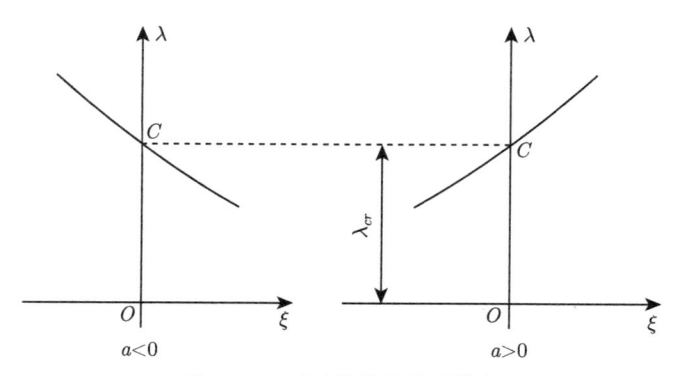

图 1.67 不对称分岔曲后性态

第二类 $a = 0$, $b > 0$, 此时 C 点称为稳定的对称分岔点 (stable-symmetric point of bifurcation)，这类分岔点对缺陷是不敏感的 (如图 1.68 所示)，直杆和平板受压的分岔点都属于这种类型，因此，经典的临界压力在此情况下能够可靠地作为实际破坏压力。

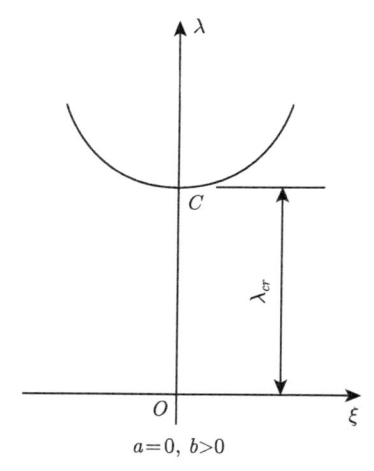

图 1.68 对称分岔点

第三类 $a = 0, b < 0$, 此时 C 点称为不稳定的对称分岔点 (unstable-symmetric point of bifurcation)，如图 1.69 所示，圆柱壳受静水压力的分岔点属于这种类型。

对于第一类分岔点，在式 (1.17) 中略去最后一项小量后得

$$\xi_m = -\frac{1}{2a}\left(1 - \frac{\lambda_m}{\lambda_{cr}}\right) \tag{1.18}$$

1.5 结构稳定问题的概念与发展

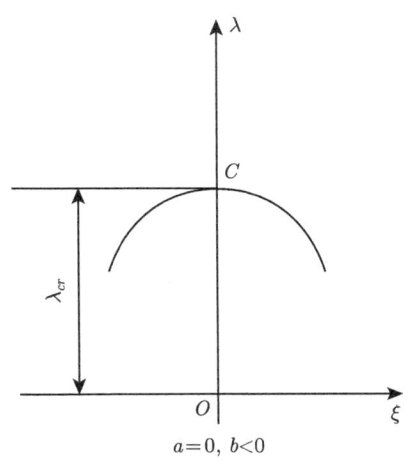

图 1.69 不稳定的对称分岔点

将它代入式 (1.13)(同样略去 b)，则得

$$\left(1 - \frac{\lambda_m}{\lambda_{cr}}\right)^2 = -4a\frac{\lambda_m}{\lambda_{cr}}\bar{\xi} \tag{1.19}$$

若系数 $a < 0$，那么只有正缺陷会引起压力的下降；若系数 $a > 0$，则只有负缺陷会引起压力的下降，缺陷的绝对值越大以及分岔路径在 C 点的坡度越陡，极限压力就降得越多 (如图 1.70 所示)。

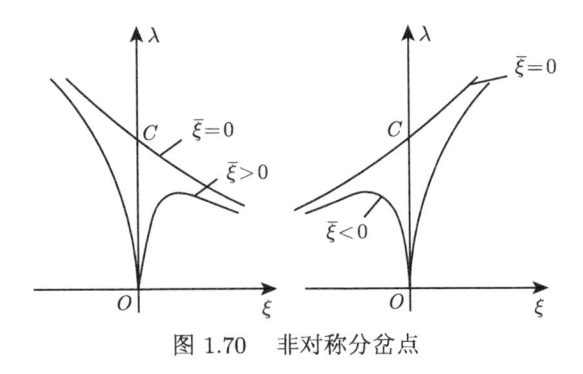

图 1.70 非对称分岔点

对于第三类分岔点，$a = 0$ 同理可得

$$\left(1 - \frac{\lambda_m}{\lambda_{cr}}\right)^{3/2} = \frac{3\sqrt{-3b}}{2}\frac{\lambda_m}{\lambda_{cr}}|\bar{\xi}| \tag{1.20}$$

只有当系数 $b < 0$ 时，才会引起压力下降，其降低值与缺陷正负号无关，这就是 "不稳定对称分岔点" 的由来 (如图 1.71 所示)。

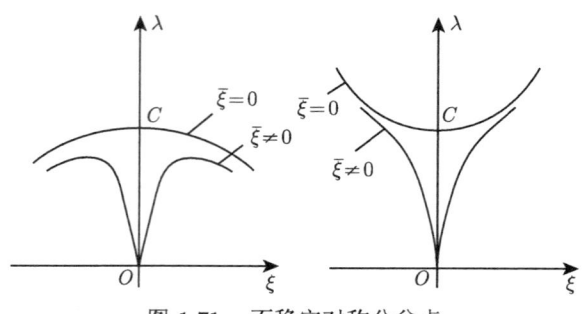

图 1.71　不稳定对称分岔点

由于式 (1.20) 左边幂指数是 3/2，它小于式 (1.19) 相应的幂指数，故第一类分岔点的缺陷敏感度比第三类分岔点大。

3. 结构的缺陷敏感度

Koiter 指出实际结构的破坏压力除了与理想壳体的曲后性态有关外，还与缺陷参数 (缺陷幅度的无量纲值) 的大小有关，并导出了它们的渐近关系，从而定量地解决了结构的缺陷敏感度问题，用 Koiter 的一般理论计算，完全证实了圆柱壳受纵压以及球壳受外压对初始缺陷十分敏感，只要缺陷幅度达到壳厚度的 1/5，临界压力就下降 50% 左右。

在结构总重量一定的条件下，如何使它的实际屈曲强度最高，这个屈曲优化问题是很有经济价值的。

长圆柱壳在纵压作用下，根据经典理论对应的临界压力是

$$q_{cr} = \frac{E}{\sqrt{3(1-\nu^2)}}\left(\frac{t}{R}\right) \tag{1.21}$$

因此，在 q_{cr} 作用下，圆柱壳的屈曲波可以是对称的，也可以是非对称的。

$\bar{\xi}t$ 为缺陷大小的量度 (t 表示圆柱壳的厚度)。1963 年，Koiter 限于分析非耦合波，他在仅考虑一次项分析的基础上，通过大量的计算，发现轴对称缺陷中的第一项是最不利缺陷，对应的压力下降关系是

$$(\lambda_c - \lambda_m)^2 = 1.5\lambda_m \bar{\xi}(t/R) \tag{1.22}$$

1974 年，香港大学 D. Ho 分析了存在多种屈曲位形的缺陷，证明了一个下限定理：和斜率最陡的分岔路径对应的方向平行的缺陷是危害最大的，这时的屈曲压力，在同一个缺陷的均方差值条件下，是所有缺陷的最低值。这时最不利的压力下降关系是

$$(\lambda_c - \lambda_m)^2 = 2\sqrt{3}\lambda_m \bar{\xi}(t/R) \tag{1.23}$$

1.5 结构稳定问题的概念与发展

继续分析 Koiter 的压力下降曲线，令 $\bar{\xi}(t/R)/\lambda_c = \alpha$，$\lambda_m/\lambda_c = \beta$，解之得

$$\beta \approx 1 - 1.225\sqrt{\alpha} + 0.75\alpha - 0.230\alpha^{1.5} \tag{1.24}$$

本处为了定量描述结构的缺陷敏感程度，第一种方法是考虑压力下降曲线或承载力降低曲线在缺陷趋于 0 时的斜率，该方法能说明结构在有缺陷或无缺陷 (理想结构) 之间时，缺陷对承载力的影响，但不便于应用，例如上式中，斜率为 ∞。第二种方法是考虑在社会平均工艺水平下，利用结构的缺陷程度引起的承载力下降占理想结构承载力的比例 ζ_{du}，来对结构的缺陷敏感度进行分类。

$$\zeta_{du} = \frac{\sigma_u - \tilde{\sigma}_u}{\sigma_u} \tag{1.25}$$

式中，σ_u 为理想结构的承载力，$\tilde{\sigma}_u$ 为平均工艺水平存在缺陷结构的承载力。

这样，就可以根据不同结构承载力的下降曲线进行分类了，一般可以分成以下三类：第一类为缺陷不敏感结构，$\zeta_{du} \leqslant 0.10$，例如压板、剪切板和弹性边界板；第二类为缺陷敏感结构，$0.10 < \zeta_{du} \leqslant 0.25$，例如等稳定板钢结构、屈曲应力接近材料屈服强度和发生畸变屈曲的结构；第三类为缺陷极敏感结构，$\zeta_{du} > 0.25$，例如壳体结构。

与此同时，荷兰科学家 Koiter 也从事令人困惑的轴压柱壳的稳定问题研究，并建立了新的准静态弹性平衡的广义稳定理论。他把侧重点集中在经典屈曲理论指明的分支点附近区域，建立了以荷载和各种可能屈曲模态为轴的多维空间，展示了总势能函数一阶变分所对应的空间平衡路径形式和二阶变分所对应的稳定平衡状态；也从中得出一些有影响力的结论，如不稳定平衡路径存在至少一个分支点等。对于轴压柱壳的屈曲，Koiter 发现经典屈曲载荷所对应的几个不同的屈曲模态会相互作用，从而产生不稳定的屈曲后平衡路径。Koiter 理论的优点是通过简单的摄动法即可考虑结构引进初始几何缺陷的影响，并给出考虑各种不同屈曲模态缺陷的结构极限承载力下降的显式表达；特别是他表明某些几何缺陷可造成壳体极限承载力按缺陷幅值的平方根下降。因此，结构的缺陷敏感性即表现为微小缺陷导致结构极限承载力急剧降低。Koiter 定量描述了重临界点屈曲模态 (即同一临界荷载所对应的结构不同屈曲模态) 的非线性耦合，导致了结构承载力的大幅降低和不稳定的屈曲后性态。

1.5.5 几个与稳定有关的概念

1. p-δ 效应和 P-Δ 效应

p-δ 效应是指由于构件在轴向压力作用下，自身发生的挠曲引起的附加效应，可称之为构件挠曲二阶效应。其通常指轴向压力在产生了挠曲变形的构件中又引起的附加弯矩，附加弯矩与构件的挠曲形态有关，一般中间大，两端部小。

P-Δ 效应是指由于结构的水平变形而引起竖向荷载的附加效应,结构发生的水平侧移绝对值越大,P-Δ 效应越显著,若结构的水平变形过大,则可能因竖向荷载二阶效应而导致结构失稳。

2. 屈曲与失稳

屈曲包括弯曲屈曲、扭转屈曲和弯扭屈曲。稳定包含整体稳定和局部稳定。局部屈曲一般并不立刻导致构件整体丧失承载能力,但它对整体稳定极限承载力却有影响。丧失稳定是构件不能保持自身的平衡状态,以理想轴心受压构件为例,在荷载达到一定值后杆件就丧失了原来的直线平衡状态,形成微弯状态,这时构件就已经屈曲了,可是它还能保持在微弯状态下的自身平衡,构件并没有丧失稳定。

所以,屈曲和失稳不是同一回事。局部屈曲后承载力可以得到一定的提高,不一定马上就失稳。很多文献对这两个概念有混淆,在讨论构件的极限承载力时,二者的区别就更加明显。

一般弹性屈曲属于第一类稳定问题,得出的弹性屈曲应力对结构或板件的承载力只有参考的意义,需要取较大的安全系数来确保结构的安全可靠性。而失稳研究的是结构的极限承载力,也即考虑结构实际缺陷后的真实最大承载力。

当结构或板件在弹性范围内发生屈曲时,称为弹性屈曲。从能量的观点看,结构或板件发生屈曲时对应着不同的能量阈值,当结构或板件的第一阶屈曲的几何变形增大时,显然结构或板件的弹性能量继续增加,当结构或板件的能量达到一定程度时,可能发生屈曲位形的跃迁。这里说明了两个问题:一是,结构或板件可能由于能量的增加发生更高阶的屈曲;二是,结构或板件发生屈曲后,屈曲的几何位形矢度增加后,结构或板件未发生更高阶的屈曲,这是由于已发生的屈曲位形要改变,需要的能量大于继续增加变形矢度所需要的能量。

为了分析弹性屈曲应力与极限承载力的区别,这里需要借助于初始几何缺陷对结构或板件极限承载力的影响关系。数值分析表明,结构或板件在出现弹性屈曲后到达极限状态过程中的变形只在屈曲位形的基础上增大,而不再发生屈曲位形跃迁。当结构的初始几何位形与屈曲位形一致时,结构或板件在荷载作用下的刚度最小,说明一致缺陷理论具有一定的可靠性;当初始几何缺陷矢度越来越大时,结构的极限承载力会增加,说明板件带有规则的初始几何位形时的承载力比理想平直板件的大。

3. 二次屈曲

对于发生局部屈曲的板件或结构,当板件或结构的边界条件满足足够的刚度时,局部屈曲发生后,当结构或板件的局部达到其屈服应力时,结构或板件会再发生一次弹塑性屈曲,直接达到极限承载力状态。也即局部屈曲发生后,随着荷载的增加,板件或结构将在外观上发生二次屈曲,也即结构的极限状态。对于单块宽厚比大的板件而言，第一次屈曲可以看作是板的构造和边界条件限制发生的屈曲，而第二次屈曲是在第一次屈曲的基础上，由于材料的屈服强度限制，发生的极限失稳状态[65]。

4. 板元 (sub-panel)

板元是加劲板被加劲肋分割成的若干个无加劲肋的部分板。

5. 板钢结构

在桥梁工程和工业与民用建筑工程中，桥塔、加劲梁、箱梁和工字梁等结构中多采用矩形薄板连接形成的结构，国外将这种以矩形钢板为主要组件的结构统称为板钢结构 (steel plated structures)。当考虑薄板的初始几何缺陷时，矩形板为具有初始几何弯曲的曲面，这时板壳的性质也应该考虑。对板钢结构的极限承载力的分析采用的是 1910 年由冯·卡门提出的卡门大挠度理论，当考虑板幅面的初始挠度时，该理论与 Donnell 壳体理论是一致的，见 6.3.1 节。因此，板钢结构是金属板壳结构的一种，基于板钢结构分析得出的结论也适用于金属板壳结构。

6. 屈曲相关性

在工程中，结构屈曲失稳的问题普遍存在，很多结构需要接受结构稳定性的评估，这对薄壁桁架结构、框架结构柱子和拱状结构尤为重要等，由于这些结构最容易受到结构屈曲而导致失效。屈曲相关性是结构局部-整体相关屈曲，又被称为相关屈曲，是结构局部屈曲后的刚度降低对结构整体极限承载力的影响。在板钢结构设计中，按局部屈曲临界荷载与整体屈曲临界荷载相等的原则 (等稳定性) 设计的结构通常被认为是最优的，其稳定承载能力一般也是由不考虑相关性的局部稳定分析或整体稳定分析决定的。但现代分析以及早些的 Koiter 和 van der Neut 等对均匀受压的薄壁柱和加劲板壳的相关屈曲研究表明：按"等稳定性"设计的这类结构对初始缺陷较为敏感，初始缺陷会显著降低结构的承载能力，而实际结构的初始缺陷又是不可避免的[66,67]。

从结构的破坏模式看，等稳定屈曲就是单一荷载作用下的整体失稳，缺乏承载力的储备，破坏模式类似脆性破坏，反而不安全。

7. 临界荷载或临界应力

临界即为某一可能状态的分岔点，该称谓与是什么样状态无关。所以，临界荷载或临界应力是应指明的状态，可以说成弹性屈曲的临界荷载 (或临界应力) 或极限状态的临界荷载 (或临界应力)。

8. 曲前与曲后

结构在分析屈曲行为时，屈曲临界点之前的状态称为屈曲前，简称曲前；临界点之后称为屈曲后，简称曲后。

9. 压杆理想力学模型的李雅普诺夫观点

压杆稳定问题的动力法求解见 2.2.2 节，设压杆的轴压荷载 P 逐渐增大，从求得的位移解 (式 (2.12)) 得出压杆中点的振幅和频率均逐步减小，当 P 达到压杆的屈曲载荷时，压杆中点达到静止状态，图 1.72 绘出了压杆中点的侧向振动位移 A 随时间 t 的衰减过程。采用这个简单模型类比表明，工程结构的稳定与李雅普诺夫的稳定和渐进稳定的概念是一致的。

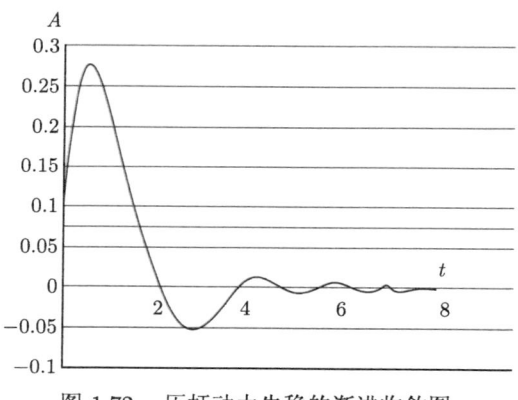

图 1.72 压杆动力失稳的渐进收敛图

分析稳定问题的动力法是李雅普诺夫稳定性理论在结构稳定问题中的简化应用，动力法属于结构动力稳定问题，不包括在本书的讨论范围内，可参照附录 1 了解。结构的动力稳定问题的研究，现在还处于理论起步阶段，还有很多问题需要深入研究。

关于动力稳定理论研究的主要步骤和内容与结构抗震方面的研究类似，一般可以简述为两方面的问题：一是分析结构的自由振动频率 ω_i；另一方面是在离开自由振动频率 ω_i 的一定范围内，以固定频率的振动荷载来分析结构的承载力，从而得出结构在一定频率范围内的安全承载力。当然，完全避开可能引起共振的频率荷载是困难的，加之共振对结构的破坏作用还与自振频率外荷载的大小和作用时间有关，因此，针对具体的动力荷载，时程分析的方法是最优的选择，这时，动力稳定的安全储备可以应力历程中的最大应力与材料屈服强度的比值来度量[68]。

10. 荷载与载荷

荷载是结构或构件承受的实际荷载。载荷也是荷载,偏重于结构或构件的承载力的一种表述。屈曲载荷一般指的是弹性屈曲载荷,极限载荷指的是弹塑性屈曲载荷。

11. 轻钢结构与重钢结构

轻钢与重钢没有明确的界限,判定结构为重钢结构还是轻钢结构没有统一的标准,大多凭借经验判断。轻钢结构是相对于重钢结构而言的,其类型有门式刚架、拱型波纹钢屋盖结构等,用钢量 (不含钢筋用量) 一般为每平方米约 30kg。轻钢结构指的是 "轻型钢结构",主要有三种建筑结构形式:轻型门式刚架房屋钢结构、冷弯薄壁型钢结构和钢管结构。轻钢结构一般只用于吊车吨位小于 20t 时,大吨位吊车就要采用重钢结构了。

重钢结构应用于大型石化厂房设施、大型机械锻造厂房、港口码头设施、大跨度体育馆、展览中心、高层或超高层等钢结构建筑。实际上国家规范和技术文件并没有重钢一说,为区别轻型房屋钢结构,也许称一般钢结构为 "普钢" 更合适。因为普通钢结构的范围很广,可以包含各种钢结构,不管荷载大小,甚至包括轻型钢结构的许多内容,轻型房屋钢结构技术规程只是针对其 "轻" 的特点而规定了一些更具体的内容,而且范围只局限在单层门式刚架。

由此可见,轻钢与重钢之分不在结构本身的轻重,二者在结构设计概念上是一致的。

从结构分析的角度看,轻钢与重钢之分应根据板件的宽厚比来判别。根据板钢结构极限承载力的分析结论 (详见 5.5.5 节),当以受压为主的简支板 ($E = 2.06 \times 10^5$MPa,f_y=235MPa) 的宽厚比 ⩾225 时,受压板的薄膜力将显著提升其极限承载力,这类板的极限承载力的提高比例明显比薄板、中厚板和厚板大很多,这可以看作轻薄板 (薄膜) 的主要性能,因此建议将该宽厚比分界点看成轻钢结构与重钢结构的分界标准。类似定义轻钢结构的边界还有 Hancock,他在研究畸变屈曲时约定分析范围 $f_{de} \approx f_{cr} < f_y/13$,这时 $\xi_{cr} \leqslant 0.277$,考虑采用 Q235 钢材,则该分界线的宽厚比为 203.047。因此,轻钢结构与重钢结构的区别为 $b/t > 3.804\sqrt{kE/f_y}$,k 为板的弹性屈曲系数,由板的边界条件确定,f_y 为钢材的屈服强度,这时 $\xi_{cr} \leqslant 0.25$。

1.6 航天器结构的动态热力耦合响应

航天器是在太空大气环境沿一定轨道运行并执行一定任务的飞行器,亦称空间飞行器。航天器主要指的是往返大气层的飞行器,常见的航天器包括卫星、飞船、空间站和星际探测器等。航天器分无人航天器和载人航天器两大类。

自从1957年10月4日世界上第一颗人造地球卫星上天以来,到20世纪末,已有5000多个航天器上天。有一百多个国家和地区开展航天活动,利用航天技术成果,或制定了本国航天活动计划。航天活动成为国民经济和军事部门的重要组成部分。航天技术是现代科学技术的结晶,它以基础科学和技术科学为基础,汇集了20世纪许多工程技术的新成就。力学、热力学、材料学、医学、电子技术、光电技术、自动控制、喷气推进、计算机、真空技术、低温技术、半导体技术、制造工艺学等对航天技术的发展起了重要作用。这些科学技术在航天应用中互相交叉和渗透,产生了一些新学科,使航天科学技术形成了完整的体系。航天技术不断提出的新要求,又促进了科学技术的进步。

中国航天事业自1956年创建以来,经历了艰苦创业、配套发展、改革振兴和走向世界等几个重要时期,迄今已达到了相当规模和水平;形成了完整配套的研究、设计、生产和试验体系;建立了能发射各类卫星和载人飞船的航天器发射中心和由国内各地面站、远程跟踪测量船组成的测控网;建立了多种卫星应用系统,取得了显著的社会效益和经济效益;建立了具有一定水平的空间科学研究系统,取得了多项创新成果;培育了一支素质好、技术水平高的航天科技队伍。中国独立自主地进行航天活动,以较少的投入,在较短的时间里,走出了一条适合本国国情和有自身特色的发展道路,取得了一系列重要成就。中国在卫星回收、一箭多星、低温燃料火箭技术、捆绑火箭技术以及静止轨道卫星发射与测控等许多重要技术领域已跻身世界先进行列;在遥感卫星研制及其应用、通信卫星研制及其应用、载人飞船试验以及空间微重力实验等方面均取得重大成果。

航天器结构是指在各种力学环境和空间环境下,为航天器提供支撑骨架和外形,为仪器设备提供固定安装边界,承受和传递载荷,并保持一定刚度、精度和尺寸稳定性的部件和附件的总称。这里,附件是指在空间伸展的航天器本体之外的大型结构件(如太阳翼、天线)或航天器体内大型设备的主承力部分(如相机支架、镜筒)等。航天器结构承受的环境载荷主要包括:地面操作和运输过程中产生的载荷;发射过程中产生的加速度、振动、冲击、噪声等载荷;在轨运行时真空、温度交变、粒子辐照等载荷;再入地球大气层或进入目标星体大气层过程中产生的气动力、气动热、加速度、振动、冲击等载荷。航天器结构形式主要分为:① 光筒壳、加筋壳、波纹壳、蜂窝夹层壳、壁板式密封壳等;② 板结构包括普通蜂窝夹层板、网格蜂窝夹层板、抛物面蜂窝夹层板等;③ 桁架结构包括杆系主承力构架、复杂梁系主承力构架等;④ 支架结构包括杆系支架、板式支架以及其他支架等;⑤ 可展结构包括天线反射面、载荷伸展支撑结构等;⑥ 连接结构包括角条、角片、法兰、连接框等。

1.6 航天器结构的动态热力耦合响应

1.6.1 航天器的空间飞行环境

在太空飞行的航天器，除遇到与地球表面不一样的自然环境外，还有独特的运行环境，即在太空环境作用下，航天器某些系统工作时所产生的环境[66,67]。

1) 空间真空

宇宙中的物质基本上密集于天体之中，而比天体大得多的宇宙空间是高度真空的。在太阳系内，行星际空间的介质主要是太阳活动产生的气体质点，主要成分为氢离子 (约 90%)，其次是氦离子 (约 9%)，它们的密度极小，压力极低。在地球周围，大气可以分为几层，在地球中纬度区上空厚度为 10~12km 和南北回归线上空厚度为 16~18km 的低层大气叫做对流层，70~80km 的大气层称为电离层，500~1000km 的大气层称为外大气层，外大气层逐渐地过渡到行星际空间。

太空环境高真空的特点，决定了航天器在太空环境中与外部环境的热交换以辐射等方式进行，而不是地面上经常存在的气体对流传热为主。这样，航天器的结构设计要特别考虑散出多余的热量以防止温度升高，并且考虑维持航天器内部温度的稳定，减小温度的变化范围和频率。所以必须采用有效的热控措施，例如：采用被动热控措施，在航天器结构表面添加涂敷材料；或者对某些温度要求较高的组件采用主动控制。

2) 空间低温

宇宙空间气体极为稀薄，仅为海平面的 $1/10^{16} \sim 1/10^{15}$。例如，离地球表面高度为 3000km 处，气体的密度为 $7.5\times 10^{-16} \text{kg/m}^3$。不发热的物体不能够以气体分子间碰撞来获取能量，只有依靠吸收辐射来保持温度水平。宇宙空间背景上的辐射能量极小，辐射能量仅 10^{-5}W/m^2，它相当于 4K 绝对黑体辐射。

3) 微重力

航天器在空间运行时处于微重力状态，对可展开航天器的温度本身并不会产生影响。但是微重力将使得太空环境中天线绳索的预应力比地面环境测得的预应力要小。因此，在地面进行网面形状精度调整时，必须充分考虑地面的重力环境与太空微重力环境各自对天线绳索预应力的影响。这样，在进行结构热力响应耦合分析时，才能准确地反映太空环境中外热流对天线型面精度的影响。

4) 空间热源

从近地空间到行星际空间，空间热源主要有太阳辐射、地球、月球和各行星的热辐射以及它们对太阳辐射的反射。

5) 飞行环境

(1) 极端温度环境。航天器在太空环境真空中飞行，由于没有空气传热和散热，受阳光直接照射的一面，可产生高达 100℃ 以上的高温。而背阴的一面，温度则可低至 $-100 \sim -200$ ℃。

(2) 高温、强振动和超重环境。航天器在起飞和返回时，运载火箭和反推火箭等点火和熄火时，会产生剧烈的振动。航天器重返大气层时，高速地在稠密大气层中穿行，与空气分子剧烈摩擦，使航天器表面温度高达 1000℃ 左右。航天器加速上升和减速返回时，正、负加速度会使航天器上的一切物体产生巨大的超重。超重以地球重力平均加速度 (其符号为 "g"，g 约为 9.8m/s^2) 的倍数来表示。载人航天器上升时的最大超重达 8g，返回时达 10g，卫星返回时的超重更大些。

(3) 失重和微重力环境。航天器在太空轨道上做惯性运动时，地球或其他天体对它的引力 (重力) 正好被它的离心力所抵消，在它的质心处重力为零，即零重力，那里为失重环境。而质心以外的航天器上的环境，则是微重力环境，那里的重力非常低微。失重和微重力环境是航天器上最为宝贵的独特环境。在失重和微重力环境中，气体和液体中的对流现象消失，浮力消失，不同密度引起的组分分离和沉浮现象消失，流体的静压力消失，液体仅由表面张力约束，润湿和毛细现象加剧等。总之，它造成了物质一系列不可捉摸的物理特性变化，提供了一种极端的物理条件。利用这些地面上难得的环境条件，可开展许多地面上难以进行的科学实验，生产地面上难以生产的特殊材料、昂贵药品和工业产品等。

1.6.2 航天器结构的材料性能与力学分析

自 1957 年第一颗人造地球卫星发射以来，人类就从未停止过对航天结构材料力学分析的研究与关注。

1. 航天器结构的材料性能

近年来，卫星技术的迅速发展，一方面对结构材料提出了更高的要求，另一方面也促进了新材料的产生与发展。世界各大航天机构都设有专门的材料研究中心，持续开展航天器结构材料的研发。例如，美国国家航空航天局 (NASA) 的兰利研究中心和国内的航天材料及工艺研究所等都是负责研发和测试航空航天新型材料和结构的机构。NASA 在 2012 年发布的《空间技术发展路线图》中，依然将材料与结构列为最优先发展的十四大领域之一，并且在 2015 年对其进行了细化与完善。

由于航天器载荷的复杂性和服役环境的特殊性，材料的选用要求往往与常规机械产品有很大区别。作为结构材料，最基础的作用就是承受和传递载荷，因而所选材料必须强度高、模量大、韧性好。特别是随着载人航天与深空探测事业的发展，有效载荷逐渐增多，卫星平台越来越大，对材料在此方面的性能提出了更高的要求。

目前，航天器用的结构材料主要有金属材料与复合材料两大类。金属材料具有成熟的使用性能和加工制造基础，一直以来都是卫星结构材料的首选；复合材料作为新兴材料，因其具备密度低、可设计性强等突出优势，也备受航天器结构工作者的青睐，并有逐渐代替金属作为卫星主结构材料的趋势。

1) 金属材料

金属材料具有可焊接的特点，常用于卫星密封壳体结构中，在接头、支架等承力结构件上也有广泛应用。金属材料中，合金钢是工业界使用最广泛的结构材料，但是在航空航天领域除了少部分结构采用合金钢以外，主要都采用更加轻质的铝合金、钛合金、镁合金等。如表 1.13 所示，在比模量相当的情况下，轻质合金的密度低很多。

表 1.13 常用合金结构材料性能对比

材料名称	密度/ (g/cm^3)	比模量/ $(GPa/(g/cm^3))$	比强度/ $(GPa/(g/cm^3))$
结构钢 (45)	7.81	25.6	77
超高强度钢 (18Ni)	7.80	25.6	226
铝合金 (LY12)	2.80	25.4	150
钛合金 (TC4)	4.44	24.5	203
镁合金 (MBl5)	1.83	24.0	172

在轻质合金中，铝合金价格相对便宜，导热性、导电性良好且抗腐蚀性能好，是目前卫星上应用最广泛的轻金属材料。部分铝合金还具有良好的低温性能，随着温度的下降，其强度和塑性都有所增加。在经典的航天飞机时代，乘员舱、前机身、中机身、后机身、垂尾、襟翼、升降副翼和水平尾翼均由铝合金制造。在美国，研究和应用较多的主要有 7075、7475 和 7055 等 7 系铝合金。这些成分的铝合金不仅具有高强度，而且具有高韧性，一直是各国航天材料研究人员追求的目标。受限于材料制备技术的发展，高强铝合金在我国的应用较少，但是要实现航天器的轻量化设计，这始终是一个值得研究的方向。

目前应用在航天器上的铝合金主要有铝合金厚板、铝蜂窝板和铝–锂合金等。其中，铝合金厚板具有高强度、良好的韧性、抗应力性能和抗剥落腐蚀性能，而且其断裂韧性较好，抗疲劳裂纹扩展能力强，作为航天航空用材料，具有很好的综合性能。另外，铝蜂窝夹芯板结构以其比强度高、比刚度高、隔热隔振性能好、可设计性强等特点，被广泛应用于航空航天领域，已成为现代卫星主要的承力结构。20 世纪 80 年代发展起来的铝–锂合金由于锂的添加可以降低合金的密度，增加刚度，同时仍然保持较高的强度、较好的抗腐蚀性和抗疲劳性以及适宜的延展性，被认为是 21 世纪航空航天领域最理想的结构材料。上述三类铝合金因在航空航天领域的优异表现，都将是我国在铝合金方面研究努力的方向与重点。

钛合金相比于其他轻金属材料的优势在于比强度最高、耐腐蚀性最好 (甚至远优于不锈钢)，并且高低温力学性能很好，能在 550°C 高温和零下 250°C 低温下长期工作而保持性能不变 (铝合金最高仅能在 200~300℃ 工作)。钛合金线膨胀系数小，可以用作要求尺寸不随温度变化的构件。第一代航天飞机的热防护系统部分采用了钛合金 Ti1100 作为防热瓦。英国空天飞机 HOTOL 的机身材料也部分采用了钛合金。国内新型通信卫星的承力筒锥段由于采用高强钛合金制成大口径双波纹壳结构，其质量减轻了约 50%，抗载能力提高了 80%。鉴于钛合金高昂的价格，其一般只用于承载力大的关键部位或者同时对结构性能与热学性能有较高要求的场合。但是钛合金由于具有优异的力学、热学和化学性能，不仅在结构系统，在其他如控制系统中也表现出巨大的潜力。并且钛资源丰富，蕴藏量仅次于铁、铝。目前的难点就在于从原始资源到市场之间的转化存在较大的阻力，技术与经济都是重要的问题。

镁合金是表 1.13 所列合金中密度最低的材料，并且减振能力好，易切削加工和可回收，被誉为 "21 世纪绿色金属工程结构材料"。目前，欧、美及日本等工业发达国家和地区高度重视镁合金的研究和开发，并已将镁合金应用到航空航天、汽车、军事和 3C 产业等领域。卫星用镁合金多为铸造镁合金，强度相对较低，一般用于制作常温和低温下承受低载荷的结构件[28]。国内研究镁合金的单位很多，但是在航天器上的应用还并不是很广泛，局限在于镁合金耐腐蚀性能不强，且长时间工作温度不能超过 150℃。

2) 复合材料

航天器结构用复合材料主要是纤维增强型的复合材料，基体一般为热固性环氧树脂。按照纤维的种类不同可分为碳纤维增强型 (常见牌号有 M60、M55J、M40J、T700 等)、凯夫拉纤维增强型、玻璃纤维增强型和硼纤维增强型等。对比表 1.13、表 1.14，可见复合材料的比模量和比强度都远高于上述轻合金。

表 1.14　常用复合材料性能对比

材料名称	密度/(g/cm^3)	比模量/$(GPa/(g/cm^3))$	比强度/$(GPa/(g/cm^3))$
玻璃纤维/聚酯复合材料	2.00	24.1	623
高强度碳纤维/环氧复合材料	1.45	94.7	1014
高模量碳纤维/环氧复合材料	1.60	146.9	656

复合材料中，碳纤维/环氧复合材料 (CFRP) 密度低 (与镁和铍相当)、强度高 (达铝合金的三倍多)、模量大，轻质高强性能尤为显著，是所有航空航天领域最受欢迎的复合材料。由于 CFRP 具有各向异性，所以它具有很强的可设计性，能为不同服役条件提供最优的材料选择。同时，复合材料易于大面积整体成型的特性也为简化航天器生产工序、缩短生产周期提供了重要保障。国内外航天器上复合材料的使用已经占到较大比例。目前，碳纤维增强复合材料在卫星上的应用主要体现在卫星本体结构、太阳电池阵和天线结构等方面[79-81]。CFRP 由于具

有较高的比强度、较大的比刚度和良好的抗疲劳等性能特征，非常适合应用于卫星外壳、中心承力筒和各种仪器安装结构板等部位。又因为 CFRP 具有线膨胀系数小的特点，所以大型电池阵经常采用该材料。卫星上安装的大型抛物面天线等强方向天线要求在温度急剧变化的空间环境中仍能保持稳定的外形，所以碳纤维增强复合材料也比较适用。

但是复合材料也存在一些固有的缺陷，例如吸湿性，CFRP 在大气中存储和使用时，水分与温度的作用会使其力学性能明显下降。树脂基体吸湿后会引起体积膨胀，不仅会产生湿热变形与应力，同时还会降低材料本身的刚度和强度。另外，CFRP 加工精度的稳定性也有待提高。针对这些问题，研究发展高模量、高强度以及高导热率的纤维，进一步改善树脂基体的耐高、低温性能，同时大力发展复合材料的自动化制造装备将是有效的解决办法。

随着航天工业的迅速发展，航天器结构材料也将处于长期持续的发展之中。新型轻合金在航天器结构中使用的比例逐步增加，复合材料的应用更是促进了航天器结构用材的变革，并且正处于迅猛发展之中。结合了金属与无机/有机材料优异性能的金属基复合材料也已进入航天器结构研究人员的视野。除此之外，结构材料与结构设计密不可分，一些传统的复杂结构正在被全新的多功能结构(MFC)和 3D 打印结构所取代。未来，航天器的结构材料将呈现多样化、高性能的趋势。

2. 航天器结构的力学分析

航天器主要结构的力学分析是航天器结构设计的重要依据。在航天器结构质量比不断减小、结构刚度和固有频率有可能降低的情况下，通过动力分析正确判断在动载荷下结构的热力响应，可提高航天器的可靠性。静力分析是早期航天器结构分析的主要手段，方法成熟、简单而可靠。航天器在运行时处于长期的冷热交变环境，由此引起的热应力和热变形对某些结构部件的功能有很大影响，需要进行热应力-应变分析。

1) 动力分析

首先进行与结构本身特性有关的模态分析，然后结合外载荷进行动力响应分析。① 模态分析：包括结构动态特性的理论分析和试验分析。目的是确定结构的模态参数，如固有频率、阻尼、振型。这种分析采用有限单元法。在结构复杂和所划分的有限单元数目过多时，采用简缩的方法使有限元模型的自由度减少，或采用模态综合法，把结构划分为若干子结构，先求出子结构的模态，再综合为整个结构的模态。通常用试验来检查理论计算结果的精确性，并找出改进模态精度的途径，试验方法与火箭振动特性试验相似。② 动力响应分析：已知结构的模态特性，在给定外载荷下进行动力响应分析，确定结构的加速度、位移和应力分布。求解的方法有直接积分法、模态叠加法和福斯法等。用动力响应的分析结果，检验结构设计的合理性,例如,过大的位移会使部件之间碰撞;过大的应力会使零件产生断裂破坏;过大的加速度容易使安装在结构上的元、器件失效。③ 载荷分析:确定运载火箭与航天器界面上的热力响应,属动力分析问题。早期采用的保守冲击谱法,是在飞行试验中测出运载火箭与航天器界面上的冲击谱,取其包络线作为结构载荷。而广义冲击谱法则考虑了航天器结构特性的反馈作用,使用了航天器和运载火箭的模态参数,这种方法现代应用较多。瞬态法把航天器和运载火箭的有限元模型结合在一起,对飞行过程中点火、分离、关机等重要时刻进行耦合的瞬态响应分析,可以得到比较精确的结果,但比较复杂。

2) 静力分析

航天器大多采用薄壁结构、加筋结构、夹层结构等轻型结构,在静力分析中除了进行强度计算外,结构的稳定性和变形分析十分重要。根据航天器结构形状多样性的特点,多数情形需要采用有限单元法。在轻型结构分析中广泛进行优化设计,在满足强度和刚度的条件下使结构的重量达到最小。将结构的几何尺寸和材料的物理性能都作为优化设计的参数,从而扩大了结构优化设计的应用范围。

3) 热应力–应变分析

再入航天器的热应力分析方法与火箭头部的热应力分析基本相同。空间轨道运行时的热应力–应变分析,是航天器特有的问题。对于一些航天器结构来说,热变形分析十分重要,如大型抛物面天线反射盘形状的微小温度畸变会影响天线的性能,大尺寸的可展开部件(如太阳电池翼、测量用的伸长臂等)的过大热变形,会影响航天器在轨道飞行中的姿态控制。为了进行分析,先计算出结构的温度分布,确定结构材料的力学和物理性能随温度变化的关系,再分析热应力与应变。解决这种非线性问题,有时需要作某些简化假设,须靠计算机来计算。

4) 疲劳和断裂分析

绝大多数一次性使用的航天器承受动载荷的时间很短,一般可不考虑疲劳与断裂。对于那些很薄的板壳构件,即使承受几分钟的振动也可能产生疲劳和断裂破坏,因此需要进行疲劳和断裂分析。

1.6.3 金属桁架和壳体结构在空间环境的极限承载力分析

1. 空间可展结构

空间可展结构是 20 世纪 60 年代后期,随着航天科技的发展而诞生的一种新型宇航结构构造物,采用高比强度、高比刚度、高几何稳定性、超低热胀系数的宇航材料,包含低副可动机构接点、驱动元件和主动或被动控制器等。它在发射过程中处于折叠收纳(收拢)状态,固定安置在运载工具有效载荷舱内,容积最小。待发射入轨后,由地面指挥中心控制结构按设计要求逐渐展开,成为一个大型复杂的宇航结构物,然后锁定并保持为运营工作状态[66,79-81]。当航天器要自动返

1.6 航天器结构的动态热力耦合响应

回或被回收时，则结构可先行折叠收拢，然后自动返回或被载人飞船回收。当今许多航天器属于此类，如通信、气象、探测等卫星。

空间可展结构按结构体系分为：

(1) 单元构架式可展开天线。天线背架为可展开桁架结构，而且由一致的桁架单元构成。这种结构单元形式多样，可满足各种复杂几何设计、刚度、精度、重复性、收纳率的要求，主要有四面体单元、六面体单元、三棱柱单元、六棱柱单元等。

(2) 肋类支承可展开天线。天线由各种高刚性支承臂 (肋) 作为主要支承结构，与背撑索网、面索网、调节 (连接) 索网与反射索网形成张力结构体系。质轻、收纳率及展开可靠性较高，但刚度、可重复性精度、反射面利用率与馈电性能稍差。支承肋主要有径向肋、缠绕肋、各种高刚性伸展臂 (盘绕式、铰接式伸展臂) 等。

(3) 其他可展开结构形式。除上述可展开天线外，还有诸如充气式天线、环柱式天线、整体展开天线、平面阵天线、变几何臂和空间平台等。

2. 空间站和宇宙飞船

空间站和宇宙飞船主体结构包括：基础桁架 (用来安装各舱段、太阳能电池板、移动服务系统及站外暴露试验设施等)、居住舱、服务舱、功能货舱，多个实验舱、节点舱、能源系统和太阳能电池帆板、移动服务系统。

与板壳结构相关的空间结构主要包括空间站和以桁架为主体骨架的太阳能电池帆板。由于空间结构的外部环境复杂性，因此在数值模拟过程中比普通的土建工程中板壳结构有更多的复杂性，还需要特别考虑结构的动力特性、力-热耦合问题和气体分子的碰撞/摩擦/化学反应等问题[82,83]。

本书主要介绍板壳结构统一理论和数值模拟方法在大型航天器的在轨飞行与轨道衰降陨落再入解体分析中的应用，分析太阳翼帆板和舱壳体在再入过程中的损毁解体情况。超期服役的大型航天器离轨飞行轨道衰降与坠入大气层损毁需要预先对其陨落的风险进行详细评估，同时还要不断完善这种大型航天器的再入解体和地面风险评估手段，为后续的货运飞船、空间站、大型卫星的陨落风险预报做准备。

1.6.4 航天器气动力/热环境致结构响应分析概况

空间可展天线支撑结构是大型柔性空间可展天线构造物的基本组成体系，是实现整体结构形态变化、展开折叠的基本结构，通常包括以下四种类型：① 铰接可展结构，展开过程由铰链活动实现，包括简单的旋转和平移，以往太阳帆 (电池阵) 的展开机构多属于这种结构，如图 1.73(a) 所示；② 杆状可展结构，在展开后通常形成单一细长管或单向构架，主要作用是实现空间定位，以及提供结构支撑，如图 1.73(b) 所示；③ 面状可展结构，包括平面展开结构和曲面展开结构，主要用于空间反射器及大面积天线，支撑结构形式主要有各类构架式矩形天线框架和径向加肋环形结构等，如图 1.73(c) 所示；④ 体状可展结构，展开后形成三维几何体，如图 1.73(d) 所示。

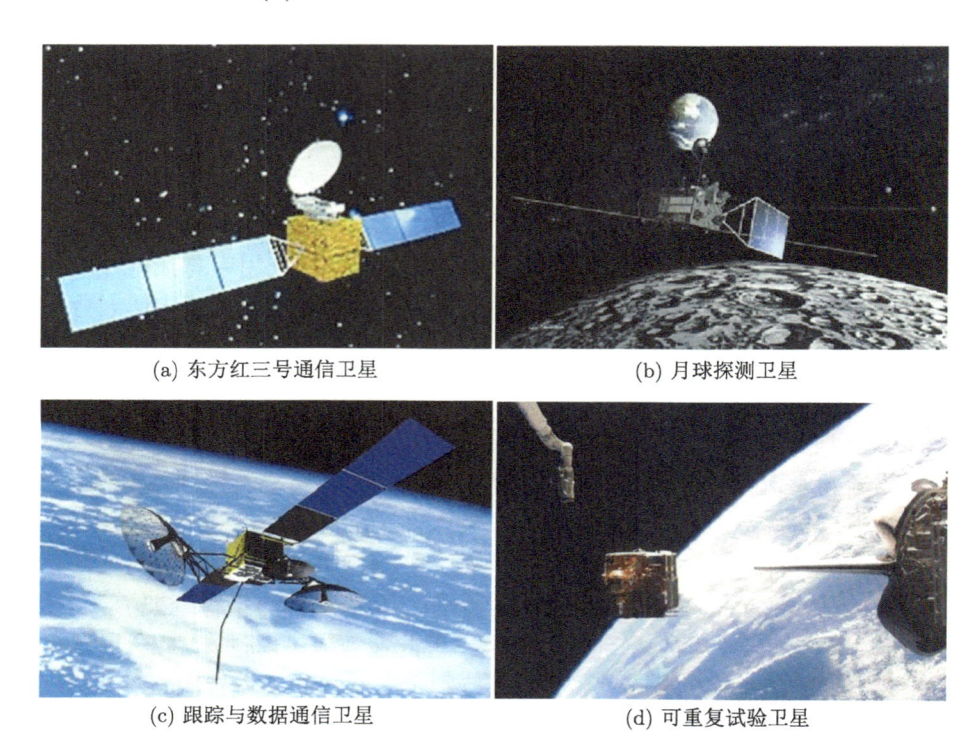

(a) 东方红三号通信卫星

(b) 月球探测卫星

(c) 跟踪与数据通信卫星

(d) 可重复试验卫星

图 1.73 空间可展结构的应用

空间展开结构处于外太空时，整个结构暴露于恶劣的空间环境中——高真空、微重力、深冷空间和接受太阳、地球等空间热辐射，此时在空间展开结构中形成不均匀的温度场和热变形，同时，随着飞行器在轨飞行时，空间展开结构的轨道位置、空间姿态均在不断发生变化，接受的空间热流也在发生变化，此时空间展开结构中将产生快速变化的瞬态温度场，从而有可能引起结构发生热力响应变形失效[5-9]，这些均属于空间展开结构热控问题范畴，必须认真加以研究控制。

近地轨道运行的大型航天器寿命末期，往往采用离轨控制，使其脱离当前运行轨道而自然陨落，属于无控飞行状态。该类大型航天器在轨任务完成后，将面临再入坠毁、安全评估预示、陨落飞行航迹确定问题。这类航天器再入大气层时所遇强气动力/热环境，使航天器本身承受严重的热流与过载，再入稠密大气环境超高速致高温热化学非平衡气流对航天器复合材料的热解烧蚀累积效应、金属桁架结构热力耦合响应、变形软化熔融，会使航天器结构失效解体[5,6,69-76]（图 1.74）。

1.6 航天器结构的动态热力耦合响应

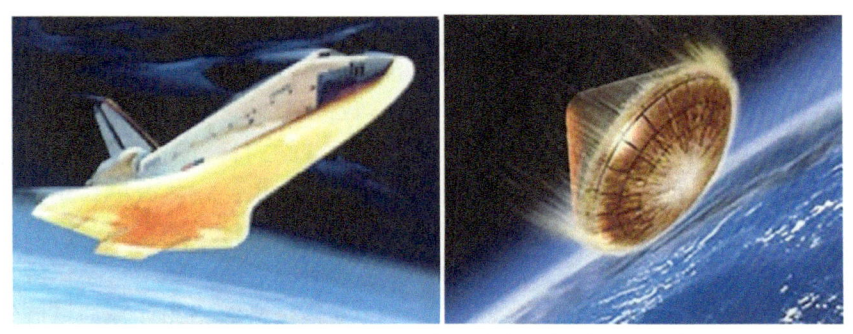

图 1.74 各类航天器再入过程承受强气动力热环境致结构动态响应示意图

大型航天器如空间站或卫星在寿命即将结束时，地面控制中心利用剩余的推进剂进行多次刹车离轨控制，之后处于无控飞行的航天器在大气阻尼作用下轨道高度逐渐降低，气动力热环境致结构响应变形软化失效，舱体内外部设备陆续与航天器发生分离。解体后的残骸碎片在坠落过程中不断熔融燃烧，质量逐渐减小，一些较大的残骸碎片则会残留部分，撞击地面。所有的残骸碎片沿航天器的轨迹方向散布在一个狭长的区域[84-89]。如果解体后的碎片散落在人口密集区，则会对人类的安全造成威胁[87,88]。这类危险目标的陨落跟踪与落点预报均会引起世界各国的重视，如过去的美国天空实验室、苏联宇宙 1402 号核动力卫星、我国失控卫星以及俄罗斯"和平"号空间站的陨落，均受到世界各国的重视，提前进行了再入风险评估[68,90,91]。

国外开展空间碎片再入预测及地面风险评估的研究已有十多年的历史，并利用工程预测方法形成了相对成熟的软件系统，如美国的碎片评估软件 (Debris Assessment Software，DAS) 和目标再入存活分析工具 (Object Reentry Survival Analysis Tool，ORSAT)，欧洲的航天器大气再入与气动加热解体 (Spacecraft Atmosphere Reentry and Aerothermal Breakup，SCARAB) 等[85,92]。国内的清华大学利用工程预测手段初步建立了空间碎片再入分析方法和评估软件[93-96]。

结构复合材料是目前航天领域中应用最广泛和最成熟的复合材料，其中纤维增强复合材料尤其是树脂基碳纤维 (如碳/环氧等) 应用最为广泛。复合材料是指由两种或两种以上不同物质以不同方式组合而成的材料，它可以发挥各种材料的优点，克服单一材料的缺陷，扩大材料的应用范围。在航空航天领域，由于复合材料热稳定性好，比强度、比刚度高，可用于制造飞机机翼和前机身、卫星天线及其支撑结构、太阳能电池翼和外壳、大型运载火箭的壳体、发动机壳体、航天飞机结构件等，复合材料大多为具有复杂结构的非均匀材料，其微细观结构直接影响到材料的宏观性能，有效地对复合材料的综合热传输以及热力耦合行为进行预测与模拟，将为复合材料结构的制备与设计提供理论指导与技术储备，具有重要作用。复合材料热传输性能的模拟与预测,涉及多物理场、多时-空、多尺度关联模型、高性能多尺度算法等诸多基础性科学问题[87-100]。

气动力是指大气压力和表面摩擦力,分别对飞行器产生升力和阻力等力/矩,而气动热直接为结构所感受成为热载荷。气动热使结构材料的力学性能降低,作用应力减少以致发生蠕变,而结构部件之间的相互约束,在热载荷作用下,又将在结构中产生应力,从而使变形加剧并造成翘曲和蠕变特性的变化,同时温度的交替变化也会激起结构的热振动以至颤振。这些情况表明,热结构不仅关系到力学问题,也关系到热学和材料科学问题[4-9]。金属材料的传热计算通过固体热传导方程进行求解,而结构的力学响应则需要利用计算固体力学等方法进行分析与模拟,外部的高超声速气动力/热通过边界条件传入结构内部,对于高温导致的材料热解烧蚀与金属桁架变形软化熔融失效问题,则需要分析材料的相变以及结构响应的非线性行为[77-83]。

热应力的确定通常分两步进行:首先由傅里叶(Fourier)热传导方程得到物体内部的温度分布;然后由在应力-应变关系中包含温度项的弹性静力学方程组计算得到热应力。这个过程忽略了两个效应——由物体的应变导致的温度分布变化以及由惯性力产生的动态振动,特别是在承受强气动力热载荷情况下,物体的变形有时会显著影响温度在材料内部的分布,材料整体的振动也不可忽略,而对于某些极端情况,比如热冲击作用下,温度传播呈现出一个有限速度——"第二声"(second sound),此时的热传导方程由抛物型变成了双曲型,温度在材料内以波的形式传播,结合热弹性动力学方程,温度场与结构应力场相互影响,都呈现出复杂的波动行为,这些现象都使得我们要对材料与结构的热传输与变形受力统一进行分析,以力求反映真实的物理力学问题[76,87-91]。

航天器结构在以第一宇宙速度再入气动力热严酷环境下热弹性以及非线性动态响应行为的理论分析与计算模拟,长期以来一直是一个活跃的研究领域[81-93,98-102]。研究的内容包含了经典的非耦合与耦合动态热弹性问题以及基于 Lord-Shulman 或 Green-Lindsay 理论的广义热弹性问题[102-104]。Carter 和 Booker 考虑了在热传导方程中包含结构应变而忽略了结构惯性力的动态热力耦合问题,并讨论了在地质力学中的应用[105];Prevost 与 Tao 针对具有弛豫时间的动态耦合热弹性问题进行了有限元分析[106],考虑了包含两种材料的无限长圆柱的拟静态热力耦合问题,在实际计算中对时间域采用了 Laplace 变换与反 Laplace 变换方法;Alashti 等对一个旋转功能梯度圆柱壳进行了三维轴对称热弹性分析[107];Ženíšek 对耦合热弹性问题以及黏土合并模型的有限元方法进行了理论分析[108],研究了无能量耗散下功能梯度厚、中空圆柱的耦合热弹性波问题;Strunin 等考虑了在无限长杆中具有热弛豫时间的双曲型热力耦合方程的热弹性波传播问题[109];Abbas 与 Youssef 则针对具有弛豫时间的广义热弹性模型发展了有限元方法[110]。Serra 与

Bonaldi 提出了针对全耦合的热弹性阻尼问题有限元方法[111]。Lutz 提出了一个针对大型复合空间结构的有限元模型，并考察了热载荷下的热弹性响应[112]。

空间可展结构的热响应分析，包括轨道计算、外热流计算和温度计算等，然后根据温度场计算热变形和热应力，或者采取结构热力响应耦合分析方法。热分析方法主要有有限差分和有限元等数值计算方法。空间技术发达的国家在结构热分析方面开展了大量的研究工作，提出了一些有效的方法和实用的工具，并在各类对热稳定性要求较高的空间飞行器设计中得到了广泛的应用。美国和欧空局对天线反射器在空间环境下的热变形进行了分析预测，并进一步分析了热变形对天线电性能的影响；对望远镜主镜表面和其他部件在轨飞行过程的热变形及其对光学性能的影响进行了分析[84]。文献 [85] 对天线结构和太阳电池阵进行了热分析，文献 [81,100,113] 对桁架结构进行了热分析。文献 [92] 对以往实际出现过的航天器热振动现象进行了分析和模拟。国内学者在可展结构热分析方面起步较晚，已相继进行了大量的研究，对桁架式展开天线和太阳电池阵进行了热变形分析[76,81]。

关于太阳翼在轨运行的热分析，已有一些文献开展过相关研究[66,79-80]，但对于大型航天器离轨陨落解体过程中太阳翼帆板的力热分析国内尚属空白[90,91]。而在航天器再入陨落的初期，流动处于稀薄过渡流区域，求解 (Navier-Stokes，N-S) 方程的连续流计算方法已经失效，需要采用基于分子碰撞理论的直接模拟蒙特卡罗 (direct simulation Monte Carlo，DSMC) 方法[77,113-118]。文献 [78] 采用 DSMC 方法对钝体返回舱外形在稀薄流域的高温真实气体效应进行了计算分析。文献 [76] 针对各种非规则具有拟周期结构的区域进行二阶双尺度热传导分析、应力分析以及热–力耦合卜算建模[119-124]，并结合外部强气动力热环境，分析结构的热–力耦合多尺度响应，建立一套多尺度有限元算法 (SOTS)。文献 [81] 对寿命末期离轨陨落的低轨航天器再入稀薄流域 120~90km 高度的气动力、热特性进行了模拟分析，重点计算了作用在水平和垂直放置的单侧太阳翼帆板上的力、力矩和峰值压力、热流。文献 [100, 113, 116] 采用 DSMC 方法对带太阳翼帆板的大型航天器再入稀薄过渡流域的气动力、热特性进行了数值模拟。

参 考 文 献

[1] 强士中, 邵旭东. 桥梁工程 (上册)[M]. 北京: 高等教育出版社, 2004.
[2] 强士中. 桥梁工程 (下册)[M]. 北京: 高等教育出版社, 2004.
[3] 陈骥. 钢结构稳定理论与设计 [M]. 北京: 科学出版社, 2014.
[4] 康孝先. 大跨度钢桥极限承载力计算理论与试验研究 [D]. 成都: 西南交通大学, 2009.
[5] Li Z H, Ma Q, Cui J Z. Finite element algorithm for dynamic thermoelasticity coupling problems and application to transient response of structure with strong aerothermodynamic environment[J]. Communications in Computational Physics, 2016, 20(3): 773-810.

[6] Li Z H, Ma Q, Cui J Z, Multi-scale modal analysis for axisymmetric and spherical symmetric structures with periodic configurations[J]. Computer Methods in Applied Mechanics and Engineering, 2017, 317: 1068-1101.

[7] 康孝先, 李志辉, 强士中. 单向均匀受压完善简支矩形板曲后极限承载力统一计算模型 [J]. 投稿《计算力学》, 2021.

[8] Kang X X, Li Z H, Qiang S Z. Uniform formula for the ultimate bearing capacity of simply supported perfect rectangular plates subjected to one-way uniform compression[J]. Submitted in Journal of Constructional Steel Research, 2022, 12.

[9] Kang X X, Li Z H, Qiang S Z. Analysis of ultimate bearing capacity of simply supported perfect rectangular plates subjected to one-way uniform compression[J]. Submitted in Journal of Engineering Stucture, 2022, 9.

[10] 王国凡. 钢结构焊接制造 [M]. 北京: 化学工业出版社, 2004.

[11] 王仁, 黄文彬, 黄筑平. 塑性力学引论 [M]. 北京: 北京大学出版社, 2003.

[12] 王国周, 赵文蔚. 热轧普通 I 字钢和焊接 I 字钢残余应力的测定 [R]. 北京: 清华大学土木与环境工程系科研报告, 1983.

[13] 中国铁路总公司企业标准. 铁路钢桥制造规范 (Q/CR 9211-2015)[M]. 北京: 中国铁道出版社, 2015.

[14] 班慧勇, 施刚, 石永久. 960MPa 高强钢焊接箱形截面残余应力试验及统一分布模型研究 [J]. 土木工程学报, 2013, 46(11): 63-69.

[15] 班慧勇, 施刚, 石永久, 等. 国产 Q460 高强度钢材焊接工字形截面残余应力试验及分布模型研究 [J]. 工程力学, 2014, 31(6): 60-68.

[16] 沈祖炎, 温东辉, 李元齐. 中国建筑钢结构技术发展现状及展望 [J]. 建筑结构, 2009, (9): 15-24.

[17] 沈祖炎. 钢结构学 [M]. 北京: 中国建筑工业出版社, 2005.

[18] 项海帆, 潘洪萱, 张圣城, 等. 中国桥梁史纲 [M]. 上海: 同济大学出版社, 2013.

[19] 程庆国. 我国桥梁工程的成就与展望 [M]. 北京: 清华大学出版社, 1998: 155-161.

[20] 陈伯鑫. 中国焊接钢桥四十年 [M]. 哈尔滨: 中国焊接协会出版社, 2002.

[21] 史永吉. 面向 21 世纪焊接钢桥的发展 [J]. 中国铁道科学, 2001, 22(5) : 1-10.

[22] 潘际炎. 中国钢桥 [J]. 中国工程科学, 2007, 9(7): 18-26.

[23] Massonnet C. Recent research in western europe and developments in the European codes[C]. Structural Stability Research Council: 3rd International Colloquium Proceedings, Stability of Metal Structures, Toronto, 1983: 207-225.

[24] Chattrjee S. The Design of Modern Steel Bridge [M]. 2nd ed. London: Blackwell Publishing Company, 2003.

[25] 王用中. 我国桥梁钢结构的应用现状与展望 [J]. 施工技术, 2010, 39(8): 13-16.

[26] 赵君黎, 李文杰, 冯苋. 我国公路钢桥的进与退 [J]. 中国公路, 2016, (11): 25-27.

[27] 强士中. 南京长江二桥南汊斜拉桥结构验算报告 [R]. 西南交通大学, 1999.

[28] 孙学舟, 李志辉, 吴俊林, 等. 再入气动环境类电池帆板材料微观响应变形行为分子动力学模拟研究 [J]. 载人航天, 2020, 26(4): 459-468.

[29] 康孝先, 李志辉, 杨平平, 等. 基于弹塑性形变理论数值分析方法的塑性佯谬对比分析 [J].

上海航天, 2024. 11.
- [30] Åkesson B. late Buckling in Bridges and other Structure[M]. London: Taylor & Francis Group, 2007.
- [31] Koiter W T. On the Stability of Elastic Equilibrium[M]. Holland: Delft, 1945.
- [32] 曲庆璋, 章权, 季求知, 等. 弹性板理论 [M]. 北京: 人民交通出版社, 2000.
- [33] Coan J M. Large deflection theory for plates with small initial curvature loaded in edge compression[J]. Trans. A. S. M. E. , 1959, 73: 407.
- [34] Yamaki N. Post-buckling behavior of rectangular plates with small initial curvature loaded in edge compression[J]. Jour. of App. Mech. 1959, 26: 407.
- [35] Korol R M, Sherbourne A N. Strength predictions of plates in uniaxial compression[J]. Journal of the Structural Division, ASCE, 1972, 98(9): 1965 -1986.
- [36] Sherbourne A N, Korol R M. Post-buckling of axially compressed plates[J]. Journal of the structural division, ASCE, 1972, 98 (10): 2223 -2234.
- [37] 沈惠申. 正交异性矩形板曲后摄动分析 [J]. 应用数学和力学, 1989, 10(4): 359-370.
- [38] 沈惠申. 矩形板屈曲和曲后弹塑性分析 [J]. 应用数学和力学, 1990, 11(10): 871-879.
- [39] 戴弘, 周祥玉, 吴连元. 非完善板屈曲路径的有限元增量摄动法 [J]. 应用力学学报, 1991, 8(1): 33-39.
- [40] 王明贵, 黄义. 弹性薄板的曲后特性 [J]. 应用力学学报, 1996, 13(1): 137-142.
- [41] 高轩能, 孙祖龙. 槽形截面腹板非均匀受压的屈曲后强度研究 [J]. 力学与实践, 1993, 15(5): 35-39.
- [42] 徐凯宇. 具有初始缺陷弹性板的稳定性分析 [J]. 应用数学与力学, 1995, 16(10): 887 -894.
- [43] 颜少荣, 高轩能, 孙祖龙. 板的弹-塑性屈曲强度 [J]. 南昌大学学报 (工科版), 1996, 18(4): 5-11.
- [44] 朱慈勉, 江利仁, 陈栋. 带有初变形薄板的大位移和曲后分析 [J]. 上海力学, 1998, 19(4): 351-359.
- [45] 杨伟军, 曾晓明. 均匀受压一边支承一边卷边板的曲后分析 [J]. 工程力学, 2000, 17(1): 75-82.
- [46] 孟春光, 张伟星. 无单元法在薄板稳定问题中的应用 [J]. 力学与实践, 2004, 26(2): 51-54.
- [47] 曾晓辉, 戴仰山. 单向压力作用下有初挠度矩形板的有效宽度和减缩有效宽度 [J]. 中国造船, 1998, 8: 57-65.
- [48] 熊渊博, 龙述尧. 薄板的局部 Petrov-Galerkin 方法 [J]. 应用数学和力学, 2004, 25(2): 189-196.
- [49] 章亮炽, 余同希, 王仁. 板壳塑性屈曲中的佯谬及其研究进展 [J]. 力学进展, 1990, 20(2): 40-45.
- [50] 白雪飞, 郭日修. 近代弹性稳定性理论的几个重要分支 [J]. 海军工程大学学报, 2004, 16(3): 40-46.
- [51] 康孝先. 薄板的曲后性能和梁腹板拉力场理论研究 [D]. 成都: 西南交通大学, 2005.
- [52] von Karman T, Tsien H S. The buckling of thin cylindrical shells under axial compression[J]. J. Aero. Sci., 1941(8): 303-312.
- [53] Donnell L H, Wan C C. Effect of imperfections on buckling of thin cylinders and columns

under axial compression[J]. J. Appl. Mech., 1950, 17(1): 73-83.

[54] Stein M. The influence of pre-buckling deformations and stresses on the buckling of perfect cylinders[J]. NASA TRR-190, 1964: 1-24.

[55] Stein M. Some recent advances in the investigation of shell buckling[J]. AIAA J., 1968, 6(12): 2339-2345.

[56] 西南交通大学. 国内外钢桥规范之整体稳定性条文对比分析研究报告 [R]. 2008.

[57] 国家标准 (JTG D60—2004): 公路桥涵设计通用规范 [S]. 中华人民共和国交通部发布, 2004.

[58] 中华人民共和国行业推荐性标准 (JTG/T D65-01—2007): 公路斜拉桥设计细则 [S]. 中华人民共和国交通部发布, 2007.

[59] 李铁夫. 铁路桥梁可靠度设计 [M]. 北京: 中国铁道出版社, 2006.

[60] 孙训芳, 方孝淑, 陆耀洪. 材料力学 [M]. 北京: 高等教育出版社, 1965.

[61] 苗家武, 肖汝诚, 裴岷山, 等. 苏通大桥斜拉桥静力稳定分析的综合比较研究 [J]. 同济大学学报 (自然科学版), 2006, 34(7): 869-873.

[62] 李国豪. 桥梁稳定与振动 [M]. 北京: 中国铁道出版社, 2003.

[63] 邓可顺. 介绍弹性结构的屈曲和初始曲后性态的 Koiter 理论 [J]. 大连理工大学学报, 1978(3): 72-94.

[64] 黄宝宗. Koiter 稳定理论及其应用 [J]. 力学进展, 1987, 17(1): 32-40.

[65] 张建武, 范祖尧. 压缩简支矩形板二次屈曲和二次分枝点分析 [J]. 应用力学学报, 1986, (3): 5-27, 137.

[66] 李志辉, 吴俊林, 彭傲平, 等. 天宫飞行器低轨控空气动力特性一体化建模与计算研究 [J]. 载人航天, 2015, 21(2): 106-114.

[67] 方方, 周璐, 李志辉. 航天器返回地球的气动特性综述 [J]. 航空学报, 2015, 36(1): 24-38.

[68] van der Neut A. The interaction of local buckling and column Failure of thin walled compression members[J]. Proc. 12th Int. Cong. Appl. Mech., Stanford University, 1969: 389-399.

[69] Neut A V D. The interaction of local buckling and column failure of thin-walled compression members[J]. International Union of Theoretical and Applied Mechanics, Springer Berlin Heidelberg, 1969: 569-572.

[70] 赵洪金, 刘超, 董宁娟. 周期荷载作用下组合压杆动力稳定性分析 [J]. 建筑结构, 2011, 41(2): 68-70.

[71] 黄玉盈, 金梦石, 雷国璞. 弹性后屈曲理论及其发展趋势 [J]. 固体力学学报, 1981, 8(3): 397-408.

[72] Ghazaly H A, Sherbourne A N. Deformation theory for elastic-plastic buckling analysis of plates under nonproportional planar loading[J]. Computers & Structures, 1986, 22(2): 131-149.

[73] Hoyt R P, Forward R L. Performance of the terminator tether for autonomous deorbit of LEO spacecraft[C]. AIAA 99-2839, 35th AIAA/ASME/SAE/ASEE Joint Propulsion Conference & Exhibit, June, 1999: 20-24.

[74] Reynerson C M. Reentry debris envelope model for a disintegrating, deorbiting spacecraft

without heat shields[C]. AIAA 2005-5916, AIAA Atmospheric Flight Mechanics Conference and Exhibit, 2005.

[75] Prevereaud Y, Vérant J L, Moschetta J M, et al. Debris aerodynamic interactions during uncontrolled atmospheric reentry[C]. AIAA Atmospheric Flight Mechanics Conference, 2012.

[76] 马强. 航天器再入气动环境结构动态热力耦合响应模拟研究 [D]. 绵阳: 中国空气动力研究与发展中心, 2015.

[77] Dujc J, Brank B, Ibrahimbegovic A. Multi-scale computational model for failure analysis of metal frames that includes softening and local buckling[J]. Comput. Methods Appl. Mech. Engrg., 2010, 199: 1371-1385.

[78] Hautefeuille M, Colliat J B, Ibrahimbegovic A, et al. A multi-scale approach to model localized failure with softening[J]. Computers and Structures, 2012, 94: 83-95.

[79] 李志辉. "跨流域非平衡气动力/热绕流一体化模拟与返回舱再入、服役期满航天器陨落预报研究" 实施方案 [R]. 中国国防科学技术报告, 绵阳: 中国空气动力研究与发展中心超高速所, 2014.

[80] 李志辉. "航天飞行器跨流域空气动力学与飞行控制关键基础问题研究" 总体实施方案 [R]. 中国国防科学技术报告, 绵阳: 中国空气动力研究与发展中心超高速所, 2014.

[81] 梁杰, 李志辉, 杜波强, 等. 大型航天器再入陨落时太阳翼气动力/热模拟分析 [J]. 宇航学报, 2015, 36(12): 1348-1355.

[82] 李志辉, 梁杰, 李中华, 等. 跨流域空气动力学模拟方法与返回舱再入气动研究 [J]. 空气动力学学报, 2018, 36(5): 826-847.

[83] 李志辉, 梁杰. 跨流域空气动力学模拟 "护驾" 再入飞行器 [J]. 科技纵览, 2018, (9): 57-59.

[84] Lai C Y. Analysis and design of a deployable membrane reflector[D]. Cambridge: University of Cambridge, 2001.

[85] Tizzi S. Numerical procedures for thermal problems of space antenna shells[J]. Acta. Astronautica, 2003, 54: 103-114.

[86] Farmer J T. et al. Thermal distortion analysis of an antenna-support truss in geosynchronous orbit[J]. Journal Spacecraft and Rockets, 1992, 29(3): 386-393.

[87] 李志辉, 石卫波, 唐小伟, 等. 天宫一号再入回放 [J]. 科学世界, 2018, 236(10): 106-112.

[88] Li Z H, Peng A P, Ma Q, et al. Gas-Kinetic Unified algorithm for computable modeling of Boltzmann equation and application to aerothermodynamics for falling disintegration of uncontrolled Tiangong-No. 1 Spacecraft[J]. Advances in Aerodynamics, 2019, 1(4): 1-21.

[89] 李志辉, 彭傲平, 马强, 等. 大型航天器离轨再入气动融合结构变形失效解体数值预报与应用 [J]. 载人航天, 2020, 26(4): 403-417.

[90] 李志辉. "天宫一号目标飞行器无控陨落预报及危害性分析" 技术总结报告 [R]. 中国国防科学技术报告, 绵阳: 中国空气动力研究与发展中心超高速空气动力研究所, 2018.

[91] 李志辉, 唐小伟, 石卫波, 等. "天宫二号空间实验室受控再入解体落区数值预报" 技术总结报告 [R]. 中国国防科学技术报告, 绵阳: 中国空气动力研究与发展中心超高速空气动力研究所, 2019.

[92] Johnston J D, Thornton E A. Thermally induced dynamics of satellite solar panels[J].

[93] 唐小伟, 李四新, 石卫波, 等. 航天器再入陨落解体模型及分析预报策略研究 [J]. 载人航天, 2020, 26(5): 574-582, 611.

[94] 蒋新宇, 党雷宁, 李志辉, 等. 航天器无控再入解体非规则碎片散布范围分析研究 [J]. 载人航天, 2020, 26(4): 436-442.

[95] 唐小伟, 张顺玉, 党雷宁, 等. 非常规再入/进入问题探讨 [J]. 航天返回与遥感, 2015, 36(6): 11-21.

[96] 胡锐锋, 龚自正, 吴子牛, 无控航天器与空间碎片再入的工程预测方法研究现状 [J]. 航天器环境工程, 2014, 31(5): 548-557.

[97] Balakrishnan D, Kurian J. Material thermal degradation under reentry aerodynamic heating[J]. Journal of Spacecraft and Rockets, 2014, 51(4): 1319-1328.

[98] 石卫波, 孙海浩, 唐小伟, 等. 金属结构航天器陨落过程三维瞬态传热有限元算法研究 [J]. 计算力学学报, 2019, 36(1): 826-847.

[99] 李志辉, 蒋新宇, 吴俊林, 等. 求解 Boltzmann 模型方程高性能并行算法在航天跨流域空气动力学应用研究 [J]. 计算机学报, 2016, 39(9): 1801-1811.

[100] 梁杰, 李志辉, 李绪国, 等. 大型航天器离轨陨落解体及烧蚀熔融计算分析 [C]. 第八届全国高超声速科技学术会议, 2015.

[101] Ma Q , Ye S Y, Cui J Z , et al. Two-scale and three-scale asymptotic computations of the Neumann-type eigenvalue problems for hierarchically perforated materials[J]. Applied Mathematical Modelling, 2020, 92: 565-593.

[102] Ma Q, Li Z H, Cui J Z. Multi-scale asymptotic analysis and computation of the elliptic eigenvalue problems in curvilinear coordinates[J]. Computer Methods in Applied Mechanics and Engineering, 2018, 340: 340-365.

[103] Lord H W, Shulman Y. A generalized dynamical theory of thermoelasticity[J]. J. Mech. Phys. Solids 15, 1967: 299-309.

[104] Green A E, Lindsay K E. Thermoelasticity[M]. Elasticity 2, Vienna: Springer, 1972: 1-7.

[105] Carter J P, Booker J R. Finite element analysis of coupled thermoelasticity[J]. Comput. Struct., 1989, 31(1): 73-80.

[106] Prevost J H, Tao D. Finite element analysis of dynamic coupled thermoelasticity problems with relaxation time[J]. ASME, J. Appl. Mech., 1983, 50: 817-822.

[107] Alashti R A, Khorsand M, Tarahhomi M H. Asymmetric thermo-elastic analysis of long cylindrical shells of functionally graded materials by differential quadrature method[J]. Proc. Inst. Mech. Eng. Part C: J. Mech. Engg. Sci., 2012, 226(5): 1133-1147.

[108] Ženíšek A. Finite element methods for coupled thermoelasticity and coupled consolidation of clay[J]. RA. IRO Analyse Numérique, 1984, 18(2): 183-205.

[109] Strunin D V, Melnik R V N, Roberts A J. Coupled thermomechanical waves in hyperbolic thermoelasticity[J]. J. Thermal Stresses, 2001, 24: 121-140.

[110] Ibrahim A, Abbas A, Youssef H M. A nonlinear generalized thermoelasticity model of temperature-dependent materials using finite element method[J]. Int. J. Thermophys, 2012, 33: 1302-1313.

参考文献

[111] Serra E, Bonaldi M. A finite element formulation for thermoelastic damping analysis[J]. Int. J. Num. Methods. Eng., 2009, 78 (6): 671-691.

[112] Lutz J D, Alien D H, Haisler W E. Finite-element model for the thermoelastic analysis of large composite space structures[J]. J. Spacecraft, 1986, 24(5): 430-436.

[113] Jie L, Li Z H, Li X G, et al. Monte Carlo simulation of spacecraft reentry aerothermodynamics and analysis for ablating disintegration[J]. Communications in Computational Physics, 2018, 23(4): 1037-1051.

[114] Li Z H, Wu Z Y. DSMC simulation of hypersonic rarefied flow past Apollo-CM[J]. Acta Aerodynamica Sinica, 1996, 14(2): 230-233.

[115] Li Z H, Fang M, Jiang X Y, et al. Convergence proof of the DSMC method and the Gas-Kinetic Unified Algorithm for the Boltzmann equation[J]. Science China, Physics, Mechanics & Astronomy, 2013, 56(2): 404-417.

[116] Fang M, Li Z H, Li Z H, et al. DSMC approach for rarefied air ionization during spacecraft reentry[J]. Communications in Computational Physics, 2018, 23(4): 1167-1190.

[117] Li Z H, Li Z H, Wu J L. Ao-ping peng, coupled n-s/dsmc simulation of multi-component mixture plume flows for satellite attitude-control engines[J]. Journal of Propulsion and Power, 2014, 30(3): 672-689.

[118] 李志辉, 李中华, 杨东升, 等. 卫星姿控发动机混合物羽流场分区耦合计算研究 [J]. 空气动力学学报, 2014, 30(4): 483-491.

[119] Foster C L, Tinker M L, Nurre G S, et al. Solar-array-induced disturbance of the Hubble space telescope pointing system[J]. Journal of Spacecraft and Rockets, 1995, 32(4): 634-644.

[120] Li J L, Yan S Z. Thermally induced vibration of composite solar array with honeycomb panels in low earth orbit[J]. Applied Thermal Engineering, 2014, 71: 419-432.

[121] 马兴瑞, 王本利, 苟兴宇. 航天器动力学——若干问题进展及应用 [M]. 北京: 科学出社版, 2001.

[122] 范绪箕. 气动强热与热防护系统 [M]. 北京: 科学出版社, 2004.

[123] 黄洪昌, 杨运强, 李君兰, 等. 航天器太阳电池阵热—结构分析研究进展 [J]. 电子机械工程, 2012, 28(4): 1-7.

[124] Lu D N, Liu Y W. Singular formalism and admissible control of spacecraft with rotating flexible solar array[J]. Chinese Journal of Aeronautics, 2014, 27(1): 136-144.

第 2 章 轴心受压构件的屈曲理论

2.1 概　　述

一般来说，对于细长柱、薄板或薄壳类的受压构件，会在达到材料的屈服强度前，出现弹性范围内的失稳。构件发生局部失稳后，并不一定立即导致构件的整体失稳，也可能继续维持着构件整体的平衡状态。而对于应用范围的一般情况，如中长柱，在轴压下可能屈服先于弹性屈曲发生。部分板件屈曲后退出工作，使构件的有效截面减小，会加速构件整体失稳而丧失承载能力。

近代压杆理论是从 1759 年欧拉 (Euler) 发表求解理想弹性轴心压杆临界力的理论公式开始的，随后大量的研究都以线性理论为基础，并近似按小挠度理论来分析压杆的性能。1770 年，欧拉和拉格朗日发表了非线性大变形理论求解弹性问题，即弹性压杆的曲后变形问题，揭示了理想压杆超过临界荷载后挠度变化的本质。在以后的百年间，人们逐渐认识到当杆中的应力超过材料的比例极限后和对于具有初始缺陷的实用压杆，欧拉公式与试验结果相差甚远。Engesser 于 1889 年提出切线模量理论，即用切线模量 $E_t = \mathrm{d}\sigma/\mathrm{d}\varepsilon$ 代替欧拉公式中的弹性模量 E，将欧拉公式推广到非弹性领域。虽然切线模量理论应用简单，但它的基本概念在理论上是不正确的，因为它没有考虑截面上塑性区的弹性卸载。1895 年 Engesser 吸取其他学者的建议，考虑了截面卸载区 σ-ε 关系遵循的弹性规律，从而提出与 E 和 E_t 有关的双模量理论，也称折算模量理论。1910 年 Kármán 独立导出双模量理论，并给出矩形和工字形截面的双模量公式，双模量理论因此得到广泛的承认。然而，双模量理论计算结果比试验结果偏高。1947 年 Shanley 用其著名的 Shanley 模型解释了这一矛盾，并指出非弹性压杆的实际最大应力高于切线模量应力，低于双模量应力，前者是下限，后者是上限，切线模量理论更加切合实际，此后的很多试验结果也证明了这一点 [1]。

压杆极限承载力的计算方法主要有解析法、数值积分法、有限条法和有限元法。1935 年，Ježek 得到偏心荷载作用下矩形截面柱在弹性极限外的解析闭合解，在分析中他提出了理想弹塑性矩形截面杆件的 M-P-Φ 关系。Chen 在 1971 年采用同样的思想，将此方法推广到具有更为复杂截面形状的偏心加载以及侧向加载杆件中。1983 年沈祖炎、吕烈武提出了受压受弯杆件极限荷载的数值积分法，不但计算精度高，而且还可以考虑多种初始条件，例如构件的初弯曲、截面的残余

2.1 概　　述

应力、各点材料的力学性能可以不同、可以有各种形式的荷载作用等。

桥梁结构中,各种桁架的弦杆和腹杆,各种支柱、桥墩、高桩承台和基桩等都是承受压力的构件。钢结构中的桁架、网架、塔架与框架中存在着大量的承受轴心压力的轴心受压构件以及同时承受轴心压力和弯矩的压弯构件。空间可展结构是 20 世纪 60 年代后期,随着航天科技的发展而诞生的一种新型宇航结构构造物,主体仍为桁架结构,采用高比强度、高比刚度、高几何稳定性、超低热胀系数的宇航材料。本章用平衡法研究轴心受压构件的弯曲屈曲性能。针对如图 2.1(a) 所示两端铰接的挺直轴心受压构件,先按照小挠度理论求解中性平衡状态时弹性分岔弯曲屈曲载荷,即欧拉荷载 P_E,再按照大挠度理论得到构件的荷载-挠度曲线,了解它的曲后性能,如图 2.1(b) 中的曲线 2,细长的挺直杆可能在弹性状态屈曲,但是短粗的中等长度杆可能在弹塑性状态屈曲,因此需要从理论上阐明切线模量屈曲载荷和双模量屈曲载荷,同时还要研究残余应力对轴心受压构件屈曲载荷的影响。图 2.1(b) 中的曲线 3 和 4 分别表示有初弯曲和初偏心非完善轴心受压构件的弹性荷载挠度曲线 [2,3]。

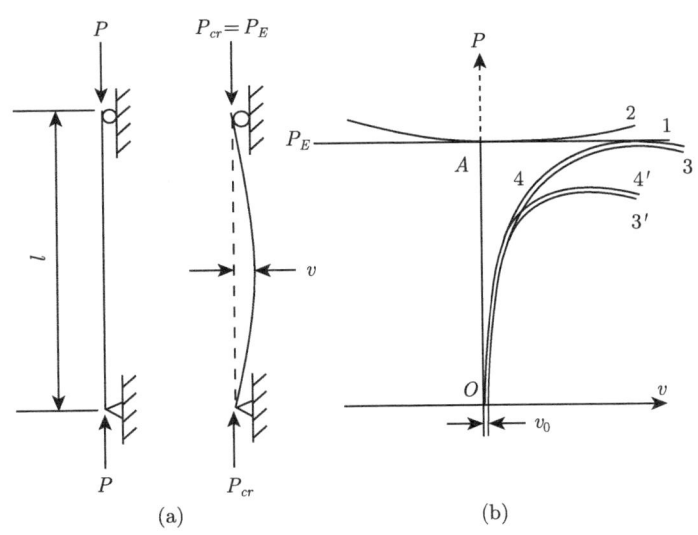

图 2.1　轴心受压构件的荷载-挠度曲线

有几何缺陷的轴心受压构件由于塑性发展,其荷载挠度曲线实际上应如图 2.1(b) 中的曲线 3′ 和 4′,曲线有上升段和下降段,其性质和压弯构件一样属于极值点失稳问题,它的极限荷载 P_u 需用数值法确定。轴心受压构件还可能发生扭转屈曲和弯扭屈曲,它们属于产生空间变位的稳定问题,这将在第 4 章中介绍。本章的最后将给出确定轴心受压构件稳定系数的方法和关于这类构件的设计公式。

2.2 轴心受压构件的弹性屈曲

理想轴心压杆就是假定压杆的杆轴是直的,材料是匀质的,杆的截面沿杆长不变,压力是沿杆的轴心作用的,它的计算简图如图 2.2(a) 所示。当压力 P 小于临界力 P_{cr} 时,杆轴是直的,当压力 P 达到临界力 P_{cr} 时,压杆屈曲并出现平衡分岔,即可能是直的或微弯的平衡状态,这种现象称为压杆屈曲,也称丧失第一类稳定。这时压杆截面上的平均应力称为屈曲临界应力,也称屈曲应力,可用 $\sigma_{cr} = P_{cr}/A$ 表示,A 为压杆的截面面积。若 σ_{cr} 不大于材料的弹性界限 σ_E,则屈曲是弹性的;若 σ_{cr} 大于材料的弹性界限 σ_E,则屈曲是弹塑性的。

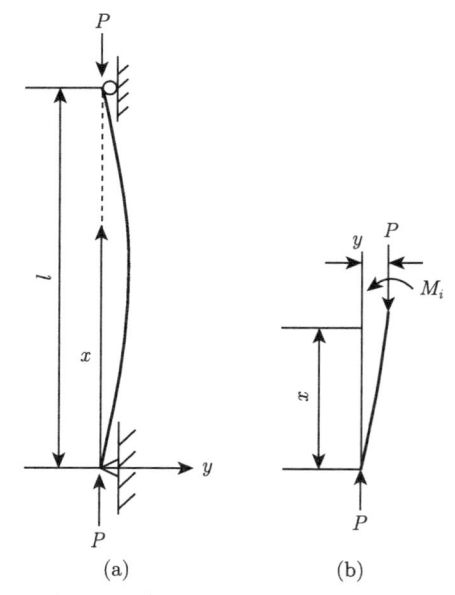

图 2.2 轴心受压构件微弯时受力

2.2.1 静力法

如图 2.2(a) 所示,对于两端铰接的轴心压杆,在压力 P 的作用下,根据杆件屈曲时存在微小弯曲变形的条件,先建立平衡微分方程,而后求解杆件的分岔屈曲载荷。在建立弯曲平衡方程时作如下基本假定:

(1) 构件是理想的等截面挺直杆;
(2) 压力沿构件原来的轴线作用;
(3) 材料符合胡克定律,即应力和应变呈线性关系;
(4) 构件变形之前的平截面在弯曲变形之后仍为平面;

2.2 轴心受压构件的弹性屈曲

(5) 构件的弯曲变形是微小的，曲率可以近似地用变形的二次微分表示，即 $\Phi = -y''$。

用中性平衡法计算构件的分岔屈曲载荷时，取如图 2.2(b) 所示的隔离体，离下端距离为 x 处的挠度为 y，作用于截面的外弯矩 $M_e = Py$，内力矩即为截面的抵抗力矩 $M_i = EI\Phi = -EIy''$，平衡方程是 $M_e = M_i$ 或

$$EIy'' + Py = 0 \tag{2.1}$$

式中，E 为材料的弹性模量，I 为截面的惯性矩。引进符号 $k^2 = \dfrac{P}{EI}$；式 (2.1) 是一个常系数微分方程

$$y'' + k^2 y = 0 \tag{2.2}$$

通解为

$$y = A\sin kx + B\cos kx \tag{2.3}$$

式中，有两个未知数 A，B 和待定值 k，有两个独立的边界条件 $y(0) = 0$ 和 $y(l) = 0$，代入上式后得到 $B = 0$ 和

$$A\sin kl = 0 \tag{2.4}$$

满足上式的解有两个，一是平凡解 $A = 0$，这说明构件仍处在挺直状态，不符合构件已处在微弯状态，因此只有非平凡解，因为 $A \neq 0$，故

$$\sin kl = 0 \tag{2.5}$$

由于图 2.2(a) 是一个多自由度的弹性杆，满足式 (2.5) 的解有 $kl = \pi, 2\pi, \cdots, n\pi$，由 $k^2 = \dfrac{P}{EI}$ 得到

$$P = n^2\pi^2 EI/l^2 \tag{2.6}$$

式中，$n = 1$ 时才是构件具有中性平衡状态时的最小载荷，即分岔屈曲载荷 P_{cr}，也称为欧拉荷载 P_E。以 $B = 0$ 和 $k = \pi/l$ 代入式 (2.3) 可得到构件曲后的变形曲线为一正弦曲线的半波，曲线表示为

$$y = A\sin\frac{\pi x}{l} \tag{2.7}$$

式中，A 仍为未知常数。由于按照小变形理论在建立平衡方程时曲率近似地取了变形的二阶导数，因此求解后只能得到构件曲后变形的形状而不能得到构件任一

点的挠度值。在图 2.1(b) 中画出的荷载–挠度曲线，当 $P < P_E$ 时，$v = 0$，而当 $P = P_E$ 时为分岔点处的水平线 1。

2.3 节将利用平衡条件建立四阶微分方程，它适用于求解任何边界条件的轴心受压构件。关于压杆屈曲的能量法求解见 3.2.1 节，这里再给出动力法求解。

2.2.2 动力法

以结构振动的基本理论为基础，由最低阶自由振动频率退化为零来求解压杆的临界力。通过引入压杆边界条件，求解结构的振动微分方程和频率特征方程，对压杆进行稳定性分析[4]。

如图 2.3 所示轴向受压杆段，根据小挠度理论和达朗贝尔原理，由内力平衡有

$$\frac{\partial Q}{\partial x} = \bar{m} \frac{\partial^2 y(x,t)}{\partial t^2} \tag{2.8}$$

$$Q \mathrm{d}x + P \frac{\partial y(x,t)}{\partial x} \mathrm{d}x - \frac{\partial M}{\partial x} \mathrm{d}x = 0 \tag{2.9}$$

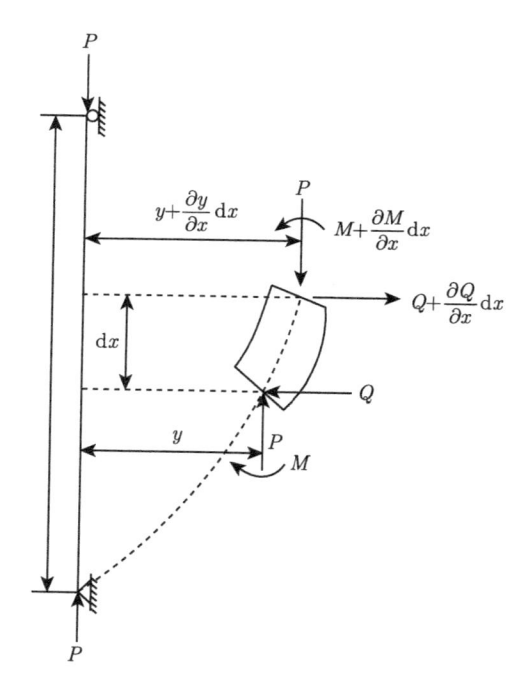

图 2.3 压杆的微段平衡图

根据材料力学，有

$$\frac{\partial M}{\partial x} = -EI \frac{\partial^3 y(x,t)}{\partial x^3} \tag{2.10}$$

2.2 轴心受压构件的弹性屈曲

代入式 (2.9), 整理得

$$\frac{\partial Q}{\partial x} + P\frac{\partial^2 y(x,t)}{\partial x^2} + EI\frac{\partial^4 y(x,t)}{\partial x^4} = 0 \tag{2.11}$$

式 (2.8) 代入式 (2.11), 得自由振动微分方程:

$$\bar{m}\frac{\partial^2 y(x,t)}{\partial t^2} + P\frac{\partial^2 y(x,t)}{\partial x^2} + EI\frac{\partial^4 y(x,t)}{\partial x^4} = 0 \tag{2.12}$$

式中, P 为轴向压力, $y(x,t)$ 为轴向位移, $\bar{m}$ 为单位长度质量, EI 为抗弯刚度。令 $y(x,t) = Y(x)\sin(\omega t + \varphi)$, 代入式 (2.12), 得

$$EI\frac{\partial^4 Y(x)}{\partial x^4} + P\frac{\partial^2 Y(x)}{\partial x^2} - \bar{m}Y(x) = 0 \tag{2.13}$$

式 (2.13) 的解为

$$Y(x) = A\cosh\lambda_1 x + B\sinh\lambda_1 x + C\cos\lambda_2 x + D\sin\lambda_2 x \tag{2.14}$$

$$\begin{cases} \lambda_1^2 = \sqrt{\left(\dfrac{P}{2EI}\right)^2 + \dfrac{\bar{m}\omega^2}{EI}} - \dfrac{P}{2EI} \\ \lambda_2^2 = \sqrt{\left(\dfrac{P}{2EI}\right)^2 + \dfrac{\bar{m}\omega^2}{EI}} + \dfrac{P}{2EI} \end{cases} \tag{2.15}$$

轴向压杆自由振动固有频率随着轴向力的增大而减小, 当轴向力较大时, 这种减小的趋势更为显著。当自振频率 $\omega = 0$ 时, 压杆离开原来的平衡状态, 不能恢复到起始位置, 此时轴向力的数值即是该压杆的临界荷载值。所以, 压杆的临界力可通过固有频率随轴向压力的变化规律来确定。压杆两端铰接的边界条件 $Y(0) = 0$, $Y''(0) = 0$; $Y(l) = 0$, $Y''(l) = 0$。

对于两端铰接的杆件, 如图 2.2 所示, 将边界条件代入式 (2.14), 整理得频率特征方程

$$(\lambda_1^2 + \lambda_2^2)\sinh\lambda_1 l \sin\lambda_2 l = 0 \tag{2.16}$$

由 $\sin\lambda_2 l = 0$ 可得, $\lambda_2 l = 0, \pi, 2\pi, \cdots, n\pi$。

将 $\omega = 0$ 代入式 (2.15), 取 $\lambda_2 l = \pi$, 整理得

$$P_{cr} = \frac{\pi^2 EI}{l^2} \tag{2.17}$$

对于其他边界条件的轴心受压构件, 也可以根据边界条件拟定计算简图, 而后建立二阶微分方程求解。

2.3 端部有约束的轴心受压构件

轴心受压构件的端部因连接其他构件而受到约束，如图 2.4(a) 所示 Γ 形刚架柱，下端与基础固定，而上端与横梁铰接，由于横梁为一弹性体，所以柱的上端受到水平位移的弹性约束，其计算简图如图 2.4(b) 所示，弹簧常数 k 应是梁的左端有单位位移时需施加的水平力，即 $k = EA/l_b$；又如图 2.4(c) 所示 Γ 形刚架柱，下端与基础固定，而上端与横梁刚接，这时柱的上端既受到水平位移的弹性约束，又受到抗弯转动的弹性约束，其计算简图可表示为图 2.4(d)，这时抗弯弹簧常数 r 应是梁的左端有单位转角时需施加的力矩，即 $r = 3EI_b/l_b$；当柱与横梁的连接构造并非铰接也并非完全刚接时，抗弯弹簧常数需根据连接处的弯矩–转角关系曲线确定，即 $r = \dfrac{\mathrm{d}M}{\mathrm{d}\theta}$。图 2.4(e) 表示了三种不同连接条件的 M-θ 曲线。对于轴心受压构件，屈曲时变形很微小，因此 r 值可取图 2.4(e) 中曲线起始点的斜率。

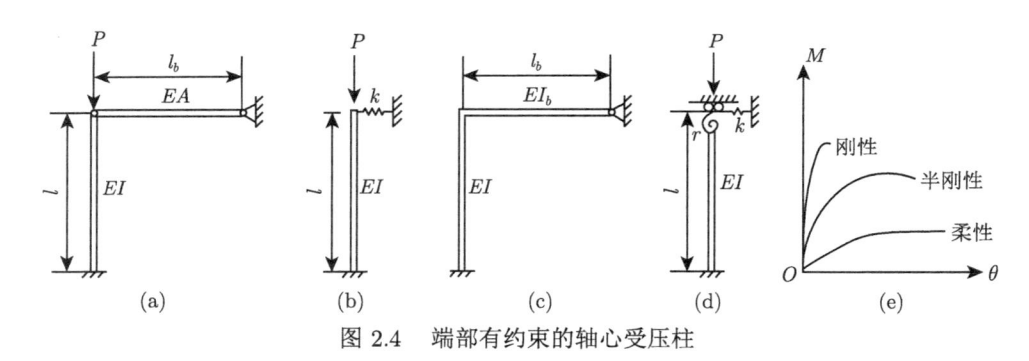

图 2.4 端部有约束的轴心受压柱

需要更普遍地按照图 2.5(a) 所示两端都有弹簧约束的轴心受压构件计算屈曲载荷。构件上端和下端抗弯弹簧常数分别为 r_A 和 r_B，而上端平移的弹性常数为 k_B。构件的变形和作用于构件两端的力如图 2.5(b) 所示，在图中以顺时针的转角为正，向右的平移为正，柱端的力矩和水平力以与位移同方向时为正，异向时为负。取图 2.5(c) 所示隔离体，建立力矩与 x 轴垂直的水平力平衡方程

$$Q_x - \left(Q_x + \frac{\mathrm{d}Q_x}{\mathrm{d}x}\mathrm{d}x\right) = 0 \tag{2.18}$$

故

$$\frac{\mathrm{d}Q_x}{\mathrm{d}x} = 0 \tag{2.19}$$

$$M_x + P\mathrm{d}y + Q_x\mathrm{d}x - \left(M_x + \frac{\mathrm{d}M_x}{\mathrm{d}x}\mathrm{d}x\right) = 0 \tag{2.20}$$

2.3 端部有约束的轴心受压构件

$$Q_x = \frac{\mathrm{d}M_x}{\mathrm{d}x} - P\frac{\mathrm{d}y}{\mathrm{d}x} \tag{2.21}$$

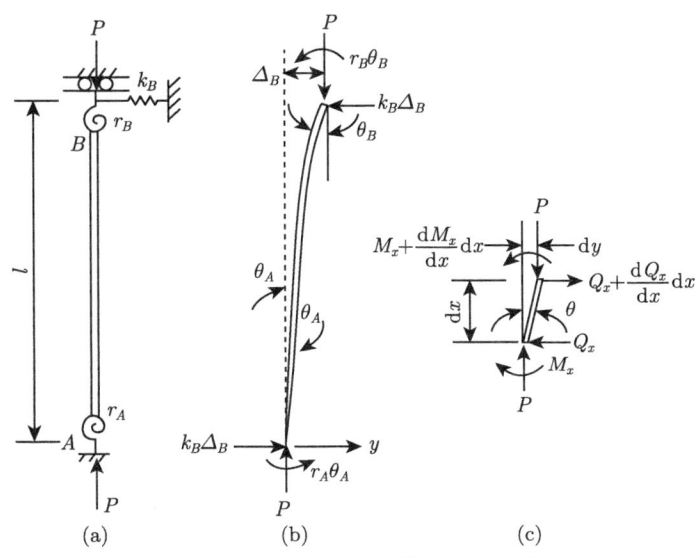

图 2.5 端部有约束的轴心受压构件

将式 (2.21) 代入式 (2.19) 后，得到

$$\frac{\mathrm{d}^2 M_x}{\mathrm{d}x^2} - P\frac{\mathrm{d}^2 y}{\mathrm{d}x^2} = 0 \tag{2.22}$$

但是 $M_x = -EI\dfrac{\mathrm{d}^2 y}{\mathrm{d}x^2}$，代入式 (2.22) 后，得到

$$EIy^{\mathrm{IV}} + Py'' = 0 \tag{2.23}$$

由式 (2.21) 又得到横向力

$$Q_x = -(EIy''' + Py') \tag{2.24}$$

上式还可以用柱段 $\mathrm{d}x$ 下端的切力 V_x 与倾角 θ 之间的关系得到。由图 2.5(c) 知 $\sin\theta \approx \theta = \mathrm{d}y/\mathrm{d}x$，$\cos\theta \approx 1$，$V_x = \dfrac{\mathrm{d}M_x}{\mathrm{d}x} = -EIy'''$，而切力 $V_x = P\sin\theta + Q_x\cos\theta = Py' + Q_x$，由上式可以得到 $Q_x = V_x - Py' = -(EIy''' + Py')$。

式 (2.23) 是适合任何边界条件的轴心受压构件的四阶微分方程，令 $k^2 = P/(EI)$，通解为

$$y = C_1\sin kx + C_2\cos kx + C_3 x + C_4 \tag{2.25}$$

$$y' = C_1 k \cos kx - C_2 k \sin kx + C_3 \qquad (2.26)$$

$$y'' = -C_1 k^2 \sin kx - C_2 k^2 \cos kx \qquad (2.27)$$

$$y''' = -C_1 k^3 \cos kx + C_2 k^3 \sin kx \qquad (2.28)$$

$$M_x = -EIy'' = C_1 P \sin kx + C_2 P \cos kx \qquad (2.29)$$

$$Q_x = -PC_3 \qquad (2.30)$$

通解中的 4 个积分常数可由构件两端的几何边界条件和自然边界条件确定，它们的表达式都可以用与构件的挠度 y 有关的量来表示：

(1) 铰接端：$y = 0$，$M_x = 0$ 或 $y'' = 0$；

(2) 固定端：$y = 0$，$y' = 0$；

(3) 自由端：$M_x = 0$ 或 $y'' = 0$，$Q_x = 0$ 或 $y''' + k^2 y' = 0$；

(4) 上端只有平移的弹性约束：$y''(l) = 0$，$Q(l) = -PC_3 = -k_B y(l)$；

(5) 上端只有转动的弹性约束：$y(l) = 0$，$M(l) = -EIy''(l) = r_B y'(l)$；

(6) 上端有平移的弹性约束同时还有转动的弹性约束：$-C_3 P = -k_B y(l)$，$-EIy''(l) = r_B y'(l)$。

根据构件两端的 4 个独立的边界条件可以建立 4 个线性齐次方程，组成如下线性方程组：

$$\begin{bmatrix} a_{11} & a_{12} & a_{13} & a_{14} \\ a_{21} & a_{22} & a_{23} & a_{24} \\ a_{31} & a_{32} & a_{33} & a_{34} \\ a_{41} & a_{42} & a_{43} & a_{44} \end{bmatrix} \begin{Bmatrix} C_1 \\ C_2 \\ C_3 \\ C_4 \end{Bmatrix} = \begin{Bmatrix} 0 \\ 0 \\ 0 \\ 0 \end{Bmatrix} \text{ 或 } [A]\{C\} = \{0\} \qquad (2.31)$$

式中，a_{11}，a_{12}，$\cdots$，a_{44} 均是取决于构件两端边界条件的系数。由于式 (2.31) 中没有常数项，因此 C_1，C_2，C_3 和 C_4 要有非零解的条件是式中的系数行列式为零，即

$$|A| = \begin{vmatrix} a_{11} & a_{12} & a_{13} & a_{14} \\ a_{21} & a_{22} & a_{23} & a_{24} \\ a_{31} & a_{32} & a_{33} & a_{34} \\ a_{41} & a_{42} & a_{43} & a_{44} \end{vmatrix} = 0 \qquad (2.32)$$

由于在式 (2.32) 中只有未知量 k，而 $P = k^2 EI$，从而可以解得 P。但是式 (2.32) 的展开式是一个超越方程，适合此方程的解可能有很多个，应取其中的最小值为屈曲载荷 P_{cr}。至此虽然得到了 k 值，但是式 (2.31) 只存在 3 个独立方程，无法得到积分常数 C_1，C_2，C_3 和 C_4，只能得到它们之间的 3 个比值 C_1/C_4，

2.3 端部有约束的轴心受压构件

C_2/C_4, C_3/C_4；将这 3 个比值代入通解式 (2.25) 可以得到构件屈曲时变形曲线的形状，但仍旧得不到构件任何一点挠度的数值，这和前面研究的轴心受压构件的分岔屈曲问题是一样的。求解理想轴心受压构件的分岔屈曲载荷，从数学上说是一个求解特征值的问题。满足 $|A|=0$ 的 k 值，称为特征值，与 k 值相应的曲线函数 $y(x)$ 称作特征向量或特征函数，它表示轴心受压构件处于中性平衡状态时的变形函数。$|A|=0$ 称为特征方程，从前面的求解过程可知，分岔屈曲载荷 P_{cr} 是由 $|A|=0$ 这一条件得到的，所以又把它称为屈曲方程或屈曲条件。通常解决这类问题时只需得到屈曲载荷 P_{cr}，不再深入讨论变形曲线。

示例 2.1 求解图 2.6(a) 所示下端铰接、上端有弹性支承的轴心受压构件的屈曲载荷，弹簧常数为 k_B。

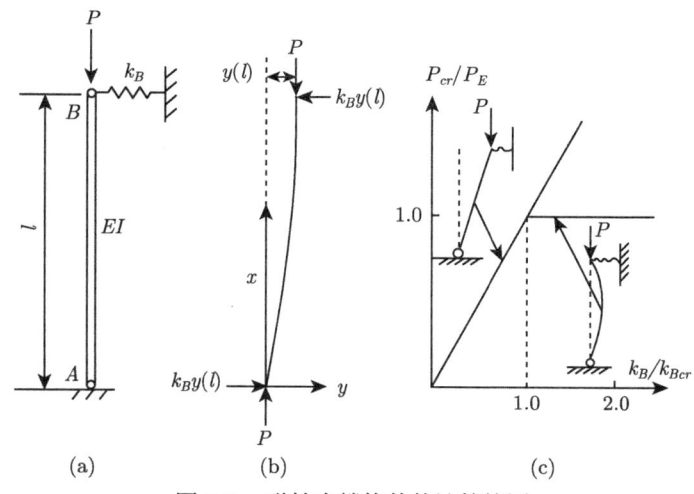

图 2.6 弹性支撑构件的计算简图

采用图 2.6(b) 所示有微小弯曲和侧移的变形体为计算简图，其平衡方程为

$$y^{\text{IV}} + k^2 y'' = 0 \tag{1}$$

通解为

$$y = C_1 \sin kx + C_2 \cos kx + C_3 x + C_4 \tag{2}$$

由边界条件 $y(0)=0$ 和 $y''(0)=0$ 知 $C_2=0$ 和 $C_4=0$。由 $y''(l)=0$ 得到

$$k^2 C_1 \sin kl = 0 \tag{3}$$

由 $Q(l) = -PC_3 = -k_B y(l)$ 得到

$$k_B C_1 \sin kl + (k_B l - P) C_3 = 0 \tag{4}$$

C_1 和 C_3 有非零解的条件是

$$\begin{vmatrix} k^2 \sin kl & 0 \\ k_B \sin kl & k_B l - P \end{vmatrix} = 0 \tag{5}$$

或者

$$k^2 \sin kl (k_B l - P) = 0 \tag{6}$$

因为 $k \neq 0$, 只有 $\sin kl = 0$ 或者 $k_B l - P = 0$。当 $\sin kl = 0$ 时,屈曲载荷 $P_{cr} = \pi^2 EI/l^2$,说明构件将如同两端铰接的轴心受压构件一样发生弯曲屈曲,其变形曲线为 $y = C_1 \sin \pi x/l$;当 $k_B l - P = 0$ 时,屈曲载荷 $P_{cr} = k_B l$,构件如同弹性支承刚压杆一样发生侧移屈曲,其变形曲线为 $y = C_3 x$。需要考察发生以上两种不同屈曲形式的条件,由两个屈曲载荷相等的条件 $\pi^2 EI/l^2 = k_B l$,得到弹簧常数的临界值 $k_{Bcr} = \pi^2 EI/l^3$。当 $k_B < k_{Bcr}$ 时,$P_{cr} = k_B l$,将发生侧移屈曲;当 $k_B > k_{Bcr}$ 时,$P_{cr} = \pi^2 EI/l^2$,将发生弯曲屈曲,如图 2.6(c) 所示。

示例 2.2 求解图 2.7(a) 所示下端固定、上端为可移动弹簧铰的轴心受压构件的屈曲载荷,抗弯弹性常数为 r_B。

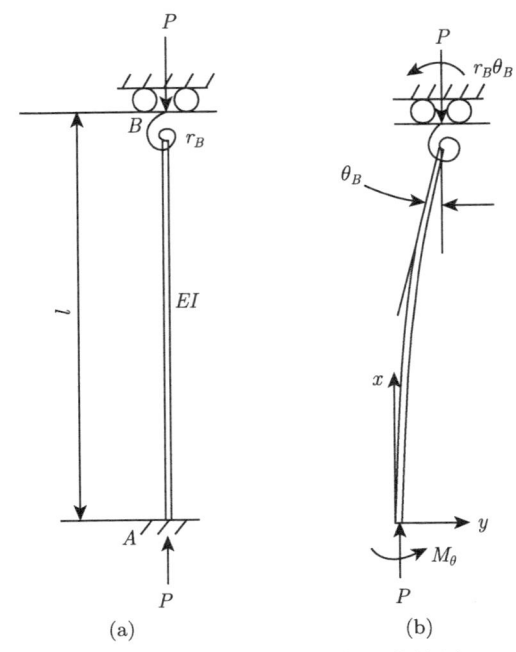

图 2.7 可移动弹簧铰构件计算简图

2.3 端部有约束的轴心受压构件

采用如图 2.7(b) 所示上端有微小移动且有转角 θ_B 的计算简图。平衡方程为

$$y^{\text{IV}} + k^2 y'' = 0 \tag{1}$$

通解为

$$y = C_1 \sin kx + C_2 \cos kx + C_3 x + C_4 \tag{2}$$

由边界条件 $y(0) = 0$, $Q(l) = 0$ 得到 $C_1 = 0$, $C_3 = 0$。由 $y(0) = 0$ 得到

$$C_2 + C_4 = 0 \tag{3}$$

由 $\theta_B = y'(l) = -C_2 k \sin kl$, $y''(l) = -C_2 k^2 \cos kl$ 和 $M(l) = -EIy''(l) = r_B y'(l)$ 得到

$$C_2(P\cos kl + kr_B \sin kl) = 0 \tag{4}$$

因为 $C_2 \neq 0$, 否则由式 (3) 知 $C_4 = 0$, 构件将是挺直的, 因此构件的屈曲条件为

$$\tan kl = -\frac{P}{kr_B} \text{ 或 } \tan kl = -\frac{kEI}{r_B} \tag{5}$$

对于屈曲方程 (5), 当 $r_B = 0$ 时, $\tan kl = -\infty$, $kl = \pi/2$, $P_{cr} = \pi^2 EI/(2l)^2$, 相当于上端既能移动又能自由转动的连接条件, 即相当于自由端。当 $r_B = \infty$ 时, $\tan kl = 0$, $kl = \pi$, $P_{cr} = \pi^2 EI/l^2$, 表明上端只能移动但不能转动的连接条件。

从以上两个示例的求解过程可以发现, 在利用四阶微分方程的通解时, 不一定非得建立如式 (2.32) 那样完整的屈曲方程, 而是可以根据构件的边界条件建立适当的屈曲方程。对于给定支承条件的轴心受压构件, 有时建立二阶微分方程后求解更为简便, 而二阶微分方程有时属于非齐次线性方程。

示例 2.3 求解图 2.8(a) 下端固定、上端有不移动弹簧铰的轴心受压柱的屈曲载荷, 抗弯弹簧常数为 r_B。

采用如图 2.8(b) 所示上端有微小转角 $\theta_B = y'(l)$ 的计算简图, 由图 2.8(c) 知任一截面的弯曲平衡方程为

$$EIy'' + Py + \frac{M_0 - M_l}{l}x - M_0 = 0 \tag{1}$$

令 $k^2 = P/(EI)$, 上式的通解为

$$y = A\sin kx + B\cos kx - \frac{M_0 - M_l}{Pl}x + \frac{M_0}{P} \tag{2}$$

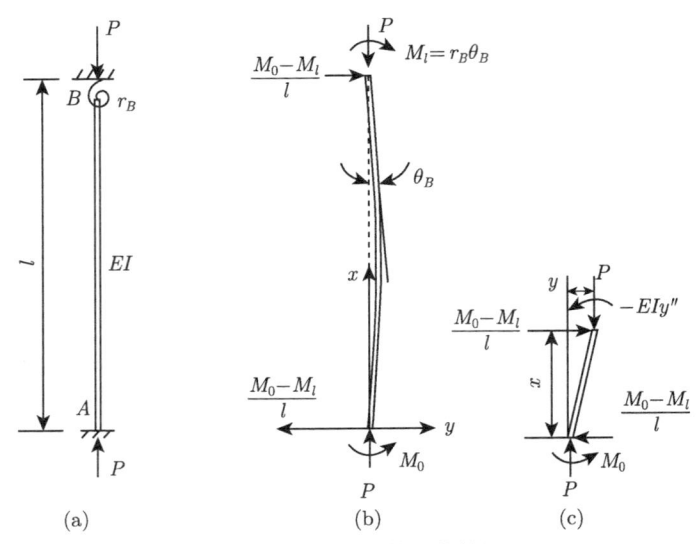

图 2.8 弹簧铰构件计算简图

$$y' = Ak\cos kx - Bk\sin kx - \frac{M_0 - M_l}{Pl} \tag{3}$$

$$y'' = -Ak^2\sin kx - Bk^2\cos kx \tag{4}$$

由边界条件 $y(0) = 0$，得 $B = -M_0/P$；由边界条件 $y'(0) = 0$，得到 $A = \dfrac{M_0 - M_l}{Pkl}$，故

$$y = \frac{M_0 - M_l}{Pkl}\sin kx - \frac{M_0}{P}\cos kx - \frac{M_0 - M_l}{Pl}x + \frac{M_0}{P} \tag{5}$$

由 $y(l) = 0$，得到

$$\frac{M_0 - M_l}{Pkl}\sin kl - \frac{M_0}{P}\cos kl + \frac{M_l}{P} = 0 \tag{6}$$

或

$$(\sin kl - kl\cos kl)M_0 - (\sin kl - kl)M_l = 0$$

由 $\theta_B = y'(l) = \dfrac{M_0 - M_l}{Pl}\cos kl + \dfrac{M_0}{P}k\sin kl - \dfrac{M_0 - M_l}{Pl}$ 和 $\theta_B = \dfrac{M_l}{r_B}$，且 $P = k^2 EI$，得到

$$(kl\sin kl + \cos kl - 1)M_0 - (\cos kl - 1 - k^2 EIl/r_B)M_l = 0 \tag{7}$$

对于式 (6) 和式 (7)，M_0 和 M_l 具有非零解的条件是

$$\begin{vmatrix} \sin kl - kl \cos kl & \sin kl - kl \\ kl \sin kl + \cos kl - 1 & \cos kl - 1 - k^2 EIl/r_B \end{vmatrix} = 0 \tag{8}$$

将行列式展开后得到构件的屈曲方程为

$$kEI(\sin kl - kl \cos kl) + r_B[2(1 - \cos kl) - kl \sin kl] = 0 \tag{9}$$

对于式 (9)，当 $r_B = 0$ 时，$\sin kl - kl \cos kl = 0$ 或 $\tan kl = kl$，解得 $kl = 4.4934$，$P_{cr} = 20.19 EI/l^2$，相当于下端固定、上端铰接的轴心受压构件的屈曲载荷。

当 $r_B = \infty$ 时，$2(1 - \cos kl) - kl \sin kl = 4 \sin \dfrac{kl}{2} \left(\sin \dfrac{kl}{2} - \dfrac{kl}{2} \cos \dfrac{kl}{2} \right) = 0$，由 $\sin \dfrac{kl}{2} = 0$，得 $kl = 2\pi$，$P_{cr} = 4\pi^2 \dfrac{EI}{l^2}$，由 $\tan \dfrac{kl}{2} = \dfrac{kl}{2}$，得到 $\dfrac{kl}{2} = 4.4934$，$P_{cr} = 4 \times 20.19 \dfrac{EI}{l^2}$。显然，当 $r_B = \infty$ 时，屈曲载荷的最小值为 $P_{cr} = 4\pi^2 EI/l^2$，相当于上下端均为固定的轴心受压构件的屈曲载荷。

2.4 轴心受压构件的计算长度系数

前面已经得到了两端铰接的轴心受压构件的屈曲载荷，也即欧拉荷载 $P_E = \pi^2 EI/l^2$，通过分析示例讨论了端部有约束的轴心受压构件的屈曲载荷 P_{cr} 的一般解法。为了钢结构设计应用上的方便，可以把各种约束条件构件的 P_{cr} 值换算成相当于两端铰接的轴心受压构件屈曲载荷的形式，其方法是把端部有约束的构件用等效长度为 l_0 的构件来代替，这样 $P_{cr} = \pi^2 EI/l_0^2$。等效长度通常称为计算长度，而构件的计算长度 l_0 与构件实际的几何长度之间的关系是 $l_0 = \mu l$，这里的系数 μ 称为计算长度系数。对于均匀受压的等截面直杆，此系数取决于构件两端的约束条件。这样一来，具有各种约束条件的轴心受压构件的屈曲载荷通式是

$$P_{cr} = \pi^2 EI/(\mu l)^2 \tag{2.33}$$

构件截面的平均应力称为屈曲应力

$$\sigma_{cr} = \dfrac{P_{cr}}{A} = \dfrac{\pi^2 E}{(\mu l/i)^2} = \dfrac{\pi^2 E}{\lambda^2} \tag{2.34}$$

式中，A 为截面积；λ 为长细比，$\lambda = \dfrac{\mu l}{i}$；回转半径 $i = \sqrt{\dfrac{I}{A}}$。屈曲应力只与长细比有关。图 2.9 画出了材料为理想弹塑性体的轴心受压构件的 σ_{cr}-λ 曲线，即

欧拉曲线。屈曲应力超过了屈服强度的在图中用虚线表示，$f_y = 235\text{N}/\text{mm}^2$。计算长度系数的理论值可写作 $\mu = \sqrt{\dfrac{PE}{p_{cr}}} = \sqrt{\dfrac{\pi^2 EI}{l^2 p_{cr}}}$

图 2.9　轴心受压构件的屈曲应力

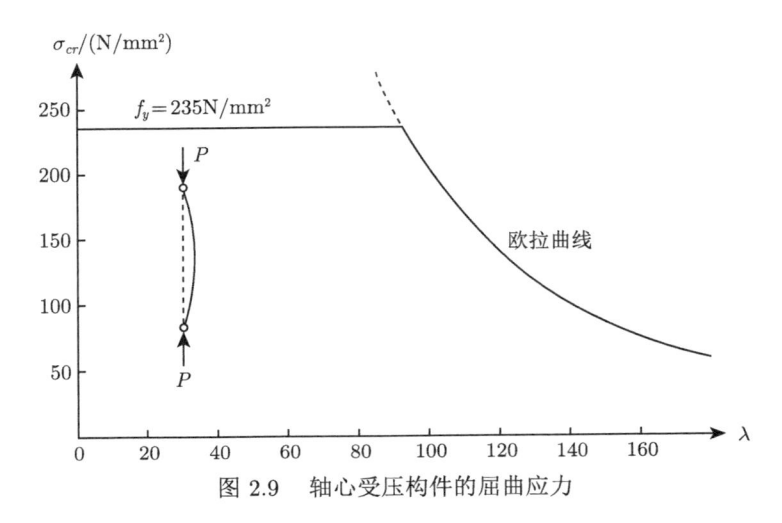

表 2.1 列举了三种端部约束条件的等截面轴心受压构件的计算长度系数的理论值和非理想端部约束条件的设计值。表中构件的变形曲线图还给出了反弯点之间的距离，此距离代表了该构件的计算长度；因为反弯点的弯矩为零，因此与铰支点的受力相当。根据不同的约束条件，反弯点可能落在构件的实际几何长度范围之内，也可能在其延伸线上。由于约束条件是多种多样的，因此有时很难在变形曲线上表示出反弯点之间的距离。

表 2.1 还给出了与变形曲线相对应的确定受压构件计算长度的实例。受压构件的稳定计算均涉及构件的计算长度，通式 (2.33) 具有普遍意义。以后在第 3 章稳定计算的近似分析法和第 4 章的刚架稳定中还将推演出许多受压构件的计算长度系数。构件的计算长度不仅与构件两端的约束条件有关，还与在构件的长度范围内是否设置弹性的或不可移动的中间支承有关。绕截面的两个主轴弯曲时，与之对应的中间支承条件可能有所不同，因此两个弯曲方向的计算长度可能并不相同。

现在来确定如图 2.10(a) 所示悬伸轴心受压构件在图示支撑架平面内的计算长度系数。AB 段的长度为 l，BC 段的长度为 a，而 $a = \alpha l$；顶端的水平杆对柱无约束，图 2.10(b) 即为所研究的悬伸轴心受压构件 ABC，它的计算简图如图 2.10(c) 所示，构件弯曲后顶端的挠度为 v。当 $0 < x < l$ 时，平衡方程为

$$EIy'' + Py + Pvx/l = 0$$

2.4 轴心受压构件的计算长度系数

表 2.1 等截面轴心受压构件的计算长度系数

项次	1	2	3	4	5	6
支承条件	两端铰接	两端固定	上端铰接，下端固定	上端平移但不转动，下端固定	上端自由，下端固定	上端平移但不转动，下端铰接
变形曲线 $l_0 = \mu l$						
示例应用						
理论 μ 值	1.0	0.5	0.7	1.0	2.0	2.0
设计 μ 值	1.0	0.65	0.8	1.2	2.1	2.0

令 $k^2 = \dfrac{P}{EI}$，则

$$y'' + k^2 y + k^2 vx/l = 0 \tag{2.35}$$

其通解为

$$y = A_1 \sin kx + B_1 \cos kx - \frac{v}{l} x \tag{2.36}$$

根据边界条件 $y(0) = 0$ 和 $M(l) = -EIy''(l) = Pv$，可得 $A_1 = v/\sin kl$，$B_1 = 0$，这样支座处 B 点的转角为

$$y'_1(l) = (kl/\tan kl - 1)v/l \tag{2.37}$$

当 $x > l$ 时，平衡方程为

$$EIy'' + Py + Pv = 0, \quad y'' + k^2 y + k^2 v = 0 \tag{2.38}$$

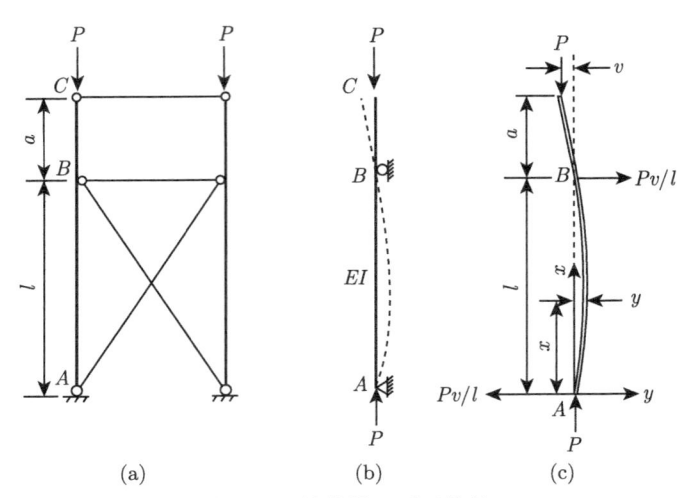

图 2.10 悬伸轴心受压构件

通解为
$$y = A_2 \sin kx + B_2 \cos kx - v \tag{2.39}$$

根据边界条件 $y(l) = 0$ 和 $y(l+a) = -v$,可以得到
$$A_2 = -\frac{\cos k(l+a)}{\sin ka}v, \quad B_2 = \frac{\sin k(l+a)}{\sin ka}v$$

B 点的转角为
$$y_2'(l) = kv/\tan ka \tag{2.40}$$

由 B 点的变形协调条件 $y_1'(l) = y_2'(l)$ 得到悬伸构件的屈曲方程为
$$kl(\tan ka + \tan kl) - \tan ka \tan kl = 0 \tag{2.41}$$

上式还可以用构件的计算长度系数表示
$$kl = l\sqrt{\frac{P}{EI}} = l\sqrt{\frac{\pi^2 EI/(\mu l)^2}{EI}} = \frac{\pi}{\mu}$$

而 $ka = k\alpha l = \alpha\pi/\mu$,这样屈曲方程为
$$\frac{\pi}{\mu}\left(\tan\frac{\alpha\pi}{\mu} + \tan\frac{\pi}{\mu}\right) - \tan\frac{\alpha\pi}{\mu}\tan\frac{\pi}{\mu} = 0 \tag{2.42}$$

以不同的 α 值代入式 (2.42) 后,即可得到相应的计算长度系数 μ,见表 2.2。

2.5 轴心受压构件的大挠度弹性理论

表 2.2 悬伸轴心受压构件的计算长度系数

$\alpha = a/l$	0	0.1	0.2	0.3	0.4	0.5	0.6	0.7	0.8	0.9	1.0
μ	1.0	1.11	1.24	1.40	1.56	1.74	1.93	2.16	2.31	2.50	2.70

构件的计算长度 $l_0 = \mu l$，屈曲载荷 $P_{cr} = \dfrac{\pi^2 EI}{(\mu l)^2}$。从表 2.2 可知，$\alpha = 0.1$ 时，与两端铰接的轴心受压构件比较，悬伸构件的屈曲载荷将降低 19%；当 $\alpha = 0.2$ 时，将降低 35%。所以，如果不加区分，而直接用支点 A 和 B 之间的距离作为构件的计算长度，将是不安全的。如果把上段 BC 作为独立的悬臂构件，错误地取 $l_0 = 2a$，也是不安全的，因为上段的下端 B 并非固定端，而是具有一定抗弯能力的弹性约束端，弹簧常数为

$$\frac{Pv}{y_2'(l)} = \frac{P\tan k\alpha l}{k} = kEI\tan k\alpha l$$

表 2.2 中的 μ 值还可以用简便的实用计算公式确定

$$\mu = \frac{1 + 1.2\alpha + 1.4\alpha^2}{1 + 0.4\alpha^2}$$

当 $\alpha = 0.1$ 和 $\alpha = 0.2$ 时，可分别得到 $\mu = 1.13$ 和 $\mu = 1.27$，而从表 2.2 中得到 $\mu = 1.11$ 和 1.24。$\alpha > 0.2$ 的构件实际上很少采用。

本章在求解轴心受压构件的弹性屈曲载荷时，均采用了平衡法，但是有许多轴心受压构件用平衡法无法直接求解，如沿构件的轴线压力有变化和沿轴线截面尺寸有变化等，将遇到很难求解的变系数微分方程，这时可采用能量法或其他近似方法求解。

2.5 轴心受压构件的大挠度弹性理论

前面按照小变形理论对两端铰接的轴心受压构件，建立了线性微分方程求解理论与方法，得到构件的屈曲载荷和变形曲线。其中，建立平衡方程时用 $-y''$ 代替了构件变形时的曲率 Φ。为了阐明构件的曲后性能，必须用曲率的精确值 $\Phi = \dfrac{-y''}{[1+(y')^2]^{3/2}}$，这样一来，图 2.11(a) 所示轴心受压构件的平衡方程将是一个非线性微分方程，也就是它的大挠度方程 [3]

$$\frac{EIy''}{[1+(y')^2]^{3/2}} + Py = 0 \qquad (2.43)$$

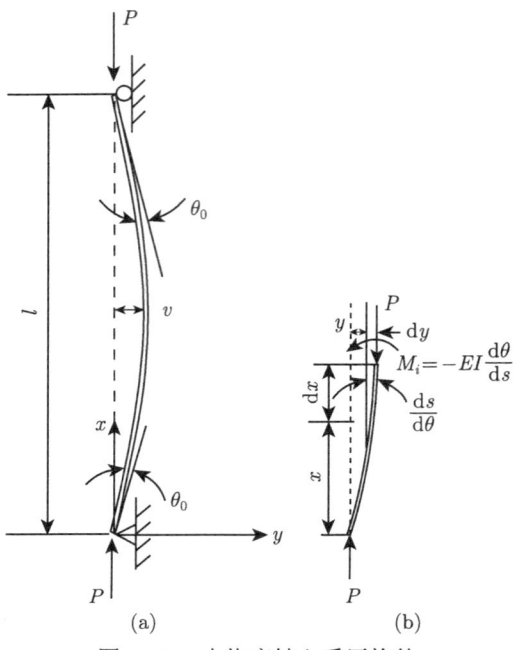

图 2.11 大挠度轴心受压构件

上式可以简化,因为曲率 Φ 是曲线的倾角 θ 对弧长 s 的变化率,即 $\Phi = -\dfrac{\mathrm{d}\theta}{\mathrm{d}s}$,见图 2.11(b);这样式 (2.43) 可写作

$$EI\frac{\mathrm{d}\theta}{\mathrm{d}s} + Py = 0 \tag{2.44}$$

上式中含有 s,θ 和 y 三个变量,为了便于计算,可以对式 (2.44) 再微分一次,而且利用 $\dfrac{\mathrm{d}y}{\mathrm{d}s} = \sin\theta$,以减少为两个变量。令 $k^2 = P/(EI)$,式 (2.44) 变为

$$\frac{\mathrm{d}^2\theta}{\mathrm{d}s^2} + k^2 \sin\theta = 0 \tag{2.45}$$

上式可以用椭圆积分求解,先得到构件的长度 l 与构件曲后两端的倾角 θ_0 和 $-\theta_0$ 的积分式

$$l = \int_0^l \mathrm{d}s = \frac{1}{2k} \int_{-\theta_0}^{\theta_0} \frac{\mathrm{d}\theta}{\sqrt{\sin^2(\theta_0/2) - \sin^2(\theta/2)}}$$

这是一个有现成积分表可查的椭圆积分式。引进符号 $p = \sin(\theta_0/2)$ 和 K,K

2.5 轴心受压构件的大挠度弹性理论

是第一类完全椭圆积分值，它是 p 的函数

$$K = \frac{\pi}{2}\left[1 + \left(\frac{1}{2}\right)^2 p^2 + \left(\frac{1\times 3}{2\times 4}\right)^2 p^4 + \left(\frac{1\times 3\times 5}{2\times 4\times 6}\right)^2 p^6 + \cdots\right] \tag{2.46}$$

$$l = 2K/k \tag{2.47}$$

因为 $k^2 = \dfrac{P}{EI}$，$P_E = \dfrac{\pi^2 EI}{l^2}$，这样上式就可以写成

$$P/P_E = 4K^2/\pi^2 \tag{2.48}$$

这是大挠度弹性理论关于轴心受压构件曲后荷载 P 和变形的端角 θ_0 之间的关系式。

对于构件的曲后变形，还需知道构件中点的挠度 v 与端角 θ_0 之间的关系式。由

$$v = \int_0^\nu \mathrm{d}y = \int \sin\theta \mathrm{d}s = -\int_{\theta_0}^0 \frac{\sin\theta \mathrm{d}\theta}{\sqrt{2}k\sqrt{\cos\theta - \cos\theta_0}}$$

可得

$$v/l = p/K \tag{2.49}$$

给定 θ_0 后由式 (2.48) 和式 (2.49) 即可得到 P/P_E 和 v/l，见表 2.3[5]。

表 2.3 大挠度理论两端铰接轴心受压构件的 P/P_E 和 v/l

θ_0	0°	5°	10°	20°	30°	60°	90°	112°	150°
p	0	0.0436	0.0872	0.01737	0.02588	0.5000	0.7071	0.8290	0.9659
K	$\pi/2$	1.572	1.574	1.583	1.598	1.686	1.851	2.058	2.768
P/P_E	1	1.0015	1.004	1.015	1.035	1.152	1.393	1.717	3.105
v/l	0	0.028	0.056	0.110	0.162	0.297	0.382	0.403	0.349

可以画出大挠度理论轴心受压构件的荷载–挠度曲线如图 2.12 所示。图 2.12(a) 表示构件曲后荷载 P 向下移的情况，下落的距离 d 可通过计算得到，比值 d/l 也与端角 θ_0 和 P/P_E 有关。构件的最大挠度发生在 P/P_E 约为 1.7 时，而后随着荷载的继续增加。构件的上端会很快越过下端而向下拉动。图 2.12(b) 表示了构件曲后的荷载挠度曲线，从图中可知，屈曲以后理想的弹性轴心受压构件仍处在稳定平衡状态，属于稳定的分岔失稳问题。

与后面 3.3.1 节中图 3.9 分析弹簧铰悬臂杆的曲后性能比较，虽然有相似之处，但是分析过程却复杂得多，而且因为分析是建立在材料是完全弹性的基础上

的，因此除能清楚地表明构件失稳的性质外，与实际构件相比还有很大差别。关于大挠度分析可以总结以下几点。

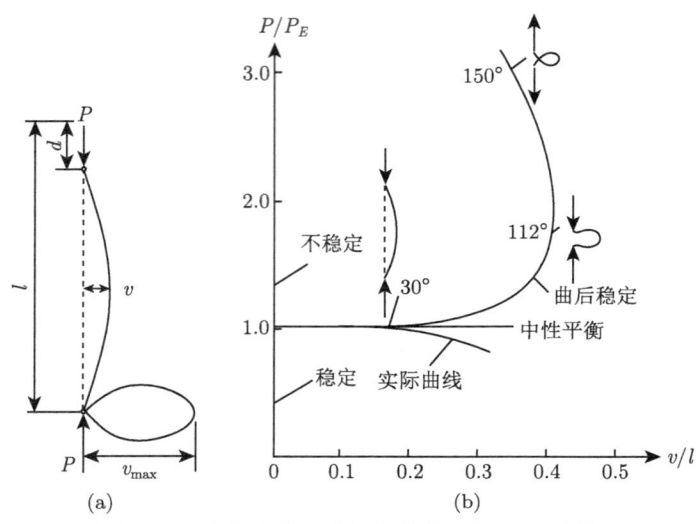

图 2.12 大挠度轴心受压构件的荷载-挠度曲线

(1) 小挠度和大挠度弹性理论分析都指出，对于两端铰接的轴心受压构件，当作用于端部的荷载 P 小于欧拉荷载 P_E 时，构件处于直线的稳定平衡状态，当 $P = P_E$ 时，将出现分岔点，小挠度理论只能指出构件处于中性平衡状态，可以给出分岔点水平线和构件初始曲后变形曲线的形状，但是不能确定挠度值；当 $P > P_E$ 后，小挠度理论只能说明直线状态是不稳定的，而大挠度理论不仅能说明构件屈曲以后仍处于稳定平衡状态，而且还能给出荷载与挠度的关系式，这是一一对应的确定数值。

(2) 大挠度理论分析得到曲后的荷载虽然略高于屈曲载荷，但是当 P 超过 P_E 的 1‰ 时，挠度将达到构件长度的 3%，从而使构件的中央截面产生颇大的弯曲应力。即使对于较细长的构件，这时也早就进入了弹塑性状态，因而在图 2.12(b) 中实际曲线出现了下降段，导致构件提前失稳。所以，轴心受压构件的曲后强度是不宜被利用的。

(3) 前面按小挠度假定所做的线性理论分析所得的结果是合理的，这样构件的屈曲载荷才有实际意义。

2.6 轴心受压构件的非弹性屈曲

这里研究的是不考虑残余应力的轴心受压构件的非弹性屈曲问题。对于挺直的轴心受压构件，当按弹性屈曲应力的计算公式 (2.34) 得到的应力 σ_{cr} 超过钢材

2.6 轴心受压构件的非弹性屈曲

的比例极限 σ_p 时，构件将在非线弹性或弹塑性状态屈曲，构件的屈曲应力值将落在 1.1 节图 1.9(a) 所示的应力–应变曲线 AB' 之间，长细比不大的构件都会出现这种情况。当 $\sigma > \sigma_p$ 时，结构钢的切线模量可按下式确定：

$$E_t = (\sigma_y - \sigma) E / (\sigma_y - 0.96\sigma) \tag{2.50a}$$

或

$$E_t = \sigma (\sigma_y - \sigma) E / [\sigma_p (\sigma_y - \sigma_p)] \tag{2.50b}$$

关于弹塑性屈曲问题，1889 年 F. Engesser 提出了切线模量理论，建议用变化的切线模量 E_t 代替欧拉公式中的弹性模量 E，从而获得弹塑性屈曲载荷。但是构件微弯时凹面的压应力增加而凸面的应力减少，遵循着不同的应力–应变关系。1891 年 A. Considere 在论文中阐述了双模量的概念，在此基础上 1895 年 F. Engesser 提出了双模量理论，建议用与 E_t 和 E 都有关的折算模量 E_r 计算屈曲载荷。但是试验资料表明，实际的屈曲载荷介于两者之间而更接近于切线模量屈曲载荷。直到 1946 年 F. R. Shanley 提出构件在微弯状态下加载时凸面可能不卸载的概念，并用力学模型证明了切线模量屈曲载荷是弹塑性屈曲载荷的下限，而双模量屈曲载荷是其上限。轴心受压构件在微弯状态下可以继续加载的概念与前面已经阐明的大挠度理论是一致的，F. R. Shanley 提出的新的切线模量理论可以广泛地用于解决稳定分岔失稳类型构件或板的非弹性屈曲问题。

2.6.1 切线模量理论

对于如图 2.13(a) 所示轴心受压构件，用新的概念计算切线模量屈曲载荷的基本假定如下：

(1) 构件是挺直的；
(2) 构件两端铰接，荷载沿构件轴线作用；
(3) 构件的弯曲变形很微小；
(4) 弯曲前的平截面在弯曲后仍为平面；
(5) 在弯曲时全截面没有出现反号应变。

最后一个假定认为，荷载达到 P_t 值构件产生微弯曲时荷载还略有增加，而且还认为，增加的平均轴向应力可以抵消因弯曲在 1-1 截面右侧边缘产生的拉应力，这样一来整个截面都处在加载的过程中。为了计算上的方便，认为弯曲的凹面有压应力增加，其最大值如图 2.13(b) 中的 $\Delta\sigma_{\max}$，而凸面的增加量正好为零，全截面的切线模量均取 $E_t = \Delta\sigma/\Delta\varepsilon$，见图 2.13(c)，而不计其微小变化。对于一个单轴对称截面，其高度为 h，截面 1-1 的曲率为 $\varPhi$，离截面形心轴 z 处的应力

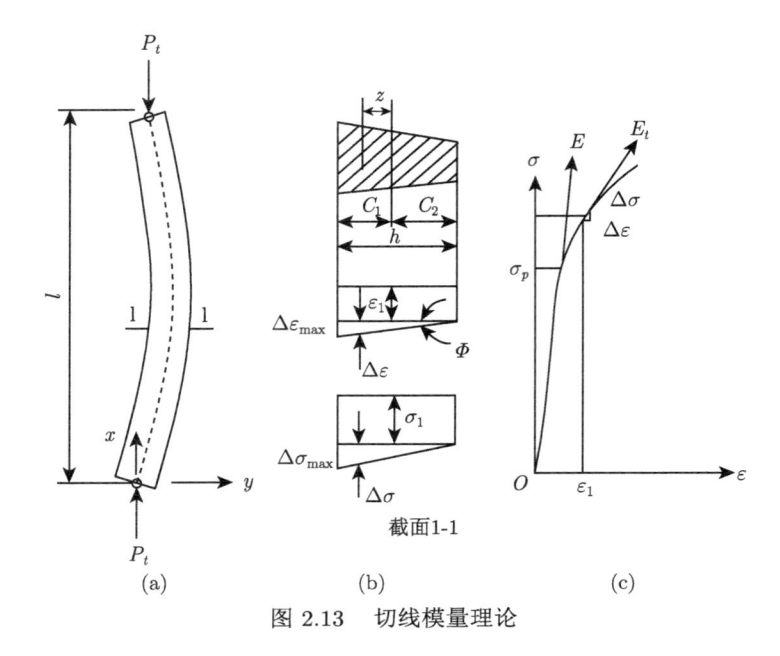

图 2.13 切线模量理论

为 $\sigma = \sigma_t + \Delta\sigma = \sigma_t + \dfrac{\Delta\sigma_{\max}}{h}(C_2 + z)$，而 $\Delta\sigma_{\max} = E_t \Delta\varepsilon_{\max}$，$\Delta\varepsilon_{\max} = \Phi h$，或 $\Delta\sigma_{\max} = E_t \Phi h$。作用于截面 1-1 的压力和内力矩分别为

$$P = \int_A \sigma \mathrm{d}A = \int_A (\sigma_t + \Delta\sigma)\mathrm{d}A = P_t + \Delta P_t \tag{2.51}$$

$$M_i = \int_A \Delta\sigma z \mathrm{d}A = \int_A (\Delta\sigma_{\max}/h) z^2 \mathrm{d}A = E_t \Phi \int_A z^2 \mathrm{d}A = E_t I \Phi = -E_t I y'' \tag{2.52}$$

构件的平衡方程为

$$E_t I y'' + Py = 0 \tag{2.53}$$

因 ΔP_t 很微小，可以忽略不计，对照前面弹性受压构件的平衡方程 (2.1)，可以得到切线模量屈曲载荷

$$P_t = \pi^2 E_t I / l^2 = (E_t/E) P_E \tag{2.54}$$

2.6.2 双模量理论

除了切线模量理论的最后一条基本假定不适用外，其他 4 条都是相同的。对于如图 2.14(a) 所示轴心受压构件，屈曲时可认为作用于端部的荷载是常量 P_r，而构件发生微弯曲时凹面为正号应变，凸面为反号应变，如图 2.14(b) 所示，即存

2.6 轴心受压构件的非弹性屈曲

在着凹面的加载区和凸面的卸载区。因为弯曲应力较轴向应力小得多，可以认为在加载区的变形模量均为 E_t，它与构件截面的平均应力 σ_r 相对应，见图 2.14(c) 和 (d)；此时卸载区的变形模量为弹性模量 E，见图 2.14(c)；由于 E_t 小于 E，因此弯曲时，截面 1-1 的弯曲中性轴与截面的形心轴不再重合而是向卸载区偏移，见图 2.14(b)。在加载区离中性轴距离 z_1 处的应力为 $\sigma_1 = \sigma_r + \Delta\sigma_1$，而 $\sigma_1 = \Delta\sigma_{1\max}z_1/C_1$，$\Delta\sigma_{1\max} = E_t\Delta\varepsilon_{1\max}$，但 $\Delta\varepsilon_{1\max} = \Phi C_1$，故 $\Delta\sigma_{1\max} = E_t\Phi C_1$。而在卸载区离中性轴距离 z_2 处的应力为 $\sigma_2 = \sigma_r + \Delta\sigma_2$，而 $\Delta\sigma_2 = \Delta\sigma_{2\max}z_2/C_2$，$\Delta\sigma_{2\max} = E\Delta\varepsilon_{2\max}$，$\Delta\varepsilon_{2\max} = \Phi C_2$，故 $\Delta\sigma_{2\max} = E\Phi C_2$。

图 2.14 双模量理论

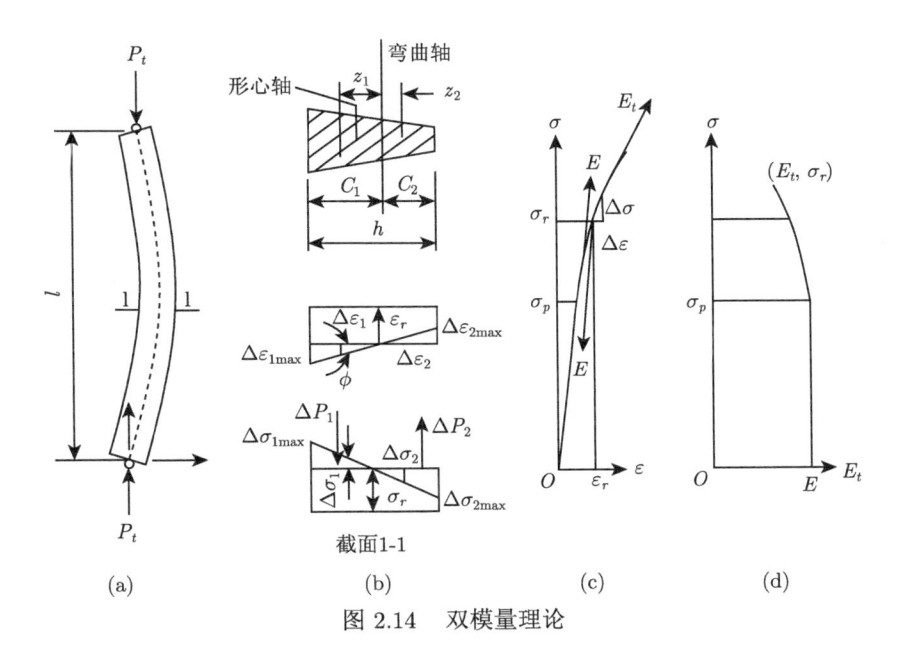

作用于任意截面的压力

$$P = \int_A \sigma \mathrm{d}A = \int_A \sigma_r \mathrm{d}A + \int_{A_1} \Delta\sigma_1 \mathrm{d}A + \int_{A_2} \Delta\sigma_2 \mathrm{d}A = P_r + \Delta P_1 + \Delta P_2 \quad (2.55)$$

但是

$$\Delta P_1 + \Delta P_2 = \int_{A_1} \frac{\Delta\sigma_{1\max}}{C_1} z_1 \mathrm{d}A_1 + \int_{A_2} \frac{\Delta\sigma_{2\max}}{C_2} z_2 \mathrm{d}A_2 = 0$$

或者

$$\left(\int_{A_1} E_t z_1 \mathrm{d}A_1 + \int_{A_2} E z_2 \mathrm{d}A_2 \right) \Phi = 0$$

由于 $\Phi \neq 0$,引入符号 $S_1 = \int_{A_1} z_1 \mathrm{d}A_1$, $S_2 = \int_{A_2} z_2 \mathrm{d}A_2$,得到

$$E_t S_1 + E S_2 = 0 \tag{2.56}$$

又

$$C_1 + C_2 = h \tag{2.57}$$

式 (2.56) 和式 (2.57) 用于确定截面中性轴的位置。

截面 1-1 的内力矩

$$\begin{aligned} M_i &= \int_{A_1} \Delta\sigma_1 z_1 \mathrm{d}A_1 + \int_{A_2} \Delta\sigma_2 z_2 \mathrm{d}A_2 \\ &= \int_{A_1} \Delta\sigma_{1\max}\left(z_1^2/C_1\right)\mathrm{d}A_1 + \int_{A_2} \Delta\sigma_{2\max}\left(z_2^2/C_2\right)\mathrm{d}A_2 \\ &= \int_{A_1} E_t \Phi z_1^2 \mathrm{d}A_1 + \int_{A_2} E\Phi z_2^2 \mathrm{d}A_2 \end{aligned}$$

引入 $I_1 = \int_{A_1} z_1^2 \mathrm{d}A_1, I_2 = \int_{A_2} z_2^2 \mathrm{d}A_2$,故

$$M_i = (E_t I_1 + E I_2)\Phi = -(E_t I_1 + E I_2) y'' \tag{2.58}$$

构件的平衡方程为

$$(E_t I_1 + E I_2) y'' + P y = 0 \tag{2.59}$$

由上式解得

$$P_r = \pi^2 (E_t I_1 + E I_2)/l^2 = \pi^2 E_r I / l^2 = \frac{E_r}{E} P_E \tag{2.60}$$

式中,$E_r = (E_t I_1 + E I_2)/I$,因为 P_r 与两个变形模量 E_t 和 E 有关,故称为双模量屈曲载荷或称为折算模量屈曲载荷,E_r 即为折算模量。

由于在前面的式 (2.54) 中求解 P_t 时与 E_t 有关,而 E_t 在应力–应变曲线上是与 σ_t 对应的,因此需通过反复试算才能获得 P_t。在式 (2.60) 中求解 P_r 时不仅与 E_t 有关,还与 I_1 和 I_2 有关,它需先由式 (2.56) 和式 (2.57) 解得 C_1 和 C_2,所以还取决于截面的形状和尺寸,也需通过反复试算才能得到 P_r。对于矩形截面,$E_r = \dfrac{4EE_t}{(\sqrt{E}+\sqrt{E_t})^2}$,I 形截面腹板很薄而可忽略不计者,绕强轴弯曲时 $E_r = \dfrac{2EE_t}{E+E_t}$。

2.6 轴心受压构件的非弹性屈曲

用两种不同的理论计算轴心受压构件的弹塑性屈曲载荷可知，P_t 小于 P_r。曾经认为双模量理论更完善些，但是研究表明 P_t 更接近试验结果，这是因为试件都存在微小缺陷。严格说来，试件在微弯时还可以继续加载，有可能屈曲时试件弯曲的凸面不出现反号应变，试验结果就更接近于切线模量屈曲载荷。对于轴心受压构件的非弹性屈曲，采用切线横量理论的分析方法比较合理。

2.6.3 Shanley 理论

1946 年 Shanley 利用力学模型，建立了曲后载荷与挠度之间的关系式，论证了存在切线模量屈曲载荷和双模量屈曲载荷的缘由。Shanley 力学模型由三部分组成，如图 2.15(a) 所示。将两根长度各为 $l/2$ 的刚性杆用弹塑性铰连接起来，铰的弹性模量为 E，切线模量为 E_t。铰链由两个长度很短的肢件组成，肢件的长度为 h，它们之间的距离亦为 h，见图 2.15(b)，它们的截面积各为 $A/2$。在轴心压力 P 的作用下，构件的全部弹塑性变形都集中在很短的肢件上，因而可简化计算。材料的应力--应变关系为图 2.15(c) 所示的双直线。

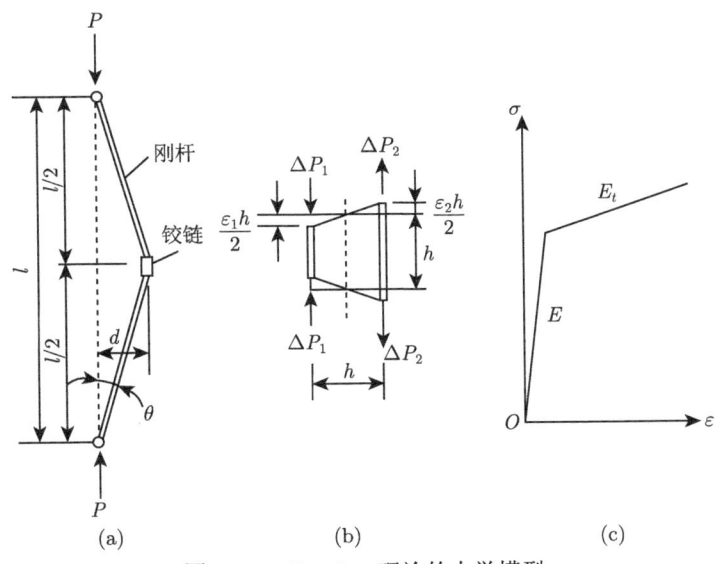

图 2.15 Shanley 理论的力学模型

当荷载 P 达到构件的临界状态时，原来挺直的构件开始弯曲，这时铰链的左右两肢因弯曲引起的应变是 ε_1 和 ε_2，构件的挠度为 d，端部的倾角为 θ，它们之间的几何关系是 $d = \theta l/2$ 和 $\theta = (\varepsilon_1 + \varepsilon_2)/2$，因而 $d = (\varepsilon_1 + \varepsilon_2) l/4$。

在铰链处作用于截面的外力矩 $M_e = Pd = P(\varepsilon_1 + \varepsilon_2) l/4$，内力矩 $M_i = (\Delta P_1 + \Delta P_2) h/2$。如在弯曲凹面和凸面的变形模量分别为 E_1 和 E_2，则 $\Delta P_1 =$

$\varepsilon_1 E_1 A/2$ 和 $\Delta P_2 = \varepsilon_1 E_2 A/2$，这样 $M_i = Ah(\varepsilon_1 E_1 + \varepsilon_2 E_2)/4$，由平衡条件 $M_i = M_e$ 得到

$$P = \frac{Ah}{l} \times \frac{(\varepsilon_1 E_1 + \varepsilon_2 E_2)}{\varepsilon_1 + \varepsilon_2} \tag{2.61}$$

下面分三种情况讨论构件的屈曲载荷：

(1) 当构件在弹性状态屈曲时，$E_1 = E_2 = E$，这时由式 (2.61) 得到的弹性屈曲载荷

$$P_E = AhE/l \tag{2.62}$$

(2) 当构件在弹塑性状态屈曲，并采用切线模量理论时，$E_1 = E_2 = E_t$，由式 (2.61) 得到的切线模量屈曲载荷

$$P_t = \frac{AhE_t}{l} = \frac{E_t}{E} P_E \tag{2.63}$$

(3) 当构件在弹塑性状态屈曲，并采用双模量理论时，$E_1 = E_t, E_2 = E$，又因为 $\Delta P_1 - \Delta P_2 = 0$，故 $\varepsilon_1 E_1 = \varepsilon_2 E_2 = \varepsilon_2 E$，或 $\varepsilon_1 = (E/E_t)\varepsilon_2$，代入式 (2.61) 后得到此构件的双模量屈曲载荷

$$P_r = \frac{Ah \times 2EE_t}{l(E + E_t)} = P_E \frac{2E_t}{(E + E_t)} = \frac{E_r}{E} P_E \tag{2.64}$$

式中，$E_r = \dfrac{2EE_t}{E + E_t}$ 是 Shanley 模型的折算模量。

经比较可知，$E_t < E_r < E$，因此 $P_t < P_r < P_E$。

为了研究模型屈后的性能，需要建立荷载 P 与挠度 d 之间的关系式。

用 $\tau = E_2/E_1$ 表示两个变形模量的比值，并将前面的 $\varepsilon_1 + \varepsilon_2 = 4d/l$ 代入式 (2.61)，经整理后得到

$$P = \frac{AhE_t}{l}\left[1 + \frac{l}{4d}(\tau - 1)\varepsilon_2\right] \tag{2.65}$$

在上式中还有一未知量 ε_2，考虑到模型在达到 P_t 后在弯曲过程中荷载仍在继续增加，因 $P = P_t + \Delta P_1 - \Delta P_2 = P_t + A(\varepsilon_1 E_1 - \varepsilon_2 E_2)/2 = P_t + AEl \cdot (\varepsilon_1 - \tau\varepsilon_2)/2$，故

$$P = P_t[1 + 2d/h - l(1+\tau)\varepsilon_2/(2h)] \tag{2.66}$$

由式 (2.65) 和式 (2.66) 可以解得 ε_2，而后将其代回式 (2.65) 即可得到

$$P = P_t\left[1 + \frac{1}{h/(2d) + (\tau+1)/(\tau-1)}\right] \tag{2.67}$$

2.6 轴心受压构件的非弹性屈曲

由以上荷载 P 与挠度 d 的关系式可以画出如图 2.16 所示弹塑性荷载挠度曲线 AB，从此图可以得到如下五点结论：

(1) 当 $d = 0$ 时，由式 (2.67) 可以得到 $P = P_t$，这是分岔屈曲载荷，切线模量屈曲载荷是弹性屈曲载荷的下限值。

(2) 当 d 为有限值时，$P > P_t$，说明屈曲以后随着变形的增加荷载也略有增加，处在稳定平衡状态。

(3) 当 d 接近于无限大时由式 (2.67) 得到

$$P = P_t \left(1 + \frac{\tau - 1}{\tau + 1}\right) = P_t \frac{2\tau}{\tau + 1} = P_t \frac{2E}{E + E_t} \tag{2.68}$$

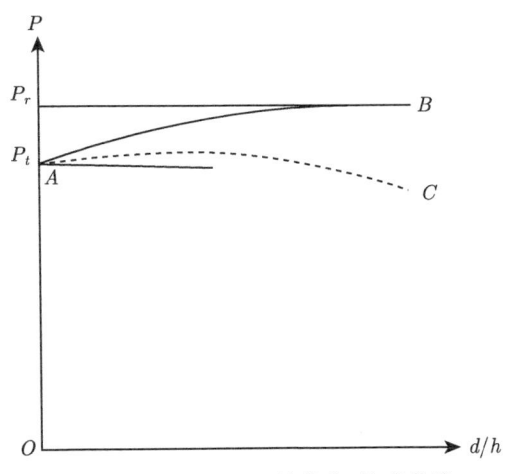

图 2.16 Shanley 理论荷载-挠度曲线

这就是双模量屈曲载荷 P_r，说明当 d 趋于无限大时 P 才能达到 P_r，这是弹塑性屈曲载荷的上限，显然实际上是很难达到的。从理论上说，大挠度理论的荷载挠度曲线是图 2.16 中的曲线 AB，曲后构件仍处在稳定平衡状态，从实用价值看，P_t 作为弹塑性屈曲载荷比较可靠。

(4) 在加载的过程中，切线模量并非常量，而是随着压缩变形的增加而不断减小，所以实际的荷载-挠度曲线应如图 2.16 中虚线 AC 所示。

(5) 试验研究表明，只有当构件内部任何一点纤维都遵循着相同的应力-应变关系时，上述的切线模量理论才可用来直接考察轴心受压构件的屈曲性能。只有铝合金构件才适用于这种条件，对于钢结构的构件，由于内部存在残余应力，在纵向各根纤维的应力-应变关系并不相同，这样就不能直接根据钢材在弹塑性阶段的应力-应变曲线来确定轴心受压构件的切线模量屈曲载荷，而是必须考虑构件中残余应力的影响。

示例 2.4 计算两端铰接的理想矩形截面轴心受压构件的切线模量和双模量屈曲应力，并作比较。采用 Q235 钢，其比例极限和屈曲强度分别为 $f_p = 190\text{MPa}$，$f_y = 235\text{MPa}$，在弹塑性阶段，当 $\sigma > f_p$ 时，钢材的切线模量可用 $E_t = \dfrac{(f_y - \sigma)E}{f_y - 0.96\sigma}$ 表示。

计算 P_r 时需同时确定截面的中性轴，而计算 P_t 时则相对比较简单。

(1) 在弹性阶段，σ_{cr} 和 λ 的关系式是 $\sigma_{cr} = \pi^2 E/\lambda^2$，当得到的 $\sigma_{cr} > f_y$ 时，此式不再适用。

(2) 在弹塑性阶段，切线模量屈曲应力 $\sigma_{crt} = \pi^2 E_t/\lambda^2$，将 E_t 代入后得到

$$\sigma_{crt} = \frac{\pi^2 E (f_y - \sigma)}{\lambda^2 (f_y - 0.96\sigma)}$$

或者由 $\sigma = \sigma_{crt}$ 可得

$$0.96\lambda^2 \sigma_{crt}^2 - \left(\pi^2 E + \lambda^2 f_y\right)\sigma_{crt} + \pi^2 E f_y = 0 \tag{1}$$

给定 λ 后即可由式 (1) 得到 σ_{crt}，因式 (1) 有两个根，应取其中的最小值。

(3) 在弹塑性阶段，为了得到双模量屈曲应力，需先找出曲线折算模量 E_r 与 E 和 E_t 之间的关系式。矩形截面的宽度为 b，高度为 h，如构件屈曲时沿截面高度的方向弯曲。弯曲的受压区和受拉区的深度分别为 C_1 和 C_2 时，由 $C_1 + C_2 = h$ 和 $ES_1 + E_t S_2 = 0$，或 $E_t(bC_1)(C_1/2) - E(bC_2)(C_2/2) = 0$，可以得到

$$C_1 = \frac{h\sqrt{E}}{\sqrt{E} + \sqrt{E_t}}, \quad C_2 = \frac{h\sqrt{E_t}}{\sqrt{E} + \sqrt{E_t}} \tag{2}$$

而

$$I_1 = \frac{1}{3}bC_1^3, \quad I_2 = \frac{1}{3}bC_2^3, \quad I = \frac{1}{12}bh^3 \tag{3}$$

将式 (2) 和式 (3) 代入折算模量的计算公式

$$E_r = \frac{E_t I_1 + E I_2}{I} = \frac{4EE_t}{\sqrt{E} + \sqrt{E_t}} \tag{4}$$

切线模量

$$E_t = \frac{(f_y - \sigma_{crr})E}{f_y - 0.96\sigma_{crr}} \tag{5}$$

2.6 轴心受压构件的非弹性屈曲

双模量屈曲应力为

$$\sigma_{crr} = \pi^2 E_r / \lambda^2 \tag{6}$$

需联合式 (4)~(6) 才能解得 σ_{crr}。可以先给定 σ_{crr}，由式 (5) 得到 E_t，再由式 (4) 算出 E_r，然后由式 (6) 反算出 λ。虽然 σ_{crt} 的算式比较简单，但是为了作比较，最后再计算 σ_{crt}。表 2.4 给出了本例的计算结果，表中的顺序表明了计算步骤，同时图 2.17 画出了 σ_{cr}-λ 曲线。

表 2.4 矩形截面轴心受压构件弹塑性屈曲应力

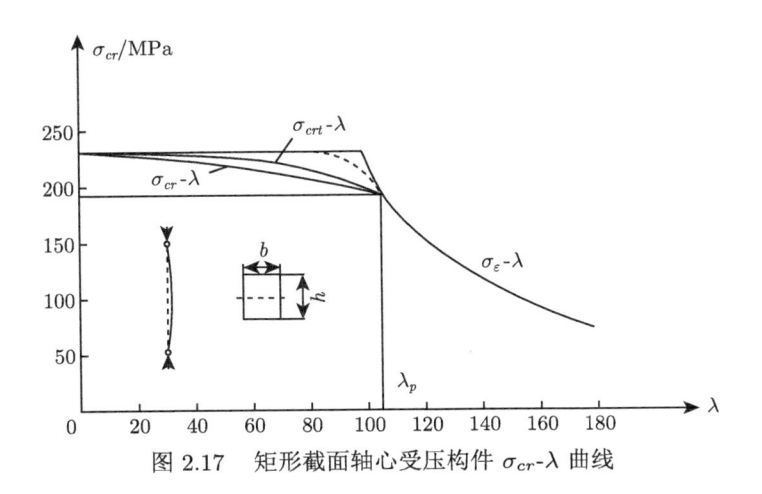

1	2	3	4	5	6
σ_{cr} / MPa	式 (5) E_t/ MPa	式 (4) E_r/ MPa	$\lambda = \pi\sqrt{\dfrac{E_r}{\sigma_{crt}}}$	式 (5) σ_{crt} / MPa	$\dfrac{\sigma_{cr}}{\sigma_{crt}}$
195	172358	188071	97.6	185.6	1.051
210	154192	177292	91.3	199.3	1.054
230	72535	114278	70.0	224.4	1.025
232	50326	90156	61.9	228.1	1.017
234	19884	46299	44.2	232.3	1.007
234.5	10425	27790	34.2	233.5	1.004
234.8	4295	13118	23.5	234.4	1.002
234.9	2169	7136	17.3	234.7	1.001
235	0	0	0	235	1.00

图 2.17 矩形截面轴心受压构件 σ_{cr}-λ 曲线

经比较可知，在 $\sigma_{cr}/f_y = 0.83 \sim 0.94$ 的范围内，两种理论得到的屈曲应力的差别为 5%，虽然差别不大，但是屈曲应力达到 σ_{crt} 时构件将有较大的挠度。为便于对比切线模量理论和双模量理论的精度，图 2.17 用虚线画出了该问题采用有限元方法的数值解。

2.7 初始缺陷对轴心受压构件的影响

2.2~2.6 节研究了理想的直杆轴心受压构件的弹性屈曲和弹塑性屈曲问题,实际上钢结构构件本身都可能存在不同程度的初始几何缺陷,如构件有初弯曲,截面的几何形状和尺寸都可能稍有偏差,荷载的作用点也可能偏离构件的轴线等,还有构件的焊接残余应力,它们对构件都有一定影响。下面先以初弯曲和初偏心对构件的影响作弹性分析。

2.7.1 初弯曲对轴心受压构件的影响

图 2.18(a)~(e) 中用实线表示的图形是几种经实测得到的型钢和焊接组合构件的初弯曲形状,说明实际的初弯曲形状是多种多样的,图中虚线是正弦曲线的一个半波,是理想化了的一种最简单初弯曲形状。为了考察它们对轴心受压构件的影响,可以用傅里叶级数表示初弯曲的幅值。

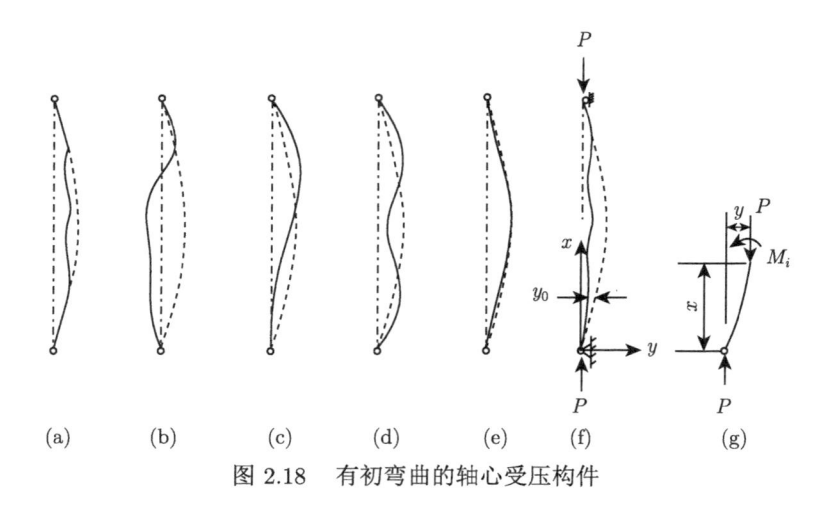

图 2.18 有初弯曲的轴心受压构件

在图 2.18(f) 中构件任一点的初弯曲的幅值为

$$y_0 = v_1 \sin \frac{\pi x}{l} + v_2 \sin \frac{2\pi x}{l} + \cdots + v_n \sin \frac{n\pi x}{l} + \cdots = \sum_{i=1}^{\infty} v_i \sin \frac{i\pi x}{l} \quad (2.69)$$

在未加载之前,构件任一点的曲率为 $-y_0''$,在轴心压力 P 的作用下构件总的挠度为 y,曲率为 $-y''$,见图 2.18(g),截面上的内力矩 $M_i = -EI(y'' - y_0'')$,外力矩 $M_e = Py$,平衡方程为

$$EIy'' + Py = EIy_0'' \quad (2.70)$$

2.7 初始缺陷对轴心受压构件的影响

令 $k^2 = \dfrac{P}{EI}$ 并将式 (2.69) 代入上式，则

$$y'' + k^2 y = -\left(\frac{\pi}{l}\right)^2 \sum_{i=1}^{\infty} i^2 v_i \sin\frac{i\pi x}{l} \tag{2.71}$$

这是一个非齐次线性微分方程，其通解是特解和余解之和，特解可写作

$$y_p = \sum_{i=1}^{\infty} C_i \sin\frac{i\pi y}{l} \tag{2.72}$$

将式 (2.72) 代入式 (2.71) 后，可得

$$\sum_{i=1}^{\infty}\left[C_i\left(k^2 - \frac{i^2\pi^2}{l^2}\right) + \frac{i^2\pi^2 v_i}{l^2}\right]\sin\frac{i\pi x}{l} = 0 \tag{2.73}$$

但是 $\sin\dfrac{i\pi x}{l} \neq 0$，所以只有 $C_i = -\dfrac{\pi^2}{l^2}\dfrac{i^2 v_i}{k^2 - i^2\pi^2/l^2}$，以此代入式 (2.72)，则

$$y_p = -\frac{\pi^2}{l^2}\sum_{i=1}^{\infty}\frac{i^2 v_i}{k^2 - i^2\pi^2/l^2}\sin\frac{i\pi x}{l} \tag{2.74}$$

由 $y'' + k^2 y = 0$ 可得到余解为 $y_c = A\sin kx + B\cos kx$，通解为

$$y = A\sin kx + B\cos kx - \frac{\pi^2}{l^2}\sum_{i=1}^{\infty}\frac{i^2 v_i}{k^2 - i^2\pi^2/l^2}\sin\frac{i\pi x}{l} \tag{2.75}$$

由边界条件 $y(0) = 0$ 和 $y(l) = 0$ 得到 $B = 0$ 和 $A\sin kl = 0$。由于有初弯曲时 $P < P_E$，故 $\sin(kl) \neq 0$，这样一来只有 $A = 0$，$y = y_p$，上面的特解成了式 (2.71) 的全解。因 $k^2 = \dfrac{P}{EI}$，$P_E = \dfrac{\pi^2 EI}{l^2}$，$i$ 改用符号 n，全解可写作

$$y = \frac{v_1}{1 - P/P_E}\sin\frac{\pi x}{l} + \frac{v_2}{1 - P/(4P_E)}\sin\frac{2\pi x}{l} + \cdots + \frac{v_n}{1 - P/(n^2 P_E)}\sin\frac{n\pi x}{l} + \cdots \tag{2.76}$$

比较式 (2.69) 和式 (2.76) 可知，对于有初弯曲的构件，在荷载 P 的作用下，构件的弹性曲线相当于在原有初弯曲的各对应部分乘以一放大系数 $\dfrac{1}{1 - P/(n^2 P_E)}$，但是可以发现，在式 (2.76) 中第一项的放大系数为 $\dfrac{1}{1 - P/P_E}$，它始终大于其他

各项的放大系数，特别是当 P 接近于 P_E 时，它们之间的差别尤为突出，完全可以忽略其他各项对构件的影响，这样可将式 (2.76) 近似地取为

$$y = \frac{v_0}{1 - P/P_E} \sin \frac{\pi x}{l} \tag{2.77}$$

所以构件的初弯曲可以用如图 2.18(a)~(e) 中虚线表示的正弦曲线的半波曲线代替，即

$$y_0 = v_0 \sin(\pi x/l) \tag{2.78}$$

式中，v_0 为构件中点初弯曲的幅值。在 P 作用下，构件的最大挠度 $y_{\max} = \dfrac{v_0}{1 - P/P_E}$，最大弯矩 $M_{\max} = Py_{\max} = \dfrac{Pv_0}{1 - P/P_E}$。这里把 $A_m = \dfrac{1}{1 - P/P_E}$ 称为弯矩放大系数，可以看作是初弯曲对弹性轴心受压构件的影响。任一截面的一阶弯矩为 $Pv_0 \sin(\pi x/l)$，二阶弯矩为 $Py = A_m P v_0 \sin(\pi x/l)$，二者之间的差别称为构件本身的二阶效应，简称 P-δ 效应，此处 δ 为 v_0。

图 2.19(a) 是有初弯曲的轴心受压构件的荷载挠度曲线，实线表示构件是完全弹性的，以 $P = P_E$ 时的水平线为其渐近线，当 P 达到轴心受压构件的屈曲载荷时，最大挠度趋向于无限大，与 v_0 的值无关，说明处于这种状态的构件已经丧失了抗弯能力，达到了稳定的临界状态。可以根据这种临界状态的概念，预先给轴心受压构件一微小的初弯曲 y_0，用这种方法来求解其屈曲载荷 P_E，其条件是 $y_{\max} = \infty$ 或 $1 - P/P_E = 0$。这和 2.2 节用微小变形的构件建立弯曲平衡方程而后求解屈曲载荷的结果是一致的。对于有限值初弯曲的实际轴心受压构件，当截面承受的弯矩较大时就开始屈服而进入弹塑性状态，如图 2.19(a) 中虚线所示荷载挠度曲线。有初弯曲的轴心受压构件实际上属于极值点失稳问题，其极限

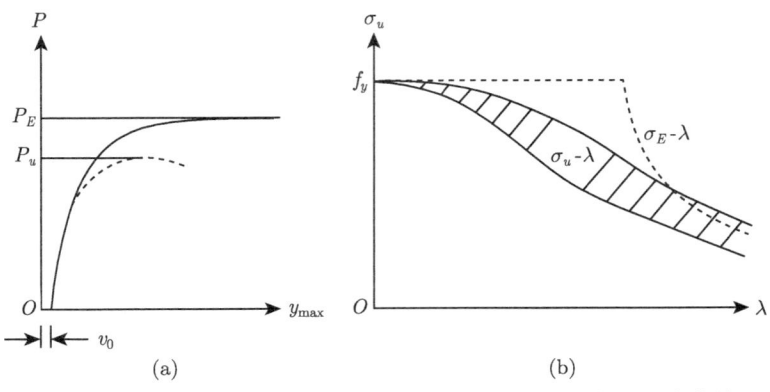

图 2.19 有初弯曲的轴心受压构件的荷载挠度曲线和极限应力曲线

2.7 初始缺陷对轴心受压构件的影响

荷载为 P_u，极限应力为 $\sigma_u = P_u/A$，它与构件截面的形式、长细比 λ、弯曲方向和钢材的屈服强度 f_y 有关。极限应力曲线 σ_u-λ 与欧拉曲线 σ_E-λ 的比较见图 2.19(b)，图中用虚线勾画出了具有相同的初弯曲不同截面轴心受压构件极限应力曲线的变化范围。

2.7.2 初偏心对轴心受压构件的影响

荷载作用于构件的端部时，上端和下端的初始偏心可能并不完全相同，如图 2.20(a) 所示，但这种差别不大，可以按照图 2.20(b) 所示等偏心的构件作弹性分析。

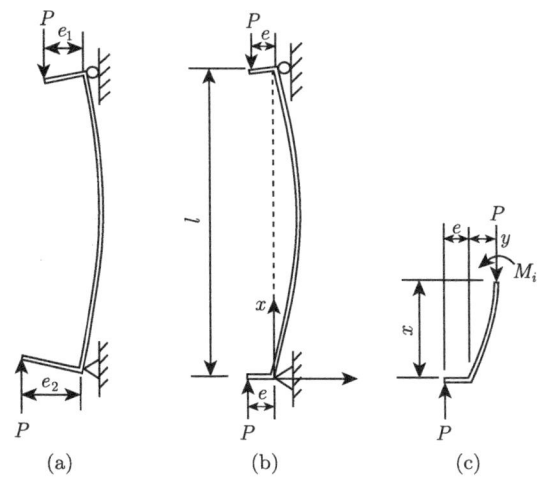

图 2.20 有初偏心的轴心受压构件

图 2.20(c) 的平衡方程是

$$EIy'' + P(y+e) = 0 \tag{2.79}$$

令 $k^2 = P/(EI)$，代入上式可以得到

$$y'' + k^2 y = -k^2 e \tag{2.80}$$

其特解为 $y_p = -e$，余解为 $y = A\sin kx + B\cos kx$，全解为

$$y = A\sin kx + B\cos kx - e \tag{2.81}$$

由构件的边界条件 $y(0) = 0$ 和 $y(l) = 0$ 得到 $B = e$ 和 $A = \dfrac{1-\cos kl}{\sin kl}e$，这样

$$y = \left(\frac{1-\cos kl}{\sin kl}\sin kx + \cos kx - 1\right)e \tag{2.82}$$

构件的最大挠度 $y\left(\dfrac{l}{2}\right) = y_{\max} = \left(\sec\dfrac{kl}{2} - 1\right)e$，最大弯矩为 $M_{\max} = P(y_{\max} + e) = Pe\sec\dfrac{kl}{2}$。

利用三角函数的级数表达式，当 $kl/2 < \pi/2$ 时，或 $P < P_E$ 时，

$$\sec\dfrac{kl}{2} = 1 + \dfrac{1}{2}(kl/2)^2 + \dfrac{5}{24}(kl/2)^4 + \cdots = 1 + 0.234 P/P_E + 1.268(P/P_E)^2 + \cdots$$
$$\approx \dfrac{1 + 0.234 P/P_E}{1 - P/P_E}$$

因此 $M_{\max} = \dfrac{1 + 0.234 P/P_E}{1 - P/P_E} Pe$，可把 $A_m = \dfrac{1 + 0.234 P/P_E}{1 - P/P_E}$ 看作弯矩放大系数，也就是初偏心对弹性轴心受压构件的影响。

图 2.21 是有初偏心的轴心受压构件的荷载-挠度曲线，它以 $P = P_E$ 的水平线为其渐近线，实际上由于存在弯矩作用，构件有部分屈服，因此荷载挠度曲线呈现如虚线所示的极值点失稳现象，其极限荷载为 P_u。由于初弯曲和初偏心对受压构件的影响都导致出现极值点失稳现象，都使构件的承载力有所降低，两种影响在本质上并无差别，因此在研究实际构件的承载力时，常常把它们的影响一并考虑。由于其影响具有偶然性，有时只取其中的一项作为计算实际的轴心受压构件的依据。

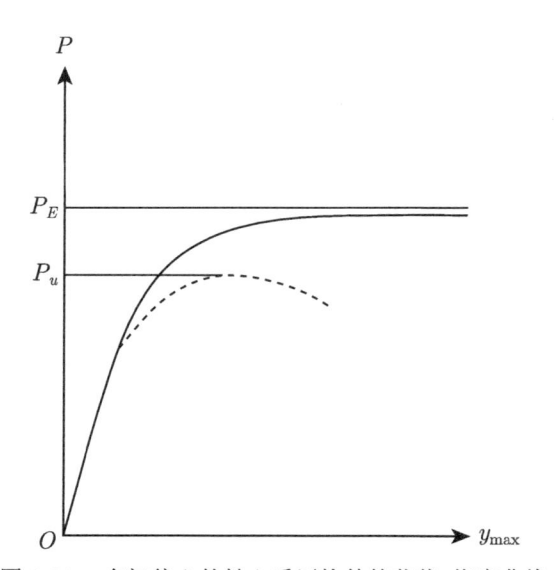

图 2.21 有初偏心的轴心受压构件的荷载-挠度曲线

2.7.3 残余应力对轴心受压构件的影响

20 世纪中期美国 Lehigh 大学 Fritz 工程结构实验室的 A. W. Huber，L. Tall 和 L. S. Beedle 等对构件中残余应力的分布和其对轴心受压构件屈曲载荷的影响进行了系统研究，发现和初始几何缺陷对轴心受压构件的影响一样，残余应力也是影响屈曲载荷的重要因素。

试验研究表明，钢材的应力–应变曲线与图 2.22 所示理想弹塑性体的应力–应变曲线 $OAA'B$ 非常接近，但是与长细比小于 10 的短柱的应力–应变曲线 OAB 则有很大差别。这种差别并不是因为短柱可能存在的几何缺陷所致，而是因为微小的几何缺陷不会对短柱产生明显的影响，经测定发现，此影响完全是由残余应力造成的。关于几种截面残余应力分布的实测资料和计算图式可见 1.2.2 节。

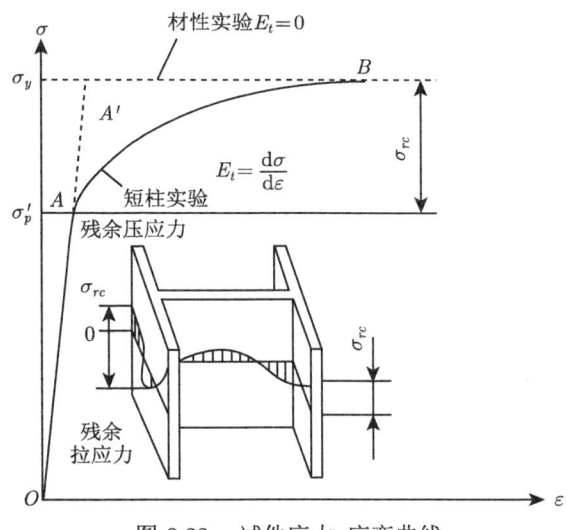

图 2.22 试件应力–应变曲线

在图 2.22 中残余压应力的最大峰值为 σ_{rc}，当短柱的平均压应力达到 $\sigma_y - \sigma_{rc}$ 时，截面的纤维首先从这里开始屈服，从而开始应力和应变之间的非线性变化，因此可以把 $\sigma'_p = \sigma_y - \sigma_{rc}$ 称为短柱的有效比例极限，如图 2.22 中 A 点的应力，以此区别钢材本身的比例极限 σ_p，以后一经考虑残余应力的影响，在 σ'_p 和 σ_y 之间钢材本身的非弹性性质就不再另外考虑了。当短柱的平均压应力 σ 小于有效比例极限 σ'_p 时，变形模量即为弹性模量 E；当 σ 大于 σ'_p 时，变形模量将是短柱试验曲线的切线模量 E_t，它取决于截面的残余应力分布。对于中等长度的轴心受压构件，当其屈曲应力超过有效比例极限时，残余应力将降低构件的抗弯刚度，从而降低屈曲载荷。

1. 短柱的应力-应变关系和切线模量

下面拟用数值法得到如图 2.22 所示短柱的平均应力超过有效比例极限后应力-应变曲线上任意一点的切线模量。为了说明在荷载作用下短柱的应力-应变曲线关系，以轧制宽翼缘 I 形钢为例说明截面应力分布的变化过程。截面的残余应力分布见图 2.23(a)，残余压应力的峰值为 σ_{rc}，位于翼缘外侧；残余拉应力的峰值为 σ_{rt}，位于翼缘与腹板的连接处，而在简化的残余应力分布图中，腹板的残余拉应力均为 σ_{rt}。在图 2.23(a) 中拉应力为正，压应力为负。在轴心压力 P 的作用下截面应力的变化过程见图 2.23(b)，在其左侧为翼缘的应力变化，而在其右侧为腹板的应力变化。为了便于运算，可以取压应力为正，拉应力为负，阴影部分表示残余应力和外力作用应力的代数和。因为截面各点的应力不同，普遍地说在计算之前可将截面划分为如图 2.23(c) 所示的许多单元，翼缘和腹板的单元面积常常并不相同。今以 A_i 表示任一单元的面积，在压力 P 的作用下，此单元的应变和应力分别为 ε_i 和 σ_i。由图 2.23(b) 可见，因 P 值的不同，此单元的应力 σ_i 可能小于屈服强度 σ_y 而处在弹性范围，也可能等于 σ_y 而已经屈服。为了确定 σ_i 之值，可以先从计算单元的应变 ε_i 着手。ε_i 是外力的轴向应变 ε_0 和残余应变 ε_{ri} 之代数和，也以压应变为正值，拉应变为负值。计算时假定钢材为理想的弹塑性体，其应力-应变关系如图 2.23(e) 所示，图中屈服应变 $\varepsilon_y = \sigma_y/E$。这样截面中任一单元的应变为

$$\varepsilon_i = \varepsilon_0 + \varepsilon_{ri} = \varepsilon_0 + \sigma_{ri}/E \tag{2.83}$$

此单元的应力 σ_i 满足

$$\text{当} \varepsilon_i \leqslant \varepsilon_y \text{时}, \quad \sigma_i = \varepsilon_i E; \quad \text{当} \varepsilon_i > \varepsilon_y \text{时}, \quad \sigma_i = \sigma_y \tag{2.84}$$

短柱的压力为

$$P = \sum \sigma_i A_i \tag{2.85}$$

短柱的截面积为 $A = \sum A_i$，其中包括了一部分已经屈服的单元面积。如果以 A_{ei} 表示弹性状态的单元面积，则截面总的弹性区面积为 $A_e = \sum A_{ei}$。截面的平均应力为 $\sigma = P/A$，当轴心压力增加量为 ΔP 时，平均应力的增量为 $\Delta \sigma = \Delta P/A$，压力的增量 ΔP 是全部由弹性区负担的，这样短柱的应变增量为 $\Delta \varepsilon = \dfrac{\Delta P}{A_e E}$，与截面的平均应力相对应的切线模量

$$E_t = \frac{d\sigma}{d\varepsilon} \approx \frac{\Delta \sigma}{\Delta \varepsilon} = \frac{\Delta P/A}{\Delta P/(A_e E)} = \frac{A_e}{A} E \tag{2.86}$$

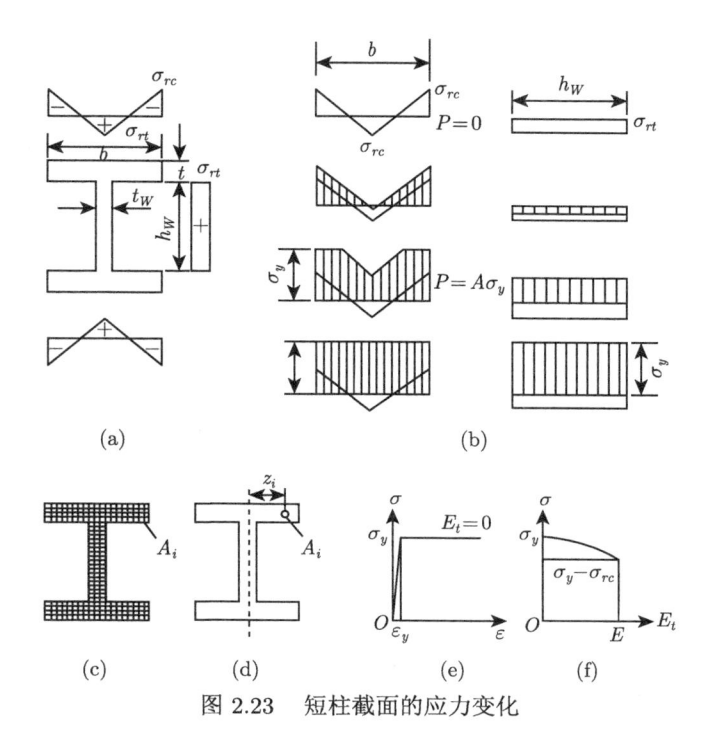

2.7 初始缺陷对轴心受压构件的影响

图 2.23 短柱截面的应力变化

从上式可以得到与短柱的试验曲线相同的结论,残余应力不仅使短柱提前进入弹塑性状态,而且将降低变形模量。平均应力超过了短柱的有效比例极限以后,应力-应变曲线上任一点的切线模量与弹性模量的比值正好是与这点的平均应力相对应截面的弹性区面积和短柱全截面面积的比值。可以把 A_e/A 称为弹性模量折减系数。

对于残余应力分布比较复杂的图式,如 1.2.2 节中的图 1.22～图 1.33 等,在已知截面各点的残余应力 σ_{ri} 或残余应变 $\varepsilon_{ri} = \sigma_{ri}/E$ 的条件下,对于如何确定与平均应力 $\sigma = P/A$ 相对应的切线模量,问题的关键是确定截面弹性区的面积 A_e。从前面的计算步骤看,先要有在 P 作用下的轴向应变 ε_0,可以用数值法通过反复试算得到。计算步骤的第一轮通常可先假定 $\varepsilon_{01} = P/(AE)$,这样由式 (2.83) 得到 ε_{i1},再由式 (2.84) 判断哪些单元已经屈服,哪些单元仍在弹性状态,这样就有了第一轮各单元的应力 σ_{i1},同时也有了这一轮的弹性区的面积 $A_e = \sum A_{ei}$。由式 (2.85) 得到 $P_1 = \sum \sigma_{i1} A_i$,如果 $|(P - P_1)/P|$ 小于容许误差,则认为满意,否则需进入第二轮计算,将轴向应变修正为 $\varepsilon_0 = \varepsilon_{01} + \dfrac{P - P_1}{A_e E}$,重复前面的计算步骤,直到满足要求为止;而后即可由式 (2.86) 确定与 σ 对应的切线模量 E_t,其

值见图 2.23(f)，图中当 $\sigma < \sigma_y - \sigma_{rc}$ 时，E_t 为常量 E。因为截面的应力分布随着压力 P 的增加是逐渐变化的，屈服单元逐渐增多，最后直至整个截面屈服，故 $\sigma\text{-}E_t$ 呈光滑曲线。

2. 轴心受压构件的弹塑性屈曲载荷

当研究的是两端铰接的挺直轴心受压构件时，为便于说明，仍以图 2.23 所示轧制宽翼缘 I 形钢截面为例，阐述弹塑性屈曲载荷的计算原理。在构件有微小弯曲时，假定截面的纤维不出现反号应变，即按照切线模量理论求解屈曲载荷。当构件的屈曲应力 $\sigma_{cr} = \pi^2 E/\lambda^2 \leqslant \sigma_y - \sigma_{rc}$ 时，构件在弹性状态屈曲；当得到的 $\pi^2 E/\lambda^2 > \sigma_y - \sigma_{rc}$ 时，构件将在弹塑性状态屈曲，这时欧拉公式不再适用。

当构件有微小弯曲时，截面任一点纤维的应变 ε_i 是轴向应变 ε_0、残余应变 $\varepsilon_{ri} = \sigma_{ri}/E$ 和弯曲应变 $z_i \Phi$ 三项之代数和；对照图 2.23(d)，z_i 是单元面积 A_i 的中心至弯曲轴的距离，Φ 是曲率 $\Phi = -y''$，如单元面积的应力在弹性状态，则其面积用 A_{ei} 表示，至弯曲轴的距离仍用 z_i 表示，这样截面上任一点的应变为

$$\varepsilon_i = \varepsilon_0 + \varepsilon_{ri} - z_i y'' \tag{2.87}$$

由于在式 (2.87) 中 $-z_i y''$ 与 $\varepsilon_0 + \varepsilon_{ri}$ 比较是一个小量，故仍以式 (2.83) 和式 (2.84) 来确定单元的应变和应力，从而断定孰是截面的弹性单元面积和屈服单元面积。计算截面的内力矩时，注意到残余应力在全截面处于自相平衡的状态和轴心压力不产生内力矩及 $E_t = 0$，因此

$$M_i = \int_A \sigma_i z \mathrm{d}A = -\left(\int_{A_e} E z_i^2 y'' \mathrm{d}A_e + \int_{(A-A_e)} E_t z_i^2 y'' \mathrm{d}A \right)$$
$$= -E y'' \int_{A_e} z_i^2 \mathrm{d}A_e = -E I_e y''$$

外力矩 $M_e = \int_A \sigma_i \mathrm{d}A y = Py$，平衡方程为

$$EI_e y'' + Py = 0 \tag{2.88}$$

解此方程得到弹塑性屈曲载荷

$$P_{cr} = \frac{\pi^2 E I_e}{l^2} = \frac{\pi^2 EI}{l^2} \times \frac{I_e}{I} \tag{2.89}$$

从上式可以得到另一个结论，残余应力将使构件提前进入弹塑性状态，降低构件的屈曲载荷，构件截面的有效惯性矩只是截面弹性区的惯性矩 I_e，而构件的

2.7 初始缺陷对轴心受压构件的影响

抗弯刚度将由 EI 降至 EI_e。可以把比值 I_e/I 称为屈曲载荷的折减系数，此折减系数与截面的形状和尺寸、弯曲轴和残余应力分布有关。不同残余应力分布对于轴心受压构件屈曲载荷的影响有很大差异，其中以位于截面外侧且具有很高残余压应力的峰值对屈曲载荷的影响最为显著。

除了截面的残余应力分布比较简单地可以用解析法得到轴心受压构件的屈曲载荷外，一般都要用数值法求解。可用电算框图表示计算的全过程，见图 2.24，把计算步骤分为如下两个运算过程。

第一个过程是先假定屈曲载荷之值为 P，像前面计算短柱的切线模量的计算步骤一样，但这里的计算目的是要确定截面的弹性单元面积和屈服区单元面积，并用式 (2.85) 检验与假定的 P 值是否一致，如果认为满意即进入第二个运算过程。

先算出弹性区的惯性矩，$I_e = \sum I_{et} + \sum A_{ei}z_i^2$，$I_{ei}$ 是弹性单元对本身轴的惯性矩，如果单元面积很小也可忽略不计。由式 (2.89) 得到 $F = \pi^2 EI_e/l^2$，再检验 F 与前面假定的 P 是否吻合，如果误差较大，可以用平均值 $(P+F)/2$ 作为第二轮计算的初始值，重复前面的计算步骤，很快可以满足要求。

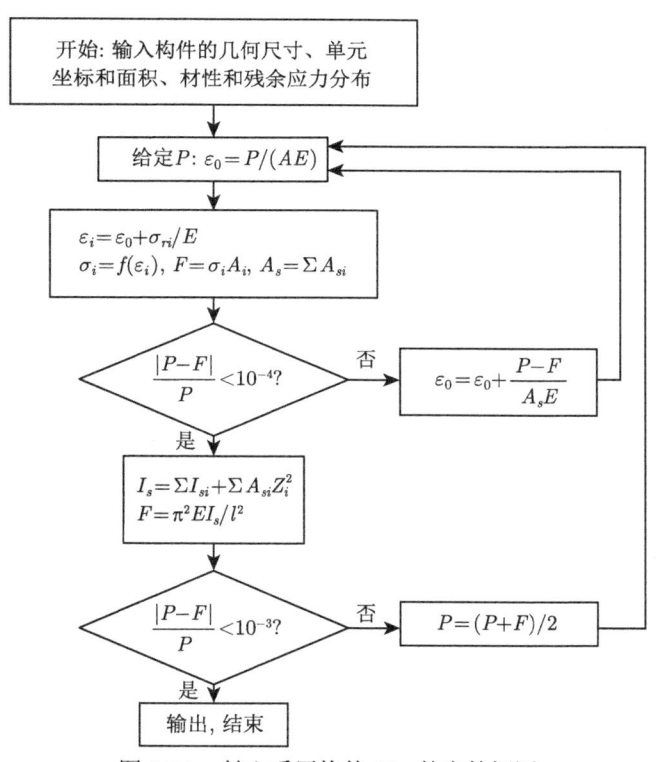

图 2.24 轴心受压构件 P_{cr} 的电算框图

2.8 轴心受压构件的稳定性能设计

2.8.1 实用轴心压杆的弹塑性稳定

前面讨论了理想轴心压杆的屈曲。事实上，由于材料、制造、安装、运输和构造等原因，任何轴心压杆都会存在初弯曲和初偏心。因此，在受力过程中，即使 $P < P_{cr}$，挠度也已经开始产生了。当 P 接近 P_{cr} 时，增加很快，如图 2.25 中的曲线 OE 所示轴心压杆中部的弯曲矢度与荷载曲线。实用压杆的失稳与理想压杆不同，不存在平衡分岔现象，即不属于屈曲失稳。实用压杆的失稳以图 2.25 中曲线 OE 的顶点为标志。压杆能承受的最大轴力称为稳定极限承载力，也称为实用轴心压杆的极限临界压力 P_u，相应的平均应力 $\sigma_u = \dfrac{P_u}{A}$ 为极限临界应力。

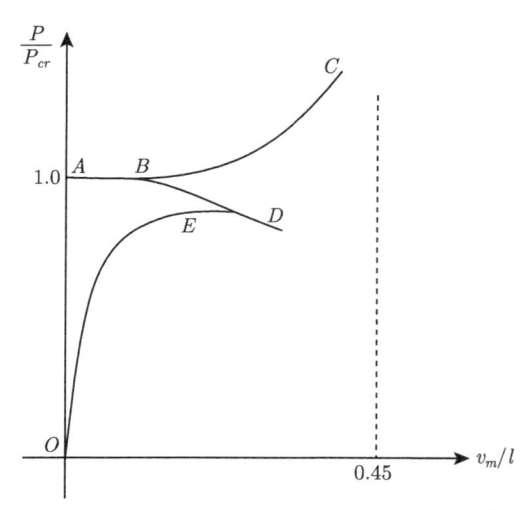

图 2.25 轴心压杆的 v_m/l 与 P 之间的关系

实用轴心压杆的受力属于偏心受压，它的稳定极限承载力可用数值分析法按偏心受压计算。理论计算表明实用轴心压杆的 σ_u 除了与杆件的长细比 λ 有关外，还与杆件的残余应力、初挠度、初偏心以及失稳的方向有关。图 2.26～ 图 2.28 分别为用百分比表示的残余应力、初弯曲和失稳方向对工字形截面实用轴心压杆稳定极限承载力的影响。在计算时，均以残余压应力 $\sigma_{rc} = -74.53\text{MPa}$ (图 2.29)，杆中央初挠度 $v_{om}/l = 0.001$ 这种情况为 100%，图中横坐标采用 $\bar{\lambda} = \lambda \sqrt{\dfrac{f_y}{\pi^2 E}}$，纵坐标中，$P$ 为绕 x-x 轴弯曲失稳的极限承载力，$P_{\sigma r=0}$，$P_{v_{om}=0}$ 和 $P_{y\text{-}y}$ 分别为残余应力 $\sigma_r = 0$，初挠度 $v_{om} = 0$ 和绕 y-y 轴弯曲失稳时的极限承载力。

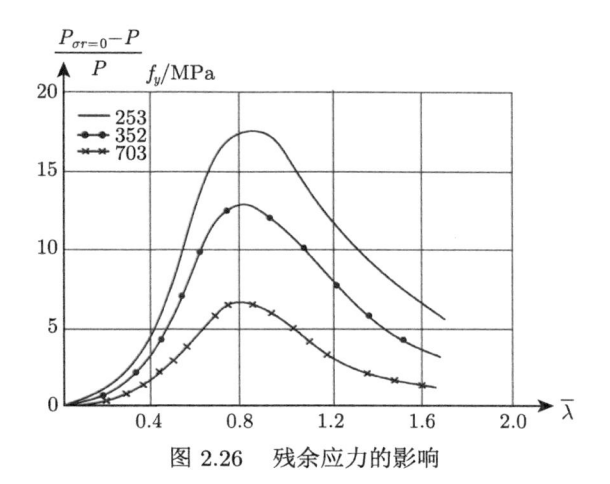

2.8 轴心受压构件的稳定性能设计

图 2.26 残余应力的影响

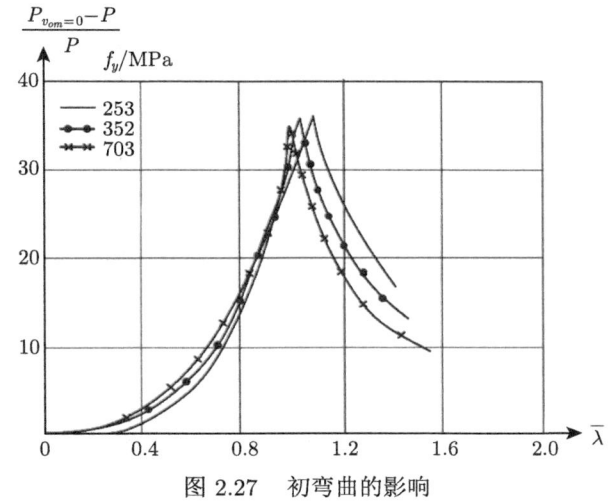

图 2.27 初弯曲的影响

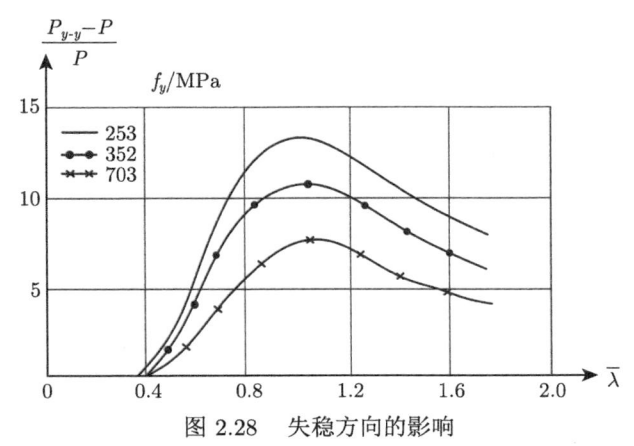

图 2.28 失稳方向的影响

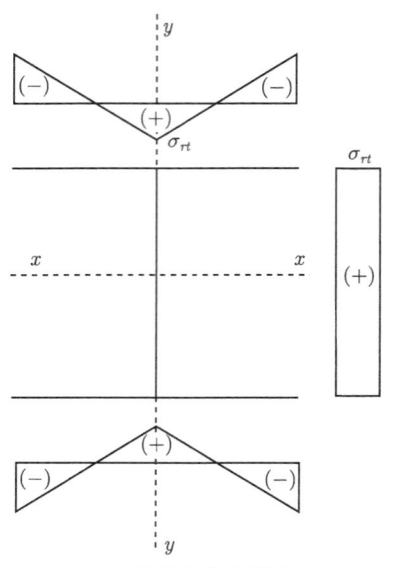

图 2.29 截面形状及其残余应力

轴心压杆稳定极限承载力与这些因素有关这一事实，实际上在实验数据中早已有所反映，图 2.30 为轴心压杆的一些试验数据。在弹塑性范围，试验数据是很分散的，这说明轴心压杆的稳定极限应力除受相对长细比 λ 影响外，还受到其他因素的影响。虽然对轴心压杆的研究已有 300 多年，但真正认识这一点并能从理论上说明各种因素的影响，还只是 20 世纪 50 年代末电子计算机开始使用以后的事情。这种状况当然会反映在如何确定实用轴心压杆的 σ_u-λ 曲线 (一般称为柱子曲线) 的问题上。最明显的就是，长期以来，差不多所有的研究者都只致力于寻求

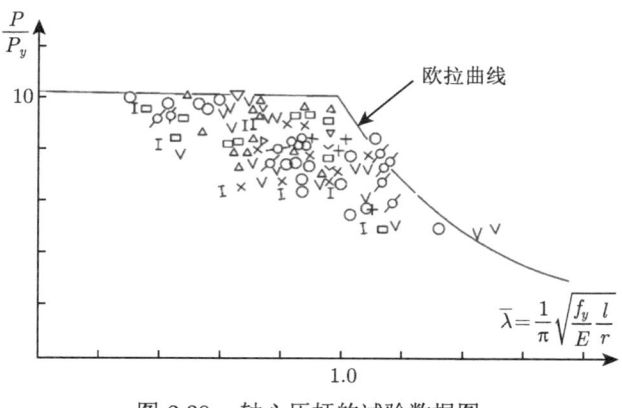

图 2.30 轴心压杆的试验数据图

一条合适的 σ_u-λ 曲线 (即认为 σ_u 只是 λ 的函数)。只是在 20 世纪 60 年代才开始提出应根据截面形状、尺寸、制造过程和材料屈服强度的不同，采用多条 σ_u-λ 曲线。

2.8.2 轴心受压构件承载力设计

可以用图 2.31 所示两端铰接的轴心受压构件的荷载–挠度曲线概括地说明在前面已经阐明了的构件性能。对于挺直的理想轴心受压构件，如图 2.31(b) 所示，其弹性弯曲屈曲载荷为欧拉荷载 P_E，其挠度曲线从分岔点出发为一水平线 a；对于有初始几何缺陷 v_0 的轴心受压构件，如图 2.31(c) 所示，但不计残余应力影响，有弹性荷载–挠度曲线，其渐近线即为上述水平线 a；实际上从 A' 点开始在中央截面的边缘纤维屈服，此时的荷载为 P'_e，它有弹塑性荷载–挠度曲线 c；对于无几何缺陷但具有残余应力的挺直构件，小于欧拉荷载 P_E 的切线模量荷载 P_t 在构件曲后可能略有提高，如曲线 d；实际的轴心受压构件即存在残余应力又有初始几何缺陷 v_0，其荷载–挠度曲线为 e，从 A 点开始截面受压最大的纤维就屈服，进入弹塑性状态，曲线有上升段和下降段并有极值点 B，故属于极值点失稳问题，其极限荷载 P_u 表示构件的实际承载力。

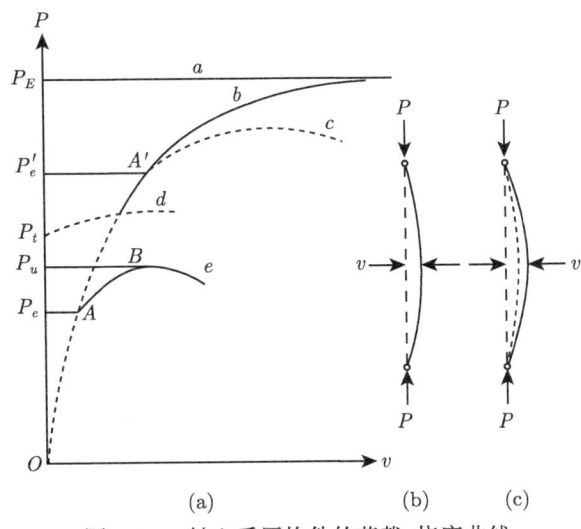

图 2.31 轴心受压构件的荷载–挠度曲线

图 2.32 给出了 $\bar{\sigma}_u$-λ 曲线，属于屈服强度 $\sigma_y = 235\text{MPa}$ 的焊接 I 形截面轴心受压构件，考虑了残余应力和具有矢高为构件长度 1/1000 的初弯曲，因弯曲轴方向和长细比不同，构件具有不同的极限应力 σ_u 与屈服强度 σ_y 的比值。由图可知，当长细比在 50～140 时，绕 x 轴弯曲的 σ_u 值与绕 y 轴弯曲的 σ_y 值之间

的差别都在 10%以上，其中当长细比在 60~100 时其差别高达 20%。针对在不同条件下轴心受压构件存在着性能上的差异和不同时期的研究成果，钢结构设计规范对于这种构件的稳定计算有以下三种不同的处理方法。

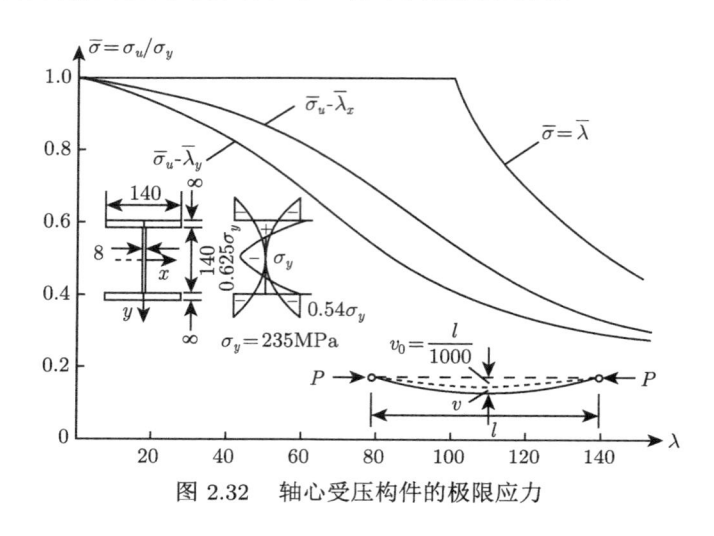

图 2.32 轴心受压构件的极限应力

1. 以分岔屈曲载荷为准则确定轴心受压构件的稳定系数

轴心受压杆弹性屈曲后到达极限承载力状态时承载力增加量较少，可忽略不计。其承载力在弹性阶段用欧拉荷载 P_E，在弹塑性阶段用切线模量屈曲载荷 P_t 作为计算轴心受压构件的依据。对于残余应力的影响，以典型截面的残余应力作为理论分析的依据，具体应用时又作了调整，如 20 世纪 60 年代美国柱研究委员会曾用 8in(1in=0.0254m) 宽翼缘 I 形钢作为理论分析的依据，其残余压应力的峰值为 $0.3f_y$，但美国钢结构协会 (AISC) 在制订容许应力的柱曲线时，将残余压应力的峰值提高到 $0.5f_y$，这样有效比例极限正好是 $0.5f_y$，在 f'_p 和 f_y 之间采用二次抛物线过渡得到弹塑性屈曲应力 σ_{cr}。我国过去的钢结构设计规范 TJ17—74 则根据双角钢和焊接 I 形钢的轴心受压杆的试验资料，概括出了有效比例极限，$f'_p = 0.57f_y$，在 f'_p 和 f_y 之间的弹塑性屈曲应力 σ_{cr} 也用二次抛物线过渡。对于几何缺陷的影响，则应用了随构件长细比而变化的安全系数 K_2，将屈曲应力 σ_{cr} 予以折减，轴心受压构件的稳定系数是比值 $\varphi = \dfrac{\sigma_{cr}}{K_2 f_y}$，此比值也可称为轴心受压构件的强度折减系数[6]。在数值分析、科研和模型试验中，不考虑初始几何缺陷和残余应力的实用结构的弹性屈曲安全系数约定俗成地取 4.0，一般认为当结构的弹性屈曲系数不小于 4.0 就不会发生失稳事故。

"结构的弹性屈曲系数不小于 4.0" 到底是如何提出来的？据考证，英国皇家委员会 (1840 年) 规定各种房屋的安全系数为 4，以考虑结构荷载和材料强度的

2.8 轴心受压构件的稳定性能设计

不可认知性；鉴于铁路桥梁对动荷载和材料强度具有更多的未知性，建议安全系数采用 6。结构稳定安全系数取 4 的最早资料见 и.к. 司尼托考著《材料力学习题集》(干光瑜等译，季文美校订，1953 年 8 月商务印书局出版)，书内有一例题，例题编号 342：一受压缩力 $P = 750\text{KI}$，长为 830mm 的压缩计计数杆，应该用强度安全系数 $k = 4$ 来计算。求出杆的直径，假设它与一端铰支而另一端固定的杆的工作一样，弹性系数 $E = 2.10^6 \text{KГ/CM}^2$，答案为 $d = 18_{MM} = 2\sqrt[4]{\dfrac{4kPl^2}{2\pi^3 E}}$。这是已有文献中最先提出压杆采用安全系数 4.0 的文献。从这一点看，该处的安全系数取值仅仅是一种应力水平的限制，结构稳定的安全系数取 4.0 缺乏理论依据。关于结构第一类稳定的安全系数的详细论证见 8.1 节。

2. 以截面边缘纤维屈服为准则确定轴心受压构件的稳定系数

这种计算方法不计残余应力的影响，用适当的几何缺陷按照弹性理论计算轴心受压构件。在轴心压力 P 和初弯曲产生的二阶弯矩 $Pv_0/(1-P/P_E)$ 的共同作用下，计算出此构件中央截面的边缘纤维开始屈服时的荷载 P'_e(称为这种状态的临界荷载)，以此作为稳定计算的准则。应用这一准则时，根据构件的实际受力条件 (参看 4.5.1 节)，对失稳时塑性发展不多的冷弯薄壁型钢构件，此临界荷载十分接近于极限荷载，而计算又较方便。但实际上截面边缘纤维屈服并非真正的稳定准则。按照弹性理论可以由下式解得 P'_e：

$$\dfrac{P}{A}\left[1+\dfrac{v_0}{\dfrac{W}{A}\left(1-\dfrac{P}{P_E}\right)}\right]=\dfrac{P}{A}\left[1+\dfrac{\varepsilon_0}{\left(1-\dfrac{P\lambda^2}{\pi^2 EA}\right)}\right]=f_y \qquad (2.90)$$

式中，$\varepsilon_0 = \dfrac{v_0}{W/A} = v_0/\rho$ 称为相对初弯曲，此处的 ρ 为截面的核心距，而初弯曲的矢高 v_0 根据实测的统计资料约为构件长度的 $1/1000 \sim 1/500$，如以 $v_0 = l/n$ 表示，则 $\varepsilon_0 = l/(n\rho) = \lambda_i/(n\rho)$。回转半径 i 与核心距 ρ 的比值主要取决于截面的形状，还与弯曲轴有关，对于 I 形截面，绕强轴弯曲时 $i_x/\rho_x = 1.16 \sim 1.25$，绕弱轴弯曲时 $i_y/\rho_y = 2.10 \sim 2.5$，显然此比值越大，由上式得到的临界荷载 P'_e 之值越小。此值还与长细比有关，最小的 P'_e 发生在 $\bar{\lambda} = 1.0 \sim 1.2$ 处。用构件的平均应力 $\sigma_{cr} = P'_e/A$ 作为边缘纤维屈服准则的临界应力时，稳定系数 $\varphi = \sigma_{cr}/f_y$ 可由式 (2.90) 得到。如以 $\bar{\lambda} = \sqrt{f_y/\sigma_E} = \dfrac{\lambda}{\pi}\sqrt{f_y/E}$ 表示构件的相对长细比，则可解得

$$\varphi = [1+(1+\varepsilon_0)/\bar{\lambda}^2]/2 - \sqrt{[1+(1+\varepsilon_0)/\bar{\lambda}^2]^2/4 - 1/\bar{\lambda}^2} \qquad (2.91)$$

上式称为 Perry-Robertson 公式。20 世纪 70 年代以前，西欧很多国家都采用这种计算方法来确定 φ 值。我国冷弯薄壁型钢结构技术规程 TJ 18—75 和 GBJ 18—87 也采用了式 (2.91) 作为稳定系数的表达式。对于冷弯薄壁型钢截面残余压应力的影响，确定系数 φ 时未予考虑。但是有些不十分长的构件可能在构件失稳之前因板件局部凸曲而影响临界荷载，同时截面形式的多样性也影响 φ 值，经分析比较，可选定与相对长细比 $\bar{\lambda}$ 有关的合适的 ε_0 值作为计算 φ 值的依据，此时 ε_0 已不仅与构件的初弯曲有关，而是综合了多种截面的等效缺陷或称等效偏心率，其值见后面的表 2.5。图 2.33 画出了冷弯薄壁型钢轴心受压构件的 φ-$\bar{\lambda}$ 曲线，图中给出了中南建筑设计院和湖南大学等单位提供的几种截面轴心受压构件的试验结果。从图中可知，除极少数试件因几何缺陷较突出，数据偏低外，一般均高于曲线。图 2.33 中的单轴对称截面轴心受压构件的长细比采用了考虑弯扭屈曲影响的换算长细比 (见 4.5.3 节)。

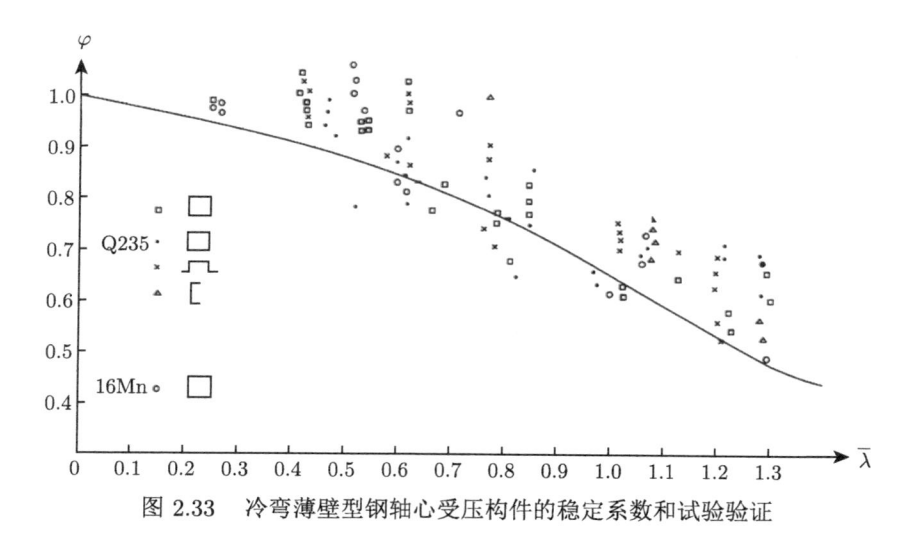

图 2.33 冷弯薄壁型钢轴心受压构件的稳定系数和试验验证

按照组成构件中板件宽厚比不同，可以将截面划分为厚实的 (compact)、非厚实的 (noncompact) 和柔薄的 (slender) 三类 [2]。在普通钢结构中对于宽敞的截面采用柔薄的腹板以节约钢材。冷弯薄壁型钢则均由柔薄的板件组成。计算柔薄截面轴心受压构件的承载力时需将其屈曲强度折减，常用的设计方法是以有效截面代替构件的全截面。4.5.3 节提供了全面考虑轴心受压构件稳定设计的计算流程。

GB50018—2002 关于轴心受压构件稳定设计公式如下，考虑到板件曲后对构件承载力的影响，公式中的截面积采用有效截面面积 [9]：

$$\frac{P}{\varphi A_e} \leqslant f \tag{2.92}$$

2.8 轴心受压构件的稳定性能设计

式中,P 为计及荷载分项系数的轴心压力;f 为计及抗力分项系数的钢材强度设计值;A_e 为构件的有效截面面积;稳定系数 φ 值的确定均按照构件的毛截面计算,对于单轴对称截面轴心受压构件,φ 值的确定要考虑到发生弯扭屈曲的可能性,其计算方法将在第 4 章论述。

3. 以构件的极限荷载为准则确定轴心受压构件的稳定系数

一般轴心受压构件既有残余应力的影响,还存在着初弯曲和初偏心,因此属于极值点失稳问题。失稳发生在弹塑性状态,应该按照第 4 章压弯构件极限荷载理论确定 P_u 值。

只要知道钢材的 f_y 和 E、截面的几何形状和尺寸、截面的残余应力分布、构件的长度、初弯曲和端部约束条件,在给定弯曲轴的条件下就可以按照极限荷载理论用数值分析方法得到构件的极限载荷。为了验证此理论,曾将足尺寸试件按照上述基本条件,用数值积分法得到试件的极限荷载,经与相同条件的试验结果作比较,得知其差别普遍地在试验值的 5% 以内。数值积分法及其计算步骤可见第 4 章。截面的极限应力 $\sigma_u = P/A$,相应的稳定系数是比值 $\varphi = \sigma_u/f_y$。因为构件主要承受轴心压力,故将有关设计中的计算方法放在这里说明。美国 Lehigh 大学曾利用 56 根轴心受压构件的实测资料,包括截面的残余应力和钢材的屈服强度,考虑矢高比为 1‰ 构件长度的初始弯曲,用极限荷载理论得到了 112 条方柱 $\bar{\sigma}_u$-$\bar{\lambda}$ 曲线[10],在此基础上美国结构稳定委员会 (SSRC) 于 1976 年正式提出按照截面等因素划分为三条柱曲线[11]。加拿大 1989 年在房屋钢结构设计规范中采用了其中的 1 和 2 两条曲线。J. Rondal 和 R. Maquoi 于 1979 年将这三条曲线的 φ 值套用了表达式 (2.91),经试算获得了它们的等效缺陷值,当 $\bar{\lambda} > 0.15$ 时,它们分别为 $0.103(\bar{\lambda} - 0.15)$、$0.293(\bar{\lambda} - 0.15)$、$0.622(\bar{\lambda} - 0.15)$[12]。考虑到在实用的轴心受压构件中,残余应力和初始弯曲的不利影响并非总是重叠在一起的,美国钢结构协会于 1986 年和 1999 年建议的荷载抗力系数法 (AISC-LRFD) 对轴心受压柱的稳定系数采用了单条曲线[13]。该曲线以上述第二条曲线的 φ 值为参考,考虑了构件两端约束的有利影响,即计入了构件的计算长度系数为 0.96,初始弯曲的矢高取构件长度的 1/1500,稳定系数的表达式分别采用了两个不同的曲线公式,即当 $\bar{\lambda} \leqslant 1.5$ 时,$\varphi = 0.658^{\bar{\lambda}^2}$,当 $\bar{\lambda} > 1.5$ 时,$\varphi = 0.877/\bar{\lambda}^2$,此稳定系数相当于欧拉值除以常数 K_2,而 K_2 为 1.14。

美国国家标准协会 (ANSI/AISC 360—05) 于 2005 年改用:当 $\bar{\lambda} \leqslant 4.71\sqrt{E/f_y}$ 时,或当 $f_E \geqslant 0.44 f_y$ 时,$\varphi = (0.658)^{f_y/f_E}$;当 $\bar{\lambda} > 4.71\sqrt{E/f_y}$ 时,或当 $f_E < 0.44 f_y$ 时,$\varphi = 0.877 f_E/f_y$。

欧洲钢结构协会 (ECCS) 则按统一的试验标准有计划地做了多种截面共 1067

根试件的试验，在此基础上以五类截面的残余应力分布图式，并计及了构件 1‰ 的初始弯曲，按极限荷载理论得到了五条 $\bar{\sigma}_u$-$\bar{\lambda}$ 曲线[14,15]。每条曲线均接近于同类试件的平均值减去两倍均方差，再将 $\bar{\sigma}_u$ 代替式 (2.91) 中的 φ 以换算出等效偏心率 ε_0，而后取其近似值。如表 2.5 所示，当 $\bar{\lambda} \leqslant 0.2$ 时，取 $\varphi = 1.0$。曲线 a^0 适用于 $f_y \geqslant 430\mathrm{MPa}$、翼缘厚度 $t \leqslant 40\mathrm{mm}$、高宽比大于 1.2、残余应力分布较有利且绕强轴弯曲的轧制 I 形钢；曲线 d 适用于翼缘厚度 $t > 80\mathrm{mm}$、残余压应力分布沿厚度有很大变化的轧制宽翼 I 形钢。GB50017—2017 关于轴心受压构件的稳定系数是按照极限荷载理论用逆算单元法，计及了构件长度 1‰ 的初弯曲，考虑了几种典型截面和其残余应力分布，计算了 96 条 $\bar{\sigma}_u$-$\bar{\lambda}$ 曲线[16]，按同类截面的平均值划分为 a、b 和 c 三组[17]，其值与 ECCS 三条曲线比较接近，最后也采用等效偏心率的方法用式 (2.91) 表达 φ 值[18]，ε_0 的值也见表 2.5。需要说明的是，采用等效偏心率后，式 (2.91) 实际上已不再是截面边缘纤维屈服的计算准则，而是以 P_u 为准则，但借用它来拟合 φ 值的计算公式[19]。对于翼缘厚度在 40mm 以上且具有轧制边的焊接 I 形截面绕弱轴弯曲和厚度大于 80mm 且 $b/h > 0.8$ 热轧 I 形钢，我国高层民用建筑钢结构技术规程之值见表 2.5。JGJ99—98 建议 φ 用更低的 d 曲线[20]。

表 2.5　轴心受压构件的等效偏心率

设计规范	适用条件	ε_0	备注
GB50018—2002 (Q235 钢)	$\bar{\lambda} \leqslant 0.5$ $0.5 < \bar{\lambda} \leqslant 1.0$ $\bar{\lambda} > 1.0$	$0.25\bar{\lambda}$ $0.05 + 0.15\bar{\lambda}$ $0.05 + 0.15\bar{\lambda}^2$	
ECCS	a^0 a $\bar{\lambda} \geqslant 0.2, b$ c d	$0.13(\bar{\lambda} - 0.2)$ $0.21(\bar{\lambda} - 0.2)$ $0.34(\bar{\lambda} - 0.2)$ $0.49(\bar{\lambda} - 0.2)$ $0.76(\bar{\lambda} - 0.2)$	$\bar{\lambda} \leqslant 0.2, \varphi = 1.0$
GB50017—2002	$\bar{\lambda} > 0.215, a$ b $0.215 < \bar{\lambda} \leqslant 1.05, c$ $\bar{\lambda} > 1.05, c$	$0.152\bar{\lambda} - 0.014$ $0.300\bar{\lambda} - 0.035$ $0.595\bar{\lambda} - 0.094$ $0.302\bar{\lambda} + 0.216$	$\bar{\lambda} \leqslant 0.215$　$\varphi = 1 - 0.41\bar{\lambda}^2$ $\varphi = 1 - 0.65\bar{\lambda}^2$ $\varphi = 1 - 0.73\bar{\lambda}^2$
JGJ 99—98	$0.215 < \bar{\lambda} \leqslant 0.8, d$ $\bar{\lambda} > 0.8, d$	$0.81\bar{\lambda} - 0.068$ $0.35\bar{\lambda} + 0.300$	$\bar{\lambda} \leqslant 0.215, \varphi = 1 - 2.163\bar{\lambda}^2$
日本福本唏士等建议	$\bar{\lambda} > 0.2, G1$ $G2$ $G3$	$0.089(\bar{\lambda} - 0.2)$ $0.224(\bar{\lambda} - 0.2)$ $0.432(\bar{\lambda} - 0.2)$	$\bar{\lambda} \leqslant 0.2, \varphi = 1.0$

图 2.34 画出了与 b 和 c 曲线有关的西安建筑科技大学和中国铁道科学研究院在 20 世纪 70 年代初所做的双角钢、轧制 I 形钢和焊接 I 形钢轴心受压构件的试验结果[2]。这批试件有较明显的几何缺陷，而且 Q235 钢的焊接 I 形截面的焊

2.8 轴心受压构件的稳定性能设计

脚尺寸过大 (腹板厚度 $t_w = 5\text{mm}$，而焊脚尺寸 $h_f = 6\text{mm}$)，使绕弱轴弯曲的 ϕ 值偏低。图 2.35 为我国钢结构设计规范 (GBJ17—88) 所采用的多条柱子曲线与试验值。

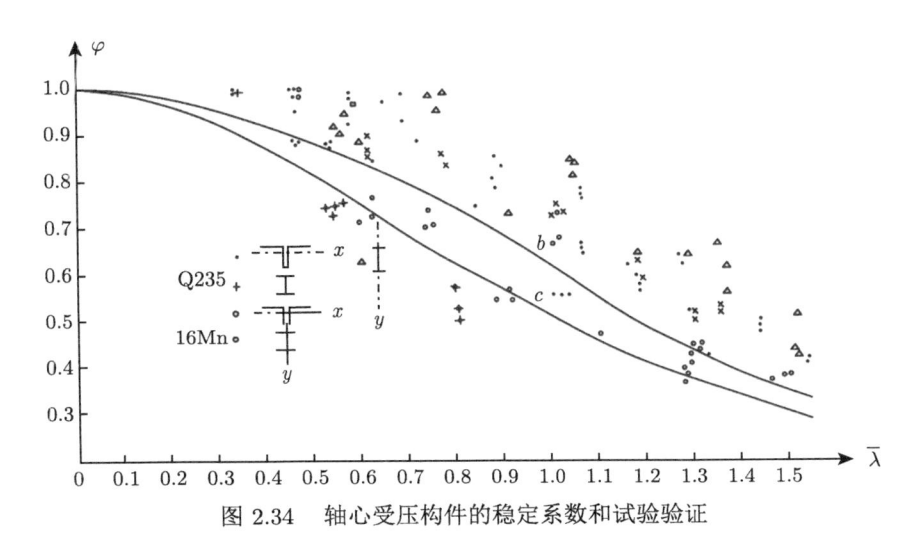

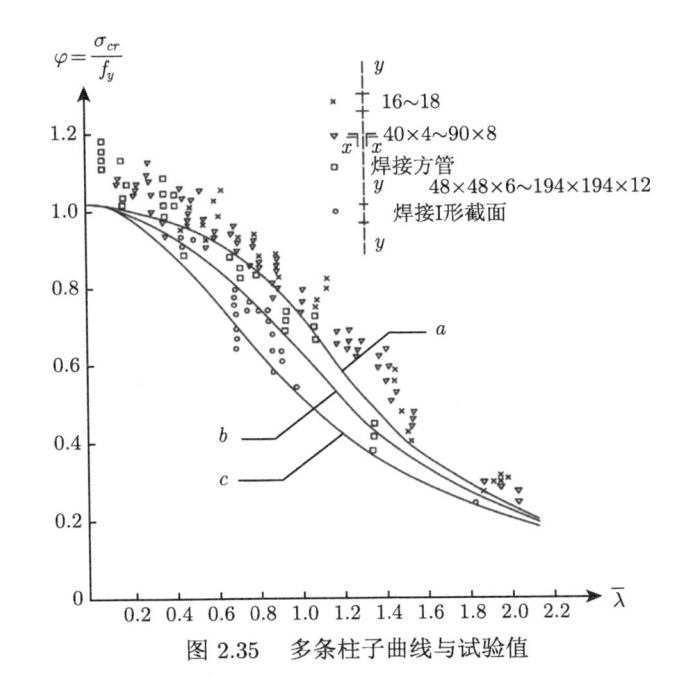

图 2.34 轴心受压构件的稳定系数和试验验证

图 2.35 多条柱子曲线与试验值

日本福本唔土和伊藤义人也建议了三条柱曲线[21−24]。他们是根据试验数据库已储存的 1665 个轴心受压构件的试验资料，其中有西欧几个国家的 1018 个、北美的 137 个和日本的 510 个，包括了轧制和焊接 H 形截面、焊接箱形截面、矩形和圆管截面、实心圆截面、T 形截面、钢与混凝土组合截面，用数理统计的方法提出了一组新的柱曲线，称为 G1、G2、G3，共三类 [25,26]。它们的等效缺陷见表 2.5。各国多条柱曲线之间的近似关系可见表 2.6。设计者可以从截面的分类表 2.7 找到与不同的柱曲线相对应的截面。图 2.36 给出了 SSRC No.1, No.2, No.3 和 ECCS a^0, a, b, c, d 柱曲线的比较，图中还同时给出了轧制 H 形截面和焊接圆管截面试件的平均值 M 和标准差 S 及其上限 $M+2S$ 和下限 $M-2S$。

表 2.6 柱曲线之间的近似关系

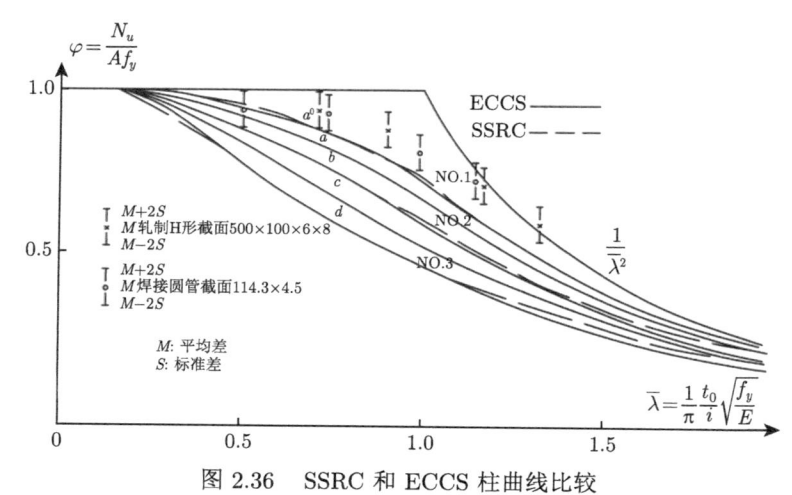

序号	各类柱曲线			
1	ECCS a^0		SSRC No.1	G1
2	ECCS a	GB 50017 a		G2
3	ECCS b	GB 50017 b	SSRC No.2	
4	ECCS c	GB 50017 c		G3
5	ECCS d	GB 50017 d	SSRC No.2	

图 2.36 SSRC 和 ECCS 柱曲线比较

GB 50017—2003 关于轴心受压构件稳定计算的公式是

$$\frac{P}{\varphi A} \leqslant f \tag{2.93}$$

稳定系数 φ 应根据表 2.7 的截面分类并按照规范中的附录 3 采用。在上式中 A 是构件的毛截面面积。

ANSI/AISC 360-05 LRFD 2005 轴心受压构件的设计公式是

$$P \leqslant \phi_c P_u = \phi_c \varphi A f_y \quad (\text{柱的抗力分项系数} \phi_c = 0.9) \tag{2.94}$$

2.8 轴心受压构件的稳定性能设计

表 2.7 轴心受压构件的截面分类

设计规范或建议	柱曲线	截面形式和对应的弯曲轴
SSRC	No.1	○ □ 轧制截面
	No.2	焊接截面 x 轻型 x 翼缘焰切边
	No.3	x 重型 x 翼缘轧制边
ECCS	a^0 a b c d	x $\dfrac{h}{b}>1.2$, $t\leqslant 40\text{mm}$, $f_y\geqslant 430\text{MPa}$ ○ x $\dfrac{h}{b}>1.2$ $t\leqslant 40\text{mm}$ □ $\dfrac{h}{b}>1.2$ $t\leqslant 40\text{mm}$ x $\dfrac{h}{b}>1.2$ $40\text{mm}<t\leqslant 80\text{mm}$ x $t\leqslant 40\text{mm}$ 翼缘焰切边 $\dfrac{h}{b}>1.2$ $40\text{mm}<t\leqslant 80\text{mm}$ $t\leqslant 40\text{mm}$ 翼缘轧制边 x $t>40\text{mm}$ x x x $\dfrac{b}{t}<30$ x $t>80\text{mm}$ $t>40\text{mm}$

续表

设计规范或建议	柱曲线	截面形式和对应的弯曲轴
GB50017—2022	a b c	$\dfrac{b}{h} \leqslant 0.8$ (x轴) ○ $\dfrac{b}{h} \leqslant 0.8$ (y轴); x轴; 翼缘轧制边 翼缘焰切边 $t \leqslant 40$ (x轴); y轴; □ x; ○ 翼缘轧制边 $t \leqslant 40$; y轴; $t > 40$ 翼缘焰切边
JGJ 99—98	d	$\dfrac{b}{h} > 0.8$, $t > 40\text{mm}$, $t > 80\text{mm}$ 翼缘轧制边
日本	G1 G2 G3	○ □ □ ; $t \leqslant 40\text{mm}$ (x轴) $t \leqslant 40\text{mm}$ (x,y轴); ∧; x轴; $t > 40\text{mm}$, $f_y > 40\text{N/mm}^2$ $t > 40\text{mm}$ (x轴); $t > 40\text{mm}$ (x轴)
	a	$h/b > 1.2$, $t_f \leqslant 4\text{cm}$, 绕y屈曲, 热轧; ○; □; □ 热轧

2.8 轴心受压构件的稳定性能设计

续表

设计规范或建议	柱曲线	截面形式和对应的弯曲轴
JTGD64—2015	b	热轧：$h/b>1.2$，$t_f<4\text{cm}$，绕 z 轴屈曲；$4\text{cm}<t_f\leqslant 10\text{cm}$，绕 y 屈曲；$h/b\leqslant 1.2$，$t_f\leqslant 10\text{cm}$，绕 y 轴屈曲。焊接：$t_f\leqslant 4\text{cm}$，绕 y 轴屈曲。
	c	热轧：$h/b>1.2$，$4<t_f\leqslant 10\text{cm}$，绕 z 轴屈曲；$h/b\leqslant 1.2$，$t_f\leqslant 10\text{cm}$，绕 z 轴屈曲。焊接：$t_f\leqslant 4\text{cm}$，绕 z 轴；$t>4\text{cm}$，绕 y 轴；宽焊缝 $h_f>0.5t_f$，$b/t_f<30$，$h/t_w<30$。冷弯（圆形、方形、矩形截面）。
	d	焊接：$t_f>4\text{cm}$，绕 z 轴。

前已述及，截面边缘纤维开始屈服并非是确定轴心受压构件承载力的真正稳定准则。按照美国冷弯薄壁型钢结构设计规范 AISI 96 的规定，冷弯薄壁型钢轴心受压构件的稳定系数采用了和 AISC LRFD 99 相同的柱曲线，只是按照式 (2.94) 计算时，式中的毛截面面积应改用有效截面面积 A_e，但确定 φ 值时仍用毛截面面积，而 $\varphi_c = 0.85$。

对于单轴对称截面，如为冷弯薄壁单角钢轴心受压构件，绕非对称轴弯曲时弯曲使两角钢尖受压后发生的弯扭屈曲失稳载荷远小于弯曲使角钢棱受压后的弯曲失稳极限荷载，因此 NAS AISC 2001 规定设计柔薄的而非厚实的单角钢轴心受压构件时应额外增加一使角钢尖受压的弯矩 $M_x = Pl/1000$，然后按照压弯构件设计。澳大利亚冷弯型钢结构设计规范 AS/NZS4600—1996 采用了和 NAS AISC 2001 相同的设计方法。

ECCS 的设计公式是

$$P \leqslant P_u = \varphi A f_y \tag{2.95}$$

日本建筑学会制定的钢结构设计指针 AIJ98，建议轴心受压构件的稳定计算采用单条柱曲线，柱的抗力分项系数采用与柱的相对长细比 $\bar{\lambda}$ 有关的变量 ϕ_c，但在该设计指针中未明文规定 ϕ_c 的计算方法，而在 AIJ90b(草案) 中有 ϕ_c 的计算公式。

当 $\bar{\lambda} = \dfrac{\lambda}{\pi}\sqrt{\dfrac{f_y}{E}} < \bar{\lambda}_p = 0.15$ 时

$$\begin{gathered} \varphi = 1.0, \quad \phi_c = 0.9 \\ P \leqslant \phi_c P_u = \phi_c A f_y \end{gathered} \tag{2.96}$$

当 $\bar{\lambda}_p < \bar{\lambda} \leqslant \bar{\lambda}_e = \dfrac{1}{\sqrt{0.6}} = 1.291$ 时

$$\phi_c = 0.9 - 0.05\dfrac{\bar{\lambda} - \bar{\lambda}_p}{\bar{\lambda}_e - \bar{\lambda}_p} \varphi = 1 - 0.5\dfrac{\bar{\lambda} - \bar{\lambda}_p}{\bar{\lambda}_e - \bar{\lambda}_p} P \leqslant \phi_c P_u = \phi_c \left(1 - 0.5\dfrac{\bar{\lambda} - \bar{\lambda}_p}{\bar{\lambda}_e - \bar{\lambda}_p}\right) A f_y \tag{2.97}$$

当 $\bar{\lambda} > \bar{\lambda}_e$ 时

$$\phi_c = 0.85 P \leqslant \phi_c P_u = \phi_c P_E / 1.2 \tag{2.98}$$

式中，$P_E = \dfrac{f_y}{\bar{\lambda}^2} A$，亦即 $\varphi = \dfrac{1}{1.2\bar{\lambda}^2}$。

公路钢结构桥梁设计规范 (JTG D64—2015) 关于轴心受压构件的稳定计算应考虑板件局部失稳与整体失稳的相关影响，近似采用有效截面和整体稳定系数的方法分别计算局部稳定和整体稳定对构件承载力的影响[27]。

2.8 轴心受压构件的稳定性能设计

当毛截面与有效截面的形心不同时，应考虑有效截面偏心对构件强度和稳定承载力的影响。当轴力和截面沿构件长度方向有变化时，应考虑其对杆件稳定的影响。

轴心受压构件的整体稳定应满足下式要求：

$$\gamma_0 \left(\frac{N_d}{\chi A_{\text{eff},c}} + \frac{Ne_z}{W_{y,\text{eff}}} + \frac{Ne_y}{W_{z,\text{eff}}} \right) \leqslant f_d \tag{2.99}$$

式中，γ_0 为结构重要性系数；N_d 为轴心压力设计值，当压力沿轴向变化时取构件中间 1/3 部分的最大值；$A_{\text{eff},c}$ 为考虑局部稳定影响的有效截面面积；e_y、e_z 分别为有效截面形心在 z 轴、y 轴方向距离毛截面形心的偏心距，如图 2.37 所示；$W_{y,\text{eff}}$、$W_{z,\text{eff}}$ 分别为考虑局部稳定影响的有效截面相对于 z 轴和 y 轴的截面模量。

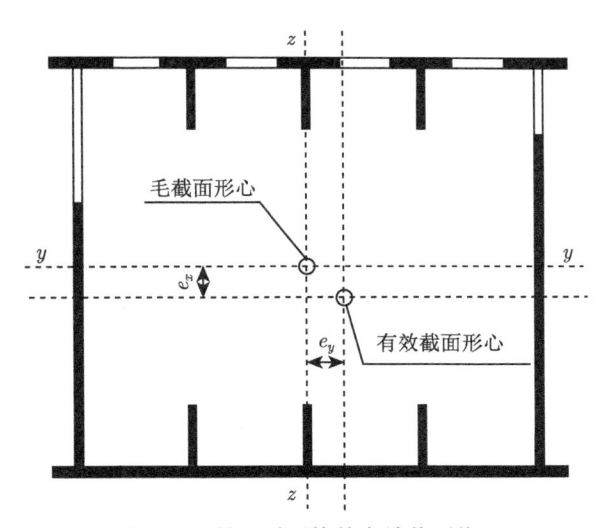

图 2.37 轴心受压构件有效截面偏心

χ 为轴心受压构件整体稳定折减系数，取两主轴方向的较小值，根据构件的长细比、钢材屈服强度和表 2.7、表 2.8 的截面分类按下式计算：

$$\begin{cases} \bar{\lambda} \leqslant 0.2, \quad \chi = 1 \\ \bar{\lambda} > 0.2, \quad \chi = \dfrac{1}{2} \left\{ 1 + \dfrac{1}{\bar{\lambda}^2}(1+\varepsilon_0) - \sqrt{\left[1 + \dfrac{1}{\bar{\lambda}^2}(1+\varepsilon_0)\right]^2 - \dfrac{4}{\bar{\lambda}^2}} \right\} \end{cases} \tag{2.100}$$

其中，相对长细比 $\bar{\lambda}$ 按下式计算：

$$\bar{\lambda} = \sqrt{\frac{f_y}{\sigma_{E,cr}}} = \frac{\lambda}{\pi}\sqrt{\frac{f_y}{E}} \tag{2.101}$$

$$\varepsilon_0 = \alpha\left(\bar{\lambda} - 0.2\right) \tag{2.102}$$

$$\sigma_{E,cr} = \frac{\pi^2 E}{\lambda^2} \tag{2.103}$$

式中，$\sigma_{E,cr}$ 为轴心受压构件弹性稳定欧拉应力；λ 为轴心受压构件长细比，无可靠资料时可按该规范或有限元方法计算；α 为参数，根据表 2.8 取值。

表 2.8　轴心受压构件整体稳定折减系数的计算参数 χ

屈曲曲线类型	a	b	c	d
参数 α	0.2	0.35	0.5	0.8

轴心受压构件整体稳定折减系数 χ，如图 2.38 所示。

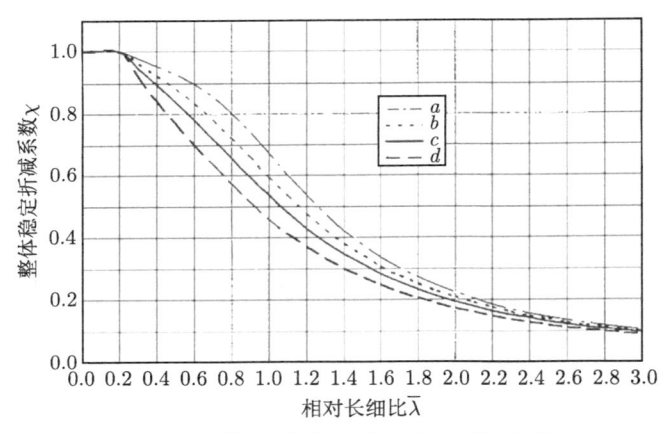

图 2.38　轴心受压构件整体稳定折减系数

由于影响弹塑性极值稳定的因素多、计算复杂，因此钢结构的实际失稳临界应力难以通过计算求得。为了解决钢桥的稳定设计问题，许多研究者进行了大量的受压构件整体稳定和板件局部稳定试验。根据试验结果，板件不发生局部失稳时，轴心受压构件的整体稳定极限承载力可以用 Perry 公式近似表达。图 2.39 给出了我国《钢结构设计规范》(GB 50017—2003)、《公路桥涵钢结构及木结构设计规范》(JTJ 025-86)、Eurocode、BS5400、AASHTO-LFRD、《日本道路桥示方书》中有关整体稳定系数 Q345 的部分取值。其中 AASHTO-LFRD 的取值最大，《日本道路桥示方书》较为保守，Eurocode 与我国规范的规定值较为接近。公路钢结构桥梁设计规范 (JTGD64—2015) 参考了 Eurocode 的相关规定。图 2.40 是设计轴心受压构件的计算流程。

图 2.40 中涉及的截面划分可参见美国 AISC LRFD 99 的相关规定[2]，对于

2.8 轴心受压构件的稳定性能设计

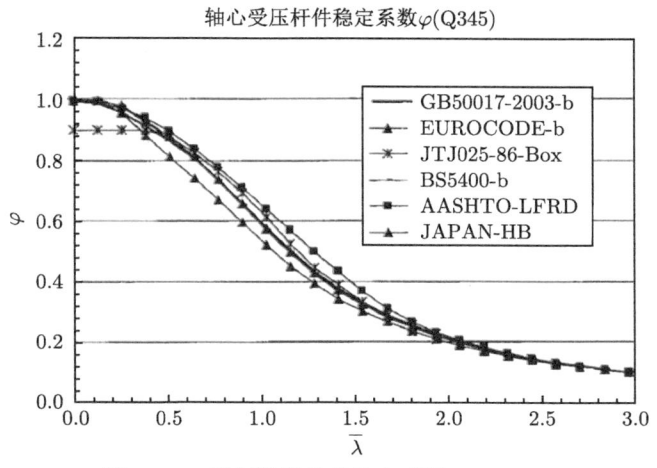

图 2.39 受压构件整体稳定系数 φ (Q345)

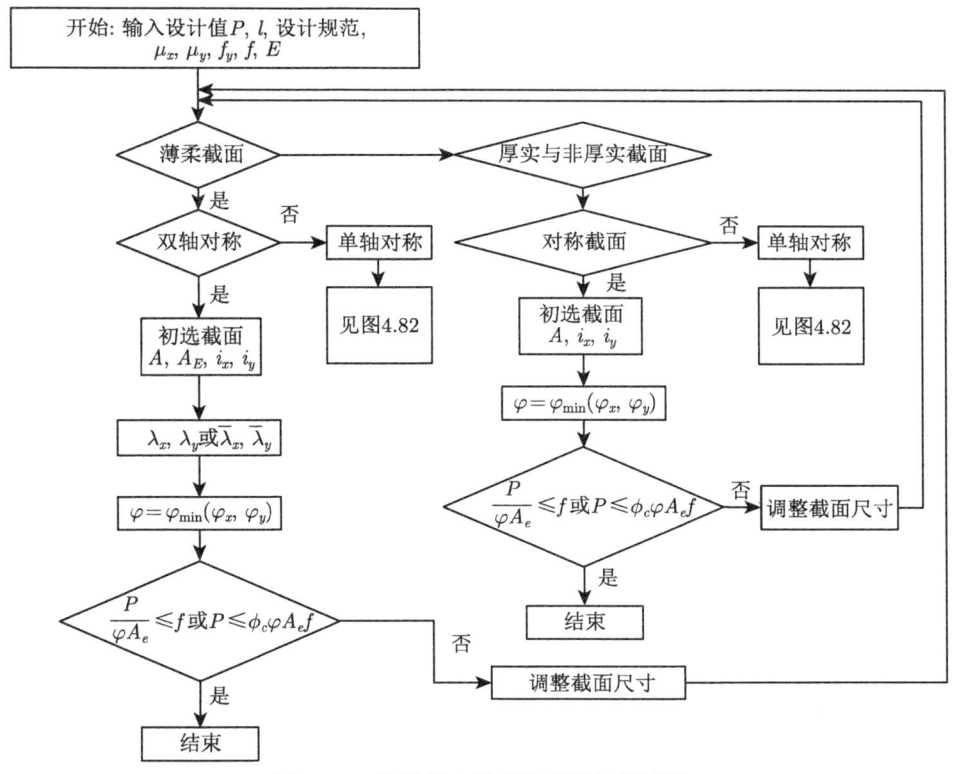

图 2.40 设计轴心受压构件的计算流程

单轴对称截面轴心受压构件需分别计算绕非对称轴的弯曲屈曲和绕对称轴的弯扭屈曲，计算方法可见第 4 章图 4.82。

参 考 文 献

[1] 李国豪. 桥梁稳定与振动 [M]. 北京: 中国铁道出版社, 2003.
[2] 陈骥. 钢结构稳定理论与设计 [M]. 6 版. 北京: 科学出版社, 2014.
[3] Chen W F, Lui E M. Structural Stability—Theory and Implementation[M]. New York: Elsevier, 1987.
[4] 刘江. 工程实际结构稳定性分析的数值计算方法研究 [D]. 武汉: 武汉理工大学, 2012.
[5] 夏志斌, 潘有昌. 结构稳定理论 [M]. 北京: 高等教育出版社, 1988: 25-30.
[6] 唐家祥, 王仕统, 裴若娟. 结构稳定理论 [M]. 北京: 中国铁道出版社, 1989.
[7] 张中权. 冷弯薄壁型钢轴心受压构件稳定性试验研究 [C]. 钢结构研究论文选集第一册, 1982: 152-l90.
[8] 王孟豪, 冯旭. 压杆稳定性分析的动力算法 [J]. 城市建设理论研究: 电子版, 2013, (7): 1-4.
[9] 中华人民共和国国家标准. 冷弯薄壁型钢结构技术规范 GB50018—2002[S]. 北京: 中国计划出版社, 2002.
[10] Bjorhovde R. Deterministic and probabilistic approaches to the strength of steel columns[D]. Bethlehem: Lehigh University, 1972.
[11] Galambos T V. Guide to Stability Design Criteria for Metal Structures[M]. 5th ed. New York: John Wiley & Sons, 1998.
[12] Rondal J, Maquoi R. Single equation for SSRC column strength curves[J]. Journal of Structural Division, ASCE, 105, St. 1, 1979, 105(1): 247-250.
[13] AISC 99. Load and Resistance Factor Design Specification for Structural Steel Buildings[M]. 3rd ed. Chicago: American Institute of Steel Construction, 1999.
[14] Beedle L S. Stability of Metal Structures— A World View[M]. 2nd ed. Chicago: American Institute of Steel Construction, 1991: 28-31.
[15] Stinteso D. European Convention of Constructional Steelworks Manual on the Stability of Steel Structures[M]. 2nd ed. Paris: ECCS, 1976: 55-97.
[16] 李开禧, 肖允徽. 逆算单元长度法计算单轴失稳时钢压杆的临界力 [J]. 重庆建筑工程学院学报, 1982,(4):29-48.
[17] 李开禧, 肖允徽, 饶晓峰, 等. 钢压杆的柱子曲线 [J]. 重庆建筑工程学院学报, 1985, (1): 27-36.
[18] 中华人民共和国国家标准. 钢结构设计规范 GB50017-2002[S]. 北京: 中国计划出版社, 2003.
[19] Ji C. Residual stress effect on stability of axially loaded columns[J]. The International Conference on Quality and Reliability in Welding, 1984, 3: 1-6.
[20] 中华人民共和国行业标准. 高层民用建筑钢结构技术规程 (JGJ99-2015)[S]. 北京: 中国建筑工业出版社, 2015.
[21] Fukumoto Y, Itoh Y. Evaluation of multiple column curves from the experimental database approach[J]. Journal of Constructional Steel Research, 1983, 3(3): 2-19.

[22] Aoki T, Fukumoto Y. On scatter in buckling strength of steel columns[J]. JSCE, May, 1972, 201: 31-41.

[23] Wakabayashi M, Nonaka T, Nishikawa K. An experimental study on the buckling of circular welded tubes[R]. Disaster Prevention Research Institute Annuals, NO. 12A, March, 1969.

[24] Aoki T, Fukumoto Y. Experimental study of circular tubes[J]. JSCE, September, 1983, 337: 17-26.

[25] Fukumoto Y, Itoh Y. Numerical data bank for the system evaluating the ultimate strength of steel members[J]. JSCE, No. 312, August, 1981(312): 59-72.

[26] 福本唀士. 座屈設計ガイドライン [M]. 日本土木学会鋼構造委員会, 東京: 座屈設計のガイドライン作成小委員会出版, 1987: 92-93.

[27] 中华人民共和国行业标准. 公路钢结构桥梁设计规范 (JTG D64—2015)[S]. 北京: 中国交通出版社, 2015.

第 3 章 弹塑性稳定和航天器结构有限元算法分析

3.1 概　　述

在第 2 章中采用平衡法建立轴心受压构件微弯状态时的平衡微分方程来求解屈曲载荷，得到了精确解，同时也得到了构件曲后的变形形状，而构件的曲后强度和挠度只有采用大挠度理论才能得到。还有很多轴心受压构件，如非等截面的或者压力沿轴线变化的构件等，因为所建立的是变系数微分方程，求解十分困难，有时甚至无法直接求解[1,2]，这时需要采用近似法。在第 4 章中将用平衡法求解压弯构件的弹性挠曲线公式、最大挠度和最大弯矩，得到构件最大弯矩所在截面边缘纤维开始屈服的荷载，但却无法得到构件的极限荷载；这时用 K. Ježek 近似法和数值积分法可以得到压弯构件的极限荷载；数值积分法和 Merchant-Rankine 公式也是求解刚架极限荷载的方法，这些都说明近似法对于解决钢结构稳定问题十分有用[3,4]。本章将要介绍的能量法是解决受力条件较复杂或者结构组成条件较复杂的弹性稳定问题很有效的近似法，为了解决构件和结构的弹塑性稳定问题，还要介绍几种数值方法。为了阐明这些近似法的基本原理，3.1～3.4 节所涉及的内容是大家熟知的受压构件的弹性弯曲稳定问题，而这些方法还将用于解决后面较复杂的稳定问题；3.5 节主要介绍空间飞行器结构的近似分析方法。

有的近似法如能量法在求解过程中需预先假定构件的近似变形曲线，用一个有限自由度的体系来代替实际无限自由度的连续体，在运算过程中，前者用一个或一组代数方程表示，而后者用一个或几个微分方程表示。用比较容易求解的代数方程来代替求解很难甚至无法求解的微分方程，这是许多近似法采用的处理方法。数值方法有时采用局部范围的插值函数来逼近构件的实际挠曲线，由于数值方法的计算过程具有很强的规律性，因此便于应用计算机求解，且有条件提高求解的精度，特别是用于求解弹塑性稳定问题。近似法对一维稳定问题较为有效，对二、三维稳定问题进行分析时显得十分复杂，这时多采用有限元方法，有限元方法的发展为结构的稳定问题研究数值验证和计算结论可视化提供了有效手段。在利用有限元方法解决稳定问题时，应注重稳定理论和力学概念的理解、数值分析方法与解析解的相互对比，防止因力学概念的错误而得出错误的分析结论。本章介绍能量法的能量守恒原理、势能驻值原理和最小势能原理，以及应用这些原理解决弹性稳定问题的方法；再介绍的数值法是有限差分法、有限积分法和有限单元法。空间飞行器与土建结构力学性能分析的数值模拟方法是一样的，主要的差别是二者的外界环境不一样，空间飞行器还要考虑在轨飞行与再入过程气动环境致热应力耦合和动力分析的内容，具体的不同因素见 1.6.2 节的叙述。对于航天器结构，发射过程、正常飞行和再入过程分析的近似方法可以考虑单一因素进行分析后再叠加计算，或将影响因素通过均一化处理进行简化分析或静态分析，从而对航天器的力学性能进行精确或粗略的分析，这都是可行的。直接模拟蒙特卡罗(DSMC) 方法[5-7]巧妙地从微观分子运动论概率统计原理出发，将分子的运动和它们之间的碰撞解耦，用有限个仿真分子实现对真实气体流动的模拟。将二阶双尺度渐近分析法快速收敛特性与结构动态热力耦合问题有限元计算方法结合，发展适于航天器超高速再入气动力/热环境结构弹塑性热力耦合响应行为预测分析的二阶双尺度有限元算法，是实现多尺度流固热耦合计算的核心问题。

3.2 能量守恒原理和稳定分析方法

3.2.1 能量守恒原理

当作用着外力的弹性结构偏离原来的平衡位置而存在微小变形时，如果应变能的增量 ΔU 大于外力功的增量 ΔW，即说明此结构具有恢复到原有平衡位置的能力，则此结构处于稳定平衡状态。当 $\Delta U < \Delta W$ 时，结构处于不稳定平衡状态而导致失稳。由稳定平衡过渡到不稳定平衡的临界状态的能量关系式是[4]：

$$\Delta U = \Delta W \tag{3.1}$$

外力和内力所做的功与运动所经历的路线无关，而只取决于运动的起点和终点的保守结构体系，能量守恒原理可以表述为：如果贮存在结构体系中的应变能等于外力所做的功，则该保守体系处在平衡状态，此谓之能量守恒。

用能量守恒原理来解决结构弹性稳定问题的方法是 Timoshenko 提出的，故又称为 Timoshenko 能量法。

对于长度为 l 的单向弯曲构件，当构件由挺直状态转变到弯曲状态时，构件中的内力是按比例增加的，略去轴向应变，只计弯曲应变能

$$\Delta U = \frac{1}{2} \int_0^l \frac{M^2}{EI} \mathrm{d}x \tag{3.2}$$

把 $M = -EIy''$ 代入后，上式也可以写作

$$\Delta U = \frac{1}{2} \int_0^l EI(y'')^2 \mathrm{d}x \tag{3.3}$$

由于构件由一种变形状态转变到另一种变形状态时，作用于构件上的外力并没有变化，所以外功 ΔW 等于外力与相应的位移的乘积，它取决于作用在构件上外力的形式。如果外力是压力 P，那么相应的线位移为 Δ，$\Delta W = P\Delta$；如果外力是力矩 M，那么相应的角位移为 θ，这时 $\Delta W = M\theta$。

对于如图 3.1 所示的两端铰接的轴心受压构件，构件弯曲时，上、下端之间的相对位移为 Δ，而微段 $\mathrm{d}x$ 因变形而缩短的距离为 $\mathrm{d}x(1-\cos\theta)$，$\theta$ 为微段的倾角，将 $\cos\theta$ 用级数表示

$$\cos\theta = 1 - \frac{1}{2}\theta^2 + \frac{1}{24}\theta^4 + \cdots \tag{3.4}$$

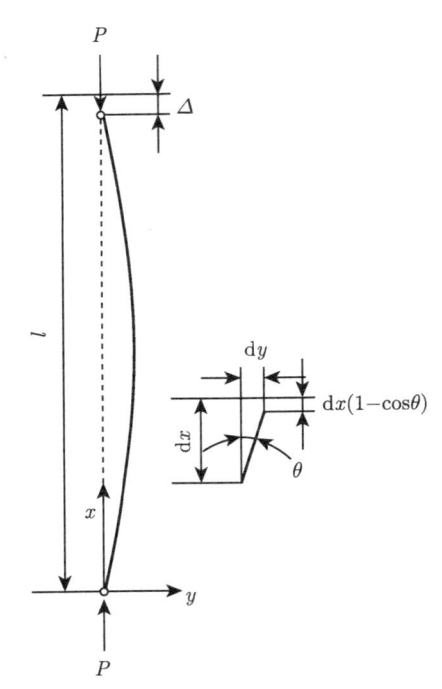

图 3.1　两端铰接轴心受压构件

因 θ 很微小，可只取级数中的前两项 $\cos\theta \approx 1 - \frac{1}{2}\theta^2$，这样 $\mathrm{d}x(1-\cos\theta) = \frac{1}{2}\theta^2\mathrm{d}x$，而 $\theta = \dfrac{\mathrm{d}y}{\mathrm{d}x}$，故

$$\Delta = \int_0^l (1-\cos\theta)\mathrm{d}x \approx \frac{1}{2}\int_0^l (y')^2\mathrm{d}x \tag{3.5}$$

$$\Delta W = P\Delta = \frac{1}{2}P\int_0^l (y')^2\mathrm{d}x \tag{3.6}$$

3.2 能量守恒原理和稳定分析方法

由式 (3.1) 得到屈曲载荷的表达式为

$$P = \frac{EI\int_0^l (y'')^2 \mathrm{d}x}{\int_0^l (y')^2 \mathrm{d}x} \tag{3.7}$$

对于简支压杆问题，如图 2.2(a) 所示，设压杆的屈曲位形为 $y = C\sin\dfrac{\pi x}{l}$，则

$$P_{cr} = \frac{EI\int_0^l C^2\dfrac{\pi^4}{l^4}\sin^2\dfrac{\pi x}{l}\mathrm{d}x}{\int_0^l C^2\dfrac{\pi^2}{l^2}\cos^2\dfrac{\pi x}{l}\mathrm{d}x} = d\dfrac{\pi^2 EI}{l^2} \tag{3.8}$$

所以，采用能量法得出的结论与静力法、动力法相同。

对于承受任意荷载的构件，因为不知道其变形曲线，可以先假定变形曲线，但此曲线需尽可能接近实际的变形曲线，必须符合构件的边界条件。为了便于计算，一般采用三角函数或代数多项式，不妨假定曲线的表达式为

$$y = f(a_1, a_2, \cdots, a_n) \tag{3.9}$$

而

$$y' = f'(a_1, a_2, \cdots, a_n) \tag{3.10}$$

$$y'' = f''(a_1, a_2, \cdots, a_n) \tag{3.11}$$

这样

$$EI\int_0^l (y'')^2 \mathrm{d}x = F_1(a_1, a_2, \cdots, a_n) \tag{3.12}$$

$$\int_0^l (y')^2 \mathrm{d}x = F_2(a_1, a_2, \cdots, a_n) \tag{3.13}$$

由式 (3.7) 得到

$$P = \frac{F_1(a_1, a_2, \cdots, a_n)}{F_2(a_1, a_2, \cdots, a_n)} \tag{3.14}$$

为了得到 P 的最小值，选择参数时应满足 $\dfrac{\partial P}{\partial a_1} = 0$, $\dfrac{\partial P}{\partial a_2} = 0$, $\cdots$, $\dfrac{\partial P}{\partial a_n} = 0$，这样

$$\frac{\partial P}{\partial a_1} = \frac{F_2\dfrac{\partial F_1}{\partial a_1} - F_1\dfrac{\partial F_2}{\partial a_1}}{F_2^2} = \frac{1}{F_2}\left(\frac{\partial F_1}{\partial a_1} - \frac{F_1}{F_2}\frac{\partial F_2}{\partial a_1}\right) = \frac{1}{F_2}\left(\frac{\partial F_1}{\partial a_1} - P\frac{\partial F_2}{\partial a_1}\right) = 0$$

但 $F_2 \neq 0$,只有

$$\frac{\partial F_1}{\partial a_1} - P\frac{\partial F_2}{\partial a_1} = 0 \tag{3.15}$$

$$\frac{\partial F_1}{\partial a_2} - P\frac{\partial F_2}{\partial a_2} = 0 \tag{3.16}$$

$$\cdots$$

$$\frac{\partial F_1}{\partial a_n} - P\frac{\partial F_2}{\partial a_n} = 0 \tag{3.17}$$

解上述方程组得到 P_{cr1}, P_{cr2}, $\cdots$, P_{crn},取其中的最小值即为构件的屈曲载荷。

如果构件有精确解可供参考,而且所假定的挠曲线只用一项或两项已可得到足够精确的解,那么所假定的挠曲线不必采用更多项,因为增多一项将加大计算工作量。如果对所求解的构件没有可供参考的精确解,可以分几次计算,逐步增加挠曲线中的项,如果前后两次得到的结果相差甚微,说明所得到的值即为构件的屈曲载荷精确解的很好近似值。用能量法得到的屈曲载荷常常比精确解略大,这是因为所假定的挠曲线与实际曲线之间存在一定差别,好像在实际构件的横向增加了弹性约束,提高了构件的抗弯能力,从而提高了屈曲载荷。

示例 3.1 试确定图 3.2 所示变压力的轴心受压构件的屈曲载荷。构件上段的压力为 $P_2 = mP_1$,在构件的中点又增加一个压力 $(1-m)P_1$,因此下段的压力为 P_1,$m = P_2/P_1$,此处 m 是小于 1.0 的比值。

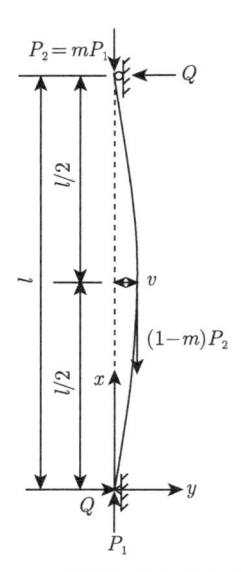

图 3.2 变压力轴心受压构件

3.2 能量守恒原理和稳定分析方法

由于构件上、下段的轴心压力不同，所以用平衡法求解时需分段建立平衡方程，并利用中点的变形协调条件，得到屈曲方程为

$$\frac{k_1 l}{2\tan\frac{k_1 l}{2}} + \frac{k_2 l}{2m\tan\frac{k_2 l}{2}} = \frac{(1-m)^2}{m(1+m)}$$

式中，$k_1 = \sqrt{\frac{P_1}{EI}}$，$k_2 = \sqrt{\frac{mP_1}{EI}}$。这是一个较复杂的超越函数，较难求解。现采用 Timoshenko 法计算。

构件中点的挠度为 v，如图 3.2 所示，两端的水平力 $Q = (1-m)P_1 v/l$。因为要表示出构件上段和下段的截面弯矩受变压力的影响，故分别用以下两式计算弯矩和应变能：

$$M_1 = mP_1 y + (1-m)P_1 v(l-x)/l \tag{1}$$

$$M_2 = P_1 y - (1-m)P_1 vx/l \tag{2}$$

应变能

$$\Delta U = \int_{l/2}^{l} \frac{M_1^2}{2EI} \mathrm{d}x + \int_0^{l/2} \frac{M_2^2}{2EI} \mathrm{d}x \tag{3}$$

外力功

$$\Delta W = \frac{1}{2} P_1 \int_0^{l/2} (y')^2 \mathrm{d}x + \frac{1}{2} mP_1 \int_{l/2}^{l} (y')^2 \mathrm{d}x \tag{4}$$

式 (3) 和式 (4) 都与构件的挠曲线有关。假定挠曲线为

$$y = v\sin\pi x/l \tag{5}$$

此曲线符合构件两端的边界条件 $y(0) = y(l) = 0$，$y''(0) = y''(l) = 0$。

将式 (5) 代入式 (1) 与式 (2)，再将 M_1 和 M_2 代入式 (3)，经分段积分后得到

$$\Delta U = \frac{P_1^2 v^2 l}{12EI}\left[2m^2 - m + 2 - \frac{12(1-m)^2}{\pi^2}\right] \tag{6}$$

将式 (5) 代入式 (4)，经分段积分后得到

$$\Delta W = \frac{\pi^2 P_1 v^2}{8l}(m+1) \tag{7}$$

由 $\Delta U = \Delta W$ 得到

$$P_{1cr} = \frac{3\pi^2 EI}{2l^2} \times \frac{(m+1)}{2m^2 - m + 2 - 12(1-m)^2/\pi^2} \tag{8}$$

与精确解比较,由式 (8) 得到的屈曲载荷稍大,但不超过 1%,而式 (8) 便于计算。

将 P_{1cr} 写成屈曲载荷的通式 $P_{1cr} = \pi^2 EI/(\mu l)^2$,得到此变压力轴心受压构件的计算长度系数为

$$\mu = \sqrt{\frac{2[2m^2 - m + 2 - 12(1-m)^2/\pi^2]}{3(m+1)}} = \sqrt{\frac{m^2 - 0.477(1-m)^2 + 1}{m+1}} \quad (9)$$

不同的 m 值代入式 (9) 可得到 μ 值,如表 3.1 所示。

表 3.1 变压力轴心受压构件计算长度系数 μ

$m = P_2/P_1$	0	0.2	0.4	0.6	0.8	1.0
精确解	0.727	0.785	0.841	0.897	0.950	1.000
式 (9)	0.723	0.782	0.840	0.896	0.949	1.000
式 (10)	0.750	0.800	0.850	0.900	0.950	1.000

计算长度系数还可用便于应用的直线式表示,许多国家的钢结构设计规范均采用此近似式

$$\mu = 0.75 + 0.25 P_2/P_1 \quad (10)$$

以不同的比值 P_2/P_1 代入式 (10) 得到的 μ 值也列在表 3.1 中。当 P_2 为拉力时,可取负值,μ 值应 $\geqslant 0.5$。

3.2.2 势能驻值原理和最小势能原理

1. 势能驻值原理

当作用着外力的结构体系,其位移有微小变化而总的势能不变,即总的势能有驻值时,该结构体系处于平衡状态,这就是势能驻值原理。

这个原理是由虚位移原理推导得来的,如果以 δW 表示外力因虚位移而做的功,则外力势能必将减小,因此外力势能的变化 δV 应等于外力虚功 δW 的负值。由于发生虚位移时外力已经作用在结构上,所以外力虚功应是外力与虚位移的乘积。δU 是虚位移引起的结构体系内应变能的变化,它总是正值。设总势能的变化用符号 $\delta \Pi$ 表示,则势能有驻值的表达式为

$$\delta \Pi = \delta(U + V) = 0 \quad (3.18)$$

式中,$\Pi = U + V = U - W$ 是结构体系的总势能,而 $\delta \Pi$ 是总势能的一阶变分,所以对于多变量的结构体系需运用变分法。这样势能驻值原理还可以表述为:弹性变形体对每一个和约束相容的虚位移,其总势能的一阶变分为零,则该体系处于平衡状态。

3.2 能量守恒原理和稳定分析方法

运用势能驻值原理来考察图 3.3(a) 所示端部受弹簧约束的轴心受压构件发生微小弯曲变形时的特性。构件上端具有弹簧常数为 r_B 的可移动弹簧铰和抗侧移弹簧常数为 k_B 的弹簧各一个,而下端只有一个弹簧常数为 r_A 的弹簧铰。

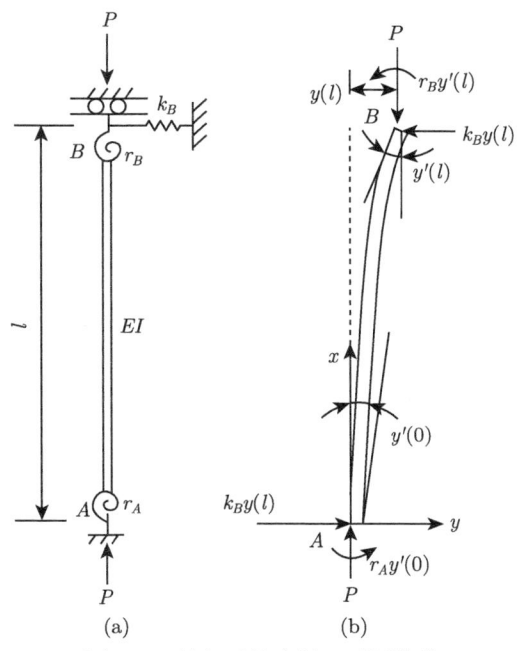

图 3.3 端部受约束轴心受压构件

当此轴心受压构件由挺直状态转变到如图 3.3(b) 所示的弯曲状态时,此体系的应变能为

$$U = \int_0^l \frac{EI}{2}(y'')^2 \mathrm{d}x + \frac{1}{2}r_A[y'(0)]^2 + \frac{1}{2}r_B[y'(l)]^2 + \frac{1}{2}k_B[y(l)]^2 \quad (3.19)$$

外力势能

$$V = -W = -\frac{P}{2}\int_0^l (y')^2 \mathrm{d}x$$

总的势能

$$\Pi = U + V = \int_0^l \left[\frac{EI}{2}(y'')^2 - \frac{P}{2}(y')^2\right]\mathrm{d}x + \frac{1}{2}r_A y'(0)^2 + \frac{1}{2}r_B y'(l)^2 + \frac{1}{2}k_B y(l)^2 \quad (3.20)$$

总势能的驻值条件是 $\delta \Pi = \delta(U + V) = 0$，对式 (3.20) 取一阶变分得

$$\delta \Pi = \int_0^l (EIy''\delta y'' - Py'\delta y')\mathrm{d}x + r_A y'(0)\delta y'(0) + r_B y'(l)\delta y'(l) + k_B y(l)\delta y(l) \quad (3.21)$$

利用分部积分并知边界条件 $y(0) = 0$ 和 $\delta y(0) = 0$，则式 (3.21) 中的第一项和第二项的积分式分别是

$$EI\int_0^l y''\delta y''\mathrm{d}x = [EIy''\delta y']_0^l - \int_0^l EIy'''\delta y'\mathrm{d}x$$

$$= [EIy''\delta y']_0^l - [EIy'''\delta y]_0^l + \int_0^l EIy^{\mathrm{IV}}\delta y\mathrm{d}x$$

$$= EIy''(l)\delta y'(l) - EIy''(0)\delta y'(0)$$

$$- EIy'''(l)\delta y(l) + \int_0^l EIy^{\mathrm{IV}}\delta y\mathrm{d}x$$

$$P\int_0^l y'\delta y'\mathrm{d}x = [Py'\delta y]_0^l - \int_0^l Py''\delta y\mathrm{d}x = Py'(l)\delta y(l) - \int_0^l Py''\delta y\mathrm{d}x$$

将以上两个积分式代入式 (3.21) 并将相同项合并后得到

$$\delta \Pi = [EIy''(l) + r_B y'(l)]\delta y'(l) - [EIy''(0) - r_A y'(0)]\delta y'(0)$$

$$- [EIy'''(l) + Py'(l) - k_B y(l)]\delta y(l) + \int_0^l (EIy^{\mathrm{IV}} + Py'')\delta y\mathrm{d}x = 0 \quad (3.22)$$

因为平衡条件 $\delta \Pi = 0$ 是恒等式，而 $\delta y(l)$，$\delta y'(0)$，$\delta y'(l)$ 均为边界上不为零的任意值，为满足式 (3.22) 为零的条件，以下诸式都应得到满足：

(1) $EIy''(l) + r_B y'(l) = 0$ 或者 $r_B y'(l) = -EIy''(l) = M(l)$;
(2) $EIy''(0) - r_A y'(0) = 0$ 或者 $r_A y'(0) = EIy''(0) = -M(0)$;
(3) $EIy'''(l) + Py'(l) - k_B y(l) = 0$ 或者 $k_B y(l) = EIy'''(l) + Py'(l) = -Q(l)$;
(4) $EIy^{\mathrm{IV}} + Py'' = 0$。

须知，前三项分别是构件边界上的弯矩与横向力，表示满足构件的自然边界条件，而第 (4) 项是构件的平衡方程。这就证明了势能驻值原理与平衡方程等价。这一结论具有重要意义，它可以被推广到解决复杂结构的弹性稳定问题。有很多结构一下子很难建立它们的平衡方程，可以先写出其总的势能 Π，然后利用 $\delta \Pi = 0$，即可得到平衡方程。还可以先假定构件的挠曲线函数，此函数必须满足几何边界条件，将其代入总的势能 Π，通过 $\delta \Pi = 0$ 求解屈曲载荷，这就是瑞利

3.2 能量守恒原理和稳定分析方法

(L. Rayleigh) 和里茨 (W. Ritz) 解决稳定问题的方法,简称瑞利-里茨法。如果所假定的挠曲线函数既符合构件的几何边界条件,又符合自然边界条件,也可以直接利用式 (3.22) 中的最后一项求解屈曲载荷,这就是伽辽金 (B. G. Galerkin) 解决弹性稳定问题的方法,简称伽辽金法。由于伽辽金法所要求的挠曲线函数需同时满足两种边界条件,可能会增加计算难度,但是所得结果的精确度将更高。这两种方法都属于能量法。通过对上述轴心受压构件势能变化的阐述,以后还要把能量法推广到解决压弯构件、受弯构件和板结构等稳定问题。

在解决具体问题时,也可直接用下面的欧拉公式建立平衡方程。

把总势能 Π 看作泛函,它是由一个或几个函数选取而确定其值的变量,其一般表达式为

$$\Pi = U + V = \int_{x_1}^{x_2} F[x, y, y', y'', \cdots, y^{(n)}] dx \qquad (3.23)$$

式 (3.23) 具有极值的必要条件为 $\delta\Pi = 0$,其表达式为

$$F_y - \frac{d}{dx} F_{y'} + \frac{d^2}{dx^2} F_{y''} + \cdots + (-1)^n \frac{d^n}{dx^n} F_{y^{(n)}} = 0 \qquad (3.24)$$

式中,$F_y = \frac{\partial F}{\partial y}, F_{y'} = \frac{\partial F}{\partial y'}, F_{y''} = \frac{\partial F}{\partial y''}, \cdots, F_{y^{(n)}} = \frac{\partial F}{\partial y^{(n)}}$。式 (3.24) 即称为欧拉方程。

针对前面的式 (3.20) 可知:$F = \frac{EI}{2}(y'')^2 - \frac{P}{2}(y')^2, F_y = 0, F_{y'} = -Py', F_{y''} = EIy''$,将它们代入欧拉方程后,知 $EIy^{\text{IV}} + Py'' = 0$,立即得到了任意边界条件轴心受压构件的平衡方程。

在后面第 4 章中将要研究的压弯构件沿纵轴 z 方向有 u, v, φ 三种位移,板结构也有 u, v, w 三种位移。如果压弯构件总的势能表达式是

$$\Pi = \int_0^l F(z, u, v, \varphi, u', v', \varphi', u'', v'', \varphi'') dx$$

式中,u, v, φ 均为 z 的函数,这时由 $\delta\Pi = 0$ 可得到三个平衡方程,欧拉方程应该是

$$F_u - \frac{dF_{u'}}{dz} + \frac{d^2 F_{u''}}{dz^2} + \cdots + (-1)^n \frac{d^n F_{u^{(n)}}}{dz^n} = 0 \qquad (3.25a)$$

$$F_v - \frac{dF_{v'}}{dz} + \frac{d^2 F_{v''}}{dz^2} + \cdots + (-1)^n \frac{d^n F_{v^{(n)}}}{dz^n} = 0 \qquad (3.25b)$$

$$F_\varphi - \frac{dF_{\varphi'}}{dz} + \frac{d^2 F_{\varphi''}}{dz^2} + \cdots + (-1)^n \frac{d^n F_{\varphi^{(n)}}}{dz^n} = 0 \qquad (3.25c)$$

2. 最小势能原理

利用能量守恒原理和势能驻值原理都能求解构件的弹性屈曲载荷,而且利用势能驻值原理可以得到构件的平衡方程,但是却不能判别这种平衡形式是稳定的、不稳定的,还是不能判别是否稳定的状态,也即中性的。

当作用着外力的结构体系有微小位移变化时,如构件处于稳定平衡状态,其总势能为最小,应有总势能的二阶变分 $\delta^2 \Pi > 0$。为方便运算,可考察总势能的增量 $\Delta \Pi$,分析其二阶变分是否大于零。

设 $\Pi(x)$ 为结构体系的总势能,当位移有微小变化时,其总势能为 $\Pi(x+\delta x)$,利用泰勒级数可得

$$\Pi(x+\delta x) = \Pi(x) + \frac{\mathrm{d}\Pi(x)}{\mathrm{d}x}\delta x + \frac{1}{2!}\frac{\mathrm{d}^2 \Pi(x)}{\mathrm{d}x^2}(\delta x)^2 + \frac{1}{3!}\frac{\mathrm{d}^3 \Pi(x)}{\mathrm{d}x^3}(\delta x)^3 + \cdots \quad (3.26)$$

因为结构处在平衡状态,因此 $\frac{\mathrm{d}\Pi(x)}{\mathrm{d}x} = 0$,这样总势能的增量为

$$\Delta \Pi = \Pi(x+\delta x) - \Pi(x) = \frac{1}{2!}\frac{\mathrm{d}^2 \Pi(x)}{\mathrm{d}x^2}(\delta x)^2 + \frac{1}{3!}\frac{\mathrm{d}^3 \Pi(x)}{\mathrm{d}x^3}(\delta x)^3 + \cdots \quad (3.27)$$

当 $\Delta \Pi > 0$ 时,总势能有极小值,平衡是稳定的,$\Delta \Pi$ 的正负号取决于式 (3.27) 右侧的第一项。如果 $\frac{\mathrm{d}^2 \Pi(x)}{\mathrm{d}x^2} > 0$,平衡是稳定的;如果 $\frac{\mathrm{d}^2 \Pi(x)}{\mathrm{d}x^2} < 0$,平衡是不稳定的;如果 $\frac{\mathrm{d}^2 \Pi(x)}{\mathrm{d}x^2} = 0$,则由此式也可得到屈曲载荷。但是在式 (3.27) 中,$(\delta x)^3$ 可能为正值,也可能为负值,必须满足 $\frac{\mathrm{d}^3 \Pi(x)}{\mathrm{d}x^3} \equiv 0$ 和 $\frac{\mathrm{d}^4 \Pi(x)}{\mathrm{d}x^4} > 0$ 才能判断平衡是稳定的。如果 $\frac{\mathrm{d}^4 \Pi(x)}{\mathrm{d}x^4} = 0$,则以此类推。

示例 3.2 如图 3.4(a) 所示弹簧铰轴心压杆为一单自由度、两端铰接的刚性压杆,中间用弹簧常数为 r 的弹簧铰连接,在两端压力 P 的作用下刚性杆产生一夹角 θ,试用能量法求解其屈曲载荷并判别其稳定性。

(1) 按能量守恒原理求解屈曲载荷。

弹簧势能 $U = \frac{1}{2}r\theta^2$,外力功 $W = Pl[1-\cos(\theta/2)]$,当 θ 很小时,$\cos(\theta/2) \approx 1 - \theta^2/8$,故 $W = Pl\theta^2/8$。

根据能量守恒原理,$U = W$,得 $P_{cr} = 4r/l$。

(2) 按势能驻值原理求解屈曲载荷。

外力势能 $V = -W = -Pl[1-\cos(\theta/2)]$,总的势能 $\Pi = U + V = \frac{1}{2}r\theta^2 - Pl[1-\cos(\theta/2)]$。

3.2 能量守恒原理和稳定分析方法

图 3.4 弹簧铰轴心压杆

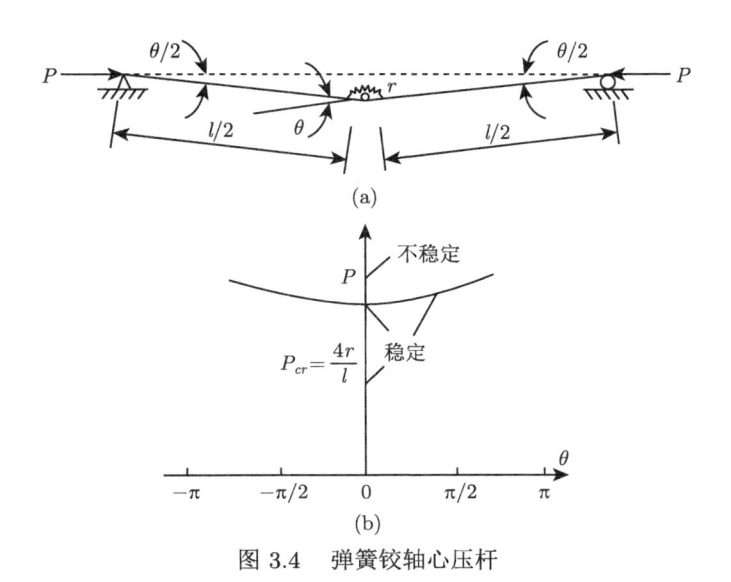

势能驻值的条件为 $\dfrac{\mathrm{d}\Pi}{\mathrm{d}\theta}=0$,即 $r\theta-\dfrac{Pl}{2}\sin\dfrac{\theta}{2}=0$。当 θ 很小时,$\sin(\theta/2)\approx\theta/2$, 故 $P_{cr}=4r/l$。

用能量守恒原理和势能驻值原理得到的分岔屈曲载荷是相同的,但所用方法不同,物理概念也不一样,前者出自能量守恒,后者出自平衡条件。

(3) 根据最小势能原理判别分岔屈曲的稳定性。

$$\frac{\mathrm{d}\Pi}{\mathrm{d}\theta}=r\theta-\frac{Pl}{2}\sin\frac{\theta}{2}=0 \tag{1}$$

故

$$P=\frac{2r\theta}{l\sin(\theta/2)} \tag{2}$$

$$\frac{\mathrm{d}^2\Pi}{\mathrm{d}\theta^2}=r-\frac{Pl}{4}\cos\frac{\theta}{2}=r\left[1-\frac{\theta}{2\tan(\theta/2)}\right] \tag{3}$$

当 $\theta\neq 0$ 且 $0<\theta<\pi$ 时,$1-\dfrac{\theta}{2\tan(\theta/2)}>0$,故 $\dfrac{\mathrm{d}^2\Pi}{\mathrm{d}\theta^2}>0$,说明总势能具有最小值,刚压杆在分岔屈曲后仍处在稳定平衡状态;当 $\theta=0$ 时,$\dfrac{\mathrm{d}^2\Pi}{\mathrm{d}\theta^2}=0$,还不能判断分岔点的稳定性,但由 $\dfrac{\mathrm{d}^2\Pi}{\mathrm{d}\theta^2}=0$ 也可得到 $P_{cr}=4r/l$,再考察 $\dfrac{\mathrm{d}^3\Pi}{\mathrm{d}\theta^3}=r\sin\dfrac{\theta}{2}=0$,$\dfrac{\mathrm{d}^4\Pi}{\mathrm{d}\theta^4}=\dfrac{r}{2}\cos\dfrac{\theta}{2}=r/2>0$,故分岔点是稳定的。

图 3.4(b) 画出了刚压杆的荷载-转角曲线，这一曲线与 2.6 节 Shanley 力学模型的荷载-挠度曲线的表现形式大同小异，见图 2.15。它们都呈现了曲后的稳定平衡状态，但是由于 Shanley 力学模型的刚压杆是用弹塑性铰连接的，所以随着转角的增加，转角与材料的切线模量有关，呈现出下凹曲线。而弹性铰则不同，$P\text{-}\theta$ 曲线始终是上升的，如同 1.3 节中的弹簧铰悬臂杆。

3.2.3 瑞利–里茨法

瑞利–里茨法是应用势能驻值原理，直接求解总势能不变时的条件变分极值问题，解决第 4 章中具有三向位移的结构稳定问题。假定结构屈曲时在坐标轴 x，y 和 z 三个方向的位移分别是 u，v，w，可以用下列多项函数表示位移试解函数：

$$u = \sum_{i=1}^{n} a_i \varphi_i(x, y, z) \tag{3.28a}$$

$$v = \sum_{i=1}^{n} b_i \psi_i(x, y, z) \tag{3.28b}$$

$$w = \sum_{i=1}^{n} c_i \eta_i(x, y, z) \tag{3.28c}$$

式中，a_i，b_i 是 c_i ($i = 1, 2, \cdots, n$) 是待定的 $3n$ 个独立参数，称为广义坐标。φ_i，ψ_i 和 η_i 是 $3n$ 个连续的独立坐标函数，这些坐标函数虽然可以任意假定，但是必须满足几何边界条件。这样将它们代入总势能的表达式 $\Pi = U + V$ 后，根据势能驻值原理，即总势能的一阶变分为零，$\delta \Pi = \delta(U + V) = 0$，就可确定这具有 $3n$ 个独立参数结构的三个方向的位移。这相当于把具有无限自由度的连续体转化为 $3n$ 个自由度的结构体系。在分岔屈曲的稳定问题中，面临的将是 $3n$ 个线性齐次方程组。为了得到 a_i，b_i 和 c_i 的非零解，由它们的系数形成的行列式应为零。由于在行列式中含有荷载项，因此可以得到屈曲载荷。所以，用瑞利–里茨法求解得到的并非是结构的位移函数，而是屈曲载荷。如果在 $3n$ 个代数方程组中含有常数项，那么用瑞利–里茨法可以得到荷载和位移之间的关系式。

示例 3.3 用瑞利–里茨法求解图 3.5 所示的两端简支压弯构件的最大挠度和最大弯矩。

假定构件的挠曲线为

$$y = v \sin \frac{\pi x}{l} \tag{1}$$

$$U = \frac{EI}{2} \int_0^l (y'')^2 \mathrm{d}x = \frac{\pi^4 EI v^2}{4l^3} \tag{2}$$

$$V = -\frac{P}{2}\int_0^l (y')^2 \mathrm{d}x - 2Qy(l/3) = -\frac{\pi^2 P v^2}{2l^2}\int_0^l \cos^2\frac{\pi x}{l}\mathrm{d}x - 2Qv\sin\frac{\pi}{3}$$

$$= -\frac{\pi^2 P v^2}{4l} - 1.732 Qv \tag{3}$$

$$\Pi = U + V = \frac{\pi^4 E I v^2}{4l^3} - \frac{\pi^2 P v^2}{4l} - 1.732 Qv \tag{4}$$

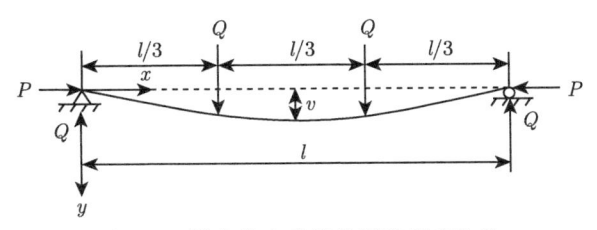

图 3.5 横向集中荷载作用的压弯构件

由势能驻值条件 $\dfrac{\mathrm{d}\Pi}{\mathrm{d}v} = 0$，得到

$$v = \frac{3.464 Q l^3}{\pi^4 EI(1 - P/P_E)} = \frac{Q l^3}{28.12 EI(1 - P/P_E)} \tag{5}$$

这样用瑞利-里茨法假定的挠曲线函数为

$$y = \frac{Q l^3 \sin(\pi x/l)}{28.12 EI(1 - P/P_E)} \tag{6}$$

构件的最大弯矩为

$$M_{\max} = Ql/3 + Pv = Ql \Big/ \left[3\left[1 + \frac{Pl^2}{9.373 EI(1 - P/P_E)}\right]\right]$$

$$= \frac{Ql(1 + 0.053 P/P_E)}{3(1 - P/P_E)} \approx \frac{Ql/3}{1 - P/P_E} \tag{7}$$

用瑞利-里茨法得到的 $M_{\max}$ 与平衡法得到的相同，如果挠曲线改用两项式也不会有什么差别。

3.2.4 伽辽金法

前面的瑞利-里茨法先要写出在外力作用下结构的总势能，再由一阶变分为零这一条件引出一组联立方程，这一组方程都是通过微分得到的。而伽辽金法则直接利用了势能驻值条件中的平衡微分方程，不需要写出总势能。这样做的前提是所选位移函数必须既满足几何边界条件，又满足自然边界条件。从式 (3.22) 得到的平衡方程为

$$\delta \varPi = \int_0^l (EIy^{\mathrm{IV}} + Py'') \delta y \mathrm{d}x = 0$$

如果用 $L(y)$ 代表上面括号中的诸项，即 $EIy^{\mathrm{IV}} + Py''$ 项，这样一来，上面的平衡方程可以写成更普遍的形式

$$\delta \varPi = \int_{x_1}^{x_2} L(y) \delta y \mathrm{d}x = 0 \tag{3.29}$$

设位移函数 $y = a_1\varphi_1 + a_2\varphi_2 + \cdots + a_n\varphi_n = \sum_{i=1}^{n} a_i\varphi_i(x)$，对此位移求一阶变分，得到

$$\delta y = \frac{\partial y}{\partial a_1}\delta a_1 + \frac{\partial y}{\partial a_2}\delta a_2 + \cdots + \frac{\partial y}{\partial a_n}\delta a_n = \sum_{i=1}^{n} \frac{\partial y}{\partial a_i}\delta a_i$$

$$= \varphi_1\delta a_1 + \varphi_2\delta a_2 + \cdots + \varphi_n\delta a_n = \sum_{i=1}^{n} \varphi_i\delta a_i \tag{3.30}$$

将式 (3.30) 代入 (3.29)，但在上式中 δa_1, δa_2, $\cdots$, δa_n 都是不等于零的微小任意值，而式 (3.29) 是恒等式，因此只有

$$\int_{x_1}^{x_2} L(y)\varphi_1(x)\mathrm{d}x = 0$$

$$\int_{x_1}^{x_2} L(y)\varphi_2(x)\mathrm{d}x = 0$$

$$\vdots$$

$$\int_{x_1}^{x_2} L(y)\varphi_n(x)\mathrm{d}x = 0 \tag{3.31}$$

式 (3.31) 称为伽辽金方程组，它们都具有积分的形式，经积分以后，得到含有 a_1, a_2, $\cdots$, a_n 的几个联立方程组，如果此方程组均为无常数项的齐次方程，则通过其系数行列式为零可得到构件的屈曲载荷。如式 (3.31) 为非齐次方程组，则可解得 a_1, a_2, $\cdots$, a_n，从而得到近似的挠曲线函数、最大挠度和最大弯矩。

示例 3.4 用伽辽金法确定图 3.6(a) 所示的受均匀变化的轴心压力作用悬臂构件的屈曲载荷。

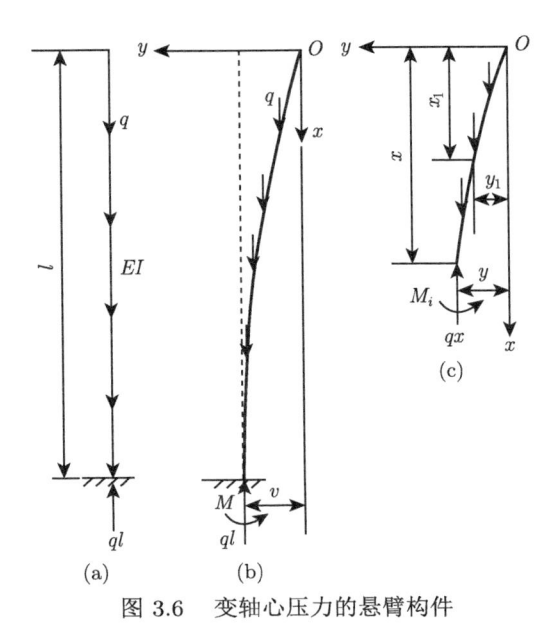

3.2 能量守恒原理和稳定分析方法

图 3.6 变轴心压力的悬臂构件

悬臂构件变形后的坐标轴如图 3.6(b) 所示，假定挠曲线为

$$y = v \sin \frac{\pi x}{2l} \tag{1}$$

上式符合几何边界条件 $y(0) = 0$，$y(l) = v$，$y'(l) = 0$ 和自然边界条件 $y''(0) = 0$。
根据图 3.6(c) 所示的隔离体建立平衡方程

$$EIy'' + \int_0^x q(y - y_1)\mathrm{d}x_1 = 0 \tag{2}$$

$$L(y) = EIy'' + q\int_0^x (y - y_1)\mathrm{d}x_1 \tag{3}$$

伽辽金方程为

$$\int_0^l L(y) \sin \frac{\pi x}{2l} \mathrm{d}x = 0 \tag{4}$$

$$\begin{aligned}L(y) &= -EIv\left(\frac{\pi}{2l}\right)^2 \sin \frac{\pi x}{2l} + q\int_0^x \left(v \sin \frac{\pi x}{2l} - v \sin \frac{\pi x_1}{2l}\right)\mathrm{d}x_1 \\ &= -EIv\left(\frac{\pi}{2l}\right)^2 \sin \frac{\pi x}{2l} + qvx \sin \frac{\pi x}{2l} + qv\frac{2l}{\pi}\left(\cos \frac{\pi x}{2l} - 1\right)\end{aligned} \tag{5}$$

将 $L(y)$ 代入式 (4)，经积分后得到

$$v\left[-\frac{\pi^2 EI}{8l} + ql^2\left(\frac{1}{4} - \frac{1}{\pi^2}\right)\right] = 0 \qquad (6)$$

因 $v \neq 0$，所以

$$(ql)_{cr} = \frac{\pi^4 EI}{2(\pi^2 - 4)l^2} = 8.298 EI/l^2 \qquad (7)$$

如用平衡法，令 $k^2 = \dfrac{ql}{EI}$，可得构件的屈曲方程为第一类的 $-\dfrac{1}{3}$ 阶修正 Bessel 函数，$I_{-\frac{1}{3}}\left(\dfrac{2}{3}kl\right) = 0$，$kl$ 的最小值为 2.7995，精确解 $(ql)_{cr} = 7.837 EI/l^2$，故近似解稍大 5.9%。

构件的挠曲线函数如改为二项式

$$y = v_1 \sin\frac{\pi x}{2l} + v_2 \sin\frac{3\pi x}{2l} \qquad (8)$$

这样伽辽金方程组为

$$\int_0^l L(y) \sin\frac{\pi x}{2l} \mathrm{d}x = 0 \qquad (9)$$

$$\int_0^l L(y) \sin\frac{3\pi x}{2l} \mathrm{d}x = 0 \qquad (10)$$

将式 (8) 代入式 (3) 后得到

$$\begin{aligned}L(y) =\ & -EIv_1\left(\frac{\pi}{2l}\right)^2 \sin\frac{\pi x}{2l} - EIv_2\left(\frac{3\pi}{2l}\right)^2 \sin\frac{3\pi x}{2l} \\ & + q\int_0^x \left(v_1 \sin\frac{\pi x}{2l} + v_2 \sin\frac{3\pi x}{2l} - v_1 \sin\frac{\pi x_1}{2l} - v_2 \sin\frac{3\pi x_1}{2l}\right)\mathrm{d}x_1 \\ =\ & -EIv_1\left(\frac{\pi}{2l}\right)^2 \sin\frac{\pi x}{2l} - EIv_2\left(\frac{3\pi}{2l}\right)^2 \sin\frac{3\pi x}{2l} \\ & + qx\left(v_1 \sin\frac{\pi x}{2l} + v_2 \sin\frac{3\pi x}{2l}\right) + qv_1\frac{2l}{\pi}\left(\cos\frac{\pi x}{2l} - 1\right) \\ & + qv_2\frac{2l}{3\pi}\left(\cos\frac{3\pi x}{2l} - 1\right) \end{aligned} \qquad (11)$$

将式 (11) 代入式 (9) 和式 (10)，积分以后得到

$$v_1\left[-\frac{\pi^2 EI}{8l} + ql^2\left(\frac{1}{4} - \frac{1}{\pi^2}\right)\right] - v_2\frac{3ql^2}{\pi^2} = 0 \qquad (12)$$

$$-v_1\frac{3ql^2}{\pi^2} - v_2\left[\frac{9\pi^2 EI}{8l} - ql^2\left(\frac{1}{4} - \frac{1}{9\pi^2}\right)\right] = 0 \tag{13}$$

这是一组齐次方程式，有解的条件是系数行列式为零：

$$\begin{vmatrix} -\dfrac{\pi^2 EI}{8l} + ql^2\dfrac{\pi^2-4}{4\pi^2} & -\dfrac{3ql^2}{\pi^2} \\ -\dfrac{3ql^2}{\pi^2} & -\dfrac{9\pi^2 EI}{8l} + ql^2\dfrac{9\pi^2-4}{36\pi^2} \end{vmatrix} = 0 \tag{14}$$

将行列式展开后可以解得最小值 $(ql)_{cr} = 7.838 EI/l^2$，构件的计算长度系数 $\mu = 1.122$，与精确解 $7.837 EI/l^2$ 几乎是一致的。所以，挠曲线函数由用一项改为用两项后，效果十分明显。

3.3 简单力学模型的稳定分析

前面介绍了求解稳定问题的能量原理，本节介绍简单力学模型，同时采用能量法分析有几何缺陷的非完善模型，用于近似讨论实际结构的屈曲性态和稳定性，以及几何缺陷对结构承载力的影响。简单力学模型分析主要目的是概括出平衡分岔失稳问题的性质，了解平衡法和能量法的应用，进一步了解 Koiter 理论。

3.3.1 完善力学模型的稳定分析

完善的力学模型是指理想的、没有初始缺陷的力学模型。

1. 弹簧铰悬臂刚压杆——稳定分岔失稳类型

图 3.7(a) 为在下端具有弹簧铰的单自由度悬臂刚性杆，抗弯的弹簧常数为 r(单位转角所需的力矩)，杆的长度为 l，上端作用有铅垂压力 P。如果按照一阶分析，不计转角变形，那么根据力的平衡条件，只能得到杆所承受的压力为 P，无法确定此压力达到多大值时杆将失稳，稳定性问题必须按照二阶分析的方法讨论。

1) 平衡法

图 3.7(b) 是按照杆已存在微小转角 θ 的条件画出的计算简图，以此图建立平衡方程。杆的顶端荷载 P 对下端 A 点产生力矩 $P\Delta$，而 $\Delta = l\sin\theta$，当 θ 很小时，$\sin\theta \approx \theta$，弹簧铰产生的抵抗力矩为 $M_0 = r\theta$，这样，

$$Pl\sin\theta - r\theta \approx (Pl - r)\theta = 0 \tag{3.32}$$

$\theta = 0$ 是式 (3.32) 的一个平凡解，它的意义是表示杆始终保持着铅直状态，不是研究稳定问题的解；由另一个非平凡解 $Pl - r = 0$，得到杆的分岔屈曲载荷 $P_{cr} = \dfrac{r}{l}$。

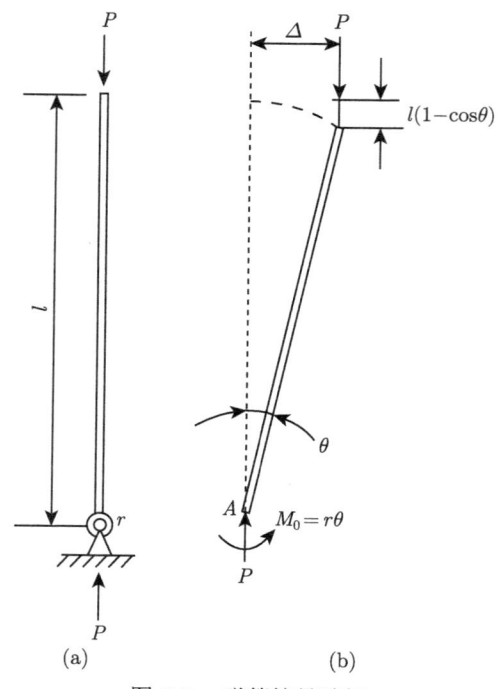

图 3.7 弹簧铰悬臂杆

2) 能量法

带弹簧铰的刚性杆的总势能 Π 是变形体的应变能 U 和外力势能 V 之和，而外力势能是外力功的负值。对于如图 3.7(b) 所示的刚性杆，

$$U = \frac{1}{2}r\theta^2 \tag{3.33}$$

$$V = -Pl(1-\cos\theta) \tag{3.34}$$

$$\Pi = U + V = \frac{1}{2}r\theta^2 - Pl(1-\cos\theta) \tag{3.35}$$

在平衡状态，势能驻值的条件是总势能对变形的一阶变分为零，$\frac{\partial \Pi}{\partial \theta} = 0$。当只有一个变量时，也就是其一阶微分为零，$\frac{\mathrm{d}\Pi}{\mathrm{d}\theta} = 0$，这相当于变形体的平衡条件

$$r\theta - Pl\sin\theta = 0 \tag{3.36}$$

先按照小变形理论作分析，此时由于变形是微小的，由 $\sin\theta \approx \theta$，得到杆的分岔屈曲载荷 $P_{cr} = \dfrac{r}{l}$，这和前面直接用平衡法得到的屈曲载荷相同。

3.3 简单力学模型的稳定分析

由总势能的二阶变分可以判断杆直线平衡状态的稳定性，即

$$\frac{\mathrm{d}^2 \Pi}{\mathrm{d}\theta^2} = r - Pl\cos\theta \approx r - Pl \tag{3.37}$$

当 $\dfrac{\mathrm{d}^2 \Pi}{\mathrm{d}\theta^2} > 0$ 时，$P < \dfrac{r}{l}$，杆处在稳定的直线平衡状态，如图 3.8 中的实线所示；当 $\dfrac{\mathrm{d}^2 \Pi}{\mathrm{d}\theta^2} < 0$ 时，$P > \dfrac{r}{l}$，说明杆的直线状态是不稳定的，如图 3.8 中的虚线所示；当 $\dfrac{\mathrm{d}^2 \Pi}{\mathrm{d}\theta^2} = 0$ 时，$P = P_{cr} = \dfrac{r}{l}$，说明杆处在中性平衡状态。按照小变形理论既不能判断分岔点平衡状态的稳定性，也不能说明杆曲后的性能。

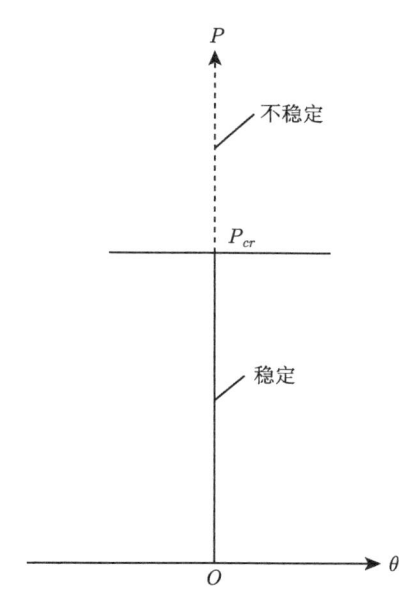

图 3.8 弹簧铰悬臂杆的稳定性 (小变形分析)

按照大变形理论分析，此时刚性杆的转角具有有限值 θ，当 $-\dfrac{\pi}{2} \leqslant \theta \leqslant \dfrac{\pi}{2}$ 时，$\dfrac{\theta}{\sin\theta} \geqslant 1$。由式 (3.36) 知 $P = \dfrac{r\theta}{l\sin\theta}$，可以画出杆的压力变形曲线，如图 3.9 所示。当 $\theta = \pm\dfrac{\pi}{2}$ 时，$P = \dfrac{\pi r}{2l}$，由式 (3.36) 和式 (3.37) 得到

$$\frac{\mathrm{d}^2 \Pi}{\mathrm{d}\theta^2} = r - Pl\cos\theta = r\left(1 - \frac{\theta}{\tan\theta}\right) \tag{3.38}$$

当 $\theta \neq 0$ 时，$1 - \dfrac{\theta}{\tan\theta} > 0$，故 $\dfrac{\mathrm{d}^2 \Pi}{\mathrm{d}\theta^2} > 0$，说明在 $P > \dfrac{r}{l}$ 以后，杆处在稳定

平衡状态。

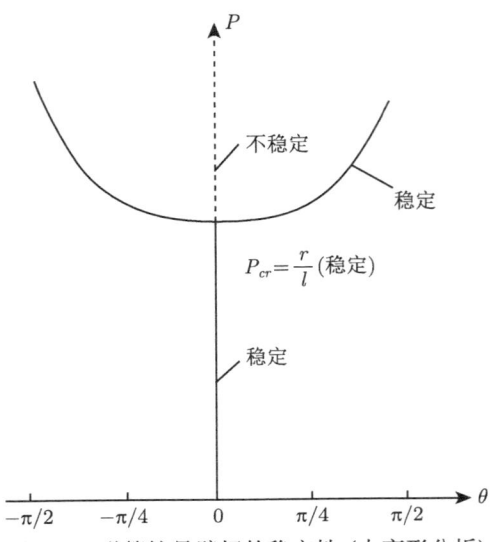

图 3.9 弹簧铰悬臂杆的稳定性 (大变形分析)

$\theta \approx 0$ 时，$\dfrac{\theta}{\tan\theta} = 1.0$，$\dfrac{d^2\Pi}{d\theta^2} = 0$，说明图中分岔点的稳定性仍不能肯定。为了判断分岔点平衡状态的稳定性，需考察总势能变化的第一个非零项的正负号。利用泰勒级数的展开式可得

$$\Delta\Pi = \Pi(\theta+\delta\theta) - \Pi(\theta)$$
$$= \dfrac{d\Pi}{d\theta}\delta\theta + \dfrac{1}{2}\dfrac{d^2\Pi}{d\theta^2}(\delta\theta)^2 + \dfrac{1}{6}\dfrac{d^3\Pi}{d\theta^3}(\delta\theta)^3 + \dfrac{1}{24}\dfrac{d^4\Pi}{d\theta^4}(\delta\theta)^4 + \cdots \quad (3.39)$$

考察式 (3.39) 的第三项，$\dfrac{d^3\Pi}{d\theta^3} = Pl\sin\theta|_{\theta=0} = 0$，仍不能肯定；但 $\dfrac{d^4\Pi}{d\theta^4} = Pl\cos\theta|_{\theta=0} = Pl = r > 0$，说明此杆的总势能具有最小值，在平衡分岔点是稳定的。

2. 弹性支撑刚压杆——不稳定分岔失稳类型

图 3.10(a) 为下端铰接，上端具有弹性支撑的单自由度刚性杆，抗位移的弹簧常数为 k(单位位移所需的力)，杆的长度为 l，在上端作用有铅垂力 P。

1) 平衡法

对于图 3.10(b)，按照杆上端有微小位移的条件建立绕 A 点的力矩平衡方程，水平位移 $\Delta = l\sin\theta$；当 θ 很小时，$\sin\theta \approx \theta$，$\cos\theta \approx 1$，这样平衡方程为

$$P\Delta - k\Delta l\cos\theta = (P - kl\cos\theta)\Delta = (P - kl)l\theta = 0 \quad (3.40)$$

3.3 简单力学模型的稳定分析

因为 $\theta \neq 0$,只有 $P - kl = 0$,得到杆的分岔屈曲载荷 $P_{cr} = kl$。

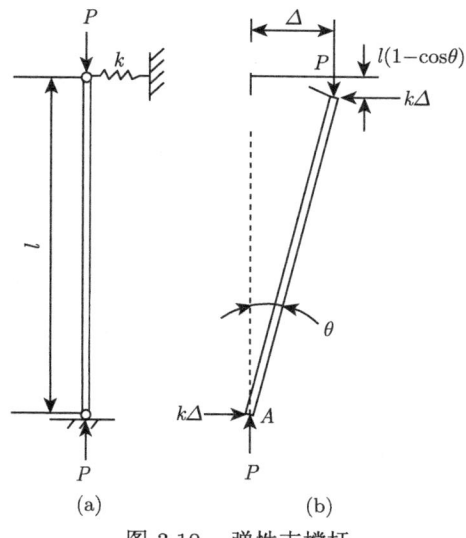

图 3.10 弹性支撑杆

2) 能量法

弹性支撑刚压杆的总势能

$$\Pi = U + V = \frac{1}{2}k\Delta^2 - Pl(1-\cos\theta)$$
$$= \frac{1}{2}kl^2\sin^2\theta - Pl(1-\cos\theta) \tag{3.41}$$

总势能驻值的条件是

$$\frac{\mathrm{d}\Pi}{\mathrm{d}\theta} = kl^2\sin\theta\cos\theta - Pl\sin\theta = l\sin\theta(kl\cos\theta - P) = 0 \tag{3.42}$$

先按照小变形理论作分析,因为 $\sin\theta \neq 0$,只有 $kl\cos\theta - P = 0$,但 $\cos\theta \approx 1$,由此得到杆的分岔屈曲载荷 $P_{cr} = kl$,这与平衡法得到的相同。

由总势能的二阶变分来判断杆铅直线平衡状态的稳定性,即

$$\frac{\mathrm{d}^2\Pi}{\mathrm{d}\theta^2} = kl^2\cos 2\theta - Pl\cos\theta \approx kl^2 - Pl \tag{3.43}$$

当 $\frac{\mathrm{d}^2\Pi}{\mathrm{d}\theta^2} > 0$ 时,$P < kl$,说明这种直线平衡状态的杆是稳定的;$\frac{\mathrm{d}^2\Pi}{\mathrm{d}\theta^2} < 0$ 时,$P > kl$,说明这种直线平衡状态的杆是不稳定的。比较按照小变形分析弹性

支撑刚压杆和弹簧铰悬臂刚压杆的稳定性,只是分岔屈曲载荷不同,而荷载 P 和转角 θ 之间的关系仍如图 3.8 所示。

按照大变形理论分析,由式 (3.42) 知 $P = kl\cos\theta$,画出刚压杆的压力变形曲线如图 3.11 所示。随着 θ 的变化,P 始终小于 P_{cr},当 $\theta = \pm\pi/2$ 时,$P = 0$,由式 (3.43) 可得

$$\frac{d^2\Pi}{d\theta^2} = kl^2\cos 2\theta - Pl\cos\theta = -kl^2\sin^2\theta \tag{3.44}$$

式 (3.44) 给出的是负值,说明有转角的杆处在不稳定的平衡状态,图 3.11 与图 3.9 截然不同。

当 $\theta = 0$ 时,$\dfrac{d^2\Pi}{d\theta^2} = 0$,$\dfrac{d^3\Pi}{d\theta^3} = -2kl^2\sin\theta\cos\theta = -kl^2\sin 2\theta = 0$,而 $\dfrac{d^4\Pi}{d\theta^4} = -2kl^2\cos 2\theta = -2kl^2 < 0$,说明弹性支承杆的总势能具有最大值,在平衡分岔点是不稳定的。

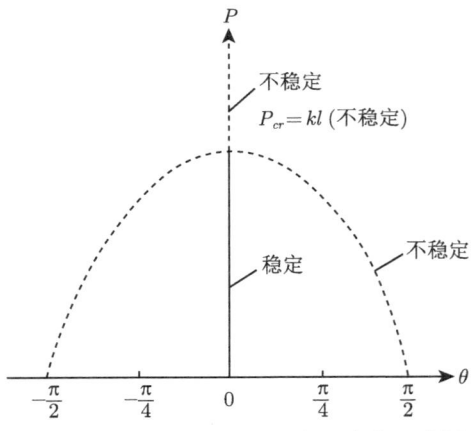

图 3.11 弹性支承杆的稳定性 (大变形分析)

3. 斜向弹簧支撑刚压杆

前面研究的力学模型都可能发生对称的分岔屈曲,这里研究的是可能发生反对称屈曲的力学模型。现对图 3.12(a) 所示的斜向弹簧支撑刚压杆分别用平衡法和能量法求解其屈曲载荷,并分析其稳定性。斜向弹簧的弹簧常数为 k,与水平面始终保持 $45°$。

1) 平衡法

当刚压杆有如图 3.12(b) 所示的顺时针方向的正角位移 θ 时,杆上端的荷载 P 将从 A 点移动至 B 点,随之弹簧压缩一段距离 FB,弹簧中产生的压力为

3.3 简单力学模型的稳定分析

$R = k\overline{FB}$。刚压杆的下端 O 至斜向弹簧的垂直距离为 $\overline{OD}$，绕 O 点的力矩平衡方程为

$$P\overline{EB} - R\overline{OD} = 0 \tag{3.45}$$

由图 3.12(b) 可得

$$\overline{EB} = l\sin\theta$$

$$\overline{OD} = l\cos(45° - \theta) = l(\sin\theta + \cos\theta)/\sqrt{2}$$

$$\overline{AD'} = \overline{FD} = l\sin 45° = l/\sqrt{2}$$

$$\overline{BD} = l\sin(45° - \theta) = l(\cos\theta - \sin\theta)/\sqrt{2}$$

$$\overline{FB} = \overline{FD} - \overline{BD} = l\sin 45° - l\sin(45° - \theta) = l(\sin\theta - \cos\theta + 1)/\sqrt{2}$$

$$R = k\overline{FB} = kl(\sin\theta - \cos\theta + 1)/\sqrt{2} \tag{3.46}$$

由式 (3.45) 可得

$$Pl\sin\theta - kl^2(\sin\theta - \cos\theta + 1)(\sin\theta + \cos\theta)/2 = 0$$

$$P = \frac{kl}{2\sin\theta}(\sin\theta + \cos\theta - \cos 2\theta) \tag{3.47}$$

当 $\theta \to 0$ 时，得到刚压杆的屈曲载荷 $P_{cr} = kl/2$。

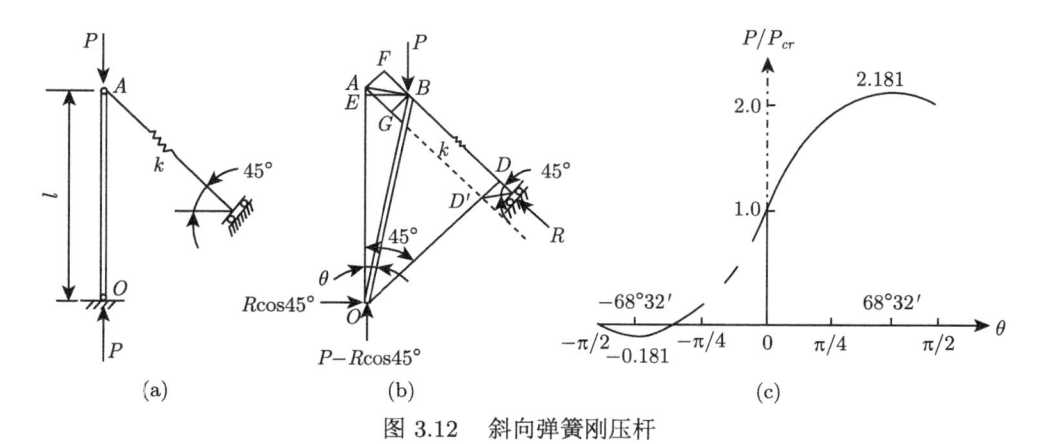

图 3.12 斜向弹簧刚压杆

以不同的 θ 值代入式 (3.47) 可以得到 P-θ 关系曲线如图 3.12(c) 所示。曲线的极值条件为

$$\frac{dP}{d\theta} = \frac{kl(2\sin\theta\sin 2\theta + \cos\theta\cos 2\theta - 1)}{2\sin^2\theta} = \frac{kl}{2\sin^2\theta}(3\cos\theta - 2\cos^3\theta - 1) = 0 \tag{3.48}$$

当 $\theta = 68°32'$ 时，P 具有最大值，$P_{\max} = 2.181 P_{cr}$；当 $\theta = -68°32'$ 时，P 具有最小值，$P_{\min} = -0.181 P_{cr}$；当 $\theta = \pi/4$ 或 $\pi/2$ 时，$P = 2P_{cr}$；当 $\theta = -\pi/4$ 或 $-\pi/2$ 时，$P = 0$。

图 3.12(c) 说明斜向弹簧刚压杆属于非对称分岔屈曲稳定问题。曲后当角位移 θ 为正值时，压杆是稳定平衡的，但 θ 为负值时，压杆是不稳定的，从整体而言，此刚压杆属于不稳定分岔失稳问题。

2) 能量法

此体系的势能

$$\Pi = U + V = \frac{1}{2}k\overline{FB}^2 - P\overline{AE}$$

将 $\overline{FB}$ 和 $\overline{AE}$ 代入后整理得到

$$\Pi = \frac{1}{4}kl^2(2 + 2\sin\theta - 2\cos\theta - \sin 2\theta) - Pl(1 - \cos\theta) \tag{3.49}$$

由势能驻值条件

$$\frac{\mathrm{d}\Pi}{\mathrm{d}\theta} = \frac{kl^2}{2}(\sin\theta + \cos\theta - \cos 2\theta) - Pl\sin\theta = 0$$

可得

$$P = \frac{kl}{2\sin\theta}(\sin\theta + \cos\theta - \cos 2\theta)$$

当 $\theta \to 0$ 时，$P_{cr} = kl/2$。

$$\frac{\mathrm{d}^2\Pi}{\mathrm{d}\theta^2} = \frac{l}{2}kl^2(\cos\theta - \sin\theta + 2\sin 2\theta) - Pl\cos = \frac{kl^2}{2\sin\theta}(3\cos\theta - 2\cos^3\theta - 1) \tag{3.50}$$

当 $\dfrac{\mathrm{d}^2\Pi}{\mathrm{d}\theta^2} > 0$ 时，刚压杆是稳定的，其条件为

$$\frac{1}{\sin\theta}(3\cos\theta - 2\cos^3\theta - 1) > 0 \tag{3.51}$$

当 $\dfrac{\mathrm{d}^2\Pi}{\mathrm{d}\theta^2} < 0$ 时，刚压杆是不稳定的，其条件为

$$\frac{1}{\sin\theta}(3\cos\theta - 2\cos^3\theta - 1) < 0 \tag{3.52}$$

当 $0 < \theta < 68°32'$ 时，由式 (3.50) 得 $\dfrac{\mathrm{d}^2\Pi}{\mathrm{d}\theta^2} > 0$，故刚压杆是稳定的。

当 $68°32' < \theta < \pi/2$ 时，由式 (3.50) 得 $\dfrac{\mathrm{d}^2 \Pi}{\mathrm{d}\theta^2} < 0$，故刚压杆是不稳定的。当 $\theta = 0$ 时，在 $P = P_{cr} = kl/2$ 处出现拐点。当 $-\pi/2 < \theta < -68°32'$ 时，刚压杆是稳定的；当 $-68°32' < \theta < 0$ 时，刚压杆是不稳定的。但就此体系整体而言，曲后是不稳定的。

实际结构出现非对称型分岔失稳还可从图 3.13(a) 所示的单跨 Γ 形刚架来说明。柱的下端与基础铰接，而柱的上端与横梁刚接，横梁的右端是不动铰接点。在柱顶轴心压力 P 的作用下，如绕柱上端刚节点发生顺时针方向转动的屈曲变形，则会出现如图 3.13(b) 右侧所示的稳定平衡分岔屈曲现象；但是如发生绕刚节点有逆时针方向转动的屈曲变形，则会出现如图 3.13(b) 左侧所示的不稳定平衡分岔屈曲现象。这种非对称型分岔屈曲的荷载变形曲线与刚节点转动时横梁端部产生的切力 V 有关。屈曲时的切力 $V = 3EI\theta/l^2$ 使柱的压力因柱顶转角方向不同而有差别。如果荷载 P 的作用点稍向右侧偏移，此偏移将使刚架结点产生顺时针方向的转动，它对柱的极限荷载将起到有利的作用；如果荷载的作用点稍向左侧偏移，则情况正好相反，对刚架柱有非常不利的影响。

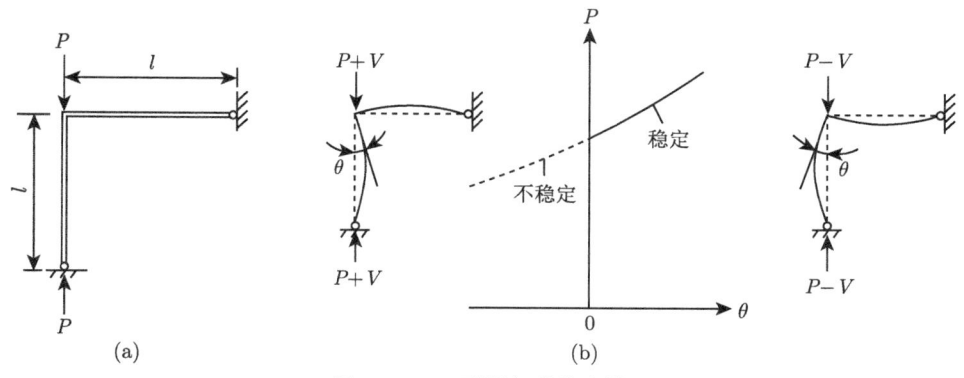

图 3.13　Γ 形刚架的稳定性

3.3.2　非完善力学模型的稳定分析

非完善力学模型分析的目的是考察几何缺陷对结构稳定的影响。由于有几何缺陷，所以结构的几何形状或荷载作用的条件在结构受力的时候是不完善的，这样一来，一经作用荷载，结构就会产生与几何缺陷相适应的变形，所以要研究的问题就变成了荷载–变形问题以及缺陷对结构受力的影响。

1. 弹簧铰悬臂刚压杆

图 3.14(a) 中的悬臂刚压杆在受力之前具有初始转角 θ_0，在压力 P 的作用下杆的位置如图 3.14(b) 所示，转角的增加量为 $\theta - \theta_0$，弹簧铰的应变能为

$$U = \frac{1}{2}r(\theta - \theta_0)^2 \tag{3.53}$$

荷载的势能为

$$V = -Pl(\cos\theta_0 - \cos\theta) \tag{3.54}$$

悬臂杆的总势能为

$$\Pi = U + V = \frac{1}{2}r(\theta - \theta_0)^2 - Pl(\cos\theta_0 - \cos\theta) \tag{3.55}$$

势能驻值的条件，也即结构的平衡方程为

$$\frac{\mathrm{d}\Pi}{\mathrm{d}\theta} = r(\theta - \theta_0) - Pl\sin\theta = 0 \tag{3.56}$$

$$P = \frac{r(\theta - \theta_0)}{l\sin\theta} \tag{3.57}$$

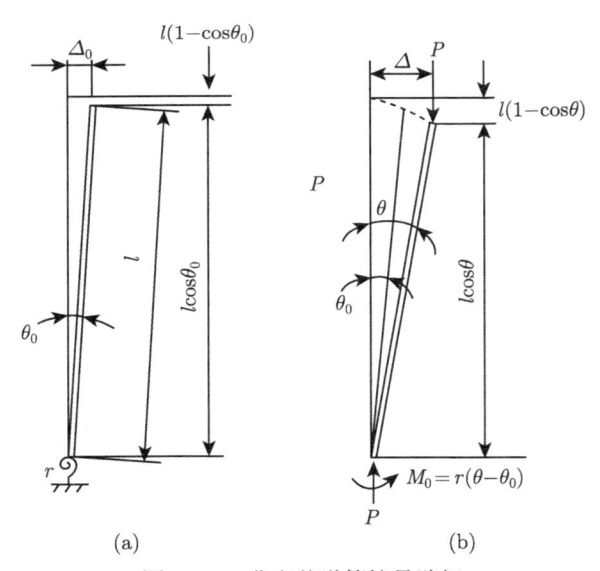

图 3.14 非完善弹簧铰悬臂杆

图 3.15 按式 (3.57) 画出了 $\theta_0 = 0.1$ 和 0.3 的两组杆的荷载-变形曲线。从图中可知，当 θ_0 很小时，非完善的曲线和完善的曲线靠得很近，说明几何缺陷对此杆的影响较小；当 θ_0 较大时，缺陷的影响虽然增加了，但是有部分荷载仍旧超过了分岔屈曲载荷；当 $\theta_0 = 0$ 时，即为分岔曲后的荷载-变形曲线，如图 3.15 中的实线所示，属于稳定平衡曲线。

3.3 简单力学模型的稳定分析

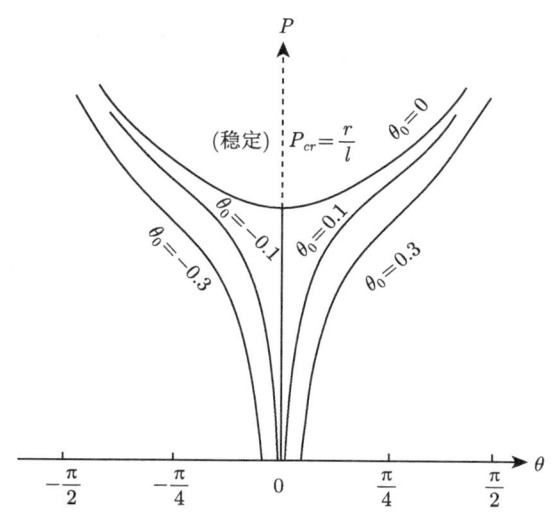

图 3.15 非完善弹簧铰悬臂杆的稳定性 (大变形分析)

为了进一步考察缺陷对杆的影响，需要有总势能的二阶微分

$$\frac{d^2 \Pi}{d\theta^2} = r - Pl\cos\theta \tag{3.58}$$

由式 (3.58) 可知，当 $\dfrac{d^2 \Pi}{d\theta^2} > 0$ 时，也即当 $P < \dfrac{r}{l\cos\theta}$ 时，杆的平衡状态是稳定的；而当 $\dfrac{d^2 \Pi}{d\theta^2} < 0$ 时，也即当 $P > \dfrac{r}{l\cos\theta}$ 时，杆的平衡状态是不稳定的。在 $-\pi/2 \leqslant \theta \leqslant \pi/2$ 范围内，$\dfrac{r(\theta - \theta_0)}{l\sin\theta} < \dfrac{r}{l\cos\theta}$，也即 $\tan\theta > \theta - \theta_0$，所以由式 (3.57) 得到的荷载是稳定的，其最大荷载还可超过分岔屈曲载荷 P_{cr}。

2. 弹性支承刚压杆

对于图 3.16(a) 所示的具有初始缺陷 θ_0 的弹性支承刚压杆，在压力 P 的作用下，杆的位置如图 3.16(b) 所示，转角的增量为 $\theta - \theta_0$，此时弹性支承的应变能为

$$U = \frac{1}{2}kl^2(\sin\theta - \sin\theta_0)^2 \tag{3.59}$$

荷载的势能为

$$V = -Pl(\cos\theta_0 - \cos\theta) \tag{3.60}$$

杆的总势能为

$$\Pi = U + V = \frac{1}{2}kl^2(\sin\theta - \sin\theta_0)^2 - Pl(\cos\theta_0 - \cos\theta) \tag{3.61}$$

势能驻值条件是

$$\frac{\mathrm{d}\Pi}{\mathrm{d}\theta} = kl^2(\sin\theta - \sin\theta_0)\cos\theta - Pl\sin\theta = 0 \tag{3.62}$$

由上式得到

$$P = kl\cos\theta(1 - \sin\theta_0/\sin\theta) \tag{3.63}$$

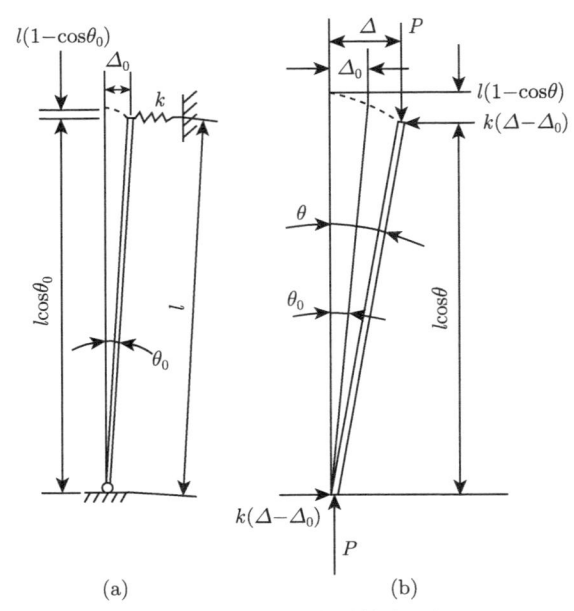

图 3.16 非完善的弹性支承杆

图 3.17 画出了有初始角 $\theta_0 = 0.1$ 和 0.3 的两组杆的荷载–变形曲线，在图中用虚线表示的都属于不稳定平衡曲线。从图中可知，当 θ_0 很小时，虽然其荷载–变形曲线与完善的曲线靠得很近，但可以看到缺陷的影响也非常明显。对式 (3.63) 微分一次后可以得到此杆有最大荷载的条件为

$$\frac{\mathrm{d}P}{\mathrm{d}\theta} = kl(-\sin\theta + \sin\theta_0/\sin^2\theta) = 0 \tag{3.64}$$

从上式得到 $\sin\theta_0 = \sin^3\theta$ 时，代入式 (3.63) 后可以得到最大荷载

$$P = P_{\max} = kl\cos^3\theta = kl(1 - \sin^{2/3}\theta_0)^{3/2} \tag{3.65}$$

图 3.17 中的点划线表示了杆有缺陷时的最大荷载–变形曲线。从曲线可知，当 $\theta_0 = 0$ 时，其最大荷载就是不稳定的平衡分岔屈曲载荷，而当缺陷增大时，

3.3 简单力学模型的稳定分析

$P_{\max}$ 将大幅度下降。当 $\theta_0 = 0.1\text{rad}$ 时，$P_{\max} = 0.695kl$；当 $\theta_0 = 0.3\text{rad}$ 时，$P_{\max} = 0.415kl$。

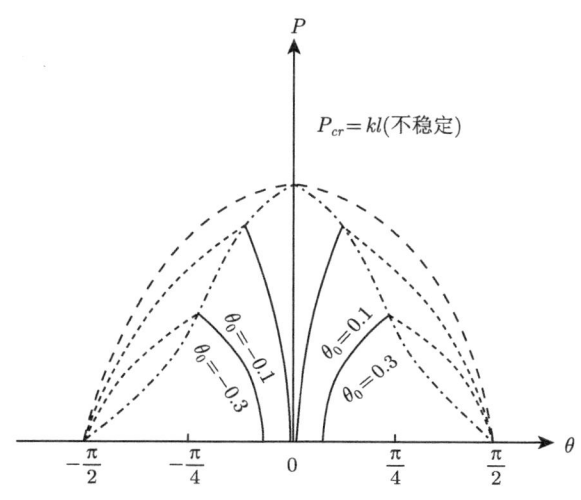

图 3.17 非完善弹性支承杆的稳定性 (大变形分析)

为了弄清楚式 (3.63) 给出的荷载–变形曲线的稳定性，可以考察变形体的总势能的二阶微分

$$\frac{\mathrm{d}^2 \Pi}{\mathrm{d}\theta^2} = kl^2(\cos^2\theta - \sin^2\theta + \sin\theta_0 \sin\theta) - Pl\cos\theta = kl^2(\sin\theta_0 - \sin^3\theta)/\sin\theta \tag{3.66}$$

在 $-\pi/2 < \theta < \pi/2$ 的范围内，当 $\dfrac{\mathrm{d}^2 \Pi}{\mathrm{d}\theta^2} > 0$ 时，即当 $\sin\theta_0 > \sin^3\theta$ 时，由式 (3.63) 给出的荷载将处在稳定的平衡状态，如图 3.17 中具有上升段曲线的实线所示；而当 $\dfrac{\mathrm{d}^2 \Pi}{\mathrm{d}\theta^2} < 0$ 时，由式 (3.63) 给出的荷载将处在不稳定的平衡状态，如图 3.17 中具有下降段曲线的虚线表示。

以上两种带缺陷的力学模型，其荷载–变形曲线的图形都具有对称性。

3. 斜向弹簧支撑刚压杆

如果刚压杆在未承受压力 P 之前就存在如图 3.18(a) 所示的初始角 θ_0，在杆端压力 P 的作用下，其位移如图 3.18(b) 所示。图中，

$$\overline{FB} = \overline{FD} - \overline{BD} = \overline{AD'} - \overline{BD} = l[\sin(45° - \theta_0) - \sin(45° - \theta)]$$
$$= l(\sin\theta - \sin\theta_0 - \cos\theta + \cos\theta_0)/\sqrt{2}$$

$$\overline{A'E} = l[(1-\cos\theta) - (1-\cos\theta_0)] = l(\cos\theta_0 - \cos\theta)$$

这时体系的总势能

$$\Pi = \frac{1}{2}k\overline{FB}^2 - P\overline{A'E} = \frac{1}{4}kl^2(\sin\theta - \sin\theta_0 - \cos\theta + \cos\theta_0)^2 - Pl(\cos\theta_0 - \cos\theta) \tag{3.67}$$

由势能驻值条件 $\dfrac{\mathrm{d}\Pi}{\mathrm{d}\theta} = 0$ 得

$$\frac{\mathrm{d}\Pi}{\mathrm{d}\theta} = \frac{kl^2}{2}(\sin\theta - \sin\theta_0 - \cos\theta + \cos\theta_0)(\sin\theta + \cos\theta) - Pl\sin\theta = 0 \tag{3.68}$$

$$P = \frac{kl}{2\sin\theta}(\sin\theta - \cos\theta - \sin\theta_0 + \cos\theta_0)(\sin\theta + \cos\theta) \tag{3.69}$$

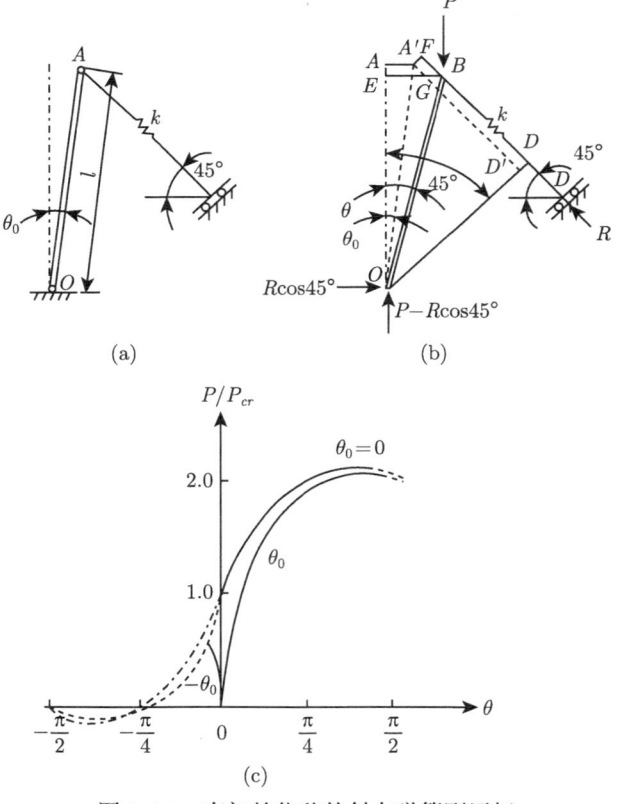

图 3.18 有初始位移的斜向弹簧刚压杆

图 3.18(c) 给出了有缺陷 θ_0 的刚压杆的荷载-位移曲线，当 θ_0 为正值时，荷载略有下降，而当 θ_0 为负值时，荷载的下降十分突出，如图中的虚线所示。可以

3.3 简单力学模型的稳定分析

从 $\dfrac{dP}{d\theta}=0$ 得到其最大值，图中的点划线给出了诸最大荷载的界限。由此得到启示，对于有斜撑的立杆，如果制造或安装的垂直度存在类似于图 3.18(a) 所示的偏在斜撑另一侧的负误差，将对立杆的稳定产生不利影响。

3.3.3 跃越屈曲模型的稳定分析

先求图 3.19(a) 所示刚压杆在图 3.19(b) 所示荷载作用下的屈曲载荷，再分析其稳定性。在未加荷载之前，刚压杆的倾角为 θ_0，加荷载之后的倾角为 θ，此倾角将小于初始角 θ_0。

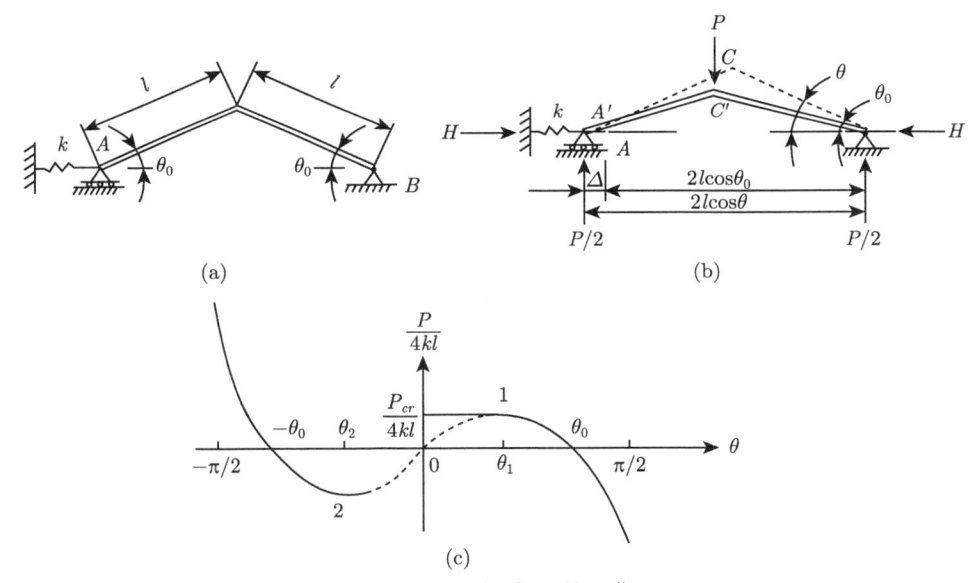

图 3.19　刚压杆跃越屈曲

1. 平衡法

在荷载 P 的作用下，支座 A 和 B 之间移动的水平距离为 Δ，$\Delta = 2l(\cos\theta - \cos\theta_0)$，支座水平反力

$$H = 2kl(\cos\theta - \cos\theta_0) \tag{3.70}$$

建立 C' 点的力矩平衡方程

$$\frac{1}{2}Pl\cos\theta - Hl\sin\theta = 0 \text{ 或 } \frac{1}{2}Pl\cos\theta - 2kl^2\sin\theta(\cos\theta - \cos\theta_0) = 0 \tag{3.71}$$

则

$$P = 4kl(\sin\theta - \cos\theta_0 \tan\theta) \tag{3.72}$$

符合上式条件的位移角是 $-\pi/2 < \theta < \theta_0 < \pi/2$。

图 3.19(c) 给出了此刚压杆的荷载–位移曲线，曲线的极值条件是

$$\frac{\mathrm{d}P}{\mathrm{d}\theta} = 4kl\left(\cos\theta - \frac{\cos\theta_0}{\cos^2\theta}\right) = 0 \tag{3.73}$$

当 $\cos\theta_1 = (\cos\theta_0)^{1/3}$ 或 $\theta_1 = \arccos(\cos\theta_0)^{1/3}$ 时，得到刚压杆的屈曲载荷为

$$P_{cr} = 4kl(\sin\theta_1 - \cos\theta_0\tan\theta_1) = 4kl(1 - \cos^{2/3}\theta_0)^{3/2} \tag{3.74}$$

2. 能量法

体系的总势能

$$\Pi = \frac{1}{2}k\Delta^2 - Pl(\sin\theta_0 - \sin\theta) = 2kl^2(\cos\theta - \cos\theta_0)^2 - Pl(\sin\theta_0 - \sin\theta) \tag{3.75}$$

由势能驻值条件 $\dfrac{\mathrm{d}\Pi}{\mathrm{d}\theta} = 0$，得到

$$\frac{\mathrm{d}\Pi}{\mathrm{d}\theta} = -4kl^2\sin\theta(\cos\theta - \cos\theta_0) + Pl\cos\theta = 0 \tag{3.76}$$

则

$$P = 4kl(\sin\theta - \cos\theta_0\tan\theta)$$

$$P_{cr} = 4kl(\sin\theta_1 - \cos\theta_0\tan\theta_1)$$

$$\frac{\mathrm{d}^2\Pi}{\mathrm{d}\theta^2} = -4kl^2\cos\theta(\cos\theta - \cos\theta_0) + 4kl^2\sin^2\theta - Pl\sin\theta \tag{3.77}$$

将式 (3.72) 代入式 (3.77)，得到

$$\frac{\mathrm{d}^2\Pi}{\mathrm{d}\theta^2} = 4kl^2\left(\frac{\cos\theta_0}{\cos\theta} - \cos^2\theta\right) \tag{3.78}$$

由 $\dfrac{\mathrm{d}^2\Pi}{\mathrm{d}\theta^2} = 0$，可以得到 $\cos\theta_1 = (\cos\theta_0)^{1/3}$ 或 $\theta_1 = \arccos(\cos\theta_0)^{1/3}$ 和 $\theta_2 = -\arccos(\cos\theta_o)^{1/3}$。

当 $\dfrac{\mathrm{d}^2\Pi}{\mathrm{d}\theta^2} < 0$ 时，亦即在 $\theta_2 < \theta < \theta_1$ 的范围内，刚压杆处在不稳定平衡状态。图 3.19(c) 中的荷载 P 将由点 1 跃越至点 2，而后曲线将向上回升，但此时结构体系已经塌陷，故跃越屈曲以后的荷载增加不能被利用，曲线上的点 1 是其临界状态。缺陷对该结构很敏感，类同于不稳定分岔失稳。当 $\theta_0 = 0.25\mathrm{rad}$ 时，

$P_{cr} = 0.012kl$;当 $\theta_0 = 0.23\text{rad}$ 时 $P_{cr} = 0.00934kl$。$0.00934/0.012 \approx 0.778$,说明 θ_0 只相差 8%,但 P_{cr} 却相差 22.2%。

本节分析的力学模型都由刚性杆和弹性约束形成,没有涉及非弹性变形,但是对于实际的钢构件,无论分岔屈曲失稳还是极值点失稳,都要涉及材料的弹塑性性质,这样一来,所研究的问题属于兼有几何非线性和材料非线性的问题,亦即弹塑性稳定问题。在考虑了杆件几何缺陷之后,与分析结构弹塑性问题有关的两个重要因素是钢材的性能和构件内的纵向残余应力分布。

3.4 数值分析方法

3.4.1 有限差分法

差分法是把构件划分为许多单元,通过把连续体离散为互有联系的有限数量单元的数值求解法。对于已经建立的微分方程,将其中任一点函数 y_i 的各阶导数通过差分的式子用该点函数 y_i 及其附近分段点的函数 y_{i-2}, y_{i-1}, y_{i+1} 和 y_{i+2} 来表示,将求解微分方程转化为求解差分方程。图 3.20 表示构件挠曲线的一段,曲线 B 点的坐标为 (x_i, y_i),该点的各阶导数为 y_i', y_i'', y_i''' 和 y_i^{IV}。将构件划分为相等或不相等长度的单元,各分段点的函数用带规律的序号表示,如图中的 y_{i-1}, y_i, y_{i+1}。

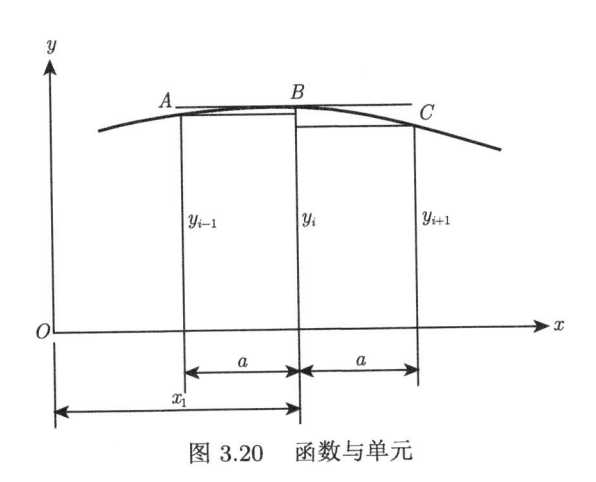

图 3.20 函数与单元

1. 任意点函数的差分式

当划分的单元长度相同时,图 3.20 曲线上 B 点函数的一阶导数可以用三种不同的差分式表示。一种是前进差分,用曲线上 B 点和其前面 C 点的函数表示,

$y_i' = \dfrac{y_{i+1} - y_i}{a}$；另一种是后退差分，用曲线上 B 点和其后面 A 点的函数表示，$y_i' = \dfrac{y_i - y_{i-1}}{a}$；还有一种为中央差分，用前后两个点 C 和 A 的函数表示为

$$y_i' = \frac{y_{i+1} - y_{i-1}}{2a} \tag{3.79a}$$

虽然式 (3.79a) 与两个单元长度有关，但是对 y_i' 来说，中央差分的精确度更高些，当然分段点的间距越小，差分式越接近实际值。

如果利用式 (3.79a) 推演 y_i 的二阶导数，将得到

$$y_i'' = \frac{y_{i+1}' - y_{i-1}'}{2a} = \frac{y_{i+2} - 2y_i + y_{i-2}}{4a^2}$$

这样 y_i'' 的确定与远离 y_i 两个分段距的 y_{i+2} 和 y_{i-2} 有关，其结果误差较大。如果先按前进差分运算一次得到 y_i'，再按后退差分运算一次得到 y_i''，

那么可以得到

$$y_i'' = (y_i')' = \frac{y_{i+1}' - y_i'}{a} = \frac{\dfrac{y_{i+1} - y_i}{a} - \dfrac{y_i - y_{i-1}}{a}}{a} = \frac{y_{i+1} - 2y_i + y_{i-1}}{a^2} \tag{3.79b}$$

式 (3.79b) 说明 B 点函数的二阶导数只与两个分段的三个分点的函数有关，这样不仅便于计算而且精确度也高。

同理

$$y_i''' = \frac{y_{i+2} - 2y_{i+1} + 2y_{i-1} - y_{i-2}}{2a^3} \tag{3.79c}$$

$$y_i^{\mathrm{IV}} = \frac{y_{i+2} - 4y_{i+1} + 6y_i - 4y_{i-1} + y_{i-2}}{a^4} \tag{3.79d}$$

可见曲线上任一点函数的导数是由高阶导数转化为低阶导数，直至最终形成函数值的表达式。差分式也可用插值函数 $y = a_1 x^2 + b_1 x + c_1$ 导出，如果采用更高阶次的插值函数，可得到更精确的差分式。

2. 边界点的差分式

求解差分方程时，边界条件也是以差分的形式表示的。为了得到如图 3.21 所示构件的两种不同边界点的差分式，挠曲线都需向外延伸，如虚线所示，给出分段长度为 a 的虚拟点的函数 y_{i-1}，根据不同的边界条件找出虚拟点 y_{i-1} 与前进点 y_i 之间的关系式。如果边界点在构件的右侧，那么虚拟点在延伸线上的右侧，这时需找出虚拟点与后退点之间的关系式。

3.4 数值分析方法

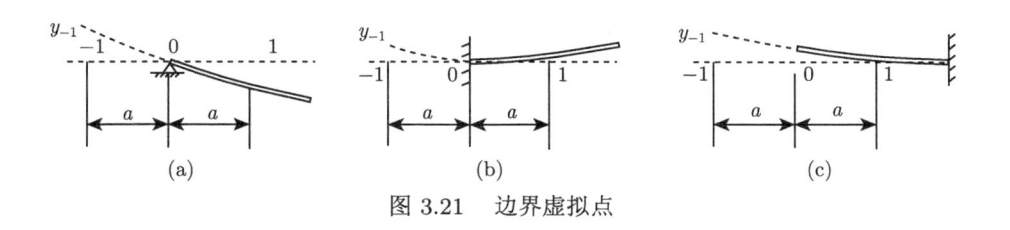

图 3.21 边界虚拟点

对于图 3.21(a) 中的铰接端，有 $y_0 = 0$ 和 $y_0'' = 0$，令 $y_0'' = \dfrac{y_1 - 2y_0 + y_{-1}}{a^2} = 0$，故

$$y_{-1} = -y_1 \tag{3.80a}$$

对于图 3.21(b) 中的固定端，有 $y_0 = 0$ 和 $y_0' = 0$，令 $y_0' = \dfrac{y_1 - y_{-1}}{2a} = 0$，故

$$y_{-1} = y_1 \tag{3.80b}$$

对于图 3.21(c) 中的自由端，有 $y_0'' = 0$，$y_0'' = \dfrac{y_1 - 2y_0 + y_{-1}}{a^2} = 0$，故

$$y_{-1} = 2y_0 - y_1 \tag{3.80c}$$

或

$$y_0 = \dfrac{y_1 + y_{-1}}{2} \tag{3.80d}$$

由差分法得到的屈曲载荷近似值常常小于精确解，能量法得到的是屈曲载荷的上限，差分法得到的是屈曲载荷的下限。对于复杂的弹塑性稳定问题，差分法得到的屈曲载荷的误差很小。

3. 提高屈曲载荷精确度的外推法

用差分法求解构件的屈曲载荷时，其精确度与构件的分段数 n 有关，但分段数的多少影响计算工作量。分段数太少，计算结果的误差大。对于弹性弯曲屈曲载荷，误差的大小与分段数的平方成反比。鉴于此，可以利用两种不同分段数 n_1 和 n_2 得到的屈曲载荷 P_1 和 P_2，采用 Richardson 外推法提高精确度。

设比较精确的解为 P_{cr}，与近似解 P_1 和 P_2 有关的比例常数为 β，则有

$$P_{cr} - P_1 = \dfrac{\beta}{n_1^2} \tag{3.81a}$$

$$P_{cr} - P_2 = \dfrac{\beta}{n_2^2} \tag{3.81b}$$

从以上两式中消去比例常数 β，可以得到

$$P_{cr} = \frac{P_2 n_2^2 - P_1 n_1^2}{n_2^2 - n_1^2} \tag{3.81c}$$

示例 3.5 用差分法确定图 3.22(a) 所示的两端铰接的压弯构件的最大挠度和最大弯矩，已知 $P/P_E = 0.2$。

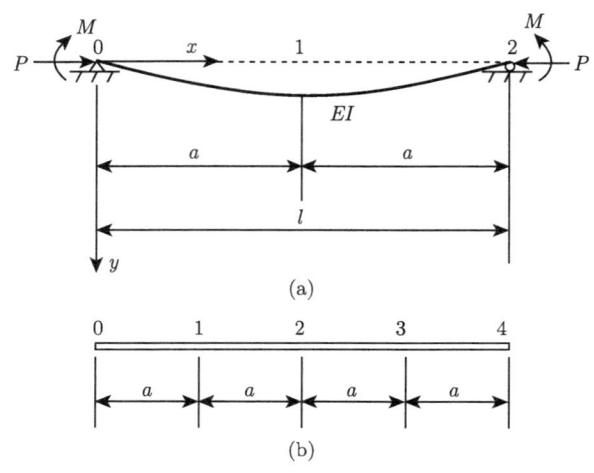

图 3.22 压弯构件分段

构件的平衡方程为

$$y'' + k^2 y + \frac{M}{EI} = 0 \tag{1}$$

差分方程为

$$y_{i+1} + (k^2 a^2 - 2) y_i + y_{i-1} + M a^2/(EI) = 0 \tag{2}$$

(1) 第一次近似将构件分为两段，$a = l/2$。

在分点 1，$y_2 + (k^2 a^2 - 2) y_1 + y_0 + M a^2/(EI) = 0$，但 $y_0 = 0$，$y_2 = 0$

$$y_{\max} = y_1 = \frac{M a^2}{EI(2 - k^2 a^2)} = \frac{M l^2}{8EI \left(1 - \dfrac{Pl^2}{8EI}\right)} = \frac{M}{P} \times \frac{\dfrac{\pi^2 P}{8 P_E}}{1 - \dfrac{\pi^2 P}{8 P_E}} \tag{3}$$

理论值

$$y_{\max} = \frac{M}{P} \times \frac{\dfrac{\pi^2 P}{8 P_E}}{1 - \dfrac{P}{P_E}} \tag{4}$$

3.4 数值分析方法

$$M_{\max} = M + Py_{\max} = \frac{M}{1 - \dfrac{\pi^2 P}{8P_E}} \tag{5}$$

理论值

$$M_{\max} = \frac{1 - \dfrac{P}{P_E} + \dfrac{\pi^2 P}{8P_E}}{1 - \dfrac{P}{P_E}} M \tag{6}$$

当 $\dfrac{P}{P_E} = 0.2$ 时，$y_{\max} = 0.327\dfrac{M}{P}$，与理论值 $y_{\max} = 0.308\dfrac{M}{P}$ 比较相差 6.2%，$M_{\max} = 1.327M$，与理论值 $M_{\max} = 1.308M$ 比较相差 1.45%。

(2) 第二次近似将构件分为 4 段，如图 3.22(b) 所示，$a = l/4$。

在分点 1，$y_2 + (k^2a^2 - 2)y_1 + y_0 + Ma^2/(EI) = 0$，但 $y_0 = 0$

$$y_2 + (k^2a^2 - 2)y_1 + Ma^2/(EI) = 0 \tag{7}$$

在分点 2，$y_3 + (k^2a^2 - 2)y_2 + y_1 + Ma^2/(EI) = 0$，但 $y_3 = y_1$，故

$$y_1 = -(k^2a^2 - 2)y_2/2 - Ma^2/(2EI) \tag{8}$$

以式 (8) 代入式 (7) 得到

$$y_{\max} = y_2 = \frac{(4 - k^2a^2)Ma^2}{EI(2 - 4k^2a^2 + k^4a^4)} = \frac{M\left(1 - \dfrac{\pi^2 P}{64P_E}\right)\dfrac{\pi^2 P}{8P_E}}{P\left[1 - \dfrac{\pi^2 P}{8P_E} + \dfrac{1}{8}\left(\dfrac{\pi^2 P}{8P_E}\right)^2\right]} \tag{9}$$

$$M_{\max} = M + Py_{\max} = \frac{M}{1 - \dfrac{\pi^2 P}{8P_E} + \dfrac{1}{8}\left(\dfrac{\pi^2 P}{8P_E}\right)^2} \tag{10}$$

当 $P/P_E = 0.2$ 时，$y_{\max} = 0.314M/P$，比理论值大 1.95%；$M_{\max} = 1.314M$，比理论值大 0.46%。因为用差分法得到的屈曲载荷偏小，故计算最大挠度和最大弯矩时所用的放大系数均偏大。

3.4.2 有限积分法

前面用差分法求解构件的屈曲载荷时，分段点的导数采用了相邻两分段点之间的斜率，如分段数太少，分段点导数的误差将很大，这样用差分法求解得到的

屈曲载荷必然误差较大。对于在弹塑性状态失稳的构件，如在第 4 章中将要研究的压弯构件的弹塑性弯扭屈曲问题，由于沿构件的轴线方向诸截面因弹性区不同，因此有效的几何性质是变化的，挠曲线上各相邻点的导数必然有较大差别，其高阶导数相差更大，为了提高精确度，必须加密分段点，这样势必加大计算工作量，同时边界点延伸线上虚拟点的函数也会带来误差。为了获得较高的精确解，还有别的数值法可供选用，如有限积分法和有限单元法，本节先介绍有限积分法。

1. 函数 $y(x)$ 及其导数的数值积分表达式

有限积分法的特点是把挠曲线上任意一点的原函数 $y(x)$ 及其各阶导数 $y', y'', \cdots$ 都用平衡方程中所具有的高阶导数的数值积分式来表示，从而形成高阶导数的代数式。

如果微分方程中的高阶导数为 y''，那么在曲线上任意点 (x, y) 的一阶导数和原函数分别为

$$y' = \int_0^x y'' \mathrm{d}x + y'_0 \tag{3.82a}$$

$$y = \int_0^x y' \mathrm{d}x + y_0 = \int_0^x \int_0^x y'' \mathrm{d}x \mathrm{d}x + y'_0 x + y_0 \tag{3.82b}$$

如果微分方程中的高阶导数为 y^{IV}，那么在曲线上任意点 (x, y) 的三阶、二阶、一阶导数和原函数分别为

$$y''' = \int_0^x y^{\mathrm{IV}} \mathrm{d}x + y'''_0 \tag{3.83a}$$

$$y'' = \int_0^x y''' \mathrm{d}x + y''_0 = \int_0^x \int_0^x y^{\mathrm{IV}} \mathrm{d}x \mathrm{d}x + y'''_0 x + y''_0 \tag{3.83b}$$

$$y' = \int_0^x y'' \mathrm{d}x + y'_0 = \int_0^x \int_0^x \int_0^x y^{\mathrm{IV}} \mathrm{d}x \mathrm{d}x \mathrm{d}x + \frac{y'''_0 x^2}{2} + y''_0 x + y'_0 \tag{3.83c}$$

$$y = \int_0^x y' \mathrm{d}x + y_0 = \int_0^x \int_0^x \int_0^x \int_0^x y^{\mathrm{IV}} \mathrm{d}x \mathrm{d}x \mathrm{d}x \mathrm{d}x + \frac{y'''_0 x^3}{6} + \frac{y''_0 x^2}{2} + y'_0 x + y_0 \tag{3.83d}$$

为了便于用电子计算机求解，将上述诸积分式写成矩阵的形式。先将构件的全长 l 划分为长度为 a 的 m 段，而分段点的序号为 $0, 1, 2, \cdots, m$，共有 $m+1$ 个分段点，每段的长度为 $a = l/m$。经过下面将要推演得到的结果，构件挠曲线

上分段点的函数及其导数的数值积分表达式均可用矩阵的形式表示。当微分方程中的高阶导数为 y'' 时,

$$\{y'\} = (a/12)[N]\{y''\} + y_0'\{1\} \tag{3.84a}$$

$$\{y\} = (a/12)^2[N]^2\{y''\} + y_0'\{x\} + y_0\{1\} \tag{3.84b}$$

当微分方程中的高阶导数为 y^{IV} 时,

$$\{y'''\} = (a/12)[N]\{y^{IV}\} + y_0'''\{1\} \tag{3.85a}$$

$$\{y''\} = (a/12)^2[N]^2\{y^{IV}\} + y_0'''\{x\} + y_0''\{1\} \tag{3.85b}$$

$$\{y'\} = (a/12)^3[N]^3\{y^{IV}\} + y_0'''\{x^2/2\} + y_0''\{x\} + y_0'\{1\} \tag{3.85c}$$

$$\{y\} = (a/12)^4[N]^4\{y^{IV}\} + y_0'''\{x^3/6\} + y_0''\{x^2/2\} + y_0'\{x\} + y_0\{1\} \tag{3.85d}$$

在以上诸式中,$\{x\}$ 是分段点 x 的列向量,为 $[x_0, x_1, x_2, \cdots, x_m]^T$;$\{1\}$ 是单位 1 的列向量,为 $[1, 1, \cdots, 1]^T$;$[N]$ 是在数值积分的运算过程中形成的积分矩阵或称积分算子。

2. 插值函数和积分算子 $[N]$ 的形成

对于如图 3.23 所示的函数 $y(x)$,在局部范围内,如图中的曲线段 ABC 范围内,可以用分段距为 a 并经过曲线上 A、B 和 C 三点的二次抛物线插值函数 $y(x) = a_1 x^2 + b_1 x + c_1$ 来代替,只要分段距 a 不十分长,此插值函数就可以很近似地适合于曲线上相邻的 A、B、C 三点的原函数 y_i、y_{i+1} 和 y_{i+2},这时 $x_{i+2} - x_{i+1} = x_{i+1} - x_i = a$。把它们一一对应地代入抛物线方程后,即可得到三个常数 a_1、b_1 和 c_1 与原函数的关系式。图 3.23 中实线为原函数,虚线为插值函数。

$$a_1 = \frac{y_{i+2} - 2y_{i+1} + y_i}{2a^2} \tag{3.86a}$$

$$b_1 = \frac{y_{i+2} - y_i}{2a} - 2a_1 x_{i+1} \tag{3.86b}$$

$$c_1 = y_{i+1} - a_1 x_{i+1}^2 - b_1 x_{i+1} \tag{3.86c}$$

然后按照分段插值的原则,在将原曲线 ABC 用一段抛物线近似地代替后,紧接着从 C 点开始,将分段距也是 a 的另外三个相邻点的原曲线,用另一段二次抛物线来代替,这样把诸插值函数连接起来,形成一个完整的与原函数非常近似的曲线,此近似曲线在运算过程中经过一次或多次积分后,即可用诸分段点的高阶导数来表示而形成代数式。从图 3.23 可知,在曲线 ABC 与 x 轴之间所围成

的面积，用原函数和插值函数分别计算，两者的差别是非常小的，即使放大分段距 a，这种误差也不大，但是这样一来，却可减小计算工作量，而用有限积分法计算构件的屈曲载荷将具有较高的精确度。

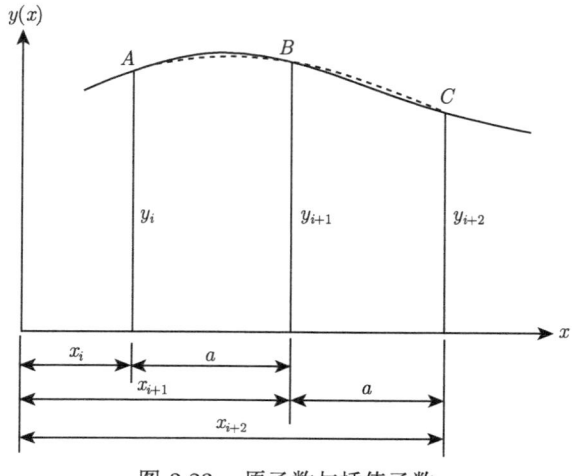

图 3.23　原函数与插值函数

式 (3.84) 或式 (3.85) 中的高阶微分 y'' 或 y^{IV} 都可以看作是函数 $f(x)$，表示如图 3.24(a) 所示，也可以用抛物线插值函数逐段代替它。

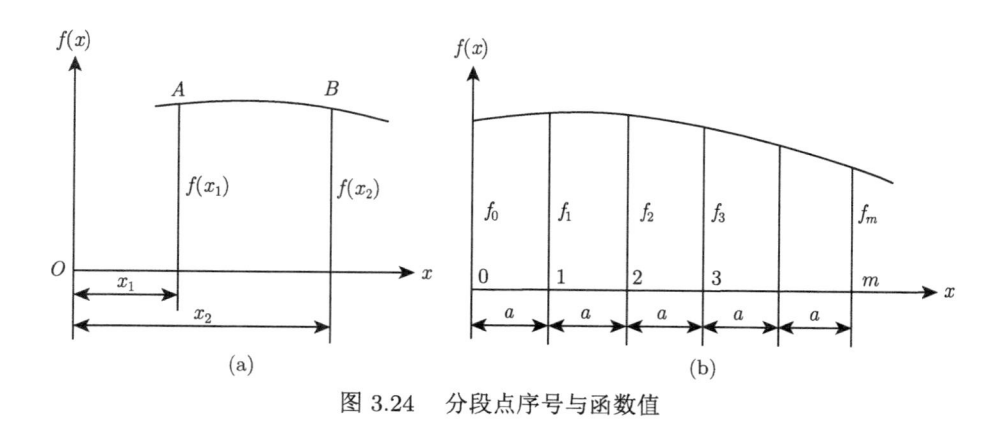

图 3.24　分段点序号与函数值

图 3.23 中抛物线上两相邻点 A 和 B 之间的数值积分为

$$\int_{x_i}^{x_{i+1}} y(x)\mathrm{d}x = \left|a_1 x^3/3 + b_1 x^2/2 + c_1 x\right|_{x_i}^{x_{i+1}}$$

3.4 数值分析方法

将式 (3.86) 中的 a_1, b_1, c_1 和 $x_{i+1} = x_i + a$ 代入后得到

$$\int_{x_i}^{x_{i+1}} y(x)\mathrm{d}x = \frac{a}{12}(5y_i + 8y_{i+1} - y_{i+2}) \tag{3.87a}$$

用辛普森公式可以得到任一抛物线在区间 x_1 和 x_2 之间的数值积分

$$\int_{x_1}^{x_2} y(x)\mathrm{d}x = \frac{x_2 - x_1}{6}\left[y(x_1) + 4y\left(\frac{x_1 + x_2}{2}\right) + y(x_2)\right] \tag{3.87b}$$

利用上式就可以得到图 3.23 中在区间 x_i 和 x_{i+2} 之间的数值积分

$$\int_{x_i}^{x_{i+2}} y(x)\mathrm{d}x = \frac{x_{i+2} - x_i}{6}(y_i + 4y_{i+1} + y_{i+2}) = \frac{a}{12}(4y_i + 16y_{i+1} + 4y_{i+2}) \tag{3.87c}$$

现在把上面的关系式应用到式 (3.84) 或式 (3.85) 高阶微分 y'' 或 y^{IV} 所代表的函数中来，如果函数所描绘的曲线的分段点按照图 3.24(b) 所示的序号排列，每段的长度均为 a，其相应的函数值为 $f_0, f_1, f_2, \cdots, f_m$，那么在分段 0~1，0~2 和 0~3 的函数积分分别用符号 g_1, g_2 和 g_3 表示，其矩阵形式为

$$g_1 = \int_0^a f(x)\mathrm{d}x = \frac{a}{12}[5, 8, -1]\left\{\begin{array}{c} f_0 \\ f_1 \\ f_2 \end{array}\right\} \tag{3.88a}$$

$$g_2 = \int_0^{2a} f(x)\mathrm{d}x = \frac{a}{12}[4, 16, 4]\left\{\begin{array}{c} f_0 \\ f_1 \\ f_2 \end{array}\right\} \tag{3.88b}$$

$$g_3 = \int_0^{3a} f(x)\mathrm{d}x = \int_0^{2a} f(x)\mathrm{d}x + \int_{2a}^{3a} f(x)\mathrm{d}x = \frac{a}{12}[4, 16, 9, 8, -1]\left\{\begin{array}{c} f_0 \\ f_1 \\ f_2 \\ f_3 \\ f_4 \end{array}\right\} \tag{3.88c}$$

照此类推，函数积分的普遍表达式可以用矩阵方程表示为

$$\text{当 } g_m = \int_0^{ma} f(x)\mathrm{d}x \text{ 时}, \quad \{g\} = \frac{a}{12}[N]\{f\} \tag{3.88d}$$

式中，$\{g\}$ 是列向量 $[g_0, g_1, g_2, \cdots, g_m]^\mathrm{T}$，$\{f\}$ 是列向量 $[f_0, f_1, f_2, \cdots, f_m]^\mathrm{T}$，$[N]$ 就是积分算子，它是一个 $m+1$ 的方阵，按照式 (3.88) 的规律形成，如果用计算机计算，它可以自动形成：

$$[N] = \begin{bmatrix} 0 & 0 & 0 & 0 & 0 & 0 & 0 \\ 5 & 8 & -1 & 0 & 0 & 0 & 0 \\ 4 & 16 & 4 & 0 & 0 & 0 & 0 \\ 4 & 16 & 9 & 8 & -1 & 0 & 0 \\ 4 & 16 & 8 & 16 & 4 & 0 & 0 \\ 4 & 16 & 8 & 16 & 9 & 8 & -1 & \cdots \\ 4 & 16 & 8 & 16 & 8 & 16 & 4 \\ & & & \vdots & & & \end{bmatrix}_{(m+1)(m+1)} \quad (3.89)$$

再进一步了解函数 $f(x)$ 的二次积分 p，$p_m = \int_0^{ma} g \mathrm{d}x = \int_0^{ma} \int_0^{ma} f(x) \mathrm{d}x \mathrm{d}x$。

这时也可以把 g 看作是独立函数，所以 $f(x)$ 的二次积分为

$$\{p\} = \frac{a}{12}[N]\{g\} = \left(\frac{a}{12}\right)^2 [N]^2 \{f\} \quad (3.90)$$

式中，$\{p\} = [p_0, p_1, p_2, \cdots, p_m]^\mathrm{T}$，由此可得到各分点的二次积分。照此类推，很容易写出用各点的函数值 $f_0, f_1, f_2, \cdots, f_m$ 表示的 $f(x)$ 的三次和四次数值积分。这样一来，微分方程式中的未知函数 y 及其低阶导数都可套用上述数值积分式，把它们均转化为微分方程中最高阶导数的函数，最后形成联立方程组。如果方程组中没有常数项，那么由方程组中的系数形成的行列式为零，即为屈曲条件，从而可解得构件的屈曲载荷。

示例 3.6 用有限积分法求解图 3.25 所示压弯构件的最大弯矩和最大挠度，已知 $P/P_E = 0.2$。

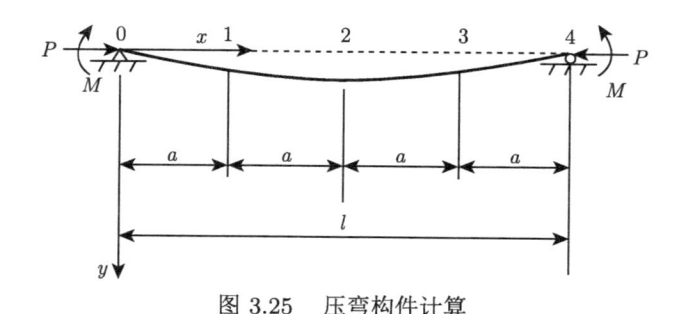

图 3.25 压弯构件计算

将构件分为 4 段，每段长度 $a = l/4$。和前面的示例类同，先建立平衡方程，边界条件有 $y_0 = 0$，$y_2' = 0$，因此可以利用前面已有的计算过程。

$$y'' = k^2 y + \frac{M}{EI} = 0 \quad (1)$$

3.4 数值分析方法

由于构件具有对称性，取构件的一半计算，有限积分方程为

$$\left\{\begin{array}{c} y_0'' \\ y_1'' \\ y_2'' \end{array}\right\} + k^2 \left(\frac{a}{12}\right)^2 \begin{bmatrix} 0 & 0 & 0 \\ 5 & 8 & -1 \\ 4 & 16 & 4 \end{bmatrix} \begin{bmatrix} 0 & 0 & 0 \\ 5 & 8 & -1 \\ 4 & 16 & 4 \end{bmatrix} \left\{\begin{array}{c} y_0'' \\ y_1'' \\ y_2'' \end{array}\right\}$$

$$- \frac{k^2 a}{12}(4,16,4) \left\{\begin{array}{c} y_0'' \\ y_1'' \\ y_2'' \end{array}\right\} \left\{\begin{array}{c} 0 \\ a \\ 2a \end{array}\right\} + \frac{M}{EI} \left\{\begin{array}{c} 1 \\ 1 \\ 1 \end{array}\right\} = 0 \qquad (2)$$

因为 $-EIy_0'' = M_0 = M$，$-EIy_1'' = M_1$，$-EIy_2'' = M_2$，在上式中先剔除与 M_0 有关的项后，改写为

$$-\frac{1}{EI}\left\{\begin{array}{c} M \\ M_1 \\ M_2 \end{array}\right\} - \frac{k^2}{EI}\left(\frac{a}{12}\right)^2 \begin{bmatrix} 0 & 0 & 0 \\ 5 & 8 & -1 \\ 4 & 16 & 4 \end{bmatrix} \begin{bmatrix} 0 & 0 & 0 \\ 5 & 8 & -1 \\ 4 & 16 & 4 \end{bmatrix} \left\{\begin{array}{c} M \\ M_1 \\ M_2 \end{array}\right\}$$

$$+ \frac{k^2 a}{12EI}(4,16,4)\left\{\begin{array}{c} M \\ M_1 \\ M_2 \end{array}\right\}\left\{\begin{array}{c} 0 \\ a \\ 2a \end{array}\right\} + \frac{M}{EI}\left\{\begin{array}{c} 1 \\ 1 \\ 1 \end{array}\right\} = 0$$

即

$$\left\{\begin{array}{c} M \\ M_1 \\ M_2 \end{array}\right\} + k^2 \left(\frac{a}{12}\right)^2 \begin{bmatrix} 0 & 0 & 0 \\ 5 & 8 & -1 \\ 4 & 16 & 4 \end{bmatrix} \begin{bmatrix} 0 & 0 & 0 \\ 5 & 8 & -1 \\ 4 & 16 & 4 \end{bmatrix} \left\{\begin{array}{c} M \\ M_1 \\ M_2 \end{array}\right\}$$

$$- \frac{k^2 a}{12}(4,16,4)\left\{\begin{array}{c} M \\ M_1 \\ M_2 \end{array}\right\}\left\{\begin{array}{c} 0 \\ a \\ 2a \end{array}\right\} - \frac{M}{EI}\left\{\begin{array}{c} 1 \\ 1 \\ 1 \end{array}\right\} = 0 \qquad (3)$$

式 (3) 可写作

$$M_1 + k^2\left(\frac{a}{12}\right)^2 (36M + 48M_1 - 12M_2) - \frac{k^2 a^2}{12}(4M + 16M_1 + 4M_2) - M = 0 \qquad (4)$$

$$M_2 + k^2\left(\frac{a}{12}\right)^2 (96M + 192M_1) - \frac{k^2 a^2}{12}(8M + 32M_1 + 8M_2) - M = 0 \qquad (5)$$

由上式得到

$$12(1 - k^2 a^2)M_1 - 5k^2 a^2 M_2 - (12 + k^2 a^2)M = 0 \qquad (6)$$

$$-4k^2a^2 M_1 + (3-2k^2a^2)M_2 - 3M = 0 \tag{7}$$

由式 (6) 与式 (7) 解得

$$M_2 = M_{\max} = \frac{\left[1+\dfrac{\pi^2 P}{48P_E}+\left(\dfrac{\pi^2 P}{48P_E}\right)^2\right]M}{1-\dfrac{5\pi P^2}{48P_E}+\left(\dfrac{\pi^2 P}{48P_E}\right)^2}$$

当 $P/P_E = 0.2$ 时，$M_{\max} = 1.310M$，与理论值 $1.309M$ 很接近。

$$y_{\max} = \frac{M_{\max} - M}{P} = \frac{\dfrac{M}{P}\dfrac{\pi^2 P}{8P_E}}{1-\dfrac{5\pi^2 P}{48P_E}+\left(\dfrac{\pi^2 P}{48P_E}\right)^2}$$

当 $P/P_E = 0.2$ 时，$y_{\max} = 0.310M/P$，与理论值 $0.309M/P$ 也很接近。

3.4.3 有限单元法

有限单元法先将构件划分为有限数量的单元，将分段点的位移作为未知量，而后根据各单元两端的位移与内力之间的关系，用矩阵形式表示，利用分段点力平衡和变形协调条件将各单元连接起来形成原构件。为说明有限单元法的基本原理，此处采用平面杆单元进行有限单元法分析。平面框架结构的杆件各单元两端的位移与内力之间的关系，如利用 4.1.5 节的转角位移方程，求解时可以得到精确解。

1. 弹性稳定的有限单元法

对于如图 3.26 所示的单元 AB，长度为 l，线刚度为 $K = EI/l$，构件发生弯曲变形后，此单元位移至 $A'B'$，其两端的线位移为 δ_1 和 δ_3，以向上为正，角位移为 δ_2 和 δ_4，以顺时针方向为正。如不计单元的压缩变形，单元两端的切力为 q_1 和 q_3，以向上为正，而力矩为 q_2 和 q_4，以顺时针方向为正。

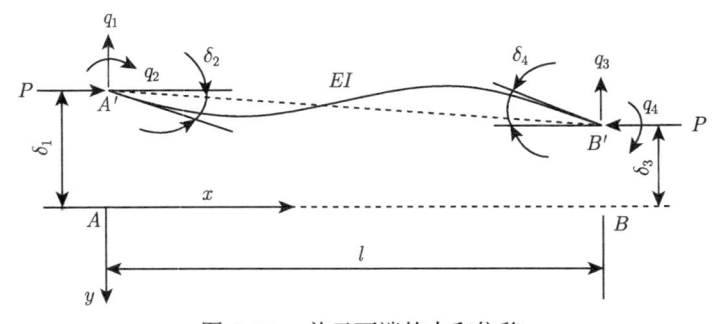

图 3.26 单元两端的力和位移

3.4 数值分析方法

参照 4.1.5 节,利用有侧移的压弯构件的转角位移方程式 (4.47) 和式 (4.48),即

$$M_A = K\left[C\left(\theta_A - \Delta/l\right) + S\left(\theta_B - \Delta/l\right)\right] = K\left[C\theta_A + S\theta_B - (C+S)\Delta/l\right]$$

和

$$M_B = K\left[S\left(\theta_A - \Delta/l\right) + C\left(\theta_B - \Delta/l\right)\right] = K\left[S\theta_A + C\theta_B - (C+S)\Delta/l\right]$$

可以得到

$$q_2 = K[C\delta_2 + S\delta_4 - (C+S)(\delta_1 - \delta_3)/l] \tag{3.91a}$$

$$q_4 = K[S\delta_2 + C\delta_4 - (C+S)(\delta_1 - \delta_3)/l] \tag{3.91b}$$

$$\begin{aligned} q_3 = -q_1 &= (q_2 + q_4)/l + (\delta_1 - \delta_3)P/l \\ &= K\{(C+S)(\delta_2 + \delta_4)/l - [2(C+S)/l^2 - P/(EI)](\delta_1 - \delta_3)\} \end{aligned} \tag{3.91c}$$

然后将 q_1, q_2, q_3 和 q_4 形成与 δ_1, δ_2, δ_3 和 δ_4 对应的矩阵格式。C 和 S 都是单元 kl 的三角函数。这种可得精确解的表达式并不便于应用,这时可将诸三角函数展开成级数式,并各取其中的前两项而形成 q 与 δ 之间的近似式,但运算过程仍较麻烦。可采用能量法并利用插值函数导出 q 与 δ 之间的近似式。

1) 受弯构件的单元刚度矩阵

当 $P = 0$ 时,抗弯刚度系数 $C = 4$,$S = 2$,可将式 (3.91a)~(3.91c) 用矩阵的形式表示为

$$\begin{Bmatrix} q_1 \\ q_2 \\ q_3 \\ q_4 \end{Bmatrix} = \begin{bmatrix} 12EI/l^3 & -6EI/l^2 & -12EI/l^3 & -6EI/l^2 \\ -6EI/l^2 & 4EI/l & 6EI/l^2 & 2EI/l \\ -12EI/l^3 & 6EI/l^2 & 12EI/l^3 & 6EI/l^2 \\ -6EI/l^2 & 2EI/l & 6EI/l^2 & 4EI/l \end{bmatrix} \begin{Bmatrix} \delta_1 \\ \delta_2 \\ \delta_3 \\ \delta_4 \end{Bmatrix} \tag{3.92a}$$

或者将上式简写为

$$[q] = [k_e][\delta] \tag{3.92b}$$

式中,$[k_e]$ 为单元的弯曲刚度矩阵。

2) 压弯构件的单元刚度矩阵

当有轴线压力 P 作用时,如图 3.26 所示,单元的刚度矩阵为 $[k]$,它与单元弯曲刚度矩阵 $[k_e]$ 之间的关系式是

$$[q] = [k]\{\delta\} = \{[k_e] - P[k_g]\}[\delta] \tag{3.93}$$

可把 [k] 称为单元压弯刚度矩阵；[k_g] 称为几何刚度矩阵，或初应力刚度矩阵，用它来反映轴线压力对抗弯刚度的影响。

用能量法推导式 (3.93) 中的几何刚度矩阵 [k_g] 时，需先建立应变能 U 和外力功 W 的表达式，应注意外力功中的力 q 是单元开始弯曲后才产生的。

$$U = \frac{1}{2}\int_0^l EI(y'')^2 \mathrm{d}x \qquad (3.94)$$

$$W = \frac{1}{2}[\delta]^\mathrm{T}[q] + \frac{P}{2}\int_0^l (y')^2 \mathrm{d}x = \frac{1}{2}[\delta]^\mathrm{T}[k][\delta] + \frac{P}{2}\int_0^l (y')^2 \mathrm{d}x \qquad (3.95)$$

由 $U = W$ 得到

$$[\delta]^\mathrm{T}[k][\delta] = EI\int_0^l (y'')^2 \mathrm{d}x - P\int_0^l (y')^2 \mathrm{d}x \qquad (3.96)$$

用一个三次抛物线插值函数代替单元的挠曲线，其坐标系见图 3.26，此时 δ_1 和 δ_3 均与 y 反向。

$$y = a + bx + cx^2 + dx^3 \qquad (3.97)$$

单元两端的几何边界条件为 $y(0) = -\delta_1$，$y'(0) = \delta_2$，$y(l) = -\delta_3$，$y'(l) = \delta_4$，将它们代入式 (3.97) 中得到

$$y = [(3x^2/l^2 - 2x^3/l^3 - 1), (x - 2x^2/l + x^3/l^2),$$

$$(2x^3/l^3 - 3x^2/l^2), (x^3/l^2 - x^2/l)] \begin{Bmatrix} \delta_1 \\ \delta_2 \\ \delta_3 \\ \delta_4 \end{Bmatrix} = [A]\{\delta\} \qquad (3.98\mathrm{a})$$

$$y' = [(6x/l^2 - 6x^2/l^2), (1 - 4x/l + 3x^2/l^2),$$

$$(6x^2/l^3 - 6x/l^2), (3x^2/l^2 - 2x/l)] \begin{Bmatrix} \delta_1 \\ \delta_2 \\ \delta_3 \\ \delta_4 \end{Bmatrix} = [C]\{\delta\} \qquad (3.98\mathrm{b})$$

$$y'' = [(6/l^2 - 12x/l^3), (-4/l + 6x/l^2),$$

$$(12x/l^3 - 6/l^2), (6x/l^2 - 2/l)] \begin{Bmatrix} \delta_1 \\ \delta_2 \\ \delta_3 \\ \delta_4 \end{Bmatrix} = [D]\{\delta\} \qquad (3.98\mathrm{c})$$

3.4 数值分析方法

$$(y')^2 = [\delta]^{\mathrm{T}}[C]^{\mathrm{T}}[C][\delta], \quad (y'')^2 = [\delta]^{\mathrm{T}}[D]^{\mathrm{T}}[D][\delta]$$

将 $(y')^2$ 和 $(y'')^2$ 代入式 (3.96) 得到

$$[\delta]^{\mathrm{T}}[k][\delta] = [\delta]^{\mathrm{T}}\left\{EI\int_0^l [D]^{\mathrm{T}}[D]\mathrm{d}x - P\int_0^l [C]^{\mathrm{T}}[C]\mathrm{d}x\right\}[\delta]$$

但是

$$EI\int_0^l [D]^{\mathrm{T}}[D]\,\mathrm{d}x = EI\begin{bmatrix} 12/l^3 & -6/l^2 & -12/l^3 & -6/l^2 \\ -6/l^2 & 4/l & 6/l^2 & 2/l \\ -12/l^3 & 6/l^2 & 12/l^3 & 6/l^2 \\ -6/l^2 & 2/l & 6/l^2 & 4/l \end{bmatrix} = [k_e] \quad (3.99\mathrm{a})$$

$$\int_0^l [C]^{\mathrm{T}}[C]\mathrm{d}x = \begin{bmatrix} 6/5l & -1/10 & -6/5l & -1/10 \\ -1/10 & 2l/15 & 1/10 & -l/30 \\ -6/5l & 1/10 & 6/5l & 1/10 \\ -1/10 & -l/30 & 1/10 & 2l/15 \end{bmatrix} = [k_g] \quad (3.99\mathrm{b})$$

故

$$[k] = [k_e] - P[k_g] \quad (3.99\mathrm{c})$$

从推导的结果可知，几何刚度矩阵只与单元的长度有关，而弯曲刚度矩阵不仅与单元的长度有关，而且还与截面的几何性质有关，在弹塑性受力阶段，抗弯刚度取决于截面弹性区的惯性矩，这时可用单元中点的截面代表整个单元的截面。

为了便于运算，可将单元刚度矩阵的诸项用相同的单位表示，这样可写出 q 与 δ 的关系式

$$\left\{\begin{array}{c} q_1 \\ q_2/l \\ q_3 \\ q_4/l \end{array}\right\} = \left\{\frac{EI}{l^3}\begin{bmatrix} 12 & -6 & -12 & -6 \\ -6 & 4 & 6 & 2 \\ -12 & 6 & 12 & 6 \\ -6 & 2 & 6 & 4 \end{bmatrix} \right.$$

$$\left. -\frac{P}{l}\begin{bmatrix} 6/5 & -1/10 & -6/5 & -1/10 \\ -1/10 & 2/15 & 1/10 & -1/30 \\ -6/5 & 1/10 & 6/5 & 1/10 \\ -1/10 & -1/30 & 1/10 & 2/15 \end{bmatrix}\right\}\left\{\begin{array}{c} \delta_1 \\ \delta_2 l \\ \delta_3 \\ \delta_4 l \end{array}\right\} \quad (3.100)$$

3) 结构刚度矩阵和受压构件屈曲条件

结构刚度矩阵可以通过单元刚度矩阵与转换矩阵相乘得到。但是对于简单的受压构件，如轴心受压构件，由于没有坐标轴的转换问题，因此可以通过力的平衡和变形协调条件把相同结点的内力直接相加，集合而成结构刚度矩阵，这个方法也适合于简单的门式刚架。

对于图 3.27(a) 所示任意边界条件的轴心受压构件，其全长为 l，可把它划分为如图 3.27(b) 所示长度为 $l_1 = l/2$ 的两个单元，在它们的两端均标明了位移 δ 和内力 q，而图 3.27(c) 则是整个构件的结点位移 Δ 和结点力 W。根据力的平衡条件，$W_1 = q_1$，$W_2 = q_2$，$W_3 = q_3 + q_5$，$W_4 = q_4 + q_6$，$W_5 = q_7$，$W_6 = q_8$。按照变形协调条件，$\Delta_1 = \delta_1$，$\Delta_2 = \delta_2$，$\Delta_3 = \delta_3 = \delta_5$，$\Delta_4 = \delta_4 = \delta_6$，$\delta_5 = \delta_7$ 和 $\delta_6 = \delta_8$。

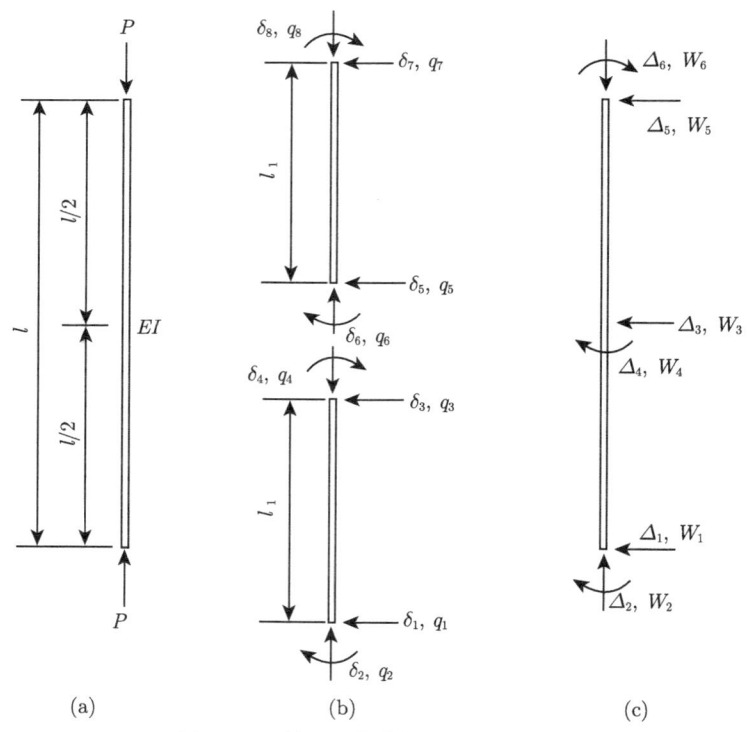

图 3.27 单元和构件的结点力与位移

结点的力与位移的关系式为

$$\{W\} = [K]\{\Delta\} \tag{3.101a}$$

3.4 数值分析方法

$$\left\{\begin{array}{c} W_1 \\ W_2/l_1 \\ W_3 \\ W_4/l_1 \\ W_5 \\ W_6/l_1 \end{array}\right\} = \left\{\frac{EI}{l_1^3}\begin{bmatrix} 12 & -6 & -12 & -6 & 0 & 0 \\ -6 & 4 & 6 & 2 & 0 & 0 \\ -12 & 6 & 24 & 0 & -12 & -6 \\ -6 & 2 & 0 & 8 & 6 & 2 \\ 0 & 0 & -12 & 6 & 12 & 6 \\ 0 & 0 & -6 & 2 & 6 & 4 \end{bmatrix}\right.$$

$$\left. -\frac{P}{l_1}\begin{bmatrix} 6/5 & -1/10 & -6/5 & -1/10 & 0 & 0 \\ -1/10 & 2/15 & 1/10 & -1/30 & 0 & 0 \\ -6/5 & 1/10 & 12/5 & 0 & -6/5 & -1/10 \\ -1/10 & -1/30 & 0 & 4/15 & 1/10 & -1/30 \\ 0 & 0 & -6/5 & 1/10 & 6/5 & 1/10 \\ 0 & 0 & -1/10 & -1/30 & 1/10 & 2/15 \end{bmatrix}\right\}\left\{\begin{array}{c} \Delta_1 \\ \Delta_2 l_1 \\ \Delta_3 \\ \Delta_4 l_1 \\ \Delta_5 \\ \Delta_6 l_1 \end{array}\right\}$$

(3.101b)

上式也可以写成

$$\{\Delta\} = [K]^{-1}\{W\} \tag{3.102}$$

构件屈曲时，构件的抗弯刚度为零，位移趋向无限大，而式中 $[K]^{-1}$ 是 $[K]$ 的伴随矩阵除以行列式 $|K|$，只有当 $|K|=0$ 时，位移才可能趋向无限大，因此构件屈曲的条件是 $|K|=0$。因在 K 中含有荷载 P，故可得构件的屈曲载荷 P_{cr}。

示例 3.7 用有限单元法求解图 3.28(a) 所示的两端铰接的压弯构件的最大挠度和最大弯矩。

将构件划分为两个单元，如图 3.28(b) 所示，$l_1 = l/2$，与图 3.27 相对照，根据结点的边界条件和转角，剔去 0 项后求得矩阵表达式为

$$\left\{\begin{array}{c} W_2/l_1 \\ W_3 \end{array}\right\} = \frac{EI}{l_1^3}\left[\begin{array}{cc} 4-2\lambda/3 & 6-\lambda/2 \\ 12-\lambda & 24-12\lambda \end{array}\right]\left\{\begin{array}{c} \Delta_2 l_1 \\ \Delta_3 \end{array}\right\} \tag{1}$$

式中，$\lambda = Pl_1^2/(5EI)$，而 $W_2 = M$，$W_3 = 0$，因此

$$\left\{\begin{array}{c} M/l_1 \\ 0 \end{array}\right\} = \frac{EI}{l_1^3}\left[\begin{array}{c} (4-2\lambda/3)\Delta_2 l_1 + (6-\lambda/2)\Delta_3 \\ (12-\lambda)\Delta_2 l_1 + (24-12\lambda)\Delta_3 \end{array}\right] \tag{2}$$

$$(4-2\lambda/3)\Delta_2 l_1 + (6-\lambda/2)\Delta_3 - Ml_1^2/(EI) = 0 \tag{3}$$

$$(12-\lambda)\Delta_2 l_1 + (24-12\lambda)\Delta_3 = 0 \tag{4}$$

由式 (3) 与式 (4) 得到

$$\Delta_3 = \frac{-(1-\lambda/12)Ml_1^2}{2EI(1-13\lambda/6+7.5\lambda^2/24)} \tag{5}$$

将 $\lambda = Pl_1^2/(5EI) = Pl^2/(20EI) = \pi^2 P/(20P_E)$ 代入上式，而且根据构件受力条件知 $y_{\max} = -\Delta_3$，故

$$y_{\max} = \frac{M}{P} \frac{\left(1-\dfrac{\pi^2 P}{240P_E}\right)\dfrac{\pi^2 P}{8P_E}}{1-\dfrac{13\pi^2 P}{120P_E}+\dfrac{1}{20}\left(\dfrac{\pi^2 P}{8P_E}\right)^2}$$

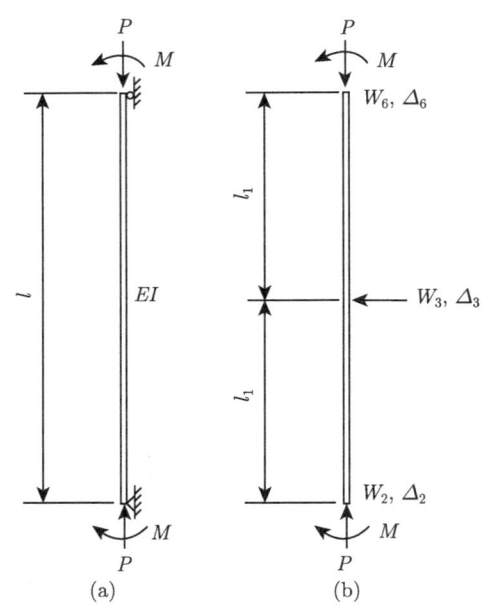

图 3.28　两端铰接的压弯构件

当 $P/P_E = 0.2$ 时，$y_{\max} = 0.310M/P$，与理论值 $0.309M/P$ 很接近。

$$M_{\max} = M + Py_{\max} = \frac{1+\dfrac{\pi^2 P}{60P_E}+\dfrac{1}{60}\left(\dfrac{\pi^2 P}{8P_E}\right)^2}{1-\dfrac{13\pi^2 P}{120P_E}+\left(\dfrac{1}{20}\dfrac{\pi^2 P}{8P_E}\right)^2}M$$

当 $P/P_E = 0.2$ 时，$M_{\max} = 1.310M$，与理论值 $1.309M$ 也很接近。

前面简单介绍了三种不同的数值法的计算原理和方法，更多的示例分析参见相关文献。应该弄清楚的是，在运用有限差分法和有限积分法之前，先要建立构件的平衡微分方程，而有限单元法则是先建立单元的两端内力与位移之间的关系式。从求解轴心受压构件的屈曲载荷和压弯构件的最大挠度及最大弯矩的结果看，差分法的误差较大，有限积分法和有限单元法的误差都较小。差分式和积分式的建立都是从原函数出发，前者将各阶导数转换为函数的差分式，而后者则将函数和各阶导数转换为高阶导数的积分式，在转换过程中都未涉及构件本身的受力条件，它们只涉及几何量，未涉及物理量，因此把这两种方法推广到求解其他类型构件的屈曲载荷时，如受弯或压弯构件的弯扭屈曲，只需将变量改变一下，方法依旧。遇到两个变量导数的乘积时，可参照单变量的推导方法进行转换。

实际上数值法主要用于求解构件的弹塑性屈曲载荷，如在第 2 章中用数值积分法求解压杆的极限荷载。当压弯构件在弹塑性状态发生弯扭屈曲时，沿构件轴线方向截面的弹性区是不同的，这样弹性区的几何性质也是变化的，这时可取每个单元中点的截面代表该单元的截面，以后还可能遇到平衡微分方程中的几何性质也存在一阶或二阶导数，这时也可以按处理变量的方法转换。例如，几何性质的变化一般较缓慢，用差分式代替其导数，误差较小，混合使用差分法和有限积分法求解压弯构件的弯扭屈曲载荷，有时可获得较精确的解。

有限积分法和有限单元法因在单元段内部采用了插值函数，因此在构件分段数不太多的条件下，求解的精确度仍很高。但是在推导有限单元法中单元两端内力与位移的关系式时，矩阵中的诸元素已不单纯是几何量，而是与构件受力条件有关的物理量，例如弯扭的受力条件不同于受弯，遇到这种情况，需用能量法建立与之对应的单元弯扭刚度矩阵。

2. 弹塑性稳定的有限单元方法

1) 弹塑性应力–应变关系

根据实验结果，单轴应力下材料的应力–应变关系可归结为如下几点[11]。

(1) 应力在达到比例极限前，材料为线弹性；应力在比例极限和弹性极限之间，材料为非线性弹性。

(2) 应力超过屈服点，材料应变中出现不可恢复的塑性应变：

$$\varepsilon = \varepsilon^e + \varepsilon^p \tag{3.103}$$

应力和应变间为非线性关系：

$$\sigma = \phi(\varepsilon) \tag{3.104a}$$

(3) 应力在某一应力 $\sigma_0 (\sigma_0 > \sigma_s$, σ_s 为材料的屈服点) 下卸载，则应力增量

与应变增量之间存在线性关系，即

$$d\sigma = Ed\varepsilon \tag{3.104b}$$

为了判断是加载还是卸载，用如下加载准则：

当 $\sigma d\sigma \geqslant 0$ 时，为加载，满足式 (3.104a)；

当 $\sigma d\sigma < 0$ 时，为卸载，满足式 (3.104b)。

(4) 在卸载后某应力下重新加载，则

$$\sigma < \sigma_0 \text{ 时}, \quad d\sigma = Ed\varepsilon \tag{3.104c}$$

式中，σ_0 为卸载前材料曾经受到过的最大应力值，称后屈服应力。

若 $\sigma_0 = \sigma_s$，则称材料为理想塑性的；若 $\sigma_0 > \sigma_s$，则称材料为硬化的。

(5) 从卸载转入反向力加载，应力-应变关系继续依式 (3.104a) 或 (3.104b)，一直到反向屈服。在复杂应力状态下，判断材料是否屈服，可以用应力的某种函数表示：

$$F(\sigma_{ij}) = 0 \tag{3.105}$$

若以 σ_{ij} 为坐标轴建立一坐标空间，则式 (3.105) 的几何意义为空间超曲面。任一应力状态在此空间中代表一个点，当此点落在屈服面之内时：$F(\sigma_{ij}) < 0$ 时，材料呈弹性状态；$F(\sigma_{ij}) = 0$ 时，材料开始进入塑性。

各向同性材料的屈服条件与坐标轴选取无关，屈服函数常以主应力函数形式表示：

$$F(\sigma_1, \sigma_2, \sigma_3) = 0 \tag{3.106}$$

常用的屈服条件有：

(1) 特雷斯卡 (Tresca) 屈服条件：假定最大剪应力达到某一极限值时，材料开始屈服，相当于材料力学中的第三强度理论。

(2) 米泽斯 (von Mises) 屈服条件：假定偏应力张量的第二不变量达到某一极限时，材料开始屈服，相当于材料力学中的第四强度理论。

此外，还有 Drucker-Prager 屈服准则、Zienkiewicz-Pande 屈服准则等。

由于弹塑性理论中增量理论能反映结构加载历程，也可考虑卸载的情况，因此在当前有限元分析弹塑性问题时广为采用。研究弹塑性增量理论必须从本构矩阵开始。设屈服函数用下式表示：

$$F(\sigma_{ij}, K) = 0 \tag{3.107}$$

式中，σ_{ij} 为应力状态，K 为硬化函数。

3.4 数值分析方法

在增量理论中，把材料达到屈服以后的应变增量分为弹性增量和塑性增量两部分，即

$$\{d\varepsilon\} = \{d\varepsilon^e\} + \{d\varepsilon^p\} \tag{3.108}$$

其中，弹性应变部分与应力增量之间仍服从胡克定律，即

$$\{d\sigma\} = [D_e]\{d\varepsilon^e\} \tag{3.109}$$

式中，$[D_e]$ 为弹性矩阵。

塑性变形不是唯一确定的，对应于同一应力增量，可以有不同的塑性变形增量。若采用相关联的流动法则，塑性变形大小虽然不能断定，但其流动方向与屈服面正交，用数学公式表示这一假定，即可得

$$\{d\varepsilon^p\} = \lambda \left\{\frac{\partial F}{\partial \sigma}\right\} \tag{3.110}$$

将式 (3.110) 和 (3.109) 代入式 (3.108)，则可得

$$\{d\varepsilon\} = [D_e]^{-1}\{d\sigma\} + \lambda \left\{\frac{\partial F}{\partial \sigma}\right\} \tag{3.111}$$

对式 (3.107) 全微分得

$$dF = \frac{\partial F}{\partial \sigma_1}d\sigma_1 + \frac{\partial F}{\partial \sigma_2}d\sigma_2 + \cdots + \frac{\partial F}{\partial K}dK = 0 \tag{3.112a}$$

或

$$\left\{\frac{\partial F}{\partial \sigma}\right\}^{\mathrm{T}} \{d\sigma\} - A\lambda = 0 \tag{3.112b}$$

式中，$A = -\frac{\partial F}{\partial K}dK\frac{1}{\lambda}$，称为材料的工作硬化率；$\lambda$ 为应力调整因子，$0 < \lambda < 1$。

将 $\left\{\frac{\partial F}{\partial \sigma}\right\}^{\mathrm{T}} [D_e]$ 前乘式 (3.111)，并利用式 (3.112b) 消去 $\{d\sigma\}$ 可得

$$\left\{\frac{\partial F}{\partial \sigma}\right\}^{\mathrm{T}} [D_e]\{d\varepsilon\} = \lambda \left[A + \left\{\frac{\partial F}{\partial \sigma}\right\}^{\mathrm{T}} [D_e]\left\{\frac{\partial F}{\partial \sigma}\right\}\right] \tag{3.113}$$

由此可得

$$\lambda = \frac{\left\{\frac{\partial F}{\partial \sigma}\right\}^{\mathrm{T}} [D_e]}{A + \left\{\frac{\partial F}{\partial \sigma}\right\}^{\mathrm{T}} [D_e]\left\{\frac{\partial F}{\partial \sigma}\right\}} \{d\varepsilon\} \tag{3.114}$$

用 $[D_e]$ 前乘式 (3.111)，移项后得

$$\{d\sigma\} = [D_e]\{d\varepsilon\} - [D_e]\left\{\frac{\partial F}{\partial \sigma}\right\}\lambda \tag{3.115}$$

将式 (3.114) 代入式 (3.115)，即可得

$$\{d\sigma\} = \left[[D_e] - \frac{[D_e]\left\{\dfrac{\partial F}{\partial \sigma}\right\}\left\{\dfrac{\partial F}{\partial \sigma}\right\}^{\mathrm{T}}[D_e]}{A + \left\{\dfrac{\partial F}{\partial \sigma}\right\}^{\mathrm{T}}[D_e]\left\{\dfrac{\partial F}{\partial \sigma}\right\}}\right]\{d\varepsilon\}$$

$$= ([D_e] - [D_p])\{d\varepsilon\} = [D_{ep}]\{d\varepsilon\} \tag{3.116}$$

式中，

$$[D_{ep}] = [D_e] - \frac{[D_e]\left\{\dfrac{\partial F}{\partial \sigma}\right\}\left\{\dfrac{\partial F}{\partial \sigma}\right\}^{\mathrm{T}}[D_e]}{A + \left\{\dfrac{\partial F}{\partial \sigma}\right\}^{\mathrm{T}}[D_e]\left\{\dfrac{\partial F}{\partial \sigma}\right\}} \tag{3.117}$$

此即为塑性增量理论的弹塑性矩阵通式，其具体的数学表达式将由屈服函数确定。

2) 弹塑性平衡方程

在弹塑性增量理论中，讨论仍限于小变形情况。于是，其应变–位移几何运动方程和平衡方程与线性问题相同，不需要作任何变动。需要改变的只是在塑性区范围内用塑性材料的本构关系矩阵 $[D_{ep}]$ 代替原来的弹性系数矩阵 $[D_e]$。因此，可直接得到弹塑性分析的有限元平衡方程：

$$[^tK_T]\{\Delta^t u\} = \{\Delta^t R\} \tag{3.118}$$

式中，

$$[^tK_T] = \sum\int V[B]^{\mathrm{T}}[D_{ep}][B]\,\mathrm{d}v \tag{3.119a}$$

$$\{\Delta^t R\} = \{\Delta^t F\} + \{\Delta^t T\} + \{\Delta^t F_e\} - \{\Delta^t F_g\} \tag{3.119b}$$

式中，$\{\Delta^t F\}$ 和 $\{\Delta^t T\}$ 分别表示与结构面荷载 f 及体荷载 t 对应的等效节点力增量；$\{\Delta^t F_e\}$ 表示节点集中外荷载增量；$\{\Delta^t F_g\}$ 表示初应力或初应变增量引起的外荷载增量。

它们在 $t - \Delta t$ 至 t 时间的增量为

$$\{\Delta^t F\} = \sum\int_v [N]^{\mathrm{T}}\{\Delta^t f\}\,\mathrm{d}v \tag{3.120}$$

$$\{\Delta^t T\} = \sum \int_v [N]^T \{\Delta^t t\} \, ds \tag{3.121}$$

对于初应力问题：

$$\{\Delta^t F_\mathrm{I}\} = \sum \int_v [B]^T \{\Delta \sigma_\mathrm{I}\} \, dv \tag{3.122}$$

对于初应变问题：

$$\{\Delta^t F_\mathrm{II}\} = \sum \int_v [B]^T [D_e] \{\Delta \varepsilon_\mathrm{II}\} \, dv \tag{3.123}$$

公式 (3.118)~(3.123) 给出了小变形弹塑性分析的有限元方程，式中 $[K_T]$ 代表荷载位移增量的切线刚度，其随不同加载历程而变化。求解这一问题的关键是计算单元的切线刚度矩阵和应力。由于本构关系中 $[D_{ep}]$ 是当前应力的函数，即当前位移的隐函数，所以计算时要引入一个材料模型的子程序来处理塑性问题。

3) 第一类弹性及弹塑性稳定分析

用有限元平衡方程来表达结构失稳的物理现象，一种做法是让单元的局部坐标系始终固定在结构发生变形之前的位置，以结构变形前的原始位形作为基本的参考位形，采用总体的拉格朗日 (T.L.) 列式，结构增量形式的平衡方程为[6,7]

$$\left(^0[K]_0 + {}^0[K]_\sigma + {}^0[K]_L\right)\{\Delta U\} = {}^0[K]_T \{\Delta U\} = \{\Delta R\} \tag{3.124}$$

另一种做法是让单元的局部坐标系跟随结构一起发生变位，分析过程中参考位形是不断被更新的，采用更新的拉格朗日 (U.L.) 列式，结构的平衡方程为

$$\left(^t[K]_0 + {}^t[K]_\sigma\right)\{\Delta U\} = {}^t[K]_T \{\Delta U\} = \{\Delta R\} \tag{3.125}$$

在发生第一类失稳前，结构处于初始构形线性平衡状态，因此式 (3.124) 中大位移矩阵 $^0[K]_L$ 应该为零。在 U.L. 列式中不再考虑每个荷载增量步引起的构形变化，所以不论是 T.L. 列式还是 U.L. 列式，其表达式是统一的，即

$$([K] + [K]_\sigma)\{\Delta U\} = \{\Delta R\} \tag{3.126}$$

当结构处在临界状态下时，即使 $\{\Delta R\} \to 0$，$\{\Delta U\}$ 也有非零解，按线性代数理论，必有

$$|[K] + [K]_\sigma| = 0 \tag{3.127}$$

在小变形情况下，$[K]_\sigma$ 与应力水平成正比。由于发生第一类失稳前满足线性假设，多数情况下应力与外荷载也为线性关系，因此，若某种参考荷载 $\{\overline{P}\}$ 对应的结构几何刚度矩阵为 $[\overline{K}]_\sigma$，临界荷载为 $\{P\}_{cr} = \lambda [\overline{P}]$，那么在临界荷载作用下结构的几何刚度矩阵为

$$[K]_\sigma = \lambda [\overline{K}]_\sigma \tag{3.128}$$

于是式 (3.127) 可写成

$$|[K] + \lambda [\overline{K}]_\sigma| = 0 \tag{3.129}$$

式 (3.129) 就是第一类线弹性稳定问题的控制方程。稳定问题转化为求方程的最小特征值问题。

一般来说，结构的稳定是相对于某种特定荷载而言的。在大跨径桥梁结构中，结构内力一般由施工过程确定的恒载内力 (这部分必须按施工过程逐阶段计算) 和后期荷载 (如二期恒载、活载、风载等) 引起的内力两部分组成。因此，$[K]_\sigma$ 也可以分成恒载的初内力刚度矩阵 $[K_1]_\sigma$ 和后期荷载的初内力刚度矩阵 $[K_2]_\sigma$ 两部分。若计算的是恒载稳定问题，则 $[K_2]_\sigma = 0$，$[K]_\sigma$ 可直接用恒载来计算，这样通过式 (3.129) 算出的 λ 就是恒载的稳定安全系数。若计算的是后期荷载的稳定问题，则恒载 $[K_1]_\sigma$ 可近似为一常数，式 (3.129) 改写成

$$|[K] + [K_1]_\sigma + \lambda [K_2]_\sigma| = 0 \tag{3.130}$$

求解式 (3.130) 的步骤可简单归结为：
(1) 按施工过程，计算结构恒载内力和恒载几何刚度矩阵；
(2) 用后期荷载对结构进行静力分析，求出结构初应力 (内力)；
(3) 形成结构几何刚度矩阵 $[K_2]_\sigma$ 和式 (3.130)；
(4) 计算式 (3.130) 的最小特征值。

这样，求得的最小特征值 λ 就是后期荷载的安全系数，相应的特征向量就是失稳模态。

第一类稳定问题的非线性有限元分析过程中经常会遇到如下两种情况：
(1) 随着荷载的增加，在结构发生弹性失稳之前，部分构件已经进入了塑性。
(2) 结构比较柔软，当荷载不断增加时，参考荷载的 $[\overline{K}]_\sigma$ 与临界荷载的 $[K]_\sigma$ 失去了线性关系。

在解决这类稳定问题时，为了利用第一类稳定求解的方便性，同时又要考虑上述两方面因素影响对线性稳定求解的失真度，可以将特征值问题与非线性分析结合起来求解。这就是第一类稳定的非线性有限元分析方法。基本思路是：用考虑几何非线性和材料非线性的有限元方法，将荷载逐级施加到 $\lambda_0 \{P\}$，$\{P\}$ 为参考荷载，λ_0 为期望的最小稳定安全系数，求出结构的几何刚度矩阵作为 $[K_1]_\sigma$ 在变形后的构形，由参考荷载按线性化稳定问题求出后期荷载的屈曲安全系数 λ_α，检验结构在后期屈曲载荷作用下是否出现新的弹塑性单元，如果出现则作迭代修正重新计算 λ_α，最后较精确的临界荷载为

$$\{P\}_{cr} = (\lambda_0 + \lambda_\alpha) \{P\} = \lambda \{P\} \tag{3.131}$$

式中，λ 为结构在荷载 $\{P\}$ 作用下较精确的稳定安全系数。

有的稳定性评估方法要求恒载也要考虑稳定验算分项系数，对式 (3.130) 进行计算有时很复杂。由于结构为线性系统，为便于分析，这里介绍一种采用线性代数的方法进行简单的估算，同时建议对估算结果进行再验证分析。

将式 (3.130) 的行列式符号取消，得到简化方程式 $[K]+[K_1]_\sigma+\lambda[K_2]_\sigma=0$，同理可以通过两次分析得出

$$[K]+\lambda_1([K_1]_\sigma+[K_2]_\sigma)=0 \tag{3.132}$$

$$[K]+\lambda_2([K_1]_\sigma+a[K_2]_\sigma)=0 \tag{3.133}$$

式中，a 为活载放大系数，λ_1、λ_2 为通过数值分析得到的特征值，对上述两式进行线性方程求解得 $\dfrac{[K_1]_\sigma}{[K_2]_\sigma}=\dfrac{a\lambda_2-\lambda_1}{\lambda_1-\lambda_2}$，代入式 (3.130) 的简化方程式可解得

$$\lambda=\lambda_2+\dfrac{\lambda_1-1}{\lambda_1-\lambda_2}(a\lambda_2-\lambda_1) \tag{3.134}$$

同理，也可以得出式 (3.130) 中恒载、活载取不同分项系数时的稳定安全系数。对于结构失稳前位移不大的刚性结构，往往忽略其大位移影响。虽然第一类非线性稳定计算考虑了由于结构出现弹塑性和大位移对结构刚度及其分布的部分影响，但仍然是近似的。

4) 第二类稳定问题的极限承载力分析

全过程分析法是用于桥梁结构极限承载力分析的一种方法，它通过逐级增加工作荷载集度来考察结构的变形和受力特征，一直计算至结构发生破坏。

从力学分析角度看，分析桥梁结构极限承载力的实质就是通过不断求解计入几何非线性和材料非线性的刚度方程，寻找其极限荷载的过程。桥梁结构在不断增加的外载作用下，结构刚度不断发生变化。当外载产生的压应力或剪应力使得结构切线刚度矩阵趋于奇异时，结构承载能力就达到了极限，此时的外载荷即为极限荷载。因此，从理论上讲，全过程分析法能完成桥梁结构的极限承载力分析，但在具体实施时，尚有以下两方面问题值得讨论。

A. 非线性方程的求解策略

一般结构的刚度矩阵在 P-δ 曲线上升段是正定的，在下降段为非正定的。进行"全过程"分析过程中，当荷载接近极限值时，即使很小的荷载增量也会引起很大的位移，可能还未找到极限荷载就出现了求解失效现象。为了找到真实的极限荷载，克服应力-应变曲线下降段的不稳定现象，各国学者提出了许多方法。现就逐步搜索法、位移控制法和弧长法作一介绍。

a. 逐步搜索法

对于只要求出极值荷载,而对 P-δ 曲线下降段不感兴趣的情况,可采用逐步搜索顶点的算法。其基本思路是:加一荷载增量 ΔP,如计算发散,退回上级荷载状态并改用荷载步长 $\Delta P/2$,若计算收敛,则再加一级荷载 $\Delta P/4$。若加 $\Delta P/4$ 后计算发散,则再改用荷载步长为 $\Delta P/8$。如此搜索,若原步长 ΔP 预计为 5% 的破坏荷载,则 $\Delta P/4$ 已接近 1% 的极限荷载,对桥梁结构来说,已满足精度要求。当然还可向前再搜索一步到 $\Delta P/8$。

b. 位移控制法

如果在分析过程中不是控制荷载增量而是控制位移增量,则 P-δ 曲线的下降段部分便不难求得。

对于一般结构可将刚度矩阵重新排列,使得要控制的位移排到最后一项,同时将原刚度矩阵分块,其有限元方程变为

$$\begin{bmatrix} K_{11} & K_{12} \\ K_{21} & K_{22} \end{bmatrix} \begin{Bmatrix} \Delta u_1 \\ \Delta u_2 \end{Bmatrix} = \Delta\lambda \begin{Bmatrix} P_1 \\ P_2 \end{Bmatrix} + \begin{Bmatrix} R_1 \\ R_2 \end{Bmatrix} \quad (3.135)$$

式中,$(P_1 \quad P_2)^{\mathrm{T}}$ 为参考荷载向量,$\Delta\lambda$ 为控制荷载的步长系数,$(R_1 \quad R_2)^{\mathrm{T}}$ 为求解迭代过程中的不平衡力向量。

改写方程 (3.135) 为

$$\begin{bmatrix} K_{11} & -P_1 \\ K_{21} & -P_2 \end{bmatrix} \begin{Bmatrix} \Delta u_1 \\ \Delta\lambda \end{Bmatrix} = \Delta\lambda \begin{Bmatrix} R_1 \\ R_2 \end{Bmatrix} + \begin{Bmatrix} K_{11} \\ K_{22} \end{Bmatrix} \bar{u}_2 \quad (3.136)$$

这样,求解方程时可控制指定的值,求出相应的位移 Δu 及荷载增量比例因子 $\Delta\lambda$。由于 K_{ij} 与位移有关,故求解时需要迭代,使得 $(R_1 \quad R_2)^{\mathrm{T}}$ 值趋于零,以满足精度要求。

需要指出,方程 (3.136) 中的系数矩阵 $\begin{bmatrix} K_{11} & -P_1 \\ K_{21} & -P_2 \end{bmatrix}$ 是不对称的,也不呈带状,求解时需要的存储单元较多,这是该方程的一大缺点。

c. 弧长法

弧长法 (riks method) 是目前结构非线性分析中数值计算最稳定、计算效率最高且最可靠的迭代控制方法之一,它有效地分析结构非线性屈曲前后及屈曲路径跟踪[13]。大多数商业有限元软件 (如 Abaqus、Marc、ANSYS 等) 也都将其纳入计算模块。

图 3.29 所示为弧长法的迭代求解过程,下标 i 表示第 i 个荷载步,上标 j 表示第 i 个荷载步下的第 j 次迭代,显然,若荷载增量 $\Delta\lambda_i^j = 0$ $(j \geqslant 2)$,则迭代路径为一条平行于 x 轴的直线,即为著名的牛顿-拉弗森法。

3.4 数值分析方法

图 3.29 弧长法的迭代求解过程

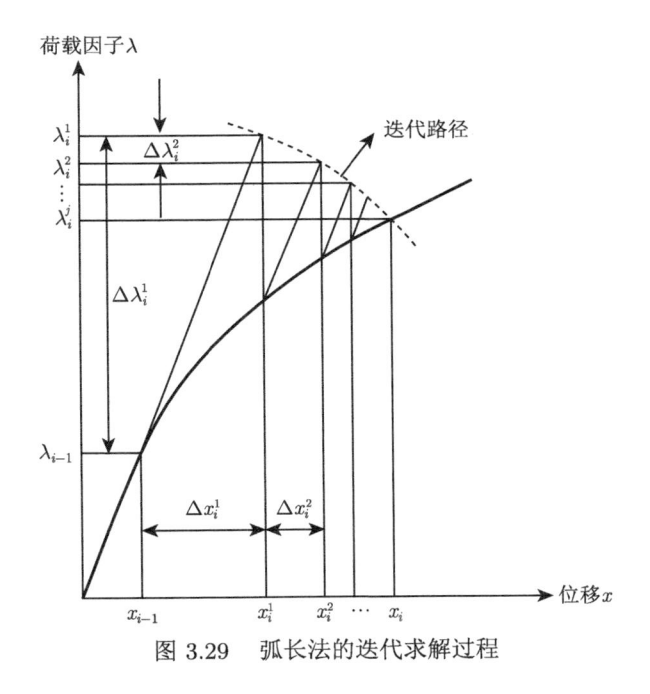

设第 $i-1$ 个荷载步收敛于 (x_{i-1}, λ_{i-1}),那么对于第 i 个荷载步来说,需要进行 j 次迭代才能达到新的收敛点 (x_i, λ_i)。外部参照力 $\{F_{\text{ref}}\}$,在 Abaqus 软件中需要用户以外荷载的形式输入,因此,作用在结构上的真实力大小为 $\lambda\{F_{\text{ref}}\}$。由于牛顿–拉弗森法在迭代过程中,以荷载控制 (或位移控制) 时,荷载增量步 $\Delta\lambda$ (或位移增量步) 为常数,它无法越过极值点得到完整的荷载–位移曲线,事实上,也只有变化的荷载增量步才能使求解过程越过极值点。从图 3.29 中可以看出,弧长法的荷载增量步 $\Delta\lambda$ 是变化的,可以自动控制荷载,但这又使原方程组增加了一个多余的未知量,因此需要额外补充一个控制方程,即

$$(x_i^j - x_{i-1})^2 + (\lambda_i^j - \lambda_{i-1})^2 = l_i^2 \tag{3.137}$$

该控制方程说明,其迭代路径是以上一个荷载步收敛点 (x_{i-1}, λ_{i-1}) 为圆心,半径为 l_i 的圆弧,所以称为弧长法。通常用户需指定初始弧长半径 l_1 或固定的弧长半径 l_0,当设定了初始弧长半径时,根据收敛速率,一般按式 (3.138) 计算 $\Delta\lambda$,其中 n_d 为荷载步期望收敛迭代次数,一般取 6,n_{i-1} 为上一荷载步的迭代次数,大于 10 时取 10。

$$l_i = l_{i-1}\sqrt{\frac{n_d}{n_{i-1}}} \tag{3.138}$$

当 $j=1$ 时,根据上一个荷载步 $i-1$ 收敛结束时的构形,得到用于第 i 个

荷载步收敛计算的切线刚度矩阵 $[K]_i$,即图 3.29 中最后迭代步平行细线的斜率。通过式 (3.138) 可得与 $\{F_{\text{ref}}\}$ 相应的切线位移:

$$[K]_i\{x_{\text{ref}}\}_i = \{F_{\text{ref}}\}$$

$$l_i^2 = (\Delta\lambda_i^1)^2 + (\Delta x_i^1)^2 = (\Delta\lambda_i^1)^2 + (\Delta x_i^1\{x_{\text{ref}}\})^2$$

$$|\Delta\lambda_i^1| = \frac{l_i}{\sqrt{1+\{x_{\text{ref}}\}_i^t\{x_{\text{ref}}\}_i}} \tag{3.139}$$

λ_i^1 很容易由式 (3.139) 求得,但不能确定其符号,而 λ_i^1 的符号决定了跟踪分析是向前还是返回,因此非常重要。很多学者提出了不同的确定方法,在 Abaqus 中,λ_i^1 符号按下式确定:

$$\Delta\lambda_i^1(\{x_{\text{ref}}\}_i^t\{x_{\text{ref}}\}_{i-1} + \Delta\lambda_{i-1}^1) > 0 \tag{3.140}$$

当 $j \geqslant 2$ 时,为了简化 $\Delta\lambda_i^j$ 的求解过程,可以用切平面法求解,即用垂直于切线的向量代替圆弧,即

$$(x_i^j - x_{i-1}, \lambda_i^j - \lambda_{i-1})g(\Delta x_i^j, \Delta\lambda_i^j) = 0$$

需要补充的关系式为

$$[K]_i\{\Delta x\}_i^j = \Delta\lambda_i^j\{F_{\text{ref}}\}_i - \{R\}_i^{j-1}$$

$$\{R\}_i^{j-1} = \{F_{\text{int}}\}_i^{j-1} - \{F_{\text{ext}}\}_i^{j-1}$$

$$\{F_{\text{ext}}\}_i^{j-1} = \lambda_i^{j-1}\{F_{\text{ref}}\}_i$$

最后需要说明的是,假若考虑材料塑性行为,则每个迭代步的切线刚度矩阵应以当前迭代步的构形为准,即图 3.29 所示的迭代过程中切线 (细实线) 不再平行。

B. 单元模型与破坏形态的选取

桥梁结构整体分析多以梁单元为主,这样便于简化计算和根据内力对结构进行布筋。用于极限承载力分析的梁单元模式主要有三种。第一种是带有塑性铰的一般梁单元。第二种是不分层的等参梁单元,常常沿梁轴向和横截面上取一定数量的高斯点来反映梁单元上不同点的应力、应变情况,单元刚度矩阵通过这些点的高斯积分来形成。前两种单元模式只适用于同材质的规则截面形式,因此,其应用受到限制。第三种是分层梁单元,可以克服前面的缺点,但输入数据和计算过程都较复杂。

当某个高斯点处出现裂缝时,其应力释放的计算比较麻烦。D. R. J. Owen 和 E. Hinton 通过将梁单元取短,并假定单元内应力、应变沿轴向不变,即沿梁轴向

3.4 数值分析方法

仅取一个高斯点的方法来解决这一问题,这样,梁单元刚度矩阵可写成显式。一旦出现裂缝,梁元便可退出工作。由此带来的求解规模的增加,可以通过试探法来解决,即先对结构进行一次预分析,找出可能出现塑性区或开裂的部位,对该处单元加密后再作极限承载力分析。相比之下,塑性铰法虽然精度差一些,但处理上述两个问题时十分方便。

示例 3.8 采用非线性有限元法对简支方筒受压试验再分析。

单向受压简支矩形板在面内荷载作用下大挠度弹性、弹塑性分析的研究已有不少进展。J. M. Coan 于 1959 年首次给出了有初始弯曲的受压简支板曲后性能的解析解,同年,Yamaki 采用数值方法研究了板的弹性曲后性能,K. E. Moxham 获得了板大挠度弹性理论解。板理论的试验验证以 N. S. Archibald 和 M. Robert 的试验最为精确和著名[12,15],该试验通过对方型筒的轴压试验,研究了板的曲后特性和极限承载力。为了验证非线性有限元法的有效性,取该文献中的试件 4 进行再分析,采用 Marc 有限元软件的大挠度分析方法和弧长法,材料的弹性参数和本构关系如图 3.30 所示,计算模型在均布轴压作用下的屈曲位形如图 3.31 所示,试件计算参数见表 3.2。

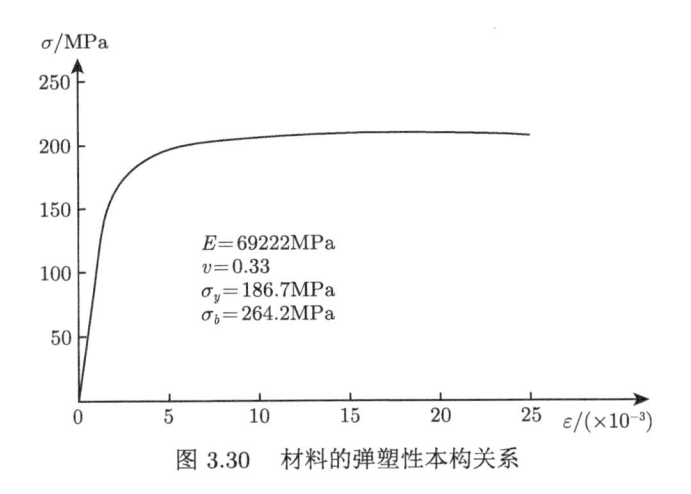

图 3.30 材料的弹塑性本构关系

由于试验中未记录模型的初始弯曲和方筒成型时引起的角域硬化,因此本文在重分析时,按《钢结构施工验收规范》的相关条文取一致屈曲缺陷的矢度为 $b/200$ (b 为方筒的宽度)[16]。Marc 有限单元法与方筒试验结果的对比见图 3.32。图中同时列出了计算参数与试件 4 相同的简支板在单向受压时的曲后性能分析结果。

因为方筒构件是单板的相互约束,其屈曲前的性质与简支板相似,而屈曲后性能由于板组的特性,方筒模型的曲后行为与简支板的曲后行为不尽相同。由于方筒角域的影响,方筒的曲后刚度比简支板大得多,这主要是因为方筒在屈曲后角域提供了扭转刚度。

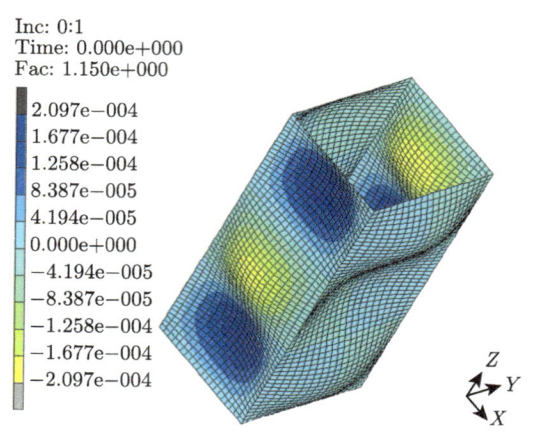

图 3.31　方筒计算模型的屈曲位形

表 3.2　试件计算参数

试件编号	$a \times b$/mm	t/mm	b/t	h/mm
4	101.85×101.85	1.68	60.80	304.80

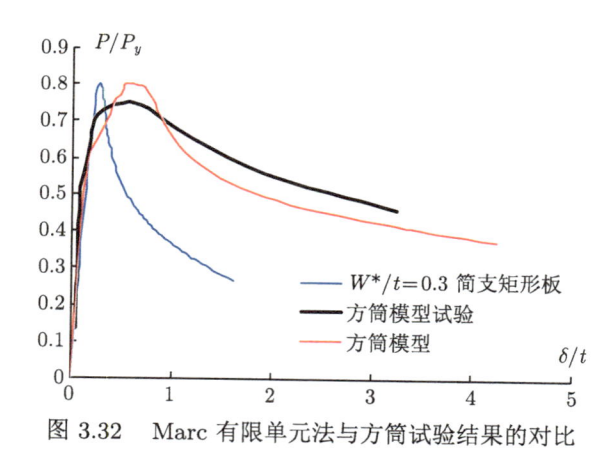

图 3.32　Marc 有限单元法与方筒试验结果的对比

本例对比分析表明,方筒模型的极限承载力大于试验值,而曲后的刚度略小于试验值,主要原因有:非线性有限元模型中没有考虑方筒在制作时导致角域处的塑性硬化现象;有限元中板单元的刚度较实际结构有所提高;因为板钢结构屈曲试验时板件会发生局部屈曲的振动,试验测量的精度受到限制。从分析的结果对比看,非线性有限元法的计算结果与试验结果相当一致。所以,采用非线性有限元法对板钢结构的极限承载力进行分析是可行的,当结构的参数确定时,非线性有限元法的分析结果可以看作是板钢结构屈曲后极限承载力分析的精确解。

3.4.4 蒙特卡罗随机有限元方法

在各类工程结构中,存在着很多不确定的影响因素,诸如结构的物理性质、几何参数等结构本身的属性和结构所承受的某些荷载(例如风荷载、波浪荷载以及地震荷载等)。由于人们认识的局限性和它们本身的不确定性,这些因素被描述为空间或时间的随机场函数或随机过程。这些随机性因素的影响是不可忽略的,致使结构的行为不再是确定的,而是具有了偶然性,表现为随机的场函数和时间函数,于是结构行为的分析就有了新的内容。经过结构分析之后,人们在了解对应于作随机变化的结构属性(物理性质、几何参数等)和结构荷载每一给定值的结构的行为(位移、应变和应力)的同时,还必须知道结构行为函数的概率分布[17-20]。

随着结构复杂程度的提高,结构承载后的响应量与输入量之间存在着复杂的函数关系,往往难以用显式表达。关于可靠度的基本理论可参考附录2。利用有限单元法分析复杂结构已经成为结构工程实践中广泛使用的一项数值计算方法,且随着高精度单元的引入,确定性有限元计算有精度越来越高的趋势。随机有限元法 (stochastic finite element method) 或称为概率有限元法 (probabilistic FEM) 是在传统有限元方法的基础上发展起来的随机数值分析方法,它是随机分析理论与有限元方法相结合的产物。

一般地,结构系统的随机分析可分为两类。一类是统计方法,就是通过样本试验收集原始的数据资料,运用概率和统计理论进行分析和整理,然后做出科学的推断。这种方法需要进行大量的样本试验和数据处理工作且计算的工作量很大。目前,由于电子计算机的出现和大量使用,使得模拟法成为最常用的统计逼近法。例如,蒙特卡罗 (Monte Carlo) 模拟就是一类典型的统计方法[5-7]。另一类方法是非统计方法,这种方法从本质上来说是利用分析的工具找出结构系统(确定的或随机的)输出的随机信号信息与输入随机信号信息之间的关系。这种方法不需要进行大量的样本试验和数据分析,而是采用随机分析与求解系统控制方程相结合的方法得到输出信号的各阶随机统计量的数字特征,如各阶原点矩(或中心矩)。这类方法的优点是对输入的随机信号的了解并不很充分的条件下,例如只知道信号的某几阶数字特征,运用解析的或数值的分析工具(微分方程理论、变分理论、有限元理论、边界元理论等),可以得到一定精确程度的解。目前所说的随机有限元法包括有摄动随机有限元法、纽曼 (Neumann) 随机有限元法和蒙特卡罗有限元法(统计有限元法),其中摄动随机有限元法用得最多。然而最直接的、对非线性问题很有效的方法是蒙特卡罗技术(或称蒙特卡罗法、蒙特卡罗模拟)[21-24]。

Shinozuka 和 Astill 于 1972 年首先将蒙特卡罗法引入结构的随机有限元法

分析。随后，他们的系列工作推动了蒙特卡罗法在结构分析和有限元分析中的应用。在具体实施时，蒙特卡罗法通过在计算机上产生的样本函数来模拟系统的随机输入量的概率特征，并对于每个给定的样本点，对系统进行确定的有限元分析，从而得到系统的随机响应的概率特征。与摄动随机有限元法相比，当样本容量足够大时，蒙特卡罗有限元法的结果将更可靠也更精确。由于大量的统计取样，蒙特卡罗法的计算工作量是十分庞大的。目前，对蒙特卡罗法的抽样模拟已提出很多减少计算量的措施，从而使蒙特卡罗法的优点越来越突出[25,26]。

结构的稳定问题复杂且试验费用耗资巨大，不可能做大量的实物和模型来建立设计规则和进行数据统计。随机有限元法能够考虑实际结构存在的各种各样的随机因素的影响，为结构稳定性的可靠性研究提供了强有力的分析手段，因此把随机有限元法引入结构稳定性的可靠性研究领域，研究合理的稳定性可靠度分析与设计方法非常有必要。

本书采用的非线性随机有限元法是利用 ANSYS 程序提供的概率设计技术(probabilistic design system，PDS) 和非线性有限元法的有效结合，形成了基于概率设计的结构极限承载力分析的非线性随机有限元法[25-27]，ANSYS 程序提供的概率设计方法有如下两种。

1. 蒙特卡罗法

蒙特卡罗法是一种用数值模拟技术来解决与随机变量有关的实际工程问题的方法。因为它采用的是数值方法，所以当随机变量的分布不是以函数形式，而是用统计数值表给出的时候，蒙特卡罗方法也能够进行计算，这时也不需要对变量分布类型进行简化假设。在可靠性分析中，它可以直接得出结构或者构件的失效概率，然后由 $P_f = \Phi(-\beta)$ 求得可靠指标。如果模拟次数足够多，就能够得到结构的真实失效概率。

蒙特卡罗模拟过程中，每个独立循环仿真是毫不相关、完全独立的，任何一组仿真循环也完全与其他组仿真循环结果毫无相关。正因如此，蒙特卡罗模拟非常适合采用并行计算方法。在 ANSYS 软件中，蒙特卡罗模拟技术可以选择直接抽样法或拉丁方法进行抽样处理。

直接蒙特卡罗抽样 (简称直接抽样法) 是蒙特卡罗模拟技术中最常用的基本方法[5-7,28]，可以直接用于模拟各种工程结构的真实过程，非常便于理解和使用。直接抽样法并不是最有效的方法，其缺点之一是需要大量的循环，因此效率不高。该方法的另外一个缺点是，对抽样过程没有"记忆"功能。一旦出现随机输入参数采样点的集中问题，那些集中的数据点在仿真循环中相当于重复计算，此时并不能提供任何更多的有效参考价值。

拉丁超立方抽样 (简称 LHS 抽样法) 技术比直接抽样法更先进、更有效。LHS

3.4 数值分析方法

抽样法和直接抽样法的唯一区别是 LHS 抽样法具有"记忆"功能，可以避免直接抽样法数据点集中而导致的仿真循环问题。同时，它强制抽样过程中抽样点必须离散分布于整个抽样空间。正因为如此，在一般情况下相同问题要得到相同精度的结果，LHS 抽样法比直接抽样法要少 20%~40% 的仿真循环次数。

2. 响应面法

响应面法假设随机输入变量的影响可以用数学函数来表达。因此，响应面法在随机输入变量空间中定位采样点，使近似函数最为有效；通常，函数是一个二次多项式，那么拟合函数 $\hat{Y}$ 可以表示为

$$\hat{Y} = c_0 + \sum_{i=1}^{\text{NRV}} c_i x_i + \sum_{i=1}^{\text{NRV}} \sum_{j=1}^{\text{NRV}} c_{ij} x_i x_j \tag{3.141}$$

式中，c_0 为常数项；c_i 为线性项系数，$i = 1, \cdots, \text{NVR}$；$c_{ij}$ 为二次项系数，$i = 1, \cdots, \text{NVR}, j = 1, \cdots, \text{NVR}$。

为得到这些系数，须使用回归分析，通常是用最小二乘法来确定。

因此，响应面法包含两个步骤：进行仿真循环，计算对应随机输入变量空间样本点的随机输出变量的数据；进行回归分析，确定近似函数。

响应面法的基本思路是一旦确定了这个近似函数，就可以用它代替循环去处理有限元模型。要进行有限元分析可能需要几分钟或几小时，而计算函数只需要几分之一秒的时间。因此，使用近似函数就可以对响应参数进行成千上万次的计算。对于工程分析来说，通常二次项就够用了。如果二次近似对某些特殊问题的处理不够奏效，可以使用函数变换的方法。

假设近似函数是符合要求的，那么响应面法的优势在于：一般比蒙特卡罗模拟技术需要的循环次数少；可以进行非常低概率的分析，这是蒙特卡罗法一般不能实现的，除非进行量非常大的分析循环；拟合系数表示近似函数的可靠程度，或者说表示与实际响应数值的近似程度，拟合系数能够在近似函数精度较差时提醒用户需要重新定义；单个循环之间是相互独立的 (一个循环的结果不会影响另一个)，这使得响应面法非常适用于并行处理。

响应面法的缺点是：需要的循环次数取决于随机输入变量的个数，如果输入变量过多 (几百个以上)，那么使用响应面法就不现实了；不适合用于随机输出变量与随机输入变量的函数不平滑的情况。也就是说，要使用响应面法，随机变量间的函数关系必须是光滑连续的。

示例 3.9 直接蒙特卡罗抽样法验证。采用简单极限状态方程 $Z = R - S$ 进行验证，设 R、S 服从正态分布，则 Z 也满足正态分布，均值为 $\mu_Z = \mu_R - \mu_S$，方差为 $\sigma_Z = \sqrt{\sigma_R^2 + \sigma_S^2}$。

取验算样本数 $n=1000$，采用基于 ANSYS 概率设计的随机有限元方法进行计算，R、S 样本历史点和输入统计柱状图如图 3.33 和图 3.34 所示。

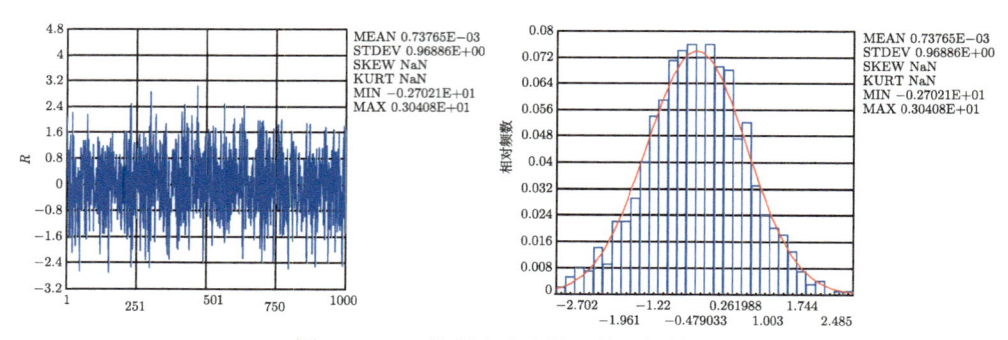

图 3.33 R 的样本点和输入统计柱状图

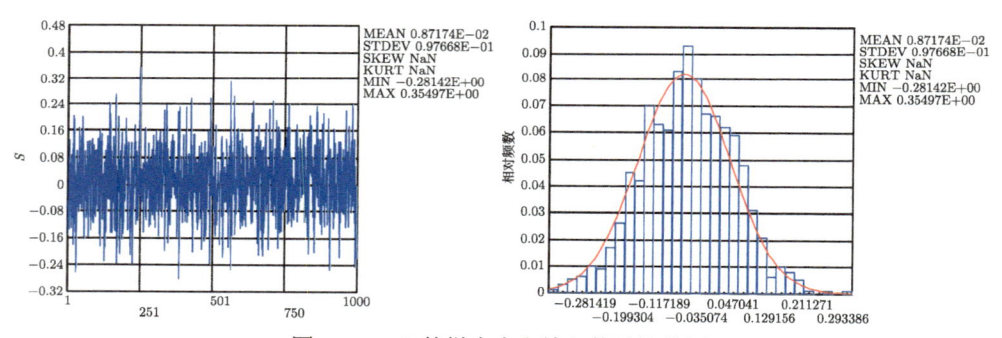

图 3.34 S 的样本点和输入统计柱状图

输出变量 Z 的样本点和输出统计柱状图如图 3.35 所示；其输出均值、方差

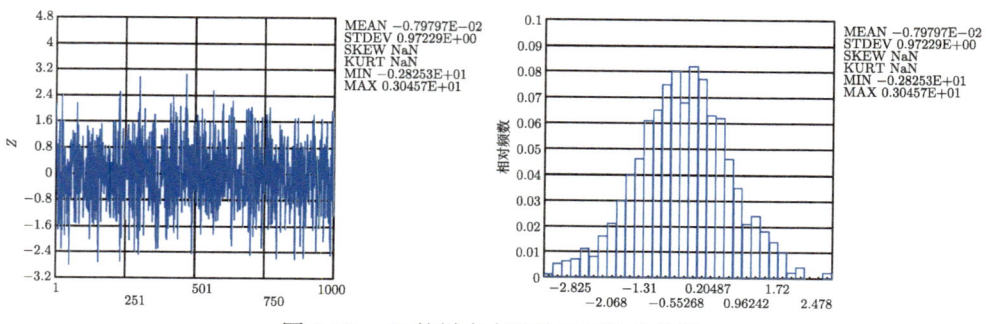

图 3.35 Z 的样本点和输出统计柱状图

3.5 航天器结构有限元数值分析

的累积统计分布如图 3.36 所示。当采用的样本数量超过 500 个时，可以认为结构承载力基于蒙特卡罗抽样的随机有限元分析结果是结构承载力可靠度的解。计算结果与理论解的对比如表 3.3 所示。

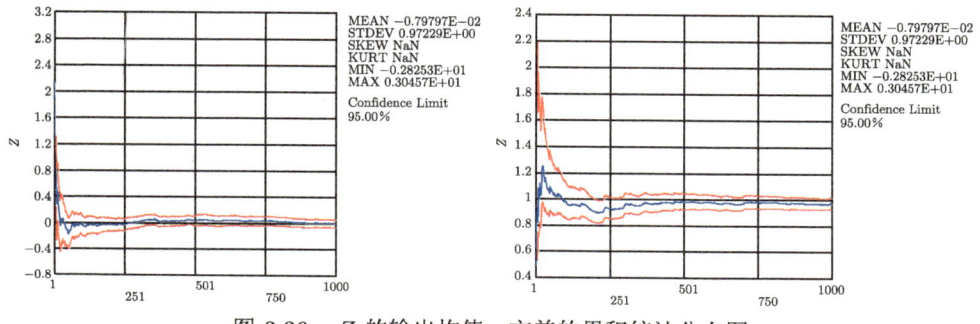

图 3.36 Z 的输出均值、方差的累积统计分布图

表 3.3 计算方法验证对比表

Z	$R \in N(0,1), N \in N(0,0.1)$		$R \in N(0,0.1), N \in N(0,0.1)$	
	理论值	数值方法	理论值	数值方法
$\mu_Z = \mu_R - \mu_S$	0	-0.0080	0	-0.0023
$\sigma_Z = \sqrt{\sigma_R^2 + \sigma_S^2}$	1.005	0.9723	0.1414	0.1492
$Z > 0$ 的概率	0.5	0.50388	0.5	0.50026
$\beta = \mu_Z/\sigma_Z$	0	-0.0082	0	0.0152

通过算例的对比分析，采用基于 Ansys 概率设计的随机有限元方法的计算误差小于 2%，充分说明该方法的合理性，能用来进行简单结构的极限承载力可靠度分析。

3.5 航天器结构有限元数值分析

3.5.1 结构动力学有限元分析基础

一般结构都是连续性的，它们的模态参数有无穷多个。对于简单的结构我们可以直接根据动力学微分方程求解析解，对于复杂的结构很难写出它们的动力学方程或者难以求得理论解。在这种情况下，一般将结构离散化后再进行求解。这样问题就变成了一个多自由度的振动问题[11]。

利用几何方程得到应变和节点位移之间的关系式

$$\{\varepsilon\} = [L]\{u\} = [L][N]\{\delta^\theta(t)\} = [B]\{\delta^\theta(t)\} \tag{3.142}$$

式中，$[N]$ 为单元形函数，可以通过它将单元内任意一点位移用节点位移来表示。

通过物理方程得到单元应力与节点位移的关系式

$$\{\sigma\} = [D]\{\varepsilon\} = [D][B]\{\delta^\theta(t)\} \tag{3.143}$$

通过哈密顿原理建立拉格朗日方程

$$\frac{\mathrm{d}}{\mathrm{d}t}\frac{\partial L}{\partial \{\dot{u}\}} - \frac{\partial L}{\partial \{\dot{u}\}} + \frac{\partial R}{\partial \{\dot{u}\}} = 0 \tag{3.144}$$

式中，L 是拉格朗日函数，由动能 T、势能 Π 组成；R 是系统耗散能，与阻尼有关。动能和势能的表达式分别为

$$T^{(\theta)} = \frac{1}{2}\iiint_{V^e} \rho\{\dot{u}\}^{\mathrm{T}}\{\dot{u}\}\mathrm{d}V \tag{3.145}$$

$$\Pi^{(\theta)} = \frac{1}{2}\iiint_{V^\theta}\{\varepsilon\}^{\mathrm{T}}[D]\{\varepsilon\}\mathrm{d}V - \iiint_{V^e}\{u\}^{\mathrm{T}}\{f\}\mathrm{d}V - \iint_{S_p}\{u\}^{\mathrm{T}}\{\bar{p}\}\mathrm{d}S \tag{3.146}$$

式中，ρ 为材料密度，$\{f\}$ 和 $\{\bar{p}\}$ 分别表示体力和面力。

对于黏性比例阻尼，耗散能可以表示为

$$R^{(\theta)} = \frac{1}{2}\iiint_{V^\theta} \mu\{\dot{u}\}^{\mathrm{T}}\{\dot{u}\}\mathrm{d}V \tag{3.147}$$

将式 (3.142) 和 (3.143) 代入式 (3.145)～(3.147) 中得到

$$T^{(\theta)} = \frac{1}{2}\{\dot{u}^\theta\}^{\mathrm{T}}[M^{(\theta)}]\{\dot{u}^\theta\}$$

$$\Pi^{(\theta)} = \{u^\theta\}^{\mathrm{T}}[K^{(\theta)}]\{u^\theta\} - \{u^\theta\}^{\mathrm{T}}\{F^{(\theta)}\} \tag{3.148}$$

$$R^{(\theta)} = \frac{1}{2}\{\dot{u}^\theta\}^{\mathrm{T}}[C^{(\theta)}]\{u^\theta\}$$

式中，$[M^{(\theta)}]$、$[K^{(\theta)}]$ 和 $[C^{(\theta)}]$ 分别表示单元刚度矩阵、单元质量矩阵和单元阻尼矩阵。通过结构的几何关系，分别将它们组集可以得到结构的总刚矩阵、质量矩阵和阻尼矩阵。这里的阻尼矩阵是由材料性质决定的，有限元软件 ANSYS 中可以在单元属性中定义。一般情形的阻尼为瑞利阻尼，它的表达形式为

$$[C] = \alpha[M] + \beta[K] \tag{3.149}$$

α 和 β 为待定系数，根据不同材料有经验值可选，它们也可以用频率和阻尼比来确定。

3.5.2 热平衡方程与外热流计算

自然界中存在三种热交换方式：热传导、热对流和热交换。前两者的进行均需要依赖介质，热辐射是以电磁波的形式来传导的，所以不需要通过介质就可以进行。在太空里只存在热传导和热辐射两种热交换方式。

在太空环境中热传导起到了自身热分配的作用，它遵循傅里叶定律。热流表达式为

$$q_n = -k\frac{\mathrm{d}T}{\mathrm{d}x} \tag{3.150}$$

式中，x 方向为等温面的法向；q_n 为热流密度 (单位面积内导热功率)；k 为导热系数；负号表示传热方向与温度梯度方向相反。

一般物体的辐射热量可以通过斯特藩–玻尔兹曼定律求解。假设一物体的辐射面积为 A，其辐射热量表达式为

$$Q = \varepsilon A \sigma T^4 \tag{3.151}$$

式中，温度单位为 K；σ 为斯特藩–玻尔兹曼常量 ($5.67\times 10^{-8} \mathrm{W/(m^2 \cdot K^4)}$)；$\varepsilon$ 是物体发射率，大小与物体的种类相关。

不同物体之间的辐射交换热量可以用下式来描述

$$Q = \varepsilon_1 \sigma A_1 F_{12} \left(T_1^4 - T_2^4\right) \tag{3.152}$$

式中，ε_1 为吸收率，σ 是斯特藩–玻尔兹曼常量，A_1 为辐射表面面积，F_{12} 为辐射表面 1 和 2 的角系数，T_1 和 T_2 分别为表面 1 和表面 2 的绝对温度。从式 (3.152) 中我们可以发现有关热辐射的热分析是高度非线性的。

在有限元热分析软件中，求解热辐射问题比较通用的方法有蒙特卡罗法[27,28]。下面就这一方法做简要说明。

蒙特卡罗法在辐射换热中主要用来计算辐射传递系数 (对于漫反射表面就是辐射角系数)。用该方法计算的基本思路可以描述为：① 将一个面的辐射离散为能量束，每个能量束包含一定能量；② 能量束发射位置与发射角度随机；③ 能量束可以被吸收也可每个能量束包含一定能被反射 (反射角度随机)。通过跟踪这些能量束得到每个面吸收能量束的数量，并以此计算表面间的能量传递系数。该方法从统计学上分析能量传递系数，因此能量束的数量应尽可能地多。

如图 3.37 所示，假设一辐射微元为 $\mathrm{d}A$，其单位时间内辐射的能量为 E_A，能量束总数为 N_A。以微元为中心建立一个半径为 1 的球形空间，$\mathrm{d}s$ 为球形表面上一个面积微元。在球坐标系中，$\mathrm{d}s$ 的位置可描述为 (r, θ, φ)。记 W 为每个能量束的能量

$$W = \frac{E_A}{N_A} \tag{3.153}$$

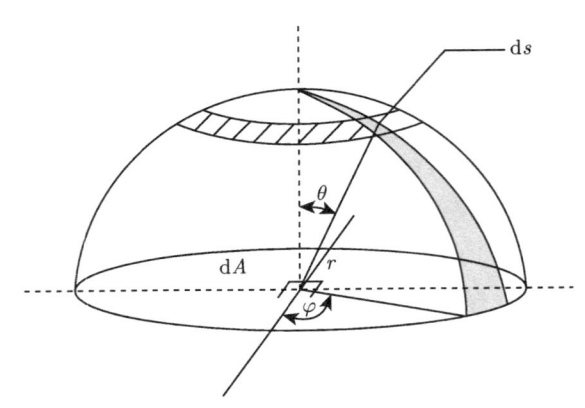

图 3.37 辐射角方向示意图

辐射微元 dA 辐射到微元 ds 的能量为

$$E_{A\to \mathrm{d}s} = \frac{E_A \cos\theta \cdot \mathrm{d}s}{\pi} \qquad (3.154)$$

能量束到达 ds 的概率 f 为

$$f = \frac{E_{A\to \mathrm{d}s}}{E_A} = \frac{\cos\theta \cdot \mathrm{d}s}{\pi} \qquad (3.155)$$

微元 ds 可以计算

$$\mathrm{d}s = r\sin\theta \cdot \mathrm{d}\theta \mathrm{d}\varphi \qquad (3.156)$$

将 (3.156) 式代入式 (3.155) 中得到新的概率表达式为

$$f = \frac{\cos\theta \sin\theta \cdot \mathrm{d}\theta \mathrm{d}\varphi}{\pi} \qquad (3.157)$$

观察式 (3.157) 可以发现 f 本质上是一个二维分布密度函数，那么我们可以将其表示为

$$f = f_1(\theta) f_2(\varphi) \qquad (3.158)$$

式中，

$$f_1(\theta) = 2\cos\theta \sin\theta \cdot \mathrm{d}\theta, \quad f_2(\varphi) = \frac{\mathrm{d}\varphi}{2\pi} \qquad (3.159)$$

将概率密度 $f_1(\theta)$ 和 $f_2(\varphi)$ 转换为分布函数为

$$R_1 = F_1 = \int_0^\theta f_1(\theta)\, \mathrm{d}\theta = \sin^2 \mathrm{d}\theta \qquad (3.160)$$

3.5 航天器结构有限元数值分析

$$R_2 = F_2(\varphi) = \int_0^\varphi \frac{\mathrm{d}\varphi}{2\pi} = \frac{\varphi}{2\pi} \tag{3.161}$$

能量束发射方向与随机数 R_1 和 R_2 之间的关系为

$$\sin\theta = \sqrt{R_1}, \quad \varphi = 2\pi R_2 \tag{3.162}$$

由分布函数的定义，我们可以知道 R_1 和 R_2 是 0~1 均匀分布的随机数。因为 $\sin\theta$ 和 $\cos\theta$ 也是 0~1 的随机数，所以式 (3.162) 中第一个表达式也可以写成 $\cos\theta = \sqrt{R_1}$。

上面的推导得到了能量束的发射方向，我们还需要知道能量束达到表面是否被吸收的判定条件。我们采用的判定条件：$R \leqslant \varepsilon$。R 为 0~1 的随机数，ε 为表面辐射率。联合式 (3.162) 跟踪至能量束直到被吸收为止。

航天器的热平衡是计算航天器各部分温度的基础。航天器热平衡方程为

$$Q_1 + Q_2 + Q_3 + Q_4 + Q_5 = Q_6 + Q_7 \tag{3.163}$$

式中，Q_1 为太阳直接加热；Q_2 为太阳反照加热；Q_3 为地球红外加热；Q_4 为空间背景加热；Q_5 为卫星内热源；Q_6 为卫星辐射热源；Q_7 为卫星内能变化。

从热平衡方程 (3.163) 中可以看到航天器在太空运行时受到的外热流有四种 (不考虑内热源)，其中空间背景作为一个温度恒为 273.15K 的物体。

1) 太阳直接辐射

太阳辐射到航天器表面的热流是达到航天器表面的主要热流，因此它是航天器的主要热源。在热设计中一般认为太阳光束为平行光束 (实际上在地球附近其发散角约为 0.50°)。到达航天器某一表面 A 的太阳辐射可以表示为

$$Q_1 = S\cos\beta_s A \tag{3.164}$$

式中，β_s 为阳光和受照表面法线方向的夹角，$\cos\beta_s$ 就是常称的太阳辐射角系数，记作 ϕ_1；S 为太阳辐射强度，根据太阳到航天器表面的距离 $d(q = 3.826\times10^{26}\mathrm{W})$，$S$ 可以用以下公式计算

$$S = \frac{q}{4\pi d^2} \tag{3.165}$$

2) 地球反照热流

太阳光自地球的反射均为漫反射，遵守兰贝特定律。到达卫星表面的反照热流除了与受照表面及地球的相对位置有关外，还与太阳、地球和卫星的相对位置有关，也跟航天器所在轨道参数有关。到达空间某表面 A 的反照热流可以表示为

$$Q = SaA\phi_2 \tag{3.166}$$

$$\phi_2 = \iint_{A'_E} \frac{\cos\eta \cos\alpha_1 \cos\alpha_2}{\pi l^2} \mathrm{d}A_E \tag{3.167}$$

式中，ϕ_2 为地球反射角系数，计算相当复杂；a 为反照率，一般取 0.3~0.35。

3) 地球红外辐射热流

到达航天器某表面 A 的地球红外辐射热流为

$$Q_3 = \frac{1-a}{4} S\phi_3 A \tag{3.168}$$

式中，ϕ_3 为地球红外角系数，取决于受照表面 A 相对于地球的高度和能看到的地球表面范围，计算公式为

$$\phi_3 = \iint_{A'_E} \frac{\cos\alpha_1 \cos\alpha_2}{\pi l^2} \mathrm{d}A_E \tag{3.169}$$

式 (3.167) 和式 (3.169) 中的 α_1 和 α_2 为受照表面与地球之间的一些几何角度。

3.5.3 温度场的有限元计算理论基础

温度场除了跟热平衡方程有关外还与结构的几何构形息息相关，所以普遍采用的解算方法为有限元法 [11]。

通过热平衡原理可以写出三维物体的热传导控制微分方程

$$\frac{\partial}{\partial x}\left(k_x \frac{\partial T}{\partial x}\right) + \frac{\partial}{\partial y}\left(k_y \frac{\partial T}{\partial y}\right) + \frac{\partial}{\partial z}\left(k_z \frac{\partial T}{\partial z}\right) + \dot{q} = \rho c \frac{\partial T}{\partial t} \tag{3.170}$$

式中，k_x，k_y 和 k_z 分别表示各自方向上的热传导系数，ρ 为材料密度，c 为材料的比热容。

常见的边界条件有三种：

(1) 结构表面的温度对时间的函数

$$T_w = f(t) \tag{3.171}$$

(2) 物体表面的热流函数

$$k \frac{\partial T}{\partial n_s} = q(x, y, z, t) \tag{3.172}$$

(3) 环境温度以及热交换系数

3.5 航天器结构有限元数值分析

$$k\frac{\partial T}{\partial n_s} = h(T_w - T) \tag{3.173}$$

式中，T_w 表示物体表面温度，n_s 表示该表面出法向。

初始条件为

$$T(x, y, z, t = 0) = \bar{T}_0(x, y, z) \tag{3.174}$$

为了求解上面的微分方程，将第二和第三边界条件的积分形式引入原有的泛函等式中，得到新的泛函等式为

$$\Pi = \frac{1}{2}\iiint_V \left[k_x\left(\frac{\partial T}{\partial x}\right)^2 + k_y\left(\frac{\partial T}{\partial y}\right)^2 + k_z\left(\frac{\partial T}{\partial z}\right)^2 - 2\left(\dot{q} - \rho c\frac{\partial T}{\partial \tilde{t}}\right)T\right]\mathrm{d}V$$
$$- \iint_{S_2} qT\mathrm{d}S_2 + \frac{1}{2}\iint_{S_3} h(T - T_w)^2 \mathrm{d}S_3 \tag{3.175}$$

下面进行离散化，将整个结构离散为 E 个有限单元体，一个单元体有 p 个节点。单元内部的温度以差值函数的方法用节点的温度表示为

$$T = \sum_{i=1}^{p} N_i(x, y, z)T_i^e = [N]\{T\}^{\{e\}} \tag{3.176}$$

然后将式 (3.175) 写为对单元积分的总和形式

$$\Pi = \sum_{e=1}^{E} \Pi^e \tag{3.177}$$

对式 (3.177) 求极值，结合式 (3.175) 可以得到

$$\frac{\partial \Pi^{(e)}}{\partial T^{(e)}} = \sum_{i=1}^{3} \left[K_i^{(e)}\right]\{T\}^{\{e\}} - \{P\}^{\{e\}} = 0 \tag{3.178}$$

式中，$\left[K_i^{(e)}\right]$ $(i = 1, 2, 3)$ 分别表示单元对热传导矩阵的贡献、第三边界条件对热传导矩阵的修正和非稳态引起的附加项。第三个矩阵称为热容量矩阵，$\{P\}^{\{e\}}$ 为温度载荷列阵。这四个矩阵中每一项分别为

$$K_{1ij}^{(e)} = \iiint_{V^{(e)}} \left(k_x\frac{\partial N_i}{\partial x}\frac{\partial N_j}{\partial x} + k_y\frac{\partial N_i}{\partial y}\frac{\partial N_j}{\partial y} + k_z\frac{\partial N_i}{\partial z}\frac{\partial N_j}{\partial z}\right)\mathrm{d}V \tag{3.179}$$

$$K_{2ij}^{(e)} = \iint_{S_3^{(e)}} hN_iN_j\mathrm{d}S_3 \tag{3.180}$$

$$K_{3ij}^{(e)} = \iiint_{V^{(e)}} \rho c N_iN_j\mathrm{d}V \tag{3.181}$$

$$P_i^{(e)} = \iiint_{V^{(e)}} \dot{q}N_i\mathrm{d}V + \iint_{S_2^{(e)}} qN_i\mathrm{d}S_2 + \iint_{S_3^{(e)}} hT_w\mathrm{d}S_3 \tag{3.182}$$

最后组集各个单元，可以得到

$$[K_3] = \sum \left[K_3^{(e)}\right]; \quad [K] = \sum \left(\left[K_1^{(e)}\right] + \left[K_2^{(e)}\right]\right); \quad \{\bar{P}\} = \sum \{P\}^e \tag{3.183}$$

$$[K_3]\{\dot{\bar{T}}\} + [K]\{\bar{T}\} = \{\bar{P}\} \tag{3.184}$$

式 (3.184) 就是热传导方程，代入边界条件和初始条件就可以求出相对应的温度场。

3.5.4 直接模拟蒙特卡罗方法基础

气体分子运动论的基本控制方程是玻尔兹曼方程[7,28−30]：

$$\frac{\partial f}{\partial t} + \boldsymbol{V} \cdot \frac{\partial f}{\partial \boldsymbol{r}} + \boldsymbol{F} \cdot \frac{\partial f}{\partial \boldsymbol{V}} = \int_{-\infty}^{\infty} \int_0^{4\pi} (f'f_1' - ff_1)g\sigma\mathrm{d}\Omega\mathrm{d}\boldsymbol{V}_1 \tag{3.185}$$

其考察的是微观粒子的速度分布函数 f 基于位置空间、速度空间在任一时刻由非平衡态向平衡态的演化，这是一个高度非线性高维积分–微分方程。该方程的理论解只在极其简单的情况下存在，一般问题的数值求解一直是研究的热点问题。

1. 直接模拟蒙特卡罗方法

过去几十年来，众多学者通过研究玻尔兹曼方程的碰撞松弛演化特点，基于质量、动量、能量守恒定律，利用分子对流运动与碰撞松弛趋于平衡态的基本特性，由数学上较简单的统计和碰撞松弛模型代替玻尔兹曼方程碰撞项，提出了求解该方程的多种模型与数值方法。这些方法可笼统地分为基于微观颗粒运动、碰撞随机统计的粒子模拟与基于介观速度分布函数的玻尔兹曼模型方程数值求解方法两大类。在粒子模拟方法中，广泛使用的是 G. A. Bird 早在 1963 年提出的直接模拟蒙特卡罗 (DSMC) 方法[5−7,28]。

DSMC 方法巧妙地利用上述方程的碰撞松弛演化特征，从微观分子运动论概率统计原理出发，将分子的运动和它们之间的碰撞解耦，用有限个仿真分子代替大量的真实气体分子，仿真分子的位置坐标、速度分量以及内能被记录下来，其值因仿真分子的运动、与边界的相互作用以及仿真分子间碰撞而随时间改变，最后通过统计网格内仿真分子运动状态实现对真实气体流动的模拟。该方法尽管不是对玻尔兹曼方程的离散与直接求解，但其与玻尔兹曼方程关于分子混沌与二体碰撞的假设是一致的，研究结果表明，当模拟分子数趋于无穷时，DSMC 方法得到的粒子分布函数收敛到玻尔兹曼方程的一种修正形式[28,31]。DSMC 方法是对玻尔兹曼方程或其模型方程的一种统计模拟，为了保证随机统计模拟结果的真实性，该方法要求用于分子碰撞取样的物理空间网格尺度小于气体分子平均自由程，且要求用于将仿真分子运动与碰撞解耦的时间间隔 Δt 小于平均碰撞时间[7]。该方法得到的是模拟分子的微观信息，人们通常关心的宏观流动量可以从微观信息的统计平均得到，如宏观速度可定义为

$$V_0 = \langle v \rangle \tag{3.186}$$

这里，括号 $\langle\ \rangle$ 表示系综平均；记分子热运动速度 $c = v - V_0$。宏观温度可定义为

$$T = \frac{m}{3k} \langle c^2 \rangle \tag{3.187}$$

式中，c 表示热运动速度的大小。

经过近五十年的研究发展，DSMC 方法在稀薄气体动力学学科中得到了广泛的应用与系列重大工程检验，在求解稀薄过渡领域飞行器绕流方面取得了巨大的成功[5-7,28,29,33-39]，证明了它的可靠性。在宏观流场方面，对于平板前缘、三角翼和航天飞机以至空间站等复杂外形体过渡区绕流的 DSMC 模拟结果都得到了与实验出色的相符，其计算结果常作为求解稀薄气体流动问题新方法的检验与参考。在模拟粒子数趋于无穷时，该方法所得到的粒子分布函数是玻尔兹曼方程修正形式的解。然而，在 DSMC 方法对过渡区流动仿真取得巨大成功的同时，该方法在时空、空间网格剖分上的要求限制了其在小 Knudsen 数，特别是在近连续滑移过渡区绕流状态的应用；同时，其模拟过程中样本容量的有限性给计算所得的宏观流场参数引入了不可避免的统计涨落[7,31]。

在基于介观分子速度分布函数的玻尔兹曼模型方程中，最著名的是 BGK (Bhatnagar-Gross-Krook) 碰撞模型方程。该模型把碰撞效应处理为粒子的速度分布函数与当地平衡态分布之间偏差的弛豫，且弛豫因子依赖于气体的密度、黏性和流场的当地温度而不依赖于分子速度。基于该模型方程，人们开展了大量研究工作，基于格子气自动机，遵循各向同性原则，沿速度方向进行离散速度处理，对玻尔兹曼-BGK 模型方程进行形式积分得到宏观流动参数，提出离散格子玻尔兹曼方法 (LBM)，用来模拟处于麦克斯韦 (Maxwell) 或近麦克斯韦平衡态的连续流区或近连续滑移流区低速流动问题。

鉴于 DSMC 方法所得到的模拟粒子速度分布函数收敛到玻尔兹曼方程的修正形式，气体动理论统一算法则是对玻尔兹曼模型方程的直接数值求解，玻尔兹

曼方程构成了两者共同的基础。文献 [31] 直接从 DSMC 方法所得分布函数满足的方程，推导出统一算法所依赖的玻尔兹曼模型方程修正形式，从理论与数值两方面研究和证明粒子模拟与直接数值求解两种方法在极限意义下的一致性。

2. 高空羽流场的 DSMC 方法

在轨卫星姿控发动机燃气从燃烧室经喷管喷出，形成外部羽流场，经历连续流、过渡流、高稀薄流以至完全自由分子流等跨流区多层次、多物理场、多种流动状态变化过程，高空羽流污染问题的研究解决一直是空间环境领域较为关心与感兴趣的问题。关于羽流流场的研究始于 20 世纪 60 年代，但由于羽流问题的复杂性及当时计算条件限制，使得众多研究将其简化为单组元气体，或者将混合气体等效为单组元气体，采用简单的实验和半经验工程算法进行预测分析研究。随着计算机性能的提高，以 DSMC 方法为基础的羽流数值模拟技术得到了快速发展，DSMC 方法虽然能够准确描述过渡区稀薄气体流动，但由于受自身模拟准则所限，使得 DSMC 方法对稠密近连续羽流核心区的计算模拟仍存在难以克服的困难。相反在连续流区，以气体密度、温度、流动速度作为独立变量的宏观流体力学 N-S 方程数值计算方法却是极为广泛使用的研究工具。因此，在分析多流区混合羽流流动时，将这两种方法相结合是目前被广泛研究与采用的一种计算研究方式 [35,36,40,41]。

姿控发动机燃气流从喷管喷出形成高空羽流场，羽流场巨大的物理量变化梯度使得合理划分网格尤为重要。在喷口附近，分子数密度相对于羽流其他区域要高出 3~6 个量级，在该区域的网格划分应根据分子数密度自动加密，实现自适应调整。自适应方法是：若某网格内仿真分子数大于一个给定的值 $N_{\lim t}$，则把该网格分成若干碰撞子网格，使得子网格内仿真分子数小于 $N_{\lim t}$；碰撞计算时，碰撞对在子网格内选取；统计采样时，仍作为一个网格进行分子采样。考虑到较大推力姿控发动机与卫星体及长达十余米太阳电池翼帆板形成燃气混合物羽流影响区，需要发展与此相适应的 DSMC 模拟策略。

1) 羽流核心区轴对称 DSMC 模拟技术

由于羽流近场核心区呈现轴对称流动特征，该区气体流动具有相当高数密度与物理量变化梯度，为节省计算内存与时间，需发展轴对称流动 DSMC 方法 [35,36]。在轴对称流中，记轴向为 X 方向，径向为 Y 方向。某一仿真分子初始位置在上半平面为 (x_1, y_1)，速度为 (u_1, v_1, w_1)，经 Δt 时间，其新的位置和速度分别为

$$x_2 = x_1 + u_1 \Delta t \tag{3.188}$$

$$y_2 = \{(y_1 + v_1 \Delta t)^2 + (w_1 \Delta t)^2\}^{\frac{1}{2}} \tag{3.189}$$

$$u_2 = u_1 \tag{3.190}$$

3.5 航天器结构有限元数值分析

$$v_2 = \frac{v_1(y_1 + v_1\Delta t) + w_1^2\Delta t}{y_1} \tag{3.191}$$

$$w_2 = \frac{w_1(y_1 + v_1\Delta t) - v_1 w_1\Delta t}{y_1} \tag{3.192}$$

对于轴对称网格,即使 XY 平面上网格面积相同,网格体积也会随网格中心到对称轴的半径 r 发生很大变化。为了使流场中各网格仿真分子数趋于相当,需使用径向加权因子。假设一参考半径 r_{ref},网格加权因子定义为

$$W = r/r_{\text{ref}} \tag{3.193}$$

设径向第一层网格 ($j=1$) 权数为 1,则 $r_{\text{ref}} = 0.5dx$,其中 dx 为网格尺寸。

当一个仿真分子从权因子 W_n 的网格运动到权因子 W_m 的网格时,要对是保留还是去除这个仿真分子作判断和处理。若 $W_n/W_m<1$,则用"取舍法"判断该分子是保留还是去除。若 $W_n/W_m>1$,则仿真分子被保留在新网格中,同时要进行复制。复制遵循的原则是:在新网格中移进的分子数应等于 W_n/W_m,但该数一般不会是整数,要用"取-舍"法随机筛选过程进行调整。

2) 分子运动轨迹跟踪计算技术

在每个 Δt 运动过程中,分子有可能与物体表面发生碰撞,因此需要在运动过程中加以判断。如果分子所在网格与物体面元网格交叉,就要判断分子是否与该面元碰撞,以便决定是否进行粒子与壁面相互作用处理[37-39]。设分子轨迹上某一个网格内有一面元,记该面元上三点为 $A_1(x_1,y_1,z_1)$、$A_2(x_2,y_2,z_2)$、$A_3(x_3,y_3,z_3)$,令分子速度 $\boldsymbol{V}$ 在面元外法向的投影为 V_n。若 $V_n \geqslant 0$,表明分子远离面元运动(等于 0 表示粒子平行于面元运动),分子轨迹不可能与面元相交,可以不做判断。

如果 $V_n < 0$,表明分子向着面元运动。假设分子从起始点 $A_0(x_0,y_0,z_0)$ 运动到面元平面的位置为 $A_e(x_e,y_e,z_e)$,计算 A_e 与 A_1、A_2 和 A_3 三点所构成的三个三角形的面积,如果

$$S_{\triangle A_e A_1 A_2} + S_{\triangle A_e A_2 A_3} + S_{\triangle A_e A_1 A_3} = S_{\triangle A_1 A_2 A_3} \tag{3.194}$$

则 A_e 在该面元上,否则 A_e 在该面元之外,继续考察其他面元。如果所有与该网格相交的面元都不与分子轨迹相交,则分子继续运动。

3) 多组元混合气体流动 DSMC 模拟技术

在混合气体 DSMC 模拟中,每种混合物组元分子均遵循同样的 DSMC 计算规则。对于每种组元分子碰撞过程的模拟,使用非时间计数(NTC)法,根据变刚球(VHS)分子模型与 Larsen-Borgnakke 传能模型确定分子碰撞类型(弹性碰撞、非弹性碰撞),给出碰撞后分子的运动速度与内能。关于分子碰撞能量交换,由于

真空羽流快速膨胀，气体温度和密度迅速下降，可忽略振动激发的影响，而只考虑双原子分子及多原子分子的转动自由度激发，气体分子能量模式包含平动能和转动能[40-42]。

为了确定混合气体局域宏观量特性，需根据各组元在混合气体所占份额进行统计平均。记 φ 为单组元气体依赖于分子能量 ϵ 的某一特征量，S 为组元类别，$f_S(\epsilon)$ 为 S 类气体分子能量分布函数，则 S 组元 φ 特征量平均值 $\langle\varphi\rangle_S$ 可表示为

$$\langle\varphi\rangle_S = \int_\epsilon \varphi \cdot f_S(\epsilon) \mathrm{d}\epsilon \tag{3.195}$$

而对于由 $S_{\max}$ 种组元构成的混合气体而言，混合气体 φ 特征量平均值 $\langle\varphi\rangle$ 可表示成

$$\langle\varphi\rangle = \sum_{S=1}^{S_{\max}} \frac{n_S}{n} \langle\varphi\rangle_S \tag{3.196}$$

式中，n_S 为组元 S 的数密度，n 为相应混合物的数密度。

$$n = \sum_{S=1}^{S_{\max}} n_S \tag{3.197}$$

单组元气体的质量密度 ρ_S 与数密度 n_S 之间存在如下关系

$$\rho_S = m_S n_S \tag{3.198}$$

而混合气体的质量密度 ρ 则为各组元质量密度之和，亦即

$$\rho = \sum_{S=1}^{S_{\max}} \rho_S = \sum_{S=1}^{S_{\max}} m_S n_S \tag{3.199}$$

式 (3.199) 同时给出了混合气体分子平均质量 m 的定义式

$$m = \sum_{S=1}^{S_{\max}} \frac{n_S}{n} m_S \tag{3.200}$$

3.5.5 气动力热环境致金属桁架结构响应有限元算法

基于经典傅里叶热传导定律的动态热力耦合问题有限元计算方法，发展 Newmark 隐式算法求解热弹性动力学方程，在考虑应变耦合项的热传导方程中发展 Crank-Nicolson 计算格式，在同一时间步上计算得到温度增量、位移、速度以及

3.5 航天器结构有限元数值分析

加速度值。建立一套多尺度有限元算法[43-49]，针对各种非规则具有拟周期结构的区域进行二阶双尺度渐近展开热传导计算、应力以及热-力耦合分析，并结合外部强气动力热环境，分析结构热-力耦合多尺度响应，计算揭示航天器结构在高温与强气动力/热环境下的非线性变化行为，从结构上探索航天器陨落再入过程金属桁架结构变形软化熔融失效预测方法，为寿命末期大型航天器陨落解体预报提供可靠支撑与技术依据[50-54]。文中使用重复下标表示求和的 Einstein 约定，在所有公式中使用黑体字母表示矩阵和向量函数。

1. 热力耦合控制方程

1) 热弹性动力学方程

设在空间区域 $\Omega \subset \mathbb{R}^3$ 中，不考虑阻尼的影响，材料热弹性动力学方程[2]可表示为

$$\rho \frac{\partial^2 u_i}{\partial t^2} - \tau \frac{\partial u_i}{\partial t} + \frac{\partial}{\partial x_j}\left(C_{ijkl}\frac{\partial u_k}{\partial x_l}\right) + \frac{\partial}{\partial x_j}(\beta_{ij}\theta) = f_i \tag{3.201}$$

其中，$\boldsymbol{u} = [u_1 \ u_2 \ u_3]^{\mathrm{T}}$ 表示位移向量；$\boldsymbol{f} = [f_1 \ f_2 \ f_3]^{\mathrm{T}}$ 为体积力向量，上标 T 表示矩阵转置；ρ 为材料密度；τ 表示材料阻尼系数；C_{ijkl} 为材料四阶弹性张量，对于均匀各向同性材料，C_{ijkl} 表示为

$$C_{ijkl} = \lambda\delta_{ij}\delta_{kl} + G(\delta_{ik}\delta_{jl} + \delta_{il}\delta_{jk}). \tag{3.202}$$

式中，δ_{ij} 为 Kronecker 符号；λ 与 G 为材料 Lamé 常数，用材料杨氏模量 E 与泊松比 ν 表示为

$$\lambda = \frac{E\nu}{(1+\nu)(1-2\nu)}, \quad G = \frac{E}{2(1+\nu)} \tag{3.203}$$

用 $\theta = T - T_0$ 表示温度增量，T 为绝对温度值，T_0 为未变形状态下的温度值。β_{ij} 为热弹性模量，可表示为

$$\beta_{ij} = C_{ijkl}\alpha_{kl} \tag{3.204}$$

式中，α_{kl} 为材料热膨胀系数，对于各向同性材料，$\alpha_{kl} = \alpha_0\delta_{kl}$，物体的热弹性模量可表示为

$$\beta_{ij} = \frac{E\alpha_0}{1-2\nu}\delta_{ij} = 3\gamma\alpha_0\delta_{ij} \tag{3.205}$$

其中，$\gamma = \dfrac{E}{3(1-2\nu)}$ 为材料体弹性模量，说明温度的变化使得物体体积发生膨胀或收缩进而影响结构应力变化。物体的应变 ε_{ij} 表示为

$$\varepsilon_{ij} = \frac{1}{2}\left(\frac{\partial u_i}{\partial x_j} + \frac{\partial u_j}{\partial x_i}\right) \tag{3.206}$$

热应力 σ_{ij} 表示为

$$\sigma_{ij} = C_{ijkl}\varepsilon_{kl} - \beta_{ij}\theta \tag{3.207}$$

2) 瞬态热传导方程

考虑位移场对温度场的影响，则耦合热传导方程 [2,43-46] 为

$$\rho c \frac{\partial \theta}{\partial t} + T_0 \beta_{ij} \frac{\partial}{\partial t}\left(\frac{\partial u_i}{\partial x_j}\right) - \frac{\partial}{\partial x_j}\left(k_{ij}\frac{\partial \theta}{\partial x_i}\right) = h \tag{3.208}$$

其中，c 表示材料比热，k_{ij} 为材料热传导张量，h 为热源项。对于各向同性体，根据 β_{ij} 的表达式 (3.205)，方程 (3.208) 中的第二项也可以表示为

$$T_0 \beta_{ij}\frac{\partial}{\partial t}\left(\frac{\partial u_i}{\partial x_j}\right) = T_0(3\lambda+2\mu)\alpha_0 \frac{\partial \varepsilon_{ii}}{\partial t} = T_0 \frac{E\alpha_0}{1-2\nu}\frac{\partial \varepsilon_{ii}}{\partial t} \tag{3.209}$$

这里，$\varepsilon_{ii} = \varepsilon_{11} + \varepsilon_{22} + \varepsilon_{33}$ 为物体体积应变，方程式说明物体的体积应变变化率会对温度场产生影响。

3) 初始与边界条件

对于动力学方程 (3.201)，初始条件为区域 Ω 上的初始位移与初始速度，即

$$\boldsymbol{u}(x,0) = [u_1^0 \ u_2^0 \ u_3^0]^{\mathrm{T}}, \quad \frac{\partial \boldsymbol{u}}{\partial t}(x,0) = [v_1^0 \ v_2^0 \ v_3^0]^{\mathrm{T}} \tag{3.210}$$

对于温度场，由于未知量选取的是温度增量，则初始温度增量为 0，所以我们有

$$\theta(x,0) = 0 \tag{3.211}$$

设物体的边界为光滑边界 $\partial\Omega$，在位移场中，边界条件分为位移边界 Γ_1 与力边界 Γ_2，在位移边界 Γ_1 上给定位移值，一般取固定边界条件

$$\boldsymbol{u} = \boldsymbol{0} \tag{3.212}$$

在力边界 Γ_2 上，物体承受外部面力为 $\boldsymbol{p} = [p_1 \ p_2 \ p_3]^{\mathrm{T}}$，对于热弹性物体，边界条件为

$$\sigma_{ij}n_j = (C_{ijkl}\varepsilon_{kl} - \beta_{ij}\theta)n_j = p_i \tag{3.213}$$

其中，$\boldsymbol{n} = [n_1 \ n_2 \ n_3]^{\mathrm{T}}$ 为边界 Γ_2 单元外法向矢量。两种类型的边界不能重合，即有 $\Gamma_1 \cup \Gamma_2 = \partial\Omega$，$\Gamma_1 \cap \Gamma_2 = \varnothing$。

温度场边界可分为温度边界 Γ_1' 与热流边界 Γ_2'，Γ_1' 上给定温度增量值 $\bar{\theta}$，即

$$\theta(x,t) = \bar{\theta} \tag{3.214}$$

$\varGamma_2'$ 上的边界条件与热流值相关,如果同时考虑外边界的热流,则对流与辐射边界条件有

$$-k_{ij}\frac{\partial \theta}{\partial x_j}n_j = q + H(\theta + T_0 - T_{\text{ext}}) + \epsilon\sigma((\theta + T_0)^4 - T_{\text{ext}}^4) \quad (3.215)$$

其中,q 表示边界热流值,T_{ext} 表示物体外部温度值,H 为材料对流换热系数,ϵ 是材料表面辐射发射率,$\sigma = 5.67 \times 10^{-8} \text{W}/(\text{m}^2 \cdot \text{K}^4)$ 是斯特藩–玻尔兹曼常量。为简单起见,我们只考虑热流边界条件,即

$$-k_{ij}\frac{\partial \theta}{\partial x_j}n_j = q \quad (3.216)$$

同样地,两种类型的边界不能重合,即 $\varGamma_1' \cup \varGamma_2' = \partial\varOmega$,$\varGamma_1' \cap \varGamma_2' = \varnothing$。

4) 热力耦合方程的弱形式

下面我们利用变分原理推导热力耦合方程的弱形式,定义如下函数空间 $V_{\varGamma_1}^3(\varOmega)$ 与 $V_{\varGamma_1'}(\varOmega)$

$$V_{\varGamma_1}^3(\varOmega) = \left\{ \boldsymbol{v} = [v_1 \ v_2 \ v_2]^{\text{T}} \Big| \sum_{i=1}^{3}\|v_i\|_{H^1(\varOmega)} < \infty, \boldsymbol{v} = \boldsymbol{0} \quad \text{on} \quad \varGamma_1 \right\}$$

$$V_{\varGamma_1'}(\varOmega) = \left\{ v | \|v\|_{H^1(\varOmega)} < \infty, v = 0 \quad \text{on} \quad \varGamma_1' \right\} \quad (3.217)$$

其中,$H^1(\varOmega)$ 为函数及其一阶导数平方可积 (即属于 $L^2(\varOmega)$) 的索伯列夫 (Sobolev) 函数空间。位移 $\boldsymbol{u}(x,t)$ 可看作如下映射

$$t \in [0, \bar{T}] \mapsto V_{\varGamma_1}^3(\varOmega) \quad (3.218)$$

这表示对任意时刻 t,$\boldsymbol{u}(x,t) \in V_{\varGamma_1}^3(\varOmega)$。类似地,温度增量 $\theta(x,t)$ 也看作如下映射

$$t \in [0, \bar{T}] \mapsto V_{\varGamma_1'}(\varOmega) \quad (3.219)$$

并且有 $\theta(\cdot, t) \in V_{\varGamma_1'}(\varOmega)$。

对于热弹性动力学方程 (3.201) 分别乘以向量测试函数 $\tilde{\boldsymbol{u}} \in V_{\varGamma_1'}(\varOmega)$ 的各分量,$\tilde{\boldsymbol{u}} = [\tilde{u}_1 \ \tilde{u}_2 \ \tilde{u}_3]^{\text{T}}$,并在空间 $\varOmega$ 上积分,有

$$\int_{\varOmega}\rho\frac{\partial^2 u_i}{\partial t^2}\tilde{u}_i\mathrm{d}x + \int_{\varOmega}\tau\frac{\partial u_i}{\partial t}\tilde{u}_i\mathrm{d}x - \int_{\varOmega}\frac{\partial}{\partial x_j}\left(C_{ijkl}\frac{\partial u_k}{\partial x_l}\right)\tilde{u}_i\mathrm{d}x$$

$$+ \int_{\varOmega}\frac{\partial}{\partial x_j}(\beta_{ij}\theta)\tilde{u}_i\mathrm{d}x = \int_{\varOmega}f_i\tilde{u}_i\mathrm{d}x \quad (3.220)$$

利用散度定理，得到

$$\int_\Omega \rho \frac{\partial^2 u_i}{\partial t^2} \tilde{u}_i \mathrm{d}x + \int_\Omega \tau \frac{\partial u_i}{\partial t} \tilde{u}_i \mathrm{d}x + \int_\Omega C_{ijkl} \frac{\partial u_k}{\partial x_l} \frac{\partial \tilde{u}_i}{\partial x_j} \mathrm{d}x$$
$$- \int_\Omega \beta_{ij} \frac{\partial \tilde{u}_i}{\partial x_j} \theta \mathrm{d}x - \int_{\partial\Omega} \left(C_{ijkl} \frac{\partial u_k}{\partial x_l} - \beta_{ij} \theta \right) \tilde{u}_i n_j \mathrm{d}s = \int_\Omega f_i \tilde{u}_i \mathrm{d}x \qquad (3.221)$$

结合边界条件 (3.212) 与 (3.213)，并考虑到测试函数 $\tilde{\boldsymbol{u}}$ 在 $\varGamma_1$ 满足 $\tilde{\boldsymbol{u}} = \boldsymbol{0}$，利用该条件可得

$$\int_\Omega \rho \frac{\partial^2 u_i}{\partial t^2} \tilde{u}_i \mathrm{d}x + \int_\Omega \tau \frac{\partial u_i}{\partial t} \tilde{u}_i \mathrm{d}x + \int_\Omega C_{ijkl} \frac{\partial u_k}{\partial x_l} \frac{\partial \tilde{u}_i}{\partial x_j} \mathrm{d}x - \int_\Omega \beta_{ij} \theta \frac{\partial \tilde{u}_i}{\partial x_j} \mathrm{d}x$$
$$= \int_\Omega f_i \tilde{u}_i \mathrm{d}x + \int_{\varGamma_2} p_i \tilde{u}_i \mathrm{d}s \qquad (3.222)$$

同理，定义温度测试函数 $\tilde{\theta} \in V_{\varGamma_1'}(\Omega)$。将热传导方程 (3.208)，乘以 $\tilde{\theta}$，在 Ω 上积分，有

$$\int_\Omega \rho c \frac{\partial \theta}{\partial t} \tilde{\theta} \mathrm{d}x + \int_\Omega T_0 \beta_{ij} \frac{\partial}{\partial t} \left(\frac{\partial u_i}{\partial x_j} \right) \tilde{\theta} \mathrm{d}x - \int_\Omega \frac{\partial}{\partial x_j} \left(k_{ij} \frac{\partial \theta}{\partial x_i} \right) \tilde{\theta} \mathrm{d}x = \int_\Omega h \tilde{\theta} \mathrm{d}x \quad (3.223)$$

同样利用散度定理，得到

$$\int_\Omega \rho c \frac{\partial \theta}{\partial t} \tilde{\theta} \mathrm{d}x + \int_\Omega T_0 \beta_{ij} \frac{\partial}{\partial t} \left(\frac{\partial u_i}{\partial x_j} \right) \tilde{\theta} \mathrm{d}x$$
$$+ \int_\Omega k_{ij} \frac{\partial \theta}{\partial x_i} \frac{\partial \tilde{\theta}}{\partial x_j} \mathrm{d}x - \int_{\partial\Omega} k_{ij} \frac{\partial \theta}{\partial x_i} n_j \tilde{\theta} \mathrm{d}s = \int_\Omega h \tilde{\theta} \mathrm{d}x \qquad (3.224)$$

代入边界条件 (3.216)，由测试函数 $\tilde{\theta}$ 的要求，在边界 $\varGamma_1'$ 满足 $\tilde{\theta} = 0$。利用该条件，整理式 (3.221)，得到

$$\int_\Omega \frac{\rho c}{T_0} \frac{\partial \theta}{\partial t} \tilde{\theta} \mathrm{d}x + \int_\Omega \beta_{ij} \frac{\partial^2 u_i}{\partial t \partial x_j} \tilde{\theta} \mathrm{d}x + \int_\Omega \frac{k_{ij}}{T_0} \frac{\partial \theta}{\partial x_j} \frac{\partial \tilde{\theta}}{\partial x_i} \mathrm{d}x = \int_\Omega \frac{h}{T_0} \tilde{\theta} \mathrm{d}x - \int_{\varGamma_2'} \frac{q}{T_0} \tilde{\theta} \mathrm{d}s$$
$$(3.225)$$

综上，关于 $\boldsymbol{u}$ 与 θ 的热力耦合方程弱形式为

3.5 航天器结构有限元数值分析

$$\begin{cases} \int_\Omega \rho \frac{\partial^2 u_i}{\partial t^2}\tilde{u}_i \mathrm{d}x + \int_\Omega \tau \frac{\partial u_i}{\partial t}\tilde{u}_i \mathrm{d}x + \int_\Omega C_{ijkl}\frac{\partial u_k}{\partial x_l}\frac{\partial \tilde{u}_i}{\partial x_j}\mathrm{d}x \\ \quad - \int_\Omega \beta_{ij}\theta\frac{\partial \tilde{u}_i}{\partial x_j}\mathrm{d}x = \int_\Omega f_i\tilde{u}_i \mathrm{d}x + \int_{\Gamma_2} p_i\tilde{u}_i \mathrm{d}s \\ \int_\Omega \frac{\rho c}{T_0}\frac{\partial \theta}{\partial t}\tilde{\theta}\mathrm{d}x + \int_\Omega \beta_{ij}\frac{\partial^2 u_i}{\partial t \partial x_j}\tilde{\theta}\mathrm{d}x + \int_\Omega \frac{k_{ij}}{T_0}\frac{\partial \theta}{\partial x_j}\frac{\partial \tilde{\theta}}{\partial x_i}\mathrm{d}x \\ \quad = \int_\Omega \frac{h}{T_0}\tilde{\theta}\mathrm{d}x - \int_{\Gamma_2'} \frac{q}{T_0}\tilde{\theta}\mathrm{d}s \end{cases} \quad (3.226)$$

由上述积分等式,可以看出温度场与位移场相互依赖,所以在有限元计算过程中两方程需要联立求解[50,52]。

2. 热力耦合响应有限元算法

本节利用有限元方法对热力耦合控制方程进行离散并给出相应的算法流程,对于依赖于时间的偏微分方程,有限元方法先对空间区域进行离散,并得到求解区域的网格剖分,然后在时间项利用改进的欧拉方法进行差分离散,按照耦合迭代松弛计算原理,逐步推进求解。

1) 耦合弱形式的空间离散

在区域 Ω 上进行网格剖分,形成有限元空间 V_h,这里的 h 表示网格尺寸,设网格结点个数为 n_V,在 V_h 上位移与温度增量的插值函数 $\boldsymbol{u}_h(x,t)$、$\theta_h(x,t)$ 分别表示为

$$\boldsymbol{u}_h(x,t) = \begin{bmatrix} u_1 \\ u_2 \\ u_3 \end{bmatrix}_h = \boldsymbol{N}(x)\boldsymbol{d}(t)$$

$$= [\boldsymbol{I}\varphi_1 \ \cdots \ \boldsymbol{I}\varphi_{n_V}]\begin{bmatrix} d_{11}(t) \\ d_{12}(t) \\ d_{13}(t) \\ \vdots \\ d_{n_V,1}(t) \\ d_{n_V,2}(t) \\ d_{n_V,3}(t) \end{bmatrix}, \quad \boldsymbol{I} = \begin{bmatrix} 1 & 0 & 0 \\ 0 & 1 & 0 \\ 0 & 0 & 1 \end{bmatrix} \quad (3.227)$$

$$\theta_h(x,t) = \boldsymbol{X}(x)\boldsymbol{\xi}(t) = [\varphi_1 \ \cdots \ \varphi_{n_V}]\begin{bmatrix} \xi_1(t) \\ \vdots \\ \xi_{n_V}(t) \end{bmatrix} \quad (3.228)$$

其中，$\boldsymbol{d}(t)$ 为结点位移向量，其元素 $d_{ij}(t)$，$i=1,\cdots,n_V$，$j=1,2,3$ 表示第 i 个结点位移的第 j 个分量；$\xi_i(t)$ 表示在结点 i 处的温度增量值；$\varphi_i, i=1,\cdots,n_V$ 为结点形函数。

同样测试函数 $\tilde{\boldsymbol{u}}$ 与 $\tilde{\theta}$ 也可以表示为

$$\tilde{\boldsymbol{u}}_h(x,t) = \boldsymbol{N}(x)\tilde{\boldsymbol{d}}(t), \quad \tilde{\theta}_h(x,t) = \boldsymbol{X}(x)\tilde{\boldsymbol{\xi}}(t) \tag{3.229}$$

分别用上标 "·"、".." 表示变量对时间的一阶与二阶导数，则未知量对时间的各阶导数值表示为

$$\frac{\partial \boldsymbol{u}_h}{\partial t} = \boldsymbol{N}(x)\dot{\boldsymbol{d}}(t), \quad \frac{\partial^2 \boldsymbol{u}_h}{\partial t^2} = \boldsymbol{N}(x)\ddot{\boldsymbol{d}}(t), \quad \frac{\partial \theta_h}{\partial t} = \boldsymbol{X}(x)\dot{\boldsymbol{\xi}}(t) \tag{3.230}$$

在处理动力学方程弱形式的刚度项 $\int_\Omega C_{ijkl}\dfrac{\partial u_k}{\partial x_l}\dfrac{\partial \psi_i}{\partial x_j}\mathrm{d}x$ 中，使用工程应变向量

$$\boldsymbol{\varepsilon} = [\varepsilon_{11} \quad \varepsilon_{22} \quad \varepsilon_{33} \quad 2\varepsilon_{12} \quad 2\varepsilon_{23} \quad 2\varepsilon_{13}]^\mathrm{T} \tag{3.231}$$

用位移表示应变向量为

$$\boldsymbol{\varepsilon}(x,t) = \partial^\mathrm{T}\boldsymbol{u}(x,t) \tag{3.232}$$

这里，偏导数矩阵算子 $\boldsymbol{\partial}$ 定义为

$$\boldsymbol{\partial} = \begin{bmatrix} \dfrac{\partial}{\partial x_1} & 0 & 0 & \dfrac{\partial}{\partial x_2} & 0 & \dfrac{\partial}{\partial x_3} \\ 0 & \dfrac{\partial}{\partial x_2} & 0 & \dfrac{\partial}{\partial x_1} & \dfrac{\partial}{\partial x_3} & 0 \\ 0 & 0 & \dfrac{\partial}{\partial x_3} & 0 & \dfrac{\partial}{\partial x_2} & \dfrac{\partial}{\partial x_1} \end{bmatrix} \tag{3.233}$$

代入离散位移表达式 (3.227)，得到

$$\boldsymbol{\varepsilon}_h(x,t) = \boldsymbol{B}(x)\boldsymbol{d}(t) \tag{3.234}$$

其中，$\boldsymbol{B}(x) = \partial^\mathrm{T}\boldsymbol{N}(x)$ 为应变矩阵。

由式 (3.202)，各向同性体的弹性系数 C_{ijkl} 可写成如下矩阵 $\boldsymbol{D}$ 的形式：

$$\boldsymbol{D} = \begin{bmatrix} C_{1111} & C_{1122} & C_{1133} & 0 & 0 & 0 \\ C_{2211} & C_{2222} & C_{2233} & 0 & 0 & 0 \\ C_{3311} & C_{3322} & C_{3333} & 0 & 0 & 0 \\ 0 & 0 & 0 & C_{1212} & 0 & 0 \\ 0 & 0 & 0 & 0 & C_{2323} & 0 \\ 0 & 0 & 0 & 0 & 0 & C_{1313} \end{bmatrix}$$

3.5 航天器结构有限元数值分析

$$= \begin{bmatrix} \lambda+2G & \lambda & \lambda & 0 & 0 & 0 \\ \lambda & \lambda+2G & \lambda & 0 & 0 & 0 \\ \lambda & \lambda & \lambda+2G & 0 & 0 & 0 \\ 0 & 0 & 0 & G & 0 & 0 \\ 0 & 0 & 0 & 0 & G & 0 \\ 0 & 0 & 0 & 0 & 0 & G \end{bmatrix} \quad (3.235)$$

于是刚度项在有限元空间 V_h 中的离散形式表示为

$$\tilde{\boldsymbol{d}}^{\mathrm{T}}(t) \left(\int_{V_h} \boldsymbol{B}^{\mathrm{T}} \boldsymbol{D} \boldsymbol{B} \mathrm{d}x \right) \boldsymbol{d}(t) \quad (3.236)$$

对于温度梯度

$$\nabla \theta(x,t) = \partial \boldsymbol{a} \theta(x,t) \quad (3.237)$$

其中，向量 $\boldsymbol{a}$ 定义为

$$\boldsymbol{a} = [1\ 1\ 1\ 0\ 0\ 0]^{\mathrm{T}} \quad (3.238)$$

代入离散温度增量表示式 $\theta_h(x,t)$，有

$$\nabla \theta_h(x,t) = \boldsymbol{Y}(x)\boldsymbol{\xi}(t) = \partial \boldsymbol{a} \boldsymbol{X}(x) \boldsymbol{\xi}(t) \quad (3.239)$$

其中，$\boldsymbol{Y}(x) = \partial \boldsymbol{a} \boldsymbol{X}(x)$ 为梯度矩阵。

对于动力学方程中的耦合项 $\beta_{ij}\theta\dfrac{\partial \tilde{u}_i}{\partial x_j}$，在有限元空间 V_h 中，ψ_i 取所有的形函数 φ_i，代入 $\theta_h(x,t)$ 式 (3.228)、$\tilde{\boldsymbol{u}}$ 式 (3.229) 以及 $\beta_{ij} = \beta\delta_{ij}$，得到

$$\beta_{ij}\theta\dfrac{\partial \tilde{u}_i}{\partial x_j} = \beta\left(\dfrac{\partial \tilde{u}_1}{\partial x_1} + \dfrac{\partial \tilde{u}_2}{\partial x_2} + \dfrac{\partial \tilde{u}_3}{\partial x_3}\right)\theta_h(x,t) = \beta\left((\partial \boldsymbol{a})^{\mathrm{T}}\boldsymbol{N}(x)\tilde{\boldsymbol{d}}(t)\right)^{\mathrm{T}}\boldsymbol{X}(x)\boldsymbol{\xi}(t)$$

$$= \tilde{\boldsymbol{d}}(t)^{\mathrm{T}}\beta\boldsymbol{B}^{\mathrm{T}}\boldsymbol{a}\boldsymbol{X}\boldsymbol{\xi}(t) \quad (3.240)$$

对于热传导方程的耦合项 $\beta_{ij}\dfrac{\partial^2 u_i}{\partial t \partial x_j}\tilde{\theta}$，代入位移 $\boldsymbol{u}_h(x,t)$ 与 $\tilde{\theta}$ 的表达式 (3.227) 与 (3.229)，有

$$\beta_{ij}\dfrac{\partial^2 u_i}{\partial t \partial x_j}\tilde{\theta} = \beta\dfrac{\partial}{\partial t}\left(\dfrac{\partial u_1}{\partial x_1} + \dfrac{\partial u_2}{\partial x_2} + \dfrac{\partial u_3}{\partial x_3}\right)\tilde{\theta} = \tilde{\boldsymbol{\xi}}(t)\beta\boldsymbol{X}^{\mathrm{T}}(\partial \boldsymbol{a})^{\mathrm{T}}\boldsymbol{N}(x)\dot{\boldsymbol{d}}(t)$$

$$= \tilde{\boldsymbol{\xi}}(t)\beta \boldsymbol{X}^{\mathrm{T}}\boldsymbol{a}^{\mathrm{T}}\boldsymbol{B}\dot{\boldsymbol{d}}(t) \tag{3.241}$$

将等式 (3.236)、(3.240) 与 (3.241) 代入热力耦合方程的弱形式 (3.226) 式中，推导整理，由测试函数 $\tilde{\boldsymbol{u}}$ 与 $\tilde{\theta}$ 的任意性，我们最终得到耦合弱形式的空间离散方程为

$$\begin{cases} \boldsymbol{M}_u\ddot{\boldsymbol{d}}(t) + \boldsymbol{C}_u\dot{\boldsymbol{d}}(t) + \boldsymbol{K}_u\boldsymbol{d}(t) - \boldsymbol{L}\boldsymbol{\xi}(t) = \boldsymbol{F}(t) \\ \boldsymbol{M}_\theta\dot{\boldsymbol{\xi}}(t) + \boldsymbol{K}_\theta\boldsymbol{\xi}(t) + \boldsymbol{L}^{\mathrm{T}}\dot{\boldsymbol{d}}(t) = \boldsymbol{G}(t) \end{cases} \tag{3.242}$$

各矩阵表达式分别为

$$\boldsymbol{M}_u = \int_{V_h} \rho \boldsymbol{N}^{\mathrm{T}}\boldsymbol{N}\mathrm{d}x \tag{3.243}$$

$$\boldsymbol{C}_u = \int_{V_h} \tau \boldsymbol{N}^{\mathrm{T}}\boldsymbol{N}\mathrm{d}x \tag{3.244}$$

$$\boldsymbol{K}_u = \int_{V_h} \boldsymbol{B}^{\mathrm{T}}\boldsymbol{D}\boldsymbol{B}\mathrm{d}x \tag{3.245}$$

$$\boldsymbol{L} = \int_{V_h} \beta \boldsymbol{B}^{\mathrm{T}}\boldsymbol{a}\boldsymbol{X}\mathrm{d}x \tag{3.246}$$

$$\boldsymbol{M}_\theta = \int_{V_h} \frac{\rho c}{T_0}\boldsymbol{X}^{\mathrm{T}}\boldsymbol{X}\mathrm{d}x \tag{3.247}$$

$$\boldsymbol{K}_\theta = \int_{V_h} \frac{k}{T_0}\boldsymbol{Y}^{\mathrm{T}}\boldsymbol{Y}\mathrm{d}x \tag{3.248}$$

$$\boldsymbol{F}(t) = \int_{V_h} \boldsymbol{N}^{\mathrm{T}}\boldsymbol{f}\mathrm{d}x + \int_{\Gamma_2^h} \boldsymbol{N}^{\mathrm{T}}\boldsymbol{p}\mathrm{d}s \tag{3.249}$$

$$\boldsymbol{G}(t) = \int_{V_h} \boldsymbol{X}^{\mathrm{T}}\frac{h}{T_0}\mathrm{d}x - \int_{(\Gamma_2')^h} \boldsymbol{X}^{\mathrm{T}}\frac{q}{T_0}\mathrm{d}s \tag{3.250}$$

这里，$\boldsymbol{M}_u$ 与 $\boldsymbol{K}_u$ 分别为 $3N_v \times 3N_v$ 整体弹性质量与刚度矩阵，$\boldsymbol{M}_\theta$ 与 $\boldsymbol{K}_\theta$ 分别为 $N_v \times N_v$ 经修正的整体热质量与刚度，因为除以了参考温度 T_0。$\boldsymbol{C}_u$ 为 $3N_v \times 3N_v$ 整体阻尼矩阵，并与能量的耗散相关。在工程上，$\boldsymbol{C}_u$ 常取为所谓的瑞利阻尼，即

$$\boldsymbol{C}_u = \tau_1 \boldsymbol{M}_u + \tau_2 \boldsymbol{K}_u \tag{3.251}$$

其中，τ_1 与 τ_2 为参数，一般通过实验得到，表示阻尼是黏性阻尼与固体阻尼之和。$\boldsymbol{L}$ 称为 $3N_v \times N_v$ 耦合矩阵。Γ_2^h 与 $(\Gamma_2')^h$ 分别是边界 Γ_2 与 Γ_2' 在有限元空间 V_h 的离散逼近。

3.5 航天器结构有限元数值分析

2) Newmark 方法和 Crank-Nicolson 格式

上节已将材料热弹性与热传导耦合控制方程的弱形式 (3.226) 在空间区域离散化处理,推导得到耦合常微分方程组 (3.242)。下面进行时间导数项的离散推导,将 $[0,\bar{T}]$ 划分为 N 个等距离区间:

$$0 = t_0 < t_1 < \cdots < t_{N_t} = \bar{T} \quad (3.252)$$

其中,时间步长 $\Delta t = \bar{T}/N_t$; $t_n = n\Delta t$, $n = 0, 1, 2, \cdots, N_t$, t_n 时刻各未知量用上标表示为

$$\boldsymbol{d}^n = \boldsymbol{d}(t_n), \quad \dot{\boldsymbol{d}}^n = \dot{\boldsymbol{d}}(t_n), \quad \ddot{\boldsymbol{d}}^n = \ddot{\boldsymbol{d}}(t_n), \quad \boldsymbol{\xi}^n = \boldsymbol{\xi}(t_n) \quad (3.253)$$

对于热弹性动力学方程,使用在求解动力学方程中应用最为广泛的一种 Newmark 隐式方法来进行时间上的离散推进,该方法采用以下公式计算速度与位移

$$\dot{\boldsymbol{d}}^{n+1} = \dot{\boldsymbol{d}}^n + [(1-\omega)\ddot{\boldsymbol{d}}^n + \omega\ddot{\boldsymbol{d}}^{n+1}]\Delta t \quad (3.254)$$

$$\boldsymbol{d}^{n+1} = \boldsymbol{d}^n + \dot{\boldsymbol{d}}^n \Delta t + \left[\left(\frac{1}{2} - \eta\right)\ddot{\boldsymbol{d}}^n + \eta\ddot{\boldsymbol{d}}^{n+1}\right]\Delta t^2 \quad (3.255)$$

其中,参数 $0 \leqslant \omega \leqslant 1$, $0 \leqslant \eta \leqslant 1/2$,得到 $n+1$ 时刻的加速度为

$$\ddot{\boldsymbol{d}}^{n+1} = \frac{1}{\eta\Delta t^2}(\boldsymbol{d}^{n+1} - \boldsymbol{d}^n) - \frac{1}{\eta\Delta t}\dot{\boldsymbol{d}}^n - \left(\frac{1}{2\eta} - 1\right)\ddot{\boldsymbol{d}}^n \quad (3.256)$$

对于在 $n+1$ 时刻的动力学方程

$$\boldsymbol{M}_u\ddot{\boldsymbol{d}}^{n+1} + \boldsymbol{C}_u\dot{\boldsymbol{d}}^{n+1} + \boldsymbol{K}_u\boldsymbol{d}^{n+1} - \boldsymbol{L}\boldsymbol{\xi}^{n+1} = \boldsymbol{F}^{n+1} \quad (3.257)$$

代入 $\boldsymbol{d}^{n+1}$、$\dot{\boldsymbol{d}}^{n+1}$、$\ddot{\boldsymbol{d}}^{n+1}$,整理得到

$$\left(\frac{1}{\eta\Delta t^2}\boldsymbol{M}_u + \frac{\omega}{\eta\Delta t}\boldsymbol{C}_u + \boldsymbol{K}_u\right)\boldsymbol{d}^{n+1} - \boldsymbol{L}\boldsymbol{\xi}^{n+1}$$

$$= \boldsymbol{F}^{n+1} + \boldsymbol{M}_u\left[\frac{1}{\eta\Delta t^2}\boldsymbol{d}^n + \frac{1}{\eta\Delta t}\dot{\boldsymbol{d}}^n + \left(\frac{1}{2\eta} - 1\right)\ddot{\boldsymbol{d}}^n\right]$$

$$+ \boldsymbol{C}_u\left[\frac{\omega}{\eta\Delta t}\boldsymbol{d}^n + \left(\frac{\omega}{\eta} - 1\right)\dot{\boldsymbol{d}}^n + \left(\frac{\omega}{2\eta} - 1\right)\Delta t\ddot{\boldsymbol{d}}^n\right] \quad (3.258)$$

通常取 $\omega = 1/2$, $\eta = 1/4$,可保持格式的无条件稳定。

在起始时间步上需要知道 $\boldsymbol{d}^0$、$\dot{\boldsymbol{d}}^0$、$\ddot{\boldsymbol{d}}^0$,初始位移与速度 $\boldsymbol{d}^0$ 和 $\dot{\boldsymbol{d}}^0$ 以及初始温度增量 $\boldsymbol{\xi}^0$ 已知,可由起始方程

$$\boldsymbol{M}_u\ddot{\boldsymbol{d}}^0 + \boldsymbol{C}_u\dot{\boldsymbol{d}}^0 + \boldsymbol{K}_u\boldsymbol{d}^0 - \boldsymbol{L}\boldsymbol{\xi}^0 = \boldsymbol{F}^0 \quad (3.259)$$

计算得到 $\ddot{\boldsymbol{d}}^0$。

对于耦合热传导方程，使用高精度的 Crank-Nicolson 格式，有

$$\boldsymbol{M}_\theta \frac{\boldsymbol{\xi}^{n+1} - \boldsymbol{\xi}^n}{\Delta t} + \frac{1}{2}\boldsymbol{K}_\theta\left(\boldsymbol{\xi}^{n+1} + \boldsymbol{\xi}^n\right) + \boldsymbol{L}^{\mathrm{T}}\frac{\boldsymbol{d}^{n+1} - \boldsymbol{d}^n}{\Delta t} = \frac{1}{2}\left(\boldsymbol{G}^{n+1} + \boldsymbol{G}^n\right) \quad (3.260)$$

最终整理得到

$$\left(\boldsymbol{M}_\theta + \frac{\Delta t}{2}\boldsymbol{K}_\theta\right)\boldsymbol{\xi}^{n+1} + \boldsymbol{L}^{\mathrm{T}}\boldsymbol{d}^{n+1} = \left(\boldsymbol{M}_\theta - \frac{\Delta t}{2}\boldsymbol{K}_\theta\right)\boldsymbol{\xi}^n + \boldsymbol{L}^{\mathrm{T}}\boldsymbol{d}^n + \frac{\Delta t}{2}\left(\boldsymbol{G}^{n+1} + \boldsymbol{G}^n\right)$$
$$(3.261)$$

这样，将热弹性动力学方程 (3.258) 和瞬态热方程 (3.261) 统一写成矩阵形式为

$$\begin{bmatrix} \dfrac{1}{\eta\Delta t^2}\boldsymbol{M}_u + \dfrac{\omega}{\eta\Delta t}\boldsymbol{C}_u + \boldsymbol{K}_u & -\boldsymbol{L} \\ \boldsymbol{L}^{\mathrm{T}} & \boldsymbol{M}_\theta + \dfrac{\Delta t}{2}\boldsymbol{K}_\theta \end{bmatrix}\begin{bmatrix} \boldsymbol{d}^{n+1} \\ \boldsymbol{\xi}^{n+1} \end{bmatrix}$$

$$= \begin{bmatrix} \dfrac{1}{\eta\Delta t^2}\boldsymbol{M}_u + \dfrac{\omega}{\eta\Delta t}\boldsymbol{C}_u & 0 \\ \boldsymbol{L}^{\mathrm{T}} & \boldsymbol{M}_\theta - \dfrac{\Delta t}{2}\boldsymbol{K}_\theta \end{bmatrix}\begin{bmatrix} \boldsymbol{d}^n \\ \boldsymbol{\xi}^n \end{bmatrix}$$

$$+ \begin{bmatrix} \boldsymbol{F}^{n+1} + \boldsymbol{M}_u\left[\dfrac{1}{\eta\Delta t}\dot{\boldsymbol{d}}^n + \left(\dfrac{1}{2\eta} - 1\right)\ddot{\boldsymbol{d}}^n\right] + \boldsymbol{C}_u\left[\left(\dfrac{\omega}{\eta} - 1\right)\dot{\boldsymbol{d}}^n + \left(\dfrac{\omega}{2\eta} - 1\right)\Delta t\ddot{\boldsymbol{d}}^n\right] \\ \dfrac{\Delta t}{2}\left(\boldsymbol{G}^{n+1} + \boldsymbol{G}^n\right) \end{bmatrix}$$
$$(3.262)$$

这是一般情况下热力耦合方程的时间推进计算格式，工程上称之为直接耦合 (direct coupling, DC) 法，根据所考虑问题的不同，有以下三种简化形式。

(1) 不考虑物体的弹性振动，上述迭代格式 (3.262) 简化为

$$\begin{bmatrix} \boldsymbol{K}_u & -\boldsymbol{L} \\ \boldsymbol{L}^{\mathrm{T}} & \boldsymbol{M}_\theta + \dfrac{\Delta t}{2}\boldsymbol{K}_\theta \end{bmatrix}\begin{bmatrix} \boldsymbol{d}^{n+1} \\ \boldsymbol{\xi}^{n+1} \end{bmatrix} = \begin{bmatrix} 0 & 0 \\ \boldsymbol{L}^{\mathrm{T}} & \boldsymbol{M}_\theta - \dfrac{\Delta t}{2}\boldsymbol{K}_\theta \end{bmatrix}\begin{bmatrix} \boldsymbol{d}^n \\ \boldsymbol{\xi}^n \end{bmatrix}$$
$$+ \begin{bmatrix} \boldsymbol{F}^{n+1} \\ \dfrac{\Delta t}{2}\left(\boldsymbol{G}^{n+1} + \boldsymbol{G}^n\right) \end{bmatrix} \quad (3.263)$$

此时对于热弹性控制方程可以进行线性化处理，是一个静态问题，若将上述方程写成增量形式，即

$$\boldsymbol{d}^{n+1} = \boldsymbol{d}^n + \Delta\boldsymbol{d}^n, \quad \boldsymbol{\xi}^{n+1} = \boldsymbol{\xi}^n + \Delta\boldsymbol{\xi}^n, \quad \boldsymbol{F}^{n+1} = \boldsymbol{F}^n + \Delta\boldsymbol{F}^n \quad (3.264)$$

3.5 航天器结构有限元数值分析

并令 $G^n = 0$，在温度场上使用全隐式格式，我们得到

$$\begin{bmatrix} K_u & -L \\ L^{\mathrm{T}} & M_\theta + \Delta t K_\theta \end{bmatrix} \begin{bmatrix} \Delta d^n \\ \Delta \xi^n \end{bmatrix} = \begin{bmatrix} \Delta F^n \\ -\Delta t K_\theta \xi^n \end{bmatrix} \quad (3.265)$$

(2) 考虑弹性振动但不考虑变形对温度的影响，式 (3.262) 简化为

$$\begin{bmatrix} \dfrac{1}{\eta \Delta t^2} M_u + \dfrac{\omega}{\eta \Delta t} C_u + K_u & -L \\ 0 & M_\theta + \dfrac{\Delta t}{2} K_\theta \end{bmatrix} \begin{bmatrix} d^{n+1} \\ \xi^{n+1} \end{bmatrix}$$

$$= \begin{bmatrix} \dfrac{1}{\eta \Delta t^2} M_u + \dfrac{\omega}{\eta \Delta t} C_u & 0 \\ 0 & M_\theta - \dfrac{\Delta t}{2} K_\theta \end{bmatrix} \begin{bmatrix} d^n \\ \xi^n \end{bmatrix}$$

$$+ \begin{bmatrix} F^{n+1} + M_u \left[\dfrac{1}{\eta \Delta t} \dot{d}^n + \left(\dfrac{1}{2\eta} - 1 \right) \ddot{d}^n \right] + C_u \left[\left(\dfrac{\omega}{\eta} - 1 \right) \dot{d}^n + \left(\dfrac{\omega}{2\eta} - 1 \right) \Delta t \ddot{d}^n \right] \\ \dfrac{\Delta t}{2} \left(G^{n+1} + G^n \right) \end{bmatrix}$$

$$(3.266)$$

此时两方程解耦，实际计算时可以单独求解温度增量场，再将温度增量所产生的热应力作为载荷加载到位移场中，这两步分别为

$$\left(M_\theta + \dfrac{\Delta t}{2} K_\theta \right) \xi^{n+1} = \left(M_\theta - \dfrac{\Delta t}{2} K_\theta \right) \xi^n + \dfrac{\Delta t}{2} \left(G^{n+1} + G^n \right) \quad (3.267)$$

$$\left(\dfrac{1}{\eta \Delta t^2} M_u + \dfrac{\omega}{\eta \Delta t} C_u + K_u \right) d^{n+1}$$

$$= F^{n+1} + L \xi^{n+1} + M_u \left[\dfrac{1}{\eta \Delta t^2} d^n + \dfrac{1}{\eta \Delta t} \dot{d}^n + \left(\dfrac{1}{2\eta} - 1 \right) \ddot{d}^n \right]$$

$$+ C_u \left[\dfrac{\omega}{\eta \Delta t} d^n + \left(\dfrac{\omega}{\eta} - 1 \right) \dot{d}^n + \left(\dfrac{\omega}{2\eta} - 1 \right) \Delta t \ddot{d}^n \right] \quad (3.268)$$

这是工程上遵循的热应力分析过程，通常称之为顺序耦合 (sequentially coupling, SC) 法或者间接耦合法。

(3) 不考虑弹性振动，也不考虑变形对温度的影响，格式简化为

$$\begin{bmatrix} K_u & -L \\ 0 & M_\theta + \dfrac{\Delta t}{2} K_\theta \end{bmatrix} \begin{bmatrix} d^{n+1} \\ \xi^{n+1} \end{bmatrix} = \begin{bmatrix} 0 & 0 \\ 0 & M_\theta - \dfrac{\Delta t}{2} K_\theta \end{bmatrix} \begin{bmatrix} d^n \\ \xi^n \end{bmatrix}$$

$$+ \begin{bmatrix} \boldsymbol{F}^{n+1} \\ \dfrac{\Delta t}{2}\left(\boldsymbol{G}^{n+1}+\boldsymbol{G}^n\right) \end{bmatrix} \qquad (3.269)$$

此时两方程也解耦，由上述格式，实际计算可分两步进行

$$\left(\boldsymbol{M}_\theta + \dfrac{\Delta t}{2}\boldsymbol{K}_\theta\right)\boldsymbol{\xi}^{n+1} = \left(\boldsymbol{M}_\theta - \dfrac{\Delta t}{2}\boldsymbol{K}_\theta\right)\boldsymbol{\xi}^n + \dfrac{\Delta t}{2}\left(\boldsymbol{G}^{n+1}+\boldsymbol{G}^n\right) \qquad (3.270)$$

$$\boldsymbol{K}_u \boldsymbol{d}^{n+1} = \boldsymbol{L}\boldsymbol{\xi}^{n+1} + \boldsymbol{F}^{n+1} \qquad (3.271)$$

这是工程中最常使用的顺序耦合法，线弹性方程此时也变成了与第 (1) 种简化情况相似的静态问题。

综上，我们得到了四种热力耦合方程式的有限元计算格式，图 3.38 显示了上述推导的四种不同的方法，根据是否考虑变形对温度的影响将算法分成直接耦合法与顺序耦合法，再根据是否考虑弹性振动，进一步将直接耦合法与顺序耦合法细分成包含振动与不包含振动两种形式。四种有限元算法相互区别又存在一定的联系。

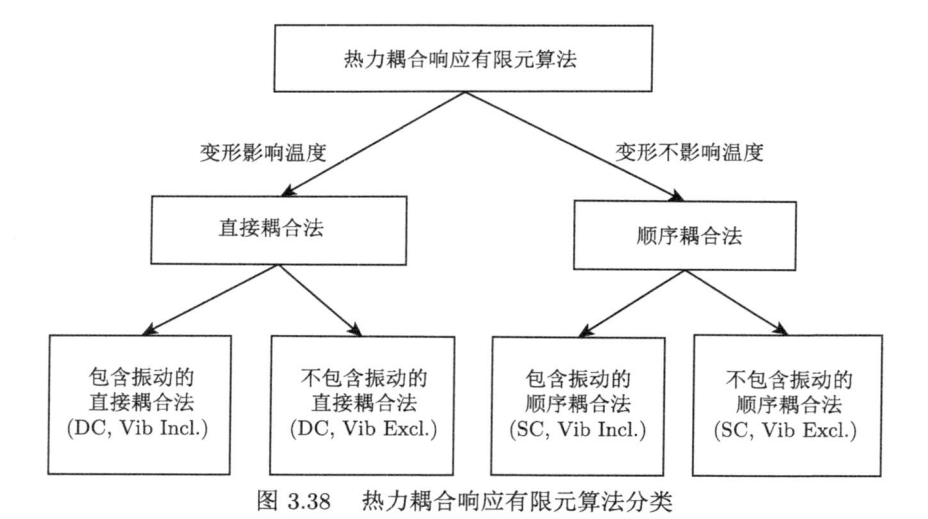

图 3.38　热力耦合响应有限元算法分类

3. 热力耦合方程算法流程

下面对于一般的包含振动的直接耦合法 (DC, Vib Incl.) 给出整个热力耦合问题的计算流程。

(1) 设置材料各参数 ρ、c、E 与 ν (或者 λ 与 μ)、β (或者 α)、τ (或者 τ_1、τ_2)、参考温度 T_0 以及 Newmark 方法参数 η、ω。确定求解区域 Ω，对区域作单

3.5 航天器结构有限元数值分析

元剖分,得到合适的有限元网格,选择适当的单元类型,形成有限元空间 V_h,设置时间积分区间 $[0, \bar{T}]$ 以及时间积分步 N_t,得到时间步长 $\Delta t = \bar{T}/N_t$,取初始迭代步从 $n = 0$ 开始。

(2) 分别组装矩阵 $\boldsymbol{M_u}$、$\boldsymbol{K_u}$、$\boldsymbol{L}$、$\boldsymbol{M_\theta}$、$\boldsymbol{K_\theta}$,并形成计算格式中的整体矩阵

$$\begin{bmatrix} \dfrac{1}{\eta \Delta t^2}\boldsymbol{M_u} + \dfrac{\omega}{\eta \Delta t}\boldsymbol{C_u} + \boldsymbol{K_u} & -\boldsymbol{L} \\ \boldsymbol{L}^{\mathrm{T}} & \boldsymbol{M_\theta} + \dfrac{\Delta t}{2}\boldsymbol{K_\theta} \end{bmatrix}$$

$$\begin{bmatrix} \dfrac{1}{\eta \Delta t^2}\boldsymbol{M_u} + \dfrac{\omega}{\eta \Delta t}\boldsymbol{C_u} & 0 \\ \boldsymbol{L}^{\mathrm{T}} & \boldsymbol{M_\theta} - \dfrac{\Delta t}{2}\boldsymbol{K_\theta} \end{bmatrix} \tag{3.272}$$

组装初始整体载荷向量 $\boldsymbol{F}^0$,确定初始变量值 $\boldsymbol{d}^0$、$\dot{\boldsymbol{d}}^0$、$\boldsymbol{\xi}^0$,计算初始加速度 $\ddot{\boldsymbol{d}}^0$

$$\ddot{\boldsymbol{d}}^0 = \boldsymbol{M_u}^{-1}\left(\boldsymbol{F}^0 - \boldsymbol{K_u}\boldsymbol{d}^0 - \boldsymbol{C_u}\dot{\boldsymbol{d}}^0 + \boldsymbol{L}\boldsymbol{\xi}^0\right) \tag{3.273}$$

(3) 组装第 $n+1$ 步向量 $\boldsymbol{F}^{n+1}$ 和 $\boldsymbol{G}^{n+1}$,并形成计算格式中的整体载荷向量

$$\begin{bmatrix} \boldsymbol{F}^{n+1} + \boldsymbol{M_u}\left[\dfrac{1}{\eta \Delta t}\dot{\boldsymbol{d}}^n + \left(\dfrac{1}{2\eta} - 1\right)\ddot{\boldsymbol{d}}^n\right] + \boldsymbol{C_u}\left[\left(\dfrac{\omega}{\eta} - 1\right)\dot{\boldsymbol{d}}^n + \left(\dfrac{\omega}{2\eta} - 1\right)\Delta t \ddot{\boldsymbol{d}}^n\right] \\ \dfrac{\Delta t}{2}(\boldsymbol{G}^{n+1} + \boldsymbol{G}^n) \end{bmatrix}$$
$$\tag{3.274}$$

对位移与温度增量施加相应的边界条件,计算得到 $n+1$ 步 $\boldsymbol{d}^{n+1}$ 和 $\boldsymbol{\xi}^{n+1}$。

(4) 依次计算 $n+1$ 步速度 $\dot{\boldsymbol{d}}^{n+1}$ 与加速度 $\ddot{\boldsymbol{d}}^{n+1}$,根据需要计算相应的热流 q_i^{n+1}、应变 ε_{ij}^{n+1} 与热应力 σ_{ij}^{n+1},计算表达式依次为

$$\ddot{\boldsymbol{d}}^{n+1} = \dfrac{1}{\eta \Delta t^2}\left(\boldsymbol{d}^{n+1} - \boldsymbol{d}^n\right) - \dfrac{1}{\eta \Delta t}\dot{\boldsymbol{d}}^n - \left(\dfrac{1}{2\eta} - 1\right)\ddot{\boldsymbol{d}}^n$$

$$\dot{\boldsymbol{d}}^{n+1} = \dot{\boldsymbol{d}}^n + \left[(1-\omega)\ddot{\boldsymbol{d}}^n + \omega \ddot{\boldsymbol{d}}^{n+1}\right]\Delta t$$

$$q_i^{n+1} = -k_{ij}\dfrac{\partial \theta^{n+1}}{\partial x_j}$$

$$\varepsilon_{ij}^{n+1} = \dfrac{1}{2}\left(\dfrac{\partial u_i^{n+1}}{\partial x_j} + \dfrac{\partial u_j^{n+1}}{\partial x_i}\right)$$

$$\sigma_{ij}^{n+1} = C_{ijkl}\varepsilon_{kl}^{n+1} - \beta_{ij}\theta^{n+1} \tag{3.275}$$

(5) 令 $n = n+1$,当 $n > N_t$ 时,结束计算,否则返回第 (3) 步。

3.5.6 轴对称结构线弹性问题二阶双尺度分析与计算

如何将二阶双尺度渐近分析法快速收敛特性与结构动态热力耦合问题有限元计算方法结合，发展适于航天器超高速再入气动力/热环境致结构弹塑性热力耦合响应行为预测分析的二阶双尺度有限元算法，是实现多尺度流固热耦合计算需要解决的核心问题。

1. 控制方程

设三维区域为 Ω，具有轴对称面 A，为后面的推导方便，柱坐标设为 (x_1, θ, x_2)，对于具有如图 3.39 所示的轴对称周期结构复合材料，材料在周向 θ 为均匀的，图 3.39(a) 为沿径向的层状材料，图 3.39(b) 为沿径向 x_1 与轴向 x_2 均具有周期结构，考虑此时在轴对称面上的线弹性问题为

$$\begin{cases} -\dfrac{1}{x_1}\dfrac{\partial}{\partial x_1}(x_1 \sigma_1^\varepsilon) - \dfrac{\partial}{\partial x_2}(\sigma_{12}^\varepsilon) + \dfrac{1}{x_1}\sigma_\theta^\varepsilon = f_1, \quad \text{in} \quad A \\ -\dfrac{1}{x_1}\dfrac{\partial}{\partial x_1}(x_1 \sigma_{12}^\varepsilon) - \dfrac{\partial}{\partial x_2}(\sigma_2^\varepsilon) = f_2, \quad \text{in} \quad A \\ \boldsymbol{u}^\varepsilon = 0 \quad \text{on} \quad \Gamma_1; \quad \sigma_{ij}^\varepsilon n_j = p_i, \quad \text{on} \quad \Gamma_2 \end{cases} \quad (3.276)$$

其中，$\boldsymbol{u}^\varepsilon = [u_1^\varepsilon \ u_2^\varepsilon]^{\mathrm{T}}$ 表示位移向量，u_1^ε 与 u_2^ε 分别为径向位移与轴向位移，上标 T 表示转置运算，ε 为与周期相关的小参数。$\boldsymbol{f} = [f_1 \ f_2]^{\mathrm{T}}$ 为体积力，应力向量 $\boldsymbol{\sigma}^\varepsilon$ 定义为

$$\boldsymbol{\sigma}^\varepsilon = [\sigma_1^\varepsilon \ \sigma_2^\varepsilon \ \sigma_\theta^\varepsilon \ \sigma_{12}^\varepsilon]^{\mathrm{T}} \quad (3.277)$$

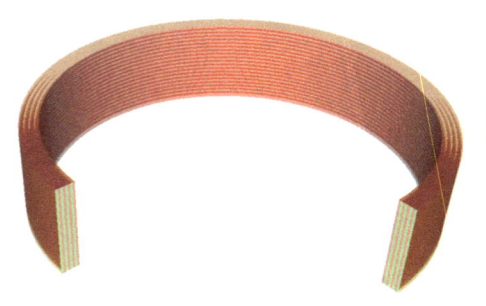

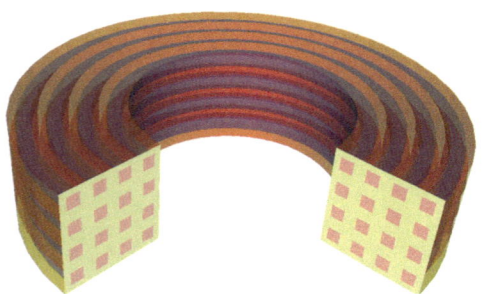

(a) 环状周期层状材料示意图　　(b) 环状周期材料横截面

图 3.39　轴对称周期结构示意图

同时定义应变向量 $\boldsymbol{e}^\varepsilon$ 为

$$\boldsymbol{e}^\varepsilon = [e_1^\varepsilon \ e_2^\varepsilon \ e_\theta^\varepsilon \ e_{12}^\varepsilon]^{\mathrm{T}} = \left[\dfrac{\partial u_1^\varepsilon}{\partial x_1} \quad \dfrac{\partial u_2^\varepsilon}{\partial x_2} \quad \dfrac{u_1^\varepsilon}{x_1} \quad \dfrac{\partial u_1^\varepsilon}{\partial x_2} + \dfrac{\partial u_2^\varepsilon}{\partial x_1} \right]^{\mathrm{T}} \quad (3.278)$$

3.5 航天器结构有限元数值分析

应力与应变具有如下关系式

$$\boldsymbol{\sigma}^\varepsilon = \boldsymbol{D}^\varepsilon \boldsymbol{e}^\varepsilon \tag{3.279}$$

其中，本构方程 $\boldsymbol{D}^\varepsilon$ 为

$$\boldsymbol{D}^\varepsilon = \begin{bmatrix} \lambda^\varepsilon + 2\mu^\varepsilon & \lambda^\varepsilon & \lambda^\varepsilon & 0 \\ \lambda^\varepsilon & \lambda^\varepsilon + 2\mu^\varepsilon & \lambda^\varepsilon & 0 \\ \lambda^\varepsilon & \lambda^\varepsilon & \lambda^\varepsilon + 2\mu^\varepsilon & 0 \\ 0 & 0 & 0 & \mu^\varepsilon \end{bmatrix} \tag{3.280}$$

λ^ε 与 μ^ε 分别表示材料的 Lamé 系数，用杨氏模量 E^ε 与泊松比 ν^ε 表示为

$$\lambda^\varepsilon = \frac{E^\varepsilon \nu^\varepsilon}{(1-2\nu^\varepsilon)(1+\nu^\varepsilon)}, \quad \mu^\varepsilon = \frac{E^\varepsilon}{2(1+\nu^\varepsilon)} \tag{3.281}$$

轴对称平面具有光滑边界 ∂A，并且有

$$\partial A = \Gamma_1 \cup \Gamma_2, \quad \Gamma_1 \cap \Gamma_2 = \varnothing \tag{3.282}$$

$\boldsymbol{p} = [p_1 \ p_2]^{\mathrm{T}}$ 为作用在边界 Γ_2 上的面力，$\boldsymbol{n} = [n_1 \ n_2]^{\mathrm{T}}$ 为 Γ_2 的单位外法向。设轴对称平面 A 为以 ε 为周期延伸的整周期结构，以参考单胞 $Q = [0,1]^2$ 为基准，有

$$A = \bigcup_{z \in I} \varepsilon(Q+z) \tag{3.283}$$

其中，$I = \{z \in \mathbb{Z} | \varepsilon(Q+z) \in A\}$ 为指标集。由该周期性结构，材料常数 λ^ε、μ^ε、E^ε 与 ν^ε 可表示为

$$\lambda^\varepsilon(\boldsymbol{x}) = \lambda(\boldsymbol{x}/\varepsilon) = \lambda(\boldsymbol{y}), \quad \mu^\varepsilon(\boldsymbol{x}) = \mu(\boldsymbol{x}/\varepsilon) = \mu(\boldsymbol{y})$$

$$E^\varepsilon(\boldsymbol{x}) = E(\boldsymbol{x}/\varepsilon) = E(\boldsymbol{y}), \quad \nu^\varepsilon(\boldsymbol{x}) = \nu(\boldsymbol{x}/\varepsilon) = \nu(\boldsymbol{y}) \tag{3.284}$$

其中，$\boldsymbol{x} = [x_1 \ x_2]^{\mathrm{T}}$，$\boldsymbol{y} = [y_1 \ y_2]^{\mathrm{T}}$，$\lambda(\boldsymbol{y})$ 与 $\mu(\boldsymbol{y})$ 为 1-周期函数，$\boldsymbol{y} \in Q$。

由上述定义的轴对称线弹性问题，假设结构材料各组分均是均匀各向同性材料，我们定义如下四阶线弹性系数张量为

$$C_{ijkl}^\varepsilon = \lambda^\varepsilon \delta_{ij} \delta_{kl} + \mu^\varepsilon(\delta_{ik}\delta_{jl} + \delta_{il}\delta_{jk}) \tag{3.285}$$

其中，δ_{ij} 为 Kronecker 符号，并且用位移 $\boldsymbol{u}^\varepsilon$ 表示应力为

$$\sigma_{ij}^\varepsilon = C_{ijkl}^\varepsilon \frac{\partial u_k^\varepsilon}{\partial x_l} + \delta_{ij}\lambda^\varepsilon \frac{u_1^\varepsilon}{x_1}, \quad \sigma_\theta^\varepsilon = (\lambda^\varepsilon + 2\mu^\varepsilon)\frac{u_1^\varepsilon}{x_1} + \lambda^\varepsilon \frac{\partial u_k^\varepsilon}{\partial x_k} \tag{3.286}$$

这里，

$$\sigma_{11}^\varepsilon = \sigma_1^\varepsilon, \quad \sigma_{22}^\varepsilon = \sigma_2^\varepsilon, \quad \sigma_{21}^\varepsilon = \sigma_{12}^\varepsilon \tag{3.287}$$

这样我们可以将轴对称线弹性问题重写为如下形式：

$$\begin{cases} -\dfrac{\partial}{\partial x_j}\left(x_1 C_{ijkl}^\varepsilon \dfrac{\partial u_k^\varepsilon}{\partial x_l}\right) - \dfrac{\partial}{\partial x_j}(\delta_{ij}\lambda^\varepsilon u_1^\varepsilon) + \delta_{i1}\left[(\lambda^\varepsilon + 2\mu^\varepsilon)\dfrac{u_1^\varepsilon}{x_1} + \lambda^\varepsilon \dfrac{\partial u_k^\varepsilon}{\partial x_k}\right] \\ \quad = f_i x_1 \quad \text{in} \quad A \\ \boldsymbol{u}^\varepsilon = 0 \quad \text{on} \quad \Gamma_1; \quad \sigma_{ij}^\varepsilon n_j = p_i \quad \text{on} \quad \Gamma_2 \end{cases} \tag{3.288}$$

进一步，如果方程只依赖于径向 x_1，则问题变成平面轴对称问题，在实际工程中最常见的这类问题是受均压厚壁圆筒以及旋转圆盘，我们考虑满足如下平面轴对称线弹性问题

$$\begin{cases} -\dfrac{1}{x_1}\dfrac{\mathrm{d}}{\mathrm{d}x_1}(x_1\sigma_1^\varepsilon) + \dfrac{\sigma_\theta^\varepsilon}{x_1} = f_1^\varepsilon \quad \text{in} \quad [a_0, b_0] \\ u_1^\varepsilon(a_0) = 0; \quad \sigma_1^\varepsilon(b_0) = -q \end{cases} \tag{3.289}$$

此时周期单胞区域定义为 $Q = [0, 1]$，一维轴对称区域 $[a_0, b_0]$ 可表示为

$$[a_0, b_0] = \varepsilon[m, n], \quad m, n \in \mathbb{Z}, \quad 0 < m < n \tag{3.290}$$

当考虑平面应变问题时，例如受压圆筒，$e_2^\varepsilon = 0$，λ^ε 与 μ^ε 表达式仍然为式 (3.281)，轴向应力 σ_2^ε 为

$$\sigma_2^\varepsilon = \lambda^\varepsilon(e_1^\varepsilon + e_\theta^\varepsilon) \tag{3.291}$$

当考虑平面应力问题时，$\sigma_2^\varepsilon = 0$，λ^ε 表达式变为

$$\lambda^\varepsilon = \frac{E^\varepsilon \nu^\varepsilon}{1 - (\nu^\varepsilon)^2} \tag{3.292}$$

轴向应变为

$$e_2^\varepsilon = -\frac{\lambda^\varepsilon}{\lambda^\varepsilon + 2\mu^\varepsilon}(e_1^\varepsilon + e_\theta^\varepsilon) \tag{3.293}$$

3.5 航天器结构有限元数值分析

f_1^ε 为沿轴向的体积力，该项也可以是周期函数，例如稳定时的旋转圆盘承受体积力

$$f_1^\varepsilon(x_1) = \rho^\varepsilon(x_1)\omega^2 x_1 \tag{3.294}$$

此时，$\rho^\varepsilon(x_1)$ 为材料密度，沿径向周期分布，即有

$$\rho^\varepsilon(x_1) = \rho(x_1/\varepsilon) = \rho(y_1) \tag{3.295}$$

这里，ω 为转速，故这里一般假设

$$f^\varepsilon(x_1) = f(x_1, x_1/\varepsilon) = f(x_1, y_1) \tag{3.296}$$

此时应力与应变关系变为

$$\begin{bmatrix} \sigma_1^\varepsilon \\ \sigma_\theta^\varepsilon \end{bmatrix} = \begin{bmatrix} \lambda^\varepsilon + 2\mu^\varepsilon & \lambda^\varepsilon \\ \lambda^\varepsilon & \lambda^\varepsilon + 2\mu^\varepsilon \end{bmatrix} \begin{bmatrix} e_1^\varepsilon \\ e_\theta^\varepsilon \end{bmatrix} \tag{3.297}$$

利用位移表示该一维轴对称问题，则我们将式 (3.289) 重写为

$$\begin{cases} -\dfrac{\mathrm{d}}{\mathrm{d}x_1}\left[x_1(\lambda^\varepsilon + 2\mu^\varepsilon)\dfrac{\mathrm{d}u_1^\varepsilon}{\mathrm{d}x_1}\right] - \dfrac{\mathrm{d}}{\mathrm{d}x_1}(\lambda^\varepsilon u_1^\varepsilon) + (\lambda^\varepsilon + 2\mu^\varepsilon)\dfrac{u_1^\varepsilon}{x_1} \\ +\lambda^\varepsilon \dfrac{\mathrm{d}u_1^\varepsilon}{\mathrm{d}x_1} = f^\varepsilon x_1 \quad \text{in} \quad [a_0, b_0] \\ u_1^\varepsilon(a_0) = 0; \quad \sigma_1^\varepsilon(b_0) = -q \end{cases} \tag{3.298}$$

2. 二阶双尺度渐近分析方法

下面对空间轴对称线弹性问题式 (3.288) 进行二阶双尺度分析，假设位移场具有如下二阶双尺度展开式

$$\boldsymbol{u}^\varepsilon(\boldsymbol{x}) = \boldsymbol{u}^0(\boldsymbol{x}) + \varepsilon \boldsymbol{u}^1(\boldsymbol{x}, \boldsymbol{y}) + \varepsilon^2 \boldsymbol{u}^2(\boldsymbol{x}, \boldsymbol{y}) + O(\varepsilon^3) \tag{3.299}$$

将 $\boldsymbol{x}$ 与 $\boldsymbol{y}$ 视为两个独立变量，偏导数运算变为

$$\frac{\partial}{\partial x_i} \to \frac{\partial}{\partial x_i} + \varepsilon^{-1}\frac{\partial}{\partial y_i} \tag{3.300}$$

将式 (3.289) 与 (3.290) 代入问题式 (3.276) 中，得到

$$-\left(\frac{\partial}{\partial x_j} + \varepsilon^{-1}\frac{\partial}{\partial y_j}\right)\left[x_1 C_{ijkl}\left(\frac{\partial}{\partial x_l} + \varepsilon^{-1}\frac{\partial}{\partial y_l}\right)(u_k^0 + \varepsilon u_k^1 + \varepsilon^2 u_k^2 + O(\varepsilon^3))\right]$$
$$-\left(\frac{\partial}{\partial x_j} + \varepsilon^{-1}\frac{\partial}{\partial y_j}\right)[\delta_{ij}\lambda(u_1^0 + \varepsilon u_1^1 + \varepsilon^2 u_1^2 + O(\varepsilon^3))]$$

$$+ \delta_{i1}\left[\frac{\lambda+2\mu}{x_1}(u_1^0 + \varepsilon u_1^1 + \varepsilon^2 u_1^2 + O(\varepsilon^3))\right.$$

$$\left.+ \lambda\left(\frac{\partial}{\partial x_k} + \varepsilon^{-1}\frac{\partial}{\partial y_k}\right)(u_k^0 + \varepsilon u_k^1 + \varepsilon^2 u_k^2 + O(\varepsilon^3))\right] = f_i x_1 \qquad (3.301)$$

将该式左端整理为 ε 的幂级数形式, 然后比较等式两端的幂级数系数, 我们得到前三项等式为

$O(\varepsilon^{-2})$:
$$-\frac{\partial}{\partial y_j}\left(x_1 C_{ijkl}\frac{\partial u_k^0}{\partial y_l}\right) = 0 \qquad (3.302)$$

$O(\varepsilon^{-1})$:
$$-\frac{\partial}{\partial y_j}\left(x_1 C_{ijkl}\frac{\partial u_k^1}{\partial y_l}\right) - \frac{\partial}{\partial y_j}\left(x_1 C_{ijkl}\frac{\partial u_k^0}{\partial x_l}\right) - \frac{\partial}{\partial x_j}\left(x_1 C_{ijkl}\frac{\partial u_k^0}{\partial y_l}\right)$$

$$-\frac{\partial}{\partial y_j}(\delta_{ij}\lambda u_1^0) + \delta_{i1}\lambda\frac{\partial u_k^0}{\partial y_k} = 0 \qquad (3.303)$$

$O(\varepsilon^0)$:
$$-\frac{\partial}{\partial y_j}\left(x_1 C_{ijkl}\frac{\partial u_k^2}{\partial y_l}\right) - \frac{\partial}{\partial y_j}\left(x_1 C_{ijkl}\frac{\partial u_k^1}{\partial x_l}\right)$$

$$-\frac{\partial}{\partial x_j}\left(x_1 C_{ijkl}\frac{\partial u_k^1}{\partial y_l}\right) - \frac{\partial}{\partial x_j}\left(x_1 C_{ijkl}\frac{\partial u_k^0}{\partial x_l}\right) - \frac{\partial}{\partial y_j}(\delta_{ij}\lambda u_1^1) - \frac{\partial}{\partial x_j}(\delta_{ij}\lambda u_1^0)$$

$$+ \delta_{i1}\left[\frac{\lambda+2\mu}{x_1}u_1^0 + \lambda\left(\frac{\partial u_k^1}{\partial y_k} + \frac{\partial u_k^0}{\partial x_l}\right)\right] = f_i x_1 \qquad (3.304)$$

由于 $\boldsymbol{u}^0(\boldsymbol{x})$ 为不依赖于微观变量的均匀化解, 则式 (3.302) 恒成立. 对于式 (3.303), 仍然利用 $\boldsymbol{u}^0(\boldsymbol{x})$ 不依赖于 $\boldsymbol{y}$ 的性质, 整理得到关于 $\boldsymbol{u}^1$ 的等式为

$$-\frac{\partial}{\partial y_j}\left(x_1 C_{ijkl}\frac{\partial u_k^1}{\partial y_l}\right) = \frac{\partial}{\partial y_j}\left(x_1 C_{ijkl}\frac{\partial u_k^0}{\partial x_l}\right) + \frac{\partial \lambda}{\partial y_i}u_1^0 \qquad (3.305)$$

由此定义一阶展开项 $\boldsymbol{u}^1$ 为

$$\boldsymbol{u}^1(\boldsymbol{x},\boldsymbol{y}) = \boldsymbol{N}_{\alpha_1}(\boldsymbol{y})\frac{\partial \boldsymbol{u}^0(\boldsymbol{x})}{\partial x_{\alpha_1}} + \boldsymbol{M}(\boldsymbol{y})\frac{u_1^0(\boldsymbol{x})}{x_1} \qquad (3.306)$$

其中, $\alpha_1 = 1, 2$, $\boldsymbol{N}_{\alpha_1}(\boldsymbol{y}) = (N_{\alpha_1 km})_{1 \leqslant k,m \leqslant 2}$ 与 $\boldsymbol{M}(\boldsymbol{y})$ 分别为定义在 Q 上的矩阵函数与向量函数, 各分量均是 1-周期函数, 式 (3.306) 写成分量形式为

$$u_k^1 = N_{\alpha_1 km}\frac{\partial u_m^0}{\partial x_{\alpha_1}} + M_k\frac{u_1^0}{x_1} \qquad (3.307)$$

3.5 航天器结构有限元数值分析

$N_{\alpha_1}(y)$ 满足如下单胞边值问题

$$\begin{cases} -\dfrac{\partial}{\partial y_j}\left(C_{ijkl}\dfrac{\partial N_{\alpha_1 km}}{\partial y_l}\right) = \dfrac{\partial C_{ijm\alpha_1}}{\partial y_j} & \text{in}\quad Q \\ \displaystyle\int_Q \boldsymbol{N}_{\alpha_1}(\boldsymbol{y}) = 0 \end{cases} \tag{3.308}$$

$M(y)$ 满足如下单胞边界问题

$$\begin{cases} -\dfrac{\partial}{\partial y_j}\left(C_{ijkl}\dfrac{\partial M_k}{\partial y_l}\right) = \dfrac{\partial \lambda}{\partial y_i} & \text{in}\quad Q \\ \displaystyle\int_Q \boldsymbol{M}(\boldsymbol{y}) = 0 \end{cases} \tag{3.309}$$

由两单胞函数所满足的方程,我们有下面一个重要的关系:

引理 若 $\boldsymbol{N}_{\alpha_1}(\boldsymbol{y})$ 与 $\boldsymbol{M}(\boldsymbol{y})$ 满足单胞问题式 (3.308) 与 (3.309),则成立

$$\int_Q C_{ijm\alpha_1}\frac{\partial M_i}{\partial y_j}\mathrm{d}y = \int_Q \lambda\frac{\partial N_{\alpha_1 im}}{\partial y_i}\mathrm{d}y \tag{3.310}$$

证明 由式 (3.308) 与 (3.309),我们可得出 $\boldsymbol{N}_{\alpha_1}(\boldsymbol{y})$ 与 $\boldsymbol{M}(\boldsymbol{y})$ 满足的变分问题分别为

$$\int_Q C_{ijkl}\frac{\partial N_{\alpha_1 km}}{\partial y_l}\frac{\partial \tilde{u}_i}{\partial y_j}\mathrm{d}y = -\int_Q C_{ijm\alpha_1}\frac{\partial \tilde{u}_i}{\partial y_j}\mathrm{d}y \tag{3.311}$$

$$\int_Q C_{ijkl}\frac{\partial M_k}{\partial y_l}\frac{\partial \tilde{u}_i}{\partial y_j}\mathrm{d}y = -\int_Q \lambda\frac{\partial \tilde{u}_i}{\partial y_i}\mathrm{d}y \tag{3.312}$$

其中,$\tilde{u}(y) = [\tilde{u}_1\ \tilde{u}_2]^T$ 为 Q 上任意测试函数,满足周期性边界条件。在式 (3.311) 中取 $\tilde{u}_i(y) = M_i(y)$,在式 (3.312) 中取 $\tilde{u}_i(y) = N_{\alpha_1 im}(y)$,由 C_{ijkl} 的对称性 $C_{ijkl} = C_{klij}$,即可得到式 (3.310)。

接下来分析式 (3.304),为消除方程在 Q 上的影响,对等式两端在 Q 作积分平均,代入式 (3.306),整理得到如下 $u^0(x)$ 满足的均匀化方程为

$$-\frac{\partial}{\partial x_j}\left(x_1 C_{ijkl}^0\frac{\partial u_k^0}{\partial x_l}\right) - \frac{\partial}{\partial x_j}\left(\lambda_{ij}^0 u_1^0\right) + \delta_{i1}\left[(\lambda+2\mu)^1\frac{u_1^0}{x_1} + \lambda_{kl}^1\frac{\partial u_k^0}{\partial x_l}\right] = f_i x_1 \tag{3.313}$$

其中,各均匀化系数如下

$$C_{ijkl}^0 = \frac{1}{|Q|}\int_Q \left(C_{ijkl} + C_{ijmn}\frac{\partial N_{lmk}}{\partial y_n}\right)\mathrm{d}y$$

$$\lambda_{ij}^0 = \frac{1}{|Q|} \int_Q \left(\delta_{ij}\lambda + C_{ijkl}\frac{\partial M_k}{\partial y_l} \right) \mathrm{d}y$$

$$(\lambda + 2\mu)^1 = \frac{1}{|Q|} \int_Q \left[(\lambda + 2\mu) + \lambda\frac{\partial M_k}{\partial y_k} \right] \mathrm{d}y$$

$$\lambda_{ij}^1 = \frac{1}{|Q|} \int_Q \left(\delta_{ij}\lambda + \lambda\frac{\partial N_{ikj}}{\partial y_k} \right) \mathrm{d}y \tag{3.314}$$

注意到，由式 (3.310) 可知 $\lambda_{ij}^0 = \lambda_{ij}^1$。这样我们可以定义均匀化问题为

$$\begin{cases} -\dfrac{\partial}{\partial x_j}\left(x_1 C_{ijkl}^0 \dfrac{\partial u_k^0}{\partial x_l} \right) - \dfrac{\partial}{\partial x_j}(\lambda_{ij}^0 u_1^0) + \delta_{i1}\left[(\lambda+2\mu)^1 \dfrac{u_1^0}{x_1} \right. \\ \left. + \lambda_{kl}^0 \dfrac{\partial u_k^0}{\partial x_l} \right] = f_i x_1 \quad \text{in} \quad A \\ \boldsymbol{u}^\varepsilon = 0 \quad \text{on} \quad \varGamma_1; \quad \sigma_{ij}^0 n_j = p_i \quad \text{on} \quad \varGamma_2 \end{cases} \tag{3.315}$$

此时均匀化应力 σ_{ij}^0 定义为

$$\sigma_{ij}^0 = C_{ijkl}^0 \frac{\partial u_k^0}{\partial x_l} + \lambda_{ij}^0 \frac{u_1^0}{x_1}, \quad \sigma_\theta^0 = (\lambda+2\mu)^1 \frac{u_1^0}{x_1} + \lambda_{kl}^0 \frac{\partial u_k^0}{\partial x_l} \tag{3.316}$$

且均匀化应力–应变关系式为

$$\boldsymbol{\sigma}^0 = \begin{bmatrix} \sigma_1^0 \\ \sigma_2^0 \\ \sigma_\theta^0 \\ \sigma_{12}^0 \end{bmatrix} = \boldsymbol{D}^0 \boldsymbol{e}^0 = \begin{bmatrix} C_{1111}^0 & C_{1122}^0 & \lambda_{11}^0 & C_{1112}^0 \\ C_{2211}^0 & C_{2222}^0 & \lambda_{22}^0 & C_{2212}^0 \\ \lambda_{11}^0 & \lambda_{22}^0 & (\lambda+2\mu)^1 & \lambda_{21}^0 \\ C_{1211}^0 & C_{1222}^0 & \lambda_{12}^0 & C_{1212}^0 \end{bmatrix} \begin{bmatrix} \dfrac{\partial u_1^0}{\partial x_1} \\ \dfrac{\partial u_2^0}{\partial x_2} \\ \dfrac{u_1^0}{x_1} \\ \dfrac{\partial u_1^0}{\partial x_2} + \dfrac{\partial u_2^0}{\partial x_1} \end{bmatrix} \tag{3.317}$$

这里看到，相对于原问题的本构矩阵式 (3.280)，本构矩阵 $\boldsymbol{D}^0$ 在周向 θ 上的对角元系数具有明显不同，我们可以选择单胞结构具有中心对称结构，并且沿径向与轴向的中心线具有轴对称结构，此时计算可以得到

$$\begin{aligned} & C_{1111}^0 = C_{2222}^0, \quad C_{2211}^0 = C_{1122}^0 \\ & C_{1211}^0 = C_{1222}^0 = C_{1112}^0 = C_{2212}^0 = \lambda_{12}^0 = \lambda_{21}^0 = 0 \\ & \lambda_{11}^0 = \lambda_{22}^0 \end{aligned} \tag{3.318}$$

但 $(\lambda+2\mu)^1$ 与 C_{1111}^0 始终是不同的，即均匀化得到的轴对称材料始终是各向异性的。

3.5 航天器结构有限元数值分析

为更准确地捕捉材料的局部振荡特性,我们需要更高阶展开,得到二阶项 $\boldsymbol{u}^2(\boldsymbol{x},\boldsymbol{y})$ 的表达式,为此整理式 (3.304),代入均匀化问题式 (3.315),得到

$$-\frac{\partial}{\partial y_j}\left(x_1 C_{ijkl}\frac{\partial u_k^2}{\partial y_l}\right) = \frac{\partial}{\partial y_j}(C_{ijkl}N_{\alpha_1 km})x_1\frac{\partial^2 u_m^0}{\partial x_{\alpha_1}\partial x_l} + \frac{\partial}{\partial y_j}(C_{ijkl}M_k)\frac{\partial u_1^0}{\partial x_l}$$

$$-\frac{\partial}{\partial y_j}(C_{ijkl}M_k)\delta_{1l}\frac{u_1^0}{x_1} + C_{ijkl}\frac{\partial N_{\alpha_1 km}}{\partial y_l}x_1\frac{\partial^2 u_m^0}{\partial x_j \partial x_{\alpha_1}}$$

$$+ C_{ijkl}\frac{\partial N_{\alpha_1 km}}{\partial y_l}\delta_{1j}\frac{\partial u_m^0}{\partial x_{\alpha_1}} + C_{ijkl}\frac{\partial M_k}{\partial y_l}\frac{\partial u_1^0}{\partial x_j}$$

$$+ C_{ijkl}x_1\frac{\partial^2 u_k^0}{\partial x_j \partial x_l} + C_{ijkl}\delta_{1j}\frac{\partial u_k^0}{\partial x_l}$$

$$+ \frac{\partial}{\partial y_j}(\delta_{ij}\lambda N_{\alpha_1 1 m})\frac{\partial u_m^0}{\partial x_{\alpha_1}} + \frac{\partial}{\partial y_j}(\delta_{ij}\lambda M_1)\frac{u_1^0}{x_1} + \delta_{ij}\lambda\frac{\partial u_1^0}{\partial x_j}$$

$$- \delta_{i1}\left[(\lambda+2\mu)\frac{u_1^0}{x_1} + \lambda\frac{\partial N_{\alpha_1 km}}{\partial y_k}\frac{\partial u_m^0}{\partial x_{\alpha_1}} + \lambda\frac{\partial M_k}{\partial y_k}\frac{u_1^0}{x_1} + \lambda\frac{\partial u_k^0}{\partial x_k}\right]$$

$$- C_{ijkl}^0 x_1\frac{\partial^2 u_k^0}{\partial x_j \partial x_l} - C_{ijkl}^0\delta_{1j}\frac{\partial u_k^0}{\partial x_l} - \lambda_{ij}^0\frac{\partial u_1^0}{\partial x_j}$$

$$+ \delta_{i1}\left[(\lambda+2\mu)^1\frac{u_1^0}{x_1} + \lambda_{kl}^0\frac{\partial u_k^0}{\partial x_l}\right] \tag{3.319}$$

由该表达式,定义二阶展开式为

$$\boldsymbol{u}^2 = \boldsymbol{N}_{\alpha_1\alpha_2}\frac{\partial^2 \boldsymbol{u}^0}{\partial x_{\alpha_1}\partial x_{\alpha_2}} + \boldsymbol{M}_{\alpha_1}\frac{1}{x_1}\frac{\partial \boldsymbol{u}^0}{\partial x_{\alpha_1}} - \boldsymbol{P}\frac{u_1^0}{x_1^2} \tag{3.320}$$

其中,$\alpha_2 = 1,2$,$\boldsymbol{N}_{\alpha_1\alpha_2}$ 和 $\boldsymbol{M}_{\alpha_1}$ 是与 $\boldsymbol{N}_{\alpha_1}$ 相似的矩阵函数,$\boldsymbol{P}$ 为向量函数,上式写成分量形式为

$$u_k^2 = N_{\alpha_1\alpha_2 km}\frac{\partial^2 u_m^0}{\partial x_{\alpha_1}\partial x_{\alpha_2}} + M_{\alpha_1 km}\frac{1}{x_1}\frac{\partial u_m^0}{\partial x_{\alpha_1}} - P_k\frac{u_1^0}{x_1^2} \tag{3.321}$$

$\boldsymbol{N}_{\alpha_1\alpha_2}$、$\boldsymbol{M}_{\alpha_1}$ 与 $\boldsymbol{P}$ 分别满足如下单胞问题

$$\begin{cases} -\dfrac{\partial}{\partial y_j}\left(C_{ijkl}\dfrac{\partial N_{\alpha_1\alpha_2 km}}{\partial y_l}\right) = \dfrac{\partial}{\partial y_j}(C_{ijk\alpha_2}N_{\alpha_1 km}) + C_{i\alpha_2 kl}\dfrac{\partial N_{\alpha_1 km}}{\partial y_l} \\ \qquad\qquad\qquad\qquad\qquad + C_{i\alpha_2 m\alpha_1} - C_{i\alpha_2 m\alpha_1}^0 \quad \text{in} \quad Q \\ \displaystyle\int_Q \boldsymbol{N}_{\alpha_1\alpha_2}(\boldsymbol{y}) = 0 \end{cases} \tag{3.322}$$

$$\begin{cases} -\dfrac{\partial}{\partial y_j}\left(C_{ijkl}\dfrac{\partial M_{\alpha_1 km}}{\partial y_l}\right) = \delta_{1m}\left[\dfrac{\partial}{\partial y_j}(C_{ijk\alpha_1}M_k) + C_{i\alpha_1 kl}\dfrac{\partial M_k}{\partial y_l} + \delta_{i\alpha_1}\lambda - \lambda^0_{i\alpha_1}\right] \\ \qquad\qquad\qquad\qquad + \dfrac{\partial}{\partial y_j}(\delta_{ij}\lambda N_{\alpha_1 1m}) + C_{i1kl}\dfrac{\partial N_{\alpha_1 km}}{\partial y_l} + C_{i1m\alpha_1} - C^0_{i1m\alpha_1} \\ \qquad\qquad\qquad\qquad -\delta_{i1}\left[\lambda\dfrac{\partial N_{\alpha_1 km}}{\partial y_k} + \delta_{m\alpha_1}\lambda - \lambda^0_{m\alpha_1}\right] \quad \text{in} \quad Q \\ \displaystyle\int_Q M_{\alpha_1}(y) = 0 \end{cases}$$

(3.323)

$$\begin{cases} -\dfrac{\partial}{\partial y_j}\left(C_{ijkl}\dfrac{\partial P_k}{\partial y_l}\right) = \dfrac{\partial}{\partial y_j}(C_{ijk1}M_k) - \dfrac{\partial}{\partial y_j}(\delta_{ij}\lambda M_1) \\ \qquad\qquad\qquad\quad + \delta_{i1}\left[\lambda\dfrac{\partial M_k}{\partial y_k} + (\lambda+2\mu) - (\lambda+2\mu)^1\right] \quad \text{in} \quad Q \\ \displaystyle\int_Q P(y) = 0 \end{cases}$$ (3.324)

综上，我们得到最终位移 $\boldsymbol{u}^\varepsilon(\boldsymbol{x})$ 的二阶双尺度展开式为

$$\boldsymbol{u}^\varepsilon(\boldsymbol{x}) = \boldsymbol{u}^0(\boldsymbol{x}) + \varepsilon\left[\boldsymbol{N}_{\alpha_1}(\boldsymbol{y})\dfrac{\partial \boldsymbol{u}^0(\boldsymbol{x})}{\partial x_{\alpha_1}} + \boldsymbol{M}(\boldsymbol{y})\dfrac{u_1^0(\boldsymbol{x})}{x_1}\right]$$
$$+ \varepsilon^2\left[\boldsymbol{N}_{\alpha_1\alpha_2}(\boldsymbol{y})\dfrac{\partial^2 \boldsymbol{u}^0}{\partial x_{\alpha_1}\partial x_{\alpha_2}} + \boldsymbol{M}_{\alpha_1}(\boldsymbol{y})\dfrac{1}{x_1}\dfrac{\partial \boldsymbol{u}^0(\boldsymbol{x})}{\partial x_{\alpha_1}} - \boldsymbol{P}(\boldsymbol{y})\dfrac{u_1^0(\boldsymbol{x})}{x_1^2}\right] + O(\varepsilon^3)$$

(3.325)

理论上，可以证明当 ε 趋近于 0 时，二阶双尺度展开式在能量范数下以收敛率 $\varepsilon^{1/2}$ 收敛到原问题的解 $\boldsymbol{u}^\varepsilon(\boldsymbol{x})$。虽然一阶展开式 $\boldsymbol{u}^0(\boldsymbol{x}) + \varepsilon \boldsymbol{u}^1(\boldsymbol{x},\boldsymbol{y})$ 也是以 $\varepsilon^{1/2}$ 收敛，但我们总是将展开式包含二阶校正项 $\boldsymbol{u}^2(\boldsymbol{x},\boldsymbol{y})$。因为如果我们取误差函数 $\boldsymbol{u}^\varepsilon - (\boldsymbol{u}^0 + \varepsilon \boldsymbol{u}^1)$，并将其代入原弹性问题中，有

$$-\dfrac{\partial}{\partial x_j}\left[x_1 C^\varepsilon_{ijkl}\dfrac{\partial(u_k^\varepsilon - u_k^0 - \varepsilon u_k^1)}{\partial x_l}\right] - \dfrac{\partial}{\partial x_j}[\delta_{ij}\lambda^\varepsilon(u_1^\varepsilon - u_1^0 - \varepsilon u_1^1)]$$
$$+ \delta_{i1}\left[(\lambda^\varepsilon + 2\mu^\varepsilon)\dfrac{u_1^\varepsilon - u_1^0 - \varepsilon u_1^1}{x_1} + \lambda^\varepsilon\dfrac{\partial(u_k^\varepsilon - u_k^0 - \varepsilon u_k^1)}{\partial x_k}\right]$$
$$= f_i x_1 + \dfrac{\partial}{\partial x_j}\left(x_1 C_{ijkl}\dfrac{\partial u_k^0}{\partial x_l}\right) + \dfrac{\partial}{\partial x_j}\left(x_1 C_{ijkl}\dfrac{\partial u_k^1}{\partial y_l}\right)$$
$$+ \dfrac{\partial}{\partial y_j}\left(x_1 C_{ijkl}\dfrac{\partial u_k^1}{\partial x_l}\right) + \dfrac{\partial}{\partial x_j}(\delta_{ij}\lambda u_1^0)$$

3.5 航天器结构有限元数值分析

$$-\delta_{i1}\left[(\lambda^{\varepsilon}+2\mu^{\varepsilon})\frac{u_1^0}{x_1}+\lambda^{\varepsilon}\left(\frac{\partial u_k^0}{\partial x_k}+\frac{\partial u_k^1}{\partial y_k}\right)\right]+\varepsilon\frac{\partial}{\partial x_j}\left(x_1 C_{ijkl}\frac{\partial u_k^1}{\partial x_l}\right)$$

$$+\varepsilon\frac{\partial}{\partial x_j}(\delta_{ij}\lambda u_1^1)-\delta_{i1}\varepsilon\left[(\lambda^{\varepsilon}+2\mu^{\varepsilon})\frac{u_1^1}{x_1}+\varepsilon\lambda^{\varepsilon}\frac{\partial u_k^1}{\partial x_k}\right] \tag{3.326}$$

注意到计算所得余项, 即方程式 (3.326) 的右端项, 是 $O(1)$ 阶的。在实际工程计算中, 对于一个常数 ε, 该误差总是不能省略, 认为该一阶逼近解 $\boldsymbol{u}^0+\varepsilon\boldsymbol{u}^1$ 是不能接受的, 并且周期内位移的微观振荡行为远远不能被捕捉到。在 5.4 节的数值算例中, 可以清楚地观察到各阶近似解的逼近情况, 并证实二阶近似解逼近效果远好于一阶近似解。

3. 二阶双尺度有限元算法

本节给出空间轴对称弹性问题的二阶双尺度有限元算法。

(1) 设置材料弹性系数 λ^{ε} 与 μ^{ε} (或 E^{ε}、ν^{ε}), 设置周期单胞区域 Q、轴对称宏观区域 A, 对两区域作有限元单元剖分, 得到有限元网格, 确定在 A 上满足线弹性问题式 (3.276)。

(2) 在单胞区域 Q 上有限元求解单胞问题并计算均匀化系数。

(i) 有限元求解一阶单胞函数 $\boldsymbol{N}_{\alpha_1}$ 与 $\boldsymbol{M}$, 相应的变分问题分别为

$$\int_Q C_{ijkl}\frac{\partial N_{\alpha_1 km}}{\partial y_l}\frac{\partial \varphi_i}{\partial y_j}\mathrm{d}y=-\int_Q C_{ijm\alpha_1}\frac{\partial \varphi_i}{\partial y_j}\mathrm{d}y \tag{3.327}$$

$$\int_Q C_{ijkl}\frac{\partial M_k}{\partial y_l}\frac{\partial \varphi_i}{\partial y_j}\mathrm{d}y=-\int_Q \lambda\frac{\partial \varphi_i}{\partial y_i}\mathrm{d}y \tag{3.328}$$

(ii) 由式 (3.314) 计算均匀化系数 C_{ijkl}^0、λ_{ij}^0 与 $(\lambda+2\mu)^1$。

(iii) 计算二阶单胞函数 $\boldsymbol{N}_{\alpha_1\alpha_2}$、$\boldsymbol{M}_{\alpha_1}$ 与 $\boldsymbol{P}$ 相应的变分问题为

$$\int_Q C_{ijkl}\frac{\partial N_{\alpha_1\alpha_2 km}}{\partial y_l}\frac{\partial \varphi_i}{\partial y_j}\mathrm{d}y=\int_Q\left(C_{i\alpha_2 kl}\frac{\partial N_{\alpha_1 km}}{\partial y_l}+C_{i\alpha_2 m\alpha_1}-C_{i\alpha_2 m\alpha_1}^0\right)\varphi_i\mathrm{d}y$$

$$-\int_Q C_{ijk\alpha_2}N_{\alpha_1 km}\frac{\partial \varphi_i}{\partial y_j}\mathrm{d}y \tag{3.329}$$

$$\int_Q C_{ijkl}\frac{\partial M_{\alpha_1 km}}{\partial y_l}\frac{\partial \varphi_i}{\partial y_j}\mathrm{d}y=\int_Q \delta_{1m}\left(C_{i\alpha_1 kl}\frac{\partial M_k}{\partial y_l}+\delta_{i\alpha_1}\lambda-\lambda_{i\alpha_1}^0\right)\varphi_i\mathrm{d}y$$

$$-\int_Q \delta_{1m}C_{ijk\alpha_1}M_k\frac{\partial \varphi_i}{\partial y_j}\mathrm{d}y$$

$$+\int_Q\left(C_{i1kl}\frac{\partial N_{\alpha_1 km}}{\partial y_l}+C_{i1m\alpha_1}-C_{i1m\alpha_1}^0\right)\varphi_i\mathrm{d}y$$

$$-\int_Q \lambda N_{\alpha_1 1 m}\frac{\partial \varphi_i}{\partial y_i}\mathrm{d}y$$

$$-\int_Q \left(\lambda\frac{\partial N_{\alpha_1 km}}{\partial y_k} + \delta_{m\alpha_1}\lambda - \lambda^0_{m\alpha_1}\right)\varphi_1 \mathrm{d}y \tag{3.330}$$

$$\int_Q C_{ijkl}\frac{\partial P_k}{\partial y_l}\frac{\partial \varphi_i}{\partial y_j} = -\int_Q (C_{ijk1}M_k - \delta_{ij}\lambda M_1)\frac{\partial \varphi_i}{\partial y_j}\mathrm{d}y$$

$$+\int_Q \left[\lambda\left(\frac{\partial M_1}{\partial y_1} + \frac{\partial M_2}{\partial y_2}\right) + (\lambda + 2\mu) - (\lambda + 2\mu)^1\right]\varphi_1 \mathrm{d}y \tag{3.331}$$

(3) 在均匀化区域 A 上计算均匀化问题，相应的变分问题为

$$\int_A (\tilde{e}^0)^\mathrm{T} D^0 e^0 x_1 \mathrm{d}x = \int_A f^\mathrm{T}\tilde{u}x_1\mathrm{d}x + \int_{\Gamma_2} p^\mathrm{T}\tilde{u}x_1\mathrm{d}s \tag{3.332}$$

其中，

$$\tilde{e}^0 = [\tilde{e}^0_1\ \tilde{e}^0_2\ \tilde{e}^0_\theta\ \tilde{e}^0_{12}]^\mathrm{T} = \left[\begin{array}{cccc}\frac{\partial \tilde{u}^0_1}{\partial x_1} & \frac{\partial \tilde{u}^0_2}{\partial x_2} & \frac{\tilde{u}^0_1}{x_1} & \frac{\partial \tilde{u}^0_1}{\partial x_2} + \frac{\partial \tilde{u}^0_2}{\partial x_1}\end{array}\right]^\mathrm{T} \tag{3.333}$$

(4) 由式 (3.325)，组装位移的一阶与二阶双尺度近似解 $u^{\varepsilon,1}$ 与 $u^{\varepsilon,2}$，其表达式分别为

$$u^{\varepsilon,1}(x) = u^0(x) + \varepsilon\left[N_{\alpha_1}(y)\frac{\partial u^0(x)}{\partial x_{\alpha_1}} + M(y)\frac{u^0_1(x)}{x_1}\right]$$

$$u^{\varepsilon,2}(x) = u^{\varepsilon,1}(x) + \varepsilon^2\left[N_{\alpha_1\alpha_2}(y)\frac{\partial^2 u^0}{\partial x_{\alpha_1}\partial x_{\alpha_2}} + M_{\alpha_1}(y)\frac{1}{x_1}\frac{\partial u^0(x)}{\partial x_{\alpha_1}} - P(y)\frac{u^0_1(x)}{x_1^2}\right] \tag{3.334}$$

(5) 计算各阶应变 $e^0, e^{\varepsilon,1}, e^{\varepsilon,2}$，表达式分别为

$$e^0 = [e^0_1\ e^0_2\ e^0_\theta\ e^0_{12}]^\mathrm{T} = \left[\begin{array}{cccc}\frac{\partial u^0_1}{\partial x_1} & \frac{\partial u^0_2}{\partial x_2} & \frac{u^0_1}{x_1} & \frac{\partial u^0_1}{\partial x_2} + \frac{\partial u^0_2}{\partial x_1}\end{array}\right]^\mathrm{T}$$

$$e^{\varepsilon,1} = [e^{\varepsilon,1}_1\ e^{\varepsilon,1}_2\ e^{\varepsilon,1}_\theta\ e^{\varepsilon,1}_{12}]^\mathrm{T}$$

$$e^{\varepsilon,1}_1 = e^0_1 + \frac{\partial N_{\alpha_1 1 m}}{\partial y_1}\frac{\partial u^0_m}{\partial x_{\alpha_1}} + \frac{\partial M_1}{\partial y_1}\frac{u^0_1}{x_1} + \varepsilon\left[N_{\alpha_1 1 m}\frac{\partial^2 u^0_m}{\partial x_{\alpha_1}\partial x_1} + M_1\left(\frac{1}{x_1}\frac{\partial u^0_1}{\partial x_1} - \frac{u^0_1}{x_1^2}\right)\right]$$

$$e^{\varepsilon,1}_2 = e^0_2 + \frac{\partial N_{\alpha_1 2 m}}{\partial y_2}\frac{\partial u^0_m}{\partial x_{\alpha_1}} + \frac{\partial M_2}{\partial y_2}\frac{u^0_1}{x_1} + \varepsilon\left(N_{\alpha_1 2 m}\frac{\partial^2 u^0_m}{\partial x_{\alpha_1}\partial x_2} + M_2\frac{1}{x_1}\frac{\partial u^0_1}{\partial x_2}\right)$$

$$e_\theta^{\varepsilon,2} = e_\theta^0 + \varepsilon\left(N_{\alpha_1 1 m}\frac{1}{x_1}\frac{\partial u_m^0}{\partial x_{\alpha_1}} + M_1\frac{u_1^0}{x_1^2}\right) \tag{3.335}$$

$$\begin{aligned}
e_{12}^{\varepsilon,1} = {} & e_{12}^0 + \left(\frac{\partial N_{\alpha_1 1 m}}{\partial y_2} + \frac{\partial N_{\alpha_1 2 m}}{\partial y_1}\right)\frac{\partial u_m^0}{\partial x_{\alpha_1}} + \left(\frac{\partial M_1}{\partial y_2} + \frac{\partial M_2}{\partial y_1}\right)\frac{u_1^0}{x_1} \\
& + \varepsilon\left(N_{\alpha_1 1 m}\frac{\partial^2 u_m^0}{\partial x_{\alpha_1}\partial x_2} + N_{\alpha_1 2 m}\frac{\partial^2 u_m^0}{\partial x_{\alpha_1}\partial x_1}\right) \\
& + \varepsilon\left[M_1\frac{1}{x_1}\frac{\partial u_1^0}{\partial x_2} + M_2\left(\frac{1}{x_1}\frac{\partial u_1^0}{\partial x_1} - \frac{u_1^0}{x_1^2}\right)\right]
\end{aligned} \tag{3.336}$$

$\boldsymbol{e}^{\varepsilon,2} = [e_1^{\varepsilon,2}\ e_2^{\varepsilon,2}\ e_\theta^{\varepsilon,2}\ e_{12}^{\varepsilon,2}]^{\mathrm{T}}$

$$\begin{aligned}
e_1^{\varepsilon,2} = {} & e_1^{\varepsilon,1} + \varepsilon\left(\frac{\partial N_{\alpha_1\alpha_2 1 m}}{\partial y_1}\frac{\partial u_m^0}{\partial x_{\alpha_1}\partial x_{\alpha_2}} + \frac{\partial M_{\alpha_1 1 m}}{\partial y_1}\frac{1}{x_1}\frac{\partial u_m^0}{\partial x_{\alpha_1}} - \frac{\partial P_1}{\partial y_1}\frac{u_1^0}{x_1^2}\right) \\
& + \varepsilon^2\left[N_{\alpha_1\alpha_2 1 m}\frac{\partial^3 u_m^0}{\partial x_{\alpha_1}\partial x_{\alpha_2}\partial x_1} + M_{\alpha_1 1 m}\left(\frac{1}{x_1}\frac{\partial^2 u_m^0}{\partial x_{\alpha_1}\partial x_1} - \frac{1}{x_1^2}\frac{\partial u_m^0}{\partial x_{\alpha_1}}\right)\right. \\
& \left. + P_1\left(-\frac{1}{x_1^2}\frac{\partial u_1^0}{\partial x_1} + \frac{2 u_1^0}{x_1^3}\right)\right]
\end{aligned}$$

$$\begin{aligned}
e_2^{\varepsilon,2} = {} & e_2^{\varepsilon,1} + \varepsilon\left(\frac{\partial N_{\alpha_1\alpha_2 2 m}}{\partial y_2}\frac{\partial u_m^0}{\partial x_{\alpha_1}\partial x_{\alpha_2}} + \frac{\partial M_{\alpha_1 2 m}}{\partial y_2}\frac{1}{x_1}\frac{\partial u_m^0}{\partial x_{\alpha_1}} - \frac{\partial P_2}{\partial y_2}\frac{u_1^0}{x_1^2}\right) \\
& + \varepsilon^2\left(N_{\alpha_1\alpha_2 2 m}\frac{\partial^3 u_m^0}{\partial x_{\alpha_1}\partial x_{\alpha_2}\partial x_2} + M_{\alpha_1 2 m}\frac{1}{x_1}\frac{\partial^2 u_m^0}{\partial x_{\alpha_1}\partial x_2} - P_2\frac{1}{x_1^2}\frac{\partial u_1^0}{\partial x_2}\right)
\end{aligned}$$

$$e_\theta^{\varepsilon,2} = e_\theta^{\varepsilon,1} + \varepsilon^2\left(N_{\alpha_1\alpha_2 1 m}\frac{1}{x_1}\frac{\partial^2 u_m^0}{\partial x_{\alpha_1}\partial x_{\alpha_2}} + M_{\alpha_1 1 m}\frac{1}{x_1^2}\frac{\partial u_m^0}{\partial x_{\alpha_1}} - P_1\frac{u_1^0}{x_1^3}\right)$$

$$\begin{aligned}
e_{12}^{\varepsilon,2} = {} & e_{12}^{\varepsilon,1} + \varepsilon\left(\frac{\partial N_{\alpha_1\alpha_2 1 m}}{\partial y_2} + \frac{\partial N_{\alpha_1\alpha_2 2 m}}{\partial y_1}\right)\frac{\partial u_m^0}{\partial x_{\alpha_1}\partial x_{\alpha_2}} \\
& + \varepsilon\left(\frac{\partial M_{\alpha_1 1 m}}{\partial y_2} + \frac{\partial M_{\alpha_1 2 m}}{\partial y_1}\right)\frac{1}{x_1}\frac{\partial u_m^0}{\partial x_{\alpha_1}} \\
& - \varepsilon\left(\frac{\partial P_1}{\partial y_2} + \frac{\partial P_2}{\partial y_1}\right)\frac{u_1^0}{x_1^2} + \varepsilon^2\left(N_{\alpha_1\alpha_2 1 m}\frac{\partial^3 u_m^0}{\partial x_{\alpha_1}\partial x_{\alpha_2}\partial x_2} + N_{\alpha_1\alpha_2 2 m}\frac{\partial^3 u_m^0}{\partial x_{\alpha_1}\partial x_{\alpha_2}\partial x_1}\right) \\
& + \varepsilon^2\left[M_{\alpha_1 1 m}\frac{1}{x_1}\frac{\partial^2 u_m^0}{\partial x_{\alpha_1}\partial x_2} + M_{\alpha_1 2 m}\left(\frac{1}{x_1}\frac{\partial^2 u_m^0}{\partial x_{\alpha_1}\partial x_1} - \frac{1}{x_1^2}\frac{\partial u_m^0}{\partial x_{\alpha_1}}\right)\right] \\
& + \varepsilon^2\left[-P_1\frac{1}{x_1^2}\frac{\partial u_1^0}{\partial x_2} + P_2\left(-\frac{1}{x_1^2}\frac{\partial u_1^0}{\partial x_1} + \frac{2 u_1^0}{x_1^3}\right)\right]
\end{aligned} \tag{3.337}$$

在此基础上计算各阶应力 $\boldsymbol{\sigma}^0, \boldsymbol{\sigma}^{\varepsilon,1}, \boldsymbol{\sigma}^{\varepsilon,2}$, 表达式分别为

$$\boldsymbol{\sigma}^0 = \boldsymbol{D}^0 \boldsymbol{e}^0, \quad \boldsymbol{\sigma}^{\varepsilon,1} = \boldsymbol{D}^\varepsilon \boldsymbol{e}^{\varepsilon,1}, \quad \boldsymbol{\sigma}^{\varepsilon,2} = \boldsymbol{D}^\varepsilon \boldsymbol{e}^{\varepsilon,2} \tag{3.338}$$

注 若问题在 $x_1 = 0$ 处有定义,此时二阶双尺度近似解会产生奇异,由于此时轴对称中心总是固定不动的,因此在组装近似解时可以将 $x_1 = 0$ 处的各阶位移近似值都设置为零,以消除这种奇异性,在计算应力与应变时,我们选择在各单元的高斯积分点处对应力与应变进行二阶双尺度的计算与组装,并保证各高斯积分点不位于直线 $x_1 = 0$ 上,然后利用外插以及平均化技术得到各结点处的应力与应变近似值,这样也能消除应力与应变的奇异性。

示例 3.10 拟静态空间轴对称热力耦合问题。

本节我们基于拟静态轴对称热力耦合问题进行二阶双尺度有限元计算。考虑内径为 1,外径为 2 的复合无限长圆柱,微观单胞区域如图 3.40(a) 所示。在轴对称平面上,图 3.40(b) 给出了单位正方形 $[1,2] \times [0,1]$ 上的构型,可以看到轴对称平面在径向与轴向上结构都具有周期性。在外表面 $r = 2$ 上,$\theta^\varepsilon = 2\mathrm{K}$,而在内表面 $r = 1$ 上,$\theta^\varepsilon = 0\mathrm{K}$。结构内存在常热源 $h = 500\mathrm{J/m}^3$,两表面上没有外部压力。

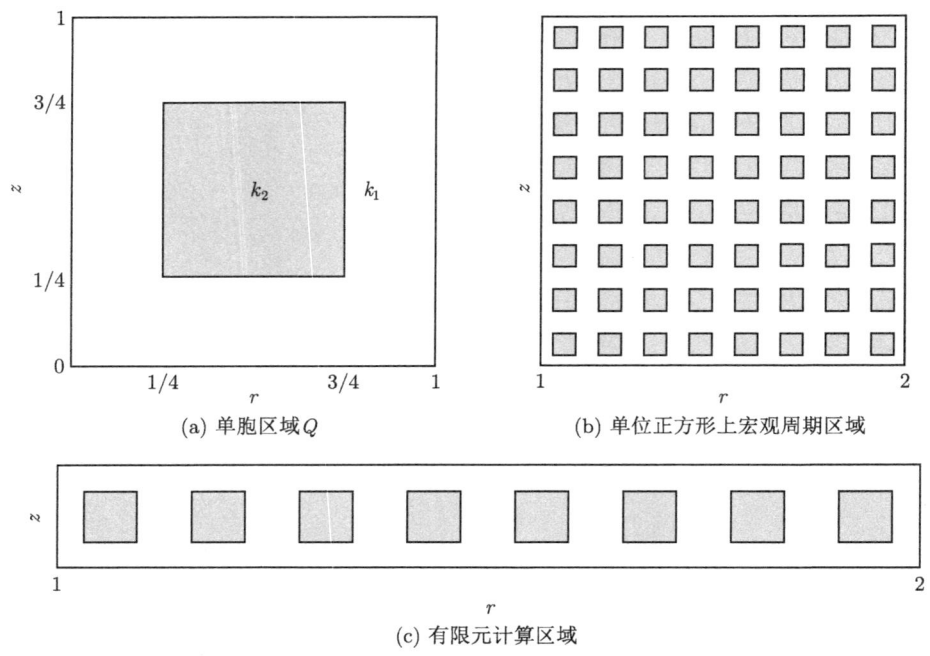

(a) 单胞区域 Q

(b) 单位正方形上宏观周期区域

(c) 有限元计算区域

图 3.40 单胞区域与宏观周期复合区域 ($\varepsilon = 1/8$)

由于难以求出上述问题的精确解,我们取精细网格下的有限元解作为 θ^ε 以及 $\boldsymbol{u}^\varepsilon$,然后用此解与均匀化问题的解进行比较。对于不同的 ε,相应的计算网格信息在表 3.4 中列出。可以清楚地看到,SOTS 近似解的网格划分个数远小于原

3.5 航天器结构有限元数值分析

来精确求解下的网格个数,并且与 ε 无关。这表示基于二阶双尺度渐近展开式的多尺度有限元方法可以大大节省计算机内存与计算时间,这在工程计算中是非常重要的。

表 3.4 计算网格信息

	有限元细网格			单胞网格	均匀化网格
	$\varepsilon=1/8$	$\varepsilon=1/16$	$\varepsilon=1/32$		
结点数	9393	18753	37473	1203	585
单元数	18208	36416	72832	2276	1204
网格尺寸	6.7451×10^{-3}	3.3726×10^{-3}	1.6863×10^{-3}	5.3960×10^{-2}	4.2100×10^{-2}

表 3.5 给出了区域中两种材料的物性参数,由方程 (3.314) 计算得到均匀化热传导系数为 $a^0 = 70.2916\text{W}/(\text{m}\cdot\text{K})$,以及均匀化弹性本构矩阵为

$$\boldsymbol{D}^0 = \begin{bmatrix} 1.1216 & 0.5463 & 0.5500 & 0 \\ 0.5463 & 1.1216 & 0.5500 & 0 \\ 0.5500 & 0.5500 & 1.1517 & 0 \\ 0 & 0 & 0 & 0.2849 \end{bmatrix} \times 10^{11}\text{Pa}$$

于是,在径向与轴向上的均匀化泊松比 ν^0 及杨氏模量 E^0 分别为

$$\nu^0 = \frac{C_{1122}^0}{C_{1111}^0 + C_{1122}^0} \approx 0.3275, \quad E^0 = 2C_{1212}^0(1+\nu^0) \approx 7.5641 \times 10^{10}\text{Pa}$$

而在周向上的泊松比 ν_φ^0 以及杨氏模量 E_φ^0 分别为

$$\nu_\varphi^0 = \frac{\lambda_{11}^0}{(\lambda+2\mu)^1 + \lambda_{11}^0} \approx 0.3232, \quad E_\varphi^0 = [(\lambda+2\mu)^1 - \lambda_{11}^0](1+\nu_\varphi^0) \approx 7.9617 \times 10^{10}\text{Pa}$$

表 3.5 组成材料的物性参数

物性参数	材料 1 (k_1)	材料 2 (k_2)
杨氏模量/GPa	66.2	117.0
泊松比	0.321	0.333
热传导系数/(W/(m·K))	118.1	4.036
热模量/(GPa/K)	4.491×10^{-3}	1.905×10^{-3}

可以观察到在周向上的泊松比与杨氏模量大于其他两个方向,这表示均匀化得到的各向异性在周向上具有最大的强度。进一步,我们可以计算得到均匀化热模量向量为

$$\boldsymbol{\beta}^0 = [2.3836 \quad 2.3836 \quad 2.3682 \quad 0]^\text{T} \times 10^6 \text{Pa}$$

这预示着周向上的热模量也比其他两个方向小。与 E_φ^0 和 ν_φ^0 相关联，可以得到均匀化材料中在周向上的热膨胀量也远远小于其他两个方向。

由于圆柱内周期结构的对称性，我们只需在轴向上选择一个周期的区域来进行多尺度计算，即 $A = [1, 2] \times [0, \varepsilon]$，如图 3.40(c) 所示。为满足对称性条件，我们在 $z = 0$ 与 ε 的边界上固定轴向位移。

图 3.41 给出了温度增量和各阶近似解以及细网格下有限元解。由于材料系数在两材料界面的间断性，温度场中在嵌入的正方形中存在着极值，在图 3.41(a) 中得到了显示。均匀化温度增量如图 3.41(b) 所示，这是如下一维问题的精确解：

$$-\frac{\mathrm{d}}{\mathrm{d}x_1}\left(a^0 x_1 \frac{\mathrm{d}\theta_0}{\mathrm{d}x_1}\right) = hx_1, \quad \theta_0(1) = 0, \quad \theta_0(2) = 2$$

(a) 细网格有限元解 θ^ε/K

(b) 均匀化解 θ_0/K

(c) FOTS近似解 $\theta^{\varepsilon,1}$/K

(d) SOTS近似解 $\theta^{\varepsilon,2}$/K

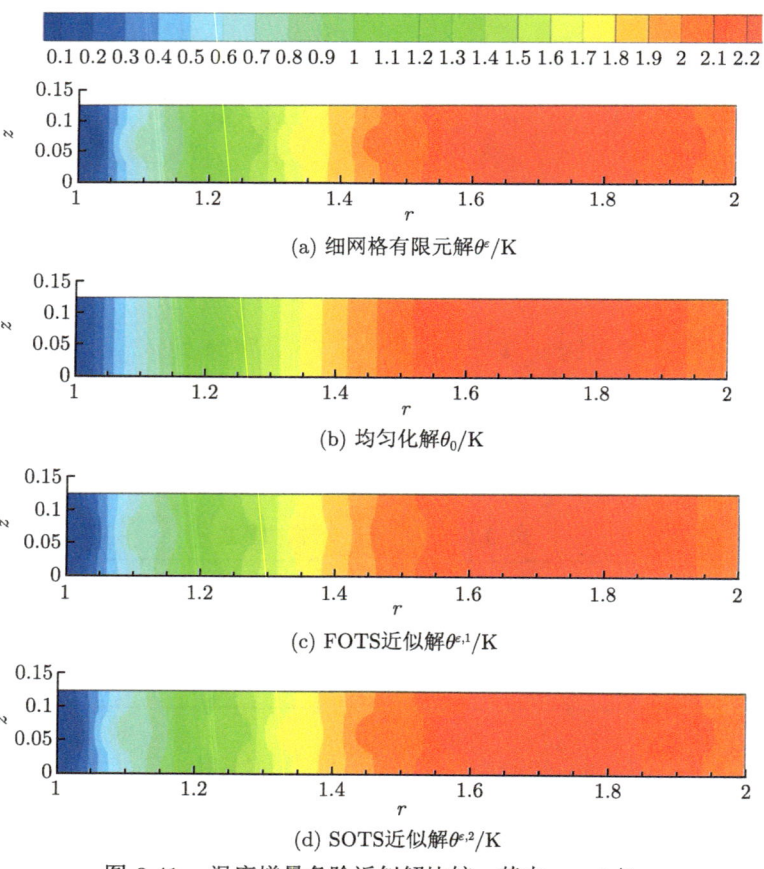

图 3.41　温度增量各阶近似解比较，其中 $\varepsilon = 1/8$

3.5 航天器结构有限元数值分析

于是均匀化温度增量 θ_0 求解为

$$\theta_0(x_1) = -\frac{h}{4a_0}(x_1^2 - 1) + \frac{8a^0 + 3h}{4a^0 \ln 2} \ln x_1$$

其中，温度的最大值以及所处的位置为

$$\theta_0^{\max} = \theta(\bar{x}_1) \approx 2.2564, \quad \bar{x}_1 = \sqrt{\frac{8a^0 + 3h}{2h \ln 2}} \approx 1.7249$$

由图 3.41(c) 与 (d)，我们可以看到一阶双尺度解 (FOTS) 不能精确描述温度场的精确分布，而图 3.41(d) 中的二阶双尺度 (SOTS) 近似解则与细网格下有限元解图 3.41(d) 无多大差别。

图 3.42 给出了径向温度梯度的各阶近似解比较，我们可以更清楚地看出图 3.42(c) 中的 FOTS 近似解 $\partial\theta^{\varepsilon,1}/\partial x_1$ 不足以给出好的结果，而图 3.42(d) 中的 SOTS 解 $\partial\theta^{\varepsilon,2}/\partial x_1$ 与图 3.42(a) 中的细网格有限元解吻合得很好。在均匀化结果

(a) 细网格有限元解$(\partial\theta^\varepsilon/\partial x_1)/(\text{K/m})$

(b) 均匀化解$(\partial\theta_0/\partial x_1)/(\text{K/m})$

(c) FOTS近似解$(\partial\theta^{\varepsilon,1}/\partial x_1)/(\text{K/m})$

(d) SOTS近似解$(\partial\theta^{\varepsilon,2}/\partial x_1)/(\text{K/m})$

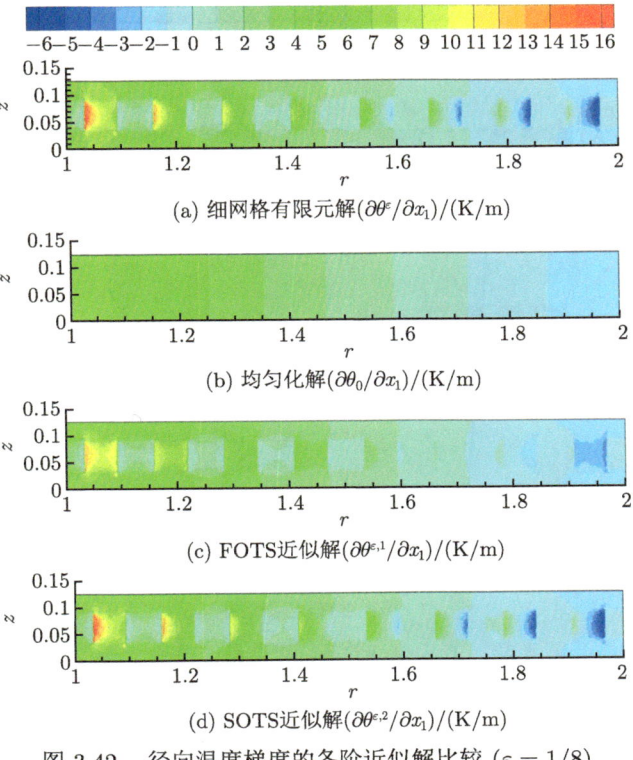

图 3.42 径向温度梯度的各阶近似解比较 ($\varepsilon = 1/8$)

的基础之上，将校正项扩展至二阶可以更精确有效地对温度梯度进行模拟，进而可以更加准确地得到两材料界面之间温度梯度的振荡行为。虽然计算二阶校正项花费了额外的计算时间，但这是有意义的，因为这样可以得到更加真实的温度场。

由该算例中温度场的特性可知，相应的热弹性问题可以简化为轴对称平面应变问题，相应的一维均匀化方程为

$$C_{1111}^0 \frac{\mathrm{d}^2 u_1^0}{\mathrm{d}x_1^2} + C_{1111}^0 \frac{1}{x_1} \frac{\mathrm{d} u_1^0}{\mathrm{d}x_1} - (\lambda + 2\mu)^1 \frac{u_1^0}{x_1^2} = (\beta_{11}^0 - \beta_\varphi^0) \frac{\theta_0}{x_1} + \beta_{11}^0 \frac{\mathrm{d}\theta_0}{\mathrm{d}x_1} \quad (3.339)$$

我们知道，当结构材料是各向同性时，$C_{1111}^0 = (\lambda + 2\mu)^1$ 以及 $\beta_{11}^0 = \beta_\varphi^0$，上面的方程则简化为经典的平面应变热应力方程。图 3.43 给出了计算得到的径向位移的各阶近似解比较，我们观察到 FOTS 近似解与 SOTS 近似解都可以有效地给出位移场的微观局部信息。

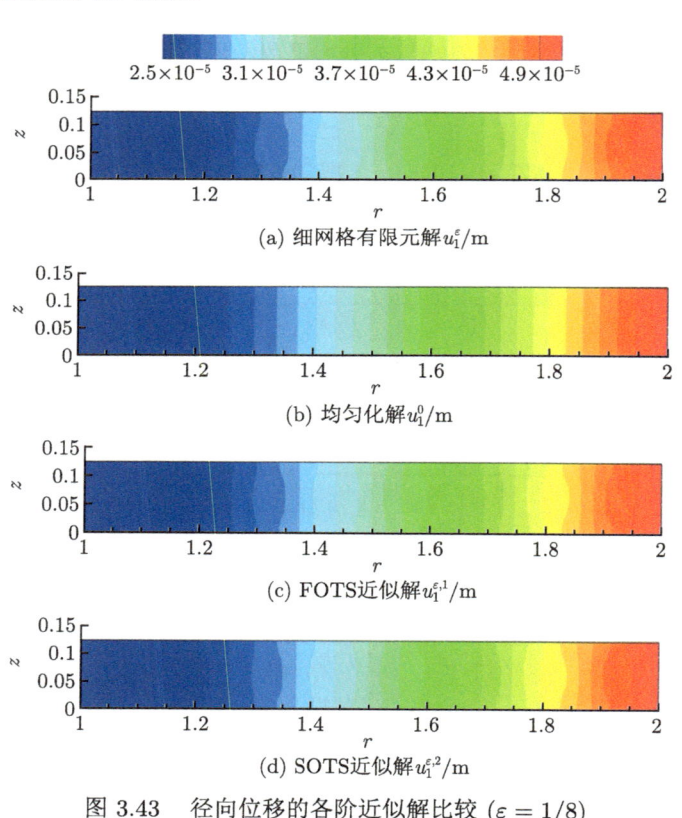

(a) 细网格有限元解 $u_1^\varepsilon/\mathrm{m}$

(b) 均匀化解 u_1^0/m

(c) FOTS近似解 $u_1^{\varepsilon,1}/\mathrm{m}$

(d) SOTS近似解 $u_1^{\varepsilon,2}/\mathrm{m}$

图 3.43　径向位移的各阶近似解比较 ($\varepsilon = 1/8$)

SOTS 近似解能有效模拟空间轴对称结构下复合材料的耦合热力行为 [44−49,52]。FOTS 近似解与 SOTS 近似解在位移场中的差别可能不是非常明显，但对于温

度场来说，二阶校正项是不可或缺的。基于此种考虑，我们在实际的工程计算中总是实现二阶双尺度渐近展开式的求解。

参 考 文 献

[1] Hetnarski R B, Eslami M R. Thermal Stress—Advanced Theory and Applications [M]. Germany: Springer Science, 2009.

[2] Li Z H, Ma Q, Cui J Z. Finite element algorithm for dynamic thermoelasticity coupling problems and application to transient response of structure with strong aerothermodynamic environment[J]. Communications in Computational Physics, 2016, 20(3): 773-810.

[3] 陈骥. 钢结构稳定理论与设计 [M]. 北京: 科学出版社, 2014.

[4] Chajes A. Principles of Structural Stability Theory[M]. Englewood Cliffs N. J.: Prentice-Hall, 1974. 中译本: 结构稳定性理论原理 [M]. 兰州: 甘肃人民出版社, 1982.

[5] 方明, 李志辉. 分子气动力学及气体流动的直接模拟 [M]. 北京: 科学出版社, 2019.

[6] Jie L, Li Z H, Li X G, et al. Monte Carlo simulation of spacecraft reentry aerothermodynamics and analysis for ablating disintegration[J]. Communications in Computational Physics, 2018, 23(4): 1037-1051.

[7] 李志辉, 方明, 唐少强, DSMC 方法中的统计噪声分析 [J]. 空气动力学学报, 2013, 31(1): 1-8.

[8] 吕烈武, 沈世钊, 沈祖炎, 等. 钢结构构件稳定理论 [M]. 北京: 中国建筑工业出版社, 1983: 111-117.

[9] 唐家祥, 王仕统, 裴若娟. 结构稳定理论 [M]. 北京: 中国铁道出版社, 1989: 437-446.

[10] Camotim D, Dubina D, Rondal J. Proceedings of the Third International Conference on Coupled Instabilities in Metal Structures[M]. Lisbon: Imperial College Press, 2000.

[11] 朱伯芳. 有限单元法原理与应用 [M]. 北京: 中国水利水电出版社, 2009.

[12] 康孝先. 大跨度钢桥极限承载力计算理论与试验研究 [D]. 成都: 西南交通大学, 2009.

[13] 陈火红. Marc 有限元实例分析教程 [M]. 北京: 机械工业出版社, 2003.

[14] 王文明, 郭彦林, 赵熙元. 变截面门架式钢刚架结构体系平面内稳定研究 [J]. 建筑结构学报, 1999, 20(4): 25-33

[15] Sherbourne A N, Korol R M. Post-buckling of axially compressed plates[J]. Journal of the structural division, ASCE, 1972, 98 (10): 2223-2234.

[16] 中华人民共和国国家标准. 钢结构工程施工质量验收规范 GB50205—2001[S]. 中华人民共和国建设部, 2002.

[17] Zheng Y, Das P K. Improved response surface method and its application to stiffened plate reliability analysis[J]. Engineering Structures, 2000, 22(5): 544-551.

[18] 刘宁. 可靠度随机有限元法及其工程应用 [M]. 北京: 中国水利水电出版社, 2001.

[19] 秦权, 林道锦, 梅刚. 结构可靠度随机有限元理论及工程应用 [M]. 北京: 清华大学出版社, 2006.

[20] 陈虬, 刘先斌. 随机有限元及其工程应用 [M]. 成都: 西南交通大学出版社, 1993.

[21] 贡金鑫, 仲伟秋, 赵国藩. 工程结构可靠性基本理论的发展与应用 (3)[J]. 建筑结构学报, 2002, 23(4): 2-9.

[22] 贡金鑫, 赵国藩. 国外结构可靠性理论的应用与发展 [J]. 土木工程学报, 2005, 38(2): 1-7.

[23] 赵国藩, 贡金鑫, 赵尚传. 我国土木工程结构可靠性研究的一些进展 [J]. 大连理工大学学报, 2000, 40(3): 253-258.

[24] 孙春林. 可靠性理论 [M]. 天津: 天津科学技术出版社, 2001.

[25] 博弈创作室. Ansys9.0 经典产品高级分析技术与实例详解 [M]. 北京: 中国水利水电出版社, 2005.

[26] 周宁, 郝文化. ANSYS-APDL 高级工程应用实例分析与二次开发 [M]. 北京: 中国水利水电出版社, 2007.

[27] 孔新宇. 热环境下桁架索网结构的动力学分析与模拟试验研究 [D]. 南京: 南京航空航天大学, 2016.

[28] 李志辉, 吴振宇. 阿波罗指令舱稀薄气体动力学特征的蒙特卡罗数值模拟 [J]. 空气动力学报, 1996, 14(2): 230-233.

[29] 李志辉. 从稀薄流到连续流的气体运动论统一数值算法研究 [D]. 绵阳: 中国空气动力研究与发展中心研究生部, 2001.

[30] Li Z H, Peng A P, Zhang H X, et al. Rarefied gas flow simulations using high-order gas-kinetic unified algorithms for Boltzmann model equations[J]. Progress in Aerospace Sciences, 2015, 74: 81-113.

[31] Li Z H, Fang M, Jiang X Y, et al. Convergence proof of the DSMC method and the gas-kinetic unified algorithm for the boltzmann equation[J]. Science China, Physics, Mechanics & Astronomy, 2013, 56(2): 404-417.

[32] 国家重点基础研究发展计划 (973 计划) 项目计划任务书《航天飞行器跨流域空气动力学与飞行控制关键基础问题研究》[Z]. 项目编号 2014CB744100, 中华人民共和国科学技术部制, 2013.

[33] 李志辉. "航天飞行器跨流域空气动力学与飞行控制关键基础问题研究" 总体实施方案 [R]. 中国国防科学技术报告, 绵阳: 中国空气动力研究与发展中心超高速所, 2014.

[34] 李志辉. "跨流域非平衡气动力/热绕流一体化模拟与返回舱再入、服役期满航天器陨落预报研究" 实施方案 [R]. 中国国防科学技术报告, 绵阳: 中国空气动力研究与发展中心超高速所, 2014.

[35] Li Z H, Li Z H, Wu J L, et al. Coupled N-S/DSMC simulation of multi-component mixture plume flows for satellite attitude-control engines[J]. Journal of Propulsion and Power, 2014, 30(3): 672-689.

[36] 李志辉, 李中华, 杨东升, 等. 卫星姿控发动机混合物羽流场分区耦合计算研究 [J]. 空气动力学报, 2014, 30(4): 483-491.

[37] 梁杰, 李志辉, 杜波强, 等. 探月返回器稀薄气体热化学非平衡特性数值模拟 [J]. 载人航天, 2015, 21(3): 295.

[38] 李志辉, 梁杰, 李中华, 等. 跨流域空气动力学模拟方法与返回舱再入气动研究 [J]. 空气动力学报, 2018, 36(5): 826-847.

[39] 梁杰, 李志辉, 李绪国, 等. 大型航天器再入解体气动力热特性模拟的直接模拟蒙特卡洛

参 考 文 献

方法研究 [J]. 载人航天, 2020, 26(5): 537-542.

[40] 李中华, 党雷宁, 李志辉, 等. 天宫飞行器过渡流区高超声速绕流 N-S/DSMC 耦合计算 [J]. 载人航天, 2020, 26(5): 543-549.

[41] 李中华, 党雷宁, 李志辉. 高超声速化学非平衡流动 N-S/DSMC 耦合算法研究 [J]. 航空学报, 2018, 39(10): 100-111.

[42] Fang M, Li Z H, Li Z H, et al. DSMC approach for rarefied air ionization during spacecraft reentry[C]. Communications in Computational Physics, 2018, 23(4): 1167-1190.

[43] 马强. 航天器再入气动环境结构动态热力耦合响应模拟研究 [D]. 绵阳: 中国空气动力研究与发展中心, 2015.

[44] Li Z H, Ma Q, Cui J Z. Multi-scale modal analysis for axisymmetric and spherical symmetric structures with periodic configurations[J]. Computer Methods in Applied Mechanics and Engineering, 2017, 317: 1068-1101.

[45] Li Z H, Ma Q, Cui J Z. Second-order two-scale finite element algorithm for dynamic thermo-mechanical coupling problem in symmetric structure[J]. Journal of Computational Physics, 2016, 314: 712-748.

[46] Ma Q, Cui J Z, Li Z H. The second-order two-scale method of the elastic problem for axisymmetric and spherical symmetric structure with small periodic configurations[J]. International Journal of Solids and Structures 2016, 78-79: 77-100.

[47] Ma Q, Cui J Z, Li Z H, et al. Second-order asymptotic algorithm for heat conduction problems of periodic composite materials in curvilinear coordinates[J]. Journal of Computational and Applied Mathematics, 2016, 306: 87-115.

[48] Ma Q, Yang Z H, Cui J Z, et al. Multiscale computation for dynamic thermo-mechanical problem of composite materials with quasi-periodic structures[J]. Applied Mathematics and Mechanics, 2017, 38: 1-21.

[49] Ma Q, Li Z H, Yang Z H, et al. Asymptotic computation for transient conduction performance of periodic porous materials in curvilinear coordinates by the second-order two-scale method[J]. Mathematical Methods in the Applied Sciences, 2017, 40: 5109-5130.

[50] 李志辉, 彭傲平, 马强, 等. 大型航天器离轨再入气动融合结构变形失效解体数值预报与应用 [J]. 载人航天, 2020, 26(4): 403-417.

[51] 孙学舟, 李志辉, 吴俊林, 等. 再入气动环境类电池帆板材料微观响应变形行为分子动力学模拟研究 [J]. 载人航天, 2020, 26(4): 459-468.

[52] Li Z H, Peng A P, Ma Q, et al. Gas-kinetic unified algorithm for computable modeling of Boltzmann equation and application to aerothermodynamics for falling disintegration of uncontrolled Tiangong-No. 1 Spacecraft[J]. Advances in Aerodynamics, 2019, 1(4): 1-21.

[53] Liang J, Li Z H, Li X G, et al. Monte Carlo simulation of spacecraft reentry aerothermodynamics and analysis for ablating disintegration[J]. Commun. Comput. Phys., 2018, 23(4): 1037-1051.

[54] 梁杰, 李志辉, 杜波强, 等. 大型航天器再入陨落时太阳翼气动力/热模拟分析 [J]. 宇航学报, 2015, 36(12): 1348-1355.

[55] Reyhanoglu M, Alvarado J. Estimation of debris dispersion due to a space vehicle breakup during reentry[J]. Acta Astronautica, 2013, 86: 211-218.

[56] 范绪箕. 气动强热与热防护系统 [M]. 北京: 科学出版社, 2004.

[57] 范绪箕. 高速飞行器热结构分析与应用 [M]. 北京: 国防工业出版社, 2009.

第 4 章　构件的弯扭屈曲

在介绍了压杆的稳定性能和稳定问题分析的一般方法基础上，本章研究如下四类构件的稳定性，包括压弯构件在弯矩作用平面内的稳定、刚架的稳定、受压构件的扭转屈曲与弯扭屈曲、受弯构件的弯扭屈曲。前两类构件主要研究其在荷载作用平面内的屈曲，后两类属于荷载作用平面外的屈曲，属于空间问题。最后介绍构件弯扭屈曲理论在板钢结构设计中的应用。本章只介绍构件较为简单的边界条件、解析分析结果较精确的内容，为便于查阅，部分特殊构件或不同边界条件的解析解以表格的形式列出，更详细的介绍可参考相关文献。

这些构件都有特别的构造要求和特定的受力特征，是基于结构力学与压杆稳定性理论进行解析分析的，便于在工程实践中应用以及编制设计规范，目前已发展成为高等钢结构稳定理论。这些解析理论便于理解结构的力学性能和在实际工程中计算结构的承载力，特别是在有限单元法发展的初级阶段。该类结构的稳定性理论与有限单元法相结合，可以解决工程实践中的大多数问题，但计算精度有限。随着有限元软件的飞速发展，完全按真实模型计算结构的力学性能仍很困难，但这些解析的计算对于工程估算、判别结构的安全隐患和相关理论的学习仍有重要意义。

本章分析的构件比第 2 章的压杆问题更复杂，荷载形式更加多样，要考虑构件及其连接件的力学性质，也要考虑构件的初始几何缺陷和残余应力的影响。这些构件仍然可以通过解析方法，建立稳定方程，通过能量法或数值法求出其承载力的近似解。

从总体上看，构件的稳定性设计理论仍然是将稳定性验算转化为结构的强度验算公式，是基于强度法的稳定性校验公式。采用简单梁理论得出存在稳定性问题的板件或局部构件的强度，采用修正系数去限定其应力的大小而得出稳定性公式，该修正系数是通过稳定性分析得出的。这种分析方法可能会出现如下三种情形：

(1) 在相关构造要求下，结构不存在稳定问题，而是强度问题，这时可以不验算其稳定性问题；

(2) 在相关构造要求下，结构存在稳定问题，应将结构的应力控制在一定范围，从而确保结构的稳定性满足设计要求；

(3) 可能由于板件刚度匹配的问题，结构的屈曲形式与假定的不一致或稳定验算的板件不是最不利的，这样就不安全了。

因此，如何应用解析公式分析构件的屈曲和极限承载力，即使是验算简单构件的稳定性，也要根据构件的受力和边界条件明确构件的屈曲形式，构造要求是否满足相关规范要求。对构件可能的屈曲形式和极限承载力进行分析，例如面内或面外屈曲、扭转，并取最小值作为构件的屈曲载荷和极限承载力，否则会发生错误。

拱结构可以看成是受轴压、外侧压荷载的曲杆，其中抛物线拱相对简单。拱的受压屈曲性质和极限承载力分析方法与压杆类似，其涉及的边界和受力条件不同，屈曲的形式和承载力也各不相同，在工程实践中，拱结构被列为较复杂结构的类别。限于篇幅，本书不讨论拱结构。

4.1 压弯构件在弯矩作用平面内的稳定性

4.1.1 概述

同时承受轴心压力和弯矩作用的构件称为压弯构件，因为兼有受弯和受压的功能，又普遍地出现在刚架柱中，因此又简称为梁柱。"梁柱"一词是专指同时受轴向压力和弯矩的结构构件，其中弯矩来自横向荷载或者轴力在一端或两端的已知偏心。由于实际结构中，如桁架、框架的受力杆件，沿杆件不可避免地会存在来自轴力的偏心、初始挠度或因相邻杆件转动而产生的弯矩，所以严格来说，在实际工程中单纯的中心受压柱是不存在的，所有的受压构件都应被当作梁柱来处理及设计。

梁柱作为一项课题已被研究多年[1-5]，尽管如此，人们目前对这一课题仍未充分了解，且设计方法大部分还建立在经验公式的基础上。在传统的设计方法中，结构弹性极限是设计方法的基础。近年来，极限状态设计方法的发展使人们的注意力集中到两点：在加载全过程中包括计入塑性发展到达极限荷载时的结构性能，以及能为设计者估计这个特性的简单设计方法。虽然梁柱弯曲屈曲的弹性分析所求的临界荷载只具有理论价值，但它是非弹性分析的基础。本小节的主要内容是梁柱的基本特性和极限承载力。

图 4.1 表示了几种压弯构件的计算简图。构件所承受的弯矩均为二阶弯矩，即包括了挠度引起的附加弯矩。图 4.1(a) 表示由两端偏心压力产生的弯矩，图 4.1(b) 是构件两端作用有弯矩，图 4.1(c) 为因横向荷载作用产生弯矩，图 4.1(d) 是有侧移的压弯构件，图 4.1(e) 为在构件的两端受到与之相邻构件给予的抗弯约束。每一种情况都存在支座反力引起的剪力作用，其中图 4.1(c) 的剪力还与横向荷载有关。

在对压弯构件作具体分析和计算之前，先用图 4.2 所示的压弯构件的荷载–挠度曲线来概述压弯构件的基本性能[6-8]。

4.1 压弯构件在弯矩作用平面内的稳定性

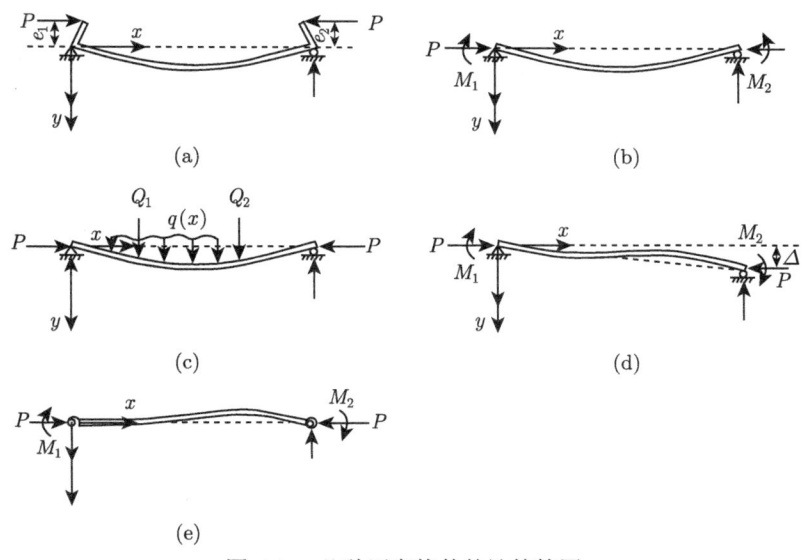

图 4.1 几种压弯构件的计算简图

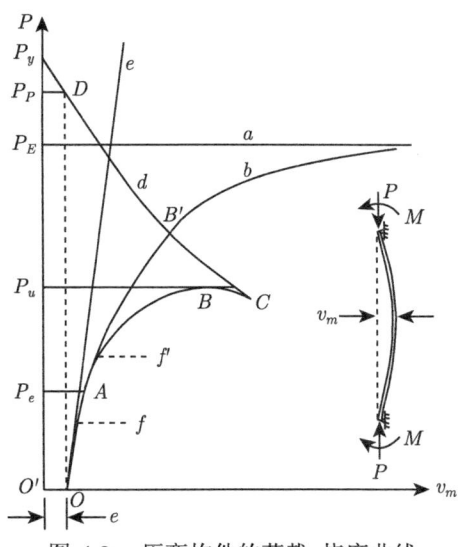

图 4.2 压弯构件的荷载-挠度曲线

对于两端铰接、在端部作用有相同的轴心压力 P 和弯矩 M 的构件，其比值为常数 e，即 $M = Pe$，它作用在构件的一个对称轴平面内，而在另一个平面有足够多的支承以免发生弯扭屈曲。在作简单的分析时先不计残余应力和初始几何缺陷的影响，按照构件是完全的弹性体进行分析。和轴心受压构件不同，压弯构件不存在直线平衡状态，在构件端部一开始施加荷载时，构件就会产生弯曲变形。图 4.2 中的弹性荷载-挠度曲线 b 为二阶弹性曲线，这时曲线 b 只有渐近线，理论上它与从轴心受压构件的分岔点荷载 P_E 处引出的水平线 a 相交于无穷远。直线 e 是不计附加弯矩影响的一阶弹性线。对于不同受力条件的压弯构件，如图 4.1(a)，(b)，(d) 和 (e) 以及跨中有横向集中荷载或全跨有均布荷载作用的等压弯构件，按照弹性理论分析时都可得到荷载-挠度曲线、最大挠度和最大弯矩的解析式。常将它们分析比较，以推演出便于应用的计算公式。但是实际的压弯构件存在残余应力和初始几何缺陷，材料为弹塑性体，如按照理想的弹塑性体分析，荷载-挠度曲线将是 $OABC$，从 A 点开始构件中点截面的边缘纤维屈服，与此对应的荷载为 P_e，此后随着塑性向纵深发展，构件变形速度加快。图 4.2 中 OAB 段曲线是上升的，构件处在稳定平衡状态，而到达 B 点以后，由于弹性区已经缩小到构件抵抗力矩的增加小于外力矩增加的程度，出现了下降段曲线 BC；这时如要维持平衡需要减小外力作用，因此这种平衡是暂时的、不稳定的。曲线的极值点 B 给出构件在弯矩作用平面内的极限荷载 P_u，这是属于二阶弹塑性分析的极值点失稳问题，可用数值积分法通过给出荷载-挠度曲线后得到极限荷载，数值积分法可同时考虑残余应力和几何缺陷。图 4.2 还画出了在压力和二阶弯矩的共同作用下，构件中点全截面屈服出现塑性铰的荷载-挠度曲线 d，此曲线向上延伸交于 D 点。认为构件的塑性发展全集中在弯矩最大的截面，属于二阶刚塑性稳定问题，P_P 为 M（或 P_e）共同作用时全截面压弯屈服的荷载，它将与 4.2 节研究刚架的塑性设计有关；P_y 是全截面受压屈服时的荷载。许多压弯构件抵抗扭转与侧向弯曲的能力较差，当在侧向没有足够多的支承时，压弯构件很可能在达到弯矩作用平面内的极限荷载之前发生弯扭屈曲，这属于压弯构件的分岔失稳问题。根据不同条件，可能在弹性状态发生弯扭屈曲分岔失稳，如图 4.2 中 OA 段之间的虚线 f；也可能发生在 AB 段之间的弹塑性阶段，如图中的虚线 f'。关于压弯构件的弯扭屈曲问题将在 4.3 节介绍。本节的前面部分先对压弯构件作弹性稳定分析，而后再研究压弯构件的弹塑性极值点失稳问题，4.5 节将介绍在弯矩作用平面内 M 与 N 的相关设计公式。本节的分析示例中，均只验算了压弯构件在弯矩作用平面内的稳定，但在此提醒读者切不可粗心大意，压弯构件还存在更为复杂的弯矩作用平面外的弯扭屈曲计算问题。

4.1.2 两端铰接横向荷载作用下弹性压弯构件的变形和内力

1. 横向均布荷载作用的压弯构件

现分析如图 4.3(a) 所示在均布荷载作用下两端铰接的压弯构件的挠曲线、最大挠度和最大弯矩。假定材料为完全弹性，弯矩作用在截面的一个对称轴平面内，曲率可用 $-y''$ 表示。图 4.3(b) 为构件的弯矩图，虚线表示一阶弯矩，最大值为

4.1 压弯构件在弯矩作用平面内的稳定性

$M = -ql^2/8$；实线表示二阶弯矩，最大值为 $M_{\max}$。取图 4.3(c) 所示隔离体，在距左端 x 处，截面的内力矩 $M_i = -EIy''$，外弯矩 $M_e = Py + \dfrac{qx(l-x)}{2}$，平衡方程为 $EIy'' + Py = \dfrac{qx(l-x)}{2}$。

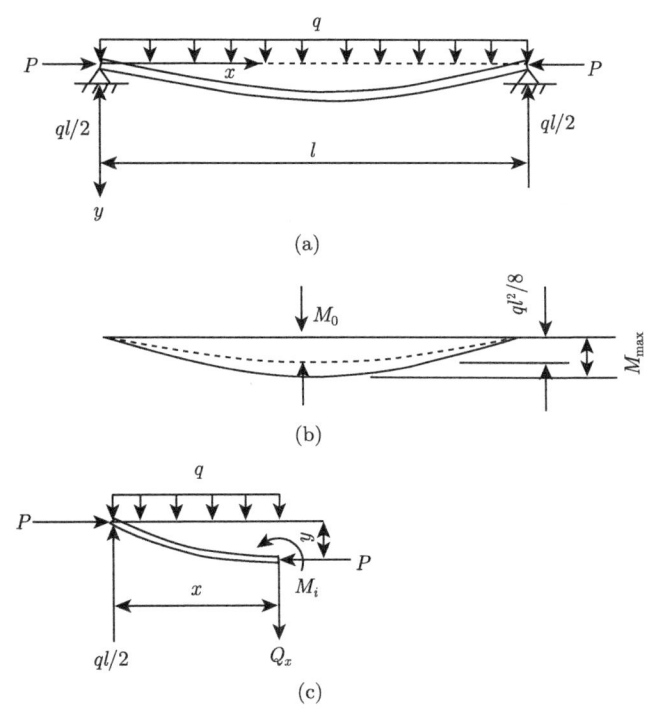

图 4.3 均布荷载作用的压弯构件

令 $k^2 = p/(EI)$ 则

$$y'' + k^2 y = \frac{qx(x-l)}{2EI} \tag{4.1}$$

上式的特解可写作 $y_p = C_1 x^2 + C_2 x + C_3$。将其代入式 (4.1)，得

$$\left(PC_1 - \frac{q}{2}\right)x^2 + \left(PC_2 + \frac{ql}{2}\right)x + PC_3 + 2EIC_1 = 0$$

这是恒等式，故有 $C_1 = q/(2P), C_2 = -ql/(2P), C_3 = -EIq/P^2$。

由 $y'' + k^2 y = 0$ 知，余解 $y_c = A\sin kx + B\cos kx$，式 (4.1) 的通解为

$$y = A\sin kx + B\cos kx + \frac{qx^2}{2P} - \frac{qlx}{2P} - \frac{EIq}{P^2} \tag{4.2}$$

由边界条件 $y(0) = 0$ 和 $y(l) = 0$ 得到

$$A = \frac{EIq}{P^2} \tan \frac{kl}{2}, \quad B = \frac{EIq}{P^2}$$

这样

$$y = \frac{q}{k^4 EI} \left(\tan \frac{kl}{2} \sin kx + \cos kx - 1 \right) - \frac{qx}{2k^2 EI}(l - x) \tag{4.3}$$

在 $x = \dfrac{l}{2}$ 处构件有最大挠度，把 $\dfrac{kl}{2} = u$ 代入，可得

$$\begin{aligned} y_{\max} &= \frac{ql^4}{16 EI u^4} \left(\frac{1 - \cos u}{\cos u} \right) - \frac{ql^4}{32 EI u^2} = \frac{5ql^4}{384 EI} \left[\frac{12(2\sec u - u^2 - 2)}{5u^4} \right] \\ &= y_0 \left[\frac{12(2\sec u - u^2 - 2)}{5u^4} \right] \end{aligned} \tag{4.4}$$

$y_0 = \dfrac{5ql^4}{384 EI}$ 是均布荷载作用下简支梁的最大挠度，也即当 $P = 0$ 时，由式 (4.4) 得到的最大值。所以式 (4.4) 中右侧括号内的值就是考虑轴心压力后最大挠度的放大系数。

可利用三角函数的幂级数

$$\sec u = 1 + \left(\frac{1}{2}\right) u^2 + \left(\frac{5}{24}\right) u^4 + \left(\frac{61}{720}\right) u^6 + \left(\frac{277}{8064}\right) u^8 + \cdots \tag{4.5}$$

式中，

$$u = \frac{kl}{2} = \frac{l}{2}\sqrt{P/(EI)} = \frac{\pi}{2}\sqrt{P/P_E} \tag{4.6}$$

式 (4.4) 可以改写为

$$y_{\max} = y_0 [1 + 1.0034(P/P_E) + 1.0038(P/P_E)^2 + \cdots] \approx y_0 \left(\frac{1}{1 - \dfrac{P}{P_E}} \right) \tag{4.7}$$

式中，$\dfrac{1}{1 - P/P_E}$ 是最大挠度的放大系数。与式 (4.4) 比较，由近似式得到的最大挠度，其差别通常在 1% 左右。$y_{\max}$ 与 P 呈非线性关系。压力的增加将导致压弯构件抗弯刚度的降低，P 接近于 P_E 时 $y_{\max}$ 将趋向于无限大，说明此时构件的抗弯能力消失了。这种现象和图 4.2 所示的二阶弹性荷载–挠度曲线是类同的，显然 P_E 不是压弯构件的极限荷载。

4.1 压弯构件在弯矩作用平面内的稳定性

构件中点的最大弯矩可以由 $-EIy''(l/2)$ 得到,也可以写作

$$M_{\max} = \frac{ql^2}{8} + Py_{\max} = \frac{ql^2}{8}\left[1 + \frac{5Pl^2}{48EI(1-P/P_E)}\right]$$
$$= M_0\left[1 + \frac{1.028P/P_E}{1-P/P_E}\right] \approx M_0\left[\frac{1}{1-P/P_E}\right] \quad (4.8)$$

式中,$M_0 = ql^2/8$ 是均布荷载作用下简支梁的最大弯矩;$\frac{1}{1-P/P_E}$ 是弯矩放大系数 A_m,用以考虑轴心压力产生的二阶效应,或称压弯构件的 P-δ 效应[2]。在图 4.3(b) 中虚线与实线之间的弯矩差别表明了 P-δ 效应。从后面几种不同受力条件的压弯构件的计算结果可知,其 P-δ 效应都是不同的。

2. 横向集中荷载作用的压弯构件

现分析图 4.4(a) 两端简支的、在跨中有集中荷载作用的压弯构件,其弯矩见图 4.4(b),由图 4.4(c) 知,当 $0 < x \leqslant l/2$ 时,平衡方程为

$$EIy'' + Py = -\frac{Qx}{2} \quad \text{或} \quad y'' + k^2 y = -\frac{Qx}{2EI} \quad (4.9)$$

通解为 $y = A\sin kx + B\cos kx - \frac{Qx}{2P}$。

由边界条件 $y(0) = 0$,$y'(l/2) = 0$ 得到 $B = 0$,$A = \frac{Q}{2kP}\sec(kl/2)$,这样

$$y = \frac{Q}{2kP}\left[\sec\frac{kl}{2}\sin kx - kx\right] \quad (4.10)$$

引进符号 $u = kl/2$,当 $x = l/2$ 时得到跨中的最大挠度

$$y_{\max} = \frac{Ql}{4uP}(\tan u - u) = \frac{Ql^3}{48EI} \times \frac{3}{u^3}(\tan u - u) = y_0\left[\frac{3(\tan u - u)}{u^3}\right] \quad (4.11)$$

$y_0 = \frac{Ql^3}{48EI}$ 是集中荷载作用于跨中时简支梁的最大挠度,$\frac{3(\tan u - u)}{u^3}$ 是有轴心压力作用的最大挠度放大系数。

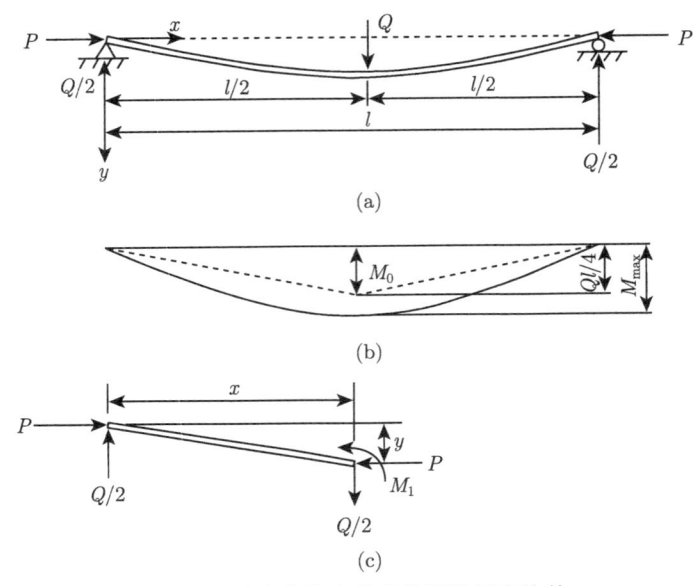

图 4.4 跨中有集中荷载作用的压弯构件

将 $\tan u$ 展开为幂级数

$$\tan u = u + u^3/3 + 2u^5/15 + 17u^7/315 + \cdots \tag{4.12}$$

但 $u = \dfrac{kl}{2} = \dfrac{\pi\sqrt{P/P_E}}{2}$，式 (4.11) 可改写为

$$y_{\max} = y_0[1 + 0.987(P/P_E) + 0.986(P/P_E)^2 + \cdots] \approx y_0\left(\dfrac{1}{1 - P/P_E}\right) \tag{4.13}$$

可见最大挠度的放大系数为 $\dfrac{1}{1 - P/P_E}$，跨中的最大弯矩为

$$\begin{aligned}
M_{\max} &= \dfrac{Ql}{4} + Py_{\max} = \dfrac{Ql}{4}\left[1 + \dfrac{Pl^2}{12EI(1 - P/P_E)}\right] \\
&= M_0\left(1 + \dfrac{0.822 P/P_E}{1 - P/P_E}\right) = M_0\left(1 + \dfrac{1 - 0.178 P/P_E}{1 - P/P_E}\right) \\
&\approx M_0\left(1 + \dfrac{1 - 0.2 P/P_E}{1 - P/P_E}\right)
\end{aligned} \tag{4.14}$$

式中，$M_0 = \dfrac{Ql}{4}$ 是集中荷载 Q 作用时简支梁的最大弯矩，弯矩放大系数 $A_m = \dfrac{1 - 0.2 P/P_E}{1 - P/P_E}$。

4.1 压弯构件在弯矩作用平面内的稳定性

4.1.3 两端固定弹性压弯构件在横向荷载作用下的变形和内力

1. 基本微分方程

表 4.1 为常见荷载作用下梁柱的最大弯矩和变形。

表 4.1 常见荷载作用下梁柱的最大弯矩和变形

序号	荷载作用简图	计算结论	说明
1	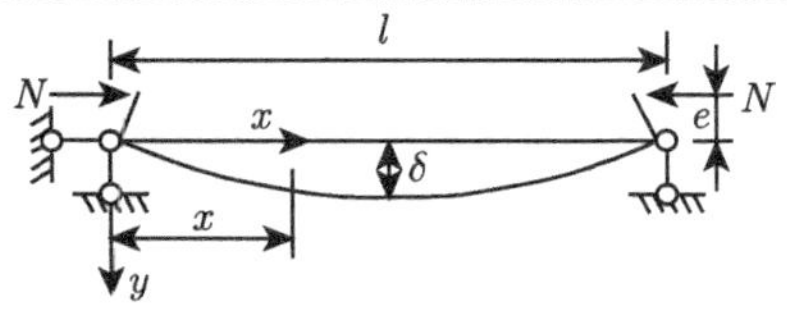	$y=e[\sec(\alpha l/2)\cos(l/2-x)-1]$ $\delta_{\max} = e\left[\sec\left(\dfrac{\pi}{2}\sqrt{N/N_E}\right)-1\right]$ $M_{\max} = Ne\eta$	$\alpha^2 = N/(EI)$ 弯矩增大系数 $\eta = \sec\left(\dfrac{\pi}{2}\sqrt{N/N_E}\right)$ $= \dfrac{1}{1-N/N_E}$
2	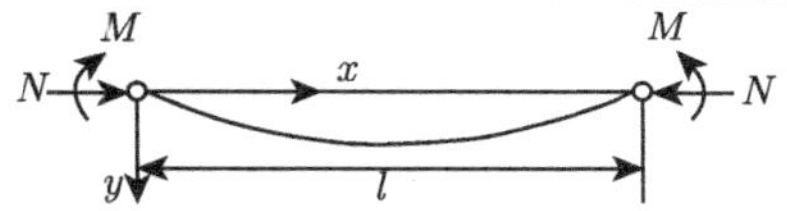	$\left(\dfrac{1}{1-N/N_E}\right)M$	
3	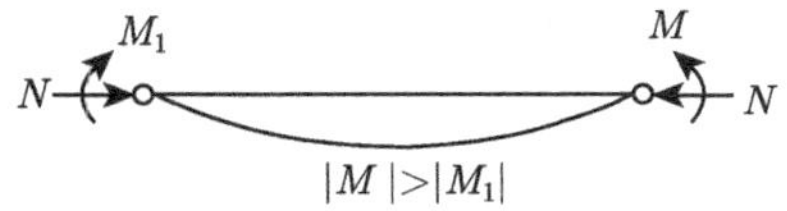 $\|M\|>\|M_1\|$	$\left(\dfrac{k_2}{1-N/N_E}\right)M$	其中 $k_2 = 0.65 + 0.35\dfrac{M_1}{M}$ 且 $K_2 \geqslant 0.4$
4	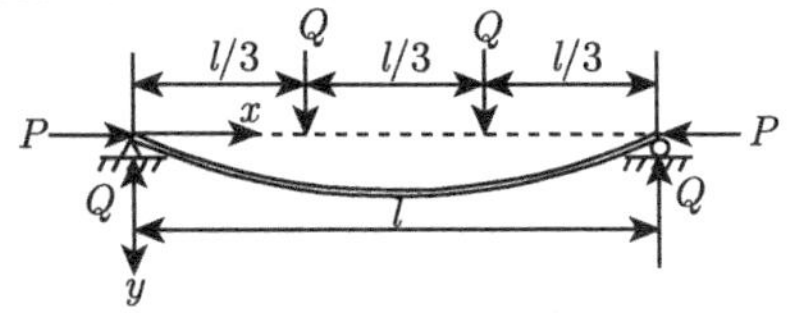	$y_0\left(\dfrac{1}{1-P/P_E}\right)$ $M_0\left(\dfrac{1}{1-P/P_E}\right)$	$y_0 = \dfrac{23Ql^3}{648EI}$, $M_0 = \dfrac{Ql}{3}$

2.3 节建立了适用于任何边界条件的轴心受压构件的微分方程，而对于这里分析的压弯构件，作用于构件的外力有端弯矩和横向荷载，需按照图 4.5(a) 所示荷载条件建立平衡方程。对于图 4.5(b) 所示隔离体，垂直于 x 轴的横向力的平衡方程是

$$Q_x - \left(Q_x + \frac{\mathrm{d}Q_x}{\mathrm{d}x}\mathrm{d}x\right) - q(x)\mathrm{d}x = 0$$

$$\frac{\mathrm{d}Q_x}{\mathrm{d}x} = -q(x) \tag{4.15}$$

图 4.5(b) 隔离体的力矩平衡方程是

$$M_x - \left(M_x + \frac{\mathrm{d}M_x}{\mathrm{d}x}\mathrm{d}x\right) + P\mathrm{d}y + Q_x\mathrm{d}x - \frac{1}{2}q(x)(\mathrm{d}x)^2 = 0$$

忽略高阶微量后有

$$Q_x = \frac{dM_x}{dx} - P\frac{dy}{dx}$$

按照小变形理论，$M_x = -EIy''$，故

$$EIy''' + Py' = -Q_x \tag{4.16}$$

上式微分一次后将式 (4.15) 代入后得到

$$EIy^{\text{IV}} + Py'' = q(x) \tag{4.17}$$

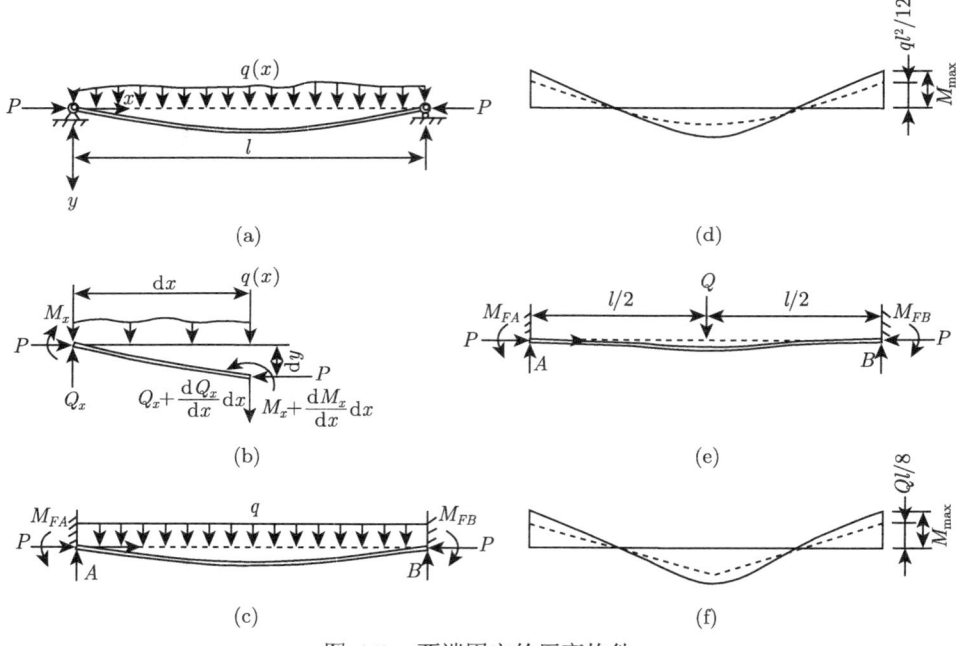

图 4.5 两端固定的压弯构件

与 2.3 节介绍的式 (2.23) 和式 (2.24) 比较后可知，有横向荷载作用的压弯构件的四阶微分方程的右侧多了一项荷载集度 $q(x)$，而截面横向力 Q_x 的表达式则完全相同，在求解时关于边界条件的表达式是一致的。下面结合图 4.5(c) 和 (e) 两种荷载条件，说明固端弯矩的计算方法。

2. 横向均布荷载的压弯构件

对于如图 4.5(c) 所示两端固定的均布荷载作用的压弯构件，图 4.5(d) 为其二阶弯矩。令 $k^2 = P/(EI)$，由式 (4.17) 得到

$$y^{\text{IV}} + k^2 y'' = \frac{q}{EI} \tag{4.18}$$

4.1 压弯构件在弯矩作用平面内的稳定性

其通解为
$$y = A\sin kx + B\cos kx + Cx + D + \frac{q}{2k^2 EI}x^2 \tag{4.19}$$

由边界条件 $y(0)=0, y'(0)=0, y'(l/2)=0, Q(l/2)=0$，因而 $y'''/(l/2)=0$，可得 $A=\dfrac{ql}{2k^3 EI}, B=\dfrac{ql}{2k^3 EI\tan(kl/2)}, C=-\dfrac{ql}{2k^2 EI}, D=-\dfrac{ql}{2k^3 EI\tan(kl/2)}$。
构件的挠曲线为

$$y = \frac{ql}{2k^3 EI} \times \left[\sin kx + \frac{\cos kx}{\tan(kl/2)} - kx - \frac{1}{\tan(kl/2)} + \frac{kx^2}{l} \right] \tag{4.20}$$

$$y'' = \frac{ql^2}{2EI} \times \left[-\frac{\sin kx}{kl} - \frac{\cos kx}{kl\tan(kl/2)} + \frac{2}{k^2 l^2} \right] \tag{4.21}$$

引进符号 $u = kl/2$，对于两端固定的轴心受压构件，$P_{cr} = \dfrac{\pi^2 EI}{(0.5l)^2}$，这样 $u = \dfrac{l}{2}\sqrt{\dfrac{P}{EI}} = \pi\sqrt{\dfrac{P}{P_{cr}}}$，构件的固端弯矩为

$$\begin{aligned}M_{FA} &= -M_{FB} = M_{\max} = -EIy''(0) \\ &= -\frac{ql^2}{12}\left(\frac{12}{k^2 l^2} - \frac{6}{kl}\cot\frac{kl}{2}\right) = -\frac{ql^2}{12}\left(\frac{3}{u^2} - \frac{3}{u}\cot u\right)\end{aligned} \tag{4.22}$$

将三角函数展开为幂级数

$$\cot u = \frac{1}{u} - \left(\frac{u}{3} + \frac{u^3}{45} + \frac{2u^5}{945} + \frac{u^7}{4725} + \cdots\right)$$

代入上式后得

$$\begin{aligned}M_{\max} &= -\frac{ql^2}{12}\left(1 + \frac{u^2}{15} + \frac{2u^4}{315} + \frac{u^6}{1575} + \cdots\right) \\ &= -\frac{ql^2}{12}[1 + 0.658(P/P_{cr}) + 0.618(P/P_{cr})^2 + 0.610(P/P_{cr})^3 + \cdots] \\ &\approx M_0\left(\frac{1 - 0.4P/P_{cr}}{1 - P/P_{cr}}\right)\end{aligned} \tag{4.23}$$

式中，$M_0 = -ql^2/12$ 是固端梁的最大弯矩，因此弯矩放大系数 $A_m = \dfrac{1 - 0.4P/P_{cr}}{1 - P/P_{cr}}$。

3. 跨中集中荷载的压弯构件

对于如图 4.5(e) 所示两端固定、在跨中有集中荷载作用的压弯构件，由横向力的微分方程 (4.16) 知，当 $0 < x \leqslant l/2$ 时，有

$$y''' + k^2 y' = -\frac{Q}{2EI} \tag{4.24}$$

其通解为

$$y = A\sin kx + B\cos kx + C - \frac{Q}{2k^2 EI}x \tag{4.25}$$

由边界条件 $y(0) = 0$，$y'(0) = 0$，$y'(l/2) = 0$，得到

$$A = \frac{Q}{2k^3 EI}, \quad B = -C = \frac{-Q\left(1 - \cos\dfrac{kl}{2}\right)}{2k^3 EI \sin\dfrac{kl}{2}}$$

构件的挠曲线为

$$y = \frac{Q}{2k^3 EI}\left[\sin kx - \frac{1 - \cos\dfrac{kl}{2}}{\sin\dfrac{kl}{2}}\cos kx + \frac{1 - \cos\dfrac{kl}{2}}{\sin\dfrac{kl}{2}} - kx\right] \tag{4.26}$$

$$y'' = \frac{Ql}{2EI}\left[-\frac{\sin kx}{kl} - \frac{1 - \cos\dfrac{kl}{2}}{kl \sin\dfrac{kl}{2}}\cos kx\right] \tag{4.27}$$

$$y\left(\frac{l}{2}\right) = \frac{Ql^3}{192EI}\left[\frac{3\tan\dfrac{u}{2} - \dfrac{u}{2}}{\left(\dfrac{u}{2}\right)^3}\right]$$

$$= y_0\left[1 + 0.987\left(\frac{P}{P_E}\right) + 0.986\left(\frac{P}{P_E}\right)^2 + \cdots\right] = y_0\left[\frac{1}{1 - \dfrac{P}{P_E}}\right]$$

式中，$y_0 = \dfrac{Ql^3}{192EI}$。

引进 $u = kl/2$，构件的固端弯矩为最大弯矩

$$M_{FA} = -M_{FB} = M_{\max} = -EIy''(0) = -\frac{QL}{8}\left[\frac{4}{kl}\left(\csc\frac{kl}{2} - \cot\frac{kl}{2}\right)\right]$$

$$= -\frac{Ql}{8}\left[\frac{2}{u}(\csc u - \cot u)\right] \tag{4.28}$$

$P_{cr} = \dfrac{\pi^2 EI}{(0.5l)^2}$，$u = \pi\sqrt{\dfrac{P}{P_{cr}}}$，将 $\cot u$ 和 $\csc u$ 均展开为幂级数

$$\csc u = \frac{1}{u} + \frac{u}{6} + \frac{7u^3}{360} + \frac{31u^5}{15120} + \frac{127u^7}{604800} + \cdots$$

4.1 压弯构件在弯矩作用平面内的稳定性

$$M_{\max} = -\frac{Ql}{8}\left[1 + \frac{u^2}{12} + \frac{u^4}{120} + \frac{17u^6}{20160} + \cdots\right]$$

$$= -\frac{Ql}{8}[1 + 0.822(P/P_{cr}) + 0.812(P/P_{cr})^2 + 0.811(P/P_{cr})^3 + \cdots]$$

$$\approx M_0\left[\frac{1 - 0.2P/P_{cr}}{1 - P/P_{cr}}\right] \tag{4.29}$$

式中，$M_0 = -Ql/8$ 是固端梁的最大弯矩，放大系数为 $A_m = \dfrac{1 - 0.2P/P_{cr}}{1 - P/P_{cr}}$。

4.1.4 端弯矩作用下弹性压弯构件的变形和内力

图 4.6(a) 是两端简支的压弯构件，在两端分别作用着顺时针方向的力矩 M_A 和 M_B，且有 $M_B \geq M_A$。图 4.6(b) 表示其二阶弯矩图，在虚线与水平线范围内为一阶弯矩，又称主弯矩；虚线与曲线范围内是轴心压力与挠度之乘积，称为次弯矩。需建立如图 4.6(c) 所示隔离体的平衡方程，先求解挠曲线，再求最大弯矩。

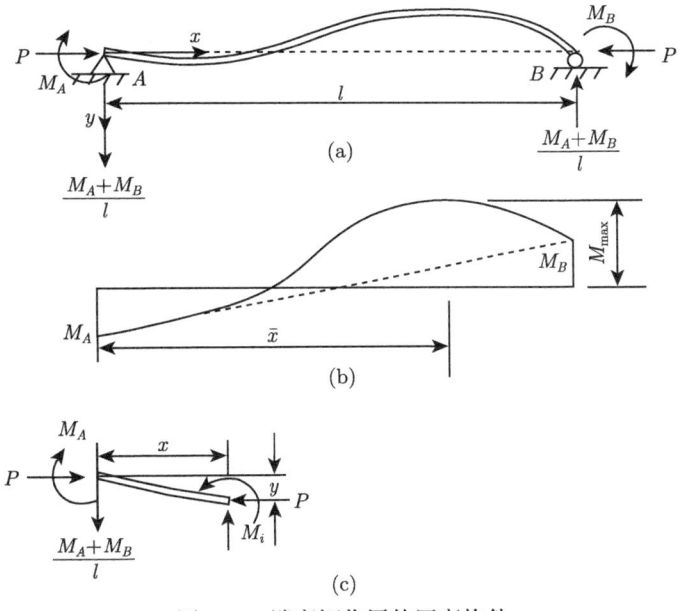

图 4.6 端弯矩作用的压弯构件

1. 不等端弯矩作用压弯构件的挠曲线

令 $k^2 = P/(EI)$，平衡方程为

$$y'' + k^2 y = \frac{M_A + M_B}{EIl}x - \frac{M_A}{EI} \tag{4.30}$$

上式的通解为

$$y = A\sin kx + B\cos kx + \frac{M_A + M_B}{k^2 EIl}x - \frac{M_A}{k^2 EI} \tag{4.31}$$

由边界条件 $y(0) = 0$，$y(l) = 0$，得到

$$A = -\frac{M_A \cos kl + M_B}{k^2 EI \sin kl}, \quad B = \frac{M_A}{k^2 EI}$$

将 A 和 B 代入通解即可得到此压弯构件的挠曲线为

$$y = -\frac{M_A \cos kl + M_B}{k^2 EI \sin kl}\sin kx + \frac{M_A}{k^2 EI}\cos kx + \frac{M_A + M_B}{k^2 EIl}x - \frac{M_A}{k^2 EI} \tag{4.32}$$

$$y' = -\frac{M_A \cos kl + M_B}{k EI \sin kl}\cos kx - \frac{M_A}{k EI}\sin kx + \frac{M_A + M_B}{k^2 EIl} \tag{4.33}$$

$$y'' = \frac{M_A \cos kl + M_B}{EI \sin kl}\sin kx - \frac{M_A}{EI}\cos kx \tag{4.34}$$

$$y''' = \frac{k(M_A \cos kl + M_B)}{EI \sin kl}\cos kx + \frac{kM_A}{EI}\sin kx \tag{4.35}$$

2. 构件的最大弯矩

任意截面的弯矩为

$$M_x = -EIy'' = -\frac{M_A \cos kl + M_B}{\sin kl}\sin kx + M_A \cos kx \tag{4.36}$$

产生最大弯矩的条件是 $\dfrac{\mathrm{d}M_x}{\mathrm{d}x} = 0$ 或 $y''' = 0$，由式 (4.35) 可以得到离支座 $\bar{x}$ 处有 $M_{\max}$，见图 4.6(b)，此处

$$\tan k\bar{x} = -\frac{M_A \cos kl + M_B}{M_A \sin kl} \tag{4.37}$$

因为 $kl = \pi\sqrt{P/P_E} < \pi$，所以当 $0 \leqslant k\bar{x} \leqslant \pi$ 时，$\sin k\bar{x}$ 为正值，故

$$\sin k\bar{x} = \frac{M_A \cos kl + M_B}{\sqrt{M_A^2 + 2M_A M_B \cos kl + M_B^2}} \geqslant 0 \tag{4.38}$$

$$\cos k\bar{x} = -\frac{M_A \sin kl}{\sqrt{M_A^2 + 2M_A M_B \cos kl + M_B^2}} \leqslant 0 \tag{4.39}$$

4.1 压弯构件在弯矩作用平面内的稳定性

将式 (4.38) 和式 (4.39) 代入式 (4.36) 后得到

$$M_{\max} = -M_B \sqrt{\frac{(M_A/M_B)^2 + 2(M_A/M_B)\cos kl + 1}{\sin^2 kl}} \tag{4.40}$$

上式中的 $M_B > M_A$，而右侧带根号的值为弯矩放大系数 A_m，式中带有负号，说明最大弯矩使截面的上侧产生拉应力，见图 4.6(b) 的右侧，截面的弯矩方向与图 4.6(c) 隔离体中 M_i 方向正好相反。从上式可知，最大弯矩不仅与轴心压力有关，而且还与端弯矩的比值 M_A/M_B 有关。关于最大弯矩截面的所在位置，如果由式 (4.37) 得到的 $\bar{x}$ 在 0 与 l 之间，其条件是 $M_A/M_B \leqslant \cos kl$，那么弯矩放大系数 A_m 将大于或等于 1.0；如果得到的 $\bar{x} < 0$ 或者 $\bar{x} > l$，显然最大弯矩只可能发生在构件端部，其条件是 $M_A/M_B > \cos kl$，此时 $M_{\max} = M_B$，$A_m = 1.0$，而式 (4.40) 就没有实际意义了，对于 $0.5 \leqslant M_A/M_B \leqslant 1.0$ 的压弯构件就有可能发生这种现象。不仅如此，而且从理论上说，有可能发生一个原来具有双向曲率变形的压弯构件瞬间反弹为只有单向曲率变形的失稳现象[7]，这称为 Zimmermann 现象，它类似于分岔失稳。

同理，如图 4.7 所示在构件跨度的 1/3 处各作用有一横向集中荷载，这时可分析得 $M_{FA} = -\dfrac{2Ql}{9}\left[\dfrac{9}{4u}\left(\csc u \cos \dfrac{u}{3} - \cot u\right)\right] \approx M_0 \left(\dfrac{1 - 0.27P/P_{cr}}{1 - P/P_{cr}}\right)$，$M_0 = -\dfrac{2Ql}{9}$ 是固端梁的最大弯矩，而弯矩放大系数为 $A_m = \dfrac{1 - 0.27P/P_{cr}}{1 - P/P_{cr}}$。

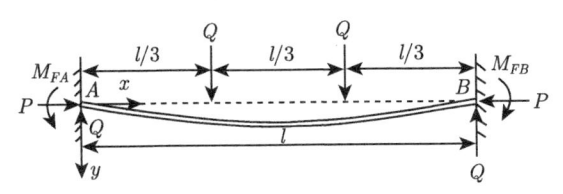

图 4.7 固定端的压弯构件

4.1.5 压弯构件的转角位移方程

1. 无侧移弹性压弯构件的转角位移方程

轴心压力将降低压弯构件的抗弯刚度，所以压弯构件的转角位移方程是不同于受弯构件的。对于如图 4.8 所示的无侧移的压弯构件，其两端分别作用有顺时针方向的力矩 M_A 和 M_B，其转角位移方程可以通过 4.1.4 节已有的转角式 (4.33) 经过转换后得到。根据已知

$$y' = -\frac{M_A \cos kl + M_B}{kEI \sin kl}\cos kx - \frac{M_A}{kEI}\sin kx + \frac{M_A + M_B}{k^2 EI l}$$

构件两端的转角分别是

$$\theta_A = y'(0) = -\frac{1}{kEI}\left(\frac{\cos kl}{\sin kl} - \frac{1}{kl}\right)M_A - \frac{1}{kEI}\left(\frac{1}{\sin kl} - \frac{1}{kl}\right)M_B$$

$$= \frac{l}{EI}\left[\frac{\sin kl - kl\cos kl}{(kl)^2\sin kl}\right]M_A + \frac{l}{EI}\left[\frac{\sin kl - kl}{(kl)^2\sin kl}\right]M_B \tag{4.41}$$

$$\theta_B = y'(l) = \frac{l}{EI}\left[\frac{\sin kl - kl}{(kl)^2\sin kl}\right]M_A + \frac{l}{EI}\left[\frac{\sin kl - kl\cos kl}{(kl)^2\sin kl}\right]M_B \tag{4.42}$$

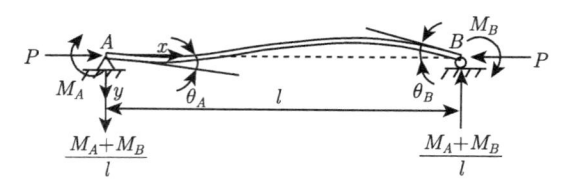

图 4.8 无侧移的压弯构件

将 θ_A 和 θ_B 当作已知量, 而 M_A 与 M_B 为未知量, 求解式 (4.41) 和 (4.42) 即可得到压弯构件的转角位移方程

$$M_A = \frac{EI}{l}\left[\frac{kl\sin kl - (kl)^2\cos kl}{2 - 2\cos kl - kl\sin kl}\right]\theta_A + \frac{EI}{l}\left[\frac{(kl)^2 - kl\sin kl}{2 - 2\cos kl - kl\sin kl}\right]\theta_B \tag{4.43}$$

$$M_B = \frac{EI}{l}\left[\frac{(kl)^2 - kl\sin kl}{2 - 2\cos kl - kl\sin kl}\right]\theta_A + \frac{EI}{l}\left[\frac{kl\sin kl - (kl)^2\cos kl}{2 - 2\cos kl - kl\sin kl}\right]\theta_B \tag{4.44}$$

以上两式可以写成与弹性受弯构件类同的表达式 [10]

$$M_A = K(C\theta_A + S\theta_B) \tag{4.45}$$

$$M_B = K(S\theta_A + C\theta_B) \tag{4.46}$$

式中, $K = \dfrac{EI}{l}$ 称为构件的线刚度; KC 和 KS 均称为抗弯刚度

$$C = \frac{kl\sin kl - (kl)^2\cos kl}{2 - 2\cos kl - kl\sin kl}, \quad S = \frac{(kl)^2 - kl\sin kl}{2 - 2\cos kl - kl\sin kl}$$

C 和 S 均称为抗弯刚度系数。从式 (4.45) 和式 (4.46) 可知, C 是对应于构件近端转角的, S 是对应于构件远端转角的, 而 $S/C = \dfrac{kl - \sin kl}{\sin kl - kl\cos kl}$ 称为弯矩

4.1 压弯构件在弯矩作用平面内的稳定性

传递系数。C 和 S 又称为稳定函数,为了便于应用,有时还引进符号 $u = kl = l\sqrt{\dfrac{P}{EI}} = \pi\sqrt{\dfrac{P}{P_E}}$,这时

$$C = \frac{u(\tan u - u)}{\tan u[2\tan(u/2) - u]}, \quad S = \frac{u(u - \sin u)}{\sin u[2\tan(u/2) - u]}$$

$$S/C = \frac{u - \sin u}{\sin u - u\cos u}$$

2. 有侧移弹性压弯构件的转角位移方程

对于如图 4.9 所示有相对侧移 Δ 的压弯构件,其转角位移方程可以直接利用式 (4.43) 和式 (4.44),亦即由式 (4.45) 和式 (4.46) 获得。在图 4.9 中两端的总转角 θ_A 和 θ_B 都包括了构件的侧移角 Δ/l,只要将这一侧移角从中扣除掉,那么构件的转角位移方程与图 4.8 无侧移压弯构件的完全相同,因此有侧移压弯构件的转角位移方程将是

$$M_A = K[C(\theta_A - \Delta/l) + S(\theta_B - \Delta/l)] = K[C\theta_A + S\theta_B - (C+S)\Delta/l] \quad (4.47)$$

$$M_B = K[S(\theta_A - \Delta/l) + C(\theta_B - \Delta/l)] = K[S\theta_A + C\theta_B - (C+S)\Delta/l] \quad (4.48)$$

在以上两式中,$-K(C+S)$ 称为抗侧移刚度,而 $-(C+S)$ 称为抗侧移刚度系数。当构件的轴心压力为零时,$-(C+S) = -6$,即为弹性受弯构件的抗侧移刚度系数。

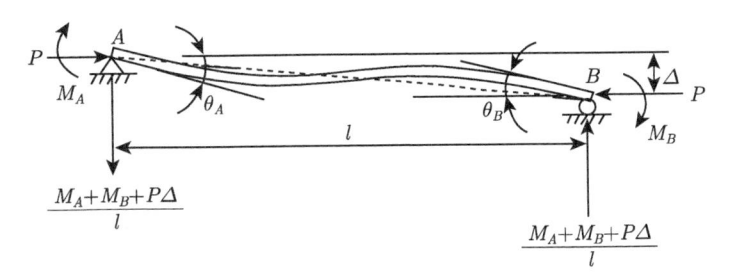

图 4.9 有侧移的压弯构件

3. 横向荷载作用下弹性压弯构件的转角位移方程

当压弯构件上有横向荷载作用时,转角位移方程还应该含有因横向荷载产生的固端弯矩。由于构件的轴线压力是相同的,因此可以利用叠加原理把有关项直接相加得到

$$M_A = K[C\theta_A + S\theta_B - (C+S)\Delta/l] + M_{FA} \quad (4.49)$$

$$M_B = K[S\theta_A + C\theta_B - (C+S)\Delta/l] + M_{FB} \tag{4.50}$$

以上压弯构件的诸转角位移方程,还将用于 4.2 节刚架的弹性稳定计算。关于几种横向荷载作用在压弯构件的固端弯矩,可参见前面已有的计算结果,为便于应用,将其汇总列于表 4.2。

表 4.2 压弯构件的固端弯矩 $\left(\mu = kl/2 = l/2\sqrt{\dfrac{P}{EI}} = \pi\sqrt{\dfrac{P}{P_{cr}}}\right)$

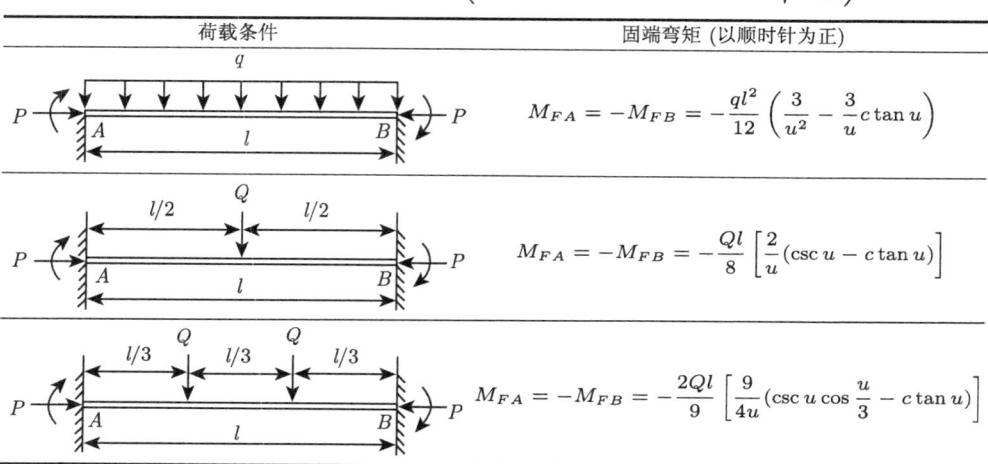

荷载条件	固端弯矩 (以顺时针为正)
均布荷载 q 作用于 AB 全长	$M_{FA} = -M_{FB} = -\dfrac{ql^2}{12}\left(\dfrac{3}{u^2} - \dfrac{3}{u}c\tan u\right)$
集中荷载 Q 作用于跨中	$M_{FA} = -M_{FB} = -\dfrac{Ql}{8}\left[\dfrac{2}{u}(\csc u - c\tan u)\right]$
两个集中荷载 Q 作用于三分点	$M_{FA} = -M_{FB} = -\dfrac{2Ql}{9}\left[\dfrac{9}{4u}(\csc u\cos\dfrac{u}{3} - c\tan u)\right]$

对于有多个集中荷载或者分段变化的均布荷载作用的简支压弯构件,其两端的转角均可利用图 4.10 所示的任意单个集中荷载作用的简支压弯构件端转角的计算公式,按照叠加原理得到总转角。

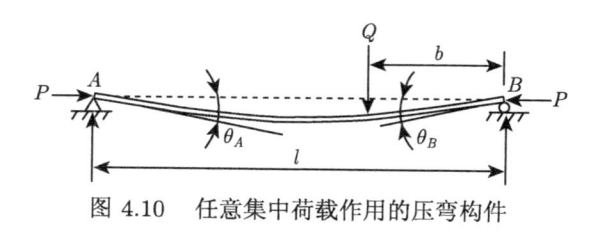

图 4.10 任意集中荷载作用的压弯构件

对于图 4.10 所示单个集中荷载的端转角为

$$\theta_A = \dfrac{Q}{k^2 EI}\left(\dfrac{\sin kb}{\sin kl} - \dfrac{b}{l}\right) \tag{4.51}$$

$$\theta_B = -\dfrac{Q}{k^2 EI}\left[\dfrac{\sin k(l-b)}{\sin kl} - \dfrac{l-b}{l}\right] \tag{4.52}$$

4.1 压弯构件在弯矩作用平面内的稳定性

与上述相同,有多个集中荷载或者分段变化的均布荷载作用的两端固定的压弯构件,其两端的固端弯矩可由下式获得

$$M_{FA} = -K(C\theta_A + S\theta_B) \tag{4.53}$$

$$M_{FB} = -K(S\theta_A + C\theta_B) \tag{4.54}$$

式中,θ_A 和 θ_B 是与上述荷载对应的简支压弯构件的总转角。

4.1.6 压弯构件在弯矩作用平面内的极限荷载

前面都是按照弹性稳定理论分析,在轴心压力和弯矩的共同作用下,压弯构件截面边缘纤维开始屈服,即进入了弹塑性受力状态,这时随着外荷载的增加,弹性区缩小,构件的抗弯刚度降低,变形加快,导致附加弯矩增加,以至于构件的抗弯能力的增加小于外力作用的增加,达到极限状态时内力开始无法平衡,因而发生整体失稳破坏。构件的极限荷载需根据极值点失稳条件求解,在失稳之前,从弯矩最大的截面边缘开始屈服,而后沿纵深发展。

因构件的截面形状、尺寸和外力作用等不同条件,失稳时塑性发展的范围可能只限于如图 4.11(a) 所示阴影部分在弯曲凹面受压的一侧;也可能在凹面受压和凸面受拉两侧同时出现大小不同的塑性区,如图 4.11(b) 所示。

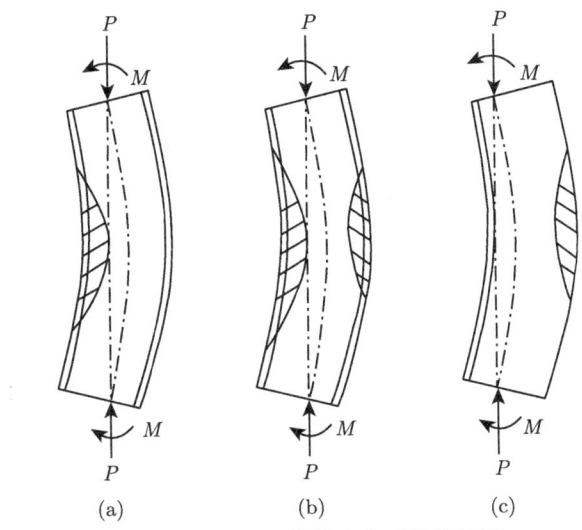

图 4.11 压弯构件失稳时的塑性区

对于单轴对称截面的压弯构件,除了可能发生以上两种失稳现象外,还存在另一种失稳现象:当屈服从受拉的一侧开始时,如图 4.11(c) 所示,可能只在受拉

一侧出现屈服区就失稳[9]。压弯构件的极限荷载计算比较困难,一般情况都可以用数值积分法得到数值解,但是如果截面的形状比较简单,不计残余应力和初始弯曲的影响,外力作用也比较单纯,那么在作了若干简化假定以后就可用解析法得到近似解,其中以 Ježek 法最为简便[10]。在压弯构件中,塑性从弯矩最大的截面开始发展。

对于不等端弯矩作用的简支压弯构件,塑性发展的范围将偏离构件的中点,位于端弯矩较大的一侧。对于有多种横向荷载作用的压弯构件,塑性发展的范围将更为复杂。对于有相同弯矩作用于两端的简支压弯构件,Ježek 法也可以计及残余应力和初始弯曲的影响,用此法求解可以获得精确度较高的极限荷载。因为在计算过程中要用到材料的非弹性应力–应变关系,还要考虑外力对构件变形的影响,因此压弯构件的理论分析属于材料非线性和几何非线性稳定问题。

用 Ježek 解析法计算两端铰接压弯构件极限荷载的基本假定为:
(1) 材料为理想的弹塑性体;
(2) 构件的变形曲线为正弦曲线的一个半波。

由于已经假定了构件的变形曲线,此曲线与实际的变形曲线不相同,因此不可建立各个截面的力平衡方程,只能建立弯矩最大截面的内外力平衡方程。

图 4.12(a) 是双轴对称的矩形截面压弯构件,其两端铰接,截面面积为 $A = bh$,在轴心压力 P 和端弯矩 M 的共同作用下,构件只可能发生两种弹塑性失稳状态。一种只在受压区屈服,其中央截面的弹性区高度为 h_e,如图 4.12(b) 所示,细长的构件常常属于这种情况;另一种在受压区和受拉区同时屈服,弹性区缩小至截面中部,如图 4.12(e) 所示,粗短的构件常常属于这种情况。下面根据两种不同的受力条件建立中央截面的平衡方程,先找出压力 P 和挠度 v 之间的关系式,再利用极值条件 $\mathrm{d}P/\mathrm{d}v = 0$ 求解极限荷载,这是属于极限强度理论的求解方法。

图 4.12(c) 是属于第一种受力状态的应变图,相应的应力图为图 4.12(d),如以 $P_y = A\sigma_y$ 表示轴心受压时全截面屈服的压力,根据构件中央截面轴线方向力的平衡条件知

$$P = \sigma_y A - \frac{1}{2}(\sigma_y + \sigma_t)bh_e \quad \text{或} \quad \sigma_y + \sigma_t = \frac{2(P_y - P)}{bh_e} \tag{4.55}$$

根据力矩的平衡条件得

$$M_{\max} = M + Pv = \frac{1}{2}(\sigma_y + \sigma_t)bh_e\left(\frac{h}{2} - \frac{h_e}{3}\right) \tag{4.56}$$

将式 (4.55) 代入式 (4.56) 后可以得到

$$h_e = \frac{3h}{2} - \frac{3(M + Pv)}{P_y - P} \tag{4.57}$$

4.1 压弯构件在弯矩作用平面内的稳定性

由应变图知，曲率

$$\Phi = \frac{\varepsilon_y + \varepsilon_t}{h_e} = \frac{\sigma_y + \sigma_t}{Eh_e} = \frac{2(P_y - P)}{Ebh_e^2} \tag{4.58}$$

根据变形曲线的假定，挠曲线为

$$y = v\sin\frac{\pi x}{l} \tag{4.59}$$

中央截面处的曲率应为

$$\Phi = -y''\left(\frac{l}{2}\right) = \frac{v\pi^2}{l^2} = \frac{2(P_y - P)}{Ebh_e^2} \tag{4.60}$$

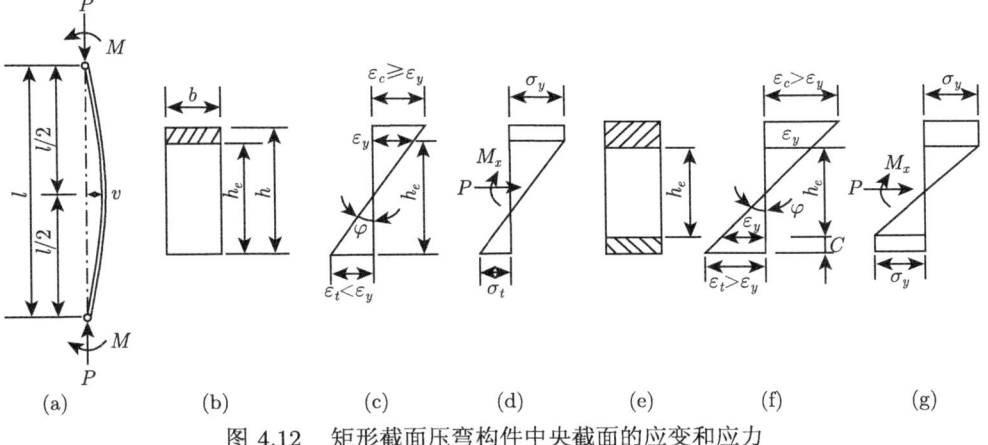

图 4.12 矩形截面压弯构件中央截面的应变和应力

将式 (4.57) 代入式 (4.60) 后，构件中央截面的内外力平衡以及变形协调条件将转化为 P 和 v 的关系式，则

$$v\left[\frac{h}{2}\left(1 - \frac{P}{P_y}\right) - \frac{M + Pv}{P_y}\right]^2 = \frac{2l^2 P_y}{9b\pi^2 E}\left(1 - \frac{P}{P_y}\right)^3 \tag{4.61}$$

上式即为构件的压力-挠度曲线函数。由极值条件 $dP/dv = 0$，得到

$$v = \frac{1}{3}\frac{P_y}{P}\left[\frac{h}{2}\left(1 - \frac{P}{P_y}\right) - \frac{M}{P_y}\right] \tag{4.62}$$

将此式代入式 (4.61) 后得

$$P = \frac{\pi^2 E}{l^2} \times \frac{1}{12} bh^3 \left[1 - \frac{2M}{hP_y(1 - P/P_y)}\right]^3$$

但构件全截面的惯性矩为 $I_x = \frac{1}{12}bh^3$，当 $P = 0$ 时，截面边缘纤维开始屈服时的弯矩为 $M_y = \frac{1}{6}bh^2\sigma_y = \frac{1}{6}P_y h$，以此代入上式后即可得到极限荷载

$$P_u = \frac{\pi^2 E I_x}{l^2}\left[1 - \frac{M}{3M_y(1 - P_u/P_y)}\right]^3 \tag{4.63}$$

将式 (4.62) 代入式 (4.57) 得到

$$h_e = h\left[1 - \frac{M}{3M_y(1 - P_u/P_y)}\right]$$

这样式 (4.63) 也可以写作

$$P_u = \frac{\pi^2 E I_x}{l^2}\left(\frac{h_e}{k}\right)^3 = \frac{\pi^2 E I_{ex}}{l^2} \tag{4.64}$$

式中，I_{ex} 是弹性区截面惯性矩，说明塑性发展使构件的抗弯刚度降至 EI_{ex}，极限荷载相当于以弹性区为截面的轴心受压构件的屈曲载荷。发生第一种受力状态失稳的条件是图 4.12(d) 中截面受拉侧的应力写作 $\sigma_t \leqslant \sigma_y$；由式 (4.55) 可以得到这时 $h_e \geqslant (1 - P_u/P_y)h$，也可以写作

$$P_u/P_y \geqslant \frac{M}{3M_y(1 - P_u/P_y)} \tag{4.65}$$

第二种受力状态的中央截面的应变和应力图为图 4.12(f) 和 (g)，其条件应为

$$P_u/P_y < \frac{M}{3M_y(1 - P_u/P_y)}$$

根据轴心压力的平衡条件得

$$P = P_y - bh_e\sigma_y - 2bc\sigma_y \tag{4.66}$$

根据力矩的平衡条件得

$$M_x = M + Pv = bh_e\sigma_y(h/2 - h_e/3 - c) + 2bc\sigma_y(h/2 - c/2) \tag{4.67}$$

由应变图图 4.12(f) 知曲率

$$\Phi = \frac{2\varepsilon_y}{h_e} = \frac{2\sigma_y}{Eh_e} = v\frac{\pi^2}{l^2} \tag{4.68}$$

4.2 刚架稳定

从式 (4.66)~(4.68) 中消去 c 和 h_e 后得到 P 和 v 的关系式

$$v^2\left\{\frac{h}{4}\left[1-\left(\frac{P}{P_y}\right)^2\right]-\frac{M+Pv}{P_y}\right\}=\frac{l^4\sigma_y}{3h\pi^4 E} \tag{4.69}$$

由极值条件 $\mathrm{d}P/\mathrm{d}v=0$,可得到

$$v=\frac{P_y}{3P}\left\{\frac{h}{2}\left[1-\left(\frac{P}{P_y}\right)^2\right]-\frac{2M}{P_y}\right\} \tag{4.70}$$

将式 (4.70) 代入式 (4.69),经整理后可得

$$P_u=\frac{\pi^2 EI_x}{l^2}\sqrt{\left[1-\left(\frac{P_u}{P_y}\right)^2-\frac{2M}{3M_y}\right]^3} \tag{4.71}$$

由式 (4.68)、式 (4.70) 和式 (4.71) 得到

$$h_e=h\sqrt{1-\left(\frac{P_u}{P_y}\right)^2-\frac{2M}{3M_y}}$$

这样式 (4.71) 可写作

$$P_u=\frac{\pi^2 EI_x}{l^2}\left(\frac{h_e}{h}\right)^3=\frac{\pi^2 EI_{ex}}{l^2} \tag{4.72}$$

式 (4.72) 也表示了矩形截面压弯构件的极限荷载相当于以弹性区为截面的轴心受压构件的屈曲载荷。这也可以看成是受压板极限承载力理论中冯·卡门有限宽度理论的雏形,即在杆件达到极限状态时,截面塑性区达到 σ_y,弹性区仍满足线弹性本构关系,而截面的强度仅仅由弹性区的刚度确定[11-13]。

4.2 刚架稳定

4.2.1 刚架的失稳形式

刚架是由梁和柱组成的结构,刚架的结点主要是刚结点,也可以有部分铰结点或组合结点,各杆件主要受弯和受压。本节研究刚架在平面内发生弯曲屈曲的稳定问题。在刚架平面内,刚架的失稳形式必须针对刚架的组成和荷载作用的条件进行分析,因组成条件不同,刚架在失稳时有柱顶无侧移和有侧移两种不同的失稳形式[7]。

1. 无侧移的刚架屈曲

为了便于说明问题,现讨论一个完全对称的单跨刚架。图 4.13(a) 和 (b) 均为作用有对称荷载的单跨对称刚架,用交叉支撑或其他实体结构以阻止柱顶侧移。在图 4.13(a) 中两个集中荷载均沿柱的轴线作用,属于无几何缺陷的理想条件,荷载是按比例增加的,荷载达到屈曲载荷 P_{cr} 时,刚架产生如图中虚线所示的对称弯曲变形。这种刚架的对称失稳形式属于分岔屈曲失稳问题,和在第 2 章分析过的轴心受压构件的屈曲形式是一致的。图 4.13(c) 表示了当 $P = P_{cr}$ 时的分岔点水平线 a。

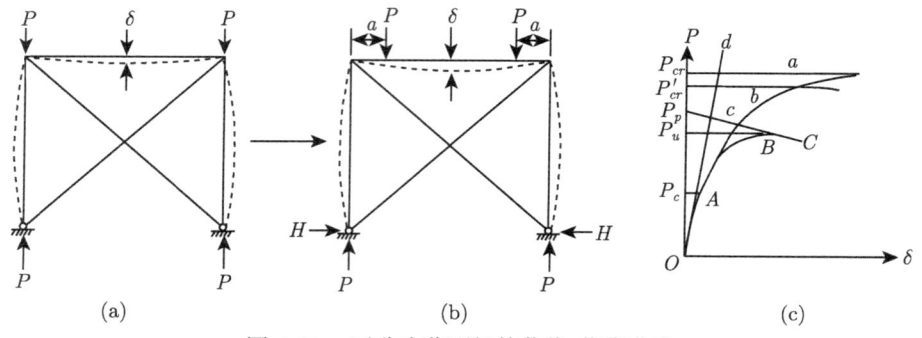

图 4.13 对称失稳刚架的荷载–挠度曲线

如果作用在刚架上的荷载离开柱顶有一段距离 a,如图 4.13(b) 所示,那么荷载开始作用时横梁和柱子就会同时产生对称的弯曲变形,图 4.13(c) 表示了它的一阶弹性线 a 和二阶弹性荷载–挠度曲线 b。由于横梁上直接作用有荷载,因此在柱脚处有水平反力 H,它使横梁的刚度因受压而有所降低。当横梁的刚度较弱时,会使弹性的荷载–挠度曲线出现上升段和下降段,其屈曲载荷为 P'_{cr};当横梁的刚度较强时,水平反力对横梁刚度的影响很小,故可不计,此时弹性的荷载–挠度曲线即与分岔屈曲载荷 P_{cr} 水平线渐近。与曲线上 A 点对应的载面边缘纤维屈服荷载 P_e 表示刚架柱的某一截面的边缘纤维已经开始屈服,随着荷载增加,刚架逐渐形成塑性区,弹性区缩小,抗弯能力降低;其二阶弹塑性荷载–挠度曲线为 $OABC$,这时的刚架柱如 4.1 节研究过的压弯构件一样,呈现极值点失稳现象,其极限荷载为 P_u,图 4.13(c) 同时还给出了刚架形成机构破坏时二阶刚塑性的曲线,图中荷载 P_p 是一阶刚塑性的破坏荷载。

2. 有侧移的刚架屈曲

对于对称的单跨刚架,如图 4.14(a) 所示,荷载对称地作用于柱顶。因柱顶可以移动,当荷载到达屈曲载荷 P_{cr} 时,刚架将产生有侧向位移的反对称弯曲变形,

4.2 刚架稳定

如图 4.14(a) 中虚线所示。这种失稳形式属于分岔失稳问题,图 4.14(c) 的荷载-位移曲线有其分岔点水平线 a。当荷载对称地作用于离柱顶有一段距离 a 时,如图 4.14(b) 所示,荷载开始作用,刚架先产生对称的弯曲变形,柱顶并无侧移,其荷载-挠度曲线如图 4.14(d) 的曲线 b;但当荷载到达屈曲载荷 P_{cr} 时,刚架将产生有侧移 Δ 的反对称屈曲,仍属于分岔失稳问题,有分岔点水平线 c,如图 4.14(c) 所示。

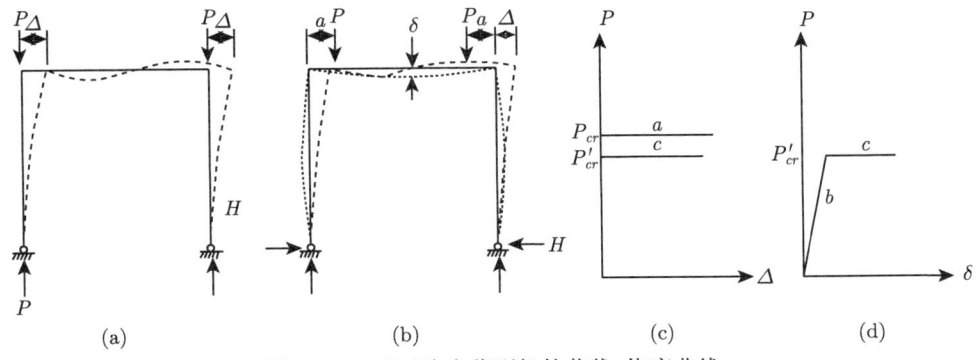

图 4.14 反对称失稳刚架的荷载-挠度曲线

对于如图 4.15(a) 无侧移和图 4.15(c) 有侧移刚架,当荷载沿轴线作用时都属于分岔失稳问题,但当荷载直接作用于横梁上时,如图 4.15(b) 和 (d) 或者在有侧移刚架的柱顶还作用有水平荷载时,由于荷载开始作用时就产生弯曲变形 δ 和侧移 Δ,因此都属于极值点失稳问题。

通过求解可以发现,当刚架的组成和荷载作用条件类同时,有侧移刚架的屈曲载荷总是远小于无侧移刚架,因此在计算刚架的屈曲载荷之前,首先要明确所分析的刚架柱顶是否可能产生侧移;对于已经设置了阻止柱顶侧移的支撑系统,还要考察其是否有效。按规定,对于有支撑的刚架,当其抗侧移的刚度大于或等于同类无支撑刚架抗侧移刚度的 5 倍时,才认为支撑系统有效,否则仍按无支撑刚架计算其稳定性。如果有充分的科学依据,也可考虑支撑系统的有利作用[10]。

求解屈曲载荷的方法有微分方程平衡法、位移法、刚度矩阵法和近似法等。刚度矩阵法在第 3 章已介绍,对于发生极值点失稳的弹塑性刚架可用数值积分法和近似法求解。

为了将理论上求解得到的屈曲载荷应用于刚架柱设计,常常需要把弹性屈曲载荷换算成等效长度的两端铰接轴心受压柱的屈曲载荷,其通式仍是式 (2.23)

$$P_{cr} = \pi^2 EI_c/l_0 = \pi^2 EI_c/(\mu l_c)^2, \quad \mu\sqrt{P_E/P_{cr}} = \sqrt{\pi^2 EI_c/(l_c^2 P_{cr})} \quad (4.73)$$

式中,I_c 是刚架柱的截面惯性矩,l_c 和 l_0 分别是其几何长度和计算长度,而 μ 为计算长度系数。本节计算刚架的弹性屈曲载荷时常常将其转化为求解柱的计算长度系数。

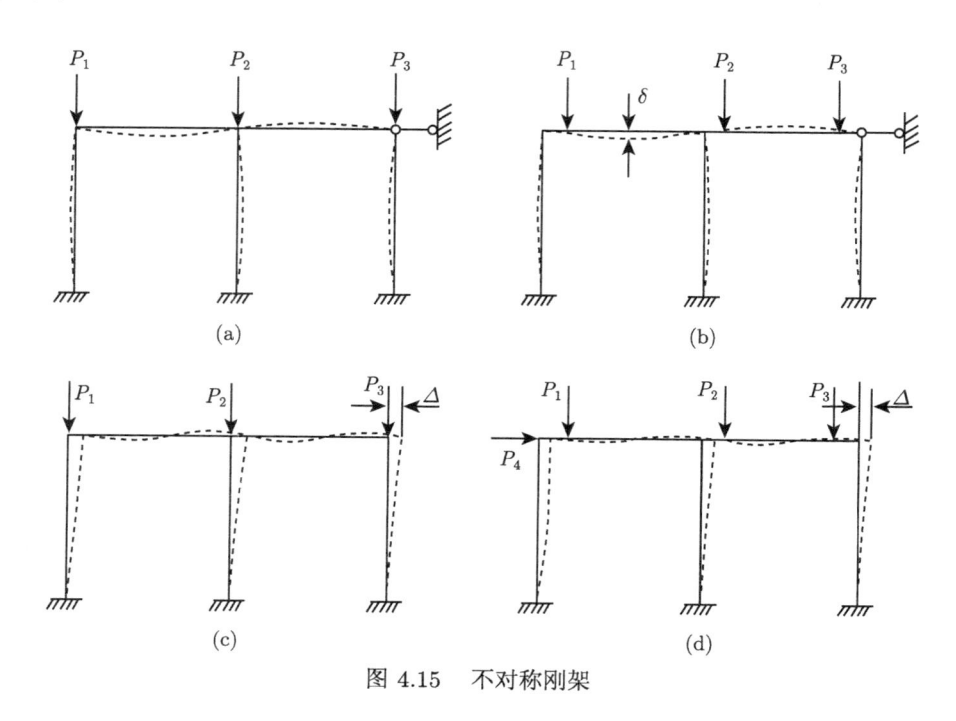

图 4.15 不对称刚架

4.2.2 平衡法求解刚架的弹性屈曲载荷

对于如图 4.16(a) 所示下端铰接的无侧移单跨对称刚架，用平衡法求解其屈曲载荷，柱的几何长度和计算长度分别为 l_c 和 l_0，计算时作如下基本假定：

(1) 材料为弹性体；
(2) 集中荷载沿柱的轴线作用于柱顶，没有水平力；
(3) 不计柱的轴向压缩变形；
(4) 不计刚架屈曲时横梁中的轴心力。

图 4.16(a) 表明了柱和梁的几何长度与截面惯性矩，可将刚架划分为如图 4.16(b) 所示的两个隔离体，左柱和右柱的受力与变形具有对称性，因此右柱在图中没有画出。

先对左柱建立平衡方程，令 $k^2 = P/(EI_c)$，

$$y_c'' + k^2 y_c = \frac{M_B}{EI_c l_c} x_c \tag{4.74}$$

4.2 刚架稳定

其通解为

$$y_c = A\sin kx_c + B\cos kx_c + \frac{M_B}{P} \times \frac{x_c}{l_c} \tag{4.75}$$

由边界条件 $y_c(0) = 0$，$y_c(l_c) = 0$ 得到 $A = -\dfrac{M_B}{P\sin kl_c}$，$B = 0$，则

$$y_c = \frac{M_B}{P}\left(\frac{x_c}{l_c} - \frac{\sin kx_c}{\sin kl_c}\right) \tag{4.76}$$

$$\theta_B = y_c'(l_c) = \frac{M_B}{P}\left(\frac{1}{l_c} - \frac{k}{\tan kl_c}\right) \tag{4.77}$$

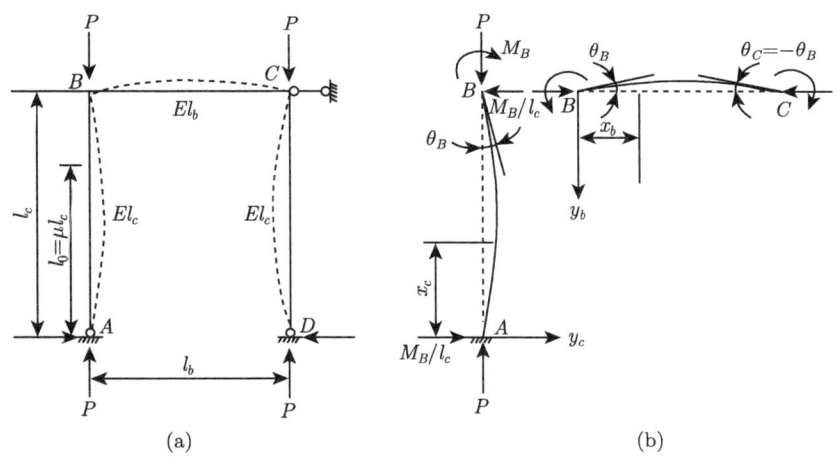

图 4.16 柱脚铰接无侧移单跨刚架

再建立梁的平衡方程，根据节点平衡条件知，梁端弯矩与柱端弯矩应大小相等、方向相反，由于不计梁中的轴线压力，故由 $M_B = EI_b y_b''$ 得到

$$y_b = \frac{M_B}{2EI_b}x_b^2 + Cx_b + D \tag{4.78}$$

由边界条件 $y_b(0) = 0$，$y_b(l_b) = 0$ 得到 $D = 0$，$C = -\dfrac{M_B l_b}{2EI_b}$，所以

$$y_b = \frac{M_B}{2EI_b}(x_b^2 - l_b x_b) \tag{4.79}$$

$$\theta_B = y_b'(0) = -\frac{M_B}{2EI_b}l_b \tag{4.80}$$

根据变形协调条件，在节点 B 应有 $y'_c(l_c) = y'_b(0)$，由此得到

$$\frac{M_B}{P}\left(\frac{1}{l_c} - \frac{k}{\tan kl_c}\right) + \frac{M_B}{2EI_b}l_b = 0 \tag{4.81}$$

在上式中 $M_B \neq 0$，将 $P = k^2EI_c$、梁与柱的线刚度比值 $K_1 = \dfrac{I_bl_c}{I_cl_b}$ 代入后，可以得到刚架的屈曲方程为

$$2K_1(\tan kl_c - kl_c) + (kl_c)^2 \tan kl_c = 0 \tag{4.82}$$

上式也可以用刚架柱的计算长度系数的形式表示，由 $P_{cr} = \dfrac{\pi^2EI_c}{(\mu l_c)^2} = k^2EI_c$，知 $kl_c = \pi/\mu$，因此，

$$2K_1\left(\tan\frac{\pi}{\mu} - \frac{\pi}{\mu}\right) + \left(\frac{\pi}{\mu}\right)^2 \tan\left(\frac{\pi}{\mu}\right) = 0 \tag{4.83}$$

给定线刚度比值 K_1 后，可由式 (4.83) 得到柱的计算长度系数 μ，从而得出屈曲载荷。

当横梁的线刚度为无限大时，式 (4.83) 将为 $\tan\dfrac{\pi}{\mu} - \dfrac{\pi}{\mu} = 0$，$\mu = 0.699$，$P_{cr} = \dfrac{\pi^2EI_c}{(0.699l_c)^2} = \dfrac{20.2EI_c}{l_c^2}$，相当于一端铰接、一端固定柱的屈曲载荷。

当横梁的线刚度接近于零时，式 (4.83) 将为 $\tan(\pi/\mu) = 0$，$\mu = 1.0$，$P_{cr} = \pi^2EI_c/l^2 = 9.87EI_c/l_c^2$，相当于两端铰接柱的屈曲载荷。

当 $K = 1$ 时，由 $2[\tan(\pi/\mu) - (\pi/\mu)] + (\pi/\mu)^2 \tan(\pi/\mu) = 0$，通过试算可以得到 $\mu = 0.875$，$P_{cr} = \dfrac{\pi^2EI_c}{(0.875l_c)^2} = \dfrac{12.9EI_c}{l_c^2}$。

对于不同的 K_1 值，μ 将在 $0.7 \sim 1.0$ 的范围内变动。

同理，引入线刚度比值 $K_1 = \dfrac{I_bl_c}{I_cl_b}$ 和 $P = k^2EI_c$ 后，可得下端固定的无侧移单跨刚架的屈曲方程为

$$2K_1(2 - 2\cos kl_c - kl_c \sin kl_c) + kl_c(\sin kl_c - kl_c \cos kl_c) = 0 \tag{4.84}$$

当 $K_1 = \infty$ 时，上式变为 $2 - 2\cos(\pi/\mu) - (\pi/\mu)\sin(\pi/\mu) = 0$，得到 $\mu = 0.5$，$P_{cr} = 39.48EI_c/l_c^2$，相当于两端固定柱的屈曲载荷。当 $K_1 = 0$ 时，上式变为 $\sin(\pi/\mu) - (\pi/\mu)\cos(\pi/\mu) = 0$，得到 $\mu = 0.7$，$P_{cr} = 20.1EI_c/l_c^2$，相当于一端铰接、一端固定柱的屈曲载荷。当 $K_1 = 1$ 时，上式变为 $2[2 - 2\cos(\pi/\mu) - (\pi/\mu)\sin(\pi/\mu)] + (\pi/\mu)[\sin(\pi/\mu) - (\pi/\mu)\cos(\pi/\mu)] = 0$，得到 $\mu = 0.626$，$P_{cr} = 25.19EI_c/l_c^2$。对于不同的 K_1 值，μ 在 $0.5 \sim 0.7$ 范围内变动。

4.2.3 位移法求解刚架的弹性屈曲载荷

位移法求解刚架屈曲载荷的计算原理和结构力学中求解超静定结构的内力是一致的，具体运算时有所不同的是求解刚架的屈曲载荷，对于有轴线压力的构件，其转角位移方程需考虑轴线压力对构件抗弯刚度的影响，而建立了平衡方程以后得到的是求解屈曲载荷的屈曲方程。关于构件端部的力矩与位移之间的关系，可以直接利用 4.1.5 节介绍的压弯构件转角位移方程 (4.47) 和 (4.48)，它们分别是

$$M_{AB} = K[C\theta_A + S\theta_B - (C+S)\Delta/l]$$

$$M_{BA} = K[S\theta_A + C\theta_B - (C+S)\Delta/l]$$

对于图 4.17(a) 所示下端铰接的单层单跨刚架，在屈曲时柱顶产生侧移而形成反对称屈曲变形，因此柱下端不会产生水平反力。

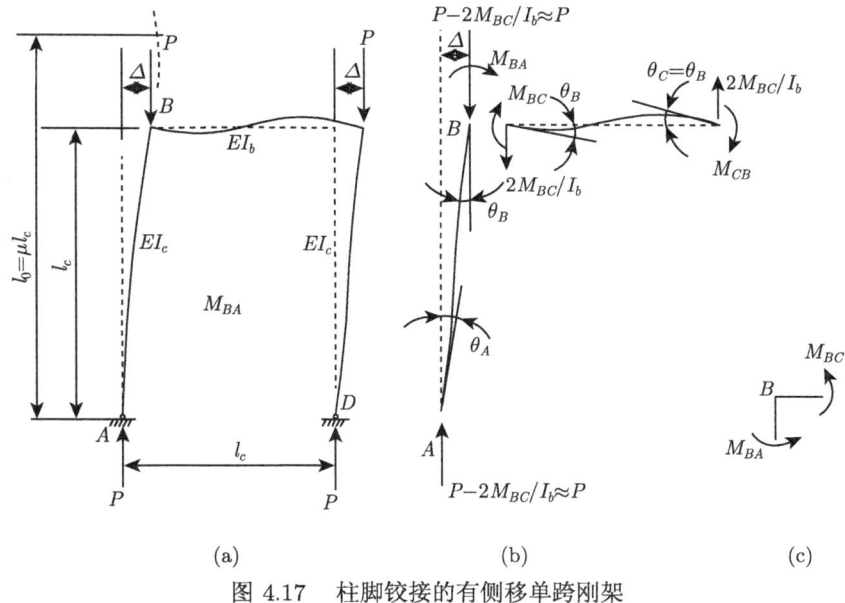

图 4.17 柱脚铰接的有侧移单跨刚架

分析时因侧移而导致两柱的压力有微小变化，这一微小变化可忽略不计。求解屈曲载荷时可将刚架分为如图 4.17(b) 所示隔离体，柱的侧移角 $\rho = \Delta/l_c$。

对于左柱，线刚度

$$K_c = EI_c/l_c$$

$$M_{AB} = K_c[C\theta_A + S\theta_B - (C+S)\rho] = 0, \quad \theta_A = -(S/C)\theta_B + (1+S/C)\rho \quad (4.85)$$

$$M_{BA} = K_c[S\theta_A + C\theta_B - (C+S)\rho] = K_c[(C-S^2/C)\theta_B - (C-S^2/C)\rho] \quad (4.86)$$

根据左柱本身的平衡条件
$$M_{BA} = -P\rho l_c \tag{4.87}$$

由式 (4.86) 和式 (4.87) 相等得到
$$K_c[(C - S^2/C)\theta_B - (C - S^2/C)\rho] + Pl_c\rho = 0$$

但 $P = k^2 EI_c$,$K_c = EI_c/l_c$,故
$$(C - S^2/C)\theta_B - [C - S^2/C - (kl_c)^2]\rho = 0 \tag{4.88}$$

对于横梁,线刚度 $K_b = EI_b/l_b$,
$$M_{BC} = K_b(4\theta_B + 2\theta_C) = 6K_b\theta_B \tag{4.89}$$

由图 4.17(c) 所示节点 B 的力矩平衡条件 $M_{BA} + M_{BC} = 0$,得到
$$K_c[(C - S^2/C)\theta_B - (C - S^2/C)\rho] + 6K_b\theta_B = 0$$

令 $K_1 = K_b/K_c = \dfrac{I_b l_c}{I_c l_b}$,则
$$(C - S^2/C + 6K_1)\theta_B - (C - S^2/C)\rho = 0 \tag{4.90}$$

由式 (4.88) 和式 (4.90) 得到刚架屈曲的条件为
$$\begin{vmatrix} C - S^2/C & -[C - S^2/C - (kl_c)^2] \\ C - S^2/C + 6K_1 & -(C - S^2/C) \end{vmatrix} = 0 \tag{4.91}$$

或
$$[(kl_c)^2 - 6K_1](C - S^2/C) + 6K_1(kl_c)^2 = 0 \tag{4.92}$$

已知 K_1 后,通过试算得到 kl_c,从而得到刚架柱的屈曲载荷。

当 $K_1 = \infty$ 时,式 (4.92) 变为 $C - S^2/C - (kl_c)^2 = 0$,此时 $kl_c = \pi/2$,$\mu = \pi/(kl_c) = 2$,$P_{cr} = \pi^2 EI_c/(2l_c)^2 = 2.467 EI_c/l_c^2$,相当于一端铰接、一端可移动但不能转动的轴心受压构件的屈曲载荷。$K_1 = 0$ 时,式 (4.92) 变为 $(kl_c)^2(C^2 - S^2) = 0$。符合此式的有 3 个解:当 $kl_c = 0$ 时,$P_{cr} = 0$;当 $C = S$ 时,$kl_c = \pi$,$P_{cr} = \pi^2 EI_c/l_o^2$;当 $C = -S$ 时,$kl_c = 2\pi$,$P_{cr} = 4\pi^2 EI_c/l_c^2$。显然屈曲载荷的最小值是 $P_{cr} = 0$,实际上当 $K_1 = 0$ 时,刚架为一不稳定的机动体系。

$K_1 = 1$ 时,由 $[(kl_c)^2 - 6](C - S^2/C) + 6(kl_c)^2 = 0$,通过试算得到 $kl_c = 1.35$,$\mu = \pi/(kl_c) = 2.327$,$P_{cr} = \pi^2 EI_c/(2.327 l_c)^2 = 1.823 EI_c/l_c^2$。

4.2 刚架稳定

对于不同的 K_1，μ 在 $2\sim\infty$ 范围内变动。

将 C 与 S 的三角函数和 $\mu=\pi/(kl_c)$ 代入式 (4.92) 后，还可得到此刚架的屈曲方程

$$(\pi/\mu)\tan(\pi/\mu)-6K_1=0 \tag{4.93}$$

给定 K_1 后，可由式 (4.93) 直接算出 μ 值。

同理，柱脚固定有侧移的单跨刚架的屈曲方程为

$$\left(C^2-S^2\right)+12K_1\left(C+S\right)-(kl_c)^2\left(C+6K_1\right)=0 \tag{4.94}$$

当 $K_1=\infty$ 时，上式变为 $2(C+S)-(kl_c)^2=0$，$kl_c=\pi$，$\mu=1.0$，$P_{cr}=\pi^2 EI_c/l_c^2$，相当于两端固定但有侧移的轴心受压柱的屈曲载荷。当 $K_1=0$ 时，上式变为 $C^2-S^2-C(kl_c)^2=0$，$kl_c=\pi/2$，$\mu=2.0$，$P_{cr}=\pi^2 EI_c/(2l_c)^2$，相当于下端固定、上端自由的轴心受压柱的屈曲载荷。当 $K_1=1$ 时，上式变为 $(C+S)(C-S+12)-(kl_c)^2(C+6)=0$，$kl_c=2.71$，$\mu=1.16$，$P_{cr}=7.335EI_c/l_c^2$，相当于两端固定但有侧移的轴心受压柱的屈曲载荷。对于不同的 K_1 值，μ 在 $1.0\sim 2.0$ 范围内变动。

将 C 和 S 的三角函数及 $\mu=\pi/(kl_c)$ 代入式 (4.94) 后，还可以得到刚架的屈曲方程为 $6K_1 tg(\pi/\mu)+\pi/\mu=0$，给定 K_1 值后，即可由上式直接计算出 μ 值。图 4.18(a) 和 (b) 分别表示了下端铰接的无侧移和有侧移两种单跨刚架随线刚度比值 K_1 而变化的屈曲载荷和计算长度系数。

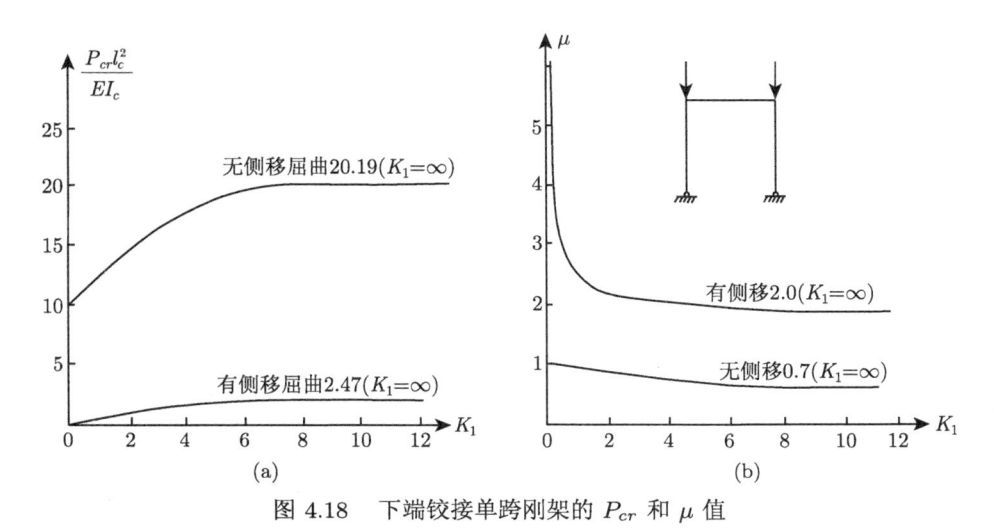

图 4.18 下端铰接单跨刚架的 P_{cr} 和 μ 值

图 4.19(a) 和 (b) 分别表示了下端固接的无侧移和有侧移两种单跨刚架随线刚度比值 K_1 而变化的屈曲载荷和计算长度系数。

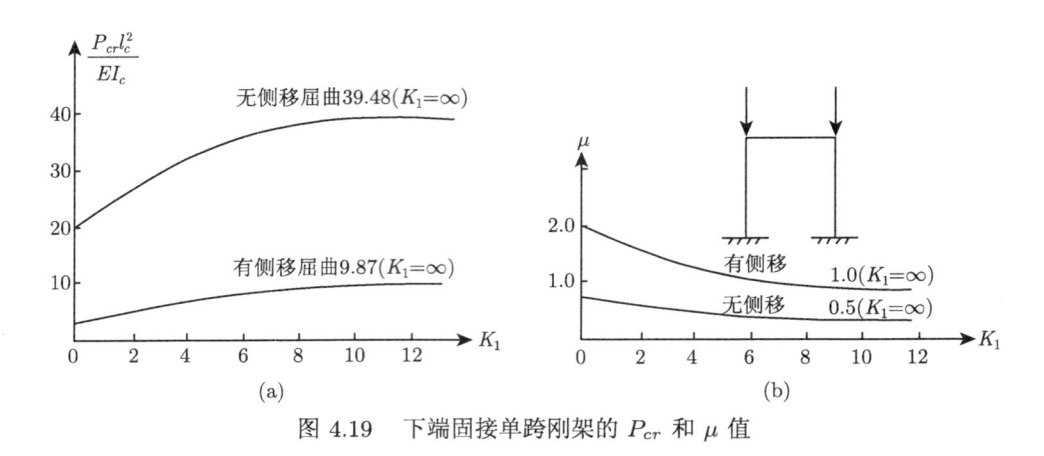

图 4.19 下端固接单跨刚架的 P_{cr} 和 μ 值

从图 4.18 和图 4.19 可知，无侧移和有侧移刚架柱的屈曲载荷和计算长度系数差别极大，因此在确定刚架柱的屈曲载荷之前首先要判明刚架是否有侧移，同时注意柱两端的连接条件。

表 4.3 给出了 4 种不同条件的单跨对称刚架柱的计算长度系数的精确解。为了便于应用，表中的最后一栏还给出了 μ 值的实用计算公式[10]。

表 4.3 单跨对称刚架柱计算长度系数 μ

连接条件	屈曲形式	\multicolumn{7}{c	}{$K_1 = \dfrac{I_b l_c}{I_c l_b}$}	实用计算公式
		0	0.2	1	2	5	10	∞	
下端铰接	无侧移	1	0.964	0.875	0.820	0.760	0.732	0.700	$\mu = \dfrac{1.4K_1 + 3}{2K_1 + 3}$
下端铰接	有侧移	∞	3.420	2.330	2.170	2.070	2.030	2.000	$\mu = 2\sqrt{1 + \dfrac{0.38}{K_1}}$
下端固定	无侧移	0.700	0.679	0.626	0.590	0.546	0.524	0.500	$\mu = \dfrac{K_1 + 2.188}{2K_1 + 3.125}$
下端固定	有侧移	2.000	1.500	1.160	1.180	1.030	1.020	1.000	$\mu = \sqrt{\dfrac{K_1 + 0.532}{K_1 + 0.133}}$

4.2.4 主弯矩对单层单跨刚架稳定的影响

前面讨论的刚架都属于集中荷载沿柱的轴线作用的弹性刚架屈曲问题。本节要讨论的刚架除有一部分集中荷载沿柱的轴线作用外，还有一部分荷载先直接作用于横梁上，然后再由横梁的两端传递到柱上，结果因横梁上的荷载导致刚架在屈曲之前就产生了弯曲变形，梁和柱都已存在弯矩。对于梁和柱未考虑其中轴心力的影响而产生的一阶弯矩称为主弯矩，轴心力和线位移乘积形成的弯矩称为次弯矩。图 4.20(a) 是下端铰接的无侧移对称刚架，经查表 4.3 知，当 $K_1 = 1.0$ 时，

4.2 刚架稳定

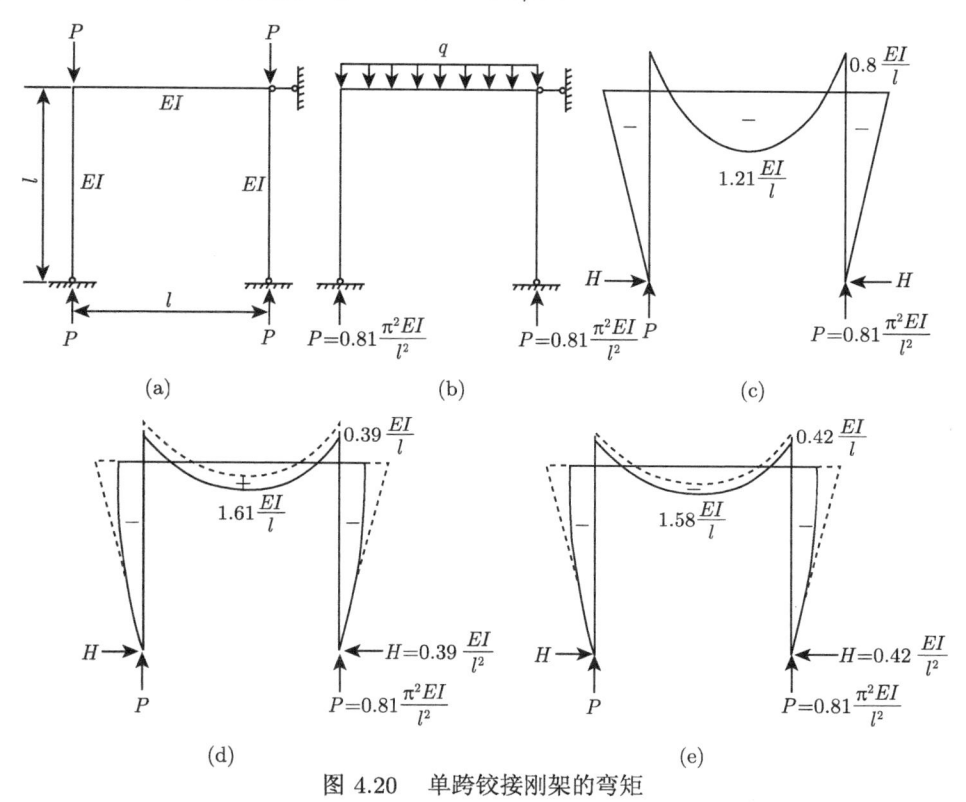

$\mu = 0.875$，柱的屈曲载荷 $P_{cr} = 1.306\pi^2 EI/l^2$。

图 4.20 单跨铰接刚架的弯矩

当横梁上直接作用有荷载时，刚架柱的屈曲载荷将有所降低。取均布荷载 $q = 1.62\pi^2 EI/l^3$ 直接作用于如图 4.20(b) 所示的横梁上，这样柱的轴心压力 $P = 0.81\pi^2 EI/l^2$，此时刚架的一阶弯矩如图 4.20(c) 所示。考虑轴心压力 P 使柱的抗弯刚度降低，如果不计轴线压力 H 对横梁抗弯刚度的影响，可用位移法得到此刚架的二阶弯矩，如图 4.20(d) 中的实线所示，图中的虚线为一阶弯矩，在实线与虚线之间范围内的差别即为次弯矩。如果考虑轴心压力 H 对横梁刚度的影响，刚架的二阶弯矩如图 4.20(e) 中的实线所示。但两个内力图 4.20(d) 和 (e) 之间的差别很小。相同的总荷载如全部直接作用在柱顶或直接作用在横梁上，刚架的受力状态是不同的。现在先讨论主弯矩对弹性刚架屈曲载荷的影响，再讨论弹塑性刚架的极限荷载。

1. 对称刚架有主弯矩作用时的屈曲形式

对于如图 4.21(a) 所示下端铰接的单跨对称刚架，柱与横梁的长度分别为 l_1 和 l_2，截面惯性矩分别为 I_1 和 I_2。在横梁上直接作用着的均布荷载为 q，同时在柱顶还作用有集中荷载 P，而 $P=nql_2/2$，这里的 n 表示集中荷载与总的均布荷载之间存在一定的比例关系，这样柱中的轴心压力用符号 $\bar{P}$ 表示，$\bar{P}=(n+1)ql_2/2$。由于横梁上作用有均布荷载，所以梁和柱一经加荷即开始产生弯曲变形。可以画出柱的轴心压力 $\bar{P}$ 与节点 B 的转角 θ_B 间的关系曲线，如图 4.21(b) 所示。

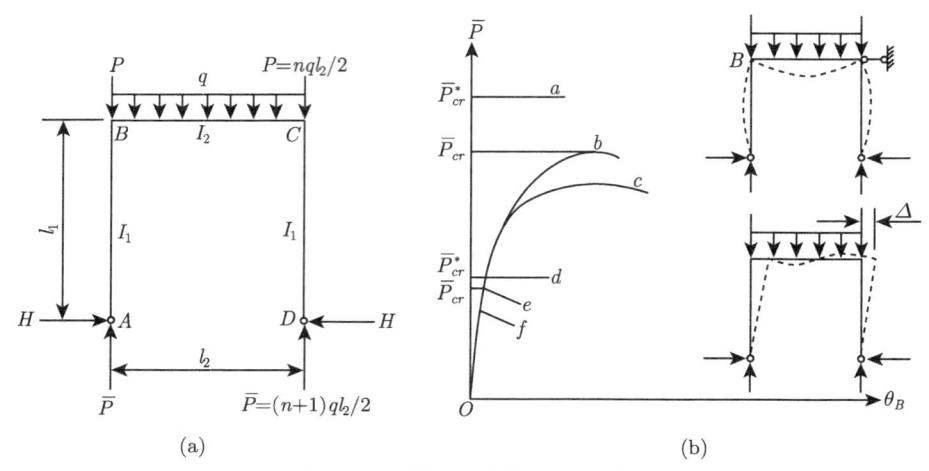

图 4.21 刚架的荷载-转角曲线

对于无侧移刚架，横向荷载的作用使刚架的柱脚产生水平反力 H，荷载-转角曲线由上升段和下降段组成，呈现出极值点失稳现象，临界状态时可能在弹性状态失稳，如图 4.21(b) 中的曲线 b，其临界荷载 $\bar{P}_{cr}$ 小于横梁上没有横向荷载作用的分岔屈曲载荷 $\bar{P}_{cr}^*$，a 为其分岔点水平线，到达临界状态时也可能在弹塑性状态失稳，如图 4.21(b) 中的曲线 c[5]。

对于有侧移刚架，在屈曲之前，它的荷载-转角曲线和无侧移刚架的曲线 b 和 c 的最初一段是一致的，此时柱顶没有侧移。到达屈曲载荷 $\bar{P}_{cr}$ 时，突然产生侧移，属于分岔失稳问题，其屈曲载荷 $\bar{P}_{cr}$ 略小于横梁上没有横向荷载作用时的分岔屈曲载荷 $\bar{P}_{cr}^*$，d 为其分岔点水平线，刚架可能在弹性状态屈曲，也可能在弹塑性状态屈曲，如分岔线 e 和 f。

2. 单跨无侧移刚架的弹性稳定

对于图 4.22(a) 所示下端铰接的单跨无侧移刚架，求解其屈曲载荷时作如下基本假定：

(1) 材料为弹性体；
(2) 梁和柱均为等截面的直杆；
(3) 轴心压力与构件的轴线重合；

4.2 刚架稳定

(4) 横梁上的均布荷载与柱顶的集中荷载均按比例增加，为便于分析，q 与 P 之间的关系用 n 表示。

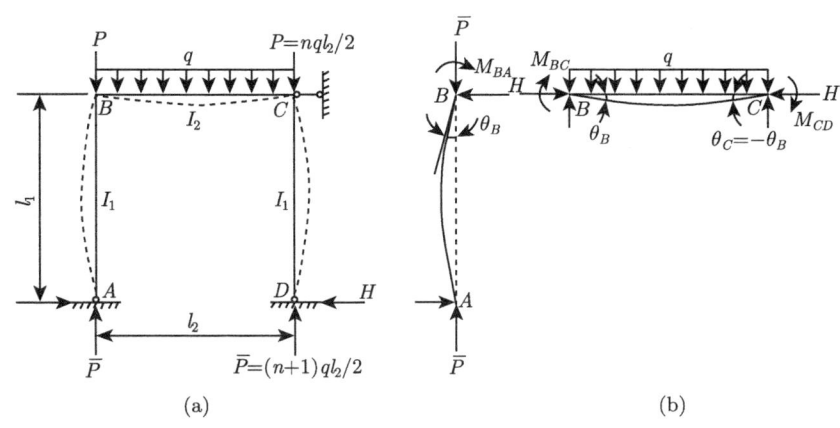

图 4.22 单跨无侧移刚架

可用位移法求解刚架的屈曲载荷。与 4.2.2 节分析刚架有所不同，这里需计及轴心压力对横梁刚度的影响。将刚架划分为如图 4.22(b) 所示柱与梁两个隔离体，其轴心压力分别 $\bar{P}$ 和 H。

对于柱 AB，$K_1 = EI_1/l_1$，对应于 $k_1l_1 = l_1\sqrt{\dfrac{\bar{P}}{EI_1}}$ 的抗弯刚度系数为 C_1 和 S_1。因为柱的下端铰接，故

$$M_{BA} = K_1(C_1 - S_1^2/C_1)\theta_B \tag{4.95}$$

对于梁 BC，$K_2 = EI_2/l_2$，对应于 $k_2l_2 = l_2\sqrt{\dfrac{H}{EI_2}}$ 的抗弯刚度系数为 C_2 和 S_2，利用 4.1.5 节的式 (4.49) 得

$$M_{BC} = K_2(C_2\theta_B + S_2\theta_C) + M_{FBC} = K_2(C_2 - S_2)\theta_B + M_{FBC} \tag{4.96}$$

梁的固端弯矩计算公式见表 4.2。

$$M_{FBC} = -\frac{ql_2^2}{12}\left[\frac{3}{(k_2l_2/2)^2} - \frac{3}{k_2l_2/2}\cot\frac{k_2l_2}{2}\right] \tag{4.97}$$

由节点 B 的力矩平衡条件 $M_{BA} + M_{BC} = 0$ 得到

$$\left[K_1\left(C_1 - \frac{S_1^2}{C_1}\right) + K_2(C_2 - S_2)\right]\theta_B + M_{FBC} = 0 \tag{4.98}$$

由左柱的平衡条件 $M_{BA} - Hl_1 = 0$，得到

$$K_1(C_1 - S_1^2/C_1)\theta_B - Hl_1 = 0 \quad \text{或} \quad \theta_B = \frac{Hl_1}{K_1(C_1 - S_1^2/C_1)} \tag{4.99}$$

将式 (4.99) 代入式 (4.98) 后得

$$Hl_1\left[K_1\left(C_1 - \frac{S_1^2}{C_1}\right) + K_2(C_2 - S_2)\right] + K_1\left(C_1 - \frac{S_1^2}{C_1}\right)M_{FBC} = 0 \tag{4.100}$$

将 C_1、S_1、C_2、S_2 和 M_{FBC} 的三角函数代入上式，整理后得到 $\bar{P}$ 和 H 的复杂的关系式

$$\frac{H}{\bar{P}}(1 - k_1l_1\cot k_1l_1) + k_2l_2\tan(k_2l_2/2) - \frac{ql_2}{H}\left[\frac{\tan(k_2l_2/2)}{k_2l_2} - \frac{1}{2}\right] = 0 \tag{4.101}$$

直接求解刚架的屈曲载荷显然比较困难，可在已知比值 n 的条件下，先给定不同的 q 值或 $\bar{P}$，通过试算，由式 (4.101) 得到 H，画出如图 4.23 所示的 $\bar{P}$-H 关系曲线。曲线具有上升段和下降段，其最高点给出刚架的弹性屈曲载荷 $\bar{P}_{cr}$。

图 4.23　无侧移刚架的屈曲载荷

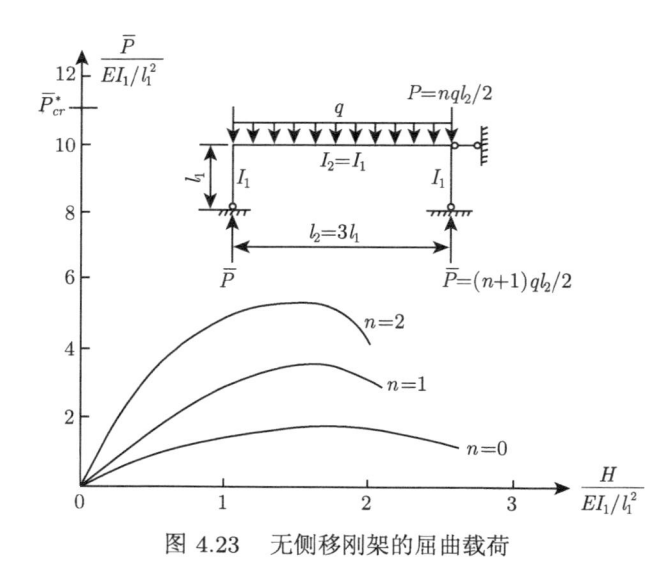

图 4.23 画了 $I_2 = I_1$，$l_2 = 3l_1$ 和 $n = 0, 1, 2$ 时的 $\bar{P}$-H 曲线。因横梁上直接荷载作用的影响，柱的计算长度系数分别是 $\mu = 2.27$，$\mu = 1.63$ 和 $\mu = 1.36$。当 $n = 0$ 且 $\mu = 2.27$ 时，相当于全部荷载化作均布荷载直接作用于横梁上，屈曲载荷只有 $\bar{P}_{cr} = 1.915EI_1/l_1^2$；而当荷载全部作用于柱顶时，相当于 $n = \infty$，此时

4.2 刚架稳定

刚架的对称失稳分岔屈曲载荷可由 $K_1 = \dfrac{I_2 l_1}{I_1 l_2} = 0.333$,查表 4.3 得到 $\mu = 0.949$;更精确的值为 $\mu = 0.944$,$\bar{P}_{cr}^* = \dfrac{\pi^2 E I_1}{(0.944 l_1)^2} = \dfrac{11.075 E I_1}{l_1^2}$,而 $\bar{P}_{cr}^* / \bar{P}_{cr} = 5.78$。可见,主弯矩作用将降低无侧移刚架的屈曲载荷。但是对于一般刚架来说,只有部分荷载作用于横梁上,而且线刚度比值 K_1 不会太小,因此主弯矩的影响相对来说不会如此突出。

3. 单跨有侧移刚架的弹性稳定

对于如图 4.24(a) 所示的下端铰接的单跨有侧移刚架,计算的基本假定与无侧移刚架相同。

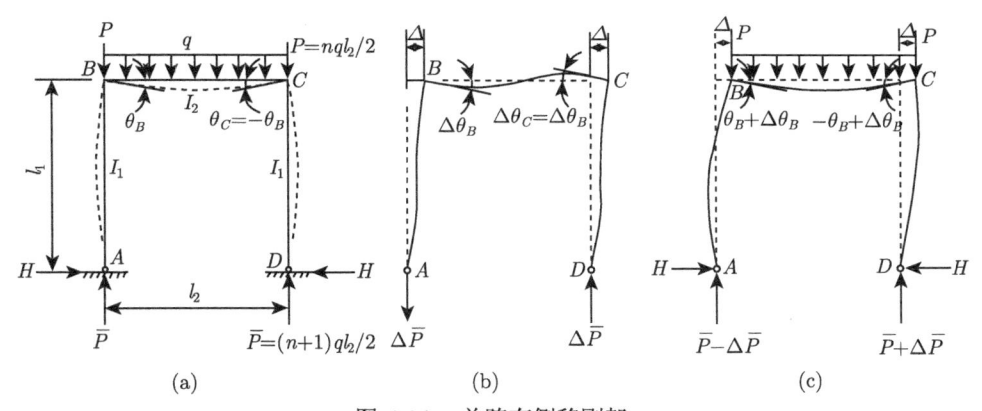

图 4.24 单跨有侧移刚架

在刚架发生有侧移的分岔屈曲之前,刚架的受力与变形和无侧移刚架完全相同,见图 4.24(a),此时柱的轴心压力 $\bar{P}$ 与横梁的轴心压力 H 的关系式也就是式 (4.101)。但是,当荷载到达分岔屈曲载荷 $\bar{P}_{cr}$ 时,刚架顶端产生侧移 Δ,可以用位移法求解刚架。可分两步计算此刚架:第一步即按图 4.24(a) 得到 $\bar{P}$ 与 H 的关系式 (4.101);第二步按在 q、$\bar{P}$ 与 H 共同作用下刚架产生如图 4.24(b) 所示的反对称变形,用位移法得到节点 B 的弯矩,此时柱的轴心压力有变量 $\Delta \bar{P}$,图 4.24(c) 是刚架屈曲后总的受力和变形,通过建立节点 B 的平衡方程和左柱的平衡方程得到侧移屈曲时 $\bar{P}$-H 的关系式。由于整个计算过程比较复杂,这里只写出其 $\bar{P}$-H 曲线方程[10]

$$k_1 l_1 \cot k_1 l_1 - \frac{\bar{P} l_1}{H l_2}\left(2 - k_2 l_2 \cot \frac{k_2 l_2}{2}\right) + \frac{H l_1}{\bar{P} l_2}\left[2 - k_1 l_1 \cot k_1 l_1 - \frac{(k_1 l_1)^2}{\sin^2 k_1 l_1}\right] = 0 \quad (4.102)$$

求解时可在已知 n 的条件下,先给定不同的 q 值,按式 (4.101) 画出刚架无侧移时的 $\bar{P}$-H 曲线,如图 4.25 所示,再按式 (4.102) 画出另一根 $\bar{P}$-H 曲线,两曲线的交点即可给出有侧移刚架的分岔屈曲载荷 $\bar{P}_{cr}$。

图 4.25 有侧移刚架的屈曲载荷

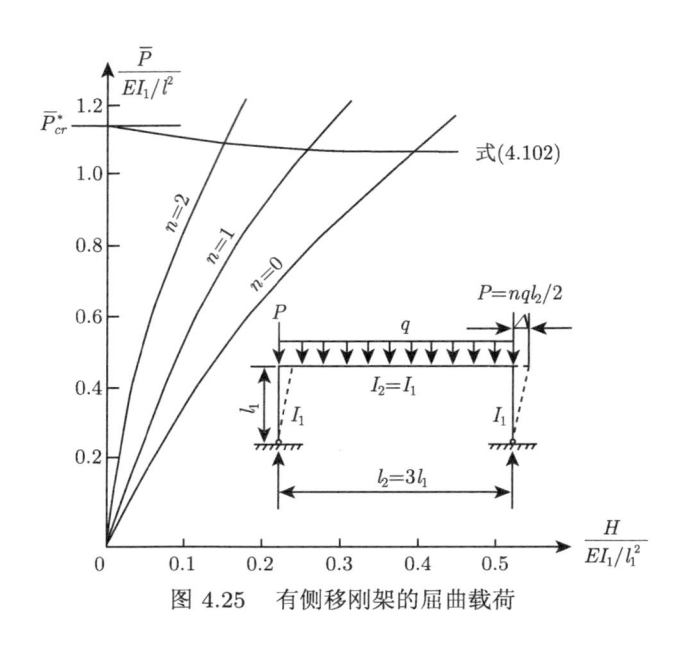

图 4.25 给出当 $I_2 = I_1$,$l_2 = 3l_1$ 和 $n = 0,1,2$ 时柱的计算长度系数 μ,它们分别是 3.02,2.97 和 2.95。当荷载全部作用在横梁上时,$\bar{P}_{cr} = \dfrac{\pi^2 EI_1}{(3.02l_1)^2} = 1.082 EI_1/l_1^2$,而当荷载全部直接作用在柱顶时,可得到 $u = 2.92$,$\bar{P}_{cr}^* = 1.158 EI_1/l_1^2$,$\bar{P}_{cr}^*/\bar{P}_{cr} = 1.07$。可见,主弯矩作用对有侧移刚架屈曲载荷的影响很小,常可忽略不计。这样一来,今后对分岔失稳的有侧移刚架,可把横梁上的荷载分解到柱顶,按照无主弯矩作用的条件计算屈曲载荷,从而得到柱的计算长度系数的近似值。

4.2.5 刚架的弹塑性稳定

1. 单跨无侧移刚架的弹塑性稳定

对于无侧移刚架,如果全部竖向荷载都直接作用于柱顶,且刚架柱的屈曲应力已经超过截面的有效比例极限 $\sigma_p' = \sigma_y - \sigma_{rc}$,则刚架将在弹塑性状态屈曲。此时刚架柱的屈曲载荷为 $P_{cr} = \pi^2 EI_{e1}/(\mu l_1)^2$。无论用平衡法还是位移法求解此刚架的弹性屈曲载荷都需通过反复试算才能获得,因为此时柱的线刚度取决于柱截面弹性区的惯性矩 I_{e1}。计算结果需符合 $P_{cr} = \sum \sigma_1 A_1$。如果有一部分荷载直接作

4.2 刚架稳定

用在横梁上,而且刚架失稳时梁和柱已经有一部分屈服而处在弹塑性状态时,仍可用位移法计算屈曲载荷,但是已不能像弹性刚架那样用解析法求解,而需采用数值积分法。对于如图 4.26(a) 所示刚架,可以用数值积分法分别得到图 4.26(b) 和 (c) 的柱与梁在节点 B 处两组力矩与转角的关系曲线,如图 4.26(d) 所示。曲线的交点符合节点 B 的力平衡和变形协调条件,曲线的交点构成如图 4.26(e) 所示的 $\bar{P}$-θ_B 曲线,其最高点即可给出屈曲载荷 $\bar{P}_{cr}$。

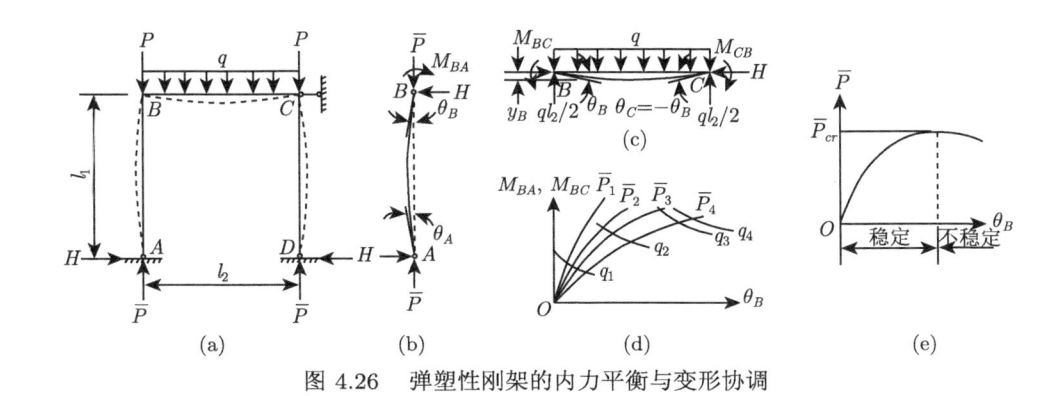

图 4.26 弹塑性刚架的内力平衡与变形协调

具体做法是,对于图 4.26(b) 中的 AB 柱,先给定比值 n,分级给定荷载 q_i 和 P_i,用求解压弯构件极限荷载的数值积分法,先得到柱的 M-$\bar{P}$-Φ 关系,再从柱的下端 A 开始利用转角、曲率和挠度之间的关系式,逐段计算到柱的上端 B,得到 M_{BA} 和 θ_B;须知 A 点的初始角 θ_A 和水平反力 H_i 是预先假定的,如果计算到 B 点时的挠度为零和 $M_{BA} = H_i l_1$,则预先假定的 θ_A 和 H_i 均满足要求,否则需重新修改计算;可以参考弹性分析结果来假定 H_i,不断变动 θ_A,即得到与 q_i、$\bar{P}_i$ 和 H_i 对应的 M_{BA}-θ_B 曲线,如图 4.26(d) 中标明 $\bar{P}_1$、$\bar{P}_2$、$\bar{P}_3$ 和 $\bar{P}_4$ 的一组曲线就是这样得来的。再针对图 4.26(c) 中的梁 BC,先用数值积分法得到截面的 M-H-Φ 曲线,利用梁的中点 O 处转角为零的条件,在与柱相对应的荷载 q_i、$\bar{P}_i$ 和 H_i 的作用下,先假定 O 点的弯矩为 M_O,逐渐自右至左计算到 B 点,得到 M_{BC}、θ_B 和 y_B。根据平衡条件,如果得到的 $M_{BC} = H_i y_B + q_i l_2^2/8 - M_0$,那么假定的初始值 M_0 满足要求,否则需修改计算。这样可以得到与 q_i、$\bar{P}_i$ 和 H_i 对应的 M_{BC}-θ_B 曲线,如图 4.26(d) 中标明 q_1、q_2、q_3 和 q_4 的另一组曲线。两组曲线交点的数据既符合 B 点的力平衡条件,也符合变形协调条件;把这些交点构成如图 4.26(e) 所示 $\bar{P}$-θ_B 曲线,曲线的最高点即可给出无侧移弹塑性刚架的极限荷载 P_u,也即图 4.26(e) 中的 $\bar{P}_{cr}$ 值。因为 H 的影响很小,故计算极限荷载时也可以忽略水平力 H 对横梁抗弯刚度的影响。

2. 单跨有侧移刚架的弹塑性稳定

对于如图 4.26(a) 所示在柱顶无支承时为有侧移对称刚架，当刚架只作用有对称的竖向荷载时，如果发生反对称屈曲时柱的平均应力超过了有效比例极限 σ_y-σ_{rc}，那么刚架将在弹塑性状态屈曲。根据前面对弹性刚架发生反对称屈曲的分析结果，可将直接作用在横梁上的荷载分解到柱顶，忽略主弯矩作用的影响，而且用截面弹性区的惯性矩 I_{e1} 代替柱的全截面惯性矩 I_1，像弹性刚架那样计算屈曲载荷。由于 I_{e1} 与柱的轴心压力有关，因此需通过反复试算才能得到刚架的弹塑性屈曲载荷。此时柱的计算长度系数与梁和柱的线刚度比值 $I_2 l_1/(I_{e1} l_2)$ 有关。确定 P_{cr} 的方法可参考第 2 章中的电算框图 2.24。

4.2.6 侧倾刚架的极限荷载

这里讨论的侧倾刚架是指荷载一开始作用，其柱顶同时就产生侧移的单层刚架。对于经常遇到的刚架，在柱顶可能作用有水平荷载，即使没有水平荷载，只要直接作用在横梁上的横向荷载不具有对称性，那么无支承的刚架也会产生侧移。这种侧倾刚架的失稳形式，不再属于分岔屈曲而是极值点失稳问题，因此解决问题的方法与前述分岔屈曲完全不同。为了得到刚架极限荷载较精确的解，需用数值积分法。由于计算工作量很大，也可借助近似法求解。下面先对单层单跨刚架作弹性和刚塑性的理论分析，再用近似法计算刚架的弹塑性极限荷载。为了便于分析，假定刚架是由不会发生局部屈曲的厚实截面构成，且在刚架的柱顶有侧向支承以阻止平面外失稳[5]。

1. 单层侧倾刚架的弹性分析

对于如图 4.27(a) 所示下端固定的几何对称的单跨侧倾刚架 (通称为有侧移刚架)，梁与柱的线刚度比值为 $K_1 = I_b l_c/(I_c l_b)$，除在柱顶作用有集中荷载 P 外，在左侧的柱顶还作用有水平荷载 αP，α 为一比例常数，通常此值不大，这里取 $\alpha = 0.1$。在两种荷载的共同作用下，柱顶产生侧移 Δ，这样一来两根柱顶的 $P\Delta$ 对刚架形成外力作用，对刚架的稳定有一定影响，有时这种影响较大，不可忽视，称为刚架整体的 P-Δ 效应，亦即刚架的二阶效应。

当比值 α 不大时，在分析图 4.27(a) 所示刚架时可作如下基本假定：
(1) 梁中的轴心压力很小，对梁抗弯刚度的影响可以忽略不计；
(2) 侧移后左柱和右柱中的压力变化 ΔP 很小，对柱抗弯刚度的变化可以不考虑；
(3) 不考虑梁和柱的轴线压缩变形；
(4) 梁和柱都是等截面的直杆。

4.2 刚架稳定

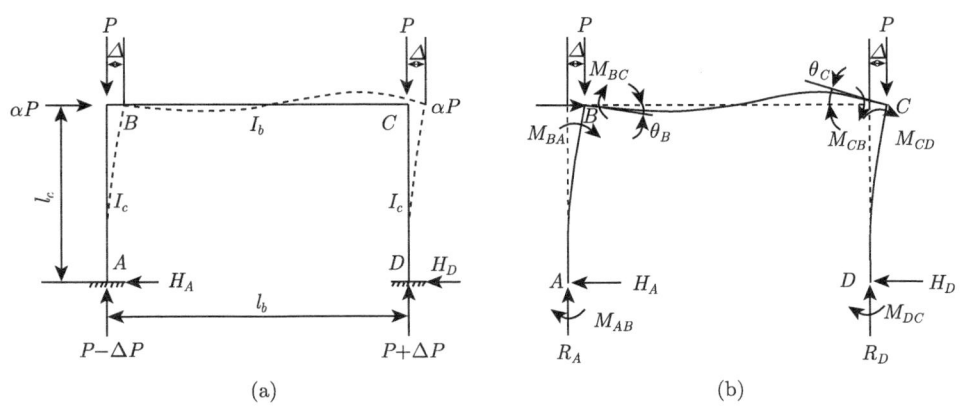

图 4.27 单跨侧倾刚架计算简图

先针对刚架的计算简图 4.27(b) 作弹性分析。

对于刚架，外力与柱端反力的平衡条件为

$$H_A + H_D = \alpha P \tag{4.103}$$

$$R_A + R_D = 2P \tag{4.104}$$

柱的侧移角为 ρ，侧移 $\Delta = \rho l_c$，左柱和右柱的力平衡方程分别为

$$M_{AB} + M_{BA} + R_A \rho l_c + H_A l_c = 0 \tag{4.105}$$

$$M_{CD} + M_{DC} + R_D \rho l_c + H_D l_c = 0 \tag{4.106}$$

式 (4.105) 与式 (4.106) 相加后，以式 (4.103) 和式 (4.104) 代入，则

$$M_{AB} + M_{BA} + M_{CD} + M_{DC} + (2\rho + \alpha)Pl_c = 0 \tag{4.107}$$

由压弯构件和受弯构件的转角位移方程可知，$M_{AB} = K_c[S\theta_B - (C+S)\rho]$，$M_{BA} = K_c[C\theta_B - (C+S)\rho]$，$M_{BC} = K_b(4\theta_B + 2\theta_C)$，$M_{CB} = K_b(2\theta_B + 4\theta_C)$，$M_{CD} = K_c[C\theta_C - (C+S)\rho]$，$M_{DC} = K_c[S\theta_C - (C+S)\rho]$，$K_c = EI_c/l_c$，$K_b = EI_b/l_b$，将它们的有关项代入式 (4.107) 后，得到

$$(C+S)\theta_B + (C+S)\theta_C + \left[\frac{2Pl_c^2}{EI_c} - 4(C+S)\right]\rho = -\frac{\alpha Pl_c^2}{EI_c} \tag{4.108}$$

根据节点 B 的力矩平衡条件，且 $K_1 = K_b/K_c = \dfrac{I_b l_c}{I_c l_b}$，得

$$(C + 4K_1)\theta_B + 2K_1\theta_C - (C+S)\rho = 0 \tag{4.109}$$

根据节点 C 的力矩平衡条件得到

$$2K_1\theta_B + (C+4K_1)\theta_C - (C+S)\rho = 0 \tag{4.110}$$

从以上三个方程可以求解得到 $\theta_B = \theta_C$，因而 $M_{AB} = M_{DC}$，$M_{BA} = M_{CD} = -M_{BC} = -M_{CB}$，说明图 4.27(a) 所示荷载作用下刚架的变形具有反对称性。同时可解得此刚架的二阶弹性分析的荷载和侧移角的关系式

$$\rho = \frac{(C+6K_1)\alpha Pl_c^2/(EI_c)}{2(C+S)(C-S+12K_1) - 2(C+6K_1)Pl_c^2/(EI_c)} \tag{4.111}$$

如果不考虑柱的轴心压力 P 对抗弯刚度的影响，取 $C = 4$，$S = 2$，且比值 $K_1 = 1.0$，则二阶弹性分析的近似式为

$$\rho = \frac{5\alpha Pl_c^2/(EI_c)}{84 - 10Pl_c^2/(EI_c)} \tag{4.112}$$

如果按照一阶弹性分析，像结构力学用位移法求解内力那样，只要在式 (4.107) 中令柱的侧移角 ρ 为零，$C = 4$，$S = 2$，仍用 $K_1 = 1.0$，那么式 (4.108)~(4.110) 将分别是

$$6\theta_B + 6\theta_C - 24\rho = -\alpha Pl_c^2/(EI_c) \tag{4.113}$$

$$8\theta_B + 2\theta_C - 6\rho = 0 \tag{4.114}$$

$$2\theta_B + 8\theta_C - 6\rho = 0 \tag{4.115}$$

由以上三式可以解得 P 与 ρ 呈线性关系

$$\rho = \frac{5\alpha Pl_c^2}{84EI_c} \tag{4.116}$$

当 $\alpha = 0$ 时，由式 (4.108)~(4.110) 三式的系数形成的行列式为零，可解得有侧移刚架的分岔屈曲载荷

$$P_{cr} = \frac{(C+S)(C-S+12K_1)EI_c}{(C+6K_1)l_c^2} \tag{4.117}$$

须知，式 (4.111) 和式 (4.117) 都是复杂的超越函数。但式 (4.117) 则有所不同，当给定 K_1 以后，可由表 4.3 查得 μ 值，从而得到 $P_{cr} = \dfrac{\pi^2 EI_c}{(\mu l_c)^2}$。

下面根据 $\alpha = 0.1$ 和 $K_1 = 1.0$，按照式 (4.111)、式 (4.112) 和式 (4.116) 分别画出弹性刚架的荷载–侧移角曲线，见图 4.28。图中一阶弹性和二阶弹性曲线之

4.2 刚架稳定

间的差别就属于此刚架的 P-Δ 效应；从图中可知侧倾刚架的 P-Δ 效应很显著。二阶弹性曲线的渐近线即为分岔屈曲载荷点的水平线。

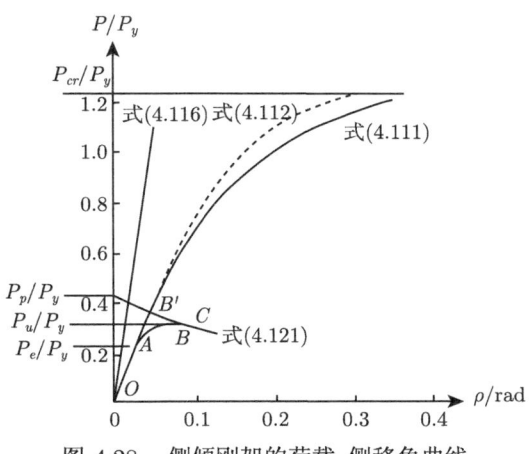

图 4.28　侧倾刚架的荷载-侧移角曲线

2. 单层刚架的刚塑性分析

实际上在刚架柱的最大弯矩所在的截面的边缘纤维开始屈服时，刚架就进入了弹塑性受力状态，即从图 4.28 曲线的 A 点开始，相当于荷载为 P_e 时，实际曲线为 $OABC$，即二阶弹塑性曲线。刚架和无侧移刚架的极限荷载 P_u 一样可用数值积分法求解，需用电子计算机运算。现在拟采用一种近似法计算 P_u。近似法先对刚架作刚塑性分析，假定刚架的塑性发展完全集中在几个弯矩最大、可能形成塑性铰的截面，如图 4.29 所示柱的下端和梁与铰的连接处，而同时把梁与柱本身都看作是不变形的刚体，刚架在达到破坏荷载时形成有侧移的机构。

在弯矩和压力的共同作用下，机构的塑性铰弯矩 M_{pc} 可以用压弯构件形成塑性铰的相关公式 (4.258) 算出，$\dfrac{P}{P_y}+0.9\dfrac{M_{pc}}{M_p}=1$，故

$$M_{pc}=1.11M_p\left(1-\dfrac{P}{P_y}\right) \tag{4.118}$$

式中，M_p 是当 $P=0$ 时，受弯构件截面的塑性铰弯矩。对于宽翼缘工形钢，式 (4.118) 右侧的系数应改用 1.18。当横梁上没有直接作用横向荷载时，塑性铰将在柱顶和柱脚处形成，不可能在梁内形成，因为梁内的轴心压力很小，一般梁截面能承受的塑性铰弯矩大于柱截面的塑性铰弯矩。如不计刚架有侧移时左柱和右柱中轴心压力的变化，则

$$M_{AB}=M_{BA}=M_{CD}=M_{DC}=-M_{pc}=-1.11M_p(1-P/P_y) \tag{4.119}$$

将上式代入前面的力平衡方程 (4.107) 后得

$$Pl_c(2\rho + \alpha) - 4M_{pc} = 0 \qquad (4.120)$$

再将式 (4.119) 中 M_{pc} 代入式 (4.120) 后可得到二阶刚塑性分析的荷载和侧移角的关系式

$$P/P_y = \frac{1}{1 + (\alpha + 2\rho)P_y l_c/(4.44M_p)} \qquad (4.121)$$

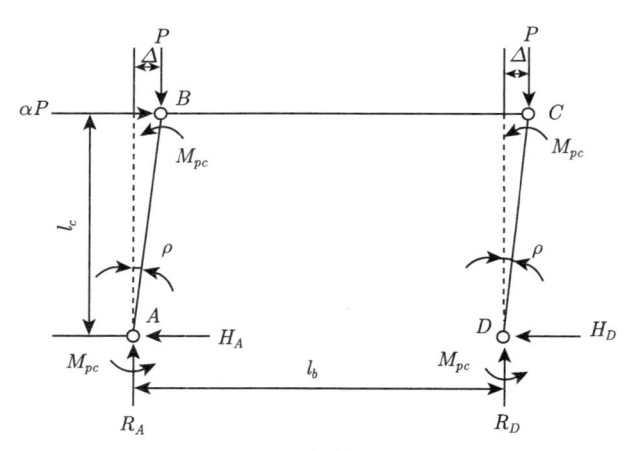

图 4.29 刚架的塑性机构

在图 4.28 中也画出了二阶刚塑性的荷载-侧移角曲线, 它与二阶弹性曲线交于 B', B' 点给出了刚架极限荷载的上限。对于宽翼缘 I 形钢, 在式 (4.121) 右侧分母中的系数 4.44 应改用 4.72。当 $\rho = 0$ 时, 可由式 (4.121) 得到一阶刚塑性机构的破坏荷载 P_p 满足

$$P_p/P_y = \frac{1}{1 + \alpha P_y l_c/(4.44M_p)} \qquad (4.122)$$

用虚功原理也可以得到上述破坏荷载。在图 4.29 中, 由内功与外功相等的条件 $4M_{pc}\rho = \alpha P\rho l_c$, 并将式 (4.119) 给出的 M_{pc} 代入, 经整理后即可得到式 (4.122)。当横梁上直接作用有横向荷载, 形成塑性机构破坏时, 塑性铰不仅可能先后出现在刚架的柱顶和柱脚处, 还可能出现在梁内, 需经过比较, 才能确定破坏荷载的最小值, 也可用后面即将介绍的 P-Δ 法先估计塑性铰出现的次序, 而后计算破坏荷载。

4.2 刚架稳定

3. 单层侧倾刚架的极限荷载

严格说来应该用数值积分法求解侧倾刚架的极限荷载 P_u,它与试验结果是吻合的,但不便于应用。显然,P_u 既小于弹性屈曲载荷 P_{cr},又小于刚塑性破坏载荷 P_p,还应稍小于图 4.28 中 B' 点的荷载。W. Merchant 和 M. R. Horne 等建议用 Merchant-Rankine 经验公式来计算侧倾刚架的极限荷载,可以得到稍偏于安全的极限荷载,公式的表达式是

$$P/P_{cr} + P/P_p = 1 \tag{4.123}$$

式中,P_{cr} 是当无水平荷载时,即当 $\alpha = 0$ 时侧倾刚架的弹性分岔屈曲载荷;P_p 是当侧移角 $\rho = 0$ 时包括水平荷载在内的全部荷载作用的侧倾刚架形成机构时的破坏荷载。显然在式 (4.123) 中的 P_{cr} 和 P_p 与构件是否存在残余应力不发生关系,所以很方便计算。式 (4.123) 虽然是经验性的,但是 C. E. Massonnet 曾借用只需考虑中点挠度为 y_m 的偏心受压构件的近似计算加以说明。构件的最大弯矩 $M_{\max}$ 的近似计算公式是

$$M_{\max} = P(e + y_m) = \frac{(1 + 0.234P/P_{cr})Pe}{1 - P/P_{cr}} \approx \frac{Pe}{1 - P/P_{cr}} \tag{4.124a}$$

按照一阶刚塑性计算,达到破坏荷载 P_p 时

$$M_{\max} = P_p e \tag{4.124b}$$

由式 (4.124a) 和 (4.124b) 相等就可得到偏心受压构件的近似计算公式,其表达式与式 (4.123) 完全相同。这样看来式 (4.123) 实际上与式 (4.111) 和式 (4.121) 一样都考虑了 P-Δ 效应。

W. Merchant 等就用竖向和水平荷载作用的单跨单层和单跨两层刚架做了一系列弹性分析,得到了刚架的极限荷载 P_u 与一阶刚塑性机构破坏荷载 P_p 的比值,见图 4.30。图中还给出 M. W. Low 研究的单跨 3 层、5 层和 7 层侧倾刚架的破坏荷载的试验资料。图中横坐标是 P_p 与弹性分岔屈曲载荷 P_{cr} 的比值。从图中可知,对于下端铰接的单跨刚架,用 Merchant-Rankine 经验公式确定的极限荷载 $P_u = \dfrac{P_p}{1 + P_p/P_{cr}}$ 均偏小,其他多数刚架尤其是与竖向荷载比较当水平荷载很小时,按此式得到的极限荷载也偏小。

M. R. Horne 和 L. J. Morris 在考虑了钢材屈服强化的有利影响后建议将 Merchant-Rankine 经验公修改如下 [21]:

图 4.30 侧倾刚架的极限荷载

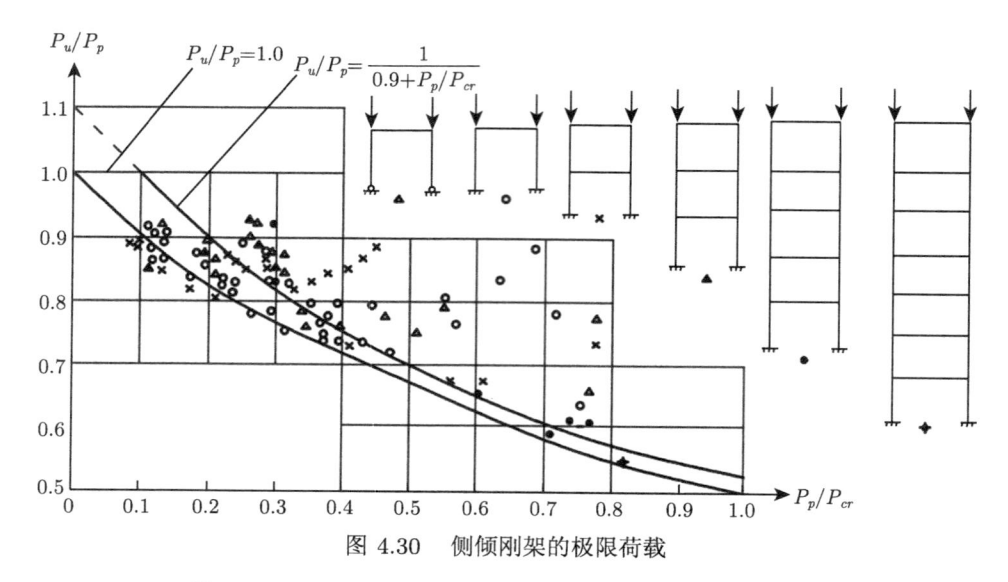

当 $0.1 \leqslant \dfrac{P_p}{P_{cr}} \leqslant 0.25$ 时,

$$P_u = \dfrac{P_p}{0.9 + P_p/P_{cr}} \tag{4.125a}$$

当 $\dfrac{P_p}{P_{cr}} \leqslant 0.1$ 时,

$$P_u = P_p \tag{4.125b}$$

但当 $\dfrac{P_p}{P_{cr}} \geqslant 0.25$ 时,需对刚架另作二阶弹塑性计算。英国钢结构设计规范采用了式 (4.125a) 和式 (4.125b) 作刚架设计。计算时用了 R. H. Wood 研究的计算长度曲线。

式 (4.125a) 和式 (4.125b) 给出的结果如图 4.30 中上面的一根实线所示,但是从图中可知,仍有不少刚架的极限荷载落在这根实线之下,因而偏于不安全。

4. 多层多跨刚架的极限荷载及侧倾刚架的 P-Δ 弹性分析法

多层多跨刚架主要用于建筑钢框架结构,其极限荷载分析以近似法分析为主,实际应用中主要采用数值分析的方法,目前针对刚架分析的软件分析精度高,分析也较为简便。相关内容可参考其他文献。

目前对于多层多跨刚架通用的设计方法是先将作用有荷载的刚架按一阶弹性分析的方法确定其内力,再利用前面按照弹性理论得到的刚架柱的计算长度系数,把柱转化为具有如此计算长度的压弯构件作弯矩作用平面内的稳定计算 (刚架柱

4.2 刚架稳定

弯扭屈曲计算则按 4.3 节将要介绍的方法解决)。这种设计方法用于无侧移刚架比较合理,因为在计算公式中所采用柱的计算长度可以用来考虑刚架柱本身的 $P\text{-}\delta$ 效应。但是,这种设计方法用于有侧移的多层多跨刚架则不尽合理。当作用于刚架上的水平荷载较大而直接作用在横梁上的竖向荷载较小时,刚架整体的 $P\text{-}\Delta$ 效应很显著,但是对于水平荷载很小而刚架主要承受直接作用在横梁上的竖向荷载时,刚架整体的 $P\text{-}\Delta$ 效应将较小。如果在设计刚架柱时仍采用有侧移刚架柱的计算长度,则相当于过分地扩大了 $P\text{-}\Delta$ 效应,使所设计的柱截面过于富裕,因此需要正确地估量侧倾刚架的 $P\text{-}\Delta$ 效应。用位移法求解多层多跨刚架的二阶内力和柱顶位移将是十分困难的,目前的应用主要采用数值分析方法。这里介绍一种 $P\text{-}\Delta$ 弹性分析近似法,计算结果可以用来考虑侧倾刚架整体的效应,从而得到刚架的二阶内力和柱顶位移。这种 $P\text{-}\Delta$ 弹性分析法,运算简捷,计算结果的精确度也很高[22]。

用 $P\text{-}\Delta$ 法确定图 4.31 所示悬臂构件顶端的挠度 Δ_B 和下端的最大弯矩 M_A,在构件的顶端作用有竖向荷载 P 和水平荷载 H,以此来说明此法的计算原理。

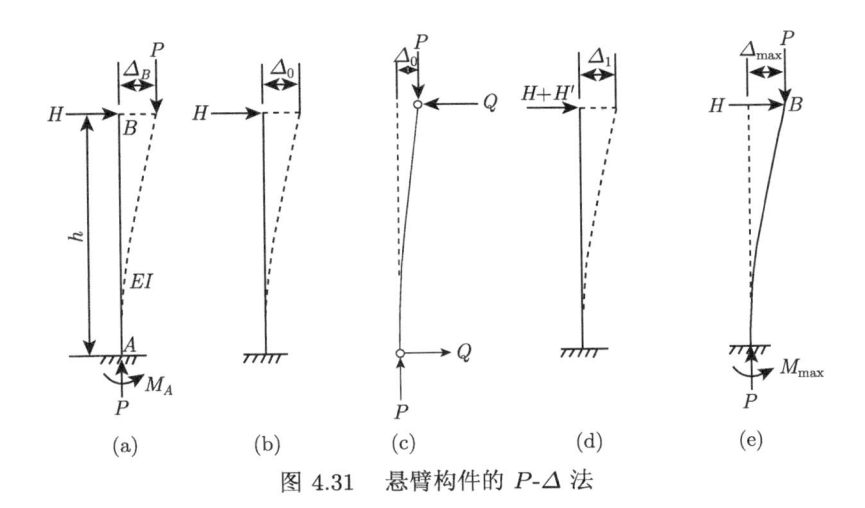

图 4.31 悬臂构件的 $P\text{-}\Delta$ 法

用压弯构件的弹性稳定理论的二阶分析方法可以给出如图 4.31(a) 所示悬臂压弯构件的最大挠度 Δ_B 和最大弯矩 M_A。已知 $P_{cr} = \pi^2 EI/(2h)^2 = 2.467 EI/h^2$,

$$\Delta_B = \frac{Hh^3}{3EI(1-P/P_{cr})} = \frac{Hh^3}{3EI[1-Ph^2/(2.467EI)]} \tag{4.126}$$

$$M_A = \frac{Hh(1-0.178P/P_{cr})}{1-P/P_{cr}} = \frac{Hh[1-Ph^2/(13.862EI)]}{1-Ph^2/(2.467EI)} \tag{4.127}$$

下面用一阶分析的计算方法确定此构件的最大挠度和最大弯矩,并说明 P-Δ 法的计算步骤。

(1) 在如图 4.31(b) 所示水平荷载的作用下算出悬臂端的挠度,即不计轴心压力影响,得到的挠度为

$$\Delta_0 = Hh^3/(3EI) = \delta_0 H \tag{4.128}$$

式中,δ_0 是单位水平力作用于悬臂端的挠度

$$\delta_0 = h^3/(3EI) \tag{4.129}$$

(2) 初次考虑 P-Δ 效应时,按图 4.31(c) 所示计算简图根据平衡条件由力矩 $P\Delta_0$ 得到柱端水平力 Q,因侧移角很小,故可视为柱端剪力,$Q = P\Delta_0/h$,然后将其反向看作是假想水平荷载作用于柱端

$$H_1' = P\Delta_0/h = P\delta_0 H/h \tag{4.130}$$

(3) 将外力 H 连同假想水平荷载作用于柱端,如图 4.31(d) 所示,得到新的挠度

$$\Delta_1 = (1 + P\delta_0/h)\delta_0 H \tag{4.131}$$

(4) 再用力矩 $P\Delta_1$ 换算出假想水平荷载

$$H_2' = P(1 + P\delta_0/h)\delta_0 H/h \tag{4.132}$$

(5) 又将 $H + H_2'$ 作用于柱端得到

$$\Delta_2 = \left[1 + P\delta_0/h + P^2(\delta_0/h)^2\right]\delta_0 H \tag{4.133}$$

(6) 如此重复前面的计算步骤,几次后可得到如图 4.31(e) 所示悬臂端最大挠度。当 $P\delta_0/h < 1$ 时,

$$\begin{aligned}\Delta_{\max} &= \left[1 + P\delta_0/h + P^2(\delta_0/h)^2 + \cdots + P^n(\delta_0/h)^n\right]\delta_0 H \\ &= \frac{\delta_0 H}{1 - P\delta_0/h} = \frac{\Delta_0}{1 - \dfrac{P\Delta_0}{Hh}} = \frac{Hh^3}{3EI[1 - Ph^2/(3EI)]} = A_m \Delta_0 \end{aligned} \tag{4.134}$$

式中 $\dfrac{1}{1 - \dfrac{P\Delta_0}{Hh}}$ 实际上是考虑轴心压力后挠度的放大系数 A_m。

(7) 悬臂构件的最大弯矩为

$$M_{\max} = Hh + P\Delta_{\max} = \frac{Hh}{1 - \dfrac{P\Delta_0}{Hh}} = \frac{Hh}{1 - \dfrac{Ph^2}{3EI}} = A_m Hh \tag{4.135}$$

从式 (4.134) 和 (4.135) 可知，考虑二阶效应所引用的挠度放大系数和弯矩放大系数是相同的。同时经比较 Δ_B 和 $\Delta_{\max}$，M_A 和 $M_{\max}$ 后可知，它们之间的差别很小，用 P-Δ 法得到的计算数值稍偏小。P-Δ 法的计算过程虽然始终只采用了一阶分析的简单方法，但却收到了考虑二阶效应的较好效果。从这里可得到启示，如果将 P-Δ 法用于计算单层或多层多跨刚架的二阶内力会是一种简单可行的近似计算法。

4.3 受压构件的扭转屈曲和弯扭屈曲

4.3.1 概述

一般双轴对称截面轴心受压构件可能绕截面的两个对称轴发生弯曲屈曲，关于这方面的问题，第 2 章已经阐述了。但是有些抗扭刚度和抗翘曲刚度很弱的轴心受压构件，如图 4.32(a) 所示的双轴对称的十字形截面轴心受压构件，除了有可能发生绕对称轴 x 或 y 的弯曲屈曲外，还有可能发生绕截面纵轴转动的扭转屈曲，此时纵轴本身不发生弯曲变形，只是截面绕纵轴旋转一个角度，如图 4.32(a) 所示的扭转角 φ。

对于单轴对称截面轴心受压构件，如图 4.32(b) 所示等边角钢轴心受压构件，除了可能绕截面的非对称轴 x 发生弯曲屈曲外，还可能在绕截面的对称轴 y 弯曲的同时又绕通过截面剪心 S 的纵轴扭转而发生弯扭屈曲，截面的位移有侧移和扭转角。如果截面不具有对称轴，如不等边角钢截面，截面的形心和剪心不重合，这种截面的轴心受压构件只可能发生弯扭屈曲，此时截面不仅绕两个主轴 x 和 y 弯曲，而且还绕通过剪心的纵轴扭转。

对于在一个对称轴平面内受弯的压弯构件，除了可能在弯矩作用的平面发生弯曲的极值点失稳外，还可能在这之前在平面外突然发生弯扭屈曲，又称侧扭屈曲，以此强调这种压弯构件屈曲时在发生了侧向弯曲变形的同时还发生了绕截面剪心的扭转。

理想的轴心受压构件的扭转屈曲和弯扭屈曲以及理想的压弯构件的弯扭屈曲都属于稳定分岔屈曲失稳问题，但当压弯构件在两个方向都存在弯矩作用时，则会发生弯扭极值点失稳[44]。

对于边界条件、构件组成和受力条件较简单的受压构件，可以用平衡法求解屈曲载荷，但是条件较复杂时则需用近似法求解。在弹性状态屈曲时，近似法一般可采用能量法、瑞利-里茨法或伽辽金法。对于在弹塑性状态发生弯扭屈曲的压弯构件,如考虑沿构件轴线各截面的弹性区不相同,则可用数值法求解屈曲载荷。

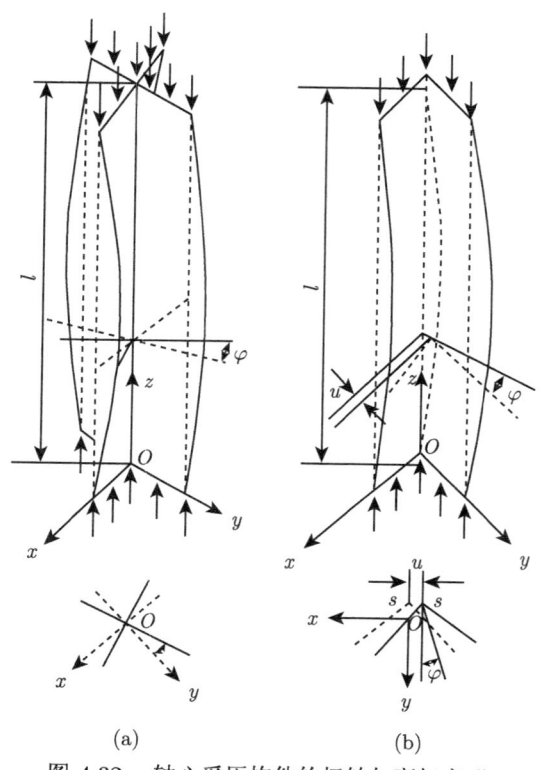

图 4.32 轴心受压构件的扭转与弯扭变形

求解压弯构件的弯扭屈曲载荷时,需建立弯矩平衡方程和扭矩平衡方程,扭矩平衡方程的抵抗扭矩与构件的抗扭刚度和翘曲刚度有关。轴心受压构件的扭转屈曲也与抗扭刚度和翘曲刚度有关,用能量法求解这类问题时,构件的应变能也与扭转时产生的应力和应变有关。因此,在着手解决以上两种屈曲载荷之前,要先建立扭矩与扭转角以及扭矩产生的应力与扭转角之间的关系式,而构件是绕其截面的剪心扭转的,因此需研究确定任意截面剪心位置的方法。本节先作受压构件的扭转与弯扭屈曲的弹性和弹塑性分析,4.5 节再给出实用计算公式。

4.3.2 开口薄壁构件截面的剪力中心

1. 开口薄壁截面的剪力流

为了确定任意开口薄壁截面剪力中心的位置,先研究在横向荷载作用下只产生弯曲变形的开口薄壁截面构件截面的正应力 σ 和剪应力 τ。从普通意义上说,

4.3 受压构件的扭转屈曲和弯扭屈曲

截面各部分的壁厚 t 从其起点 A 开始沿曲线坐标 s 都是变化的,见图 4.33(a),但是在纵向即图中的 z 轴方向,假定壁厚是相同的,由于截面各部分的壁厚都较薄,可以认为横向荷载产生的剪应力 τ 沿壁厚 $t(s)$ 是均匀分布的,沿薄壁的中心线方向单位长度的剪力是 τt,其方向与中心线的切线方向一致,称之为剪力流。如图 4.33(a) 的右侧所示。通过剪力和剪力流对剪心的力矩相等的关系可确定剪心坐标[45]。

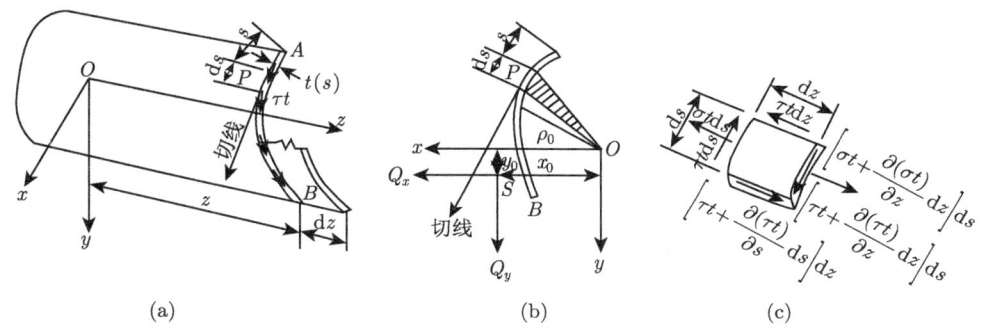

图 4.33 开口薄壁截面的剪力流和剪力中心

采用右手坐标系,原点 O 是截面的形心。图 4.33(a) 中 Oz 为形心轴,x 和 y 都是通过截面形心的主轴,曲线坐标 s 是从截面的起点 A 开始至 P 点的曲线距离,此距离以图 4.33(a) 所示的逆时针方向的增加为正值。

在图 4.33(b) 中,符号 S 为截面的剪力中心,坐标为 x_0 和 y_0。取出曲线长度为 $\mathrm{d}s$,轴线长度为 $\mathrm{d}z$ 的微元体,如图 4.33(c) 所示,建立其在 z 方向的力平衡方程,可得到

$$\left[\sigma t + \frac{\partial(\sigma t)}{\partial z}\mathrm{d}z\right]\mathrm{d}s - \sigma t \mathrm{d}s + \left[\tau t + \frac{\partial(\tau t)}{\partial s}\mathrm{d}s\right]\mathrm{d}z - \tau t \mathrm{d}z = 0$$

故

$$\frac{\partial(\tau t)}{\partial s} = -\frac{\partial(\sigma t)}{\partial z} \tag{4.136}$$

作用在图 4.33(b) 截面上的对 x 和 y 轴的弯矩 M_x 与 M_y 和平行于 x 和 y 轴的剪力 Q_x 与 Q_y,利用熟知的关系式为

$$Q_x = \frac{\mathrm{d}M_y}{\mathrm{d}z}, \quad Q_y = \frac{\mathrm{d}M_x}{\mathrm{d}z}$$

而截面上任一点 P 在 z 方向的弯曲正应力为

$$\sigma = \frac{M_x y}{I_x} + \frac{M_y x}{I_y} \tag{4.137}$$

$$\frac{\mathrm{d}\sigma}{\mathrm{d}z} = \left(\frac{\mathrm{d}M_x}{\mathrm{d}z}\right)\frac{y}{I_x} + \left(\frac{\mathrm{d}M_y}{\mathrm{d}z}\right)\frac{x}{I_y} = Q_y\frac{y}{I_x} + Q_x\frac{x}{I_y} \tag{4.138}$$

将式 (4.138) 代入式 (4.136) 后可得到截面上任一点 P 的剪力流为

$$\tau t = -\frac{Q_y}{I_x}\int_0^s yt\mathrm{d}s - \frac{Q_x}{I_y}\int_0^s xt\mathrm{d}s = -\frac{Q_y S_x}{I_x} - \frac{Q_x S_y}{I_y} \tag{4.139}$$

$$S_x = \int_0^s yt\mathrm{d}s \tag{4.140}$$

S_x 为自 A 点至计算点 P 的曲线面积对 x 轴的静矩。

$$S_y = \int_0^s xt\mathrm{d}s \tag{4.141}$$

S_y 为自 A 点至 P 点的曲线面积对 y 轴的静矩。

2. 截面的剪力中心坐标

截面上的剪力流在 x 方向诸分力的合力为 Q_x，在 y 方向诸分力的合力为 Q_y。Q_x 和 Q_y 两力的交点称为截面的剪力中心，即图 4.33(b) 中的 S 点。如果诸横向荷载的合力通过截面的剪力中心，则构件只产生弯曲而无扭转；反之，如果诸横向荷载的合力不通过截面的剪力中心，则构件不仅产生弯曲而且同时伴有扭转。因此，截面的剪力中心又称为弯曲中心，简称剪心或弯心，截面剪心 S 的位置可由其坐标 x_0 和 y_0 决定，计算时可以先令 $Q_x = 0$ 得到 x_0，再令 $Q_y = 0$ 得到 y_0。先利用合力 Q_y 对形心的力矩等于截面上诸剪力流 τt 对形心的力矩之和即可得到剪心距 x_0。计算剪力流的力矩时，用图 4.33(b) 中从截面的形心 O 到微段 $\mathrm{d}s$ 中心线的切线方向的垂直距离 ρ_0，称为极距。$Q_y x_0$ 是逆时针方向的扭矩，而 $Q_x y_0$ 是顺时针方向的扭矩。

$$Q_y x_0 = \int_0^{s_1} \rho_0(\tau t)\mathrm{d}s = -\frac{Q_y}{I_x}\int_0^{s_1}\rho_0\left(\int_0^s yt\mathrm{d}s\right)\mathrm{d}s = -\frac{Q_y}{I_x}\int_0^{s_1} S_x\rho_0\mathrm{d}s$$

$$x_0 = -\frac{1}{I_x}\int_0^{s_1} S_x\rho_0 d_s = -\frac{1}{I_x}\int_0^{s_1}\rho_0\left(\int_0^s yt\mathrm{d}s\right)\mathrm{d}s \tag{4.142}$$

同理

$$y_0 = \frac{1}{I_y}\int_0^{s_1} S_y\rho_0\mathrm{d}s = \frac{1}{I_y}\int_0^{s_1}\rho_0\left(\int_s^0 xt\mathrm{d}s\right)\mathrm{d}s \tag{4.143}$$

式中，上限 s_1 表示从截面上的起始点 A 到终点 B 中心线长度为 s_1 的积分。从式 (4.142) 和式 (4.143) 的计算结果可知，截面剪力中心的坐标只与截面的形状和

4.3 受压构件的扭转屈曲和弯扭屈曲

尺寸有关,而与受力条件无关,它们是截面的几何性质。在等截面构件中,把各截面的剪心连接起来是一条与纵轴 z 平行的直线。这一结论对于今后研究等截面受压或受弯构件的弹性扭转屈曲和弯扭屈曲问题是有用的。但是对于发生弹塑性弯扭屈曲的等截面构件,各弹性区的剪心的连线未必平行于纵轴 z。

对于异形的开口薄壁截面,需要通过上述计算步骤先确定剪力中心的坐标。譬如冷弯薄壁型钢截面,它们的式样很多,在确定剪力中心的坐标时,有些可以套用现成的计算公式,但还有一些按照设计要求组成的截面,有时需先确定截面形心 O 的位置,然后再按式 (4.142) 和式 (4.143) 确定剪心 S 的位置。

对于有对称轴的截面,按照剪力流沿截面各部分中心线分布的规律,其剪力中心必位于对称的轴线上,对于由两个狭长的矩形截面组成且其中心线均交于一点的截面,其剪力中心必通过此交点。图 4.34 是几种经常会遇到的构件截面,图中 O 为截面的形心,而 S 为剪心的位置。图 4.34(a) 是双轴对称截面,图 4.34(b) 是属于点对称轴的 z 形截面,图 4.34(c)~(h) 是单轴对称截面,图 4.34(i) 是无任何对称轴的角形截面。

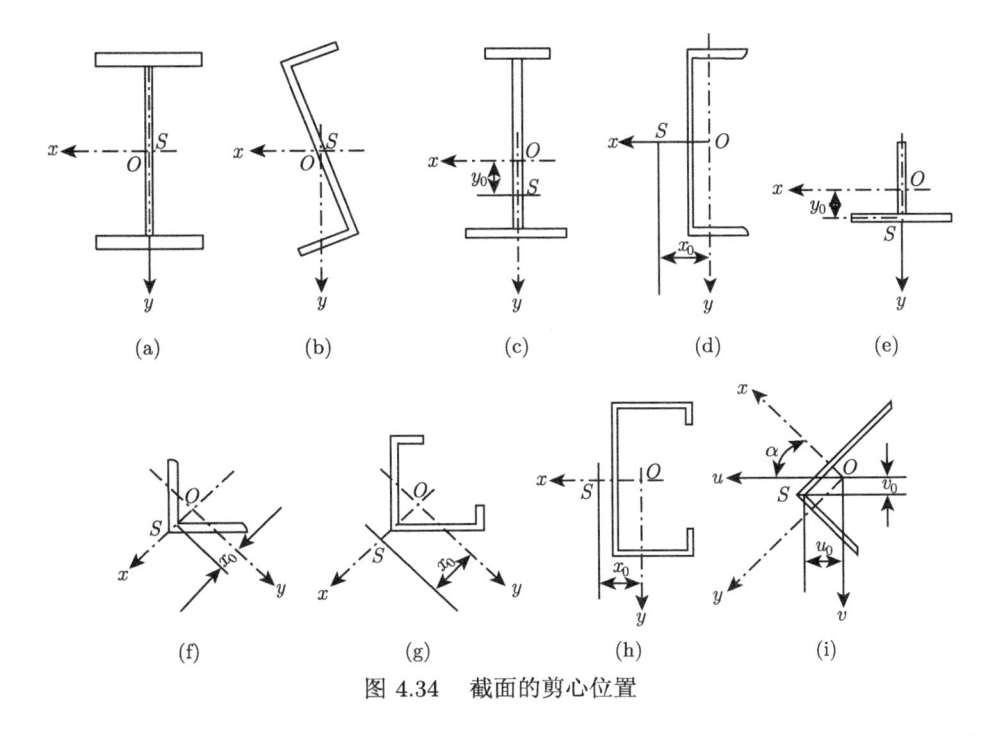

图 4.34 截面的剪心位置

根据位移互等定理,当横向荷载通过截面的剪力中心时,虽有线位移但无扭转,因此当构件因受扭而绕剪心转动时将无线位移。这样一来,构件仅受扭转作用时,剪心即为扭转中心。这一互等定理用于以后确定构件发生扭转变形截面上各点的位移时,可以使截面对形心先有线位移,再绕剪心有角位移,这时剪心不再产生线位移。

4.3.3 开口薄壁构件的扭转

当作用于构件的横向荷载不通过截面的剪心时,构件不仅会发生弯曲,而且同时还会绕剪心发生扭转。

1. 扭转的形式

因构件端部的约束条件和受力条件不同,扭转有自由扭转和约束扭转两种不同的形式。

1) 自由扭转

在图 4.35(a) 中,相反方向的扭矩作用于 I 形截面构件的两端,且端部并无添加特殊的构造措施,因而截面上各点纤维在纵向均可自由伸缩,构件的每一个截面受扭后不再是平面,而是呈现出凹凸不平的曲面,从而产生翘曲变形,这种扭转称为均匀扭转,又称自由扭转、自由翘曲、纯扭转,或称圣维南(Saint-Venant)扭转,这时截面上只产生剪应力,而且对于等截面构件,沿轴线方向各截面的剪应力分布都是相同的。

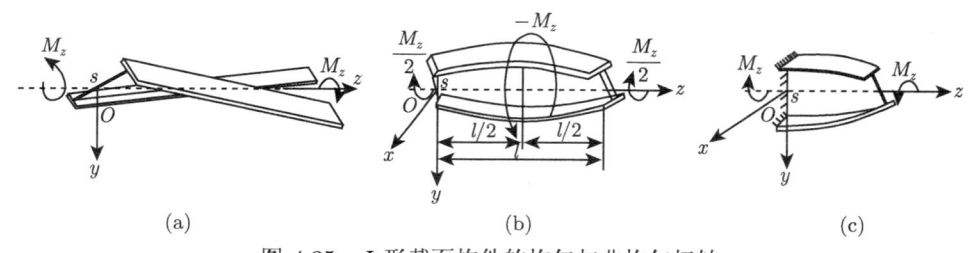

图 4.35 I 形截面构件的均匀与非均匀扭转

2) 约束扭转

在图 4.35(b) 中,扭矩作用于构件的中央,在其两端产生相反方向的扭矩,各为中央截面扭矩的 1/2,此构件的端部截面可自由翘曲,而中央截面因具有对称性完全不能翘曲;在图 4.35(c) 中,构件的左端是固定的,端部截面完全受到约束,因而也不能翘曲,这种扭转作用均称为约束扭转。由于翘曲受到约束,故截面的纤维在纵向就不能自由伸缩,从而产生纵向正应力,称为翘曲正应力,或称扇性正应力。当两个相邻截面的翘曲正应力不同时,还会产生与其平衡的剪应力,称为翘曲剪应力,或称扇性剪应力。对于图 4.35(b) 和 (c) 中构件的其他截面,则既有翘曲但又并非自由变形,这样由于截面的翘曲程度不同,构件截面所承受的扭矩分为自由扭矩和约束扭矩两部分,后者又称为翘曲扭矩,这类构件的扭转属于非均匀扭转。实际上存在扭转作用的构件大多数属于这种情况。

4.3 受压构件的扭转屈曲和弯扭屈曲

2. 开口薄壁构件的自由扭转

利用弹性力学中已导得的自由扭矩与扭率 φ' 之间的关系式,可知

$$M_s = GI_t \frac{d\varphi}{dz} = GI_t \varphi' \tag{4.144}$$

式中,G 为材料的剪切弹性模量;φ 为截面的扭转角,和 M_s 一样,以右手螺旋定则确定其正负号;I_t 为扭转常数,或称抗扭惯性矩,是截面的几何性质,单位为长度的四次方。

式 (4.144) 中的 GI_t 称为截面的自由扭转刚度。对于宽度为 b、厚度为 t 的狭长矩形截面,扭转常数可近似地取为

$$I_t = \frac{1}{3} b t^3 \tag{4.145}$$

对于由几个狭长矩形板件组成的开口薄壁构件截面,如 I 形、槽形、T 形和角形等截面,总的扭转常数可近似地取诸板件的扭转常数 I_{it} 之和

$$I_t = \sum_{i=1}^{n} I_{it} = \frac{1}{3} \sum_{i=1}^{n} b_i t_i^3 \tag{4.146}$$

式中,b_i 和 t_i 分别表示第 i 块板件的宽度和厚度;而 n 表示组成截面的板件序号,也即板件的块数。由于热轧型钢在板件的交接处有凸出部分截面积,扭转常数有所提高。根据试验资料和经验公式计算,凸出部分较少的槽钢,每一个凸角可使 I_t 值增加 6%,而对于凸出部分较多的 I 形和 H 形截面,每一个凸角可使 I_t 值增加 7.5%。所以,热轧 I 形钢的扭转常数可以由式 (4.146) 计算得到的 I_t 值乘以系数 1.3[46]。

自由扭矩使截面只产生剪应力,它在截面的壁厚范围内形成封闭的剪力流。此剪力流产生的剪应力分布如图 4.36(a)~(c) 所示,其方向与壁厚的中心线平行,而且大小相等方向相反,成对地形成扭矩,在中心线处的剪应力为零,在壁厚的外表最大,沿厚度按线性变化,板件的最大剪应力为

$$\tau_s = M_s t_i / I_t \tag{4.147}$$

3. 开口薄壁构件的约束扭转

开口薄壁构件在扭转时由于翘曲受到约束,因此构件还将产生如图 4.35(b) 和 (c) 所示的上、下两翼缘相反方向的弯曲变形,因扭矩形成扭转变形,并产生翘曲扭矩、翘曲正应力和翘曲剪应力,需导出它们与扭转变形之间的关系式。

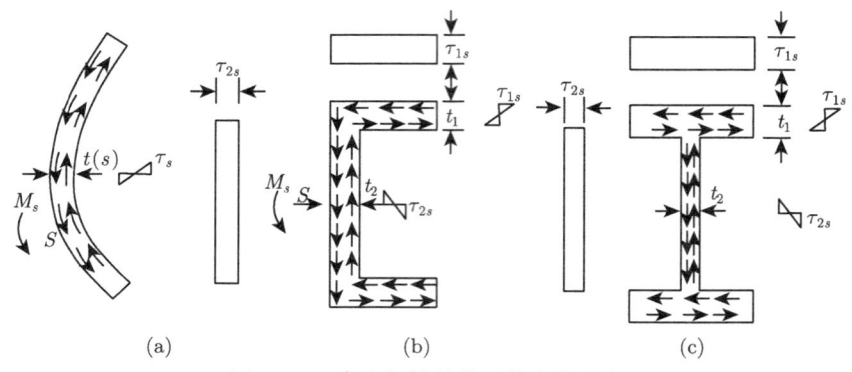

图 4.36　自由扭转的截面剪应力分布

计算约束扭转的两个基本假定为：

(1) 在扭转之前和扭转以后截面的形状与垂直于构件轴线的截面投影的形状是相同的。这一假定称为截面形状不变假定或刚周边假定。这一假定与极薄的冷弯型钢截面受扭以后的变形条件略有出入，因为不论是闭合的还是开口的极薄冷弯型钢截面都可能产生如图 4.37(a) 和 (b) 中虚线所示的截面畸变，特别是当构件承受偏离轴线的横向荷载作用时，更易产生截面畸变，此畸变对构件的承载力有一定影响。但是对于一般开口薄壁构件，根据刚周边假定得到的计算结果与试验资料是吻合的，有了这一假定，就可以简化计算。

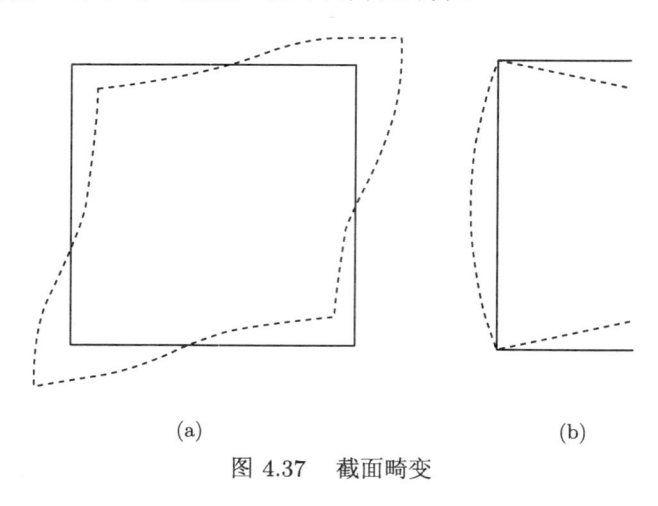

图 4.37　截面畸变

(2) 板件中面的剪应变为零。只要组成构件的诸板件，其厚度 t 与宽度 b 之比小于或等于 1/10，轮廓尺寸与构件的长度之比小于或等于 1/10，那么构件弯曲和扭转时中面产生的剪应变就将是极微小的，它对构件受力的影响极小，可以忽略不计。

4.3 受压构件的扭转屈曲和弯扭屈曲

图 4.38(a) 所示双轴对称 I 形截面构件在承受翘曲扭矩时,可以按照图 4.38(b) 所示扭转变形与受力条件导出构件翘曲扭矩 M_ω 的计算公式[6,9]。

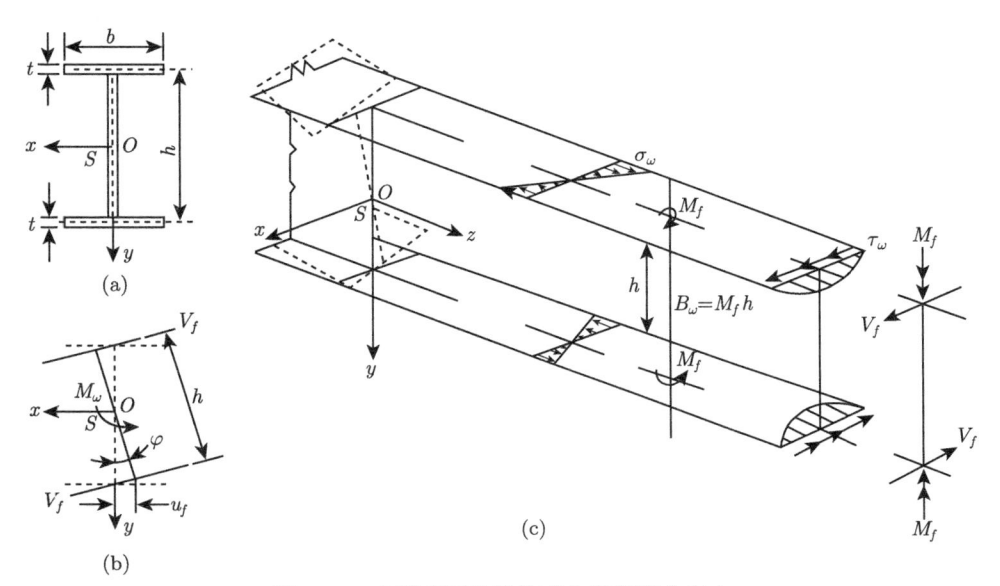

图 4.38 I 形截面构件的双力矩和翘曲应力

对于图 4.38(b),截面在翘曲扭矩 M_ω 的作用下,绕剪心 S 的扭转角为 φ,这时下翼缘在 x 方向的位移为 $u_f = -\frac{1}{2}h\varphi$,对截面纵轴的曲率为 $u_f'' = -\frac{1}{2}h\varphi''$,一个翼缘的弯矩 $M_f = -EI_1 u_f'' = \frac{1}{2}EI_1 h\varphi''$,上、下翼缘的弯矩大小相同但方向相反,形成称为双力矩的一种内力,$B_\omega = -M_f h = -\frac{1}{2}EI_1 h^2 \varphi''$,见图 4.38(c),此处 I_1 为一个翼缘截面对 y 轴的惯性矩,引进符号 $I_\omega = I_1 h^2/2 = I_y h^2/4$,定义为翘曲惯性矩,又称为翘曲扭转常数,它也是截面的一种几何性质,单位是长度的 6 次方。EI_ω 称为截面的翘曲刚度。这样

$$B_\omega = -EI_\omega \varphi'' \tag{4.148}$$

下翼缘的剪力 V_f 以图 4.38(b) 所示方向为负,

$$V_f = -\frac{dM_f}{dz} = -\frac{EI_1}{2}h\varphi''' \tag{4.149}$$

$$M_\omega = V_f h = -\frac{EI_1}{2}h^2 \varphi''' = -EI_\omega \varphi''' \tag{4.150}$$

式 (4.150) 表示翘曲扭矩与扭转角之间的关系式。由式 (4.148) 和式 (4.150) 可知约束扭矩与双力矩之间存在以下关系式

$$M_\omega = \frac{\mathrm{d}B_\omega}{\mathrm{d}z} \tag{4.151}$$

翼缘因翘曲而产生的翘曲正应力和翘曲剪应力分布见图 4.38(c)。截面上任一点的应力可如受弯构件一样按下式确定：

$$\sigma_\omega = \frac{M_f}{I_1} x \tag{4.152}$$

$$\tau_\omega = \frac{V_f s}{I_1 t} \tag{4.153}$$

对于如图 4.39 所示任意开口薄壁构件截面，其剪心的坐标为 (x_0, y_0)，剪心至截面上任意点 P 处切线的垂直距离，即极距为 ρ_s，翘曲惯性矩的一般计算公式是

$$I_\omega = \int_0^s \omega_n^2 t \mathrm{d}s = \int_A \omega_n^2 \mathrm{d}A \tag{4.154a}$$

$$\omega_n = \omega_s - \frac{\int_A \omega_s \mathrm{d}A}{A} \tag{4.154b}$$

式中，ω_n 称为主扇性坐标，相当于在图 4.39(a) 中任意开口薄壁构件截面上任意点 P 的扇性坐标 ω_s 减去全截面的平均扇性坐标 $\dfrac{\int_A \omega_s \mathrm{d}A}{A}$。在图 4.39(a) 中微段曲线长度 $\mathrm{d}s$ 所围成的阴影面积，相当于以 $\mathrm{d}s$ 为底边，以极距 ρ_s 作为三角形的高时所形成的面积，而 $\mathrm{d}\omega_s = \rho_s \mathrm{d}s$ 则为此阴影面积的二倍。$\mathrm{d}\omega_s$ 可称为微段扇性面积，

$$\omega_s = \int_0^s \rho_s \mathrm{d}s \tag{4.155}$$

式中，ω_s 是任意点 P 的扇性坐标，它是以剪心为极距，从曲线坐标 $s=0$ 的起始点 A 至曲线坐标为 s 的任意点 P 所围成的，如图 4.39(b) 所示阴影面积的二倍。ω_s 又称为扇性面积，其单位为长度的平方，在计算过程中，选择了截面上 $s=0$ 的 A 点，此点称为扇性零点。扇性零点是可以任意选定的。通常从某一扇性零点开始，以逆时针得到的扇性坐标 ω_s 为正值，顺时针得到的为负值，故 ω_s 的计算值是带有正负号的。如果选择的 A 点正好使 $\int_A \omega_s \mathrm{d}A = 0$，那么可得 $\omega_s = \omega_n$，ω_s 本身就成了主扇性坐标。对于双轴对称截面，就有 $\omega_s = \omega_n$。

4.3 受压构件的扭转屈曲和弯扭屈曲

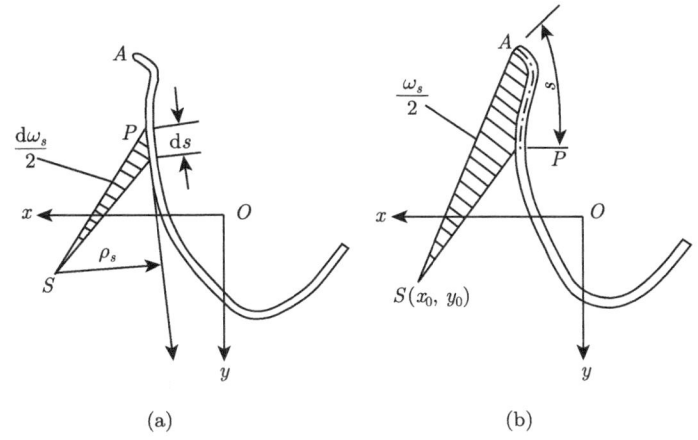

图 4.39 任意开口薄壁构件截面扇性坐标的计算

对于由诸矩形板段组成的开口薄壁截面，其中任意一板段截面的厚度为 t，长度为 l_i，板段两端的主扇形坐标分别为 ω_{ni} 和 ω_{ni+1}，则整个截面的翘曲惯性矩为

$$I_\omega = \int_A \omega_n^2 dA = \int_0^{l_i} \left(\omega_{ni} + \frac{\omega_{ni+1} - \omega_{ni}}{l_i} s \right)^2 t_i ds$$

$$= \frac{1}{3} \sum \left(\omega_{ni}^2 + \omega_{ni}\omega_{ni+1} + \omega_{ni+1}^2 \right) t_i l_i \tag{4.156}$$

任意截面的翘曲应力的计算公式是

$$\sigma_\omega = -E\omega_n \varphi'' = \frac{B_\omega \omega_n}{I_\omega} \tag{4.157a}$$

$$\tau_\omega = \frac{ES_\omega \varphi'''}{t} = -\frac{M_\omega S_\omega}{I_\omega t} \tag{4.157b}$$

式中，S_ω 称为翘曲静矩，又称为扇性静矩，它是与截面的曲线坐标 s 对应的一种几何性质。

$$S_\omega = \int_0^s \omega_n t ds = \int_A \omega_n dA \tag{4.158}$$

对于承受扭矩为 M_z 的各种非均匀扭转构件，M_z 将由自由扭矩 M_s 和翘曲扭矩 M_ω 共同负担，内扭矩 $M_{zi} = M_s + M_\omega$，将式 (4.144) 和式 (4.150) 代入后，则 $M_{zi} = GI_t\varphi' - EI_\omega\varphi'''$，由 $M_{zi} = M_z$ 可得扭矩平衡方程

$$EI_\omega \varphi''' - GI_t \varphi' + M_z = 0 \tag{4.159}$$

如果已知构件的边界条件，即可解出式 (4.159) 的扭转角函数，然后利用前面的诸计算公式即可获得截面的 M_s，M_ω，B_ω，应力 σ_ω 和 τ_ω。GB50018—2002 的附录 A.4 给出了两端简支的构件在扭矩作用下解得的双力矩 B_ω 的计算公式，可供选用。

图 4.40 和图 4.41 分别是槽形截面和 I 形截面构件受到约束扭转时截面的正应力和剪应力分布，可见扭矩 M_{zi} 对不同形状截面所产生的应力有很大差别。

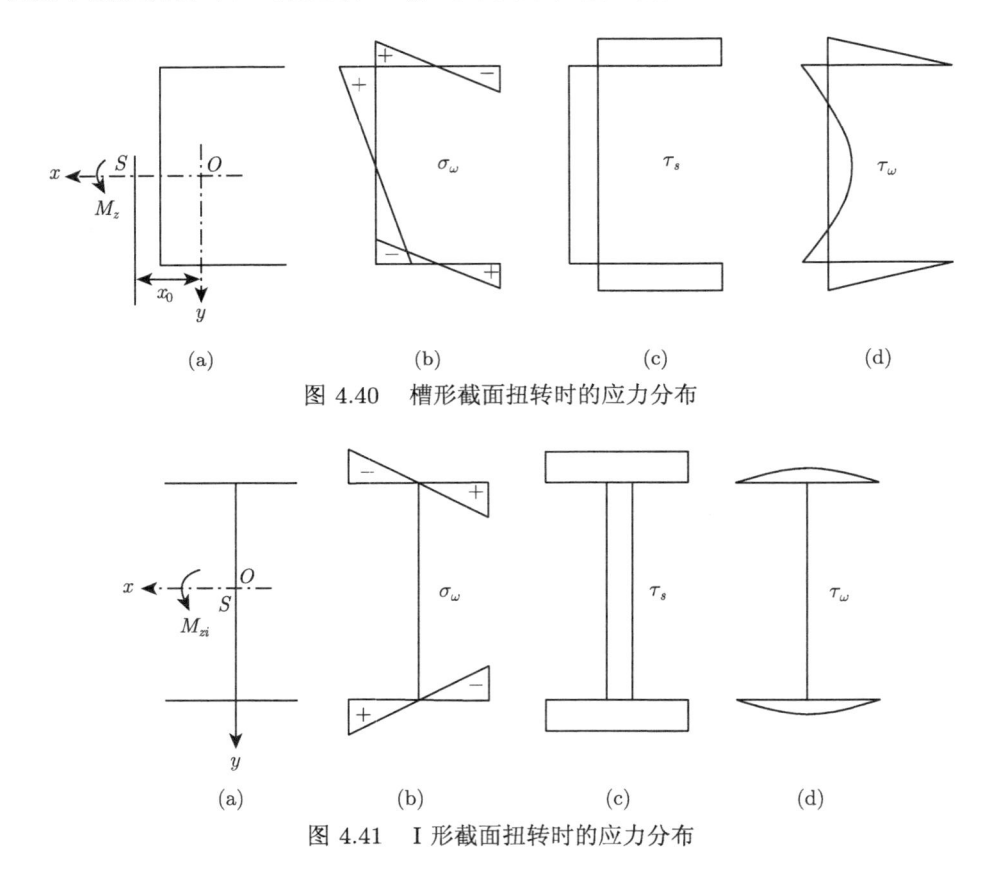

图 4.40 槽形截面扭转时的应力分布

图 4.41 I 形截面扭转时的应力分布

在计算过程中可知构件扭转时产生的扭矩与截面的应力分布与截面的几何性质 I_t 和 I_ω 有关，它们取决于截面的形状和尺寸。不同截面的 I_t 和 I_ω 的差别将反映出构件抗扭性能的差别，对于受压构件，它们也将反映出扭转屈曲和弯扭屈曲性能的差别。如图 4.42 所示，两端简支的受扭构件因截面形状不同，翘曲扭矩在总的扭矩中所占的比值 M_ω/M_{zi} 与截面的翘曲刚度 EI_ω 和自由扭转刚度 GI_t 有关，可以用扭转刚度参数 K 来衡量 [1]，$K = \sqrt{\dfrac{\pi^2 EI_\omega}{GI_t l^2}}$。

4.3 受压构件的扭转屈曲和弯扭屈曲

图 4.42 说明了十字形截面和角钢截面的 I_ω 都很小,相对说来抵抗翘曲扭矩的能力极差,而抵抗自由扭矩的能力较强,而闭合截面主要是由于 I_t 很大,故 K 值不大,但抵抗自由扭矩的能力很大。很薄的冷弯型钢带卷边的槽形截面的 I_t 都很小,抵抗自由扭矩的能力极差,相对说来,抵抗翘曲扭矩的能力较强。热轧的厚壁型钢和焊接的 I 形组合截面的 K 值的变动范围较大,一般均能较好地承受非均匀扭转。

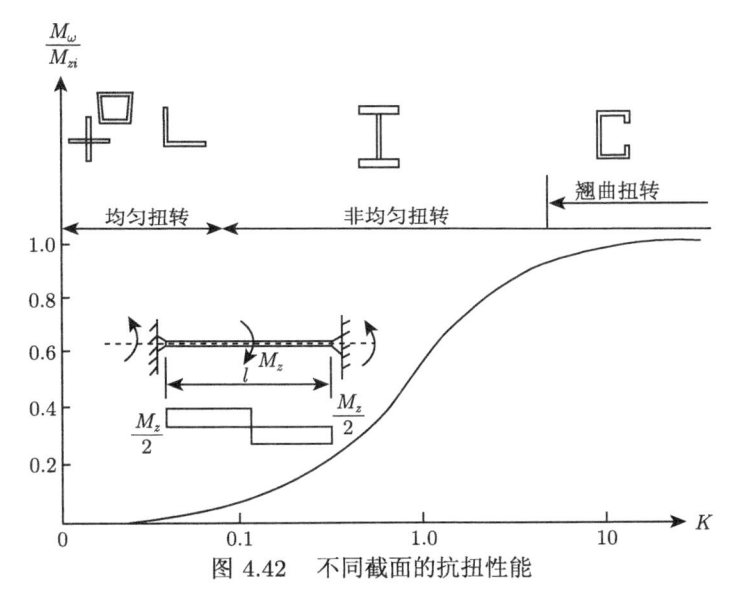

图 4.42 不同截面的抗扭性能

对于如图 4.43(a)~(c) 所示三种截面,它们的剪心 S 都位于狭长的矩形截面的交点,其极距 ρ_s 均为零,故这些截面的 $I_\omega \approx 0$,这样在扭矩作用下截面将不能抵抗翘曲。图 4.43(d) 和 (e) 为实腹式和薄壁管圆截面,在扭矩作用下,原来的平截面依旧保持平面,因而 $I_\omega = 0$。狭长的矩形截面的 I_ω 常常可以忽略不计。图 4.43(f) 为不带耳的等翼缘箱形截面,薄壁闭口截面翘曲刚度和自由扭转刚度的计算方法与薄壁开口截面的计算是不同的,此箱形截面的翘曲刚度为

$$\frac{EI_{\bar{\omega}}}{\mu} = \frac{E}{\mu} \oint \bar{\omega}_n^2 t ds = \frac{Eb^2h^2}{24}(tb + t_\omega h) \tag{4.160}$$

式中,翘曲系数 $\mu = 1 - I_t/I_p = \dfrac{(t_\omega b - th)^2}{(t_\omega b + th)^2}$,而 $I_p = \oint \rho_s^2 t ds = \dfrac{bh}{2}(t_\omega b + th)$。

自由扭转刚度

$$GI_t = \frac{4GA_0^2}{\oint \dfrac{ds}{t}} = \frac{2Gb^2h^2}{\dfrac{b}{t} + \dfrac{h}{t_\omega}} \tag{4.161}$$

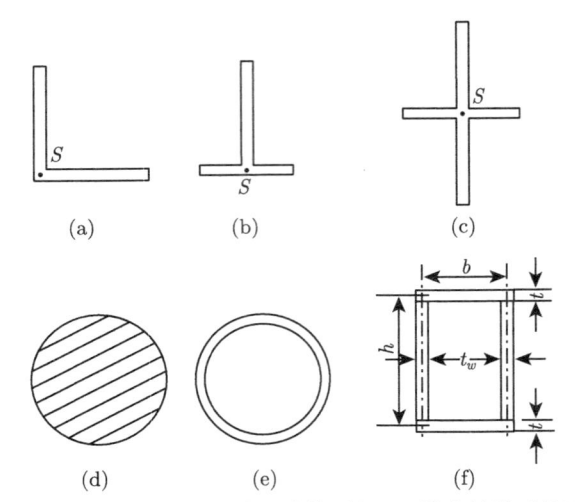

图 4.43 I_w 接近于零的几种截面和 $I_{\bar{w}}$ 较小的箱形截面

箱形截面构件的扭转刚度参数 K 值虽然不大,但是当不带耳箱形截面的高度和截面积与 I 形截面均相同时,前者的侧向刚度和翘曲刚度仍可大幅度提高,而扭转刚度提高的幅度更大。为了便于应用,表 4.4 给出了几种有代表性的截面剪心位置和翘曲惯性矩的计算公式。表中 7~14 的 8 种截面属于冷弯薄壁型钢,它们的壁厚均为 t。

表 4.4 截面的剪心位置和几何性质

$$\left(I_x, I_y, I_\omega, \beta_x = \frac{\int_A x\left(x^2+y^2\right)\mathrm{d}A}{2I_y} - x_0, \beta_y = \frac{\int_A y\left(x^2+y^2\right)\mathrm{d}A}{2I_x} - y_0\right)$$

序号	截面形式	计算公式
1		$I_\omega = \dfrac{I_y h^2}{4}$

续表

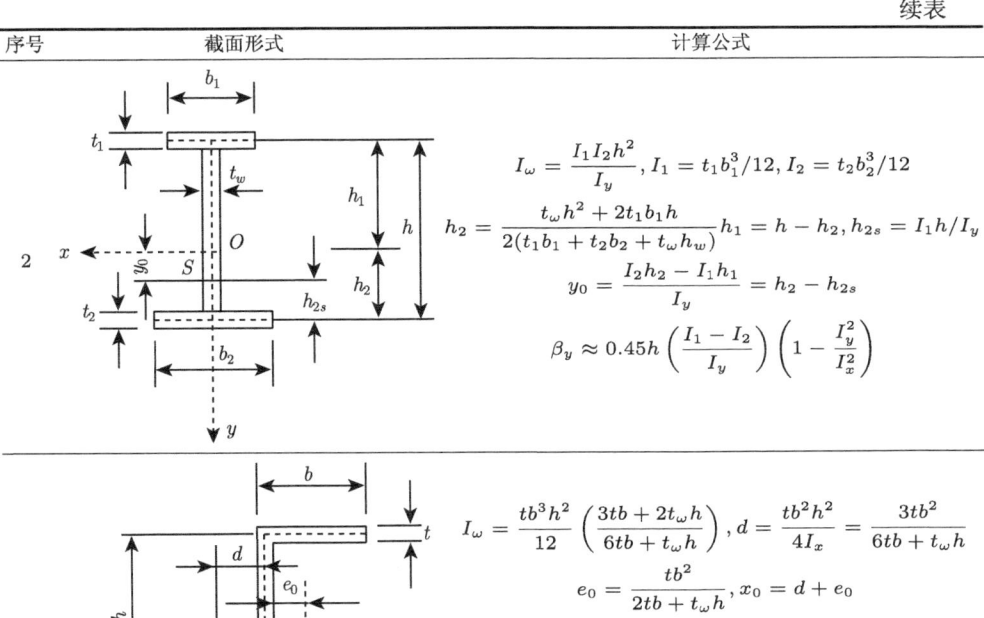

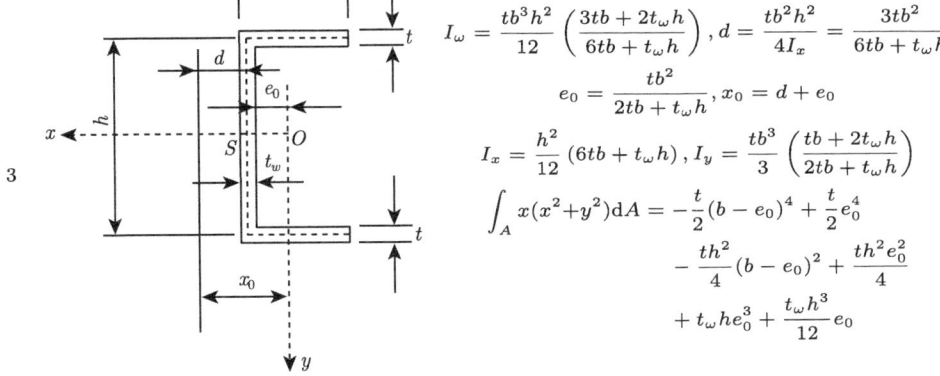

序号	截面形式	计算公式
2		$I_\omega = \dfrac{I_1 I_2 h^2}{I_y}, I_1 = t_1 b_1^3/12, I_2 = t_2 b_2^3/12$ $h_2 = \dfrac{t_\omega h^2 + 2t_1 b_1 h}{2(t_1 b_1 + t_2 b_2 + t_\omega h_w)} h_1 = h - h_2, h_{2s} = I_1 h/I_y$ $y_0 = \dfrac{I_2 h_2 - I_1 h_1}{I_y} = h_2 - h_{2s}$ $\beta_y \approx 0.45 h \left(\dfrac{I_1 - I_2}{I_y} \right) \left(1 - \dfrac{I_y^2}{I_x^2} \right)$
3		$I_\omega = \dfrac{tb^3 h^2}{12} \left(\dfrac{3tb + 2t_\omega h}{6tb + t_\omega h} \right), d = \dfrac{tb^2 h^2}{4I_x} = \dfrac{3tb^2}{6tb + t_\omega h}$ $e_0 = \dfrac{tb^2}{2tb + t_\omega h}, x_0 = d + e_0$ $I_x = \dfrac{h^2}{12}(6tb + t_\omega h), I_y = \dfrac{tb^3}{3}\left(\dfrac{tb + 2t_\omega h}{2tb + t_\omega h}\right)$ $\int_A x(x^2+y^2)\mathrm{d}A = -\dfrac{t}{2}(b-e_0)^4 + \dfrac{t}{2}e_0^4$ $\qquad - \dfrac{th^2}{4}(b-e_0)^2 + \dfrac{th^2 e_0^2}{4}$ $\qquad + t_\omega h e_0^3 + \dfrac{t_\omega h^3}{12}e_0$
4	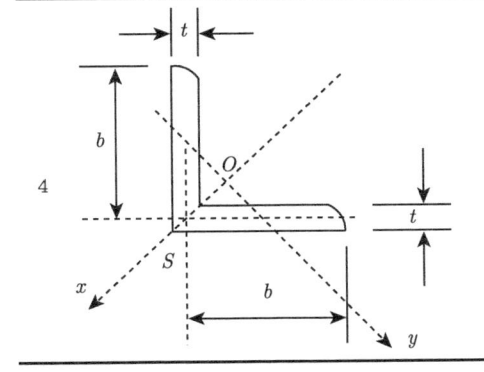	$I_\omega = \dfrac{t^3 b^3}{18} \approx 0$ $\int_A x(x^2+y^2)\mathrm{d}A \approx \dfrac{-\sqrt{2}tb^4}{24}$

续表

序号	截面形式	计算公式
5	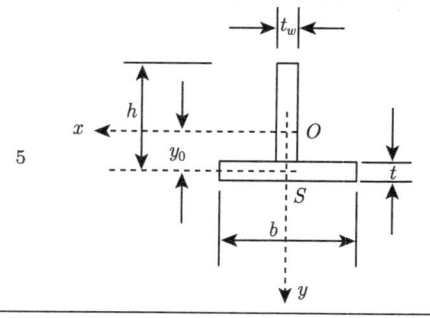	$I_\omega = \dfrac{1}{36}\left(\dfrac{b^3 t^3}{4} + h^3 t_\omega^3\right) \approx 0,\ y_0 = \dfrac{t_\omega h^2}{2(tb + t_\omega h)}$ $I_x = \dfrac{t_\omega h^3(4tb + t_\omega h)}{12(tb + t_\omega h)}$ $\int_A y(x^2+y^2)\mathrm{d}A = \dfrac{tby_0}{12}(b^2 + 12y_0^2)$ $\qquad + \dfrac{t_\omega}{4}\left[y_0^4 - (h - y_0)^4\right]$
6	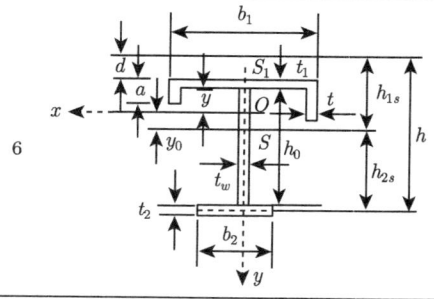	$d = \dfrac{3ta^2}{6ta + t_1 b_1},\ h = h_0 + t_1 + d + \dfrac{t_2}{2}$ $h_{1s} = \dfrac{I_2 h}{I_y},\ h_{2s} = h - h_{1s}$ $y_0 = h_{1s} - d - \bar{y}$ $I_1 = \dfrac{b_1^2}{12}(6ta + t_1 b_1),\ I_2 = \dfrac{t_2 b_2^3}{12}$ $I_\omega = I_1 h_{1s}^2 + I_1 h_{2s}^2$ $\beta y \approx 0.45h\left(\dfrac{I_1 - I_2}{I_y}\right)\left(1 - \dfrac{I_y^2}{I_x^2}\right)\left(1 + \dfrac{a}{2h_0}\right)$
7	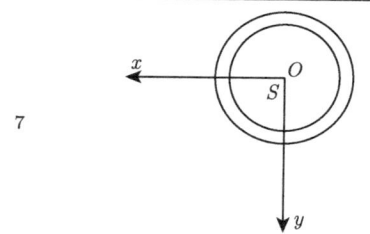	$I_\omega = 0$ $I_x = I_y = \pi t r^3$
8	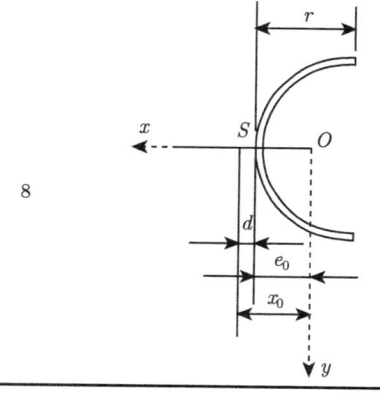	$d = \left(\dfrac{4}{\pi} - 1\right)r,\ e_0 = \left(1 - \dfrac{2}{\pi}\right)r,\ x_0 = \dfrac{2}{\pi}r$ $I_x = \dfrac{\pi t r^3}{2},\ I_y = \dfrac{\pi t r^3}{2}\left(1 - \dfrac{8}{\pi^2}\right)$ $I_\omega = \dfrac{\pi^4 - 96}{12\pi} t r^5,\ \beta_x = -\dfrac{4r}{\pi}$

4.3 受压构件的扭转屈曲和弯扭屈曲

续表

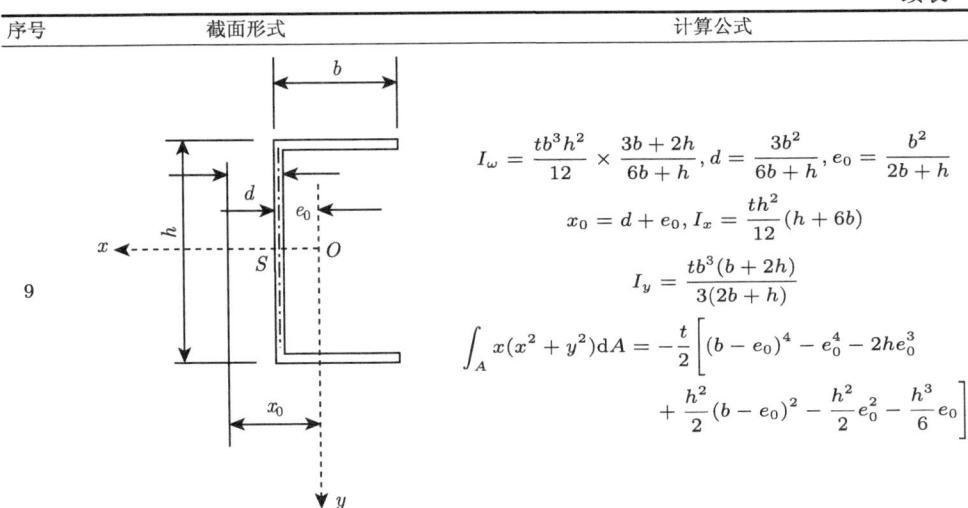

序号	截面形式	计算公式
9		$I_\omega = \dfrac{tb^3h^2}{12} \times \dfrac{3b+2h}{6b+h}, d = \dfrac{3b^2}{6b+h}, e_0 = \dfrac{b^2}{2b+h}$ $x_0 = d + e_0, I_x = \dfrac{th^2}{12}(h+6b)$ $I_y = \dfrac{tb^3(b+2h)}{3(2b+h)}$ $\int_A x(x^2+y^2)\mathrm{d}A = -\dfrac{t}{2}\left[(b-e_0)^4 - e_0^4 - 2he_0^3 \right.$ $\left. + \dfrac{h^2}{2}(b-e_0)^2 - \dfrac{h^2}{2}e_0^2 - \dfrac{h^3}{6}e_0\right]$
10	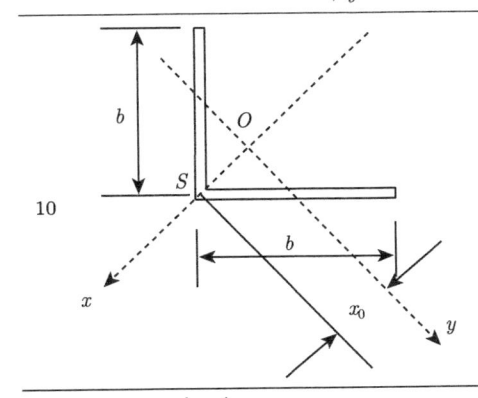	$I_\omega = 0, x_0 = \dfrac{b}{2\sqrt{2}}$ $I_x = \dfrac{t}{3}b^3, I_y = \dfrac{t}{12}b^3$ $\beta_x = -\dfrac{\sqrt{2}}{2}b$
11	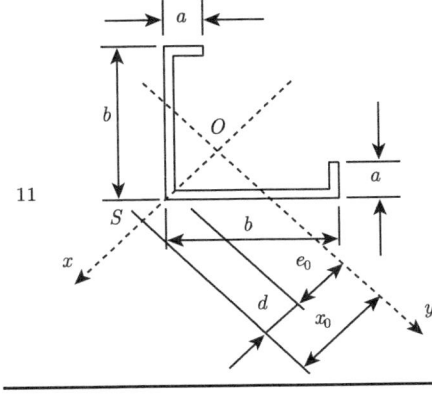	$I_x = \dfrac{t}{3}(b^3+a^3) + tba(b-a), I_y = \dfrac{t}{12}(b+a)^3$ $I_\omega = \dfrac{t^2b^4a^3}{18I_x}(4b+3a), d = \dfrac{tba^2(3b-2a)}{3\sqrt{2}I_x}$ $e_0 = \dfrac{b+a}{2\sqrt{2}} x_0 = d + e_0$ $\int_A x(x^2+y^2)\mathrm{d}A$ $= -\dfrac{\sqrt{2}t}{24}(b^4 + 4b^3a - 6b^2a^2 + a^4)$

续表

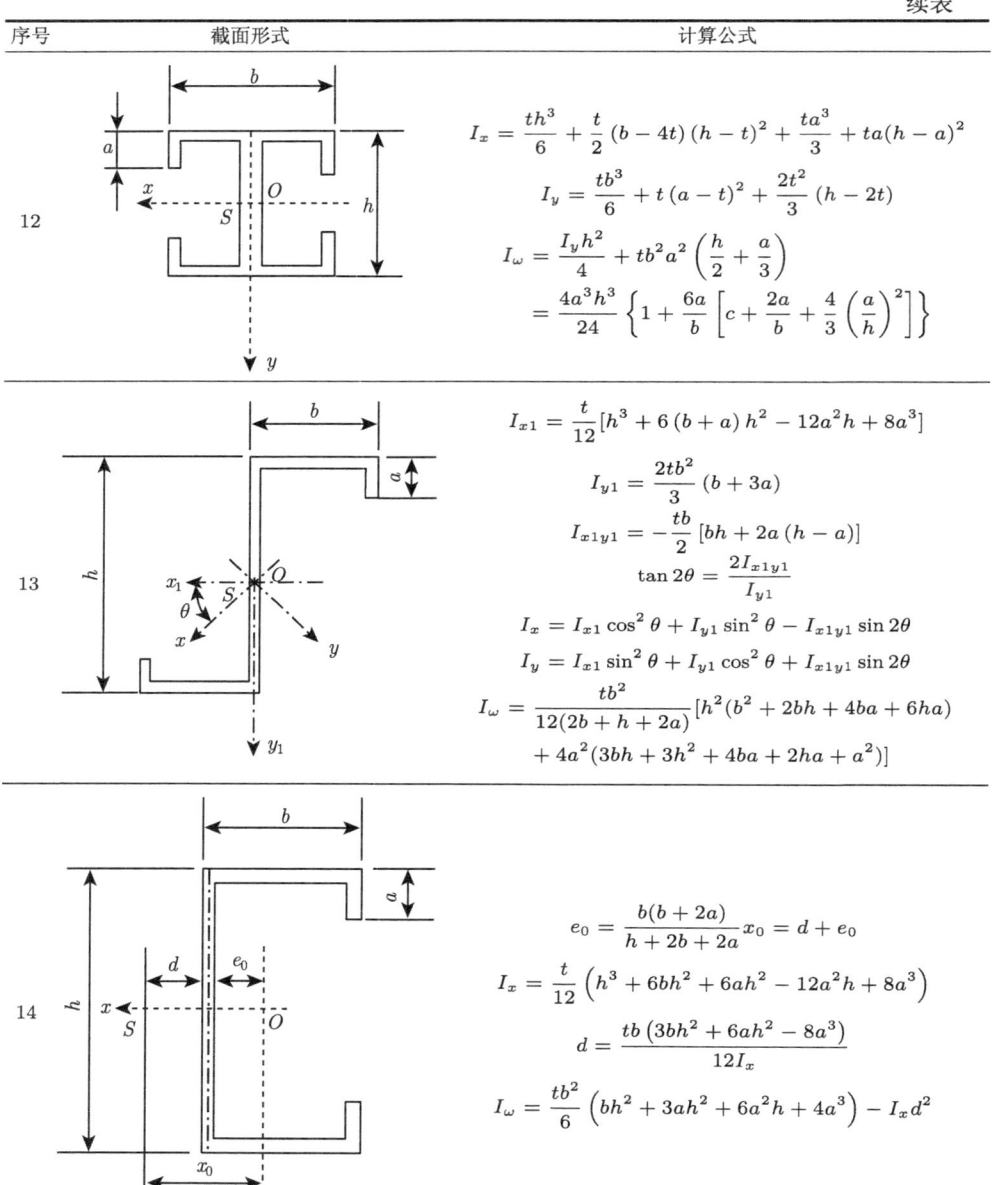

序号	截面形式	计算公式
12		$I_x = \dfrac{th^3}{6} + \dfrac{t}{2}(b-4t)(h-t)^2 + \dfrac{ta^3}{3} + ta(h-a)^2$ $I_y = \dfrac{tb^3}{6} + t(a-t)^2 + \dfrac{2t^2}{3}(h-2t)$ $I_\omega = \dfrac{I_y h^2}{4} + tb^2 a^2 \left(\dfrac{h}{2} + \dfrac{a}{3}\right)$ $= \dfrac{4a^3 h^3}{24}\left\{1 + \dfrac{6a}{b}\left[c + \dfrac{2a}{b} + \dfrac{4}{3}\left(\dfrac{a}{h}\right)^2\right]\right\}$
13		$I_{x1} = \dfrac{t}{12}[h^3 + 6(b+a)h^2 - 12a^2 h + 8a^3]$ $I_{y1} = \dfrac{2tb^2}{3}(b+3a)$ $I_{x1y1} = -\dfrac{tb}{2}[bh + 2a(h-a)]$ $\tan 2\theta = \dfrac{2I_{x1y1}}{I_{y1}}$ $I_x = I_{x1}\cos^2\theta + I_{y1}\sin^2\theta - I_{x1y1}\sin 2\theta$ $I_y = I_{x1}\sin^2\theta + I_{y1}\cos^2\theta + I_{x1y1}\sin 2\theta$ $I_\omega = \dfrac{tb^2}{12(2b+h+2a)}[h^2(b^2 + 2bh + 4ba + 6ha)$ $+ 4a^2(3bh + 3h^2 + 4ba + 2ha + a^2)]$
14		$e_0 = \dfrac{b(b+2a)}{h+2b+2a}\; x_0 = d + e_0$ $I_x = \dfrac{t}{12}\left(h^3 + 6bh^2 + 6ah^2 - 12a^2 h + 8a^3\right)$ $d = \dfrac{tb(3bh^2 + 6ah^2 - 8a^3)}{12I_x}$ $I_\omega = \dfrac{tb^2}{6}\left(bh^2 + 3ah^2 + 6a^2 h + 4a^3\right) - I_x d^2$

4.3.4 轴心受压构件的弹性扭转屈曲

对于如图 4.44(a) 所示的双轴对称截面轴心受压构件，上、下两端是夹支的，或称为简支的。所谓夹支是指构件的端部截面只能绕两个主轴 x 和 y 自由转动，

4.3 受压构件的扭转屈曲和弯扭屈曲

而不能绕纵轴 z 扭转,当构件内存在不均匀扭转时,端部截面的翼缘可以自由翘曲。第 2 章已经讨论了构件绕 x 轴或 y 轴转动的弯曲屈曲载荷。这里要讨论其绕 z 轴转动的扭转屈曲载荷[10]。

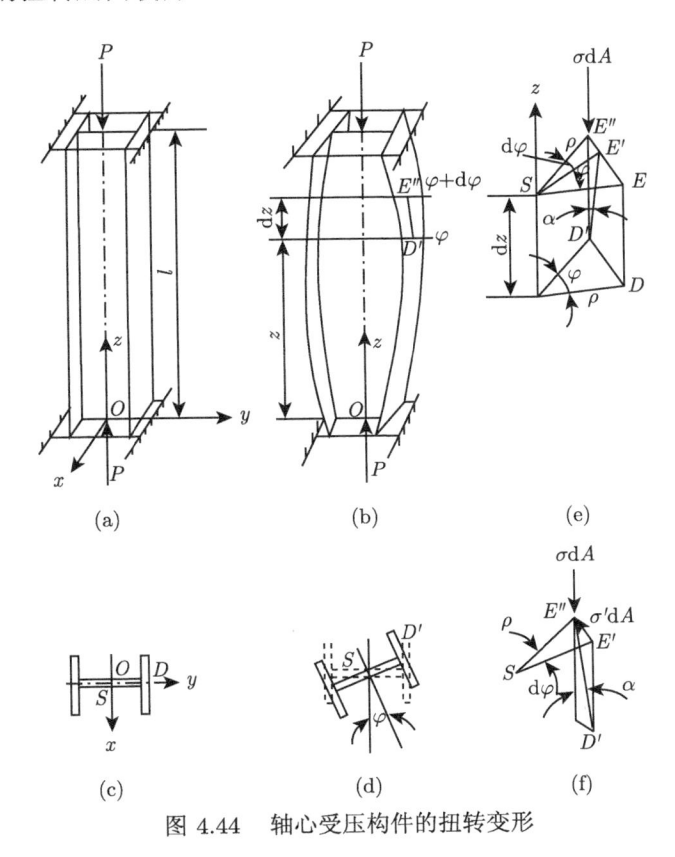

图 4.44 轴心受压构件的扭转变形

1. 轴心受压构件的弹性扭转屈曲载荷

用平衡法确定图 4.44(a) 所示构件的扭转屈曲载荷时,先讨论图 4.44(b) 在构件绕纵轴存在微小扭转角时的受力条件。离原点为 z 处的截面的扭转角为 φ,隔一微段距离为 dz 处的截面的扭转角为 $\varphi+d\varphi$。图 4.44(e) 表示了在微段 dz 内的任一纤维 DE 因构件扭转而位移到了 $D'E''$,它与垂线的夹角为 α,在水平面内 E'' 至截面剪心的距离为 ρ,由于纤维有倾斜,作用于纤维上端 E'' 处的力 σdA 在水平面内产生了分力 $\sigma'dA$,它绕剪心 S 形成了扭矩 $\sigma'dA\rho$。

由图 4.44(e) 可知,倾斜纤维与垂直线的夹角为 α,而此夹角很小,故

$$\sin\alpha \approx \alpha = \frac{E'E''}{dz} = \frac{\rho d\varphi}{dz} \tag{4.162}$$

由图 4.44(f) 知，纤维上端的水平分力

$$\sigma' \mathrm{d}A = \sigma \mathrm{d}A \sin\alpha = \sigma \mathrm{d}A \rho \varphi' \tag{4.163}$$

构件扭转时全截面形成的非均匀扭矩为

$$M_z = \int_A \sigma \mathrm{d}A \rho^2 \varphi' = \frac{P}{A}\int_A \rho^2 \mathrm{d}A \varphi' \tag{4.164}$$

受力纤维因扭转而倾斜时诸截面内的分力绕截面的剪心而形成的扭矩称为 Wagner 效应，而 $\frac{P}{A}\int_A \rho^2 \mathrm{d}A$ 则称为 Wagner 效应系数。对于双轴对称截面，$\int_A \rho^2 \mathrm{d}A = I_x + I_y = i_0^2 A$，而 $i_0^2 = (I_x + I_y)/A$，i_0 是截面对剪心的极回转半径。式 (4.164) 可写作

$$M_z = Pi_0^2 \varphi' \tag{4.165}$$

离原点为 z 处的截面的扭矩平衡方程为 $M_z = M_s + M_\omega$，由式 (4.159) 得到 $Pi_0^2 \varphi' = GI_t \varphi' - EI_\omega \varphi'''$ 或

$$EI_\omega \varphi''' + (Pi_0^2 - GI_t)\varphi' = 0 \tag{4.166}$$

令 $k^2 = (Pi_0^2 - GI_t)/(EI_\omega)$，则上式可写作

$$\varphi''' + k^2 \varphi' = 0 \tag{4.167}$$

其通解为

$$\varphi = C_1 \sin kz + C_2 \cos kz + C_3 \tag{4.168}$$

由构件端部的边界条件 $\varphi(0) = 0$，得到 $C_2 + C_3 = 0$；由 $B_\omega = -EI_\omega \varphi''(0) = 0$，亦即 $\varphi''(0) = 0$，知 $C_2 = 0$，故 $C_3 = 0$。由 $\varphi(l) = 0$ 得到 $C_1 \sin kl = 0$，但 $C_1 \neq 0$，只有 $\sin kl = 0$，$kl = \pi, 2\pi, \cdots, n\pi$，其中最小值为 $kl = \pi$。由 $k^2 = \pi^2/l^2 = (Pi_0^2 - GI_t)/(EI_\omega)$，得到扭转屈曲载荷

$$P_\omega = \frac{1}{i_0^2}\left(GI_t + \frac{\pi^2 EI_\omega}{l^2}\right) \tag{4.169}$$

上式还可写作

$$P_\omega = \frac{GI_t}{i_0^2}\left(1 + \frac{\pi^2 EI_\omega}{GI_t l^2}\right) = \frac{GI_t}{i_0^2}(1 + K^2) \tag{4.170}$$

式中，$K = \sqrt{\frac{\pi^2 EI_\omega}{GI_t l^2}}$，即为扭转刚度参数，$K$ 值越大，说明构件抗翘曲扭转的能力越强，它将提高扭转屈曲载荷，而 K 值越小，则扭转屈曲载荷越弱。对照

4.3 受压构件的扭转屈曲和弯扭屈曲

图 4.43 可知，双轴对称的十字形截面的 K 值远小于双轴对称的 I 形截面，所以其扭转屈曲载荷较小，而且由于 $I_\omega \approx 0$，十字形截面轴心受压构件的 P_ω 与构件长度无关。

2. 残余应力对扭转屈曲载荷的影响

对于轴心受压构件，因有纵向残余应力 σ_r，构件扭转时纤维倾斜也产生分力 $\sigma_r \mathrm{d}A\rho\varphi'$，在计算 Wagner 效应时应将它考虑在内。为了便于运算，可以以残余压应力为正值，拉应力为负值，则式 (4.164) 应写作

$$M_z = \int_A (\sigma + \sigma_r)\mathrm{d}A\rho^2\varphi' = \int_A \sigma\mathrm{d}A\rho^2\varphi' + \int_A \sigma_r\mathrm{d}A\rho^2\varphi' = Pi_0^2\varphi' + \bar{R}\varphi' \quad (4.171\mathrm{a})$$

式中，

$$\bar{R} = \int_A \sigma_r\rho^2\mathrm{d}A = \int_A \sigma_r(x^2+y^2)\mathrm{d}A \quad (4.171\mathrm{b})$$

这样构件的扭矩平衡方程为

$$EI_\omega\varphi''' + (Pi_0^2 - GI_t + \bar{R})\varphi' = 0 \quad (4.172)$$

令 $k^2 = (Pi_0^2 - GI_t + \bar{R})/(EI_\omega)$，可解得

$$P_\omega = \frac{1}{i_0^2}\left(GI_t - \bar{R} + \frac{\pi^2 EI_\omega}{l^2}\right) \quad (4.173)$$

式中，$\bar{R}$ 是截面中残余应力部分的 Wagner 效应系数，因为 $\bar{R} \neq 0$，故残余应力对轴心受压构件的扭转屈曲有一定影响，它与构件的长度无关。截面的残余应力分布不同时，其影响也不相同。当残余压应力的峰值位于截面的外侧时，如图 4.45(a) 所示，翼缘为轧制边的焊接 I 形截面，因 $\bar{R}$ 是正值，因此将降低 P_ω。当残余拉应力的峰值位于截面的外侧时，如图 4.45(b) 所示，翼缘为火焰切割边，因是负值，它将提高 P_ω。由于 $\int_A \sigma_r \mathrm{d}A = 0$，故残余应力与轴心受压构件的弹性弯曲屈曲的计算无关，这与计算弹性扭转屈曲的情况是不同的。

3. 构件两端边界条件的影响

先考察图 4.46 中两端有弹簧约束的轴心受压构件，下端和上端的扭转约束常数，即单位转角抵抗的扭矩，分别为 r_A 和 r_B，扭转角以逆时针为正，顺时针为负，而约束扭矩的方向与扭转角相反。构件的扭矩平衡方程为

$$EI_\omega\varphi''' + (Pi_0^2 - GI_t + \bar{R})\varphi' - M_{\omega A} = 0 \quad (4.174)$$

令 $k^2 = (Pi_0^2 - GI_t + \bar{R})/(EI_\omega)$，通解为

$$\varphi = C_1 \sin kz + C_2 \cos kz + C_3 z \tag{4.175}$$

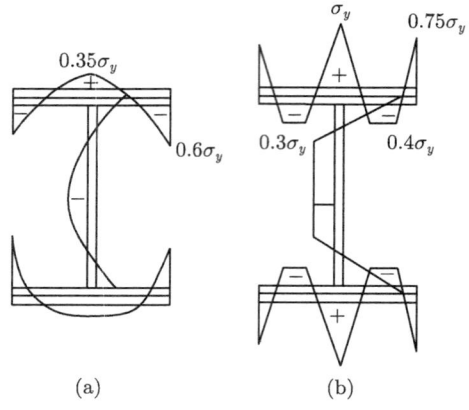

图 4.45　焊接 I 形截面残余应力分布 (拉应力为正，压应力为负)

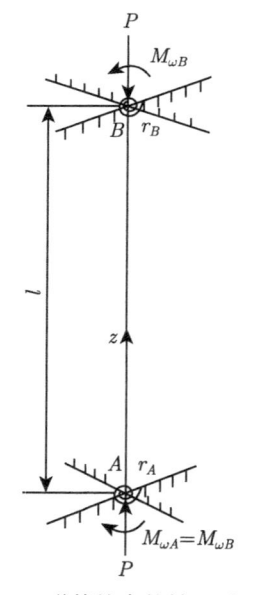

图 4.46　弹簧约束的轴心受压构件

通解中的三个积分常数由构件两端的边界条件确定。它们的表达式都可以用与截面的转角 φ 有关的量来表示。

(1) 简支端，截面自由翘曲但不能转动，$\varphi = 0$，$\varphi'' = 0$；

4.3 受压构件的扭转屈曲和弯扭屈曲

(2) 固定端，截面不能翘曲也不能转动，$\varphi = 0$，$\varphi' = 0$；
(3) 自由端，截面可自由翘曲和自由转动，$\varphi'' = 0$，$GI_t\varphi' - EI_\omega\varphi''' = 0$；
(4) 当端部有扭转约束常数为 r 的弹簧时，$M_\omega = -r\varphi$。

根据构件两端的三个边界条件，可建立三个线性齐次方程，求解的过程和第 2 章中求解轴心受压构件弯曲屈曲载荷的过程相同。得到屈曲方程后可解得 k 值，而 $k^2 = \dfrac{Pi_0^2 - GI_t + \bar{R}}{EI_\omega}$，故扭转屈曲载荷

$$P_\omega = \frac{1}{i_0^2}(k^2 EI_\omega + GI_t - \bar{R}) = \frac{1}{i_0^2}\left[\frac{\pi^2 EI_\omega}{(\pi/k)^2} + GI_t - \bar{R}\right] \tag{4.176}$$

写成通式为

$$P_\omega = \frac{1}{i_0^2}\left[\frac{\pi^2 EI_\omega}{(\mu_\omega l)^2} + GI_t - \bar{R}\right] = \frac{1}{i_0^2}\left(\frac{\pi^2 EI_\omega}{l_\omega^2} + GI_t - \bar{R}\right) \tag{4.177}$$

式中，$\mu_\omega = \pi/(kl)$，称为扭转屈曲计算长度系数；l_ω 为扭转屈曲计算长度，取决于构件端部的约束条件，其值对扭转屈曲载荷的影响只与式 (4.177) 中的第一项有关，而与后两项无关。对于不同支承条件的构件，扭转屈曲的计算长度系数见表 4.5。

表 4.5 构件的扭转屈曲计算长度系数 μ_ω

序号	支承条件	μ_ω
1	两端简支	1.0
2	两端固定	0.5
3	一端固定，一端简支	0.7
4	一端固定，一端自由	2.0
5	两端不能翘曲，但能自由转动	0.5

对于有中间支承的构件，可以认为在支承点处截面的扭转角 $\varphi = 0$，且具有变形协调条件 $\varphi'_{左} = \varphi'_{右}$ 和双力矩相等 $B_{\omega左} = B_{\omega右}$，以此来求解构件的扭转屈曲载荷，从而可得扭转屈曲的计算长度系数。

在轴心受压构件中，由扭转屈曲决定构件屈曲载荷的情况极少。在解得扭转屈曲载荷 P_ω 以后，还要把它和构件的弹性弯曲屈曲载荷 P_{crx} 和 P_{cry} 作比较，应取其中的最小值作为构件的屈曲载荷。

4.3.5 轴心受压构件的弹塑性扭转屈曲

当按照式 (4.169) 或式 (4.177) 得到的扭转屈曲应力超过了钢材的比例极限时，构件可能发生弹塑性扭转屈曲。有两种方法计算屈曲载荷：一种是不计残余

应力的影响，用切线模量代替计算公式中的弹性模量得到屈曲载荷；另一种是考虑残余应力，按钢材为理想的弹塑性体计算屈曲载荷。

1. 切线模量扭转屈曲载荷

对于受残余应力影响很小的冷弯薄壁型钢构件，当截面的扭转屈曲应力超过比例极限后，变形模量采用切线模量 E_t，而剪切模量仍可用弹性的 G。但剪切模量如采用 $G_t = GE_t/E$，对计算结果影响不大，计算方法却很简便，这样对于两端简支的轴心受压构件，切线模量扭转屈曲荷载为

$$P_\omega = \frac{1}{i_0^2}\left(\frac{\pi^2 E_t I_\omega}{l^2} + G_t I_t\right) = \frac{1}{i_0^2}\left(\frac{\pi^2 E I_\omega}{l^2} + G I_t\right)\frac{E_t}{E} \tag{4.178}$$

2. 钢材为理想弹塑性体的屈曲载荷

考虑残余应力的轴心受压构件，如果按照弹性公式得到的扭转屈曲应力 σ_ω 超过了构件的有效比例极限 $\sigma_y - \sigma_{rc}$，此时构件将在弹塑性状态屈曲。计算时，假定材料为理想的弹塑性体，在屈服区，变形模量取 $E_t = 0$，而剪切模量可取 $G_t = G/4$。

对于如图 4.47(a) 所示双轴对称焊接 I 形截面轴心受压构件，残余压应力的峰值位于翼缘的外侧，截面上任意一点 $D(x_i, y_i)$ 的残余压应力为 σ_{ri}，在轴心压力作用下，翼缘的外侧首先屈服，屈服区如图 4.47(b) 中的阴影部分，此时截面任一点的应变为

$$\varepsilon_i = \varepsilon_0 + \varepsilon_{ri} = \varepsilon_0 + \sigma_{ri}/E \tag{4.179}$$

式中，ε_0 为构件的轴向应变。

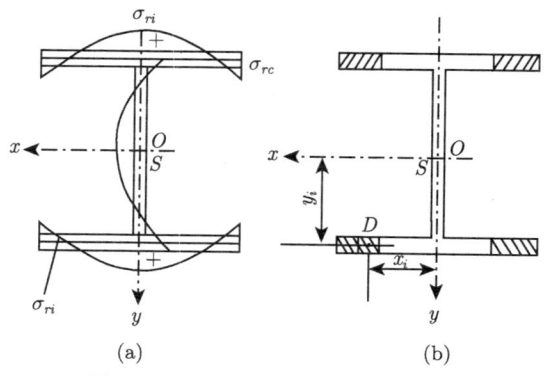

图 4.47 截面的残余应力和屈服区

4.3 受压构件的扭转屈曲和弯扭屈曲

可将截面划分为 n 个单元,每个单元的面积为 A_i,其应力为 σ_i,这样,当 $\varepsilon_i \leqslant \varepsilon_y$ 时

$$\sigma_i = \varepsilon_i E, \quad G_t = G \tag{4.180a}$$

当 $\varepsilon_i > \varepsilon_y$ 时

$$\sigma_i = \sigma_y, \quad G_t = G/4 \tag{4.180b}$$

Wagner 效应

$$M_z = \int_A \sigma_i \rho^2 \mathrm{d}A \varphi' = \bar{K}\varphi' \tag{4.181}$$

式中,$\bar{K}$ 为 Wagner 效应系数。由于在式 (4.179) 中已包括了残余应力的影响,故不应再单独计算 $\bar{R}$。由式 (4.180) 即可确定弹性区的单元面积 A_{ei}。

$$\bar{K} = \int_A \sigma_i \rho^2 \mathrm{d}A = \int_A \sigma_i (x^2 + y^2) \mathrm{d}A = \sum \sigma_i (x_i^2 + y_i^2) A_i \tag{4.182}$$

构件任意截面的扭矩平衡方程为

$$EI_{e\omega}\varphi''' + (\bar{K} - CI_{et} - G_t I_{pt})\varphi' = 0 \tag{4.183}$$

式中,$I_{e\omega}$ 为截面弹性区的翘曲惯性矩;I_{et} 为截面弹性区的抗扭惯性矩;I_{pt} 为截面屈服区的抗扭惯性矩。

令 $k^2 = (\bar{K} - GI_{et} - G_t I_{pt})/(EI_{e\omega})$,将其代入式 (4.183) 后可以解得 k^2,对于两端简支的构件,$k^2 = \pi^2/l^2$,故

$$\bar{K} = \pi^2 EI_{e\omega}/l^2 + GI_{et} + G_t I_{pt} \tag{4.184}$$

而屈曲载荷

$$P_\omega = \int_A \sigma_i \mathrm{d}A = \sum \sigma_i A_i \tag{4.185}$$

计算时可先假定轴向应变 ε_0,由式 (4.179) 和 (4.180a) 或 (4.180b) 得到截面各点的应力 σ_i,由此可算出截面弹性区与屈服区的几何性质,由式 (4.182) 和式 (4.184) 分别算得 Wagner 效应系数 $\bar{K}$,如果两个 $\bar{K}$ 值一致,说明所假定的 ε_0 满足要求,如果差别较大则需修改 ε_0,重新计算,最后由式 (4.185) 得到轴心受压构件的弹塑性扭转屈曲载荷。对于残余应力分布比较简单的截面,也可以用解析式直接计算 Wagner 效应系数[39]。

4.3.6 轴心受压构件的弹性弯扭屈曲

对于如图 4.48(a)~(e) 所示的单轴对称截面轴心受压构件，除可能发生绕非对称轴的弯曲屈曲外，还可能发生绕对称轴弯曲的同时绕纵轴扭转的弯扭屈曲。对于图 4.48(f) 所示无对称轴截面的轴心受压构件，则只可能发生弯扭屈曲。在此图中 O 为截面的形心，S 为剪心，两个主轴为 u 和 v，剪心距为 u_0 和 v_0，x 和 y 为截面的几何轴线。

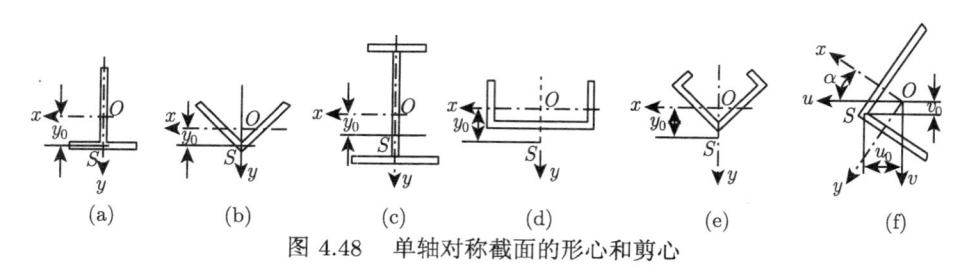

图 4.48 单轴对称截面的形心和剪心

1. 单轴对称截面轴心受压构件的平衡方程

对于如图 4.49(c) 所示单轴对称 I 形截面，从表 4.4 可知，剪心 S 至下翼缘形心的距离 $h_{2s} = I_1 h / I_y$。剪心距 y_0 与形心距 h_1 和 h_2 的关系式为 $y_0 = h_2 - h_{2s} = h_2 - I_1 h / I_y = \dfrac{I_2 h_2 - I_1 h_1}{I_y}$。

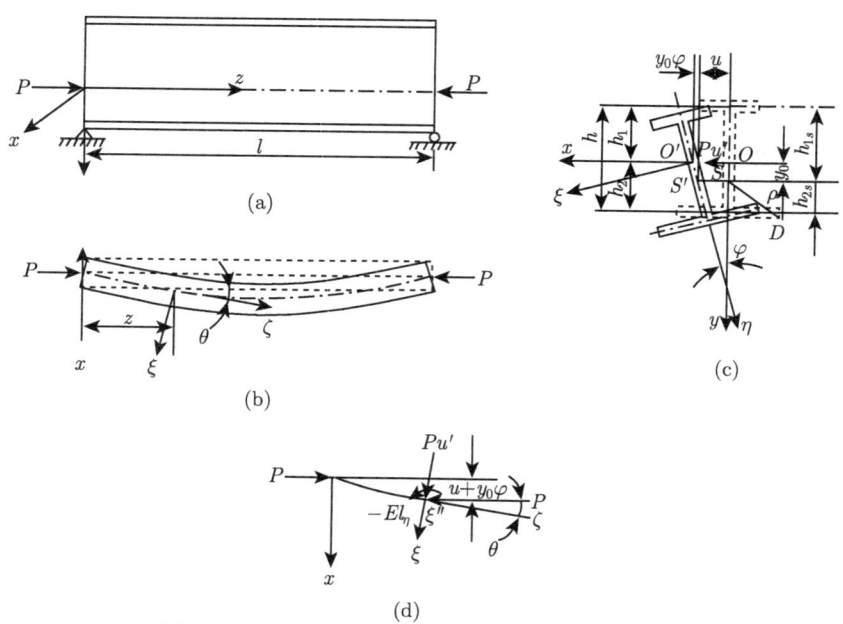

图 4.49 单轴对称截面轴心受压构件的弯扭变形

4.3 受压构件的扭转屈曲和弯扭屈曲

为了建立普遍适用的单轴对称截面轴心受压构件存在微小弯扭变形时的平衡方程,考察图 4.49(a) 所示单轴对称 I 形截面轴心受压构件,截面绕对称轴有弯曲变形,如图 4.49(b) 所示,绕纵轴有扭转变形,如图 4.49(c) 所示。离左端为 z 处截面剪心的位移为 u,扭转角为 φ。今采用两套坐标系,一套是与原构件相对应的固定坐标系 $Oxyz$,另一套是与构件变形后相对应的移动坐标系 $O'\xi\eta\zeta$。由于侧向位移 u 很小,因此在平面内的曲率可以用 u'' 表示,而截面的扭转角 φ 也很小,因此在 $\xi\zeta$ 平面内的曲率与 xz 平面内的曲率相同,即 $\xi'' = u''$。图 4.49(d) 表示隔离体上的诸力,在右侧有一作用于截面上的轴心压力 P,而形心的位移为 $u + y_0 \sin\varphi \approx u + y_0\varphi$,由图知在 $\xi\zeta$ 平面内的弯矩平衡条件为

$$-EI_\eta \xi'' = -EI_y u'' = P(u + y_0\varphi)$$

或

$$EI_y u'' + Pu + Py_0\varphi = 0 \tag{4.186}$$

截面绕对称轴弯曲时,纵轴的倾角为 θ,因而在形心 O' 处产生一切力 $P\sin\theta \approx P\tan\theta \approx Pu'$。从图 4.49(c) 可知,此切力不通过截面的剪心 S',而是绕剪心形成一逆时针方向的扭矩 $Pu'y_0\cos\varphi \approx Pu'y_0$。截面上任意点 D 离剪心的距离为

$$\rho = \sqrt{x^2 + (y - y_0)^2}$$

构件扭转时,Wagner 效应为

$$\int_A (\sigma + \sigma_r)\rho^2 dA\varphi' = \int_A (\sigma + \sigma_r)\left[x^2 + (y - y_0)^2\right] dA\varphi'$$

$$= \sigma(I_x + I_y + Ay_0^2)\varphi' + \int_A \sigma_r(x^2 + y^2) dA\varphi' = Pi_0^2\varphi' + \bar{R}\varphi' \tag{4.187}$$

式中,

$$i_0^2 = (I_x + I_y)/A + y_0^2, \quad \bar{R} = \int_A \sigma_r(x^2 + y^2) dA$$

这时截面的非均匀扭矩应为 $M_z = Pi_0^2\varphi' + \bar{R}\varphi' + Py_0u'$,扭矩的平衡方程为

$$EI_\omega \varphi''' + \left(Pi_0^2 - GI_t + \bar{R}\right)\varphi' + Py_0 u' = 0 \tag{4.188}$$

对式 (4.186) 微分两次,对式 (4.188) 微分一次后得到

$$EI_y u^{\text{IV}} + Pu'' + Py_0\varphi'' = 0 \tag{4.189a}$$

$$EI_\omega \varphi^{IV} + \left(Pi_0^2 - GI_t + \bar{R}\right)\varphi'' + Py_0 u'' = 0 \tag{4.189b}$$

上面两式是耦合的高阶微分方程，适用于任意边界条件的轴心受压构件。如果截面的剪心 S 位于对称轴线的形心 O 之上，按照图 4.49(c) 所示坐标，剪心距 y_0 将是负值，但式 (4.189a) 和式 (4.189b) 仍然适用。

2. 两端简支轴心受压构件的弯扭屈曲载荷

构件的边界条件为 $u(0) = u(l) = u''(0) = u''(l) = 0$，$\varphi(0) = \varphi(l) = \varphi''(0) = \varphi''(l) = 0$，满足这些边界条件的变形函数为 $u = C_1 \sin(n\pi z/l)$，$\varphi = C_2 \sin(n\pi z/l)$，当 $n = 1$ 时可以得到屈曲载荷的最小值。将 $u = C_1 \sin(n\pi z/l)$，$\varphi = C_2 \sin(n\pi z/l)$ 代入式 (4.189a) 和式 (4.188b)，而且令 $P_x = \pi^2 EI_x/l^2$ 和 $P_\omega = \dfrac{1}{i_0^2}\left(\dfrac{\pi^2 EI_\omega}{l^2} + GI_t - \bar{R}\right)$，这样可以得到

$$(P_y - P)C_1 - Py_0 C_2 = 0$$

$$-Py_0 C_1 + (P_\omega - P)i_0^2 C_2 = 0$$

C_1 和 C_2 有非零解的条件为其系数行列式为 0，也即构件的屈曲方程为

$$\begin{vmatrix} P_y - P & -Py_0 \\ -Py_0 & (P_\omega - P)i_0^2 \end{vmatrix} = 0$$

或者

$$(P_y - P)\left(i_0^2 P_\omega - i_0^2 P\right) - y_0^2 P^2 = 0 \tag{4.190a}$$

上式也可写作

$$\left[1 - (y_0/i_0)^2\right] P^2 - (P_y + P_\omega) P + P_y P_\omega = 0 \tag{4.190b}$$

弯扭屈曲载荷

$$P_{y\omega} = \frac{(P_y + P_\omega) - \sqrt{(P_y + P_\omega)^2 - 4P_y P_\omega \left[1 - (y_0/i_0)^2\right]}}{2\left[1 - (y_0/i_0)^2\right]} \tag{4.191}$$

如将式 (4.190b) 写作

$$f(P) = P^2 - \frac{P_y + P_\omega}{1 - \left(\dfrac{y_0}{i_0}\right)^2} P + \frac{P_y P_\omega}{1 - \left(\dfrac{y_0}{i_0}\right)^2} \tag{4.192}$$

4.3 受压构件的扭转屈曲和弯扭屈曲

当 $P=0$ 时,可得 $f(P) = \dfrac{P_y P_\omega}{1-\left(\dfrac{y_0}{i_0}\right)^2}$ 为正值;当 $P=P_y$ 或 P_ω 时,可得

$$f(P) = -\dfrac{\left(\dfrac{y_0}{i_0}\right)^2 P_y^2}{1-\left(\dfrac{y_0}{i_0}\right)^2} \text{ 或 } f(P) = -\dfrac{\left(\dfrac{y_0}{i_0}\right)^2 P_\omega^2}{1-\left(\dfrac{y_0}{i_0}\right)^2}$$ 均为负值,说明轴心受压构件的

弯扭屈曲载荷 $P_{y\omega}$ 必然小于 P_y,也小于 P_ω,它使 $f(P)=0$,即满足式 (4.190a) 所示屈曲条件。

构件发生弹性弯扭屈曲的条件是 $P_{y\omega}$ 应小于绕截面非对称轴的弯曲屈曲载荷 $P_x = \pi^2 EI_x/l^2$,而且截面的应力小于比例极限。为了便于将 $P_{y\omega}$ 和 P_x 进行比较,还可将 $P_{y\omega}$ 等效为弯曲屈曲载荷的表达式 $P_{y\omega} = \pi^2 EA/\lambda_{y\omega}^2$,由式 (4.191) 得到 $\sigma_{y\omega} = P_{y\omega}/A$ 后,可直接算出弯扭屈曲换算长细比 $\lambda_{y\omega} = \pi\sqrt{E/\sigma_{y\omega}}$,如果 $\lambda_{y\omega} > \lambda_x$,则构件将发生弯扭屈曲,否则将发生弯曲屈曲[47]。

如将 $P_y = \dfrac{\pi^2 EA}{\lambda_y^2}$,$P_\omega = \dfrac{\pi^2 EA}{\lambda_\omega^2}$,$P_{y\omega} = \dfrac{\pi^2 EA}{\lambda_{y\omega}^2}$ 代入式 (4.191),可得

$$\lambda_{y\omega} = \sqrt{\dfrac{1}{2}\left[\lambda_y^2 + \lambda_\omega^2 + \sqrt{(\lambda_y^2+\lambda_\omega^2)^2 - 4\lambda_y^2\lambda_\omega^2(1-y_0^2/i_0^2)}\right]} \tag{4.193}$$

$\lambda_{y\omega}$ 必然大于 λ_y,也大于 λ_ω,如果 $\lambda_{y\omega} > \lambda_x$,则构件将发生弯扭屈曲,否则将发生绕截面非对称轴的弯曲屈曲。GB50017—2014 给出了式 (4.193),但不便于应用,还给出了一套确定 $\lambda_{y\omega}$ 更烦琐的计算公式。

对于单轴对称的 T 形单角钢和双角钢截面,其翘曲惯性矩用近似值 $I_\omega = 0$,其有利的误差一般不会超过 3%,这样 $P_\omega = GI_t/i_0^2$。对于夹间断焊接填板的双角钢截面,非连续的受压构件如桁架中的腹杆,截面的抗扭刚度为 $GI_t = 0.5GAt^2$,即可提高 50%,故 $P_\omega = 1.5GI_t/i_0^2$,连续构件如桁架中的弦杆,截面的抗扭刚度为 $GI_t = 0.58GAt^2$,即可提高 74%,故 $P_\omega = 1.74GI_t/i_0^2$。由于 $I_\omega = 0$,故用式 (4.191) 计算 $P_{y\omega}$ 尤为简便,从而可得到 $\lambda_{y\omega} = \pi\sqrt{\dfrac{EA}{P_{y\omega}}}$。

3. 两端固定轴心受压构件的弯扭屈曲载荷

构件的边界条件为 $u(0) = u(l) = u'(0) = u'(l) = 0$,$\varphi(0) = \varphi(l) = \varphi'(0) = \varphi'(l) = 0$,满足这些边界条件并使 $P_{y\omega}$ 具有最小值的变形函数为 $u = C_1[1-\cos(2\pi z/l)]$ 和 $\varphi = C_2[1-\cos(2\pi z/l)]$。

令 $P_y = \pi^2 EI_y/l_y^2, l_y = 0.5l; P_\omega = \dfrac{1}{i_0^2}\left(\pi^2 EI_\omega/l_\omega^2 + GI_t - \bar{R}\right), l_\omega = 0.5l$,将变形函数代入平衡方程后,仍由式 (4.191) 得到弯扭屈曲载荷。

4. 不对称截面轴心受压构件的弯扭屈曲载荷

对于没有任何对称轴的开口薄壁截面轴心受压构件的弯扭屈曲,可用图 4.50(a) 所示不对称截面轴心受压构件来说明。图 4.50(b) 中截面的主轴为 x 和 y,剪心为 $S(x_0, y_0)$,其在 x 和 y 向的位移分别为 u 和 v,绕剪心 S' 的扭转角为 φ,此时可以 S' 为瞬时中心旋转 φ 角,形心 O' 将向上移动 $x_0\sin\varphi \approx x_0\varphi$,并向左移动 $y_0\sin\varphi \approx y_0\varphi$,因此截面的形心 O 在 x 方向的位移为 $u + y_0\varphi$,在 y 方向的位移为 $v - x_0\varphi$,见图 4.50(b) 和 (c)。图 4.50(f) 表示距构件左端为 z 处的截面绕 x 轴和 y 轴弯曲且绕纵轴扭转时作用于截面形心 O'' 的切力 Pu' 和 Pv',它们将绕剪心 S' 形成外扭矩。

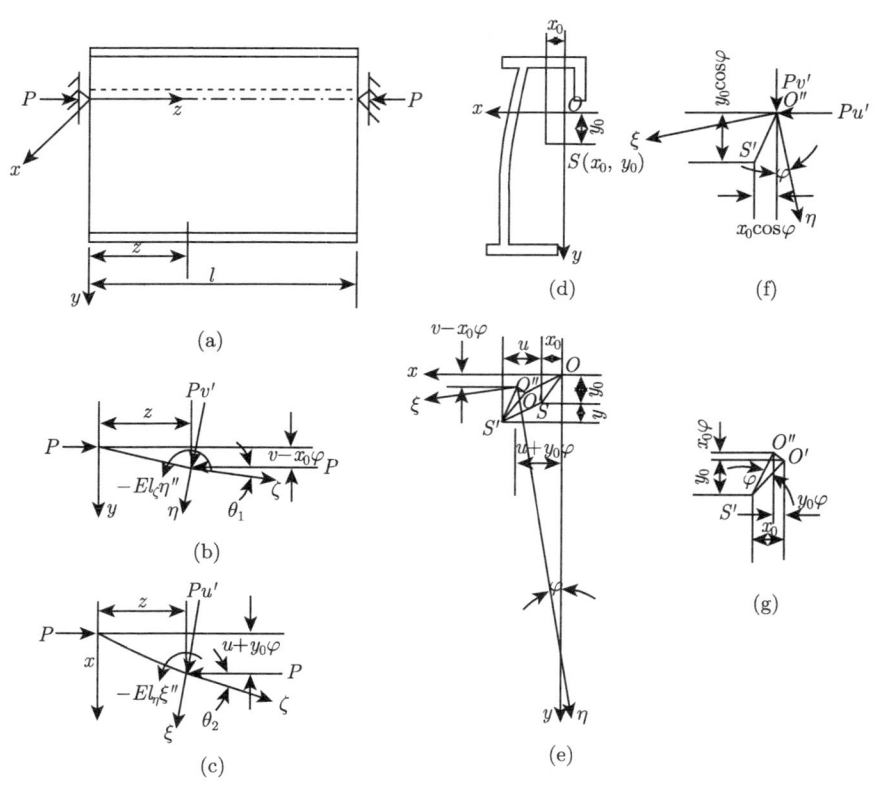

图 4.50 不对称截面轴心受压构件弯扭变形和受力

为了建立平衡方程,需找出固定坐标系的构件曲率与移动坐标系构件曲率之

4.3 受压构件的扭转屈曲和弯扭屈曲

间的关系。

构件轴线在 xz 和 yz 平面内的曲率分别为 u'' 和 v''，在 $\xi\zeta$ 和 $\eta\zeta$ 平面内的曲率分别为 ξ'' 和 η''。在小变形的情况下，$\xi'' = u''$，$\eta'' = v''$。由图 4.50(b) 可得到在 $\eta\zeta$ 平面的弯矩平衡方程为

$$-EI_\xi \eta'' = -EI_x v'' = P(v - x_0\varphi)$$

或

$$EI_x v'' + Pv - Px_0\varphi = 0 \tag{4.194}$$

由图 4.50(c) 可得到在 $\xi\zeta$ 平面的弯矩平衡方程为

$$-EI_\eta \xi'' = -EI_y u'' = P(u + y_0\varphi)$$

或

$$EI_y u'' + Pu + Py_0\varphi = 0 \tag{4.195}$$

由图 4.50(b) 知，纵轴在 zy 平面倾角为 θ_1 时，在截面形心处产生的切力为 $P\sin\theta_1 \approx Pv'$，如图 4.50(f) 所示，它绕剪心形成的顺时针方向的扭矩为 $-Pv'x_0 \cos\varphi \approx -Pv'x_0$。由图 4.50(c) 知，纵轴在 zx 平面的倾角为 θ_2 时，在截面形心处产生的切力为 $P\sin\theta_2 \approx Pu'$，它绕剪心形成逆时针方向的扭矩为 $Pu'y_0 \cos\varphi \approx Pu'y_0$，如图 4.50(f) 所示。截面上任意点至剪心的距离为 $\rho = \sqrt{(x-x_0)^2 + (y-y_0)^2}$，Wagner 效应为

$$\int_A (\sigma + \sigma_r)\rho^2 \mathrm{d}A\varphi'$$
$$= \int_A (\sigma + \sigma_r)\left[(x-x_0)^2 + (y-y_0)^2\right] \mathrm{d}A\varphi'$$
$$= \sigma\left(I_x + I_y + x_0^2 A + y_0^2 A\right)\varphi' + \int_A \sigma_r \left(x^2 + y^2\right) \mathrm{d}A\varphi' = Pi_0^2 \varphi' + \bar{R}\varphi' \tag{4.196}$$

式中，极回转半径 i_0 为

$$i_0^2 = (I_x + I_y)/A + x_0^2 + y_0^2$$

截面的非均匀扭矩 $M_z = \left(Pi_0^2 + \bar{R}\right)\varphi' - Pv'x_0 + Pu'y_0 = 0$，扭矩平衡方程为

$$EI_\omega \varphi''' + (Pi_0^2 - GI_t + \bar{R})\varphi' - Pv'x_0 + Pu'y_0 = 0 \tag{4.197}$$

对式 (4.194) 和式 (4.195) 均微分两次，对式 (4.197) 微分一次后得到适合于任何边界条件的一组耦联的微分方程为

$$EI_x v^{\text{IV}} + Pv'' - Px_0\varphi'' = 0 \tag{4.198a}$$

$$EI_y u^{\text{IV}} + pu'' + py_0\varphi'' = 0 \tag{4.198b}$$

$$EI_\omega \varphi^{\text{IV}} + (Pi_0^2 - GI_t + \bar{R})\varphi'' - Px_0 v'' + Py_0 u'' = 0 \tag{4.198c}$$

对于两端简支的轴心受压构件，满足边界条件且能得到最小屈曲载荷的变形函数为 $v = C_1 \sin(\pi z/l)$，$u = C_2 \sin(\pi z/l)$，$\varphi = C_3 \sin(\pi z/l)$，令 $P_x = \pi^2 EI_x/l^3$，$P_y = \pi^2 EI_y/l^2$，$P_\omega = \dfrac{1}{i_0^2}(\pi^2 EI_\omega/l^2 + GI_t - \bar{R})$，将变形函数依次代入式 (4.198a) 后可得

$$(P_x - P)C_1 + Px_0 C_3 = 0$$

$$(P_y - P)C_2 - Py_0 C_3 = 0$$

$$Px_0 C_1 - Py_0 C_2 + (P_\omega - P)i_0^2 C_3 = 0$$

构件的耦联屈曲方程为

$$(P_x-P)(P_y-P)(P_\omega-P) - P^2(P_x-P)(y_0/i_0)^2 - P^2(P_y-P)(x_0/i_0)^2 = 0 \tag{4.199a}$$

或者

$$P^3(i_0^2 - x_0^2 - y_0^2) - P^2[(P_x + P_y + P_\omega)i_0^2 - (P_y x_0^2 + P_x y_0^2)]$$

$$+ Pi_0^2(P_x P_y + P_y P_\omega + P_\omega \cdot P_x) - P_x P_y P_\omega \cdot i_0^2 = 0 \tag{4.199b}$$

由式 (4.199a) 得到的不对称截面轴心受压构件的弯扭屈曲载荷 $P_{xy\omega}$ 小于 P_x，P_y 和 P_ω。从式 (4.199a) 可知，对于双轴对称截面和点对称的 Z 形截面轴心受压构件，因为 $x_0 = y_0 = 0$，其屈曲载荷为 P_x，P_y 和 P_ω 的最小值。

4.3.7 轴心受压构件的弹塑性弯扭屈曲

当轴心受压构件的弹性弯扭屈曲应力超过比例极限时，和轴心受压构件的弹塑性扭转屈曲类同，有以下两种方法计算弹塑性弯扭屈曲载荷。

1. 切线模量弯扭屈曲载荷

对于不计残余应力影响的冷弯薄壁型钢截面轴心受压构件，当弯扭屈曲应力超过比例极限时，钢材的变形模量采用切线模量 E_t。关于 E_t 的取值，如采用第 1 章中 A. Ylinen 建议的计算公式 $E_t/E = \dfrac{\sigma_y - \sigma}{\sigma_y - 0.96\sigma}$，则在 $\sigma = \sigma_p$ 处，E 与 E_t 不衔接且有突然变化；如采用 F. Bleich 建议的公式 $E_t/E = \dfrac{(\sigma_y - \sigma)\sigma}{(\sigma_y - \sigma_p)\sigma_p}$，则

4.3 受压构件的扭转屈曲和弯扭屈曲

在 $\sigma = \sigma_p$ 处衔接较好，但有时 E_t 值偏小较多，而钢材的拉伸试验表明，应力达到比例极限时，E_t 确有突变，以后就很快缓和下来。关于切线模量的取值和对极限承载力的影响更详尽的讨论见 5.5.2 节；关于剪切模量，试验资料表明 G 值不变，这样计算时不考虑残余应力

$$P_\omega = \frac{1}{i_0^2}(\pi^2 E_t I_\omega / l_\omega^2 + GI_t)$$

但有时为便于直接利用弹性屈曲载荷的计算公式，剪切模量采用 $G_t = GE_t/E$，对计算结果的影响很小。这样 $P_x = \pi^2 E_t I_x / l_x^2$，$P_y = \pi^2 E_t I_y / l_y^2$，$P_\omega = (\pi^2 E_t I_\omega / l_\omega^2 + G_t I_t)/i_0^2$，即可用式 (4.191) 或式 (4.199) 算出弹塑性弯扭屈曲载荷。

2. 考虑残余应力的单轴对称截面轴心受压构件

当截面的平均应力超过了构件的有效比例极限 $\sigma_y - \sigma_{rc}$ 后，构件将在弹塑性状态屈曲。以单轴对称的 I 形截面构件为例，当截面的应力分布如图 4.51(a) 所示时，有部分翼缘已经屈服，如图 4.51(b) 中的阴影部分。此时截面上任一点的应变和应力仍按式 (4.179) 和式 (1.180) 确定。

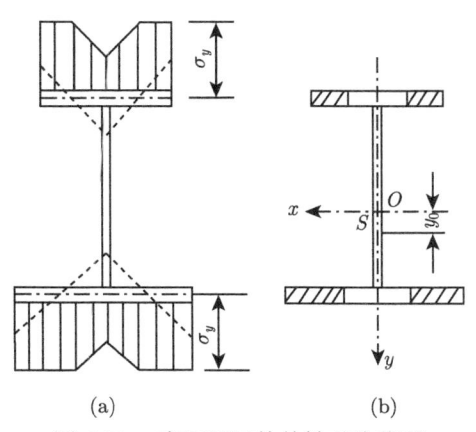

图 4.51 有屈服区的单轴对称截面

截面的压力为

$$P = \int_A \sigma \mathrm{d}A = \sum \sigma_i A_i \tag{4.200}$$

由于截面的应力分布不均匀，其合力不再通过截面原来的形心，而在 zy 平面内形成不很大的偏心弯矩，按理说应该按照压弯构件确定其绕非对称轴 x 的极限荷载，但是由于此偏心弯矩的影响很小，可以忽略不计，所以仍可按照轴心受压构件求解其弯曲屈曲载荷 P_x。用数值法计算时应先将截面划分为许多单元，单

元的面积为 A_i, 应力为 σ_i。切线模量理论用于计算弹塑性弯扭屈曲载荷时, 先算出图 4.51(a) 所示截面应力的 Wagner 效应系数

$$\bar{K} = \int_A \sigma \rho^2 \mathrm{d}A = \int_A \sigma[x^2 + (y-y_0)^2]\mathrm{d}A = \sum \sigma_i[x_i^2 + (y_i-y_0)^2]A_i \quad (4.201)$$

平衡方程 (4.189a) 和 (4.189b) 应分别改写为

$$EI_{ey}u^{\mathrm{IV}} + Pu'' - \int_A \sigma(y-y_0)\mathrm{d}A\varphi'' = 0 \quad (4.202\mathrm{a})$$

$$EI_{e\omega}\varphi^{\mathrm{IV}} + (\bar{K} - GI_{et} - G_tI_{pt})\varphi'' - \int_A \sigma(y-y_0)\mathrm{d}Au'' = 0 \quad (4.202\mathrm{b})$$

式中, $G_t = G/4$, 需先算出弹性区的几何性质包括剪心距。虽然按照上述耦联方程可以得到精确解, 但是由于合力点位置的变动, 求解过程很费事。实际上合力点的变动影响不大, 可以忽略不计, 这样以上两式可简化为

$$EI_{ey}u^{\mathrm{IV}} + Pu'' + Py_0\varphi'' = 0 \quad (4.203\mathrm{a})$$

$$EI_{e\omega}\varphi^{\mathrm{IV}} + (\bar{K} - GI_{et} - G_tI_{pt})\varphi'' + Py_0u'' = 0 \quad (4.203\mathrm{b})$$

计算时可先假 ε_0, 由 $\varepsilon = \varepsilon_0 + \varepsilon_r$, 确定截面任一点的应力 σ_i, 由式 (4.200) 得到 P, 再确定出几何性质 y_0, I_{ey}, $I_{e\omega}$, I_{et} 和 I_{pt}。将 P 代入式 (4.203a) 后解出 $\bar{K}$, 如与式 (4.201) 得到的 $\bar{K}$ 值吻合, 说明由式 (4.200) 得到的 P 值即为构件的弹塑性弯扭屈曲载荷 $P_{y\omega}$, 如果两个 $\bar{K}$ 值相差较大, 则需修改 ε_0, 重新计算, 直到满足要求为止。构件的屈曲载荷应是 $P_{y\omega}$ 和对非对称轴的弹塑性弯曲屈曲载荷中之较小者。对于两端简支的轴心受压构件, 如令 $P_y = \pi^2EI_{ey}/l^2$ 和 $P_\omega = (\pi^2EI_{e\omega}/l^2 + GI_{et} + GI_{pt})/i_0^2$, 则由式 (4.203a) 可以得到 $\bar{K} = i_0^2P_\omega - P^2y_0^2/(P_y - P)$。

3. 不对称截面轴心受压构件的弹塑性弯扭屈曲载荷

由于由式 (4.200) 得到的合力不通过截面的形心, 构件将成为双向偏心受压构件, 计算工作十分复杂, 但是这种偏心作用的影响很小, 通常可以忽略不计, 仍按轴心受压构件计算。

两个弯曲平衡方程为

$$EI_{ex}v^{\mathrm{IV}} + Pv'' - Px_0\varphi'' = 0 \quad (4.204\mathrm{a})$$

$$EI_{ey}u^{\mathrm{IV}} + Pu'' + Py_0\varphi'' = 0 \quad (4.204\mathrm{b})$$

4.3 受压构件的扭转屈曲和弯扭屈曲

Wagner 效应系数

$$\bar{K} = \int_A \sigma \rho^2 dA = \int_A \sigma[(x-x_0)^2 + (y-y_0)^2]dA$$
$$= \sum \sigma_i[(x_i-x_0)^2 + (y_i-y_0)^2]A_i \qquad (4.205)$$

扭矩平衡方程为 $EI_{e\omega}\varphi^{\text{IV}} + (\bar{K} - GI_{et} - G_tI_{pt})\varphi'' - Px_0v'' + Py_0u'' = 0$。求解弯扭屈曲载荷的方法与单轴对称截面轴心受压构件类同。

4.3.8 压弯构件的弹性弯扭屈曲

4.1 节阐述了压弯构件在弯矩作用平面内的稳定问题。图 4.52(a) 表示一两端简支的双轴对称理想 I 形截面压弯构件，在其两端作用有轴压力 P 和使构件产生同向曲率变形的弯矩 M，如果在其侧向有足够多的支承，如图 4.52(b) 所示，构件将发生平面内的弯曲失稳，其荷载–挠度曲线如图 4.53(a) 中的曲线 a；如果在其侧向没有设置支承，如图 4.52(c) 所示，则构件在未达到平面内的极限荷载 P_u 前，可能发生空间弯扭屈曲，这时不仅在弯矩作用平面内存在挠度 v，在平面外剪心还将产生位移 u，并绕纵轴产生扭转角 φ，如图 4.52(d) 所示。

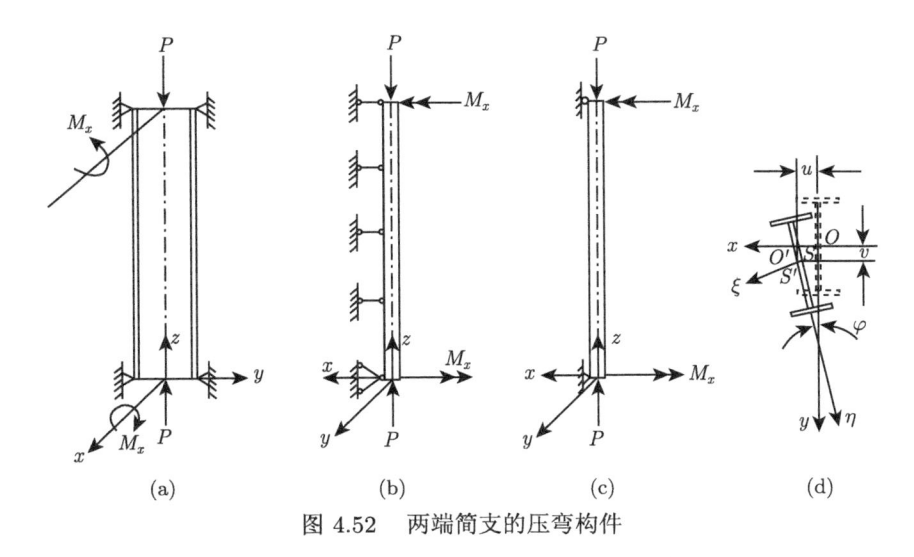

图 4.52 两端简支的压弯构件

图 4.53(a) 和 (b) 中的直线 b 就是弯扭屈曲的分岔点水平线。对于单轴对称或没有对称轴截面的偏心受压构件，如轴线压力与剪心线重合而不计屈曲前变形，还可能出现扭转屈曲。

弯扭屈曲可能发生在弹性阶段，这时屈曲载荷与 P 和 M 的加载顺序无关。然而在弹塑性阶段发生弯扭屈曲时，因为构件在屈曲之前的受力状态与加载顺序有关，加载的顺序不同将影响屈曲载荷。但是为了便于分析，本节所研究的压弯构件都是 P 和 M 成比例加载的。实际的构件在其侧向还可能存在几何缺陷，形成双向弯曲的压弯构件，属于极值点失稳问题。

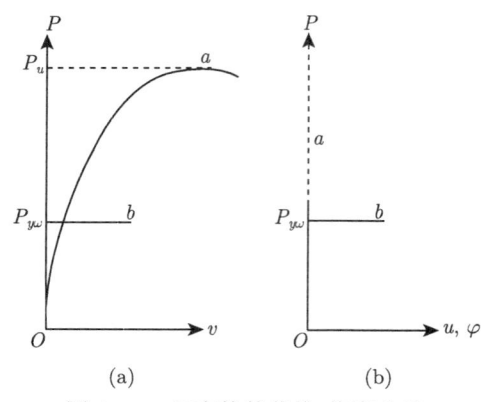

图 4.53 压弯构件荷载-挠度曲线

对于外力作用和端部支承条件较简单的压弯构件，可以用平衡法求解得到弯扭屈曲载荷的精确解。如果外力作用或端部支承条件较复杂，可以用能量法求解，在弹塑性阶段发生弯扭屈曲的压弯构件，可以用近似法求解，为了获得精度较高的解，可以用数值法。

1. 平衡法求解单轴对称截面压弯构件的弹性弯扭屈曲载荷

分析时做如下基本假定：
(1) 构件为弹性体；
(2) 发生弯曲与扭转变形时，截面的形状不变；
(3) 弯曲和扭转变形都是微小的；
(4) 构件是无缺陷的等截面直杆；
(5) 在弯矩作用平面内的抗弯刚度很大，平面内在屈曲前的弯曲变形对弯扭屈曲的影响可不考虑。

对应于图 4.54(a) 中构件端部作用着的弯矩 M_x，可以用右手螺旋法则形成如图 4.54(b) 所示向量 M_x，用双箭头表示，作用于构件的端部。

对于图 4.54(a) 所示两端简支的单轴对称截面压弯构件，弯矩作用在截面的对称轴平面内，当构件有微小变形时，剪心的竖向和侧向位移分别为 v 和 u，扭转角为 φ，形心的位移为 v 和 $u + y_0 \sin\varphi \approx u + y_0\varphi$。在建立弯曲平衡方程时，截面的固定坐标系 $Oxyz$ 和移动坐标系 $O'\xi\eta\zeta$ 之间可利用 4.3.6 节已经建立的关系式，即 $EI_\xi\eta'' = EI_xv''$，$EI_\eta\xi'' = EI_yu''$。因在压弯构件的端部作用有外弯矩 M_x，因

4.3 受压构件的扭转屈曲和弯扭屈曲

此在距端部为 z 的任意截面绕 ξ 轴的弯矩为 $M_\xi = M_x\cos\theta + Pv$,见图 4.54(b),纵轴 ζ 的倾角 θ 很小,故 $\cos\theta \approx 1$, $\sin\theta \approx \tan\theta \approx u'$,这样 $M_\xi = M_x + Pv$。如不计构件屈曲前变形对弯扭屈曲的影响,M_x 在 η 方向的分量由图 4.54(c) 可知为 $-M_x\cos\theta\sin\varphi \approx -M_x\varphi$,故 $M_\eta = -[P(u+y_0\varphi) + M_x\varphi]$,两个绕 ξ 轴和绕 η 轴的弯矩平衡方程分别是

$$EI_x v'' + Pv + M_x = 0 \tag{4.206a}$$

$$EI_y u'' + Pu + (M_x + Py_0)\varphi = 0 \tag{4.206b}$$

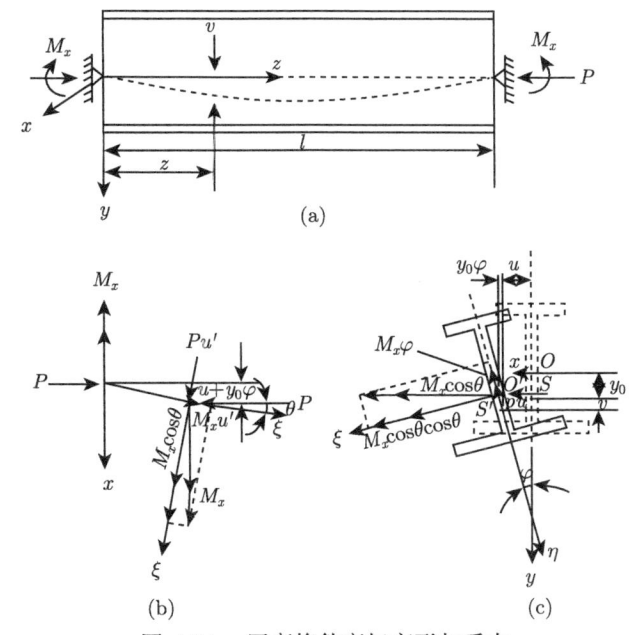

图 4.54 压弯构件弯扭变形与受力

压弯构件未屈曲前,截面上任一点的正应力如以压应力为正值,针对图 4.54(a) 所示受力条件和坐标系,有

$$\sigma = \frac{P}{A} - \frac{M_x y}{I_x} + \sigma_r$$

Wagner 效应系数为

$$\bar{K} = \int_A pz\mathrm{d}A$$

$$= \frac{P}{A} \int_A [x^2 + (y-y_0)^2] dA - \frac{M_x}{I_x} \int_A y[x^2 + (y-y_0)^2] dA + \int_A \sigma_r (x^2+y^2) dA$$

$$= \frac{P}{A}(I_x + I_y + Ay_0^2) - \frac{M_x}{I_x}\left[\int_A y(x^2+y^2)dA - 2I_x y_0\right] + \int_A \sigma_r(x^2+y^2) dA$$

令

$$i_0^2 = (I_x + I_y)/A + y_0^2, \quad \beta_y = \frac{\int_A y(x^2+y^2) dA}{2I_x} - y_0, \quad \bar{R} = \int_A \sigma_r(x^2+y^2) dA$$

这样

$$\bar{K} = P i_0^2 - 2\beta_y M_x + \bar{R} \tag{4.207}$$

i_0 和 β_y 都是单独对称截面的几何性质，β_y 称为不对称截面常数，对于单独对称 I 形截面，在 β_y 中前一项数值常常比后一项小得多，因此按图 4.54(c) 所示坐标系，剪心距 y_0 是正值，这样 β_y 将是负值。关于单轴对称 I 形截面 β_y 的计算方法，可以先参考图 4.54(c) 的截面尺寸，其腹板的厚度为 t_w，受压和受拉翼缘的截面积分别为 A_1 和 A_2，它们绕 y 轴的惯性矩分别是 I_1 和 I_2。因此，

$$\beta_y = \frac{1}{2I_x}\left[\int_{A_2}(x^2+h_2^2)h_2 dA_2 - \int_{A_1}(x^2+h_1^2)h_1 dA_1 + t_\omega \int_{h_1}^{h_2} y^3 dy\right] - y_0$$

$$= \frac{1}{2I_x}[I_2 h_2 - I_1 h_1 + A_2 h_2^3 - A_1 h_1^3 + \frac{t_\omega}{4}(h_2^4 - h_1^4)] - y_0 \tag{4.208a}$$

但是，$I_x = A_1 h_1^3 + A_2 h_2^3 + \frac{t_\omega h^3}{3} - t_\omega h_1 h_2 h$，如果先不计腹板截面的影响，则截面积 $A = A_1 + A_2$，绕 y 轴的截面惯性矩 $I_y = I_1 + I_2$，令比值 $\alpha_a = A_1/A$ 和 $a_b = I_1/I_y$，则 $A_1 = \alpha_a A$，$A_2 = (1-\alpha_a)A$，$h_2 = \alpha_a h$，$h_1 = (1-\alpha_a)h$，$y_0 = h_2 - h_{2s} = \alpha_a h - \frac{I_1 h}{I_y} = (\alpha_a - \alpha_b)h$ 和 $I_x = A_1 h_1^2 + A_2 h_2^2 = \alpha_a(1-\alpha_a)Ah^2$。这样

$$\beta_y = \frac{1}{2}(2\alpha_b - 1)h + \frac{I_y}{2I_x}(\alpha_a - \alpha_b)h = 0.5\frac{I_1 - I_2}{I_y}h + \frac{I_y}{2I_x}(\alpha_a - \alpha_b)h \tag{4.208b}$$

考虑到 I_y 要比 I_x 小得多，故上式的后一项可以忽略不计，但在计算 I_x 时应计及腹板部分的影响。经过研究，单独对称 I 形截面的不对称截面常数可按下式计算：

$$\beta_y = 0.45 \frac{I_1 - I_2}{I_y} h \left(1 - \frac{I_y^2}{I_x^2}\right) \tag{4.208c}$$

4.3 受压构件的扭转屈曲和弯扭屈曲

式中，β_y 相当于始于剪心但在形心方向一侧的一段距离。

对 3000 多个不同截面尺寸的不对称 I 形截面的研究表明，翼缘宽度与其厚度之比为 $4 \leqslant b/t \leqslant 64$，翼缘与腹板厚度之比为 $0.1 \leqslant \dfrac{t}{t_\omega} \leqslant 2.0$，而腹板的高厚比为 $10 \leqslant \dfrac{h}{t_\omega} \leqslant 290$。上述计算结果的平均误差为零，而标准差只有 0.037。用类似的推导方法可以得到表 4.3 中用槽钢做受压翼缘的单轴对称截面的不对称截面常数的近似值

$$\beta_y = 0.45 \frac{I_1 - I_2}{I_y} h \left(I - \frac{I_y^2}{I_x^2} \right) \left(1 + \frac{a}{2h} \right) \tag{4.208d}$$

构件扭转时，作用于截面的 Wagner 效应为 $\bar{K}\varphi' = (Pi_0^2 - 2\beta_y M_x + \bar{R})\varphi'$。

弯矩 M_x 在纵轴 ζ 方向的分量为 $M_x \sin\theta \approx M_x u'$，切力 Pu' 的扭矩从图 4.54(c) 知为 $Pu'y_0\cos\varphi \approx Py_0 u'$，这样在 ζ 方向总的非均匀外扭矩

$$M_\zeta = (Pi_0^2 - 2\beta_y M_x + \bar{R})\varphi' + M_x u' + Py_0 u' = 0$$

扭矩平衡方程为

$$EI_\omega \varphi''' + (Pi_0^2 - 2\beta_y M_x - GI_t + \bar{R})\varphi' + (M_x + Py_0)u' = 0 \tag{4.209}$$

对式 (4.206a) 和式 (4.206b) 微分两次，对式 (4.209) 微分一次后可得到适合任何边界条件的压弯构件的微分方程

$$EI_x u^{\mathrm{IV}} + Pv'' = 0 \tag{4.210a}$$

$$EI_y u^{\mathrm{IV}} + Pu'' + (M_x + Py_0)\varphi'' = 0 \tag{4.210b}$$

$$EI_\omega \varphi^{\mathrm{IV}} + (Pi_0^2 - 2\beta_y M_x - GI_t + \bar{R})\varphi'' + (M_x + Py_0)u'' = 0 \tag{4.210c}$$

由于在前面已经忽略了屈曲前变形对弯扭屈曲的影响，因此式 (4.210a) 是独立的，与后面两个式子无关，它只能用来描绘平面内荷载-挠度的弹性曲线。后两个式子是耦联的，如果已知边界条件，通过联合求解即可得到构件的弯扭屈曲载荷 $P_{y\omega}$。

对于两端简支的压弯构件，适合边界条件且可获得 $P_{y\omega}$ 最小值的变形函数为 $u = C_1 \sin\dfrac{\pi z}{l}$，$\varphi = C_2 \sin\dfrac{\pi z}{l}$，将它们代入式 (2.210b) 和式 (4.210c)，并令 $P_y = \pi^2 EI_y/l^2$，$P_\omega = \dfrac{1}{i_0^2}\left(\dfrac{\pi^2 EI_\omega}{l^2} + GI_t - \bar{R}\right)$，得到

$$(P_y - P)C_1 - (M_x + Py_0)C_2 = 0 \tag{4.211a}$$

$$-(M_x + Py_0)C_1 + [i_0^2 P - (i_0^2 P - 2\beta_y M_x)]C_2 = 0 \tag{4.211b}$$

以上两式中 C_1 和 C_2 有非零解的条件为它们的系数行列式为零，由此得到屈曲方程

$$(P_y - P)[i_0^2 P_\omega - (i_0^2 P - 2\beta_y M_x)] - (M_x + Py_0)^2 = 0 \tag{4.212}$$

在上式中 M_x 以弯矩使形心以上的负方向受压时为正，受拉时为负。对于偏心受压构件，偏心距 e_y 以 y 轴方向为正，当 $M_x = -Pe_y$ 时，上式变为

$$(P_y - P)[i_0^2 P_\omega - P(i_0^2 + 2\beta_y e_y)] - (y_0 - e_y)^2 P^2 = 0 \tag{4.213a}$$

$P_{y\omega}$

$$= \frac{i_0^2(P_y + P_\omega) + 2\beta_y e_y P_y - \sqrt{[i_0^2(P_y + P_\omega) + 2\beta_y e_y P_y]^2 - 4i_0^2 P_y P_\omega [i_0^2 + 2\beta_y e_y - (y_0 - e_y)^2]}}{[2[i_0^2 + 2\beta_y e_y - (y_0 - e_y)^2]]}$$
$$\tag{4.213b}$$

当 $e_y = y_0$ 时，

$$(P_y - P)\left[i_0^2 P_\omega - P(i_0^2 + 2\beta_y y_0)\right] = 0 \tag{4.214}$$

式 (4.214) 说明对于单轴对称截面偏心受压构件，当轴向压力作用在截面的剪心时，P 的临界值有二，一为 $P_{cr} = P_y$，另一为 $P_{cr} = \dfrac{i_0^2}{i_0^2 + 2\beta_y y_0} P_\omega$。如 $P_y < \dfrac{i_0^2}{i_0^2 + 2\beta_y y_0} P_\omega$，构件将发生绕对称轴的弯曲屈曲；若 $P_y > \dfrac{i_0^2}{i_0^2 + 2\beta_y y_0} P_\omega$，则构件将发生绕剪心的扭转屈曲。

对于双轴对称截面压弯构件，因 $y_0 = 0$，$\beta_y = 0$ 和 $i_0^2 = (I_x + I_y)/A$，由式 (4.212) 可得

$$(P_y - P)(P_\omega - P) - M_0^2/i_0^2 = 0 \tag{4.215a}$$

弯扭屈曲载荷

$$P_{y\omega} = \frac{1}{2}\left[P_y + P_\omega - \sqrt{(P_y + P_\omega)^2 - 4(P_y P_\omega - M_x^2/i_0^2)}\right] \tag{4.215b}$$

对于两端有约束或在侧向有支承点的压弯构件，确定计算长度 l_y 和 l_ω 的方法和有相同条件的轴心受压构件一样，而 M_x 应是构件侧向计算长度段内的弯矩值。

对于双轴对称截面偏心受压构件 $M_x = -Pe_y$，

$$(P_y - P)(P_\omega - P) - (e_y/i_0)^2 P^2 = 0 \tag{4.216a}$$

4.3 受压构件的扭转屈曲和弯扭屈曲

$$P_{y\omega} = \frac{(P_y + P_\omega) - \sqrt{(P_y + P_\omega)^2 - 4P_y P_\omega [1 - (e_y/i_0)^2]}}{2[1 - (e_y/i_0)^2]} \quad (4.216b)$$

当 $e_y = i_0$ 时，由式 (4.216a) 可得到

$$P_{y\omega} = \frac{P_y P_\omega}{P_y + P_\omega} \quad (4.217)$$

在作理论分析时，根据基本假定中的第 (5) 条，忽略了构件屈曲前变形的影响。经研究表明，如要考虑这种影响，只要将式 (4.215a) 中的弯矩 M_x 乘以放大系数 $\dfrac{1}{\sqrt{1-P/P_x}}$，用下列近似公式计算 $P_{y\omega}$ 即可 [6]。

$$(P_y - P)(P_\omega - P) - \frac{M_x^2}{i_0^2 (1 - P/P_x)} = 0 \quad (4.218)$$

式中，$P_x = \pi^2 EI_x/l^2$。

2. 能量法求解任意截面压弯构件的弹性弯扭屈曲载荷

任意截面是指没有对称轴的截面，截面的剪心位置可以用主轴的坐标 (x_0, y_0) 表示。对于无缺陷的等截面压弯构件，一经压力作用，构件就会产生双向弯曲变形和扭转，因此属于极值点失稳问题，需用数值法求解其极限荷载。但是如果截面对两个主轴都具有较大的抗弯刚度，因为弯曲变形很小，若计算时不计附加弯矩的作用，按照平衡分岔理论来处理这一问题，则可以得到这种压弯构件弯扭屈曲载荷的近似解。如果截面对两个主轴的抗弯刚度差别较大，那么不考虑构件屈曲前变形的影响，计算所得结果误差将很大。

在外荷载作用下任意薄壁截面构件的弯扭变形较复杂，当荷载作用条件或边界条件比较复杂时，譬如沿构件纵轴方向的弯矩 M_x 和 M_y 并非常量而是随 z 而变时，或者在构件的侧向有弹簧约束时，用平衡法很难得到解析式，这时采用能量法可以得到具有足够精确度的近似解，同时根据势能驻值原理也可以建立平衡方程 [37]。

构件的总势能 Π 是应变能 U 和外力势能 V 之和。由于构件的压缩应变能和剪切应变能的影响极小，故可忽略不计。这样应变能包括了平面内的弯曲应变能 U_1、侧向弯曲应变能 U_2、纯扭矩应变能 U_3 和翘曲应变能 U_4 四个部分。弯曲应变能 U_1 和 U_2 可以直接利用在 3.2 节能量守恒原理中已经建立的计算公式

$$U_1 = \frac{1}{2} \int_0^l EI_x v''^2 \mathrm{d}z \quad (4.219)$$

$$U_2 = \frac{1}{2}\int_0^l EI_y v''^2 \mathrm{d}z \tag{4.220}$$

构件发生扭转变形时，微段 $\mathrm{d}z$ 的扭转角变化为 $\mathrm{d}\varphi$，因纯扭矩 M_s 引起的应变能增量为 $\mathrm{d}U_3 = \frac{1}{2} M_s \mathrm{d}\varphi$，$M_s = GI_t \varphi'$，故

$$U_3 = \frac{1}{2}\int M_s \mathrm{d}\varphi = \frac{1}{2}\int_0^l GI_t \varphi' \mathrm{d}\varphi = \frac{1}{2}\int_0^l GI_t \varphi'^2 \mathrm{d}z \tag{4.221}$$

翘曲应变能增量包括翘曲正应力 σ_ω 和翘曲剪应力 τ_ω 与相应的应变所做功的总和。但因 τ_ω 引起的应变能与 σ_ω 引起的相比小得多，通常可略去不计，这样 $\mathrm{d}U_4 = \frac{1}{2}\sigma_\omega \varepsilon_\omega t \mathrm{d}s \mathrm{d}z = \frac{1}{2}\frac{\sigma_\omega^2}{E} t \mathrm{d}s \mathrm{d}z$。

将式 (4.157a) 中的 $\sigma_\omega = -E\omega_n \varphi''$ 代入，经积分后可得

$$U_4 = \frac{1}{2}\int_0^l \int_0^{s_1} E\varphi''^2 \omega_n^2 t \mathrm{d}s \mathrm{d}z = \frac{1}{2}\int_0^l EI_\omega \varphi''^2 \mathrm{d}z \tag{4.222}$$

因此

$$U = \frac{1}{2}\int_0^l (EI_x v''^2 + EI_y u''^2 + EI_\omega \varphi''^2 + GI_t \varphi'^2) \mathrm{d}z \tag{4.223}$$

外力势能等于外力功的负值，即 $V = -W$，为了得到外力势能，可以先计算外力功。对于如图 4.55(a) 所示开口薄壁截面压弯构件，截面的主轴为 x 和 y，截面的剪心 $S(x_0, y_0)$ 和截面上任意点 $B(x, y)$ 的位置，如图 4.55(b) 所示。在构件两端作用有轴心压力 P 和双向弯矩 M_x 和 M_y 的条件下，在离左支承距离为 z 处，截面剪心在主轴方向的位移如图 4.55(c) 所示，为 u 和 v，绕剪心的扭转角为 φ，此时截面上任意点 $B(x, y)$ 在两个主轴 x 和 y 方向的位移分别为 u_B 和 v_B，B 点至 B' 点和 S 点至 S' 点的线位移是相同的。当绕 S' 有一扭转角时，可以此为瞬时中心得到 B' 点至 B'' 点的线位移为 $-(y-y_0)\varphi$ 和 $-(x-x_0)\varphi$，如图 4.55(f) 所示，S' 和 B'' 之间在 x 和 y 方向的相对距离分别为 $x - x_0 - (y-y_0)\varphi$ 和 $y - y_0 + (x-x_0)\varphi$，如图 4.55(c) 所示，这样

$$u_B = u - (y - y_0)\varphi, \quad u'_B = u' - (y - y_0)\varphi' \tag{4.224}$$

$$v_B = v + (x - x_0)\varphi, \quad v'_B = v' + (x - x_0)\varphi' \tag{4.225}$$

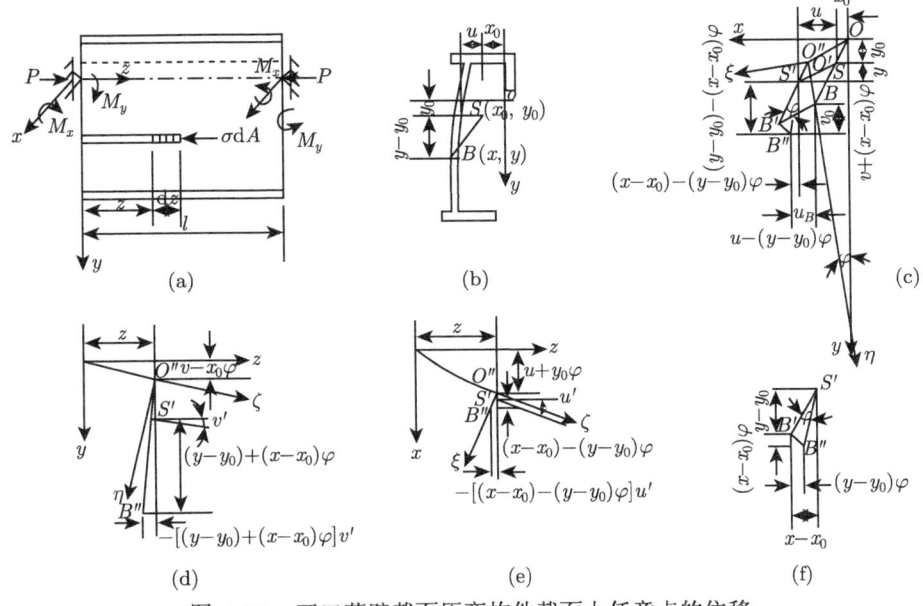

4.3 受压构件的扭转屈曲和弯扭屈曲

图 4.55 开口薄壁截面压弯构件截面上任意点的位移

计算构件作用有外力 P、M_x 和 M_y 的外力功时可先取出截面上任意点 $B(x,y)$ 处一微段长 $\mathrm{d}z$,将其视为一承受轴心力 $\sigma\mathrm{d}z$ 的个体,如图 4.55(a) 所示。如只计及因构件弯曲缩短产生的那一部分纵向位移 $\sqrt{(\mathrm{d}z)^2+(u'_B\mathrm{d}z)^2+(v'_B\mathrm{d}z)^2}-\mathrm{d}z\approx \frac{1}{2}(u'^2_B+v'^2_B)\mathrm{d}z$ 的外力功而不计及此微段的另一部分纵向位移 w_B,此纵向位移 w_B 包括压缩位移 w、截面的翘曲位移 $-\omega\varphi'$ 和如图 4.55(d) 和 (e) 所示构件扭转且弯曲后的纵向位移 $-[(y-y_0)+(x-x_0)\varphi]v'$ 与 $-[(x-x_0)+(y-y_0)\varphi]u'$ 的外力功,则可以利用第 3 章已有的外力功计算公式 (3.6),得其外力功为

$$\mathrm{d}W = \frac{1}{2}\sigma\mathrm{d}A\int_0^l(u'^2_B+v'^2_B)\mathrm{d}z$$

$$W = \frac{1}{2}\int_0^l\int_A \sigma\mathrm{d}A\left(u'^2_B+v'^2_B\right)\mathrm{d}z \qquad (4.226)$$

针对图 4.55(a) 所示受力条件和坐标系,计算时以压应力为正值,包括残余应力在内任一点的应力为 $\sigma = \dfrac{P}{A} - \dfrac{M_x y}{I_x} - \dfrac{M_y x}{I_y} + \sigma_r$,将其和式 (4.224)、式 (4.225) 代入上式,经对全截面积分后得到

$$W = \frac{1}{2} \int_0^l \int_A \left(\frac{P}{A} - \frac{M_x y}{I_x} - \frac{M_y x}{I_y} + \sigma_r \right)$$
$$\cdot \left\{ [u' - (y - y_0) \varphi']^2 + [v' + (x - x_0) \varphi']^2 \right\} \mathrm{d}A \mathrm{d}z$$
$$= \frac{1}{2} \int_0^l [P(u'^2 + v'^2 + i_0^2 \varphi'^2) + \bar{R} \varphi'^2$$
$$- 2(\beta_y M_x + \beta_x M_y) \varphi'^2 + 2(P y_0 + M_x) u' \varphi'$$
$$- 2(P x_0 + M_y) v' \varphi'] \mathrm{d}z \tag{4.227}$$

式中

$$i_0^2 = \frac{(I_x + I_y)}{A} + x_0^2 + y_0^2, \quad \bar{R} = \int_A \sigma_r (x^2 + y^2) \mathrm{d}A$$

$$\beta_x = \frac{\int_A x(x^2 + y^2) \mathrm{d}A}{2 I_y} - x_0, \quad \beta_y = \frac{\int_A y(x^2 + y^2) \mathrm{d}A}{2 I_x} - y_0$$

这样压弯构件总势能的表达式为

$$\Pi = \frac{1}{2} \int_0^l [EI_y u''^2 + EI_x v''^2 + EI_\omega \varphi''^2 + GI_t \varphi'^2 - \bar{R} \varphi'^2 - P(u'^2 + v'^2 + i_0^2 \varphi')^2$$
$$+ 2(\beta_y M_x + \beta_x M_y) \varphi'^2 - 2(P y_0 + M_x) u' \varphi' + 2(P x_0 + M_y) v' \varphi'] \mathrm{d}z$$
$$\tag{4.228a}$$

如果要计及以上所示微段的全部纵向位移，则双向弯曲压弯构件总势能的表达式为

$$\Pi = \frac{1}{2} \int_0^l \{ EA w'^2 + EI_y u''^2 + EI_x v''^2 + EI_\omega \varphi''^2 + GI_t \varphi'^2$$
$$- P[u'^2 + v'^2 + 2(y_0 u' - x_0 v') \varphi']$$
$$- (P i_0^2 + \bar{R}) \varphi'^2 + 2(\beta_x M_x + \beta_y M_y + \beta_\omega B_\omega) \varphi'^2 + 2 M_x u'' \varphi - 2 M_y v'' \varphi \} \mathrm{d}z$$
$$\tag{4.228b}$$

式中，前一部分是构件压缩、弯曲和扭转的应变能，后一部分是构件因弯曲而缩短、纤维倾斜和构件扭转所形成的外力势能；$\beta_\omega = \dfrac{\int_A \omega (x^2 + y^2) \mathrm{d}A}{2 I_\omega}$ 也称不对称截面常数。普遍地说，上述总势能的表达式还应包括构件两端外荷载所做功的负

4.3 受压构件的扭转屈曲和弯扭屈曲

值,它们是 $-[Q_x u + Q_y u - M_y u' - M_x v' + M_z \varphi - B_\omega \varphi']_0^l - [Q_x u + Q_y v - M_y u' - M_x v' + M_z \varphi - B_\omega \varphi']_0^l$。根据不同的支承条件取舍,如为两端简支的压弯构件,则端部的 u、v 和 φ 为零,如为固定端,则 u、v、φ、u'、v' 和 φ 均为零。

如果压弯构件上作用着的不是端弯矩,而是其他类型的外荷载,如横向荷载,这时总势能中的应变能部分 U 仍如式 (4.223),但外力势能应加进横向荷载与其位移乘积的负值;如果有弹簧支承,则还应计入弹簧的正值应变能。对于单向弯矩作用的压弯构件,用能量法计算弯扭屈曲载荷时,在总势能的表达式 (4.228) 中只需保留与侧向变形及扭转有关的诸项,与此无关的诸项均可剔除掉。因横向荷载产生的外力势能的计算方法可见 4.4 节。对于非均匀受弯的压弯构件,不能用式 (4.228a) 而只能用式 (4.228b) 计算压弯构件的总势能。式 (4.228b) 再加上横向荷载的势能是普遍适用的压弯构件总势能的表达式。

β_x 和 β_y 都是任意截面的几何性质,均称为不对称截面常数,又称 Wagner 系数,都相当于始于剪心但位于形心一侧的一段距离。应该注意,有些文献和设计规范将 β_x 和 β_y 分别表示为 $\beta_x = \dfrac{\int_A y(x^2+y^2)\mathrm{d}A}{I_x} - 2y_0$ 和 $\beta_y = \dfrac{\int_A x(x^2+y^2)\mathrm{d}A}{I_y} - 2x_0$,这种表示方法与前面有两处不同,一处是符号 β_x 和 β_y 中的下脚标与弯曲轴对应而不是与剪心距对应,另一处是这里的 β_x 和 β_y 正好是前一种方法的两倍。应用时应根据具体条件确定,避免混淆,尤其是阅读到同一本书前后却出现了两种不同的表示方法时,需善于分辨处理。对于双轴对称 I 形截面,常数 β_x、β_y 和 β_ω 均为零。在总势能 Π 的被积函数中包含了三个位移 u、v 和 φ 及其一阶和二阶导数。根据势能驻值原理,由 $\delta \Pi = 0$,即可得到三个耦合的平衡方程。如将式 (4.228) 写成

$$\Pi = \frac{1}{2} \int_0^l F(u', v', \varphi', u'', v'', \varphi'') \, \mathrm{d}z$$

利用在第 3 章中已经建立的欧拉公式 (3.25a)~(3.25c),即

$$F_u - \frac{\mathrm{d}F_{u'}}{\mathrm{d}z} + \frac{\mathrm{d}^2 F_{u''}}{\mathrm{d}z^2} = 0 \qquad (4.229\mathrm{a})$$

$$F_v - \frac{\mathrm{d}F_{v'}}{\mathrm{d}z} + \frac{\mathrm{d}^2 F_{v''}}{\mathrm{d}z^2} = 0 \qquad (4.229\mathrm{b})$$

$$F_\varphi - \frac{\mathrm{d}F_{\varphi'}}{\mathrm{d}z} + \frac{\mathrm{d}^2 F_{\varphi''}}{\mathrm{d}z^2} = 0 \qquad (4.229\mathrm{c})$$

将式 (4.228) 中的被积函数代入以上三式后可得到三个耦联的平衡方程

$$EI_y u^{IV} + Pu'' + (M_x + Py_0)\varphi'' = 0 \tag{4.230a}$$

$$EI_x v^{IV} + Pv'' - (M_y + Px_0)\varphi'' = 0 \tag{4.230b}$$

$$EI_\omega \varphi^{IV} + (Pi_0^2 - 2\beta_y M_x - 2\beta_x M_y - GI_t + \bar{R})\varphi'' \\ + (M_x + Py_0)u'' - (M_y + Px_0)v'' = 0 \tag{4.230c}$$

式中，$Pi_0^2 - 2\beta_y M_x - 2\beta_x M_y + \bar{R}$ 即为 Wagner 效应系数 $\bar{K}$。

按照小变形假定，根据图 4.56 所示构件隔离体的受力条件也可建立以上三个平衡方程。有了总势能的表达式，就可用第 3 章介绍的瑞利-里茨法和有限单元法求解。有了平衡微分方程，可用伽辽金法、有限差分法和有限积分法求解。几种截面的不对称截面常数 β_x 和 β_y 的计算公式可见表 4.4。对于单轴对称截面，如 x 为非对称轴，则 $x_0 = 0$ 和 $\beta_x = 0$。

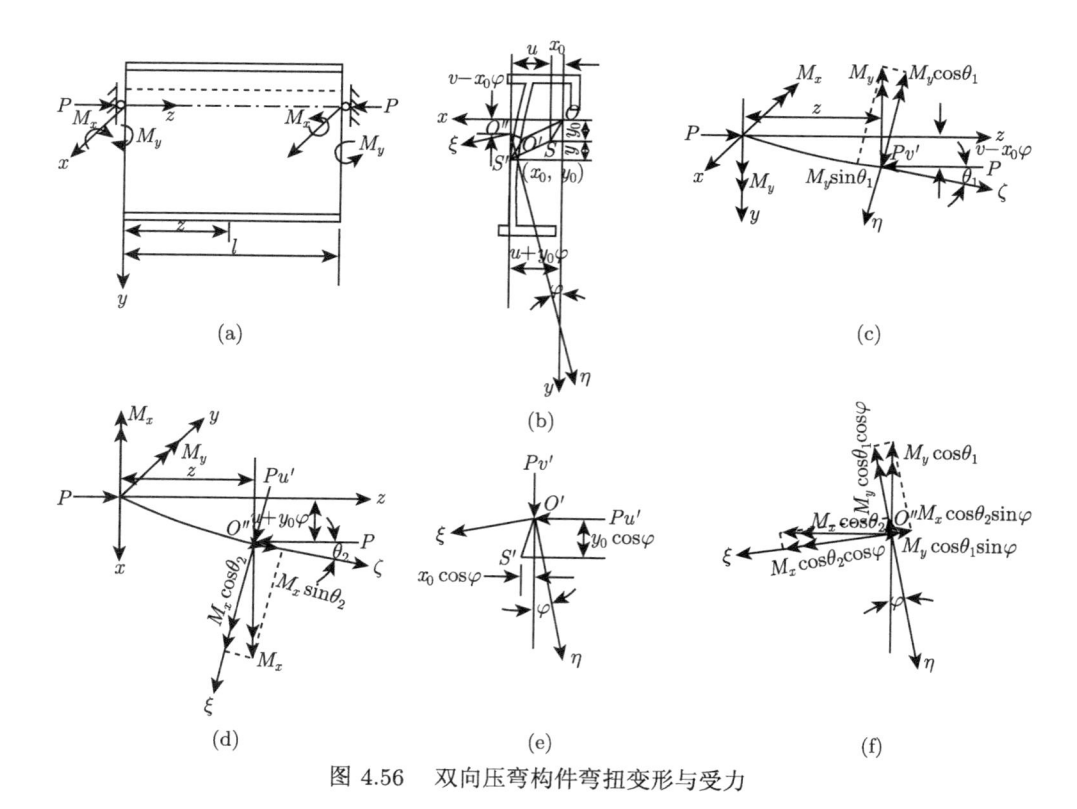

图 4.56 双向压弯构件弯扭变形与受力

4.3.9 压弯构件的弹塑性弯扭屈曲

压弯构件的弯扭屈曲计算本来就是一个比较复杂的稳定问题。当构件弹塑性状态屈曲时，问题的复杂程度又加重了。对于这类问题，有两种求解的方法：一种是解析法，在作了若干简化的规定后，采用和求解弹性构件分岔屈曲载荷相同的方法，这种方法可以获得近似的解析解；另一种是用数值法，这时对于在对称轴平面内受弯的压弯构件，可以同时考虑平面内的初始弯曲和屈曲前变形的影响。如果还要考虑平面外的初始弯曲或初扭转的影响，则用数值法按双向压弯构件计算，可以获得极限荷载。

1. 切线模量屈曲载荷

对于如图 4.57(a) 所示的单轴对称截面压弯构件，弯矩作用于对称轴的平面内，在均匀的弯矩作用下，如不计屈曲前变形，则截面的应变和应力分布如图 4.57(b) 和 (c) 所示，弯扭屈曲时，截面外侧有部分应力已经超过了比例极限 σ_p，如图 4.57(a) 中的阴影部分。此处各点应力增量与应变增量的比值 $\dfrac{d\sigma}{d\varepsilon}$ 为其切线模量 E_t。按图 4.57(c) 的应力分布求解构件的弯扭屈曲载荷，虽然精确度较高，但比较困难。简单易行的方法是采用与截面最大应变相对应的切线模量，作为整个截面的切线模量[41]。剪切模量用 GE_t/E，截面的应力分布改用图 4.57(d)，计算时截面的几何性质和弹性构件相同，且不计残余应力的影响，这时可将压弯构件的平衡方程 (4.210b) 和 (4.210c) 改写为

$$E_t I_y u^{\text{IV}} + Pu'' + (M_x + Py_0)\varphi'' = 0 \tag{4.231a}$$

$$E_t I_\omega \varphi^{\text{IV}} + (Pi_0^2 - 2\beta_y M_x - G_t I_t)\varphi'' + (M_x + Py_0)u'' = 0 \tag{4.231b}$$

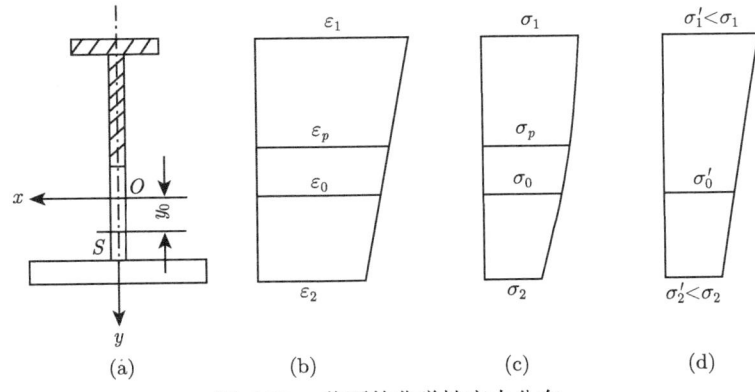

图 4.57 截面的非弹性应力分布

对于两端简支的、作用有相等弯矩的压弯构件，可用式 (4.212) 求解，只要在式中用 E_t 和 G_t 分别代替 E 和 G。但是由于 E_t 与截面的最大压应力相对应，故有时需通过反复试算才能得到弹塑性弯扭屈曲载荷。这种方法计算的结果有时偏小，当用于不对称截面压弯构件时误差可能较大。

2. 折减翼缘厚度的屈曲载荷

对于如图 4.58(a) 所示双轴对称 I 形截面压弯构件，当弯矩作用于腹板轴的平面内时，受压最大的翼缘平均应力 σ_1 超过了钢材的比例极限 σ_p，如图 4.58(b) 所示，这时翼缘的厚度按照与 σ_1 对应的切线模量 E_t 折减为 tE_t/E，如图 4.58(c) 所示。截面其他部分的尺寸均不改变，即使有一部分腹板的应力已超过比例极限，因其对 y 轴抗弯刚度的影响极小，也不改变。折减翼缘厚度后，截面将形成如图 4.58(c) 所示的单轴对称截面，因此需重新计算截面几何性质，然后按照单轴对称截面压弯构件的平衡方程求解屈曲载荷。对于两端简支、均匀受压的压弯构件，可以用式 (4.212) 求解。试验资料表明，除短试件的计算结果偏小外，理论值与试验结果的吻合程度较好[49]。

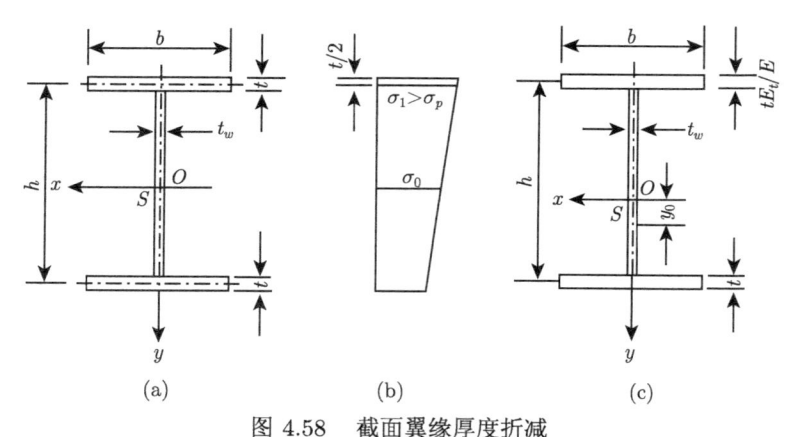

图 4.58 截面翼缘厚度折减

4.4 受弯构件的弯扭屈曲

4.4.1 概述

在最大刚度平面内承受弯曲作用的理想弹性构件，如果在其侧向没有足够多的支承，且其侧向刚度很差，如图 4.59 中的两端简支的受弯构件，两端作用着的弯矩 M 在没有达到某一限值之前，如在其侧向施加以微小干扰力，构件就会发生侧向弯曲和扭转，但是一旦撤除干扰，构件会迅速回复到原来受弯的平衡状态。当弯矩作用达到某一限值 M_{cr} 时，即使在构件的侧向没有施加微小干扰，构

4.4 受弯构件的弯扭屈曲

件也会产生侧向弯曲变形 u 和扭转角 φ，此现象称为弯扭屈曲，也即丧失整体稳定，屈曲时的弯矩为临界弯矩 M_{cr}。理想受弯构件的弯扭屈曲和理想轴心受压构件的弯曲屈曲同属于稳定分岔失稳问题，在图 4.59 中分岔点 A 之前构件处在平面内稳定的弯曲平衡状态，在分岔点开始出现了不稳定的平面弯曲状态，如图中的虚线所示，同时存在侧扭变形的中性平衡状态，如图中的分岔点水平线，然而实际的受弯构件不可避免地在平面内和平面外都存在几何缺陷，尤其是后者，如因有侧向荷载初偏心 e_0、初位移 u_0 和初始扭转角 φ_0，构件一经受弯就会产生侧扭变形，图中曲线 b 是弹性的弯矩变形曲线，但这种构件实际上并非是完全弹性的，其弯矩变形曲线为图中的曲线 c，M_u 是其极限弯矩，而 M_e 是截面边缘纤维开始屈服的弯矩。

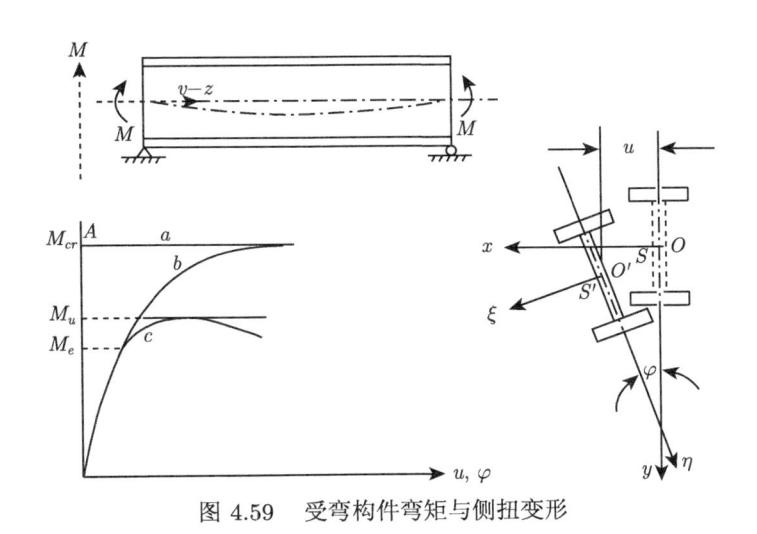

图 4.59 受弯构件弯矩与侧扭变形

受弯构件的截面形式有如图 4.60(a) 和 (b) 所示双轴对称的 I 形和箱形截面，和图 4.60(c)~(e) 所示单轴对称的 I 形、槽形和 T 形截面，还有如图 4.60(f) 和 (g) 所示点对称的冷弯薄壁 Z 形截面等。

关于受弯构件的弹性稳定问题，通常可用平衡法和能量法求解。影响弯扭屈曲临界弯矩值的因素很多，如截面的形状和尺寸、截面的残余应力分布、初始几何缺陷、构件的端部和侧向支承的条件、荷载的类型及其在截面上作用点的位置等。在横向荷载作用下用平衡法一般很难求解，需用近似法。对于在弹塑性状态屈曲的受弯构件，可采用近似法和数值法。4.3 节压弯构件弯扭屈曲计算的相关公式与受弯构件的临界弯矩 M_{cr} 有关，本节所求的有些结果还要用到压弯构件平面外的稳定计算中。

图 4.60　受弯构件的截面形式

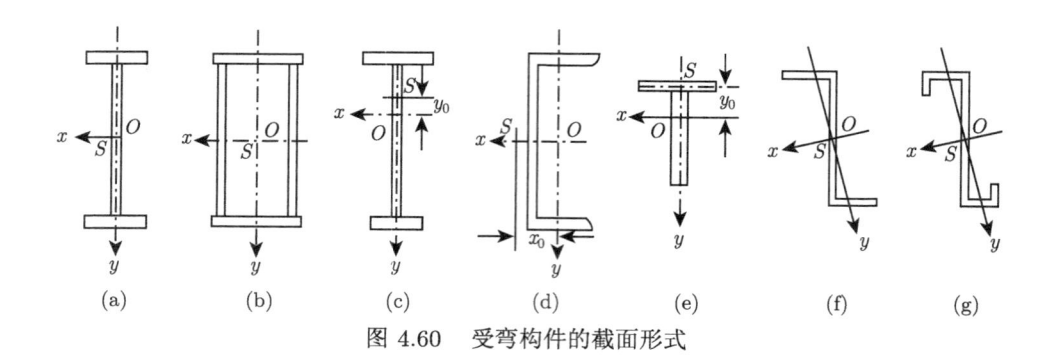

4.4.2 纯弯构件的弹性弯扭屈曲

对于如图 4.61(a) 所示单轴对称截面受弯构件,在其刚度大的 yz 平面内承受着均匀的弯矩 M_x。采用固定的右手坐标系 x,y,z 和移动坐标系 ξ,η,ζ,截面的形心 O 和剪心 S 都在对称轴 y 上,剪心距为 y_0。当构件在弯矩作用的平面外有微小的侧扭变形时,任意截面的变形和受力可见图 4.61(b) 和 (c)。

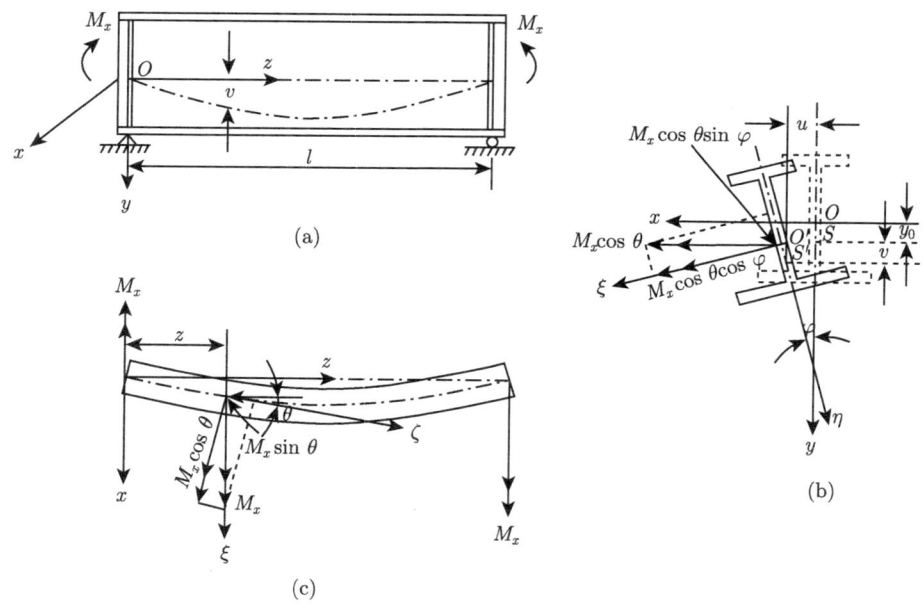

图 4.61　纯弯构件的弯扭变形与受力

对该构件进行弹性分析时作如下基本假定:
(1) 构件为弹性体;
(2) 侧向弯曲和扭转时,构件截面的形状不变;

4.4 受弯构件的弯扭屈曲

(3) 构件的侧扭变形是微小的;

(4) 构件为等截面且无缺陷;

(5) 在弯矩作用平面内的刚度很大,屈服前变形对弯扭屈曲的影响可以不考虑。

用平衡法求解构件的弯扭屈曲临界弯矩时可以直接利用 4.3 节已经建立的单独对称截面压弯构件的平衡方程,只需令式 (4.206a) 和式 (4.209) 中的 $P=0$ 即可。根据图 4.61(b) 和 (c),按照小变形假定亦可得到三个平衡方程

$$EI_x v'' + M_x = 0 \tag{4.232}$$

$$EI_y u'' + M_x \varphi = 0 \tag{4.233}$$

$$EI_\omega \varphi''' - (2\beta_y M_x + GI_t - \bar{R})\varphi' + M_x u' = 0 \tag{4.234}$$

式 (4.232) 是截面绕 x 轴的弯曲方程,因为未计及屈曲前变形,故它与求解弯扭屈曲无关,而式 (4.233) 与式 (4.234) 是耦联的,对式 (4.233) 微分两次,对式 (4.234) 微分一次后可得到单轴对称截面受弯构件弹性弯扭屈曲的微分方程,它们也适用于非均匀受弯构件。

$$EI_y u^{\text{IV}} + (M_x \varphi)'' = 0 \tag{4.235a}$$

$$EI_\omega \varphi^{\text{IV}} - [(2\beta_y M_x + GI_t - \bar{R})\varphi']' + (M_x u)' = 0 \tag{4.235b}$$

1. 两端简支的纯弯构件

先对式 (4.235a) 积分两次可得到 $EI_y u'' + M_x \varphi = Az + B$。

由边界条件 $u''(0) = \varphi(0) = u''(l) = \varphi(l) = 0$,得到 $A = 0$ 和 $B = 0$,将其代入式 (4.235a) 后可得 $u'' = -\dfrac{M_x^2 \varphi}{EI_y}$,将其代入式 (4.235b) 后可得

$$EI_\omega \varphi^{\text{IV}} - (2\beta_y M_x + GI_t - \bar{R})\varphi'' - \dfrac{M_x^2 \varphi}{EI_y} = 0$$

令 $k_1 = \dfrac{2\beta_y M_x + GI_t - \bar{R}}{EI_\omega}$, $k_2 = \dfrac{M_x^2}{EI_y EI_\omega}$,上式可写作

$$\varphi^{\text{IV}} - k_1 \varphi'' - k_2 \varphi = 0 \tag{4.236}$$

式 (4.236) 的通解为

$$\varphi = C_1 \sinh(\alpha_1 z) + C_2 \cosh(\alpha_1 z) + C_3 \sin(\alpha_2 z) + C_4 \cos(\alpha_2 z) \tag{4.237}$$

式中，
$$\alpha_1 = \sqrt{\frac{k_1 + \sqrt{k_1^2 + 4k_2}}{2}} \qquad (4.238a)$$

$$\alpha_2 = \sqrt{\frac{-k_1 + \sqrt{k_1^2 + 4k_2}}{2}} \qquad (4.238b)$$

根据边界条件 $\varphi(0) = \varphi(l) = 0$，$\varphi''(0) = \varphi''(l) = 0$，可得

$$C_2 + C_4 = 0 \qquad (4.239a)$$

$$\alpha_1^2 C_2 - \alpha_2^2 C_4 = 0 \qquad (4.239b)$$

$$C_1 \sinh(\alpha_1 l) + C_2 \cosh(\alpha_1 l) + C_3 \sin(\alpha_2 l) + C_4 \cos(\alpha_2 l) = 0 \qquad (4.239c)$$

$$\alpha_1^2 C_1 \sinh(\alpha_1 l) + \alpha_1^2 C_2 \cosh(\alpha_1 l) - \alpha_2^2 C_3 \sin(\alpha_2 l) - \alpha_2^2 C_4 \cos(\alpha_2 l) = 0 \qquad (4.239d)$$

为得到 C_1, C_2, C_3 和 C_4 的非零解，由它们的系数形成的行列式应为零，

$$\begin{vmatrix} 0 & 1 & 0 & 1 \\ 0 & \alpha_1^2 & 0 & -\alpha_2^2 \\ \sinh(\alpha_1 l) & \cosh(\alpha_1 l) & \sin(\alpha_2 l) & \cos(\alpha_2 l) \\ \alpha_1^2 \sinh(\alpha_1 l) & \alpha_1^2 \cosh(\alpha_1 l) & -\alpha_2^2 \sin(\alpha_2 l) & -\alpha_2^2 \cos(\alpha_2 l) \end{vmatrix} = 0 \qquad (4.240a)$$

或

$$(\alpha_1^2 + \alpha_2^2)^2 \sinh(\alpha_1 l) \sin(\alpha_2 l) = 0 \qquad (4.240b)$$

由于 $\alpha_1^2 + \alpha_2^2$ 是不为零的正值，只有 $\sinh(\alpha_1 l) = 0$ 或 $\sin(\alpha_2 l) = 0$，但如果 $\sinh(\alpha_1 l) = 0$，则 $\alpha_1 = 0$，这样一来四个常数将全为零，因此只有 $\sin(\alpha_2 l) = 0$，可解得 $\alpha_2 l = n\pi$，$n = 1, 2, \cdots$，用最小值 $\alpha_2 = \pi/l$ 和 k_1 与 k_2 之值代入式 (4.238b)，可得到 M_x 最小值，也即纯弯构件的弯扭屈曲临界弯矩

$$M_{cr} = \frac{\pi^2 E I_y}{l^2} \left[\beta_y + \sqrt{\beta_y^2 + \frac{I_\omega}{I_y}\left(1 + \frac{GI_t - \bar{R}}{\pi^2 E I_\omega} l^2\right)} \right] \qquad (4.241)$$

将 $\sin(\alpha_2 l) = 0$ 代入式 (4.239) 中诸式，知 $C_1 = C_2 = C_4 = 0$，这样构件的扭转角函数为

$$\varphi = C_3 \sin(\alpha_2 z) = C_3 \sin(\pi z/l) \qquad (4.242)$$

4.4 受弯构件的弯扭屈曲

将式 (4.242) 代入式 (4.233) 并积分两次后,根据边界条件 $u(0) = u(l) = 0$ 可得

$$u = \frac{M_x l^2 C_3}{\pi^2 E I_y} \sin \frac{\pi z}{l} \tag{4.243}$$

式 (4.242) 和式 (4.243) 中的常数 C_3 表示构件弯扭屈曲时中央截面的最大扭转角,而式 (4.243) 中的 $\dfrac{M_x l^2 C_3}{\pi^2 E I_y}$ 为中央截面处的最大侧向挠度。按照小变形理论求解时,只能知道构件屈曲时变形是按照正弦曲线的半波变化的,和轴心受压构件的分岔屈曲一样,不能确定变形的最大幅值。

2. 两端固定的纯弯构件

两端绕 x 轴弯曲为简支、绕 y 轴弯曲和绕 z 轴扭转均为固定的边界条件是 $u(0) = u(l) = u'(0) = u'(l) = 0$,$\varphi(0) = \varphi(l) = \varphi'(0) = \varphi'(l) = 0$,符合这些边界条件的变形函数是 $u = C_1 \left(1 - \cos \dfrac{2n\pi z}{l}\right)$ 和 $\varphi = C_2 \left(1 - \cos \dfrac{2n\pi z}{l}\right)$,将它们代入式 (4.235) 后可以得到临界弯矩

$$M_{cr} = \frac{\pi^2 E I_y}{(l/2)^2} \left\{ \beta_y + \sqrt{\beta_y^2 + \frac{I_\omega}{I_y} \left[1 + \frac{GI_t - \bar{R}}{\pi^2 E I_\omega} \left(\frac{l}{2}\right)^2\right]} \right\} \tag{4.244}$$

3. 悬臂的纯弯构件

侧向固定端的边界条件为 $u(0) = u'(0) = 0$,$\varphi(0) = \varphi'(0) = 0$,自由端的边界条件为 $u''(l) = \varphi''(l) = 0$。满足这些边界条件的变形函数为 $u = C_1 \left(1 - \cos \dfrac{n\pi z}{2l}\right)$ 和 $\varphi = C_2 \left(1 - \cos \dfrac{n\pi z}{2l}\right)$,将它们代入式 (4.235) 后可以得到临界弯矩[45]

$$M_{cr} = \frac{\pi^2 E I_y}{(2l)^2} \left\{ \beta_y + \sqrt{\beta_y^2 + \frac{I_\omega}{I_y} \left[1 + \frac{GI_t - \bar{R}}{\pi^2 E I_\omega}(2l)^2\right]} \right\} \tag{4.245}$$

对于双轴对称截面,如 I 形和箱形截面、点对称的 Z 形截面,以及绕对称轴弯曲的单轴对称截面,如槽形截面,它们的不对称截面常数 $\beta_y = 0$,如不计残余应力影响,临界弯矩为

$$M_{cr} = \frac{\pi}{\mu_y l} \sqrt{EI_y \left[\frac{\pi^2 E I_\omega}{(\mu_\omega l)^2} + GI_t\right]} \tag{4.246}$$

对于两端简支的受弯构件，

$$M_{cr} = \frac{\pi}{l}\sqrt{EI_y\left(\frac{\pi^2 EI_\omega}{l^2} + GI_t\right)} = \frac{\pi}{l}\sqrt{EI_y GI_t\left(1 + \frac{\pi^2 EI_\omega}{GI_t l^2}\right)} \quad (4.247)$$

式中，$\frac{\pi^2 EI_\omega}{GI_t l^2}$ 为图 4.42 中扭转刚度参数 K 的平方。截面的 K 值越大则受弯构件抗侧扭屈曲的性能越好。对于箱形截面简支受弯构件，在 4.3 节中已述及，式中翘曲刚度应为 $\frac{EI_{\bar{\omega}}}{\mu} = \frac{E}{\mu}\oint \bar{\omega}_n^2 t \mathrm{d}s$，此处翘曲系数 $\mu = 1 - I_t/I_p$，而 $I_t = \frac{4A_0^2}{\oint \frac{\mathrm{d}s}{t}}$，

$I_p = \oint \rho_s^2 t \mathrm{d}s$。这种梁的扭转刚度参数 K 虽然很小，但因其自由扭转刚度 GI_t 很大，故梁的临界弯矩值很大，通常不会发生弯扭屈曲。对于双角钢和 T 形截面受弯构件，绕非对称轴受弯且使翼缘受压时，$\beta_y = 0.45h_0, I_\omega = 0$。如果引进 T 形截面梁临界弯矩系数 $\beta = \beta_y\sqrt{\frac{\pi^2 EI_y}{GI_t l_y^2}} \approx \frac{2.3h_0}{l_y}\sqrt{\frac{I_y}{I_t}}$，则由式 (4.246) 可得

$$M_{cr} = \frac{\pi}{l_y}\sqrt{EI_y GI_t}\left(\beta + \sqrt{1+\beta^2}\right) \quad (4.248)$$

如果弯矩作用使翼缘受拉，则所用 $\beta = -\frac{2.3h_0}{l_y}\sqrt{\frac{I_y}{I_t}}$，式中 h_0 为腹板的高度。

4. 受弯构件屈曲前变形对弯扭屈曲的影响

前面在推导纯弯构件弯扭屈曲的临界弯矩时，根据计算假定，认为在最大刚度平面内的变形很小，因此可以忽略其对临界弯矩的影响，但是当受弯构件绕强轴的弯曲刚度 EI_x 与绕弱轴的弯曲刚度 EI_y 或扭转刚度 $2\beta_y M_x + GI_k - \overline{R}$ 和 EI_ω 相比差别并非十分悬殊时，如忽略构件的屈曲前变形，将导致计算的结果有很大的误差。因屈曲前变形形成的反向拱作用很大，受弯构件的弹性弯扭屈曲临界弯矩将有较大提高，对于翼缘很宽的轧制 I 形钢，这种提高有时可达 25%。P. Vacharajittiphan, S. T. Woolcock 和 N. S. Trahair 得到了受弯构件考虑屈曲前变形影响的弹性弯扭屈曲临界弯矩[10,51]

$$M_{cr} = \frac{M_{0cr}}{\beta} \quad (4.249)$$

式中，M_{0cr} 是不计纯弯构件屈曲前变形的临界弯矩，β 为临界弯矩的修正系数，

$$\beta = \sqrt{\left(1 - \frac{EI_y}{EI_x}\right)\left[1 - \frac{2\beta_y M_x + GI_t - \bar{R}}{EI_x}\left(1 + \frac{\pi^2 EI_\omega}{2\beta_y M_x + GI_t - \bar{R}} \times \frac{1}{l^2}\right)\right]} \tag{4.250}$$

实际上对于一般焊接 I 形截面受弯构件，其抗弯刚度 EI_x 常常远大于 EI_y 和 GI_t，此时 $\beta = 1.0$，因此屈曲前变形对临界弯矩的影响可忽略不计。对于箱型截面受弯构件和绕弱轴弯曲的 H 形截面受弯构件，因为 β 值很小，平面内变形的影响将很大，实际的临界弯矩比由式 (4.241) 得到的大得多，因此这类受弯构件不可能发生弯扭屈曲。

4.4.3 横向荷载作用的受弯构件

对于如图 4.62(a) 所示两端简支的单轴对称截面受弯构件，在横向均布荷载和跨中集中荷载作用下，用能量法求解临界弯矩时的总势能中再加进横向荷载的势能。当构件发生侧移时，荷载在平移的过程中，总的势能并无变化，但是当构件绕截面的剪心扭转时，荷载作用点位于剪心之上的距离为 a 时将下落一段距离 $a(1 - \cos\varphi) \approx \frac{1}{2}a\varphi^2$，仍可利用里茨法求解。

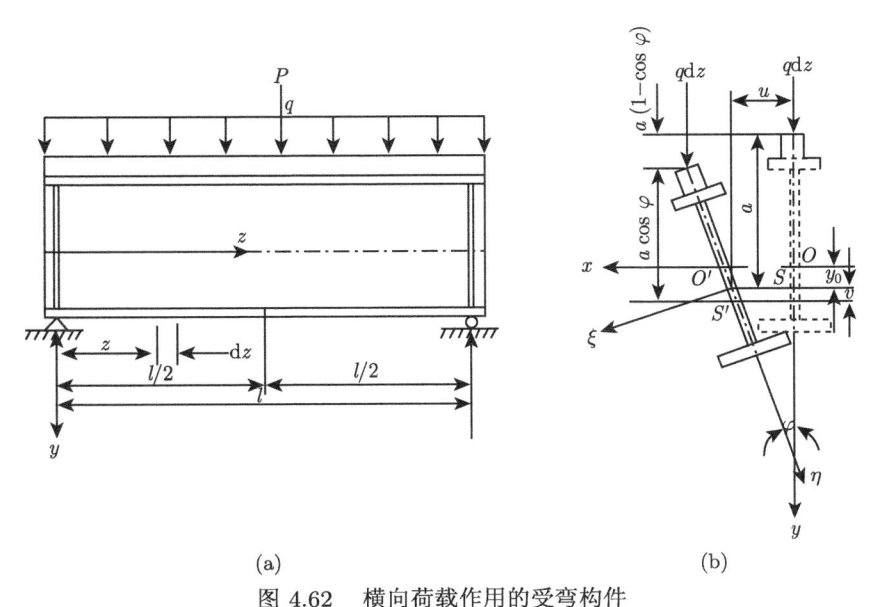

(a)   (b)

图 4.62 横向荷载作用的受弯构件

1. 横向荷载作用的受弯构件的临界弯矩

横向荷载作用的受弯构件的临界弯矩可以与受弯构件的临界弯矩写成一个通式

$$M_{cr} = \beta_1 \frac{\pi^2 EI_y}{l_y^2} \left[\beta_2 a + \beta_3 \beta_y + \sqrt{(\beta_2 a + \beta_3 \beta_y)^2 + \frac{I_\omega}{I_y}\left(1 + \frac{GI_t l_\omega^2}{\pi^2 EI_\omega}\right)} \right] \quad (4.251a)$$

式中，β_1 是临界弯矩修正系数，取决于作用于受弯构件上的荷载的形式；β_2 是荷载作用点位置影响系数；β_3 是荷载形式不同时对单轴对称截面的修正系数；β_1，β_2 和 β_3 之值还与构件端部的约束条件有关，各系数取值参见表 4.6。

表 4.6 受弯构件临界弯矩计算公式中的系数

荷载	弯矩图	最大弯矩	端部侧扭约束条件	μ_y, μ_ω	β_1	β_2	β_3
q 均布		$\frac{1}{8}ql^2$	简支固定	1.0 0.5	1.13 (1.15) 0.97	0.46 (0.46) 0.29	0.53 (0.53) 0.98
P 跨中		$\frac{1}{4}Pl$	简支固定	1.0 0.5	1.35 (1.42) 1.07	0.55 (0.58) 0.42	0.41 (0.42) 3.05
$P/2, P/2$ 于 $l/4$		$\frac{1}{8}Pl$	简支固定	1.0 0.5	1.04 (1.05) 1.01	0.42 (0.43) 0.41	0.57 (0.57) 1.08
悬臂端 P		Pl	左端不能翘曲	1.0	1.28~1.71	0.64	—
悬臂 q		$\frac{1}{2}ql^2$	左端不能翘曲	1.0	2.05~3.42	—	—

在横向荷载作用下，用伽辽金法得到的计算受弯构件临界弯矩系数的精确值见表 4.6，括号中的值是用瑞利-里茨法得到的。计算长度 l_y 和 l_ω 应根据构件在两相邻侧向支承点的约束条件确定。当悬臂梁右端的侧向为自由端时，计算长度系数 $\mu_y = \mu_\omega = 2.0$，除了在端部作用有弯矩 M，临界弯矩有解析解外，其他荷载作用均需用数值法求解临界弯矩。

2. 受弯构件临界弯矩的等效弯矩系数

因荷载条件不同，由通式 (4.251a) 得到的临界弯矩与纯弯构件由式 (4.244) 得到的临界弯矩的比值称为等效弯矩系数 β_b。对于双轴对称截面受弯构件，如横向荷载作用于截面的剪心，此时 β_y 和 a 均为零，临界弯矩修正系数 β_1 与等效弯矩系数 β_b 相同。为了增强受弯构件抵抗侧扭的刚度，常常在构件的侧向设置一个或几个支承。这样一来，在支承点之间构件每一段的受力条件有可能不相同，其临界弯矩就有差别。

4.4 受弯构件的弯扭屈曲

式 (4.251a) 可以改写成另一个通式

$$M_{cr} = \beta_b \frac{\pi^2 E I_y}{l_y^2} \left[\beta_y + \sqrt{\beta_y^2 + \frac{I_\omega}{I_y}\left(1 + \frac{GI_k l_\omega^2}{\pi^2 E I_\omega}\right)} \right] \tag{4.251b}$$

此式实际是前面的通式 (4.245), 只是在右侧前乘了等效弯矩系数 β_b, 且略去了 $\bar{R}$。

图 4.63 为在跨中有集中荷载作用的两端简支受弯构件, 图 4.63(a) 在侧向跨中只有一个支承点, 此支承点阻止了此处构件发生侧向位移和扭转, 构件被平分为左右两段, 每段的计算长度都是 $l/2$, 根据每段的受力条件, 相当于 $M_1 = Pl/4$, $M_2 = 0$ 的非均匀受弯构件, 等效弯矩系数 $\beta_b = 1.75$。图 4.63(b) 在侧向跨间有两个支承点, 构件被平分为三段, 每段的计算长度都是 $l/3$, 但是中段和左右两段的受力条件是不同的, 两侧的受力对中段有增强抵抗侧扭的有利作用, 按照 GB50017—2002, 对于 I 字形截面简支的受弯构件, 当荷载作用于上翼缘时, β_b 可近似地取 1.2, 作用于下翼缘时取 1.4。

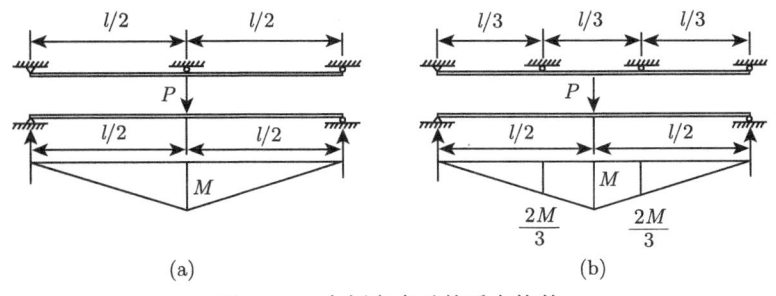

图 4.63 有侧向支承的受弯构件

对于如图 4.64 所示的两跨连续梁, 在均布荷载作用下只要荷载作用线通过截面的剪心, 在支座处均有侧向支承点。由于每跨都存在正弯矩与负弯矩, 因此荷载作用点的位置对临界弯矩的影响不大。可以用数值法先确定连续梁的临界弯矩 M_{cr}, 然后与单跨纯弯构件的 M_{cr} 比较即可得到等效弯矩系数 β_b。为了便于应用, 表 4.7 列举了几种受力条件不同的梁段的 β_b 值, 表中的系数 α 可通过与端部弯矩值比较得到 [1]。例如, 图 4.64 梁段端部的负弯矩为 $ql^2/8$, 与表 4.7A 部分中对应的弯矩比较后可知 $\alpha = 1.0 > 0.7$, 因此 $\beta_b = -1.25 + 3.5\alpha = 2.25$。对于在侧向支承点之间与表 4.7A 部分中诸弯矩图无相似之处的弯矩图, P. A. Kirby 和 D. A. Nethercot 建议可按照表 4.7B 部分所给出的经验公式确定受弯构件的等效弯矩系数 [5]。

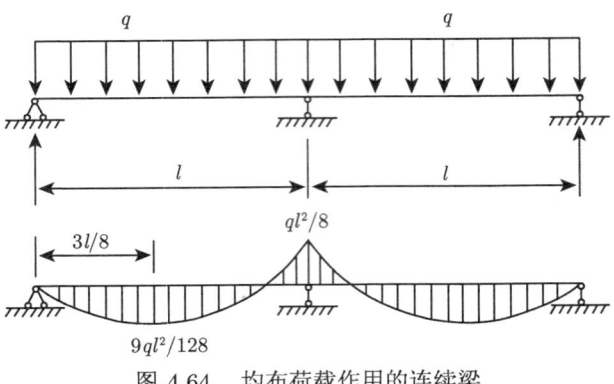

图 4.64 均布荷载作用的连续梁

在表 4.7B 部分中，$M_{\max}$ 为无支承梁端内的最大弯矩的绝对值；M_A 为无支承梁端内 1/4 处弯矩的绝对值；M_B 为无支承梁端中点处弯矩的绝对值；M_C 为无支承梁端内 3/4 处弯矩的绝对值。

表 4.7 受弯构件的等效弯矩系数 β_b（双轴对称截面梁，荷载作用于截面的剪心）

	梁段受力	弯矩图	最大弯矩	β_b	应用范围
A	P, $2a$, P, l		$\dfrac{Pl}{2}(1-2a/l)$	$1 + \dfrac{0.35}{(1-2a/l)^2}$	$0 \leqslant 2a/l \leqslant 1.0$
	P, a, $l/2$, l		$\dfrac{Pl}{4}\left[(1-2a/l)^2\right]$	$1.35 + \dfrac{0.4}{(2a/l)^2}$	$0 \leqslant 2a/l \leqslant 1.0$
	P, $3\alpha Pl/16$, $l/2$, $l/2$		$3\alpha Pl/16$; $\dfrac{Pl}{4}(1-3\alpha/8)$	$1.35 + 0.15\alpha$; $-1.2 + 3.0\alpha$	$0 \leqslant \alpha \leqslant 0.9$; $0.9 \leqslant \alpha \leqslant 1.0$
	$\alpha Pl/8$, P, $\alpha Pl/8$, $l/2$, $l/2$		$\alpha Pl/8$; $\dfrac{Pl}{4}(1-\alpha/2)$	$1.35 + 0.36\alpha$	$0 \leqslant \alpha \leqslant 1.0$
	q, $\alpha ql^2/8$, l		$\alpha ql^2/8$; $\dfrac{ql^2}{8}(1-\alpha/4)^2$	$1.13 + 0.10\alpha$; $-1.25 + 3.5\alpha$	$0 \leqslant \alpha \leqslant 0.7$; $0.7 \leqslant \alpha \leqslant 1.0$
	$\alpha ql^2/12$, q, $\alpha ql^2/12$, l		$\alpha ql^2/12$; $\dfrac{ql^2}{8}(1-2\alpha/3)$	$1.13 + 0.12\alpha$; $-2.38 + 4.8\alpha$	$0 \leqslant \alpha \leqslant 0.75$; $0.75 \leqslant \alpha \leqslant 1.0$
B	$l/4$, $l/4$, $l/4$, $l/4$, M_A, M_B, M_C, $M_{\max}$			$\beta_b = \dfrac{12.5 M_{\max}}{2.5 M_{\max} + 3 M_A + 4 M_B + 3 M_C}$	

4.4 受弯构件的弯扭屈曲

续表

梁段受力	弯矩图	最大弯矩	β_b	应用范围

$$K = \sqrt{\frac{\pi^2 EI_\omega}{GI_t l^2}}$$

	荷载	弯矩图	最大弯矩	A	B
C	P 位于 $l/2$, $l/2$		$\dfrac{Pl}{4}$	1.35	$1+0.649K$ $-0.180K^2$
	均布荷载 q, 跨度 l		$\dfrac{ql^2}{8}$	1.12	$1+0.535K$ $-0.154K^2$
	两个 P 对称作用		Pl_1	$1+\left(\dfrac{l_1}{l}\right)^2$	$1+0.636K$ $-0.465K^2$

如果作用于截面对称轴平面的荷载未作用于截面的剪心,对于两端简支的 I 形梁,其等效弯矩系数 β_b 的值可利用表 4.7C 部分所给出的与扭转刚度参数 K 有关的两个系数 A 和 B 确定。当荷载作用于截面的下翼缘时,$\beta_b = AB$;当荷载作用于截面的上翼缘时,$\beta_b = A/B$;当荷载作用于剪心时,$\beta_b = A$。

为便于应用,此处列出变截面受弯构件的弹性弯扭屈曲,见表 4.8。

表 4.8 变截面受弯构件的弹性弯扭屈曲

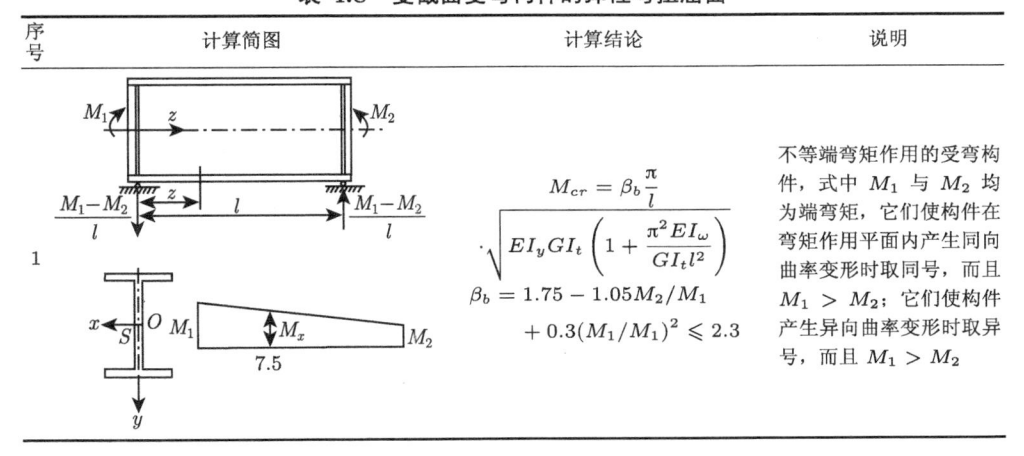

序号	计算简图	计算结论	说明
1		$M_{cr} = \beta_b \dfrac{\pi}{l}$ $\sqrt{EI_y GI_t \left(1 + \dfrac{\pi^2 EI_\omega}{GI_t l^2}\right)}$ $\beta_b = 1.75 - 1.05 M_2/M_1$ $+ 0.3(M_1/M_1)^2 \leqslant 2.3$	不等端弯矩作用的受弯构件,式中 M_1 与 M_2 均为端弯矩,它们使构件在弯矩作用平面内产生同向曲率变形时取同号,而且 $M_1 > M_2$;它们使构件产生异向曲率变形时取异号,而且 $M_1 > M_2$

续表

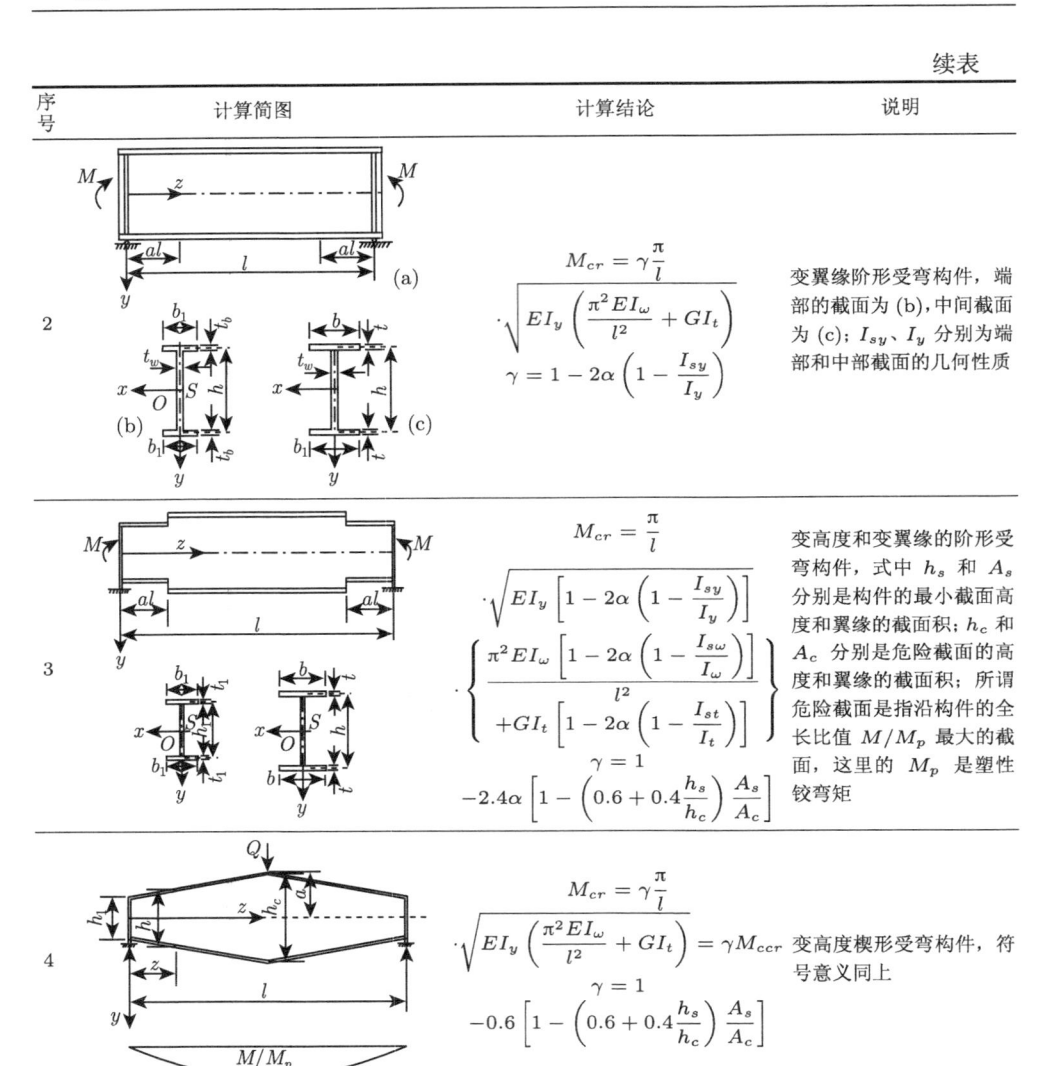

序号	计算简图	计算结论	说明
2		$M_{cr} = \gamma \dfrac{\pi}{l}$ $\cdot \sqrt{EI_y \left(\dfrac{\pi^2 EI_\omega}{l^2} + GI_t \right)}$ $\gamma = 1 - 2\alpha \left(1 - \dfrac{I_{sy}}{I_y}\right)$	变翼缘阶形受弯构件，端部的截面为 (b)，中间截面为 (c)；I_{sy}、I_y 分别为端部和中部截面的几何性质
3		$M_{cr} = \dfrac{\pi}{l}$ $\cdot \sqrt{EI_y \left[1 - 2\alpha\left(1 - \dfrac{I_{sy}}{I_y}\right)\right]}$ $\cdot \left\{ \dfrac{\pi^2 EI_\omega \left[1 - 2\alpha\left(1 - \dfrac{I_{s\omega}}{I_\omega}\right)\right]}{l^2} \right.$ $\left. + GI_t \left[1 - 2\alpha\left(1 - \dfrac{I_{st}}{I_t}\right)\right] \right\}$ $\gamma = 1$ $- 2.4\alpha \left[1 - \left(0.6 + 0.4\dfrac{h_s}{h_c}\right)\dfrac{A_s}{A_c}\right]$	变高度和变翼缘的阶形受弯构件，式中 h_s 和 A_s 分别是构件的最小截面高度和翼缘的截面积；h_c 和 A_c 分别是危险截面的高度和翼缘的截面积；所谓危险截面是指沿构件的全长比值 M/M_p 最大的截面，这里的 M_p 是塑性铰弯矩
4		$M_{cr} = \gamma \dfrac{\pi}{l}$ $\cdot \sqrt{EI_y \left(\dfrac{\pi^2 EI_\omega}{l^2} + GI_t \right)} = \gamma M_{ccr}$ $\gamma = 1$ $- 0.6 \left[1 - \left(0.6 + 0.4\dfrac{h_s}{h_c}\right)\dfrac{A_s}{A_c}\right]$	变高度楔形受弯构件，符号意义同上

4.4.4 受弯构件的弹塑性弯扭屈曲

对于如图 4.65 所示两端简支、长度为 l 的纯弯构件，在弹塑性状态发生弯扭屈曲时，构件的临界弯矩 M_{cr} 与钢材的性能和截面中的残余应力有关。对于冷弯薄壁型钢截面受弯构件，因为残余应力的影响目前还缺乏研究，可以忽略不计。当截面边缘的纤维应力超过比例极限 σ_p 时，其切线模量 E_t 可按照图 4.65 中 (a) 所示应力–应变曲线确定，剪切模量 G_t 可采用 GE_t/E，此时临界弯矩与构件长度的关系见图中的曲线 a，M_y 是截面边缘纤维开始屈服时的弯矩，M_e 是弹性临界

4.4 受弯构件的弯扭屈曲

弯矩。对于轧制型钢或焊接组合截面受弯构件，需计及残余应力的影响。一种简单的计算方法是视钢材为理想的弹塑性体，如图 4.65(b) 中所示应力-应变曲线，应力到达屈服强度时，切线模量 E_t 为零，剪切模量降至 $G/4$，此时临界弯矩与构件长度之间的关系见曲线 b，图中 M_p 为截面的塑性铰弯矩。对于具有厚实板件的受弯构件，研究表明，纤维应力达到屈服强度后，将经历应变硬化，板件强度将如图 4.65(c) 所示应力-应变曲线，会有所提高，应变模量为 E_{st}，剪切模量为 G_{st}，此时临界弯矩的提高与构件长度的关系见曲线 c。

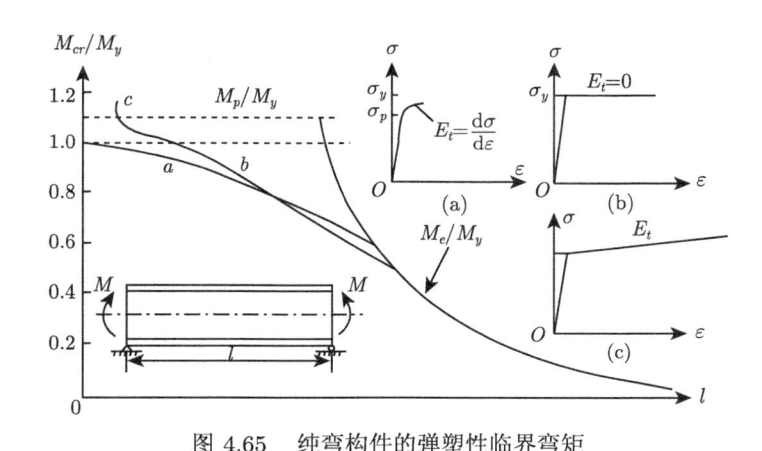

图 4.65 纯弯构件的弹塑性临界弯矩

1. 切线模量临界弯矩

对于单轴对称冷弯薄壁型钢受弯构件，当截面的外侧有一部分纤维的应力已达到或超过钢材的比例极限后，这部分的应力-应变将不成比例增加，而其增量的比值 $d\sigma/d\varepsilon$ 是切线模量 E_t，如果严格按照截面上各点的切线模量来求解弯扭屈曲临界弯矩将十分困难。一种近似的计算方法是全截面都用与边缘纤维最大应力对应的切线模量作为计算的依据，而剪切模量 G_t 用 GE_t/E 代替，这样可以得到弹塑性临界弯矩的下限。计算时只需将由弹性理论得到的 M_{cr} 乘以 E_t/E 即可，通式 (4.251a) 改写成

$$M_{cr} = \beta_1 \frac{\pi^2 E I_y}{l_y^2} \left[\beta_2 a + \beta_3 b_y + \sqrt{(\beta_2 a + \beta_3 b_y)^2 + \frac{I_\omega}{I_y}\left(1 + \frac{G_t I_k l_\omega^2}{\pi^2 E_t I_\omega}\right)} \right] \quad (4.252)$$

式中，$\beta_1, \beta_2, \beta_3$ 为常数，不同边界和不同荷载作用形式时取值不同。

2. 残余应力对临界弯矩的影响

为了全面考察残余应力对纯弯构件临界弯矩的影响，先找出临界弯矩与长细比 $\lambda_y = l/i_y$ 之间的关系式。对于两端简支的双轴对称 I 形截面纯弯构件，截面的几何性质有 $i_y^2 = I_y/A$，$I_y/l^2 = A/\lambda_y^2$，$I_\omega = I_y h^2/4$，弹性屈曲时的临界弯矩

$$M_{cr} = \frac{\pi}{l}\sqrt{EI_y\left(GI_k - \bar{R} + \pi^2 EI_\omega/l^2\right)}$$

$$= \pi\sqrt{\frac{EA}{\lambda_y^2}\left[GI_k - \bar{R} + \pi^2 EAh^2/(4\lambda_y^2)\right]} \tag{4.253}$$

用 $M_y = 2\dfrac{I_x}{h}\sigma_y$ 表示截面边缘纤维屈服时的弯矩，比值 $\varphi_b = M_{cr}/M_y$ 称为受弯构件弹性屈曲稳定系数，故 φ_b 为 λ_y 的函数。

在弹塑性阶段，由式 (4.253) 可得到

$$M_{cr} = \pi\sqrt{\frac{EA}{\lambda_y^2} \times \frac{I_{ey}}{I_y}\left(GI_{ek} + G_t I_{pt} - \bar{K} + \frac{\pi^2 EAh^2}{4\lambda_y^2} \times \frac{I_{e\omega}}{I_\omega}\right)} \tag{4.254}$$

比值 $\varphi'_b = M_{cr}/M_y$ 称为受弯构件弹塑性屈曲稳定系数。图 4.66 表示了不同的残余应力分布时 φ_b 或 φ'_b 与 λ_y 的关系曲线 [6]。

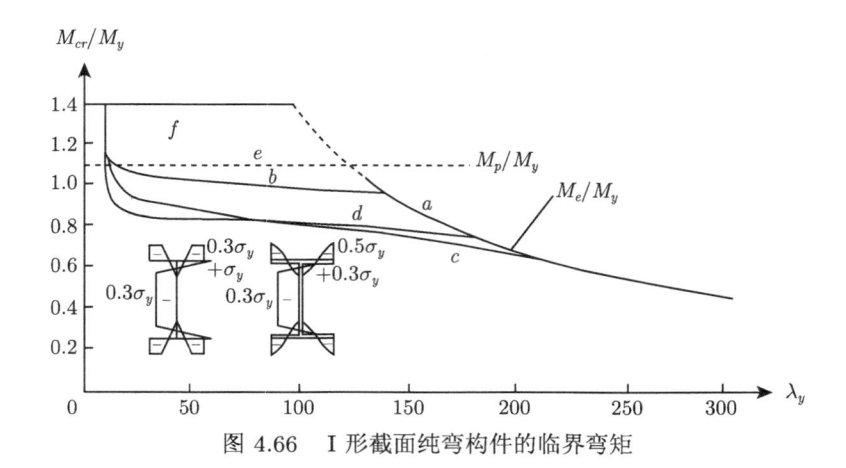

图 4.66 I 形截面纯弯构件的临界弯矩

在图 4.66 中，a 为弹性弯扭屈曲曲线，b 为经释放残余应力后的弹塑性弯扭屈曲曲线，c 为热轧宽翼缘 I 型钢受弯构件的曲线，d 为焊接组合 I 字形截

4.4 受弯构件的弯扭屈曲

面受弯构件的曲线，虚线 e 为截面出现塑性铰时的弯矩 M_p，而曲线段 f 表示考虑了钢材应变硬化后的强度提高。比较了 b、c 和 d 三条曲线后可知，残余应力的影响是很明显的，它将降低截面的抗侧扭刚度。在受拉区有时很高的残余拉应力使构件很早就进入了弹塑性阶段，如焊接 I 形截面，但当残余应力的峰值在 y 轴附近时，此处的屈服区对侧向刚度降低影响极小，倒是位于翼缘两侧峰值很高的残余应力，此处一旦屈服将明显降低构件的侧向刚度，也明显降低翘曲刚度，因而对临界弯矩有更大影响。但是对于有些厚实截面的受弯构件，如果在发生弯扭屈曲前受压翼缘可充分发展塑性变形而不屈曲，此时残余应力的影响将消失，钢材会因应变强化而使构件的侧向和翘曲刚度都重新提高。

3. 初始侧扭缺陷的影响

受弯构件可能存在侧向初弯曲、初扭转角和荷载偏心作用的不利影响，可以用等效的荷载偏心来综合它们的影响。图 4.67 给出了偏心距 $e = 0$，$l/1000$ 和 $l/500$ 的悬臂梁的临界弯矩的无量纲曲线，纵坐标是临界弯矩 M_{cr} 与全截面塑性弯矩 M_p 的比值，$M_p = W_p \sigma_y$，截面的塑性发展系数 $M_p/M_y = 1.12$；横坐标为修正长细比 $\bar{\lambda} = \sqrt{M_p/M_e}$，此处 M_e 为悬臂梁的弹性弯扭屈曲临界弯矩。图中 $e = 0$ 和 $e = 15mm$ 的试验资料表明，取 $e = l/1000$ 可以概括初始几何缺陷的影响，这种影响比构件中残余应力的影响小得多。

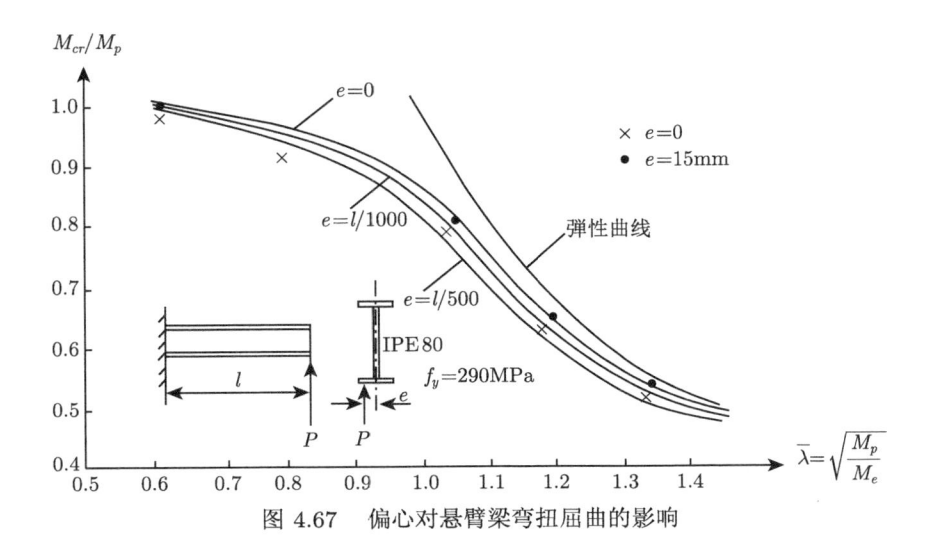

图 4.67 偏心对悬臂梁弯扭屈曲的影响

4.5 构件弯扭屈曲理论在设计中的应用

4.5.1 压弯构件在弯矩作用平面内的稳定设计方法

1. 压弯构件在弯矩作用平面内的弹性稳定计算公式

对于压弯构件在弯矩作用平面内的整体稳定计算有两个计算准则。一个是以弹性分析为基础，以弯矩最大截面边缘纤维开始屈服作为计算准则，这一准则比较适用于冷弯薄壁型钢压弯构件，因为这类构件的边缘纤维屈服荷载实际上非常接近于另一个以弹塑性极限强度理论为计算准则的构件极限荷载。可见，这一准则并非真正的稳定准则。对于两端铰接并承受均匀弯矩的压弯构件，如果假定其挠曲线为正弦曲线的一个半波，那么可以得到 P/P_y 和 M/M_y 的相关公式为

$$\frac{P}{P_y} + \frac{M}{M_y(1 - P/P_{Ex})} = 1 \tag{4.255}$$

如果用等效偏心距 e_0 来表示缺陷对构件承载力的影响，在上式中第二项的分子应加 Pe_0，并以 $P = P_{cr}$ 表示 $M = 0$ 时有缺陷的轴心受压构件的截面边缘纤维屈服荷载。由式 (4.255) 可以得到 $\dfrac{e_0}{M_y} = \dfrac{P_y - P_{cr}}{P_y P_{cr}}\left(1 - \dfrac{P_{cr}}{P_{Ex}}\right)$。不等端弯矩 M_1 和 $M_2 M_1 > M_2$ 作用的压弯构件与相等端弯矩压弯构件的最大弯矩相等时，对应的相等端弯矩压弯构件的端弯矩 M_{eq} 为等效弯矩。等效弯矩系数 β_m 是等效弯矩 M_{eq} 与较大端弯矩 M_1 的比值。一般钢结构设计规范均给出了 β_m 的计算简式。W. J. Austin 建议用两条直线表示，$\beta_m = 0.6 + 0.4\dfrac{M_2}{M_1} \geqslant 0.4$。

引进等效弯矩系数 β_{mx}，则式 (4.255) 将成为 [5]

$$\frac{P}{P_{cr}} + \frac{\beta_{mx} M}{M_y[1 - (P_{cr}/P_y)(P/P_{Ex})]} = 1 \tag{4.256}$$

式 (4.256) 写成 GB50018—2013 冷弯薄壁型钢压弯构件的设计公式为 [45]

$$\frac{P}{\varphi_x A} + \frac{\beta_{mx} M_x}{W_x(1 - \varphi_x P/P'_{Ex})} \leqslant f \tag{4.257}$$

式中，P'_{Ex} 是计及了抗力分项系数 γ_R 后欧拉临界力的设计值，取 $\gamma_R = 1.165$，$P'_{Ex} = P_{Ex}/1.165$；f 为强度设计值。此式也用于格构式压弯构件绕虚轴弯曲的稳

4.5 构件弯扭屈曲理论在设计中的应用

定计算[5]。对于冷弯薄壁型钢,式中 A 和 W_x 均按有效截面计算。图 4.68 是冷弯薄壁型钢压弯构件绕截面非对称 y 轴弯曲的试验验证[53],从图中可知有少数试验值偏小,可能因缺陷影响所致。

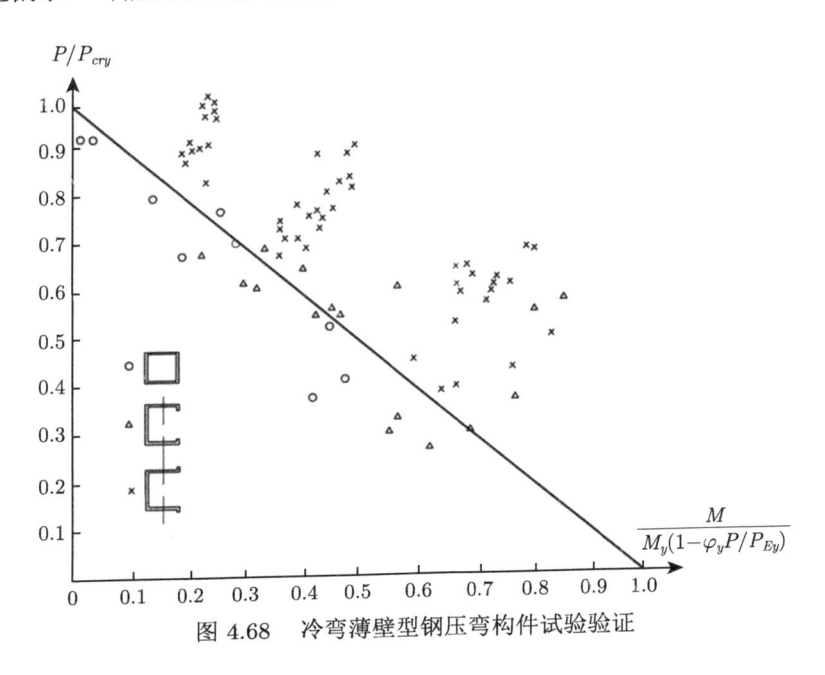

图 4.68 冷弯薄壁型钢压弯构件试验验证

2. 压弯构件在弯矩作用平面内的弹塑性稳定计算公式

一般钢结构中的压弯构件以弹塑性稳定理论为基础,并以失稳时的极限荷载为计算准则,考虑残余应力和初始弯曲的轴心受压构件也是以此为计算准则。考虑到初偏心和初始弯曲对构件的影响性质上相同,但未必同时存在,也未必同时起不利作用,因此许多国家在制定钢结构设计规范时只计残余应力和取矢高为构件长度 1/1000 的初始弯曲,这样在 M 和 P 的共同作用下得到压弯构件的极限荷载 P_u。但是,有了 P_u 以后还要探索一个与 P_u 值相当又便于应用的计算公式。

考虑到两端简支、极短的压弯构件,在双轴对称的轧制 I 形截面绕强轴弯曲的极限强度曲线中,P/P_y 和 M/M_p 的相关关系与截面中一个翼缘面积 A_f 和腹板面积 A_w 之比值有关,如图 4.69(a) 中的两根实线所示。对于焊接 I 形截面,P/P_y 和 M/M_p 的相关曲线可以近似地用图中的虚线 a 表示,M_p 是截面没有轴心压力作用时的塑性铰弯矩。

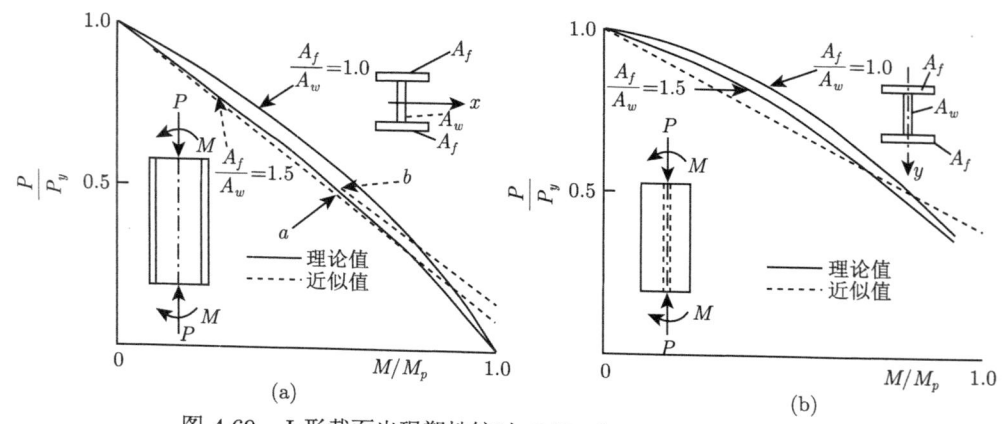

图 4.69 I 形截面出现塑性铰时 P/P_y 和 M/M_p 的相关曲线

当 $\dfrac{P}{P_y} \leqslant 0.1$ 时,

$$M_x = M_{px} \tag{4.258a}$$

当 $\dfrac{P}{P_y} > 0.1$ 时,

$$\frac{P}{P_y} + \frac{0.9 M_x}{M_p} = 1.0 \tag{4.258b}$$

对于轧制宽翼缘 I 形钢,其近似曲线可用图 4.69(a) 中的虚线 b 表示。

当 $\dfrac{P}{P_y} \leqslant 0.15$ 时,

$$M_x = M_{px} \tag{4.258c}$$

当 $\dfrac{P}{P_y} > 0.15$ 时,

$$\frac{P}{P_y} + \frac{0.85 M_x}{M_{px}} = 1.0 \tag{4.258d}$$

I 形截面绕弱轴弯曲的极限强度曲线中 $\dfrac{P}{P_y}$ 和 $\dfrac{M_y}{M_{py}}$ 的相关关系可见图 4.69(b) 中的两根实线,其近似曲线如图中的一根虚线所示。

当 $\dfrac{P}{P_y} \leqslant 0.4$ 时,

$$M_y = M_{py} \tag{4.258e}$$

4.5 构件弯扭屈曲理论在设计中的应用

当 $\dfrac{P}{P_y} > 0.4$ 时，

$$\left(\dfrac{P}{P_y}\right)^2 + \dfrac{0.84 M_y}{M_{py}} = 1.0 \tag{4.258f}$$

将以上诸式简化，考虑二阶效应后，许多国家都用下列相关公式作为计算压弯构件在弯矩作用平面内稳定的依据：

$$\dfrac{P}{P_y} + \dfrac{M_x}{M_{px}(1 - P/P_{Ex})} = 1.0 \tag{4.259a}$$

考虑缺陷影响后上式可写作

$$\dfrac{P}{P_u} + \dfrac{M_x}{M_{px}(1 - P/P_{Ex})} = 1.0 \tag{4.259b}$$

图 4.70 是翼缘具有火焰切割边的压弯构件的 P/P_y 和 M/M_p 的相关曲线。图中实线是由数值积分法得到的，而虚线则是由式 (4.259b) 得到的。经比较可知，两组曲线之间存在一定差别，长细比在 $0 \leqslant \lambda \leqslant 80$ 之间时，式 (4.259b) 存在较大富裕，而当 $\lambda > 80$ 后，在 M/M_p 的较小处则略有不足。

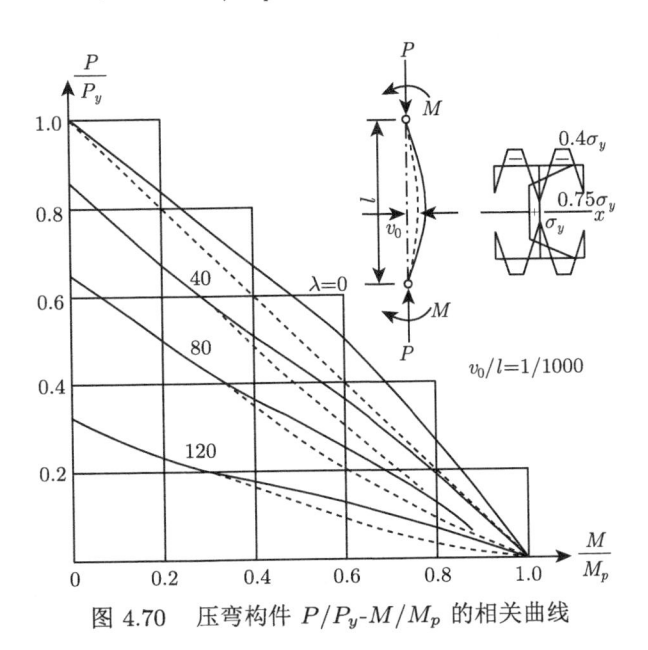

图 4.70　压弯构件 P/P_y-M/M_p 的相关曲线

对于非等弯矩作用的压弯构件，式 (4.259) 中的 M_x 应该用等效弯矩 $\beta_{mx} M_x$

代替，这样相关公式为

$$\frac{P}{P_y} + \frac{\beta_{mx}M_x}{M_{px}(1-P/P_{Ex})} = 1 \tag{4.260a}$$

考虑缺陷影响后，上式可写作

$$\frac{P}{P_u} + \frac{\beta_{mx}M_x}{M_{px}(1-P/P_{Ex})} = 1 \tag{4.260b}$$

图 4.71 画出了长细比为 120 的压弯构件，端弯矩比值分别为 $\alpha = -1.0$，0，1.0 三种情况的相关曲线，实线是数值解，虚线是由式 (4.260b) 给出的，而点划线是截面出现塑性铰由式 (4.258b) 画出的 [9]。经比较可知，当 $\alpha < 1.0$ 时，按相关公式计算偏于安全。

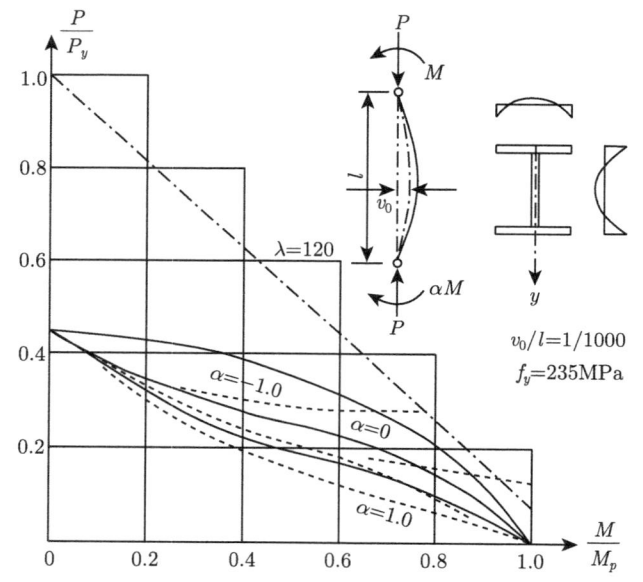

图 4.71 不等端弯矩压弯构件绕 y 轴弯曲 P/P_y-M/M_p 相关曲线

如果也以 Pe_0 表示缺陷对压弯构件的影响，P_{cr} 是轴心受压构件的极限荷载，那么加进 Pe_0 的影响后，由式 (4.260a) 可以得到 $\dfrac{e_0}{M_{px}} = \dfrac{P_y - P_{cr}}{P_y P_{cr}}(1 - P_{cr}/P_{Ex})$，因此可写出相关公式 [5]

$$\frac{P}{P_{cr}} + \frac{\beta_{mx}M_x}{M_{px}\left(1 - \dfrac{P_{cr}}{P_y} \times \dfrac{P}{P_{Ex}}\right)} = 1 \tag{4.261}$$

4.5 构件弯扭屈曲理论在设计中的应用

GB50017—2014 对于按照塑性设计的压弯构件,如不直接承受动力荷载作用的单层或两层的刚架柱,只对式 (4.261) 略作修改,即采用了下式作为计算依据 [19,54]:

$$\frac{P}{P_{cr}} + \frac{\beta_{mx}M_x}{M_{px}(1-0.8P/P_{Ex})} = 1 \qquad (4.262)$$

它的设计公式是

$$\frac{P}{\varphi_x A} + \frac{\beta_{mx}M_x}{W_{px}(1-0.8P/P'_{Ex})} \leqslant f \qquad (4.263)$$

式中,W_{px} 是构件的毛截面塑性抵抗矩,P'_{Ex} 是计及了抗力分项系数 γ_R 后欧拉临界力的设计值,取 $\gamma_R = 1.1$,$P'_{Ex} = P_{Ex}/1.1$。

对于不属于塑性设计的一般压弯构件,GB50017—2014 对截面的塑性发展作了适当限制,用 $\gamma_x M_y$ 代替 W_{px},M_y 就是受弯构件截面边缘纤维开始屈服时的弯矩,而 γ_x 则称为截面塑性发展系数。当 I 形截面绕强轴弯曲时取 $\gamma_x = 1.05$,绕弱轴弯曲时取 $\gamma_y = 1.2$,这样式 (4.262) 可改写为

$$\frac{P}{P_{cr}} + \frac{\beta_{mx}M_x}{\gamma_x M_x(1-0.8P/P_{Ex})} = 1 \qquad (4.264)$$

它的设计公式是 [19]

$$\frac{P}{\varphi_x A} + \frac{\beta_{mx}M_x}{\gamma_x W_x(1-0.8P/P'_{Ex})} \leqslant f \qquad (4.265)$$

式中的等效弯矩数 β_{mx} 对于只作用有端弯矩 M_1 和 M_2 的简支构件,经分析后取 [46]

$$\beta_{mx} = 0.65 + 0.35\frac{M_2}{M_1} \geqslant 0.4 \qquad (4.266)$$

对于单轴对称截面压弯构件,其截面如图 4.72(a) 所示。当弯矩作用使较大的翼缘受压时,构件失稳时存在着如图 4.11(a)~(c) 所示三种塑性区的可能性。构件中点截面的应力分布如图 4.72(b)~(d) 所示。对于前两种情况,设计公式是式 (4.265);对于截面仅在受拉区屈服的情况,其失稳条件可用相关公式表示为

$$\frac{M + Pe_0}{M_p(1-P/P_{Ex})} - \frac{P}{P_y} = 1 \qquad (4.267)$$

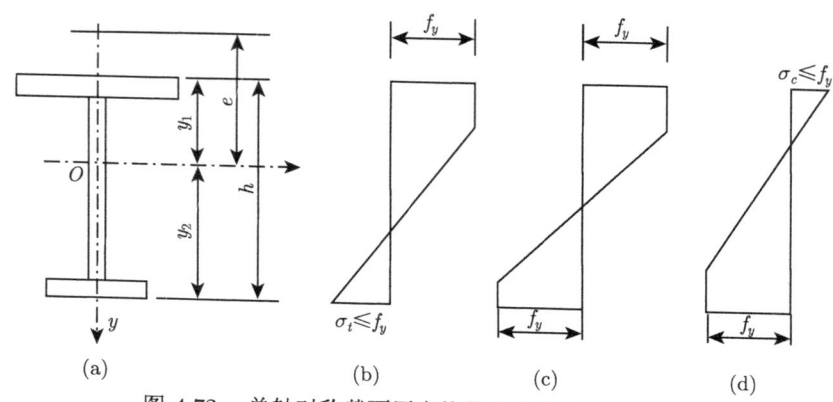

图 4.72 单轴对称截面压弯构件中央截面的应力分布

当 $M = 0$ 时，由上式得到 $\dfrac{e_0}{M_p} = \dfrac{P_y + P_{cr}}{P_y P_{cr}}\left(1 - \dfrac{P_{cr}}{P_{Ex}}\right)$，将它代入上式并引进等效弯矩系数 β_{mx}，相关公式为

$$\frac{P}{P_{cr}} + \frac{\beta_{mx} M}{M_p \left(1 + \dfrac{P_{cr}}{P_y} \times \dfrac{P}{P_{Ex}}\right)} = 1 \qquad (4.268)$$

经过对单轴对称截面压弯构件的具体分析 [19]，当弯矩作用在对称轴平面内时，GB50017—2014 给出了与式 (4.268) 相当的实用计算公式

$$\left| \frac{P}{A} - \frac{\beta_{mx} M_x}{\gamma_{x2} W_{2x}(1 - 1.25 P/P'_{Ex})} \right| \leqslant f \qquad (4.269)$$

式中，γ_{x2} 与 W_{2x} 均对应于弯矩作用使较小翼缘受拉的，对于图 4.72 (a) 所示单轴对称 I 形截面，$\gamma_{x2} = 1.2$，$W_{2x} = I_x/y_2$。

图 4.73 画出了压弯构件绕 x 轴弯曲时弯矩作用平面内稳定计算相关公式的试验验证。图中的试验点都是 1972 年西安建筑科技大学做的试验结果。这批焊接 I 形截面试件的几何缺陷都不明显，故试验值均偏高。双角钢试件的几何缺陷较明显，试验值偏低。

3. 公路钢结构桥梁设计规范 JTG D64—2015

弯矩作用在一个对称轴平面内的压弯构件整体稳定应按下式计算 [55]：

$$\gamma_0 \left[\frac{N_d}{\chi_y N_{Rd}} + \beta_{m,y} \frac{M_y + N_d e_z}{M_{Rd,y}\left(1 - \dfrac{N_d}{N_{cr,y}}\right)} \right] \leqslant 1 \qquad (4.270\text{a})$$

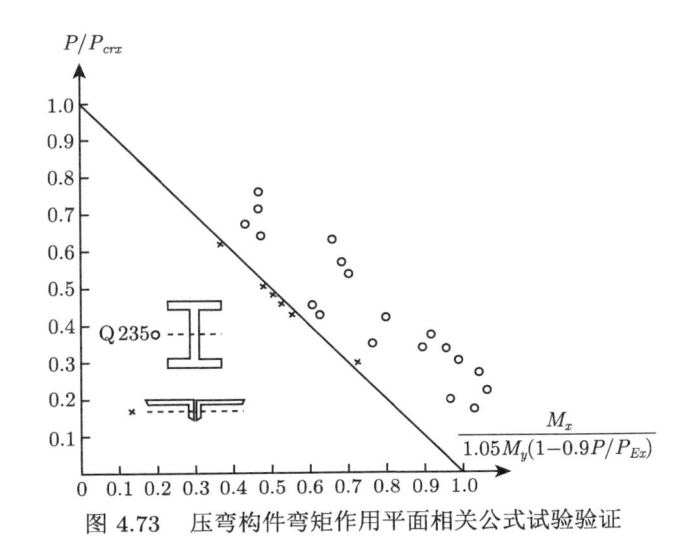

4.5 构件弯扭屈曲理论在设计中的应用

图 4.73 压弯构件弯矩作用平面相关公式试验验证

$$\gamma_0 \left[\frac{N_d}{\chi_z N_{Rd}} + \beta_{m,y} \frac{M_y + N_d e_z}{\chi_{LT,y} M_{Rd,y} \left(1 - \dfrac{N_d}{N_{cr,z}}\right)} \right] \leqslant 1 \quad (4.270b)$$

式中，γ_0 为结构重要性系数；N_d 为构件中间 1/3 范围内的最大轴力设计值；χ_y、χ_z 分别为轴心受压构件绕 y 轴和 z 轴弯曲失稳模态的整体稳定折减系数，按该规范[55]附录 A 计算；$\chi_{LT,y}$ 为 x-y 平面内的弯矩作用下，构件弯扭失稳模态的整体稳定折减系数，按该规范第 5.3.2 条的相关规定计算；$N_{cr,y}$、$N_{cr,z}$ 分别为轴心受压构件绕 y 轴和 z 轴弯曲失稳模态的整体稳定欧拉荷载；$\beta_{m,y}$ 为相对 M_y 的等效弯矩系数，可按文献 [55] 中规范表 5.3.2-2 计算。

4.5.2 刚架的稳定设计方法

设计多层多跨刚架有两种方法：一种是传统的构件计算长度设计法；另一种是新的刚架整体设计法，简称高等分析法。前一种方法将诸刚架柱均分别如同压弯构件一样设计，均需验算其刚架平面内和平面外的稳定性，在计算前先确定诸刚架柱在平面内和平面外的计算长度，具体应用中应区别对待，本节只作平面稳定的计算。另一种刚架整体设计法，在计算过程中不再需要将刚架拆卸为许多柱和横梁，不再需要逐个验算其稳定性，而是将刚架作为一个整体结构直接计算其承载力，使其符合设计要求，因此在计算整体刚架的过程中只用到诸构件的几何长度，完全不涉及构件的计算长度，从而不再需要确定刚架柱的计算长度系数。

1. 构件计算长度设计法

传统的刚架设计方法是就刚架所承受的各种荷载，先分类，按照一阶弹性分析的方法，即一般结构力学的计算方法确定内力，然后经过必要的组合得到诸构件的最不利内力。有了刚架柱的轴心压力和弯矩值后，把柱单独地进行设计，关于刚架平面内的稳定计算则按照在前面介绍的有关压弯构件稳定计算的方法设计。在设计过程中，对于柱的计算长度，采用前面按照弹性稳定理论分析刚架时得到的 $l_0 = \mu l_c$，用这种计算长度来近似地考虑刚架内力的二阶效应，这是一种便于应用的近似计算法，可称为计算长度设计法。显然，确定刚架柱的计算长度十分重要。对于各类刚架，如无侧移和有侧移的单层单跨或多层多跨刚架以及具有阶形柱的刚架柱[58,59]，柱的计算长度系数 μ 值可直接用钢结构设计规范或手册等资料中的图表或实用计算公式确定。但是，实际工程中可能遇到一些特殊条件的刚架，规范中并没有说明确定这种刚架柱的计算长度系数的方法，这时在确定计算长度系数的过程中应对某些参数根据刚架的具体条件作适当修正。下面将介绍几种不同类型的刚架。

(1) 对于无侧移刚架，因不存在刚架整体的 P-Δ 效应，只有刚架柱本身的 P-δ 效应，因此，传统的设计方法比较适用。在荷载作用下无侧移刚架的变形主要是各节点的转动引起的，实际刚架的节点转动与理想刚架之间存在一定差别，比如柱的受力已进入弹塑性状态时，柱的抗弯刚度将有所减弱，其计算长度将有所降低，不考虑这一因素稍偏于安全。AISC LRFD 99 规定，当 $P/P_y > 1/3$ 时，可将柱的线刚度乘以刚度折减系数 E_t/E 来求解刚架柱的计算长度系数，此折减系数可以由非弹性与弹性柱的强度设计值转化得来[52,53]：

$$E_t/E = -7.38(P/P_y) \log \left(\frac{P/P_y}{0.85} \right) \tag{4.271}$$

当线刚度比值 K_1 较大而横梁上直接作用的荷载较小时，横梁中的轴心压力较小，因此对横梁的抗弯刚度影响较小，此时刚架主弯矩的影响不大；但是当 K_1 较小，而直接作用于横梁上的荷载又较大时，刚架主弯矩作用影响将较大。但是，正如在前面已经讨论过的，这种刚架的理论分析十分复杂，不便于应用，这时可在确定刚架柱的计算长度系数时将横梁的线刚度 EI_b/l_b 乘以折减系数 γ，以考虑轴心压力对横梁抗弯刚度的影响，而后按照传统的方法设计刚架柱。确定折减系数的方法如下。

对于有轴心压力的无侧移刚架横梁，其两端受到与之连接的构件给予的弹性转动约束。如图 4.74(a) 所示的刚架横梁，端弯矩 M_A 和 M_B 与约束常数 r_A 和 r_B 之间的关系式分别为

$$M_A = -r_A \theta_A \tag{4.272}$$

$$M_B = -r_B \theta_B \tag{4.273}$$

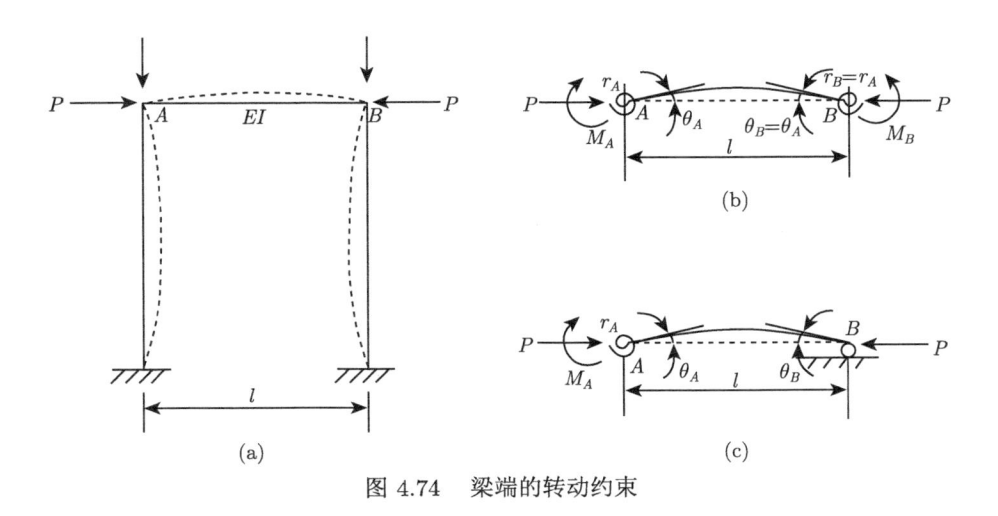

图 4.74 梁端的转动约束

当构件的约束转角呈现同向曲率变形,如图 4.74(b) 所示,横梁两端的抵抗弯矩 M_A 和 M_B 的值相等但方向相反时,利用 4.1.5 节压弯构件的端弯矩和转角之间的关系式可以得到

$$r_A = r_B = \frac{2EI}{l} \times \frac{\frac{\pi}{2}\sqrt{\frac{P}{P_E}}}{\tan\left(\frac{\pi}{2}\sqrt{\frac{P}{P_E}}\right)} \approx \frac{2EI}{l} \times (1 - P/P_E) = \frac{2EI}{l} \times \gamma \tag{4.274}$$

式中,$P_E = \frac{\pi^2 EI}{l^2}$;$\gamma = 1 - P/P_E$,称为横梁抗弯刚度折减系数。上式说明,考虑轴心压力对横梁刚度的影响时,只需将其线刚度乘以折减系数 γ。

如果横梁的一端有弹性转动约束,而另一端为铰接,如图 4.74(c) 所示,可得到

$$\begin{aligned} r_A &= \frac{3EI}{l} \times \frac{\frac{\pi^2 P}{P_E}}{3\left[1 - \pi\sqrt{\frac{P}{P_E}}\cot\left(\pi\sqrt{\frac{P}{P_E}}\right)\right]} \\ &\approx \frac{3EI}{l} \times \frac{1 - P/P_E}{1 - 0.4 P/P_E} \approx \frac{3EI}{l} \times (1 - P/P_E) \end{aligned} \tag{4.275}$$

由式 (4.275) 可知,横梁线刚度的折减系数 γ 仍为 $1 - P/P_E$。

如果图 4.74(c) 的右端为固定端,可得约束常数近似值为 $r_A = \dfrac{4EI}{l} \times \left(1 - \dfrac{P}{2P_E}\right)$,这样,横梁线刚度的折减系数 $\gamma = 1 - P/(2P_E)$。

(2) 对于有侧移的单跨刚架,表 4.3 给出的计算长度系数是根据作用有对称荷载的对称刚架发生反对称荷载屈曲得来的。但是,对于如图 4.75 所示非对称有侧移的单跨刚架,左柱的参数 $k_1 l_c = l_c \sqrt{\dfrac{P}{P_E}}$ 不同于右柱的参数 $k_2 l_c = l_c \sqrt{\dfrac{\alpha P}{\beta P_E}}$,横梁与左柱线刚度的比值 $K_1 = \dfrac{I_b l_c}{I_c l_b}$ 也不同于右柱的 $K_1 = \dfrac{I_b l_c}{\beta l_c l_b}$。查表 4.3 可以得到左柱的屈曲载荷 $P_{cr1} = \dfrac{\pi^2 E I_c}{(\mu_1 l_c)^2}$,而右柱 $P_{cr2} = \dfrac{\beta \pi^2 E I_c}{(\mu_2 l_c)^2}$。比值 P_{cr2}/P_{cr1} 不一定是 α。实际上刚架屈曲时,欠载柱可以为超载柱提供支援作用[54]。用位移法求解此刚架的弹性屈曲载荷时可以发现,有侧移的刚架柱所能承受的总荷载变化不大,故柱之间的相互支援作用可以由总荷载相等的条件重新算出屈曲载荷,从而推算出经修正后的柱的计算长度系数 μ,而

$$P'_{cr} = \dfrac{\pi^2 E I_c}{(\mu' l_c)^2} \tag{4.276}$$

由条件 $(1+\alpha)P'_{cr} = P_{cr1} + P_{cr2}$,可得

$$\mu' = \sqrt{\dfrac{\pi^2 E I_c (1+\alpha)}{l_c^2 (P_{cr1} + P_{cr2})}} \tag{4.277}$$

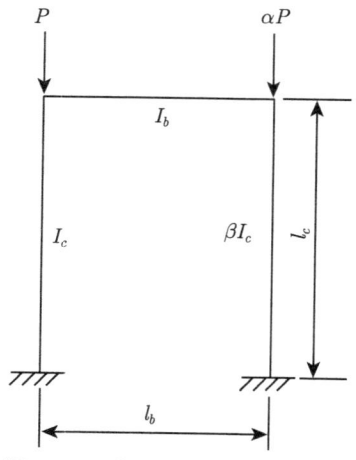

图 4.75 非对称有侧移单跨刚架

4.5 构件弯扭屈曲理论在设计中的应用

对于单跨多层或多跨多层刚架,如果同一层各柱参数 $l_c\sqrt{\dfrac{P_i}{EI_{ci}}}$ 的值不尽相同,也可以考虑各柱之间的支援作用。根据同一层各柱总荷载相等的条件可得到轴心压力为 P_i 的任意柱的计算长度系数的修正值。为了预防其过早失稳,μ_i' 的值不应小于 $\mu_i\sqrt{5/8}$,即

$$\mu_i' = \sqrt{\dfrac{\pi^2 EI_{ci}\sum P_i}{l_c^2 P_i \sum P_{cri}}} = \sqrt{\dfrac{I_{ci}\sum P_i}{P_i \sum I_{ci}/\mu_i^2}} \geqslant \mu_i\sqrt{5/8} \tag{4.278}$$

式中,$\sum P_i$ 为诸柱轴心压力的总和;$\sum P_{cri}$ 为诸柱未计及相互支援作用前分岔屈曲载荷的总和;μ_i 为未计及诸柱之间相互支援时柱的计算长度系数。

(3) 在单层和多层有侧移的刚架中,还可能遇到如图 4.76(a) 所示具有摇摆柱或称为依赖柱的刚架,如图中的两根边柱,其上下两端均为铰接。由于摇摆柱不具有抵抗侧移的能力,因此刚架的抗侧移刚度将完全由除摇摆柱外的其他诸柱来提供,这时柱的计算长度系数的修正值 μ_i' 仍用式 (4.278) 确定。在式中 $\sum P_i$ 包括了作用在刚架柱上的全部轴心压力,而在式 $\sum P_{cri}$ 中,取摇摆柱的 P_{cr} 均为零。设计摇摆柱时,其计算长度系数需根据柱顶的抗位移弹簧常数 k 和摇摆柱截面的抗弯刚度 EI 而定,计算方法可见第 2 章中的示例 2.1[1]。

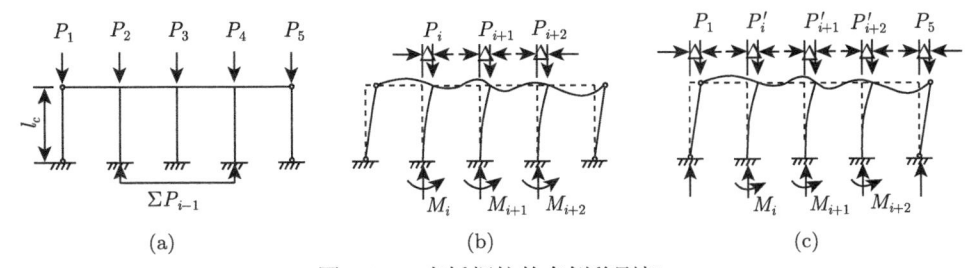

图 4.76 有摇摆柱的有侧移刚架

当 $k < \dfrac{\pi^2 EI}{l_c^3}$ 时,$\mu = \dfrac{\pi}{l_c}\sqrt{\dfrac{EI}{kl_c}}$;当 $k \geqslant \dfrac{\pi^2 EI}{l_c^3}$ 时,$\mu = 1.0$。说明刚架的抗侧移刚度大于柱的抗弯刚度,摇摆柱可能如两端铰接柱那样屈曲而非侧移屈曲,故 $\mu_x = 1.0$。

对于具有摇摆柱的单层或多层刚架,还有一种更简单的用来确定任意柱的计算长度系数的方法。图 4.76(b) 是除摇摆柱外作用有荷载 P_i,P_{i+1} 和 P_{i+2} 的有侧移刚架,其中 $P_{i+1} = \alpha_{i+1} P_i$,$P_{i+2} = \alpha_{i+2} P_i$,刚架屈曲时的位移为 Δ,此任

意柱的屈曲载荷为 $P_i = \dfrac{\pi^2 EI_c}{(\mu l_c)^2}$，在刚架柱下端产生的弯矩分别为 M_i，M_{i+1} 和 M_{i+2}，根据刚架的整体平衡关系可得

$$P_i(1 + \alpha_{i+1} + \alpha_{i+2})\Delta = M_i + M_{i+1} + M_{i+2} \tag{4.279}$$

对于如图 4.76(c) 所示各柱顶作用有荷载 $P_i, P'_i, P'_{i+1}, P'_{i+2}$ 和 P_5 的有侧移刚架，其中 $P'_{i+1} = \alpha_{i+1}P'_i$，$P'_{i+2} = \alpha_{i+2}P'_i$，刚架屈曲时的位移仍为 Δ，$P'_i = \dfrac{\pi^2 EI_c}{(\mu' l_c)^2}$。在刚架柱下端产生的弯矩分别近似为 M_i，M_{i+1} 和 M_{i+2}，则刚架的平衡条件为

$$[P'_i(1 + \alpha_{i+1} + \alpha_{i+2}) + P_1 + P_5]\Delta = M_i + M_{i+1} + M_{i+2} \tag{4.280}$$

由式 (4.279) 和式 (4.280) 可得

$$P'_i(1 + \alpha_{i+1} + \alpha_{i+2}) + P_1 + P_5 = P_i(1 + \alpha_{i+1} + \alpha_{i+2}) \tag{4.281}$$

上式也可以写作

$$\dfrac{P'_i(1 + \alpha_{i+1} + \alpha_{i+2}) + P_1 + P_5}{P'_i(1 + \alpha_{i+1} + \alpha_{i+2})} = \dfrac{P_i}{P'_i} = \left(\dfrac{\mu'_i}{\mu_i}\right)^2 \tag{4.282}$$

这样，任意柱计算长度系数修正值的通式为

$$\mu'_i = \mu_i \sqrt{\dfrac{\sum P_i}{\sum P_{i-l}}} > \mu_i \sqrt{5/8} \tag{4.283}$$

式中，μ_i 为按照常规方法确定的有侧移刚架柱的计算长度系数；$\sum P_{i-l}$ 为扣除了作用于摇摆柱的轴心压力后同一层柱的总荷载。系数 μ'_i 也可由式 (4.278) 直接得到，但在式中摇摆柱的 P_{cr} 均为零。

(4) 对于一般矩形门式侧倾刚架，在荷载作用下横梁中的轴心压力不大，其对横梁抗弯刚度的影响可以忽略不计。但是对于如图 4.77(a) 所示具有倾斜柱的有侧移刚架柱，上端与横梁刚接，下端与基础固定，横梁中的轴心压力与作用于柱顶的荷载 P 和柱的倾角有关，它对横梁抗弯刚度的影响不可忽略不计。用位移法求解屈曲载荷时，刚架的屈曲条件为

$$(C_c^2 - S_c^2) + 2K_1(C_c + S_c)(C_b + S_b) - (k_c l_c)^2[C_c + K_1(C_b + S_b)] = 0 \tag{4.284}$$

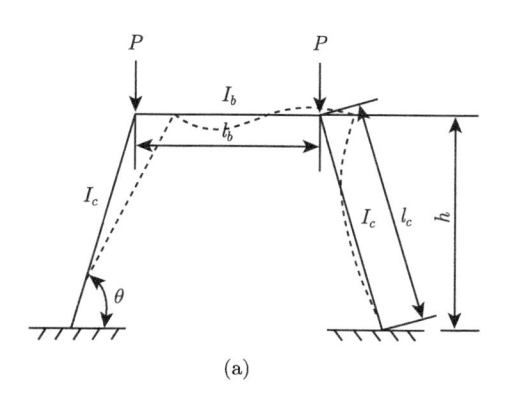

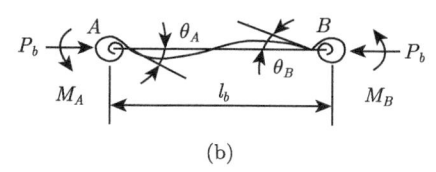

4.5 构件弯扭屈曲理论在设计中的应用

图 4.77 有侧斜柱的有侧移刚架

式中，横梁与柱的线刚度比值 $K_1 = \dfrac{I_b l_c}{I_c l_b}$；柱的参数 $k_c l_c = l_c \sqrt{\dfrac{P_c}{EI_c}}$；$C_c$ 与 S_c 分别为柱的近端与远端抗弯刚度系数；C_b 与 S_b 分别为横梁的近端与远端抗弯刚度系数。横梁的参数 $k_b l_b = l_b \sqrt{P_b/(EI_b)}$，柱与横梁的轴心压力 P_c 与 P_b 之间的关系可由一阶分析得到。由式 (4.284)，可通过试算法求解刚架柱的分岔屈曲载荷 P_{crc}，由 $P_{crc} = \dfrac{\pi^2 EI_c}{(\mu l_c)^2}$ 可得到柱的计算长度系数 μ。另一种实用的近似计算方法是先将横梁的线刚度 $\dfrac{EI_b}{l_b}$ 乘以折减系数 γ，而后按照常规方法确定柱的计算长度系数。

当横梁上作用有与如图 4.77(b) 所示方向相同的端弯矩 M 时，横梁将产生反对称变形曲线，可以得到弹性约束常数

$$r_A = -\dfrac{6EI_b}{l_b} \times \dfrac{\dfrac{\pi^2 P_b}{4P_E}}{3\left[1 - \dfrac{\pi}{2}\sqrt{\dfrac{P_b}{P_E}} \cot\left(\dfrac{\pi}{2}\sqrt{\dfrac{P_b}{P_E}}\right)\right]}$$

$$\approx \dfrac{6EI_b}{l_b} \times \dfrac{1 - \dfrac{P_b}{4P_E}}{1 - \dfrac{0.1 P_b}{P_E}} \approx \dfrac{6EI_b}{l_b} \times \left(1 - \dfrac{P_b}{4P_E}\right) = \dfrac{6EI_b}{l_b}\gamma \qquad (4.285)$$

上式说明柱顶有侧移时横梁线刚度的折减系数 $\gamma = 1 - \dfrac{P_b}{4P_E}$，此处 $P_E = \dfrac{\pi^2 EI_b}{l_b^2}$。

2. 分别考虑柱本身的 $P\text{-}\delta$ 效应和刚架整体的 $P\text{-}\Delta$ 效应的设计方法

1) 侧倾刚架发生极值点失稳时 P 和 M 的相关曲线和刚架柱稳定计算的新方法

图 4.78(a) 是柱脚铰接的单跨刚架，柱与横梁的截面尺寸如图 4.78(b) 所示，翼缘具有火焰切割边，截面的残余应力分布如图 4.78(c) 所示，图中残余压应力为正值。钢材的屈服强度 $f_y = 235\text{MPa}$，$E = 2.06 \times 10^5\text{MPa}$，假定材料为理想的弹塑性体。曾经用数值法就图 4.78(a) 所示荷载确定了刚架极值点失稳时右柱上端轴心压力 $\bar{P} + \Delta \bar{P}$ 和截面弯矩 M_x 间的无量纲相关曲线，如图 4.79 所示[55]。图中画出了 $q = 23.5\text{kN/m}$，$H = 28\text{kN}$；$q = 0$，$H = 99\text{kN}$ 两组极限荷载相关曲线。还曾变动 q 和 H 的值，甚至将水平力 H 的作用点向下移至离柱顶端有一定距离后，发现极限荷载相关曲线的变幅不到 5%，因此可以用图中 AB 单根曲线来表示 P 和 M 的相关关系。图中还用虚线将弯矩中的 $P\text{-}\Delta$ 部分分割开来，以考查 $P\text{-}\Delta$ 效应。当横梁上的 q 值增加时，有侧移刚架整体的 $P\text{-}\Delta$ 效应将减小。曲线的 A 点标志了刚架将发生弹塑性分岔屈曲。此时的 $P_{cr}/P_y = \dfrac{\pi^2 EI_{cx}}{f_y(\mu h)^2} = 0.609$，图中的点划线是当 $\lambda = 0$，柱顶截面出现塑性铰时，P/P_y 和 M_x/M_{px} 的相关曲线。此曲线可以近似地用以下两式表示[63]。

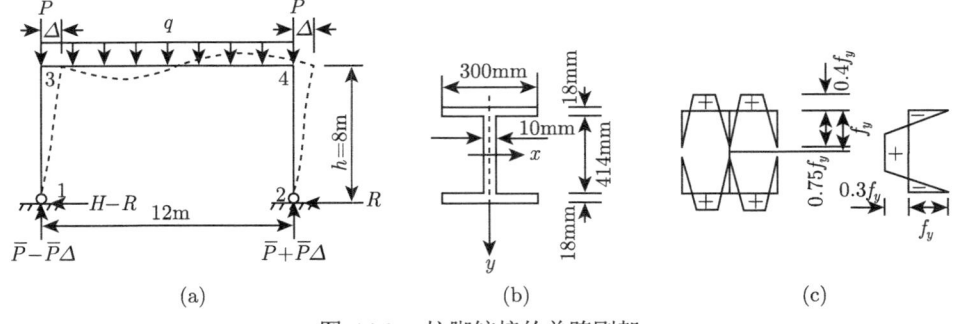

图 4.78 柱脚铰接的单跨刚架

当 $\dfrac{P}{P_y} \geqslant 0.2$ 时，

$$\dfrac{P}{P_y} + 0.9 \dfrac{M_x}{M_{px}} = 1.0 \tag{4.286}$$

当 $\dfrac{P}{P_y} < 0.2$ 时，

4.5 构件弯扭屈曲理论在设计中的应用

$$\frac{P}{1.8P_y} + \frac{M_x}{M_{px}} = 1.0 \qquad (4.287)$$

从图 4.79 可知，当 $P/P_y \leqslant 0.3$ 时，柱脚铰接的有侧移刚架失稳时柱顶截面才有可能接近出现塑性铰。当刚架柱的下端为固定时，$P_{cr}/P_y = 0.958$，极限荷载曲线将上升为 $A'B$，刚架失稳时柱的上下端截面都将接近出现塑性铰。

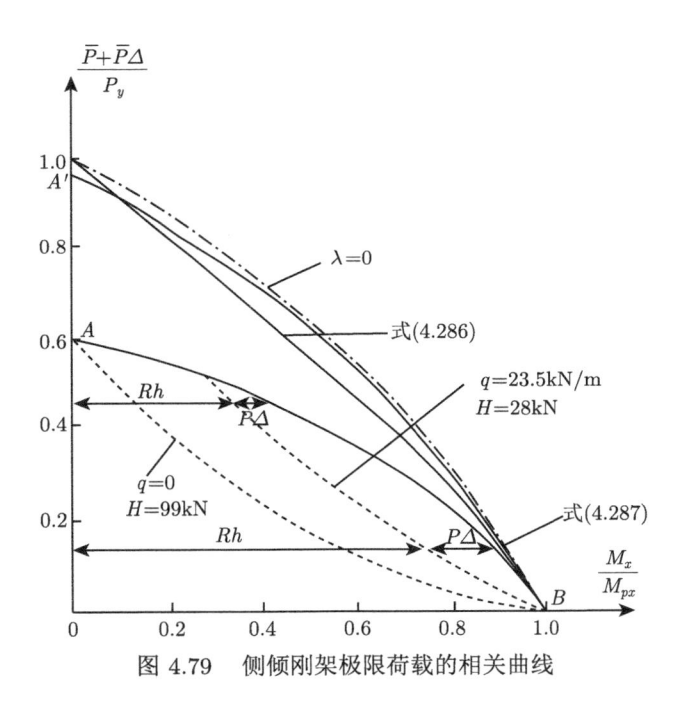

图 4.79 侧倾刚架极限荷载的相关曲线

对于多层多跨刚架，除底层柱外，中间层柱端截面出现塑性铰的可能性较小，可以将式 (4.286) 和式 (4.287) 修改为便于应用的单层或多层刚架柱平面内的稳定计算公式。只需将上两式中第一项的分母用弹塑性的分岔屈曲载荷 P_{cr} 代替全截面屈服荷载 P_y，而第二项的弯矩 M_x 应包括主弯矩和次弯矩两部分，而这两部分都应计及二阶效应。考虑到横梁上直接作用有竖向荷载时刚架整体的 $P\text{-}\Delta$ 效应将减小，因此分析刚架的内力时，应将其区分为无侧移刚架和有侧移刚架两部分的内力，以便分别考虑柱本身的 $P\text{-}\delta$ 效应和有侧移刚架整体的 $P\text{-}\Delta$ 效应。可将如图 4.80(a) 所示侧倾刚架的变形和内力看作是图 4.80(b) 所示无侧移刚架的内力和图 4.80(c) 所示侧倾刚架的变形和内力的叠加。

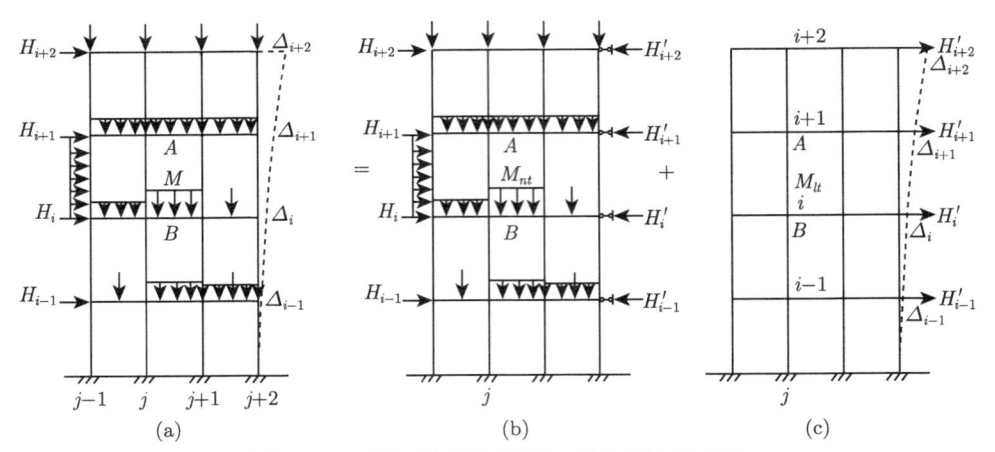

图 4.80 多跨多层侧倾刚架一阶分析计算简图

无侧移刚架的内力可以按一阶分析的方法得到，此时阻止侧移的诸支座处的水平反力为 H'_{i-1}, H'_i, H'_{i+1} 和 H'_{i+2}，第 i 层第 j 列的柱 AB 的弯矩为 M_{nt}，此处下角标 nt 表示无侧移。在考虑柱本身的 P-δ 效应时，AB 柱的计算长度系数 μ 值应按照无侧移刚架柱的计算简图，利用近似公式确定[5]，其弹性屈曲载荷为 $P_{cri} = \pi^2 E I_c/(\mu h_i)^2$。考虑图 4.80(b) 所示无侧移刚架柱的等效弯矩系数 β_{mx} 和柱本身的 P-δ 效应后，柱的轴心压力为 P_i 时，弯矩 M_{nt} 的放大系数为

$$A_1 = \frac{\beta_{mx}}{1 - \dfrac{P_i}{P_{cri}}} \geqslant 1.0 \tag{4.288}$$

当由上式得到的 $A_1 \geqslant 1.0$ 时，说明 M_{nt} 的最大值在柱段内；当 $A_1 < 1.0$ 时，说明 M_{nt} 最大值位于柱端。因此用 $A_1 = 1.0$，否则刚架柱可能提前失稳。用式 (4.288) 考虑局部 P-δ 效应时，式中 P_{cri} 的计算长度系数 μ_i 可近似地用 1.0。

对于图 4.80(c) 所示侧倾刚架，在水平荷载 H'_{i-1}, H'_i, H'_{i+1} 和 H'_{i+2} 作用下，按一阶分析得到 AB 柱的弯矩为 M_{lt}，此处下角标 lt 表示有侧移。各层柱顶的侧移为 $\Delta_{i-1}, \Delta_i, \Delta_{i+1}$ 和 Δ_{i+2}。这样第 i 层柱相对侧移为 $\Delta_{0i} = \Delta_{i+1} - \Delta_i$，在诸柱轴心压力作用下，利用多层多跨刚架的 P-Δ 法得到考虑刚架整体的 P-Δ 效应后，AB 柱的相对侧移为

$$\Delta'_{0i} = \Delta_{0i} / \left(1 - \sum P_{ij}\Delta_{0i} / \sum H_i h_i\right) \tag{4.289}$$

相对侧移 Δ_{0i} 的放大值与弯矩 M_{lt} 的放大值相同，所以弯矩 M_{lt} 的放大系数为

$$A_2 = \frac{1}{1 - \dfrac{\sum P_{ij}\Delta_{0i}}{\sum H_i h_i}} \tag{4.290}$$

或简写作

$$A_2 = 1 \left/ \left(1 - \sum P\Delta_0 \Big/ \sum Hh\right)\right. \tag{4.291}$$

对于有侧移的刚架，当同一层诸柱的轴心压力和抗弯刚度不尽相同时，如刚架发生整体失稳时，可以考虑欠载柱对超载柱的相互支援作用[57]，但是在未计及柱的支援作用前，按照有侧移刚架柱的计算简图，利用近似计算公式确定第 i 层诸柱的计算长度系数和与此相应的诸柱屈曲载荷的总和 $\sum P_{crij}$，使其与经过相互支援作用后屈曲载荷的总和 $\sum P'_{crij}$ 相等，这样，考虑支援作用后 AB 柱的屈曲载荷为 $P'_{cri} = \pi^2 EI_c/(\mu'_i h_i)^2$，而且近似地认为比值

$$P_i/P'_{cri} = \sum P_{ij} \Big/ \sum P'_{crij} = \sum P_{ij} \Big/ \sum P_{crij} \tag{4.292}$$

将层高为 h_i 的 AB 柱的屈曲载荷 P'_{cri} 代入上式可以得到如式 (4.278) 所示 AB 柱计算长度系数的修正值

$$\mu'_i = \sqrt{\frac{\pi^2 EI_c \sum P_{ij}}{h_i^2 P_i \sum P_{crij}}} \tag{4.293}$$

或简写作

$$\mu'_i = \sqrt{\frac{\pi^2 EI_c \sum P}{h^2 P_i \sum P_{cr}}} \geqslant \mu_i \sqrt{5/8} \tag{4.294}$$

由于同一层柱的相互支援作用，这样考虑整体的 $P\text{-}\Delta$ 效应时可直接用

$$\Delta'_{0i} = \frac{\Delta_{0i}}{1 - P_i/P'_{cri}} = \frac{\Delta_{0i}}{1 - \sum P_{ij}/\sum P_{crij}} \tag{4.295}$$

弯矩 M_{lt} 的放大系数与侧移 Δ_{0i} 的放大系数相同，这样可以得到弯矩 M_{lt} 放大系数的另一表达式

$$A_2 = \frac{1}{1 - \sum P_{ij}/\sum P_{crij}} \tag{4.296}$$

简写作

$$A_2 = \frac{1}{1 - \sum P \big/ \sum P_{cr}}\tag{4.297}$$

$P\text{-}\Delta$ 效应当然还影响图 4.80(c) 中诸柱的轴心压力，但因其影响甚小，常忽略不计，然而在设计横梁时，由图 4.80(c) 得到的横梁的一阶弯矩应乘以 $P\text{-}\Delta$ 放大系数 A_2。这样侧倾刚架柱的二阶弯矩为

$$M_x = A_1 M_{nt} + A_2 M_{lt} \tag{4.298}$$

由于用数值法得到的图 4.78(a) 所示单跨铰接刚架的柱顶侧移是弹性分析得到的 1.5~2.5 倍，因此根据所示单跨刚架的弹塑性分析，可将式 (4.286) 和式 (4.287) 中的 M_{px} 用 $\gamma_x W_x f_y$ 代替。为此，对于刚架柱可按以下两式验算其稳定性。

当 $\dfrac{P}{\varphi_x A_f} \geqslant 0.2$ 时，

$$\frac{P}{\varphi_x A} + \frac{0.9 M_x}{\gamma_x W_x} \leqslant f \tag{4.299}$$

当 $\dfrac{P}{\varphi_x A_f} < 0.2$ 时，

$$\frac{P}{1.8 \varphi_x A} + \frac{M_x}{\gamma_x W_x} \leqslant f \tag{4.300}$$

式中，φ_x 是轴心受压构件稳定系数，这是按照有侧移刚架确定柱计算长度系数后得到的，计算时可考虑欠载柱对超载柱的支援作用；M_x 由式 (4.298) 确定；γ_x 是截面塑性发展系数。式 (4.299) 和式 (4.300) 也适用于无侧移刚架，这时无侧移刚架中 $M_2 = 0$，则 $M_x = A_1 M_{nt}$。

2) 我国钢结构设计规范 GB50017—2014 关于刚架设计的规定

GB50017—2014 将刚架设计区分为无支撑纯刚架，即有侧移刚架；强支撑刚架，即无侧移刚架和弱支撑刚架[19,26]。

对于无支撑纯刚架，首先需考察在荷载作用下刚架的二阶效应，如果 $\dfrac{\sum P_i \Delta_{0i}}{\sum H_i h_i}$ $\leqslant 0.1$，说明刚架整体的二阶效应较小，可采用计算长度法，先按照图 4.80 所示计算简图，采用一阶分析的方法确定诸构件的内力，柱端弯矩为 $M_A = M_{nt} + M_{lt}$，用有侧移刚架柱的计算长度系数，如层间有摇摆柱，还需按照式 (4.283) 将 μ_i 值修正为 μ_i'，然后按照 4.1 节给出的压弯构件的计算公式验算此刚架柱在弯矩作用

4.5 构件弯扭屈曲理论在设计中的应用

平面内的稳定性。如果 $\dfrac{\sum P_i \Delta_{0i}}{\sum H_i h_i} > 0.1$，用计算长度法计算时有时偏保守，需较精确地考虑刚架整体的二阶效应，还需考虑几何缺陷包括刚架节点的初始位移所产生的柱初始倾斜和构件初始弯曲的不利影响。如图 4.81(a) 所示，在每层柱的顶端额外增加一假想水平力 H_{ni}，按照一阶弹性分析的方法确定柱端的内力 M_{nt}、M_{lt}，以及柱的相对侧移 Δ_{0i} 和弯矩放大系数 A_2，节点的假想水平力由下式确定：

$$H_{ni} = \frac{\alpha_y \sum Q_i}{250} \sqrt{0.2 + \frac{1}{n_s}} \tag{4.301}$$

式中，$\sum Q_i$ 为第 i 层楼层间的重力荷载；n_s 为刚架的总层数，α_y 为钢材强度影响系数，其值为 Q235，1.0；Q345，1.1；Q390，1.2。

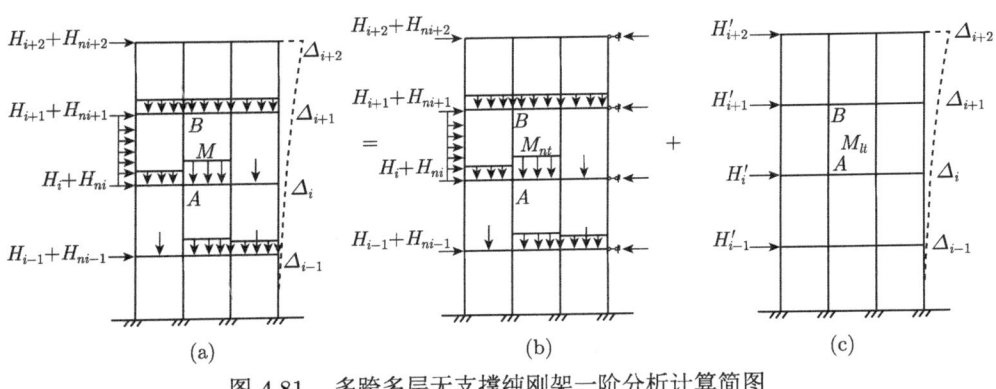

图 4.81 多跨多层无支撑纯刚架一阶分析计算简图

刚架柱的二阶端弯矩 M_1 和 M_2 可近似地按照下式计算：

$$M_x = M_{nt} + A_2 M_{lt} \tag{4.302}$$

式中，A_2 为有侧移刚架的整体 $P\text{-}\Delta$ 弯矩放大系数，由式 (4.291) 确定。

根据具有端弯矩 M_1 和 M_2 的两端支承构件确定等效弯矩系数 β_{mx}，且用柱的几何长度作为柱的计算长度，仍按照 4.1 节给出的压弯构件的计算公式验算无支撑刚架柱的稳定性。但是如果刚架柱的最大弯矩位于柱端，因 $\beta_{mx} \ll 1.0$，故计算结果可能偏于不安全，需辅以验算柱端截面的强度。

在 4.2.1 节曾将有支撑刚架侧移刚度的值是否大于或等于同类无支撑刚架侧移刚度的 5 倍，作为衡量支撑系统是否有效的标准，实际上即使达不到此标准的有支撑刚架，支撑系统的侧移刚度对刚架的稳定承载力也有一定影响。GB50017—2014 根据支撑结构抗侧移刚度的值将刚架划分为强支撑刚架和弱支撑刚架两种。

对于无侧移的强支撑刚架，当产生单位层间侧移角 $\rho_i = \Delta_{0i}/h_i$ 时，其作用于柱顶的水平力，即侧移角刚度 S_{bi} 应满足下式要求：

$$S_{bi} \geqslant 3\left(1.2\sum P_{bi} - \sum P_{0i}\right) \tag{4.303}$$

式中，$\sum P_{bi}$ 和 $\sum P_{0i}$ 分别是根据第 i 层的无侧移刚架柱计算长度系数 μ_{bi} 和有侧移刚架柱计算长度系数 μ_{0i} 所确定的 i 层间诸轴心受压构件的稳定承载力之和，$\sum P_{bi} = \sum \varphi_{bi} A_i f_y$，$\sum P_{0i} = \sum \varphi_{0i} A_i f_y$，这时 $M_{ax} = M_{nt}$，用无侧移刚架柱的计算长度系数按压弯构件验算设计刚架柱的稳定性。

如果侧移角刚度 S_{bi} 不符合式 (4.303) 的要求，即为弱支撑刚架，侧移角刚度不足将降低刚架柱的承载力，刚架柱的计算长度系数 μ 应按下式确定[27]：

$$\mu = \frac{\mu_{0i}}{\sqrt{1 + \left(\dfrac{\mu_{0i}^2}{\mu_{bi}^2} - 1\right)\dfrac{S_{bi}}{3\left(1.2\sum P_{bi} - \sum P_{0i}\right)}}} \tag{4.304}$$

层间如有摇摆柱还应按照式 (4.283) 将 μ 值修正为 μ'。这时柱的等效弯矩系数偏于安全地取 $\beta_{mx} = 1.0$，仍按压弯构件验算弱支撑刚架柱的稳定性。

4.5.3 受压构件的扭转屈曲和弯扭屈曲设计方法

1. 双轴对称截面轴心受压构件

当构件的长细比较小而截面的抗扭和抗翘曲刚度均较差时有可能发生扭转屈曲。我国钢结构设计规范 GB50017—2014 只对由两块板件组成的双轴对称十字形截面轴心受压构件，根据其弹性扭转屈曲应力 $\sigma_\omega = \dfrac{GI_t}{Ai_0^2} = \dfrac{Gt^2}{b_1^2}$ 不小于弯曲屈曲应力 $\sigma_{crx} = \dfrac{\pi^2 E}{\lambda^2}$ 或 $\sigma_{cry} = \dfrac{\pi^2 E}{\lambda_y^2}$ 的条件，规定 λ_x 或 λ_y 的取值不得小于 $5.07 b_1/t$，此处 b_1/t 为板件的伸出宽厚比。而对其他双轴对称轴心受压构件均只计算其弯曲屈曲，对其可能发生扭转屈曲的问题没有作特别规定。美国和德国钢结构设计规范考虑了这一问题，具体做法是先按式 (4.169) 算出弹性扭转屈曲应力 $\sigma_\omega = P_\omega/A$，把它与弯曲屈曲应力的计算公式 $\sigma_\omega = \dfrac{\pi^2 E}{\lambda_\omega^2}$ 等效，导出换算长细比 $\lambda_\omega = \pi\sqrt{E/\sigma_\omega}$，而后按照长细比为 λ_ω 的轴心受压构件按弯曲屈曲验算稳定性。如果双轴对称截面轴心受压构件的侧向支承存在连接偏心，构件也可能发生弯扭屈曲。

2. 单轴对称截面轴心受压构件

GB50018—2013 对于冷弯薄壁型钢单轴对称的开口截面轴心受压构件,除对非对称轴 y 作弯曲屈曲计算外,还需将弹性弯扭屈曲应力 $\sigma_{x\omega}$ 与 $\pi^2 E/\lambda_{x\omega}^2$ 等效,导出换算长细比 $\lambda_{x\omega}^2$ [53]。构件在弹塑性状态屈曲时,按照切线模量理论,这种换算方法同样适用。规范中采用 x 轴为对称轴,x_0 是截面的剪心距,应为负值。这样换算以后就可按第 2 章中的式 (2.92) 计算稳定性。前已述及,冷弯薄壁型钢轴心受压构件的计算考虑了初始几何缺陷且以截面边缘纤维屈服为计算准则。实验资料表明,上述换算方法得到的结果有时偏高。在第 2 章中,图 2.32 中的几种单轴对称截面轴心受压构件的试验数据就是按照换算长细比给出的。忽略式 (4.190b) 中的前一项,可以得到单轴对称截面轴心受压构件弯扭屈曲载荷的近似值 $P_{y\omega} = P_y P_\omega/(P_y + P_\omega)$,AISI2007[68] 和澳大利亚 AS/NZS 4600—2005[69] 均采用了此近似值。此值偏小,故转化得到的近似值 $\lambda_{y\omega} = \pi\sqrt{E/\sigma_{y\omega}}$ 将偏大。可以按照图 4.82 所示计算流程设计轴心受压构件。

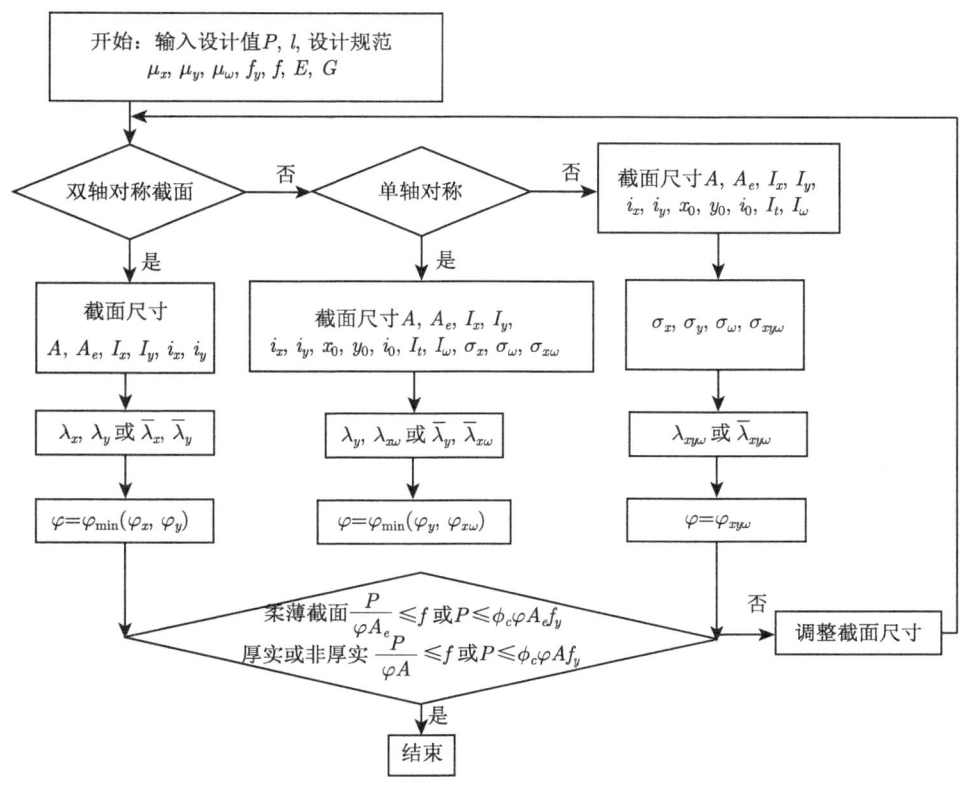

图 4.82 轴心受压构件计算流程

为了提高开口截面的抗扭和抗翘曲刚度,可以在开口的一侧与卷边连接,设置不少于两块的连系缀板。用瑞利-里茨法求解这种构件的弯扭屈曲载荷时,把缀板处的截面看作具有不能翘曲但能自由转动的约束条件,得到与式 (4.191) 类似的弯扭屈曲载荷 $P_{x\omega}$,但是应以 $\sqrt{\alpha}x_0$ 代替式中截面的剪心距 y_0。

$$P_\omega = \frac{1}{i_0^2}\left(\frac{\pi^2 E I_\omega}{l_\omega^2} + G I_t\right), \quad l_\omega = \mu_\omega l$$

$$P_x = \frac{\pi^2 E I_x}{l_x^2}, \quad l_x = \mu_x l$$

$$P_{x\omega} = \frac{P_x + P_\omega - \sqrt{(P_x + P_\omega)^2 - 4 P_x P_\omega \left(1 - \frac{\alpha x_0^2}{i_0^2}\right)}}{2\left(1 - \frac{\alpha x_0^2}{i_0^2}\right)} \tag{4.305}$$

式中,α 和 μ_ω 分别为与构件端部支承条件和缀板设置有关的翘曲约束系数及扭转屈曲计算长度系数,可按表 4.9 采用。这样 $\sigma_{x\omega} = P_{x\omega}/A$,换算长细比 $\lambda_{x\omega} = \pi\sqrt{E/\sigma_{x\omega}}$,这时构件的稳定系数的设计值应是 $\varphi = \varphi_{\min}(\varphi_y, \varphi_{x\omega})$。

表 4.9 开口截面轴心压弯构件的翘曲约束系数和扭转屈曲计算长度系数

项次	构件两端支承条件	无缀板 α	无缀板 μ_ω	有缀板 α	有缀板 μ_ω^*
1	两端简支,端部可自由翘曲	1.00	1.00	—	
2	两端固定,端部不能翘曲	1.00	0.5	0.80	
3	两端简支,端部不能翘曲	0.72	0.5	0.80	

注:* l_ω 为构件扭转屈曲计算长度,取 $l_\omega = \mu_\omega l$;有缀板时 l_ω 应取缀板中心线的最大间距。

在 GB50017—2014 中对于压力通过截面形心的单轴对称轴心受压构件,若按式 (4.191) 得到弯扭屈曲载荷,其换算长细比 $\lambda_{y\omega} = \pi\sqrt{E/\sigma_{y\omega}}$,$\varphi_{y\omega}$ 须由弯扭屈曲换算长细比 $\lambda_{y\omega}$ 确定,$\varphi = \varphi_{\min}(\varphi_x, \varphi_{y\omega})$。

对于不对称截面轴心受压构件,可由式 (4.199) 求解出 $P_{xy\omega}$,而后得到 $\sigma_{xy\omega} = P_{xy\omega}/A$,$\lambda_{xy\omega} = \pi\sqrt{E/\sigma_{xy\omega}}$,稳定系数 $\varphi_{xy\omega}$ 则由 $\lambda_{xy\omega}$ 确定。

4.5 构件弯扭屈曲理论在设计中的应用

在 GB50017—2014 中对于轴心压力通过截面形心的单轴对称截面轴心受压构件，根据截面抗扭和抗翘曲刚度的大小分别列入 b 类和 c 类截面，如双角钢截面绕对称轴的弯曲列入了 b 类，而 T 形截面则列入了 c 类，然后用 φ 之最小值和双轴对称截面一样用第 2 章的式 (2.93) 计算稳定性 [19]。对于双轴对称截面轴心受压构件的扭转屈曲、单轴对称或不对称截面轴心受压构件的弯扭屈曲，ANSI/AISC 360—2010 和 AISI2007 均采用了先算出弯扭屈曲应力的换算长细比的计算方法。

3. 单面连接的单角钢轴心受压构件

压力 P 是通过如图 4.83(a) 所示单角钢两端的连接板传递给构件的，所以单面连接的单角钢实际上属于如图 4.83(b) 所示偏心距为 e_x 和 e_y 的双向压弯构件，其两端可自由翘曲，但转动却受到连接板的约束，其屈曲载荷很难求解。

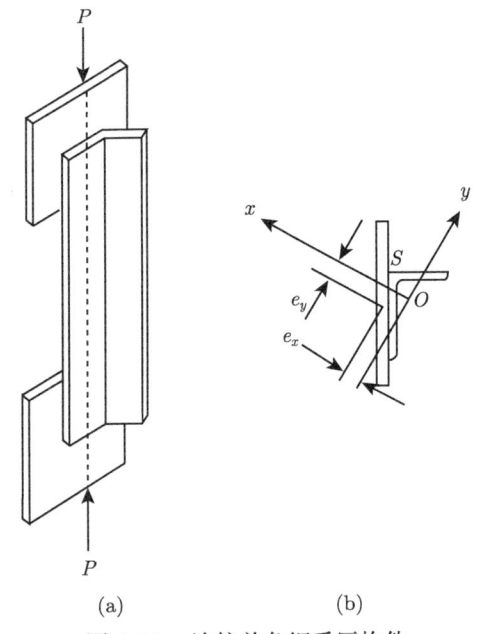

图 4.83 连接单角钢受压构件

一种与试验资料符合程度较好的方法是先根据开口薄壁构件几何非线性理论，用有限元法求解单角钢双向压弯时的极限荷载 P_u，再将此极限荷载 P_u 与将构件当作轴心受压构件绕截面刚度弱的主轴弯曲的弯曲屈曲载荷 $P_{\min}$ 进行比较，得到折减系数 $\eta = P_u/P_{\min}$，经过整理，归纳出如表 4.10 给出的折减系数，它们与构件的长细比 λ 有关，计算长度系数可取 0.9，$\lambda = 0.9l/i_{\min}$，GB50017—2014

仍按照式 (2.93) 计算，在此式中强度设计值 f 需乘以折减系数 η。

表 4.10　单面连接单角钢按轴心受压计算稳定的折减系数 η

项次	连接方式	折减系数
1	等边角钢	$0.6 + 0.0015\lambda \leqslant 1.0$
2	短边相连的不等边角钢	$0.5 + 0.0025\lambda \leqslant 1.0$
3	长边相连的不等边角钢	0.7

4. 双轴对称截面压弯构件

压弯构件的弯扭屈曲是一个比较复杂的计算问题，特别是当构件承受非均匀弯矩且已进入弹塑性阶段屈曲时。钢结构设计规范是根据两端简支的双轴对称截面压弯构件的弹性弯扭屈曲的理论公式，经适当简化，形成实用的 P 和 M_x 的相关公式。在式 (4.215a) 中，如 $P = 0$，则可由 $(P_y - P)(P_\omega - P) - M_x^2/i_0^2 = 0$ 得到均匀受弯构件弯扭屈曲的临界弯矩 M_{cr}：

$$M_{cr} = i_0\sqrt{P_y P_\omega} \tag{4.306}$$

这是 M_{cr} 与 P_y 和 P_ω 之间的关系式。关于 M_{cr} 的计算公式在受弯构件的弯扭屈曲中已推导，将 $i_0^2 = \dfrac{M_{cr}^2}{P_y P_\omega}$ 代入式 (4.215a) 即可得到 P 和 M_x 的相关公式：

$$(1 - P/P_y)(1 - P/P_\omega) - (M_x/M_{cr})^2 = 0 \tag{4.307}$$

画出与比值 P_ω/P_y 有关的 P/P_y 与 M_x/M_{cr} 的相关曲线，如图 4.84 所示。

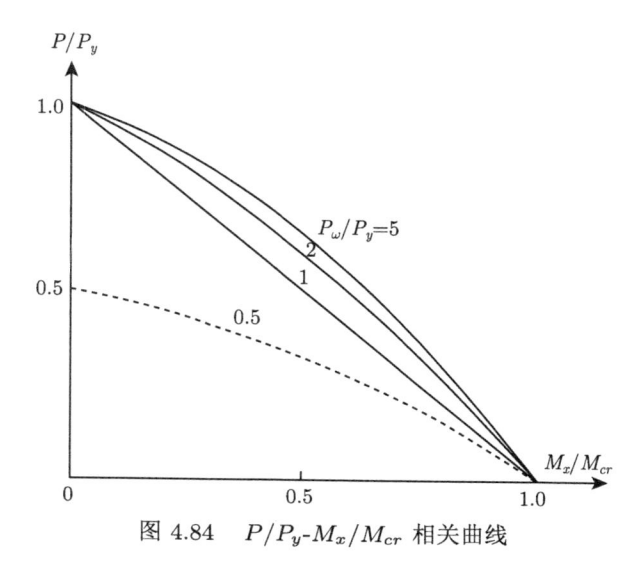

图 4.84　P/P_y-M_x/M_{cr} 相关曲线

由图可知，截面的抗翘曲与抗扭刚度越大，即比值 P_ω/P_y 越大，则压弯构件的弯扭屈曲载荷越大。除了有些冷弯薄壁型钢截面压弯构件的比值 P_ω/P_y 可能小于 1.0 外，一般热轧型钢或者焊接组合的双轴对称截面压弯构件，比值 P_ω/P_y 总是大于 1.0，因此 P/P_y 和 M_x/M_{cr} 之间的相关曲线如图 4.84 中实线所示，都是上凸的。

图 4.85 给出了有代表性的焊接 I 形截面构件的长细比 λ_y 不同时的比值 P_ω/P_y[64]。长细比越大，比值 P_ω/P_y 也越大，这样在图 4.84 中的曲线越上凸。考虑到有些截面残余压应力的峰值在翼缘的外侧时 Wagner 效应的不利影响，而细长构件的屈曲前变形对压弯构件的弯扭屈曲载荷也有所降低，因此可取诸上凸曲线的下限，即图 4.84 中 $P_\omega/P_y = 1.0$ 的一条直线作为弯扭屈曲载荷实用计算公式的依据。

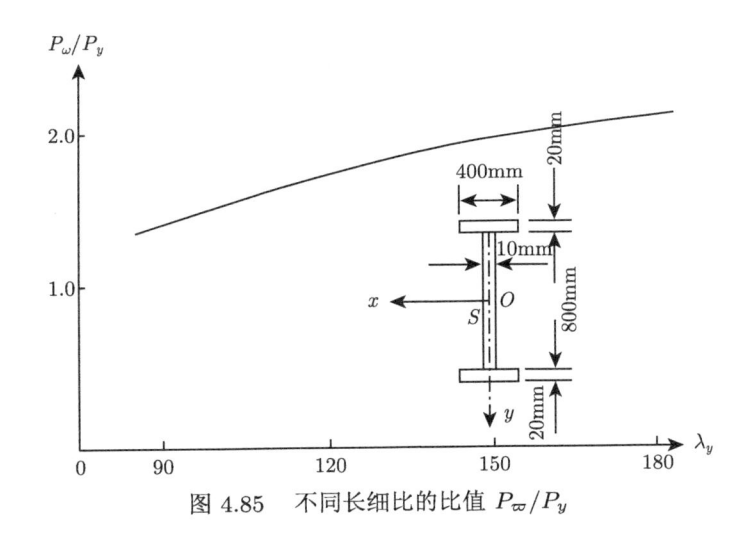

图 4.85 不同长细比的比值 P_ω/P_y

这样式 (4.307) 可写作

$$P/P_y + M_x/M_{cr} = 1 \tag{4.308}$$

用数值法对图 4.85 所示截面压弯构件作计算，翼缘具有火焰切割边的残余应力分布，计算结果表明，在弹塑性范围，P/P_y 与 M_x/M_{cr} 之和常在 1.0 之上，但超过 1.0 的数值很小。1972 年西安建筑科技大学做的具有广泛代表性的 19 根轧制 I 形钢和 10 根焊接组合 I 形截面压弯构件的弯扭屈曲试验结果见图 4.86，除一根试件外，其余的试验点均高于图中直线，有的轧制 I 形钢高得较多，说明用式 (4.308) 计算压弯构件是安全可靠的。将 $P_y = \varphi_y A f_y$ 和 $M_{cr} = \varphi_b W_{1x} f_y$ 代入

式 (4.308) 并考虑材料的分项系数后, 得到在 GB50017—2014 中所规定的压弯构件平面外的稳定计算公式:

$$\frac{P}{A\phi_y} + \frac{\beta_{tx}M_x}{\phi_{bx}W_x} \leqslant f \tag{4.309}$$

式中, ϕ_{bx} 为焊接 I 形截面梁的强度折减系数, 轴压柱的折减系数 $\phi_y = \frac{1}{2}\left(1 + \frac{1+\varepsilon_{0y}}{\bar{\lambda}_y^2}\right) - \sqrt{\frac{1}{4}\left(1 + \frac{1+\varepsilon_{0y}}{\bar{\lambda}_y^2}\right)^2 - \frac{1}{\bar{\lambda}_y^2}}$, 式中等效缺陷为 $\varepsilon_{0y} = 0.300\bar{\lambda}_y - 0.035$。

GB50018—2002 对冷弯薄壁型双轴对称截面压弯构件的弯扭屈曲计算也采用了线性相关公式, 只是公式中的 A 和 W_{1x} 分别用有效截面积 A_{ef} 和有效截面抵抗矩 W_{efx} 代替。

图 4.86 还给出了 1999 年由武汉大学土木建筑学院完成的 12 根 Q235 冷弯薄壁双槽钢组合 I 形截面偏心受压构件的弯扭屈曲试验结果, 试验说明用下式计算压弯构件平面外的稳定偏于安全:

$$\frac{P}{\varphi_y A_e} + \frac{M_x}{\varphi_b W_{ex}} \leqslant f \tag{4.310}$$

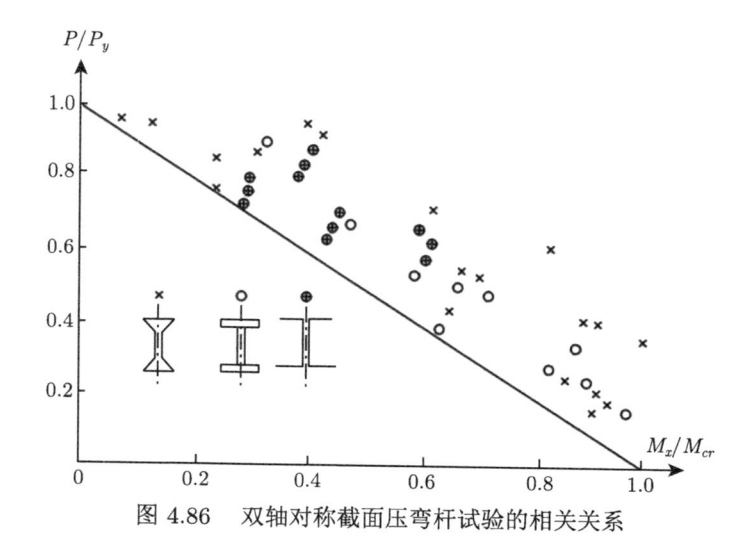

图 4.86 双轴对称截面压弯杆试验的相关关系

5. 单轴对称截面压弯构件

如果将式 (4.308) 中第一项的分母 P_y 用单轴对称截面轴心受压构件的弯扭

屈曲载荷 $P_{y\omega}$ 代替,仍旧可以用线性式作为平面外的相关公式:

$$P/P_{y\omega} + M_x/M_{cr} = 1 \tag{4.311a}$$

构件如在弹性范围发生弯扭屈曲,式 (4.311a) 偏于安全的程度很高,但是在弹塑性范围屈曲时和理论值符合程度较好。1977 年和 1985 年西安建筑科技大学先后完成的双角钢组合截面和焊接 T 形截面偏心受压构件试验的相关关系见图 4.87[72,73]。图中还给出了几个单轴对称 I 形截面的试验结果。试验表明弯矩使腹板边缘受压的焊接 T 形截面偏心压杆的试验点高出直线最多。

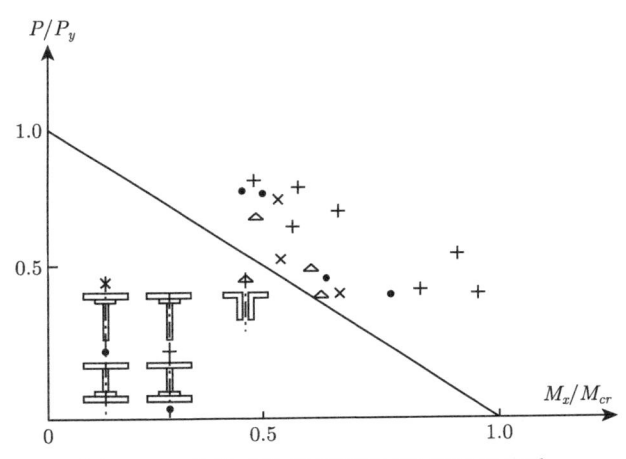

图 4.87 单轴对称截面压杆试验的相关关系

对于绕截面非对称轴弯曲的单轴对称截面压弯构件,设计公式为

$$\frac{P}{\varphi_{y\omega}A} + \frac{M_x}{\varphi_b W_{1x}} \leqslant f \tag{4.311b}$$

但是 GB50017—2003 规定除轧制和两块板焊接的 T 形截面用弯扭屈曲换算长细比 $\lambda_{y\omega}$ 确定 $\varphi_{y\omega}$ 外,对于双角钢等其他截面,仍用 λ_y 确定 φ_y 值。

GB50018—2002 沿用了 GBJ18—88 的设计方法,对于单轴对称开口截面压弯构件在绕非对称轴弯矩作用下的弯扭屈曲计算,先将此压弯构件转化为发生弯扭屈曲的轴心受压构件,得到等效的换算长细比,然后按此轴心受压构件计算稳定性[53]。

经研究,用这种将压弯构件的计算转化为轴心受压构件的近似计算方法,其所得结果对于弯矩作用较小的细长构件,因其受力条件接近于有缺陷的轴心受压构件,故与试验资料的符合程度较好。但是对于弯矩作用很大的构件,用这种近似法计算将会出现本为粗短的压弯构件换算为细长的轴心受压构件,不仅理论上欠妥,而且与试验资料比较,计算结果差别较大[74]。图 4.88 给出了用两种不同方法计算短粗构件时得到的弯扭屈曲应力 $\sigma_{x\omega}$ 与屈服强度 σ_y 的比值 $\bar{\sigma}_{x\omega}$。

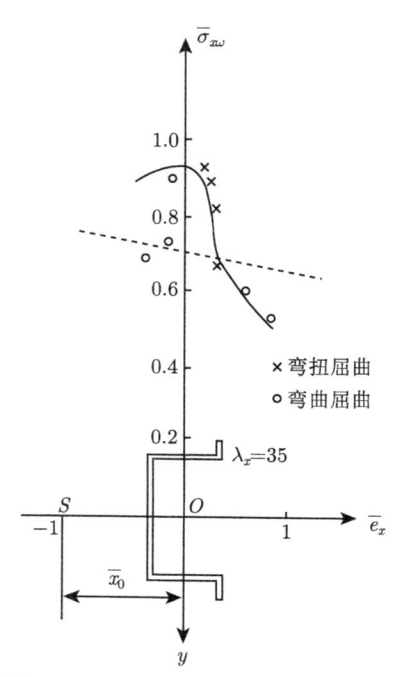

图 4.88 偏心受压构件弯扭屈曲应力

图 4.88 中实线表示计算切线模量弯扭屈曲载荷时,采用了与截面各点应力一一对应的切线模量,而虚线是用换算长细比方法得到的。由图 4.88 可知,当偏心压力作用在远离截面的开口一侧时,换算长细比得到的 $\sigma_{x\omega}$ 过高了。当这种构件的承载力由平面内的稳定计算控制时,这一矛盾被掩盖了,因而并不突出,但当构件两个方向的计算长度不相同,而且 $\lambda_y < \lambda_x$ 时,构件会出现承载力不足的问题。图 4.88 还给出了 10 根试件的试验结果,其中有 4 根试件发生弯扭失稳。用式 (4.311a) 验算这类压弯构件的弯扭屈曲较合理。

6. 弯矩作用平面外的等效弯矩系数

对于两端简支的非均匀受弯的双轴对称截面压弯构件,其一端的弯矩为 M_1,另一端为 M_2,它们使构件在弯矩作用平面内产生同方向的曲率变形,且有 $M_1 \geq M_2$,或者它们使构件产生异方向的曲率变形,且有 $|M_1| \geq |M_2|$,弯扭屈曲载荷可由以下近似公式得到[6]:

4.5 构件弯扭屈曲理论在设计中的应用

$$(1-P/P_y)(1-P/P_\omega) - \left(\frac{M_1}{\sqrt{\beta}M_{cr}}\right)^2 = 0 \qquad (4.312)$$

式中，$\sqrt{\beta}$ 为一系数，是用来修正临界弯矩的。$1/\sqrt{\beta}$ 取决于比值 M_2/M_1，见图 4.89 中的虚线，经比较，它与计算非均匀受弯的双轴对称截面受弯构件临界弯矩用的等效弯矩系数 β_b 的倒数 $1/\beta_b$ 非常接近，见图中的点划线，从 4.4 节中介绍的 β_b 值可知

$$\beta_b = 1.75 - 1.05M_2/M_1 + 0.3(M_2/M_1)^2 \leqslant 2.3$$

β_b 的倒数可近似地写作 $1/\beta_b = 0.57 + 0.33M_2/M_1 + 0.10(M_2/M_1)^2 \geqslant 0.435$，$1/\beta_b$ 即为压弯构件的等效弯矩系数 β_{tx}。欧美有些国家的钢结构设计规范采用如图 4.89 中所示由两条直线表示的计算公式 [37]

$$\beta_{tx} = 1/\beta_b = 0.6 + 0.4M_2/M_1 \geqslant 0.4 \qquad (4.313)$$

N. S. Trahair 等的研究表明，最精确的压弯构件的等效弯矩系数不仅与比值 M_2/M_1 有关，而且还与比值 P/P_y 有关。澳大利亚的钢结构设计规范采用了式 (4.314)，式中 $P_y = \pi^2 EI_y/l_y^2$，见图 4.89 中 $P/P_y = 0, 0.2, 0.4, 0.6$ 时的实线 [6,47]。

$$\beta_{tx} = \frac{1+M_2/M_1}{2} + \left(\frac{1-M_2/M_1}{2}\right)^3 (0.40 - 0.23P/P_y) \qquad (4.314)$$

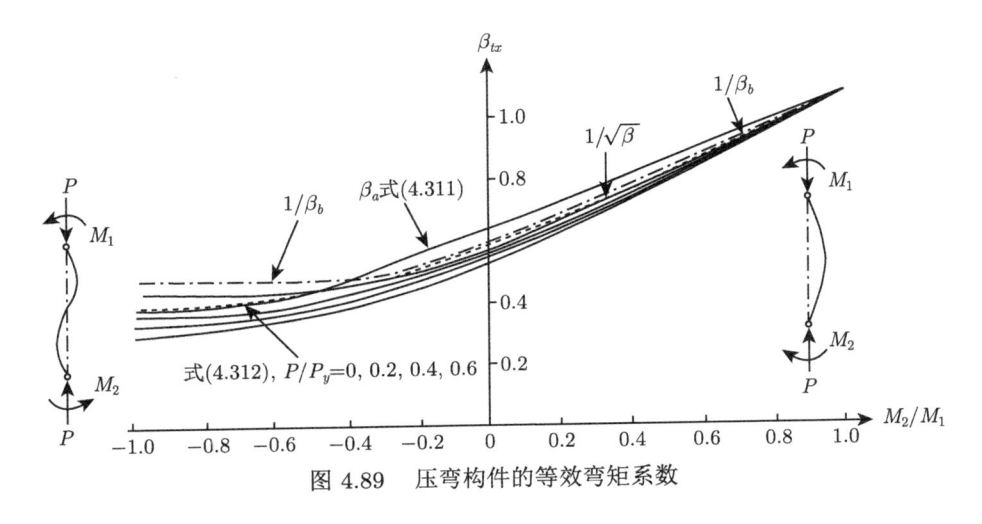

图 4.89 压弯构件的等效弯矩系数

弯矩作用平面外的等效弯矩系数涉及受弯构件的弯扭屈曲。我国 GB50017—2003 对压弯构件平面外的等效弯矩系数采用了

$$\beta_{tx} = 0.65 + 0.35M_2/M_1 \geqslant 0.4 \qquad (4.315)$$

此式与 4.5.1 节压弯构件平面内的等效弯矩系数 β_{mx} 的表达式是相同的,但是它们的来源显然是不同的。这样 P 和 M_x 的相关公式 (4.309) 应写作下式[53]:

$$\frac{P}{A\varphi_y} + \frac{\beta_{tx}M_x}{\varphi_b W_x} \leqslant f \tag{4.316}$$

式中,M_x 是所计算的构件段范围内的最大弯矩;φ_b 是受弯构件的稳定系数,此值与许多因素有关,计算过程较复杂,在 4.4 节中已介绍。为了便于应用,对于式 (4.316) 中的 φ_b 值,可直接按下列近似计算公式确定。当压弯构件有侧向支承点时,M_1 和 M_2 应是两相邻侧向支承点的构件段两端在平面内的弯矩。这样一来,β_{tx} 之值与 β_{mx} 常常并不相同。

对于均匀弯曲的受弯构件,当 $\lambda_y \leqslant 120\sqrt{235/f_y}$ 时,其整体稳定系数 φ_b 应区别以下几种不同的截面形式,可直接用近似公式确定。与确定稳定系数 φ_b 有关的计算长度 l_y 即为两相邻侧向支承点之间的距离。

对于双轴对称的 I 形截面

$$\varphi_b = 1.07 - \frac{\lambda_y^2}{44000} \times \frac{f_y}{235} \leqslant 1.0 \tag{4.317}$$

对于单轴对称的 I 形截面,当受压翼缘和受拉翼缘绕 y 轴的惯性矩分别为 I_1 和 I_2,而比值为 $\alpha_b = \dfrac{I_1}{I_1 + I_2}$ 时,

$$\varphi_b = 1.07 - \frac{W_{1x}}{(2\alpha_b + 0.1)Ah} \times \frac{\lambda_y^2}{14000} \times \frac{f_y}{235} \leqslant 1.0 \tag{4.318}$$

对于弯矩使翼缘受压的双角钢 T 形截面

$$\varphi_b = 1 - 0.0017\lambda_y\sqrt{f_y/235} \leqslant 1.0 \tag{4.319}$$

对于剖分 T 形和由两块焊接成的 T 形截面,当弯矩使翼缘受压时

$$\varphi_b = 1 - 0.0022\lambda_y\sqrt{f_y/235} \leqslant 1.0 \tag{4.320}$$

对于由两块板焊接成的弯矩使翼缘受拉,且腹板的宽厚比不大于 $18\sqrt{235/f_y}$ 的 T 形截面

$$\varphi_b = 1 - 0.005\lambda_y\sqrt{f_y/235} \leqslant 1.0 \tag{4.321}$$

对于带耳和不带耳的箱形截面,因其自由扭转刚度很大,设计压弯构件时可取 $\varphi_b = 1.4$,或者取其倒数,将弯矩乘以折减系数 $\eta = 0.7$。

4.5.4 受弯构件弯扭屈曲稳定设计方法

理论分析表明，受弯构件的弯扭屈曲临界弯矩的计算与许多因素有关。实际的受弯构件因存在初始侧扭几何缺陷，已不再是分岔屈曲问题，而是极值点失稳问题，极限弯矩 M_u 是受弯构件的承载力。如何将理论计算结果用于受弯构件的设计，一种方法是先将临界弯矩转换为其整体稳定系数，而后将其引入设计公式；另一种方法是将临界弯矩直接用于稳定设计公式 [76]。

1. 钢结构设计规范 GB50017—2014

对受弯构件弹性弯扭屈曲的计算是以理论计算公式 (4.251a) 为基础，结合图 4.90(a) 和 (b) 两种简支的弯曲使上翼缘受压的单轴对称截面纯弯构件来计算的，其修正系数为 $\beta_1 = \beta_3 = 1.0$，而 $\beta_2 = 0$，弯扭屈曲稳定系数 $\varphi_{0b} = M_{0cr}/(W_x f_y)$，则

$$\varphi_{0b} = \frac{\pi^2 EI_y}{l^2 W_x f_y} \left[\beta_y + \sqrt{\beta_y^2 + \frac{I_\omega}{I_y}\left(1 + \frac{GI_t l^2}{\pi^2 EI_\omega}\right)} \right] \quad (4.322)$$

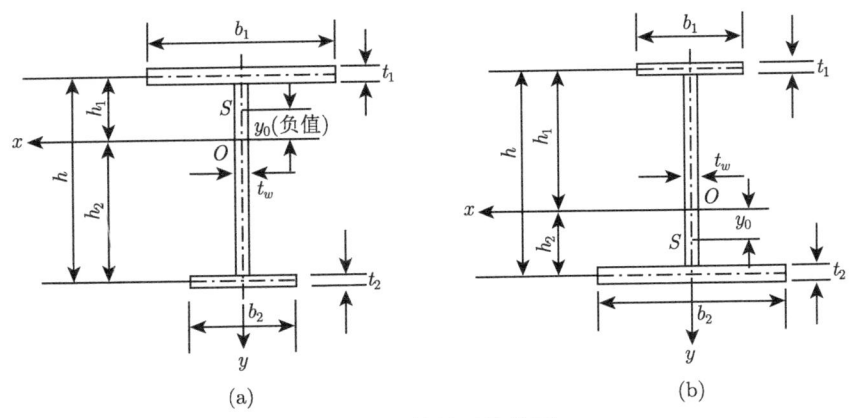

图 4.90 单轴对称截面

为了将上式很方便地用于受弯构件的整体稳定计算，对图 4.90(a) 和 (b) 两种截面的几何性质作若干简化，在简化的过程中引进两个系数 α_b 和 η_b[69]，一个系数是图中的受压上翼缘 $b_1 t_1$ 绕 y 轴的惯性矩 I_1 与全截面的惯性矩 $I_y = I_1 + I_2$ 的比值 $\alpha_b = I_1/I_y$，另一个是截面的不对称影响系数 η_b。

如图 4.90(a) 所示，对于加强了受压翼缘的单轴对称截面，$\eta_b = 0.8\dfrac{I_1 - I_2}{I_y} = 0.8(2\alpha_b - 1)$。再考察表示截面不对称特性的 β_y 值时，其中积分项 $\displaystyle\int_A \frac{y(y^2 + x^2)\,\mathrm{d}A}{2I_y}$

比后一项 $-y_0$ 有时小得多, 作简化处理时可以将积分项略去不计, 而近似地用 $\beta_y = -y_0$, 但 $-y_0 = \dfrac{h_1 I_1 - h_2 I_2}{I_y} \approx 0.4h \dfrac{I_1 - I_2}{I_y} = 0.5\eta_b h$, 故 $\beta_y = 0.5\eta_b h$。

如图 4.90(b) 所示, 对于加强了受拉翼缘的单轴对称截面, $\eta_b = \dfrac{I_1 - I_2}{I_y} = 2\alpha_b - 1$(负值), 而 $\beta_y = -y_0 \approx 0.5h \dfrac{I_1 - I_2}{I_y} = 0.5\eta_b h$。

因比值 α_b 可大于 0.5 或小于 0.5, 因此 η_b 可能是正值, 也可能是负值, 经过简化以后, 对单轴对称的 I 形截面, 可以统一写作

$$\beta_y = 0.5\eta_b h \tag{4.323}$$

这样 β_y 的正负号取决于不对称影响系数 η_b。

截面的自由扭转惯性矩简化为 $I_t = \dfrac{1}{3} A t_1^2$, 而翘曲惯性矩 $I_\omega = \dfrac{I_1 I_2}{I_y} h^2 = \alpha_b I_y h^2 (1 - \alpha_b)$, $I_y / l^2 = A / \lambda_y^2$, 将它们代入式 (4.322) 后就可以得到

$$\varphi_{0b} = \dfrac{4320 Ah}{\lambda^2 W_x} \left[\eta_b + \sqrt{1 + \left(\dfrac{\lambda_y t_1}{4.4h} \right)^2} \right] \times 235/f_y \tag{4.324}$$

对于其他荷载条件和有侧向支撑点的受弯构件, 计算长细比 λ_y 时, 计算长度 l_y 需用受压翼缘侧向支承点间的距离, 弹性弯扭屈曲的稳定系数为

$$\varphi_b = \beta_b \varphi_{0b} \tag{4.325}$$

式中, β_b 为受弯构件整体稳定的等效弯矩系数。

数值分析表明, 在其他荷载作用下, 等效弯矩系数 β_b 主要与参数 $\xi = \dfrac{l_1 t_1}{bh}$ 有关, l_1 是受压翼缘侧向支承点间的距离 l_y, b 和 t_1 分别是受压翼缘的宽度和厚度, h 是截面的高度。这一参数 ξ 性质上与式 (4.324) 中 $\lambda_y t_1/h$ 是一致的。当 $\xi \leqslant 2.0$ 时, β_b 与 ξ 呈线性关系; 当 $\xi > 2.0$ 时, β_b 可取为常数, 这在 GB50017—2014 的附表中都有明确规定[19]。

受弯构件在弹塑性状态屈曲时, 用数值法计算时考虑了残余应力和初始几何缺陷, 对于短的构件还计及了材料应变硬化后的强度提高, 当 $|\sigma| \geqslant f_y$ 时, 用了 $E_t = 0.03E$。对于两端简支的双轴对称的轧制和焊接 I 形截面受弯构件, 弹塑性临界弯矩为 M'_{cr}, 稳定系数 $\varphi'_b = M'_{cr}/M_y$, 经统计分析得到当 $\varphi_b \geqslant 0.6$ 时

$$\varphi'_b = 1.07 - 0.282/\varphi_b \leqslant 1.0 \tag{4.326}$$

4.5 构件弯扭屈曲理论在设计中的应用

图 4.91 为受弯构件稳定系数 φ_b 或 φ_b' 与修正长细比 $\overline{\lambda} = \sqrt{M_y/M_e}$ 的关系曲线。φ_b 与 φ_b' 的曲线相交于 $\overline{\lambda} = 1.291$ 和 $\varphi_b = 0.6$ 处。图中还给出了 1983 年浙江大学提供的焊接 I 形梁弹塑性失稳的试验数据,试验得到的极限弯矩 M_u 大约是临界弯矩 M_{cr}' 的 $1.04 \sim 1.14$ 倍[78]。

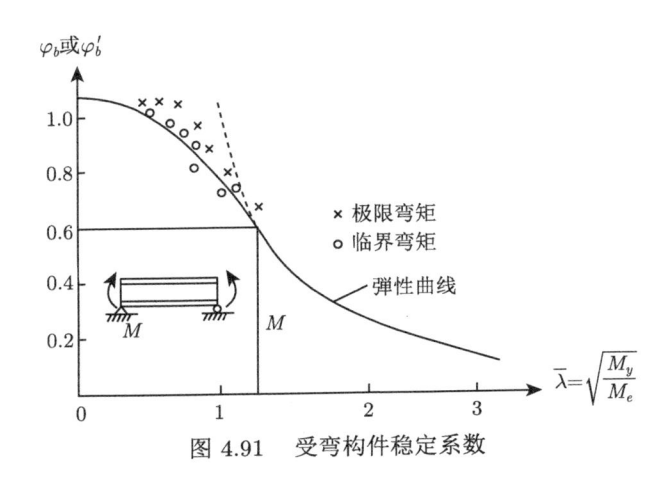

图 4.91 受弯构件稳定系数

考虑材料的分项系数后,对于在最大刚度平面内受弯的构件,稳定计算的公式是

$$\frac{M_x}{\varphi_b W_x} \leqslant f \tag{4.327}$$

如果采用塑性设计,图 4.91 所示受弯构件的临界弯矩曲线可写作:对于 I 形截面,当 $4M_y > M_e > 0.6M_y$ 时,$M_{cr} = M_e$;当 $4M_y > M_e > 0.6M_{px}$ 时,$M_{cr} = 1.07M_y\left(1 - \dfrac{33M_y}{125M_e}\right) \leqslant M_y$。对于箱形截面,因其弹塑性的抗扭刚度也远比 I 形截面大,故当 $M_e \leqslant 0.6M_y$ 时,$M_{cr} = M_e$;当 $4M_{px} > M_e > 0.6M_{px}$ 时,$M_{cr} = 1.07M_{px}\left(1 - \dfrac{33M_{px}}{125M_e}\right) \leqslant M_{px}$。其中 M_e 为计及了等效弯矩系数 β_b 的弹性弯扭屈曲临界弯矩,$M_{px} = W_{px}f_y$,其设计值为 $M_{px} = W_{px}f_y$。

由于很多受弯构件在其受压翼缘常常设置联系构件以阻止侧扭,按照 $\varphi_b' = 0.95$ 可以得到不必验算构件整体稳定受压翼缘侧向自由长度 l_1 与其宽度 b 的限值 l_1/b,见表 4.11。

对于箱形截面简支受弯构件,如果截面的高度与宽度(腹板之间的距离)的比值 $h/b_0 \leqslant 6$ 且 $l_1/b_0 \leqslant 95 \times (235/f_y)$,即可不必验算此箱形截面梁的整体稳定,因此实际上真正需要验算整体稳定的并不多。进一步简化 φ_b 的计算,经过对

式 (4.324) 换算, 得到了适合于 $\lambda_y \leqslant 120\sqrt{235/f_y}$, 且可直接用于压弯构件弹性或弹塑性弯扭计算相关公式 (4.316) 中的 φ_b 值, 这里屈服强度 f_y 的单位是 MPa, φ_b 的近似计算公式见式 (4.317)~(4.321)。

表 4.11 I 形截面简支梁不必验算整体稳定的 l_1/b 最大值

跨中无侧向支承点		跨中有侧向支承点
荷载作用在上翼缘	荷载作用在下翼缘	不论荷载作用在何处
$13\sqrt{\dfrac{235}{f_y}}$	$20\sqrt{\dfrac{235}{f_y}}$	$16\sqrt{\dfrac{235}{f_y}}$

应该注意到, 在钢结构设计规范中对于受弯构件临界弯矩或稳定系数的确定都是建立在分析等截面受弯构件发生弯扭屈曲的基础上的。对于变截面受弯构件, 首先要按照前面弹性分析的方法, 把变截面受弯构件的弹性临界弯矩换算成等截面受弯构件的弹性临界弯矩或稳定系数, 然后将它们的弹性值按照常规方法换算成弹塑性临界弯矩或稳定系数。

图 4.92 给出了各国钢结构设计规范中关于纯弯构件临界弯矩计算结果的比较。图中还给出了福本唂士等根据早期的 159 根轧制 I 形钢和 116 根焊接梁的试验资料, 以及近期试验的 75 根轧制梁和 68 根焊接梁的试验资料, 均取其平均值绘制于图中。从图可知, 相对长细比小于 0.5 时, GB50017—2014 的临界弯矩偏低。但是如果试验值用平均值减去两倍标准差作概率统计分析, 此时 ECCS 的轧制梁和焊接梁宜分别用 $n=1.5$ 和 1.0。可以发现, 当相对长细比大于 0.5 时, ECCS 和 ANSI/AISC 360-2010LRFD 之值均偏高。

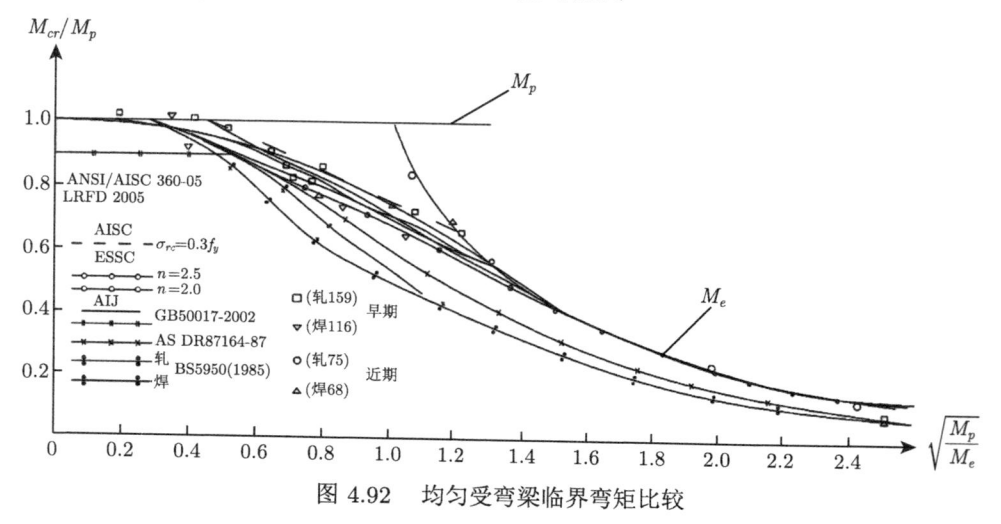

图 4.92 均匀受弯梁临界弯矩比较

2. 冷弯薄壁型钢结构技术规范 GB50018—2013

我国 1989 年出版的冷弯薄壁型钢结构技术规范 GBJ18—87 对受弯构件的弹性弯扭屈曲采用了前面的弹性理论计算公式 (4.251a)，用侧向计算长度系数 μ_b 来考虑构件端部的约束条件，计算长度 $l_0 = \mu_b l$，稳定系数为

$$\varphi_b = \beta_1 \frac{\pi^2 E I_y}{l_0^2 W_x f_y} \left[\beta_2 a + \beta_3 \beta_y + \sqrt{(\beta_2 \alpha + \beta_3 \beta_y)^2 + \frac{I_\omega}{I_y} \left(1 + \frac{G I_t l_0^2}{\pi^2 E I_\omega}\right)} \right]$$

令 $\eta = 2(\beta_2 a + \beta_3 \beta_y)/h$，$\zeta = \dfrac{4 I_\omega}{I_y h^2} + \dfrac{4 G I_t l_0^2}{\pi^2 E I_y h^2} = \dfrac{4 I_\omega}{I_y h^2} + \dfrac{0.156 I_t}{I_y}\left(\dfrac{l_0}{h}\right)^2$，而 $I_y = i_y^2 A$，$\lambda_y^2 = (l_0/i_y)^2$，将它们代入上式后可以改写为适合不同屈服强度 f_y 的受弯构件的稳定系数 [81]

$$\varphi_b = \frac{4320 A h}{\lambda_y^2 W_x} \beta_1 \left(\eta + \sqrt{\eta^2 + \zeta}\right)(235/f_y) \qquad (4.328a)$$

对于不同的荷载条件和侧向支承，系数 β_1，β_2 和 β_3 都可以从 4.4.3 节的表 4.6 中查到，所要注意的是采用的符号和这里引用的不完全相同。

但是在修订 GBJ18—87 后的 GB50018—2013[53] 中去掉了弹性理论计算公式 (4.251a) 第二项有关单轴对称截面受弯构件特性的 $\beta_3 \beta_y$。关于此项有两点值得注意：① β_3 之值因荷载作用条件不同，变动范围很大，$\beta_3 = 0 \sim 1.0$；② 不对称截面常数 β_y 之值与单轴对称截面面积的分布有关，以单轴对称 I 形截面为例，当受压翼缘加强时，β_y 为正值，当受拉翼缘加强时，β_y 为负值，其对受弯构件弹性弯扭屈曲临界弯矩的影响之大不可小视。关于这个问题的理论分析和计算实例可参考文献 [79,80]。在冷弯薄壁型钢结构中单轴对称截面受弯构件的截面形式是多种多样的，而且并非总是简支构件，只有两端简支的且作用着同一方向相同端弯矩的双曲率单轴对称截面受弯构件，因系数 $\beta_3 = 0$，因而这一项 $\beta_3 \beta_y$ 才自然消失，而作用着相反方向不同端弯矩的单轴对称截面受弯构件，β_3 之值为 0.94~1.0，否则从式 (4.251a) 中剔除 $\beta_3 \beta_y$ 是没有理论依据的。

当按照弹性公式得到的临界应力 σ_{cr} 超过比例极限 f_p 后，需按照切线模量临界弯矩得到的弹塑性屈曲应力 $\sigma'_{cr} = \sigma_{cr} E_t / E$ 来确定稳定系数，此时 $\varphi'_b = \varphi_b E_t / E$。考虑到缺陷的影响，计算时用降低了的比例极限，取 $f_p = 0.7 f_y$，采用 F. Bleich 建议的切线模量计算公式

$$E_t/E = \frac{(f_y - \sigma'_{cr})\sigma'_{cr}}{(f_y - f_p)f_p} = \frac{(1 - \varphi_b E_t/E)\varphi_b E_t/E}{(1 - 0.7) \times 0.7}$$

解得 E_t/E 后，即可知

$$\varphi'_b = 1 - 0.21/\varphi_b \tag{4.328b}$$

结合图 4.93 中一系列横向荷载通过截面剪心的受弯构件弯扭屈曲的试验资料，再将上式修改为实用计算公式。当 $\varphi_b \geqslant 0.7$ 时，稳定系数应按下式计算：

$$\varphi'_b = 1.091 - 0.274/\varphi_b \tag{4.328c}$$

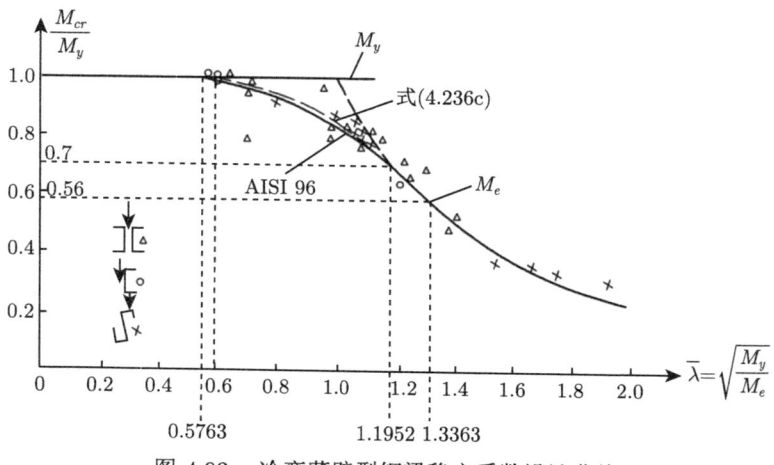

图 4.93 冷弯薄壁型钢梁稳定系数设计曲线

考虑了材料的分项系数后，对于横向荷载平行于主轴且通过截面剪心的受弯构件，按下式验算整体稳定：

$$\frac{M_{\max}}{\varphi_b W_{ex}} \leqslant f \tag{4.329}$$

对于横向荷载虽然平行于主轴但不通过截面剪心的受弯构件，需考虑最大弯矩处截面因偏心扭矩产生的影响，简单的计算方法是将双力矩 B_ω 产生的翘曲正应力 σ_ω 加进式 (4.329) 中，可先求解出此受弯构件在横向荷载作用下产生的扭转角位移函数，而后得到 $B_\omega = -EI_\omega \varphi''$，按下式验算其整体稳定：

$$\frac{M_{\max}}{\varphi_b W_{ex}} + \frac{B_\omega}{W_\omega} \leqslant f \tag{4.330}$$

4.5 构件弯扭屈曲理论在设计中的应用

式中，W_{ex} 为有效截面抵抗矩；B_ω 和 $M_{\max}$ 为在同一截面的双力矩，对于有几种横向荷载作用的受弯构件，可按表 4.12 给出的公式计算；W_ω 为毛截面扇心抵抗矩，$W_\omega = I_\omega/\omega_n$，$I_\omega$ 为翘曲惯性矩，ω_n 为主扇性坐标。

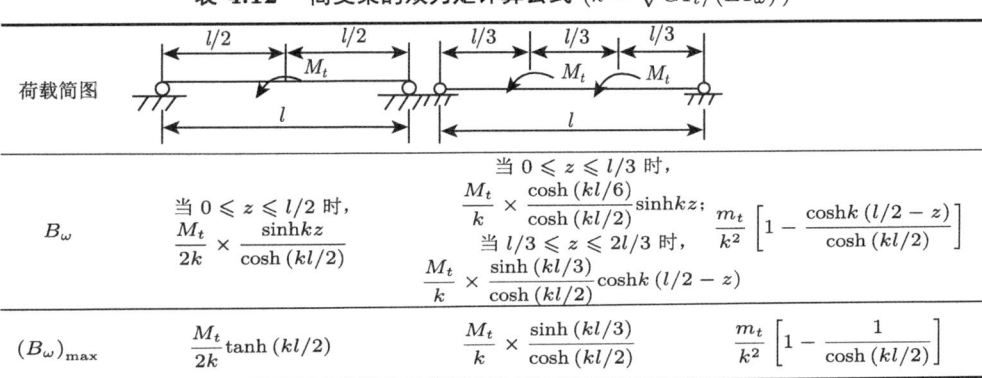

表 4.12 简支梁的双力矩计算公式 ($k = \sqrt{GI_t/(EI_\omega)}$)

荷载简图	（图）		
B_ω	当 $0 \leqslant z \leqslant l/2$ 时，$\dfrac{M_t}{2k} \times \dfrac{\sinh kz}{\cosh(kl/2)}$	当 $0 \leqslant z \leqslant l/3$ 时，$\dfrac{M_t}{k} \times \dfrac{\cosh(kl/6)}{\cosh(kl/2)} \sinh kz$；当 $l/3 \leqslant z \leqslant 2l/3$ 时，$\dfrac{M_t}{k} \times \dfrac{\sinh(kl/3)}{\cosh(kl/2)} \cosh k(l/2-z)$	$\dfrac{m_t}{k^2}\left[1 - \dfrac{\cosh k(l/2-z)}{\cosh(kl/2)}\right]$
$(B_\omega)_{\max}$	$\dfrac{M_t}{2k}\tanh(kl/2)$	$\dfrac{M_t}{k} \times \dfrac{\sinh(kl/3)}{\cosh(kl/2)}$	$\dfrac{m_t}{k^2}\left[1 - \dfrac{1}{\cosh(kl/2)}\right]$

3. 公路钢结构桥梁设计规范 JTG D64—2015

受弯构件的失稳模态为弯扭失稳，箱形截面等横向抗弯刚度和抗扭刚度很大的结构形式一般不会出现失稳破坏[55]。

(1) 符合下列情况之一时，可不计算梁的整体稳定性。

(i) 有铺板 (各种钢筋混凝土板和钢板) 密铺在梁的受压翼缘上并与其牢固相连，能阻止梁受压翼缘的侧向位移时。

(ii) 工字形截面简支梁受压翼缘的自由长度 L_1 与其宽度 B_1 之比不超过表 4.13 所规定的数值时。其中，梁的支座处设置横梁，跨间无侧向支承点的梁，L_1 为其跨度；梁的支座处设置横梁，跨间有侧向支承点的梁，L_1 为受压翼缘侧向支承点间的距离。

表 4.13 工字形截面简支梁不需计算整体稳定性的最大 L_1/B_1 值

钢号	跨间无侧向支承点的梁		跨间受压翼缘有侧向支承点的梁，不论荷载作用于何处
	荷载作用在上翼缘	荷载作用在下翼缘	
Q235	13.0	20.0	16.0
Q345	10.5	16.5	13.0
Q390	10.0	15.5	12.5
Q420	9.5	15.0	12.0

(iii) 箱形截面简支梁，其截面尺寸 (图 4.94) 满足 $h/b_0 \leqslant 6$，且 $L_1/b_0 \leqslant 65(345/f_y)$ 时。

(2) 不满足第 (1) 款规定的等截面实腹式受弯构件,应按下列规定验算整体稳定。

$$\gamma_0 \left(\beta_{m,y} \frac{M_y}{\chi_{LT,y} M_{Rd,y}} + \frac{M_z}{M_{Rd,z}} \right) \leqslant 1 \qquad (4.331a)$$

$$\gamma_0 \left(\frac{M_y}{M_{Rd,y}} + \beta_{m,z} \frac{M_z}{\chi_{LT,z} M_{Rd,z}} \right) \leqslant 1 \qquad (4.331b)$$

$$M_{Rd,y} = W_{y,\text{eff}} f_d \qquad (4.331c)$$

$$M_{Rd,z} = W_{z,\text{eff}} f_d \qquad (4.331d)$$

$$\bar{\lambda}_{LT,y} = \sqrt{\frac{W_{y,\text{eff}} f_y}{M_{cr,y}}}, \quad \bar{\lambda}_{LT,z} = \sqrt{\frac{W_{z,\text{eff}} f_y}{M_{cr,z}}} \qquad (4.331e)$$

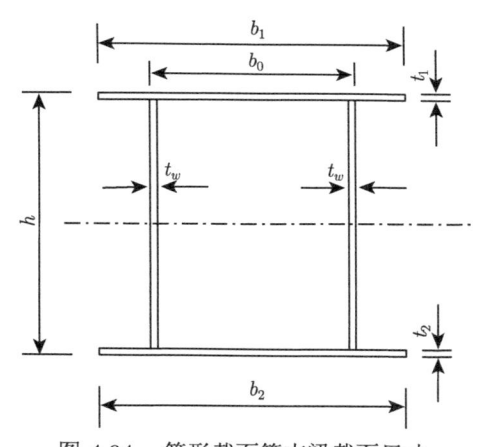

图 4.94 箱形截面简支梁截面尺寸

式中,M_y、M_z 为构件最大弯矩;$\beta_{m,y}$、$\beta_{m,z}$ 为等效弯矩系数,可按表 4.14 计算;$\chi_{LT,y}$、$\chi_{LT,z}$ 分别为 M_y 和 M_z 作用平面内的弯矩单独作用下,构件弯扭失稳模态的整体稳定折减系数;可按式 (2.100) 计算,但相对长细比采用 $\bar{\lambda}_{LT,y}$、$\bar{\lambda}_{LT,z}$,截面类型见表 4.15;$\bar{\lambda}_{LT,y}$、$\bar{\lambda}_{LT,z}$ 为弯扭相对长细比;$W_{y,\text{eff}}$、$W_{z,\text{eff}}$ 分别为有效截面相对于 y 轴和 z 轴的截面模量,其中受拉翼缘仅考虑剪力滞影响,受压翼缘同时考虑剪力滞和局部稳定影响;$M_{cr,y}$、$M_{cr,z}$ 分别为 M_y、M_z 作用平面内的弯矩单独作用下,考虑约束影响的构件弯扭失稳模态的整体弯扭弹性屈曲弯矩,可采用有限元方法计算。

4.5 构件弯扭屈曲理论在设计中的应用

表 4.14 压弯构件整体稳定等效弯矩系数

弯矩分布	$\beta_{m,y}$、$\beta_{m,z}$
M ～ ψM	$0.65 + 0.35\psi$
	1.0
	0.95

表 4.15 受弯构件整体稳定系数的截面分类

横截面形式	屈曲方向	屈曲曲线类型
轧制 I 形截面	$h/b \leqslant 2$	a
	$h/b > 2$	b
焊接 I 形截面	$h/b \leqslant 2$	c
	$h/b > 2$	d
其他截面	—	d

4.5.5 双向弯曲压弯构件和双向受弯梁的稳定设计方法

先讨论双向弯曲压弯构件,再讨论双向受弯梁。

在 4.3.8 节中曾用能量法建立了双向受弯的压弯构件的能量表达式和等弯矩作用时的平衡方程,而且曾不计二阶效应按照分岔失稳问题求解了双向弯曲压弯构件的弹性弯扭屈曲载荷。但是在实际结构中常常遇到的双向弯曲压弯构件,在两个方向的弯矩可能存在很大差别,然而截面在一个主轴方向的抗弯刚度 EI_x 很大,而在另一个主轴方向的抗弯刚度 EI_y、抗扭刚度 GI_t 和抗翘曲刚度 EI_ω 均很小,因而构件绕 y 轴的挠度和绕纵轴的扭转角 φ 可能均很大,构件的二阶效应不能忽略不计。由于双向弯曲压弯构件一经荷载作用就出现两个方向的挠度和扭转角，构件在弹塑性状态达到极限状态时，属于极值点失稳问题，但在双向弯曲压弯构件的稳定设计公式内含有单向受弯构件的临界弯矩。

对于图 4.95(a) 所示两端简支的双轴对称 I 形截面双向弯曲压弯构件，在其两端作用有轴心压力 P，不等端弯矩 M_{1x}，M_{2x}，M_{1y} 和 M_{2y}，而且 $M_{1x} \geqslant M_{2x}$，$M_{1y} \geqslant M_{2y}$，以及支点反力 $R_x = \dfrac{M_{1x} - M_{2x}}{l}$，$R_y = \dfrac{M_{1y} - M_{2y}}{l}$，离左端 z 处截面的一阶弯矩 $M_x = M_{1x} - R_x z$，$M_y = M_{1y} - R_y z$。

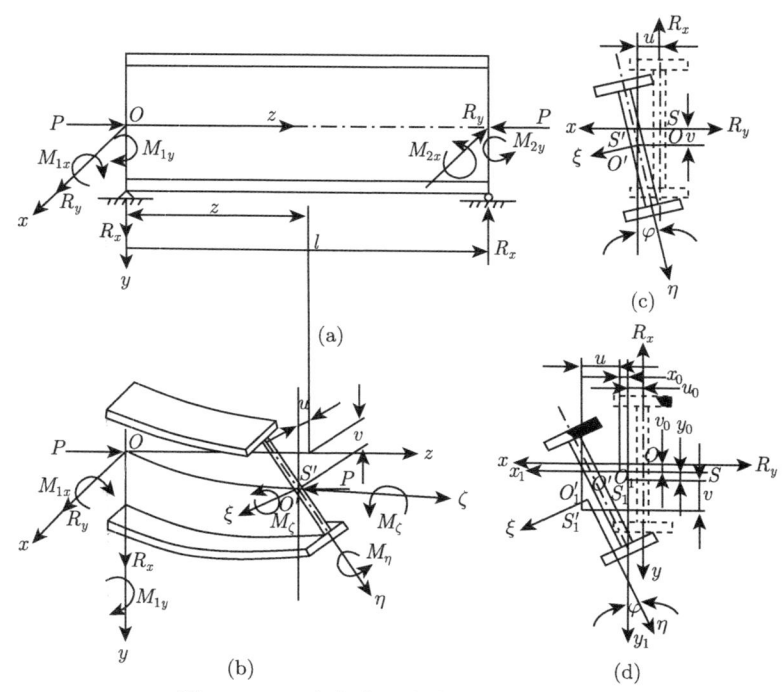

图 4.95　双向弯曲压弯构件的变形和受力

1. 双向弯曲压弯构件的平衡方程

在外力作用下，在 z 截面处的弹性变形见图 4.95(b) 和 (c)，此时绕移动坐标轴的外弯矩和外扭矩为 $M_\xi = M_x + Pv - M_y\varphi$，$M_\eta = M_y + Pu + M_x\varphi$，$M_\zeta = M_x u' - M_y v' + R_x u - R_y v$。

按照小变形理论，在弹性状态的平衡方程是

$$EI_x v'' + Pv + M_x - M_y\varphi = 0 \tag{4.332}$$

$$EI_y u'' + Pu + M_y + M_x\varphi = 0 \tag{4.333}$$

4.5 构件弯扭屈曲理论在设计中的应用

$$EI_\omega \varphi''' + \left(Pi_0^2 - GI_t + \bar{R}\right)\varphi' + M_x u' - M_y v' + R_x u - R_y v = 0 \quad (4.334)$$

在式 (4.332)~(4.334) 中，令 $P=0$，即为双向受弯梁的平衡方程。

弹性双向弯曲压弯构件的解析解只能得到外力 P, M_{1x}, M_{2x}, M_{1y}, M_{2y} 与位移 u, v 和 φ 之间十分复杂的关系式，从此关系式很难确定纤维最大应力所在截面[74]。

双向弯曲压弯构件的承载力是由极限荷载决定的。构件失稳时截面有一部分已经屈服，有屈服区后截面的弹性区已无对称轴，沿纵轴各截面弹性区的形心、主轴和剪心距都是变化的，这样极限荷载的确定将非常复杂。构件弯曲和扭转变形后任意截面受力的平衡方程可以参考文献 [75] 建立。

如果在弹塑性状态，截面弹性区的坐标 x_1 和 y_1 的原点取弹性区的形心 O_1，且与原截面的主轴 x 和 y 平行，此时原截面原点 O 的坐标为 (u_0, v_0)，u_0 和 v_0 均为负值，剪心 S_1 的坐标为 (x_0, y_0)，如图 4.95(d) 所示，构件弯曲和扭转后的平衡方程将较简单，可用数值法得到双向弯曲压弯构件的极限荷载。若假定钢材为理想的弹塑性体，则截面的抗弯、抗翘曲和抗扭刚度将与截面的弹性区有关。它们是 $EI_{e\xi} \approx EI_{ex_1}$, $EI_{e\eta} \approx EI_{ey_1}$, $EI_{e\xi\eta} \approx EI_{ex_1Y_1}$, $EI_{e\omega}$ 和 $GI_{et} + G_t I_{pt}$，非对称弹性区的惯性积 $I_{ex_1y_1} = \int_{Ae} x_1 y_1 dA$，作用于截面的外力有 Wagner 效应 $\bar{K}\varphi' = \int_A \sigma\rho^2 dA \varphi' = \int_A \sigma\left[(x_1-x_0)^2 + (y_1-y_0)^2\right]dA\varphi'$，弯矩 $M_\xi = M_x + P(v - v_0 - x_0\varphi) - M_y\varphi$，$M_\eta = M_y + P(u - u_0 + y_0\varphi) + M_x\varphi$ 和扭矩 $M_\zeta = (M_x + Py_0 - Pv_0)u' - (M_y + Px_0 - Pu_0)v' + R_x(u-u_0) - R_y(v-v_0)$。

在弹塑性状态的平衡方程为

$$EI_{ex_1}v'' + EI_{ex_1y_1}u'' + P(v-v_0) + M_x - (M_y + Px_0)\varphi = 0 \quad (4.335)$$

$$EI_{ey_1}u'' + EI_{ex_1y_1}v'' + P(u-u_0) + M_y + (M_x + Py_0)\varphi = 0 \quad (4.336)$$

$$EI_{e\omega}\varphi''' + \left(\overline{K} - GI_{et} - GI_{pt}\right)\varphi' + (M_x + Py_0 - Pv_0)u'$$
$$- (M_y + Px_0 - Pu_0)v' + R_x(u-u_0) - R_y(v-v_0) = 0 \quad (4.337)$$

文献 [10] 列出了采用有限差分法、有限单元法、近似挠曲线法和非直接荷载增量法对双向弯曲的轧制 I 形钢的压弯构件作了弹塑性分析，得到的极限荷载都与试验结果作了比较，其中除用有限差分法得到的极限荷载偏低于试验结果外，其他几种方法得到的极限荷载与试验结果均比较吻合。

2. 双向弯曲 I 形柱极限承载力的相关曲线

对于图 4.96(a) 所示双向均匀弯曲的 I 形截面压弯构件，理论计算结果可以用相关曲线表示，如图 4.96(b) 所示。取比值 $P/P_y = 0.3$，曲线 a 是当 $\lambda_x = 0$ 时在 P，M_x 和 M_y 共同作用下全截面屈服的相关曲线；而曲线 b 是 $\lambda_x = 60$ 时压弯构件的极限荷载曲线。M_{ucx} 和 M_{ucy} 均计及了二阶效应并分别由式 (4.345) 与式 (4.346) 确定。

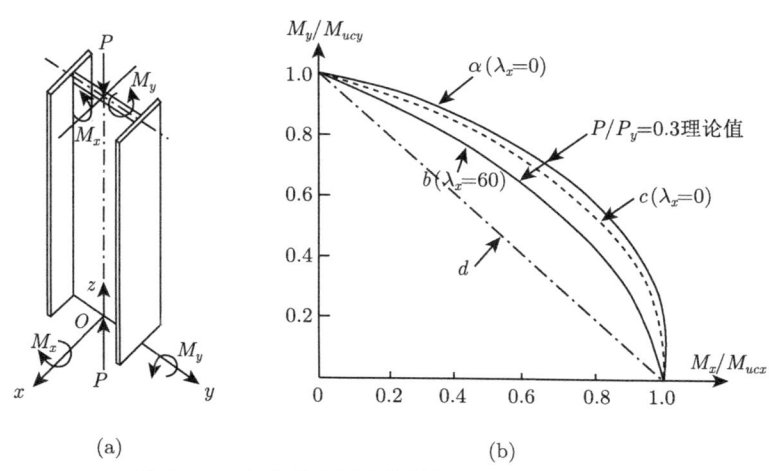

图 4.96 双向弯曲压弯构件极限承载力相关曲线

根据理论分析结果，N. Tebedge 和 W. F. Chen 建议用以下表达式来确定双向均匀弯曲压弯构件全截面屈服的相关曲线[76]：

$$\left(\frac{M_x}{M_{prx}}\right)^{\alpha_0} + \left(\frac{M_y}{M_{pry}}\right)^{\alpha_0} \leqslant 1.0 \tag{4.338}$$

式中，M_{prx} 和 M_{pry} 分别是计及轴心压力后截面的塑性铰弯矩，可由 4.5.1 节中式 (4.258d) 和 (4.258f) 确定，

$$M_{prx} = 1.2 \times \left(1 - \frac{P}{P_y}\right) M_{px} \leqslant M_{px} \tag{4.339}$$

$$M_{pry} = 1.2 \times \left[1 - \left(\frac{P}{P_y}\right)^2\right] M_{py} \leqslant M_{py} \tag{4.340}$$

指数

$$\alpha_0 = 1.60 - \frac{P/P_y}{2\ln(P/P_y)} \tag{4.341}$$

4.5 构件弯扭屈曲理论在设计中的应用

当 $P/P_y = 0.3$ 时，$\alpha_0 = 1.725$。图 4.96(b) 中的虚线 c 是根据 $\alpha_0 = 1.7$ 画出的式 (4.338) 所示相关曲线。如取 $\alpha_0 = 1.0$，则式 (4.338) 即为图 4.96(b) 中点划线 d，其表达式为

$$\frac{M_x}{M_{prx}} + \frac{M_y}{M_{pry}} \leqslant 1.0 \tag{4.342}$$

对于如图 4.95(a) 所示中等和细长的非均匀双向弯曲压弯构件，需计及构件的二阶效应，可用下式估算其极限荷载：

$$\frac{P}{P_u} + \frac{\beta_{mx} M_{1x}}{M_{ux}\left(1 - \dfrac{P}{P_{Ex}}\right)} + \frac{\beta_{my} M_{1y}}{M_{uy}\left(1 - \dfrac{P}{P_{Ey}}\right)} \leqslant 1.0 \tag{4.343}$$

式中，P_u 为当 M_{1x} 和 M_{1y} 均为零时计及初始弯曲和残余应力的轴心受压构件的最小极限荷载；M_{ux} 为当 P 与 M_{1y} 均为零时，均匀受弯构件绕 x 轴弯曲的极限弯矩，$M_{ux} = M_{cr} \leqslant M_{px}$；$M_{uy}$ 为当 P 与 M_{1x} 均为零时，均匀受弯构件绕 y 轴弯曲的极限弯矩，对于 I 形截面，$M_{uy} = M_{py}$；β_{mx} 与 β_{my} 为等效弯矩系数，$\beta_{mx} = 0.6 + 0.4 \dfrac{M_{2x}}{M_{1x}}$，$\beta_{my} = 0.6 + 0.4 \dfrac{M_{2y}}{M_{1y}}$。$M_{1x}$ 与 M_{2x} 和 M_{1y} 与 M_{2y} 均以构件具有单向曲率时取同号，双向曲率时取异号。

式 (4.343) 也可以用另一种相关公式表示：

$$\left(\frac{\beta_{mx} M_{1x}}{M_{ucx}}\right)^\alpha + \left(\frac{\beta_{my} M_{1y}}{M_{ucy}}\right)^\alpha \leqslant 1.0 \tag{4.344}$$

式中，M_{ucx} 是当 $M_{1y} = 0$ 时，由式 (4.343) 得到的单向均匀弯曲压弯构件绕 x 轴弯曲的极限弯矩；M_{ucy} 是当 $M_{1x} = 0$ 时单向均匀弯曲压弯构件绕 y 轴弯曲的极限弯矩，

$$M_{ucx} = M_{ux}\left(1 - \frac{P}{\Phi_c P_u}\right)\left(1 - \frac{P}{P_{Ex}}\right) \tag{4.345}$$

$$M_{ucy} = M_{uy}\left(1 - \frac{P}{\Phi_c P_u}\right)\left(1 - \frac{P}{P_{Ey}}\right) \tag{4.346}$$

W. F. Chen 和 N. Tebedge 建议式 (4.344) 中的指数 α 取决于轴心压力的比值 P/P_y 和 I 形截面的宽度与高度的比值 b/h。

当 $\dfrac{b}{h} \geqslant 0.3$ 时，

$$\alpha = 0.4 + \frac{P}{P_y} + \frac{b}{h} \geqslant 1.0 \tag{4.347a}$$

当 $\dfrac{b}{h} < 0.3$ 时，

$$\alpha = 1.0 \tag{4.347b}$$

有许多试验结果与由式 (4.344) 符合较好，但有部分试验达不到计算结果，因此 W. F. Chen 又将此式改写为

$$\left(\dfrac{\beta_{mx}M_{1x}}{M_{ucx}}\right)^2 + \dfrac{\beta_{my}M_{1y}}{M_{ucy}} \leqslant 1.0 \tag{4.347c}$$

对于如图 4.96(a) 所示双向均匀弯曲的 I 形截面受弯构件，极限承载力的近似式 (4.343) 可写作

$$\dfrac{P}{P_u} + \dfrac{M_x}{M_{cr}\left(1-\dfrac{P}{P_{Ex}}\right)} + \dfrac{M_y}{M_{py}\left(1-\dfrac{P}{P_{Ey}}\right)} \leqslant 1.0 \tag{4.348}$$

式 (4.348) 可以用无量纲的三维曲面图表示。图 4.97 表示了 $\lambda_x = 0$，60 和 100 三组曲面，实线为精确解，而虚线是由式 (4.348) 给出的。从图中可知，用式 (4.348) 来估量双向弯曲压弯构件的极限弯矩时均偏于安全，特别是用于双向受弯构件时偏于安全的幅度更大[16]。

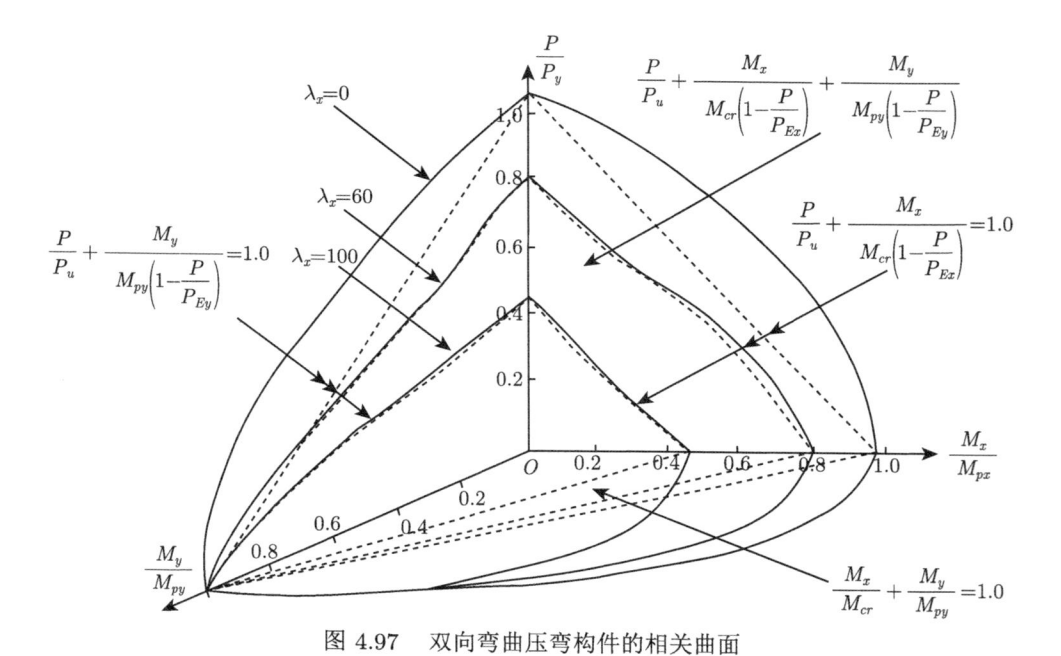

图 4.97 双向弯曲压弯构件的相关曲面

3. 双向弯曲压弯构件的设计公式

1) GB 50017—2014 的设计公式 [11]

对于弯矩作用在两个主平面的双轴对称实腹式 I 形和箱形截面的双向弯曲压弯构件，根据理论分析和国内外试验资料，对式 (4.343) 作了修正，分别按如下两个公式验算稳定性：

$$\frac{P}{\varphi_x A} + \frac{\beta_{mx} M_x}{\gamma_x W_x \left(1 - 0.8\dfrac{P}{P'_{Ex}}\right)} + \frac{\beta_{ty} M_y}{\varphi_{by} W_y} \leqslant f \quad (4.349\text{a})$$

$$\frac{P}{\varphi_y A} + \frac{\beta_{tx} M_x}{\varphi_{bx} W_x} + \frac{\beta_{my} M_y}{\gamma_y W_y \left(1 - 0.8\dfrac{P}{P'_{Ey}}\right)} \leqslant f \quad (4.349\text{b})$$

式中，φ_x 和 φ_y 分别为对强轴 x-x 和弱轴 y-y 的轴心受压构件的稳定系数；φ_{bx} 和 φ_{by} 为均匀受弯构件的稳定系数，对于 I 形截面，平面外均匀受弯构件的稳定系数 $\varphi_{by} = 1.0$，对于箱形截面，$\varphi_{by} = 1.4$。

式 (4.349a) 可以理解为 M_y 使构件绕 x 轴弯扭再加上 M_x 绕 x 轴的弯曲作用，式 (4.349b) 为 M_x 使构件绕 y 轴弯扭再加上 M_y 绕 y 轴的弯曲作用。

2) GB 50018—2013 的设计公式 [53]

对于双轴对称截面双向弯曲的冷弯薄壁型钢压弯构件，采用了 4.5.3 节单向弯曲压弯构件平面内和平面外稳定计算公式相叠加的方法，计算时 φ_x、φ_y、φ_{bx} 和 φ_{by} 都是按照截面毛面积确定的，两个计算公式分别是

$$\frac{P}{\varphi_x A_e} + \frac{\beta_{mx} M_x}{\left(1 - \varphi_x \dfrac{P}{P'_{Ex}}\right) W_{ex}} + \frac{M_y}{\varphi_{by} W_{ey}} \leqslant f \quad (4.350\text{a})$$

$$\frac{P}{\varphi_y A} + \frac{M_x}{\varphi_{bx} W_{ex}} + \frac{\beta_{my} M_y}{W_{ey}\left(1 - \varphi_y \dfrac{P}{P'_{Ey}}\right)} \leqslant f \quad (4.350\text{b})$$

式中，A_e 为截面的有效截面积；W_{ex} 和 W_{ey} 为有效截面的抵抗矩。

3) 公路钢结构桥梁设计规范 JTG D64—2015 [53]

弯矩作用在两个主平面内的压弯构件整体稳定应按下式计算：

$$\gamma_0 \left[\frac{N_d}{\chi_y N_{Rd}} + \beta_{m,y} \frac{M_y + N_d e_z}{M_{Rd,y}\left(1 - \dfrac{N_d}{N_{cr,y}}\right)} + \beta_{m,z} \frac{M_z + N_d e_y}{\chi_{LT,z} M_{Rd,z}\left(1 - \dfrac{N_d}{N_{cr,z}}\right)} \right] \leqslant 1$$
(4.351a)

$$\gamma_0 \left[\frac{N_d}{\chi_z N_{Rd}} + \beta_{m,y} \frac{M_y + N_d e_z}{x_{LT,y} M_{Rd,y}\left(1 - \dfrac{N_d}{N_{cr,y}}\right)} + \beta_{m,z} \frac{M_z + N_d e_y}{M_{Rd,z}\left(1 - \dfrac{N_d}{N_{cr,z}}\right)} \right] \leqslant 1$$
(4.351b)

式中，N_d 为构件中间 1/3 范围内的最大轴力设计值；M_y、M_z 为所计算构件段范围内的最大弯矩设计值；$\chi_{LT,z}$-xz 平面内的弯矩作用下，构件弯扭失稳模态的整体稳定折减系数，按该规范受弯构件整体稳定的相关规定计算；$\beta_{m,z}$ 为相对 M_z 的等效弯矩系数，可按表 4.14 计算。

4. 双向弯曲双轴对称截面梁

对于如图 4.98 所示双轴对称 I 形截面双向均匀弯曲的梁，其弹性平衡方程可由式 (4.332)~(4.334) 中令 $P = 0$，$R_x = 0$ 和 $R_y = 0$ 得到

$$EI_x v'' + M_x - M_y \varphi = 0 \tag{4.352}$$

$$EI_y u'' + M_y + M_x \varphi = 0 \tag{4.353}$$

$$EI_\omega \varphi''' - \left(GI_t - \overline{R}\right) \varphi' + M_x u' - M_y v' = 0 \tag{4.354}$$

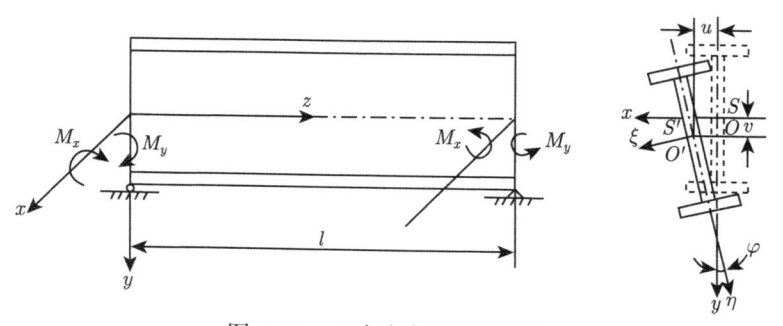

图 4.98 双向弯曲均匀受弯梁

对式 (4.352) 和式 (4.353) 微分两次，对式 (4.354) 微分一次，可得到适合任意边界条件的平衡方程

$$EI_x v^{\text{IV}} - M_y \varphi'' = 0 \tag{4.355}$$

4.5 构件弯扭屈曲理论在设计中的应用

$$EI_y u^{IV} + M_x \varphi'' = 0 \tag{4.356}$$

$$EI_\omega \varphi^{IV} - \left(GI_t - \overline{R}\right)\varphi'' + M_x u'' - M_y v'' = 0 \tag{4.357}$$

对于两端简支的梁，构件的变形函数可用 $u = C_2 \sin \dfrac{\pi z}{l}$，$v = C_1 \sin \dfrac{\pi z}{l}$ 和 $\varphi = C_3 \sin \dfrac{\pi z}{l}$ 来表示，把它们代入式 (4.355)~(4.357) 后可以得到双向弯曲梁 M_x 和 M_y 的关系式

$$\frac{M_x^2}{EI_y\left(GI_t - \overline{R}\right)} + \frac{M_y^2}{EI_x\left(GI_t - \overline{R}\right)} = \frac{\pi^2}{l^2}\left[1 + \frac{\pi^2 EI_\omega}{\left(GI_t - \overline{R}\right)l^2}\right] \tag{4.358}$$

不计残余应力影响，即 $\overline{R} = 0$，图 4.99 给出了典型截面 W14×74 双向弯曲梁 M_x 与 M_y 之间的弹性相关曲线[10]。图中有屈服强度为 $f_y = 410\text{MPa}$ 和 $f_y = 250\,\text{MPa}$ 时按照式 (4.359) 得到的截面最大纤维应力达到屈服强度时的直线 ABC 和 $A'B'C'$，还有按照式 (4.358) 得到的椭圆曲线。梁的跨长有 9.15m 和 12.2m 两种。

$$\frac{M_x}{W_x} + \frac{M_y}{W_y} \leqslant f_y \tag{4.359}$$

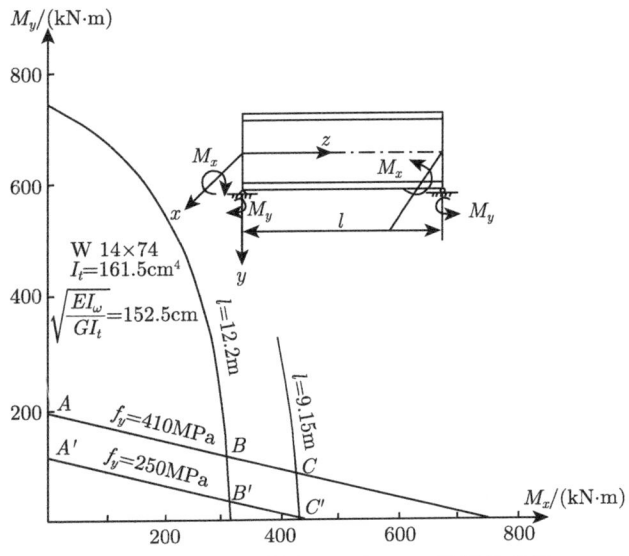

图 4.99 双向弯曲梁 M_x 与 M_y 的相关曲线

图 4.99 中 B 和 C 是当 $f_y = 410\text{MPa}$ 时，按式 (4.359) 得到的截面最大纤维应力达到屈服强度，B' 和 C' 是当 $f_y = 250\text{MPa}$ 时，截面的最大纤维应力达

到屈服强度。从图 4.99 可知，当 $M_y \leqslant 0.25M_x$ 时，M_y 对双向弯曲梁的弹性弯扭承载力的影响很小，可以忽略不计，双向弯曲梁的稳定可按单向弯曲计算，即 $M_x \leqslant M_{cr}$。如果直接由式 (4.348)，令 $P=0$ 作为计算双向弯曲梁的稳定公式，则均偏于安全。在弹塑性阶段失稳时，梁的几何缺陷和残余应力对其承载力有一定影响。对于 GB50017—2014，

$$\frac{M_{1x}}{\varphi_b W_x} + \frac{M_{1y}}{\gamma_y W_y} \leqslant f \tag{4.360}$$

如果在双向弯曲构件的侧向支承点之间还有较大的外力扭矩作用，可在诸双向弯曲构件的计算公式中加进一因扭矩而产生的双力矩作用。

5. 单角钢受弯构件

对于如图 4.100(a) 所示的不等肢单角钢截面，其主轴为强轴 u 和弱轴 v，平行于两个肢的几何轴线为 x 和 y，u 轴和 x 轴之间的夹角为 α，截面的形心和剪心分别为 O 和 $S(u_0, v_0)$。参考文献 [10] 列出图 4.100 中角钢尖 1、2 和剪心 S 的坐标以及截面几何性质：

(1) 绕截面几何轴线的惯性矩：

$$I_x = \frac{ta^3(a+4b)}{12(a+b)}, \quad I_y = \frac{tb^3(4a+b)}{12(a+b)}$$

(2) 惯性积：

$$I_{xy} = \frac{-ta^2b^2}{4(a+b)}, \quad \tan 2\alpha = -\frac{2I_{xy}}{I_x - I_y}$$

(3) 绕截面主轴的惯性矩：

$$I_u, I_v = \frac{t}{4(a+b)} \left\{ \frac{a^3(a+4b) + b^3(4a+b)}{6} \right.$$

$$\left. \pm \sqrt{\left[\frac{a^3(a+4b) - b^3(4a+b)}{6}\right]^2 + a^4b^4} \right\}$$

(4) 角钢尖 1 的坐标：

$$u_1 = \frac{-a(a+2b)\sin\alpha - b^2\cos\alpha}{2(a+b)}$$

$$v_1 = \frac{-a(a+2b)\cos\alpha + b^2\sin\alpha}{2(a+b)}$$

4.5 构件弯扭屈曲理论在设计中的应用

(5) 角钢尖 2 的坐标：

$$u_2 = \frac{-b(2a+b)\cos\alpha - a^2\sin\alpha}{2(a+b)}$$

$$v_2 = \frac{-b(2a+b)\sin\alpha + b^2\cos\alpha}{2(a+b)}$$

(6) 剪心 S 的坐标：

$$u_0 = \frac{a^2\sin\alpha + b^2\cos\alpha}{2(a+b)}, \quad v_0 = \frac{a^2\cos\alpha + b^2\sin\alpha}{2(a+b)}$$

$$i_0^2 = \frac{I_u + I_v}{A} + u_0^2 + v_0^2$$

(7)

$$\beta_u = \frac{t}{2I_v} \left\{ \frac{1}{\sin^3\alpha} \left[\frac{u_0^4 - u_1^4}{4} - \frac{b^2(u_0^3 - u_1^3)\cos\alpha}{3(a+b)} + \frac{b^4(u_0^2 - u_1^2)}{8(a+b)^2} \right] \right.$$

$$\left. + \frac{1}{\cos^3\alpha} \left[\frac{u_0^4 - u_1^4}{4} - \frac{a^2(u_0^3 - u_1^3)\sin\alpha}{3(a+b)} + \frac{a^4(u_0^2 - u_1^2)}{8(a+b)^2} \right] \right\} - u_0$$

(8)

$$\beta_v = \frac{t}{2I_u} \left\{ \frac{1}{\cos^3\alpha} \left[\frac{v_0^4 - v_1^4}{4} - \frac{b^2(v_0^3 - v_1^3)\sin\alpha}{3(a+b)} + \frac{b^4(v_0^2 - v_1^2)\cos\alpha}{8(a+b)^2} \right] \right.$$

$$\left. + \frac{1}{\sin^3\alpha} \left[\frac{v_2^4 - v_0^4}{4} - \frac{a^2(v_2^3 - v_0^3)\sin\alpha}{3(a+b)} + \frac{a^4(v_2^2 - v_0^2)\cos\alpha}{8(a+b)^2} \right] \right\} - v_0$$

对于两端简支、长度为 l 的单角钢纯弯构件，如弯矩 M 与主轴 v 之间的夹角如图 4.100(a) 所示为 θ，则绕 u 轴和 v 轴的分量分别为如图 4.100(b) 所示的 $M\cos\theta$ 和 $M\sin\theta$，这样从受力条件看，此单角钢为一双向弯曲受弯构件。若截面绕纵轴 z 有一扭转角 φ，则其绕主轴的 4 个分量分别为 $M\cos\theta\cos\varphi$，$M\cos\theta\sin\varphi$，$M\sin\theta\cos\varphi$ 和 $M\sin\theta\sin\varphi$，当 φ 值很小时，$\cos\varphi = 1.0$，$\sin\varphi = \varphi$，这样可以建立一组耦联的平衡方程。

绕 ξ 轴弯曲

$$EI_u v'' + M\cos\theta - M\sin\theta\varphi = 0 \text{ 或 } v'' = -\frac{(\cos\theta - \varphi\sin\theta)M}{EI_u} \qquad (4.361)$$

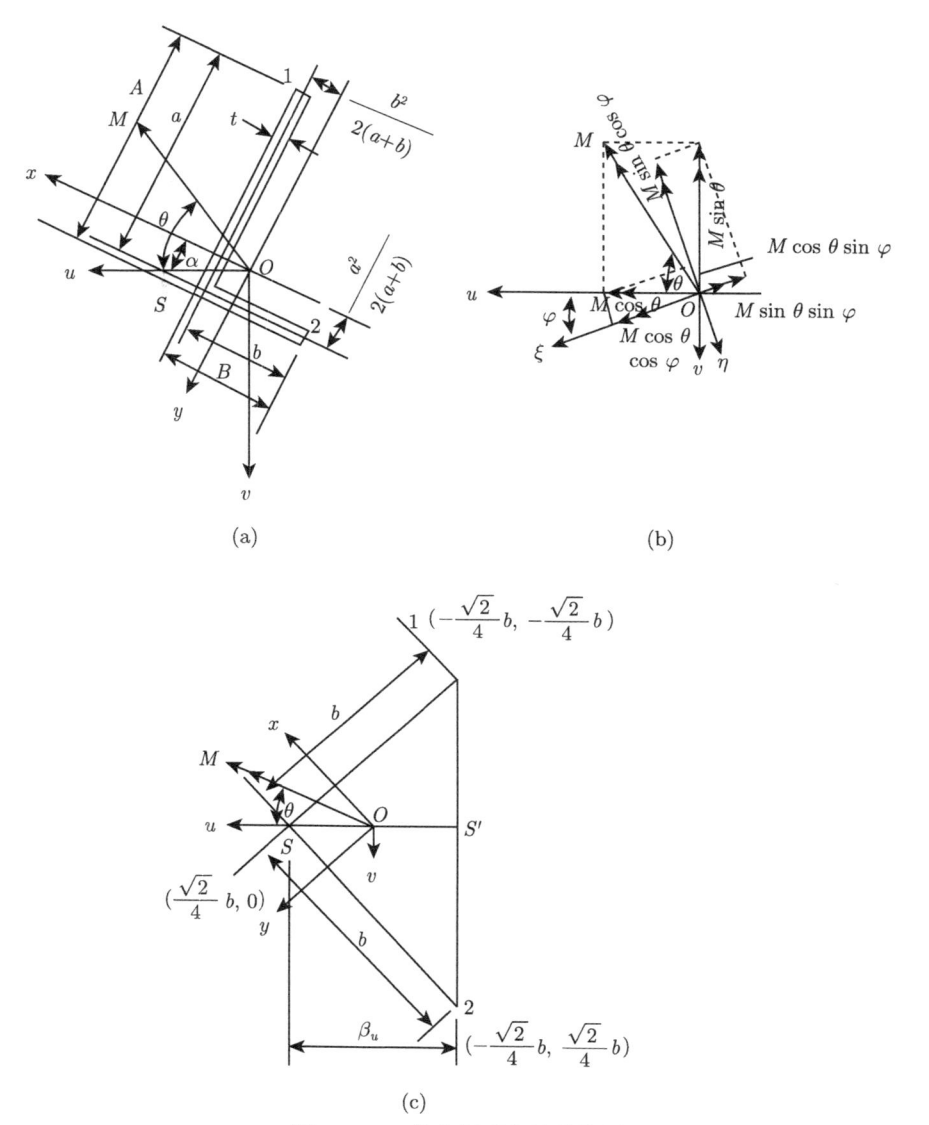

图 4.100 单角钢受弯计算简图

绕 η 轴弯曲

$$EI_v u'' + M\sin\theta + M\cos\theta\varphi = 0 \quad 或 \quad u'' = -\frac{(\sin\theta + \varphi\cos\theta)M}{EI_v} \qquad (4.362)$$

绕纵轴扭转

$$(GI_t + 2\beta_v M\cos\theta + 2\beta_u M\sin\theta)\varphi'' - M\cos\theta u'' + M\sin\theta v'' = 0 \qquad (4.363)$$

4.5 构件弯扭屈曲理论在设计中的应用

将式 (4.361) 和式 (4.362) 代入式 (4.363) 后可得只有一个变量 φ 的扭矩平衡方程

$$(GI_t + 2\beta_v M \cos\theta + 2\beta_u M \sin\theta)\varphi'' + \frac{M^2 \varphi}{E}\left(\frac{\cos^2\theta}{I_v} + \frac{\sin^2\theta}{I_u}\right)$$

$$+ \frac{M^2 \sin\theta \cos\theta}{E}\left(\frac{1}{I_v} - \frac{1}{I_u}\right) = 0 \qquad (4.364)$$

可以用伽辽金法求解,对于两端简支的构件,用扭转角函数 $\varphi = C \sin \pi z/l$,伽辽金方程为

$$\int_0^l \left[-\frac{\pi^2}{l^2}(GI_t + 2\beta_v M \cos\theta + \beta_u M \sin\theta)C \sin\frac{\pi z}{l} + \frac{M^2}{E}\left(\frac{\cos^2\theta}{I_v} + \frac{\sin^2\theta}{I_u}\right)C\right.$$

$$\left.\cdot \sin\frac{\pi z}{l} + \frac{M^2 \sin\theta \cos\theta}{E}\left(\frac{1}{I_v} - \frac{1}{I_u}\right)\right]\sin\frac{\pi z}{l}\mathrm{d}z = 0 \qquad (4.365)$$

经积分后,上式可写作

$$f(M,C) = -\frac{2\pi}{2l}(GI_t + 2\beta_v M \cos\theta + 2\beta_u M \sin\theta)C + \frac{2M^2 l}{\pi E}\left(\frac{\cos^2\theta}{I_v} + \frac{\sin^2\theta}{I_u}\right)C$$

$$+ \frac{2M^2 l \sin\theta \cos\theta}{\pi E}\left(\frac{1}{I_v} - \frac{1}{I_u}\right) = 0 \qquad (4.366)$$

求解弹性弯扭屈曲临界弯矩的条件为 $\dfrac{\partial f(M,C)}{\partial C} = 0$,由此可得

$$\left(\frac{\cos^2\theta}{I_v} + \frac{\sin^2\theta}{I_u}\right)M^2 - \frac{2\pi^2 E}{l^2}(\beta_v \cos\theta + \beta_u \sin\theta)M - \frac{\pi^2 EGI_t}{l^2} = 0 \quad (4.367)$$

$$M_e = \frac{1}{\dfrac{\cos^2\theta}{I_v} + \dfrac{\sin^2\theta}{I_u}}\left\{\sqrt{\left[\frac{\pi^2 E(\beta_v \cos\theta + \beta_u \sin\theta)}{l^2}\right]^2 + \frac{\pi^2 EGI_t}{l^2}\left(\frac{\cos^2\theta}{I_v} + \frac{\sin^2\theta}{I_u}\right)}\right.$$

$$\left. + \frac{\pi^2 E}{l^2}(\beta_v \cos\theta + \beta_u \sin\theta)\right\} \qquad (4.368)$$

式中,$\beta_u = \dfrac{\int u(u^2+v^2)\mathrm{d}A}{2I_v} - u_0$,$\beta_v = \dfrac{\int v(u^2+v^2)\mathrm{d}A}{2I_u} - v_0$。如果在构件的跨间有侧向支承点,则式中 l 应为侧向支承点之间的距离。

对于不等肢角钢，当 $\theta = 0°$ 时，截面绕强轴 u 受弯，长肢角钢尖 1 受压，由式 (4.368) 可得

$$M_e = \frac{\pi^2 EI_v}{l^2}\left(\sqrt{\beta_v^2 + \frac{GAt^2l^2}{3\pi^2 EI_v}} + \beta_v\right) \approx \frac{9.87EI_v}{l^2}\left[\sqrt{\beta_v^2 + 0.013\left(\frac{tl}{i_v}\right)^2} + \beta_v\right] \tag{4.369}$$

对于不等肢角钢，当 $\theta = 180°$ 时，截面仍绕强轴 u 受弯，但短肢角钢尖 2 受压，因为 β_v 为负值，故由下式得到的屈曲弯矩将大于由式 (4.369) 得到的 M_e：

$$M_e = \frac{\pi^2 EI_v}{\lambda^2}\left(\sqrt{\beta_v^2 + \frac{GAt^2l^2}{3\pi^2 EI_v}} - \beta_v\right) \approx \frac{9.87EI_v}{l^2}\left[\sqrt{\beta_v^2 + 0.013\left(\frac{tl}{i_v}\right)^2} - \beta_v\right] \tag{4.370}$$

对于如图 4.100(c) 所示的等边单角钢，$\alpha = 45°$，$a = b$，$A = 2tb$，$I_u = tb^3/3$，$I_v = tb^3/12$，$I_t = At^2/3$，$\beta_u = -\sqrt{2}b/2$，$\beta_v = 0$，由式 (4.368) 可得

$$M_e = \frac{\sqrt{2}\pi^2 Etb^4}{6(1+3\cos^2\theta)l^2}\left[\sqrt{\sin^2\theta + \frac{4G(1+3\cos^2\theta)t^2l^2}{\pi^2 Eb^4}} - \sin\theta\right]$$

$$\approx \frac{2.33Etb^4}{(1+3\cos^2\theta)l^2}\left[\sqrt{\sin^2\theta + 0.156(1+3\cos^2\theta)(tl/b^2)^2} - \sin\theta\right] \tag{4.371}$$

当 $\theta = 0°$ 时，截面绕主轴 u 弯曲，角钢尖 1 或 2 受压，

$$M_e = \frac{\pi\sqrt{2}t^2b^2}{6l}\sqrt{GE} \approx 0.46Et^2b^2/l \tag{4.372}$$

$\theta = 45°$ 时，截面绕几何轴 x 受弯，角钢尖 1 受压，

$$M_e = \frac{\pi^2 Etb^4}{15l^2}\left(\sqrt{1+\frac{20Gt^2l^2}{\pi^2 Eb^4}} - 1\right) \approx \frac{0.66Etb^4}{l^2}\left[\sqrt{1+0.78(tl/b^2)^2} - 1\right] \tag{4.373}$$

$\theta = 90°$ 时，截面绕弱轴 v 受弯，角钢尖 1 与 2 均受压，

$$M_e = \frac{\sqrt{2}\pi^2 Etb^4}{6l^2}\left(\sqrt{1+\frac{4Gt^2l^2}{\pi^2 Eb^4}} - 1\right) \approx \frac{2.33Etb^4}{l^2}\left[\sqrt{1+0.156(tl/b^2)^2} - 1\right] \tag{4.374}$$

对于非纯弯构件，在计算弹性弯扭屈曲临界弯矩 M_e 时需乘以等效弯矩系数 β_b，可按照在侧向支承点间构件段的弯矩图计算

$$\beta_b = \frac{12.5 M_{\max}}{2.5 M_{\max} + 3 M_A + 4 M_B + 3 M_C} \leqslant 1.5 \qquad (4.375)$$

考虑了材料的非线性性质、截面的残余应力分布和构件的几何缺陷后，根据 J. M. Leigh 和 M. G. Lay 等的研究成果[77,78]，美国单角钢设计规范 AISC LRFD SAM2000 对于单角钢受弯构件绕主轴弯曲或绕几何轴弯曲的临界弯矩均采用如图 4.101 所示曲线[79]。

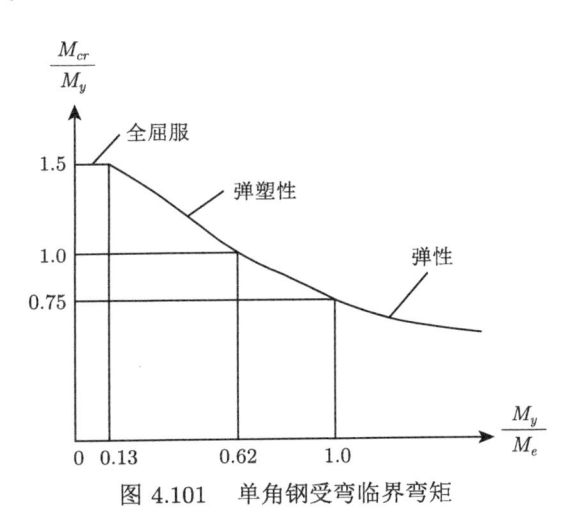

图 4.101　单角钢受弯临界弯矩

以 M_y 表示与弯矩作用相对应的截面边缘受压纤维屈服的弯矩：当 $M_e > M_y$ 时，

$$M_{cr} = \left(1.92 - 1.17\sqrt{M_y/M_e}\right) M_y \leqslant 1.5 M_y \qquad (4.376)$$

当 $M_e \leqslant M_y$ 时，

$$M_{cr} = (0.92 - 0.17 M_e/M_y) M_e \qquad (4.377)$$

参 考 文 献

[1] Bezas M Z, Demonceau J F, Vayas I, et al. Design rules for equal-leg angle members subjected to compression and bending[J]. Journal of Constructional Steel Research, 2022, 189: 107092.

[2] Xu Y, Dai Y, Wang C X, et al. Study on the bending performance of aluminum assembled hub joints[J]. Engineering Structures, 2021, 243: 112574.

[3] Kang X X, Li Z H, Qiang S Z. Uniform formula for the ultimate bearing capacity of simply supported perfect rectangular plates subjected to one-way uniform compressio[J]. Review in Journal of Constructional Steel Research, Nov. 12, 2021.

[4] Simão P D, Barros H, Ferreira C C, et al. Closed-form moment-curvature relations for reinforced concrete cross sections under bending moment and axial force[J]. Engineering Structures, 2016, 129: 67-80.

[5] 康孝先. 大跨度钢桥极限承载力计算理论与试验研究 [D]. 成都: 西南交通大学, 2009.

[6] Trahair N S, Bradford M A. The Behaviour and Design of Steel Structures[M]. 2nd ed. London: Chapman and Hall, 1991.

[7] Chen W F, Lui E M. Structural Stability—Theory and Implementation[M]. New York: Elsevier, 1987: 161-165.

[8] Chen W F, Zhou S P. Cm factor in load and resistance factor design[J]. Journal, Structural Engineering ASCE, 1987, 113(8): 1738-1754.

[9] 陈绍蕃. 钢结构 [M]. 2 版. 北京: 中国建筑工业出版社, 1994: 211-217.

[10] 陈骥. 钢结构稳定理论与设计 [M]. 6 版. 北京: 科学出版社, 2014.

[11] Kharghani N, Soares C G. Analytical and experimental study of the ultimate strength of delaminated composite laminates under compressive loading[J]. Composite Structures, 2019, 228: 111355.

[12] Gawryluk J, Teter A. Experimental-numerical studies on the first-ply failure analysis of real, thin walled laminated angle columns subjected to uniform shortening[J]. Composite Structures, 2021, 269: 114046.

[13] Wang C, Liu R Q. Dynamic and static ultimate bearing capacities of continuous double-beam plates considering interaction between plates and beams[J]. Thin-Walled Structures, 2022, 171: 108744.

[14] 蔡春声, 王国周. 加载途径对钢压弯构件稳定极限承载力的影响 [J]. 建筑结构学报, 1992, (3): 19-28.

[15] 吕烈武, 沈世钊, 沈祖炎, 等. 钢结构构件稳定理论 [M]. 中国建筑工业出版社, 1983: 151-154.

[16] 福本唟士. 座屈設計ガイドライン [M]. 日本土木学会鋼構造委員会, 東京: 座屈設計のガイドライン作成小委員会出版, 1987: 143.

[17] Ballio G, Mazzolani F M. Theory and Design of Steel Structures[M]. London, New York: Chapman and Hall, 1983: 478.

[18] 陈绍蕃, 顾强. 钢结构建筑工程教学辅导丛书 [M]. 北京: 中国建筑工业出版社, 1992: 252-255.

[19] 中华人民共和国国家标准. 钢结构设计规范 (GB50017—2003)[M]. 北京: 中国计划出版社, 2003.

[20] Eurocode 3, Design of Steel Structures, Part 1: General Rules and Rules for Buildings[S]. ENV 1993-1-1, Comlte European de Normalisatian(CEN), Brussels, Belgium, 1996.

[21] Horne M R, Morris L J. Plastic Design of Low-Rise Frames[M]. London: Constrado Monograph, 1985: 162-164.

[22] ECCS. Manual on the stability of steel structures[C]. Seccond International Colloquium on Stability, 1976: 183.

参考文献

[23] 中华人民共和国行业标准. 高层民用建筑钢结构技术规程 (JGJ99—98)[M]. 北京: 中国建筑工业出版社, 1998.
[24] AISC 99. Load and Resistance Factor Design Specification for Structural Steel Buildings[M]. 3rd ed. Chicago: American Institute of Steel Struction December, 1999.
[25] Kanchanalai T. The Design and Behavior of Beam-Columns in Unbraced Steel Frames[C]. AISI Project No. 189, Report No. 2, Civil Engineering Structures Research Lab., University of Texas at Austin, October, 1977: 300-310.
[26] 童根树, 施祖元. 非完全支撑框架的稳定性 [J]. 土木工程学报, 1998, 31(4): 31-37.
[27] 季渊, 童根树, 施祖元. 弯曲型支撑框架结构的临界荷载与临界支撑刚度研究 [J]. 浙江大学学报 (工学版), 2002(5): 89-94, 106.
[28] Chen W F, Toma S. Advanced Analysis of Steel Frames[M]. Boca Raton: CRC Press, 1994.
[29] White D W. Plastic hinge methods for advanced analysis of steel frames[J]. Journal of Constructional Steel Research, 1993, 24(2): 121-152.
[30] Liew J Y R, White D W, Chen W F. Second-order refined plastic-hinge analysis for frame design, Part 1[J]. Journal of Structural Engineering, ASCE, 1993, 119(11): 3196-3216.
[31] Chen W F. Structural stability from theory to practice[J]. Engineering Structures, 2000, 22: 116-122.
[32] Liew J Y R, White D W, Chen W F. Second-order refined plastic-hinge analysis for frame design, Parrt II[J]. Journal of Structural Engineering, ASCE, 1993, 119(11): 3217-3237.
[33] Chen W F, Kim S E. LRFD steel design using advanced analysis[J]. Boca Raton: CRC Press, 1997.
[34] Standards Australi. AS4100-1998, Steel Structures[S]. Sydney, Australia, 1998.
[35] Canadian Standard Association. Limit States Design of Steel Structures[S]. CAN/CSA-S16. 1-M94, 1994.
[36] AISC LRFD Manual of Steel Construction[M]. Vols. 1-2. Chicago: American Institute of Steel Construction, 2000.
[37] ECCS. Essentials of Eurocode 3 design of manual for steel structures in building[Z]. ECCS-Advisory Committees, No. 65, 1991.
[38] Liew J Y R, White D W, Chen W F. Notional-Load plastic-hinge method for frame design[J]. Journal of Structural Engineering, ASCE, 1994, 120(5): 1434-1454.
[39] Kim S E, Chen W F. Practical advanced analysis for unbraced steel frame design[J]. Journal of Structural Engineering ASCE, 1996, 122(11): 1259-1265.
[40] Kim S E, Chen W F. Practical advanced analysis for braced steel frame design[J]. Journal of Structural Engineering, ASCE, 1996, 122(11): 1266-1274.
[41] Chen W F, Zhang H. Structural Plasticity, Theory, Problems and CAE Software[M]. Heidelberg, Berlin: Springer-Verlag, 1990.
[42] BS 5950. Structural Use of Steelwork in Building, Part 1[Z]. Code of Practice for

Design-Rolled and Welded Sections, 2000.

[43] Horne M R. Safeguards against frame instability in the plastic design of single storey pitch-roof frames[C]. Proce, Conf. on the Behaviour of Slender Structures, the City University, London, 1977.

[44] 吕烈武, 沈世钊, 沈祖炎, 等. 钢结构构件稳定理论 [M]. 北京: 中国建筑工业出版社, 1983.

[45] 夏志斌, 潘有昌. 结构稳定理论 [M]. 北京: 高等教育出饭社, 1988: 171-173.

[46] 郭在田. 薄壁杆件的弯曲与扭转 [M]. 北京: 中国建筑工业出版社, 1989: 118.

[47] 陈骥. 单轴对称截面轴心受压构件的弯扭屈曲设计问题 [J]. 钢结构, 1999, 14(4): 49-52.

[48] Kitipornchai S, Trahair N S. Buckling properties of monosymmetric I-beams[J]. Journal of the Structural Division, ASCE, 1980, 109(ST5): 941-957.

[49] 王世纪. 开口薄壁压杆的弯扭屈曲理论和试验研究//全国钢结构标准技术委员会. 钢结构研究论文报告选集 [M]. 第一册. 北京: 工业建筑出版社, 1982: 202.

[50] 陈绍蕃. 钢结构设计原理 [M]. 2 版. 北京: 科学出版社, 2001: 241-243.

[51] Vacharajittiphan P, Woolcock S T, Trahair N S. Effect of In-Plane Deformation on Lateral Buckling[J]. Journal of Structural Mechanics, 1974, 3: 29-60.

[52] Morris L J, Plum D R. Structural Steelwork Design to BS 5950[M]. London: Longman Scientific & Technical, 1988: 187-201.

[53] 中华人民共和国国家标准. 冷弯薄壁型钢结构技术规范 (GB50018—2002)[S]. 北京: 中国计划出版社, 2002.

[54] 沈祖炎. 压弯构件在弯矩作用平面内的稳定性计算 [J]. 钢结构, 1991, (2): 39-45.

[55] 中华人民共和国行业标准. 公路钢结构桥梁设计规范 (JTG D64—2015)[S]. 中华人民共和国运输部, 2015.

[56] 夏志斌, 姚谏. 钢结构设计例题集 [M]. 北京: 中国建筑工业出版社, 1994: 401-416.

[57] Chen W F, Lui E M. Stability Design of Steel Frames[M]. Boca Raton: CRC Press, 1991: 125-134.

[58] 陈骥. 单层厂房框架阶形柱计算长度系数 [J]. 西安建筑科技大学学报 (自然科学版), 1992: 1-8.

[59] 陈骥. 柱顶无侧移的单阶柱计算长度系数 [J]. 西安冶金建筑学院学报, 1992, 24(4): 347-355.

[60] Yura J A. The effective length of columns in unbraced frames[J]. Engineering Journal, AISC, 1971, 8(2): 37-42.

[61] Disque R O. Inelastic K factor in design[J]. Engineering Journal, AISC, 1973, 10(2): 33-35.

[62] Galambos T V. Guide to Stability Design Criteria for Metal Structures[M]. 5th ed. New York: John Wiley & Sons, 1998.

[63] 王志骞. 在非结点水平力和重力荷载联合作用下钢框架的弹塑性稳定 [D]. 西安: 西安建筑科技大学, 1983.

[64] 陈骥, 惠宽堂. 刚架的 P-Δ 效应和柱的稳定计算 [J]. 西安建筑科技大学学报, 1995, 27(3): 355-361.

[65] Lemessurier W J. A practical method of second order analysis, Part 2, rigid frames[J].

AISC, Engineering Journal of Steel Construction, 1997, 4(2): 49-67.
[66] AISI 96. Specification for the Design of Cold—Formed Steel Structural Members[Z]. Washington, DC, 1996.
[67] 童根树，张磊. 薄壁钢梁稳定性计算的争议及其解决 [J]. 建筑结构学报，2002, 23(3): 44-51.
[68] CSA Standards S16-2009. Design of Steel Structures[Z]. Canadian Standards Association, Mississauga, Ontario, 2009.
[69] Popovic D, Hancock G J, Rasmussen K J R. Axial cornpression tests of DuraGal angles[J]. Journal of Structural Engineering, ASCE, 1999, 125(5): 515-523.
[70] Australian/New Zealand Standard AS/NZS 4600-1996 Cold-Formed Steel Structures[Z]. Sydney, Australia, 1996.
[71] 日本建築学会. 鋼構造限界状態設計指針 [Z]. 同解説, AIJ98. 1998: 29-30.
[72] 陈绍蕃. 压弯构件在弯矩作用平面外的稳定设计 [J]. 钢结构, 中国钢结构协会, 1991, (2): 46-52.
[73] 陈绍蕃. T 形截面偏心压杆有塑性区时的弯扭屈曲 [J]. 西安冶金建筑学院学报, 1978, (3): 1-4.
[74] 姜德进. 冷成型钢单轴对称开口薄壁偏心压杆弯扭屈曲的弹塑性分析 [J]. 西安冶金建筑学院学报, 1984, (3): 41-58.
[75] 康孝先. 薄板的曲后性能和梁腹板拉力场理论研究 [D]. 成都: 西南交通大学, 2005.
[76] Beedle L S. Stability of Metal Structures, A World View[M]. 2nd ed. Chicago: American Association of Steel Strctures, 1991.
[77] 夏志斌. 受弯构件整体稳定性的计算 [J]. 钢结构, 中国钢结构协会, 1991, (1): 34-41.
[78] 夏志斌, 潘有昌, 张显杰. 焊接工字钢梁的非弹性侧扭屈曲 [J]. 浙江大学学报, 1985, (增刊): 93-105.
[79] TrahairN S. Flexral-Tarsional Buckling of Structures[M]. London: CRC Press，1993.
[80] Mohri F, Brouki A, Rath J C. Theoretical and numerical stability analyses of unrestrained mono- symmetric thin-walled beams[J]. Journal of Constructional Steel Research, 2003, 59: 63-90.
[81] 中华人民共和国国家标准. 冷弯薄壁型钢结构技术规范 (GBJ18—87), 条文说明 [M]. 北京: 中国计划出版社, 1989.
[82] Chen W F, Atsuta T. Ultimate strength of biaxial loaded steel H-columns[J]. Journal of Structural Division, ASCE, 1973, 99, (ST3): 469-489.
[83] Chen W F, Atsuta T. Theory of Beam-Columns, Vol. 2, Space Behavior and Design[M]. New York: McGraw-Hill, 1977: 451-473.
[84] Tebedge N, Chen W F. Design criteria for H-columns under biaxial bending[J]. Journal of the Structural Division, ASCE, No. 1ST 3, March, 1974, 100(3): 579-598.
[85] Leigh J M, Lay M G. The Design of Laterally Unsupported Angles in Steel Design Current Practice, section 2, Bending Members[M]. Chicago: AISC, 1984.
[86] Earls C J, Galambos T V. Design recommendations for equal leg single angle flexural members[J]. Journal of Constructional Steel Research, 1997, 43(1-3): 65-85.

[87] AISC LRFD SAM 2002, Specification for Single-Angle Members[Z]. Chicago, IL, November, 2000.
[88] Standards Australia, AS4100-1998, Steel Structures[Z]. Sydney, 1998.
[89] 郭耀杰, 方山峰. 钢结构构件弯扭屈曲问题的计算和分析 [J]. 建筑结构学报, 1990, (3): 38-44.
[90] Salmon C G, Jhonson J. E. Steel Structures, Design and Behavior, Emphasizing Load and Resistance Factor Design[M]. 4th ed. New York: Harper-Collins College Publishers, 1996.
[91] William T S. LRFD Steel Structure Design[M]. Boston: PWS Publishing Company, 1994: 183.
[92] Wougkaew K, Chen W F. Consideration of out-of-plane buckling in advanced analysis for planar steel frame design[J]. Journal of Constructional Steel Research, 2002, 58: 943-965.
[93] Kim S E, Lee J. Improved refined plastic-hinge analysis accounting for lateral torsional buckling[J]. Journal of Constructional Steel Research, 2002, 58: 1431-1453.

附录 1　李雅普诺夫稳定性简介

1892 年俄国数学家和力学家李雅普诺夫 (A. M. Lyapunov) 在他的博士论文《运动稳定性一般问题》中给出了稳定性的科学概念、研究方法和分析系统稳定性的理论，就如何判别系统的稳定性问题，借助平衡状态稳定与否的特征对系统或系统运动稳定给出了严格的定义，提出了解决稳定性问题的一般理论，即李雅普诺夫稳定性理论。李雅普诺夫考虑到针对非线性系统修改稳定理论，修正为以一个稳定点线性化的系统为基础的线性稳定理论。该理论基于系统的状态空间描述法，是对单变量、多变量、线性、定常、时变系统稳定性分析皆适用的通用方法，是现代稳定性理论的重要基础和现代控制理论的重要组成部分。李雅普诺夫稳定性理论能同时适用于分析线性系统和非线性系统、定常系统和时变系统的稳定性，是更为一般的稳定性分析方法。

他的论文最初以俄文发行，后翻译为法文，但多年来默默无闻。人们对它的兴趣突然在冷战初期 (1953 至 1962 年) 开始，因当时所谓的 "李雅普诺夫第二方法" 被认为适用于航空航天制导系统的稳定性，而这个系统通常包含很强的非线性，其他方法并不适用。大量的相关出版物自那时起开始出现，并进入控制系统文献中。最近李雅普诺夫指数的概念引起了人们广泛兴趣，并与混沌理论结合了起来。

李雅普诺夫将判断系统稳定性问题归纳为两种方法，即李雅普洛夫第一法和李雅普诺夫第二法。

李雅普诺夫第一法 (简称李氏第一法或间接法) 是通过解系统的微分方程式，然后根据解的性质来判断系统的稳定性，其基本思路和分析方法与经典控制理论一致。对于线性定常系统，只需解出全部特征根即可判断稳定性；对于非线性系统，则采用偏线性化的方法处理，即通过分析非线性微分方程的一次线性近似方程来判断稳定性，故只能判断在平衡状态附近很小范围内的稳定性。

李雅普诺夫第二法 (简称李氏第二法或直接法) 的特点是不必求解系统的微分方程式就可以对系统稳定性进行分析判断，该方法建立在能量观点基础之上：若系统的某个平衡状态是渐进稳定的，则随着系统的运动，其储存的能量将随时间增长而不断衰减，直到 $t \to \infty$ 时，系统运动趋于平衡状态而能量趋于极小值。由此，李雅普诺夫创立了一个可模拟系统能量的 "广义能量"

函数，根据这个标量函数的性质来判断系统的稳定性。由于该方法不必求解系统的微分方程就可直接判断其稳定性，故又称直接法，其最大的优点在于对于任何复杂系统都能使用，而对于运动方程式求解困难的高阶系统、非线性系统及时变系统的稳定性分析，则更能显示出优越性。引用李氏第二法稳定理论的关键在于能否找到一个合适的"广义能量"函数，通常称此函数为李雅普诺夫函数。然而，目前对于非线性系统尚未找到构造李雅普诺夫函数的通用方法。

1.1 基本概念

系统的李雅普诺夫稳定性指的是系统在平衡状态下受到扰动时，经过"足够长"的时间后，系统恢复到平衡状态的能力。因此，系统的稳定性是相对系统的平衡状态而言的。为此，首先给出关于平衡状态的定义，然后讨论其稳定性的有关问题。自治系统的静止状态就是系统的平衡状态。

稳定性是系统在平衡状态受扰动后，系统自由运动的性质，与外部输入无关。对于系统自由运动，令输入 $\mu = 0$，系统的齐次状态方程

$$\dot{x} = f(x,t)$$

式中，x 为 n 维向量，且含时间变量 t；$f(x,t)$ 为线性或非线性，定常或时变的 n 维向量函数，其展开式为 $\dot{x}_i = f_i(x_1, x_2, \cdots, x_n, t), i = 1, 2, \cdots, n$。

式 $\dot{x} = f(x,t)$ 的解为 $x_t = \Phi(t : x_0, t_0)$，式中，t_0 为初始时刻，$x(t_0) = x_0$ 为状态向量初始值。

式 $x_t = \Phi(t : x_0, t_0)$ 描述了系统式 $\dot{x} = f(x,t)$ 在 n 维空间的状态轨线。若在 $\dot{x} = f(x,t)$ 所描述的系统中，存在状态点 x_e，当系统达到该点时，系统状态各分量维持平衡，不再随时间变化，即 $\dot{x}|_{x=x_e} = 0$，该类状态点 x_e 即为系统的平衡状态，即系统式 $\dot{x} = f(x,t)$ 存在状态向量 x_e，对所有时间 t，都使 $f(x,t) \equiv Ax$ 成立，则称 x_e 为系统平衡。由平衡状态在状态空间中所确定的点，称为平衡点。

$f(x,t) \equiv Ax$ 为确定式 $\dot{x} = f(x,t)$ 所描述系统平衡状态的方程。

对于线性定常系统 $\dot{x} = Ax$。其平衡状态 x_e 应满足代数方程 $Ax_e = 0$。若 A 非奇异，则系统存在一位移的平衡状态 $x_e = 0$，即状态空间原点为系统唯一的平衡点；但若 A 奇异，则系统存在无穷多平衡状态。

对于非线性系统，平衡方程式 $f(x,t) \equiv Ax$ 的解可能有多个，视系统方程而定。

1.2 稳定性定义

1.2.1 稳定

设 x_e 为动力学系统式 $\dot{x} = f(x,t)$ 的平衡状态，若对任意实数 $\varepsilon > 0$，都对应存在另一实数 $\delta(\varepsilon, t_0) > 0$，使当 $\|x_0 - x_e\| \leqslant \delta(\varepsilon, x_0)$ 时，系统式 $\dot{x} = f(x,t)$ 从任意初始状态 $x(t_0) \leqslant x_0$ 出发的解都满足

$$\|\Phi(t; x_0, t_0) - x_e\| \leqslant \varepsilon, \quad t_0 < t < \infty$$

则称平衡状态 x_e 为李雅普诺夫意义下稳定，其中，$\delta(\varepsilon, t_0)$ 与 ε 和 t_0 有关，若 δ 与 t_0 无关，则称这种平衡状态 x_e 是一致稳定的。对于定常系统而言，δ 与 t_0 无关，稳定的平衡状态一定为一致稳定。

上述稳定性的定义中，范数 $\|\Phi(t; x_0, t_0) - x_e\| \leqslant \varepsilon, t_0$ 表示 $\dot{x} = f(x,t)$ 的解 $x_t = \Phi(t : x_0, t_0)$ 的所有各点均位于以 x_e 为中心、ε 为半径的闭球域 $S(\varepsilon)$ 中，其限制了初始状态 x_0 允许取值的范围，即 $x_0 - x_e \leqslant \delta$。李雅普诺夫意义下的稳定是指当 t 无限增加时，从初始状态 $x_0 \in S(\delta)$ 出发的状态轨迹 ($\dot{x} = f(x,t)$ 的解) 总不会超过闭球域 $S(\varepsilon)$，即系统状态响应的幅值是有界的。在二维状态空间中，上述李雅普诺夫意义下的稳定几何解释如图 F1-1(a) 所示。

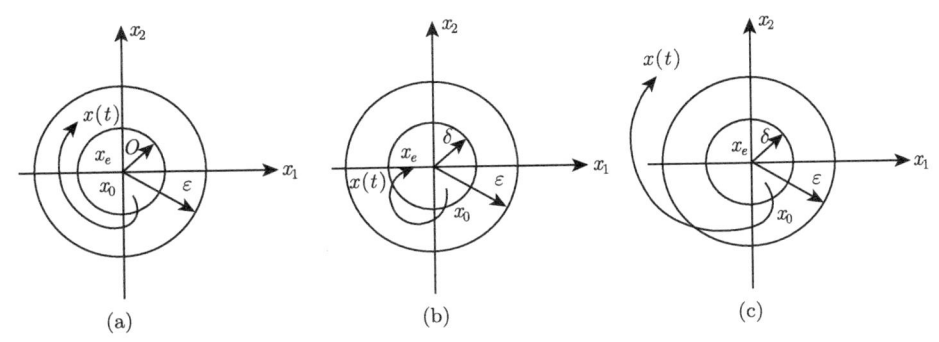

图 F1-1 稳定性的示意图

1.2.2 渐进稳定

设 x_e 为动力学系统式 $\dot{x} = f(x,t)$ 的平衡状态，若对任意实数 $\varepsilon > 0$ 都对应存在另一实数 $\delta(\varepsilon, t_0) > 0$，使当 $\|x_0 - x_e\| \leqslant \delta(\varepsilon, x_0)$ 时，从任意初始状态 $x(t_0) = x_0$ 出发的解都满足

$$\|\Phi(t; x_0, t_0) - x_e\| \leqslant \varepsilon, \quad t \geqslant t_0$$

且对于任意小量 $\mu > 0$，总有

$$\lim_{t \to \infty} \|\Phi(t; x_0, t_0) - x_e\| \leqslant \mu$$

则称平衡状态 x_e 是渐进稳定的。若 δ 与 t_0 无关，则称这种平衡状态 x_e 是一致渐进稳定的。

渐进稳定的几何意义可以理解为：如果平衡状态 x_e 为李雅普诺夫意义下稳定，且从球域 $S(\delta)$ 内发出的状态轨迹 $\dot{x} = f(x,t)$ 的解，当 $t \to \infty$ 时，不仅不超出球域 $S(\varepsilon)$ 之外，而且最终收敛于 x_e，则平衡状态 x_e 为渐进稳定。在二维状态空间中，渐进稳定的集合解释如图 F1-1(b) 所示。

1.2.3 大范围渐进稳定

若初始条件扩展至整个状态空间，即 $\delta \to \infty, S(\delta) \to \infty$，且平衡状态 x_e 均具有渐进稳定性时，则称此平衡状态 x_e 是大范围渐进稳定的。若 x_e 大范围内渐进稳定，当 $t \to \infty$ 时，由状态空间中任一初始状态 x_0 出发的状态轨迹 $\dot{x} = f(x,t)$ 都收敛于 $\overline{O'P^*}$。显然，大范围内渐进稳定的必要条件是，在整个状态空间只有唯一平衡状态。

在控制工程中确定渐进稳定性的范围是很重要的。对于严格线性的系统，如果平衡状态是渐进稳定的，那必定是大范围内渐进稳定的，这是因为线性系统的稳定性只取决于系统的结构和参数，而与初始条件的大小无关，因此，线性系统的稳定性是全局性的。而对于非线性系统，稳定性与初始条件大小密切相关，使平衡状态 P^* 为渐进稳定的闭球域 $g(X_1^*, X_2^*, \cdots, X_n^*) = 0$ 一般是不大的，对多个平衡点的情况更是如此，故通常只能在小范围内渐进稳定。因此，非线性系统的稳定性是局限性的。一般来说，渐进稳定性是个局部的性质，知道渐进稳定性的范围，才能明白这一系统的抗干扰程度，从而可以设法抑制干扰的大小，使它能满足系统稳定性的要求。

1.2.4 不稳定性

设 x_e 为动力学系统式 $\dot{x} = f(x,t)$ 的平衡状态，若对某个实数 $\varepsilon > 0$ 和另一实数 $\delta > 0$，当 $\|x_0 - x_e\| \leqslant \delta$ 时，总存在一个初始状态，使

$$\|\Phi(t; x_0, t_0) - x_e\| > \varepsilon, \quad t \geqslant t_0$$

则称平衡状态 x_e 是不稳定的。

不稳定的集合意义可以理解为：对于某个给定的球域 $S(\varepsilon)$，无论球域 $S(\delta)$ 取得多么小，内部总存在一个初始状态 $x(t_o) \geqslant x_0$，使得从这一状态出发的轨迹最终会超出球域 $S(\varepsilon)$。在二维状态空间中，不稳定的集合解释如图 F1-1(c) 所示。

应该指出，对于不稳定平衡状态的轨迹，虽然越出了 $S(\varepsilon)$，但并不意味着轨迹一定趋向无穷远处，例如对于非线性系统，轨迹可能在区域 $S(\varepsilon)$ 以外的某个

平衡点。不过对于线性系统，从不稳定平衡状态出发的轨迹，理论上一定趋于无穷远。

从上述李雅普诺夫稳定性定义可以看出，只要系统自由运动的状态轨线不超过闭球域 $S(\varepsilon)$，即系统自由相应 $x(t) = \Phi(t; x_0, t_0)$ 有界，则称平衡状态 x_e 为李雅普诺夫意义下稳定。经典控制理论中的稳定性定义与渐进稳定性定义相对应。在经典控制理论中，只有渐进稳定的系统才称为稳定系统。只在李雅普诺夫意义下稳定，但不是渐进稳定的系统则称临界稳定系统，这在工程上属于不稳定系统。

1.3 李雅普诺夫稳定性原理在工程上的应用

如今，绝大部分的控制系统都属于物理系统，由上可知，一个系统必须保证它是稳定的，且至少是局部稳定的才能用。通俗地说，只要一个系统它的能量会随着时间减少，就可定义为稳定的。我们现实里所有的控制系统都是非线性的，但是在满足误差、控制精度的要求下，工作范围内将它线性化为线性系统。线性系统只要是稳定的，就必然是渐进稳定乃至全局稳定。

动力准则首先是对有限自由度系统的运动稳定性问题而提出的，这一准则推广应用到连续弹性体系是可行的。李雅普诺夫准则含义是：在一个有限自由度的广义坐标内，以广义坐标系 $q_i (i = 1, 2, \cdots, n)$ 描述其位置的系统。在平衡状态时，$q_i = 0$，系统随时间而变化的速度为 $\dot{q}_i$。如果系统偏离其平衡位置而总可以找到这样的初始特征 q_i^0 和 $\dot{q}_i^0$，使在以后的运动中 q_i 和 $\dot{q}_i$ 不越出某些预先所规定的与基本平衡位置任意接近的界限，则此界限可以判别系统是稳定平衡的；否则系统是不稳定平衡的。由此看出，临界荷载是这样的一种荷载，当作用荷载超过它时，就会使体系振动失去常态。利用动力准则确定临界荷载的方法称为动力法。通常此法步骤如下：① 假定体系由于微小扰动在所讨论的平衡位置附近作微小自由振动，写出振动方程，并求出其振动频率的表达式；② 根据体系处于临界状态时频率等于零的条件确定临界荷载。

应当指出，上述小稳定性准则除了在数学上作了线性化处理外，还需要假定结构系统是完善的。然而，实际工程中板壳结构往往存在几何的、荷载的或初始应力的非理想完善的因素，这些不完善因素统称为原始缺陷或初始缺陷。对于具有原始缺陷以及既承受面内压力又承受侧向荷载的板壳结构，一般表现为极值点失稳形式。当荷载较小时，挠度随荷载增加而增大，但当荷载大到某一临界值时，荷载的微小增加将导致挠度的急剧增大，这表示板壳结构丧失原有形状的稳定性。这一准则又可称为原始缺陷准则。

原始缺陷的存在均导致板壳结构临界荷载的降低。板壳结构在制造、安装和运输过程中所产生的原始缺陷往往有很大的随机性,这对原始缺陷的描述及其对屈曲的影响研究带来很大困难。关于随机分布的初挠度对屈曲的影响,目前有两种研究方法:一种方法是将实测得到的初挠度分布进行调和分析,然后计算极值点屈曲载荷;另一种是将随机理论的方法用于分析任意分布的初挠度对屈曲的影响,从而建立结构的屈曲载荷与随机初挠度谱密度间的关系。

附录 2　可靠度基本原理

结构可靠度理论发展至今，其计算方法已有很多，除了传统的中心点法和验算点法之外，近年来发展了许多改进的计算方法，比如实用分析法、改进的当量正态化 (JC) 法、循环逼近法等，另外随着计算机技术的发展，各种数值方法也在不断产生和发展，如响应面法、蒙特卡罗模拟法等。前述方法在求解可靠度指标时需要解联立方程，经过多次迭代，故较为繁冗。1972 年，Eero Paloheimo 和 Matti Hannus 在赫尔辛基工程力学学术讨论会上提出了"加权分位值"法，不过该法并未使得计算简化。1984 年赵国藩在加权分位值法的基础上，提出了实用分析方法，使得计算得以简化。

2.1　极限状态和极限状态方程

极限状态 (limit state) 的定义是：整个结构或结构的一部分超过某一特定状态，就不能满足设计规定的某一功能要求，此特定状态称为该功能的极限状态。苏联最早将极限状态分为三类：承载能力极限状态、变形极限状态和裂缝极限状态。加拿大曾提出的三种极限状态分别称为破坏极限状态、损伤极限状态和使用或功能极限状态。后来，国际标准化组织 (ISO)、欧洲混凝土委员会 (CEB)、国际预应力混凝土协会 (FIP) 等通常将极限状态分为两类，即承载能力极限状态和正常使用极限状态。

近十多年来，结构连续倒塌事故引起了人们的广泛重视，所以又提出了一种"破坏–安全极限状态"的概念，是指结构在偶然作用下由其局部破坏而产生连续倒塌。这是在局部破坏条件下的承载能力极限状态，故也称之为"条件性极限状态"。

1) 承载能力极限状态

这种极限状态对应于结构或构件达到最大承载能力或不适于继续承载的变形。当结构或构件出现下列状态之一时，即认为超过了承载能力极限状态：结构整体或其一部分作为刚体失去平衡 (如滑动、倾覆等)；结构构件或者连接处因超过了材料强度而发生破坏 (包括疲劳破坏)；结构转变成为机动体系；结构或者构件丧失稳定 (例如柱的压屈失稳等)；由于材料塑性变形过大，导致结构或构件不再能继续承载和使用。

2) 正常使用极限状态

这种极限状态对应于结构或构件达到正常使用或耐久性能的某项规定限值。当结构或构件出现下列状态之一时,即认为超过了正常使用极限状态:影响正常使用或外观的变形;影响正常使用或耐久性能的局部损坏;影响正常使用的振动;影响正常使用的其他特定状态。

3) 条件性极限状态

这种极限状态是指结构出现局部破坏时的最大承载能力。当局部破坏的结构出现下列状态之一时,即认为达到条件极限状态:局部破坏转变为机动体系;局部破坏结构的关键部位因超过材料的强度而发生破坏;局部破坏结构的构件丧失弹性平衡的稳定性,或作为刚体失稳;局部破坏构件的一部分或整体丧失刚体平衡的稳定性。

这些都是在某些特殊场合下,结构发生局部破损而导致人员伤亡或环境严重破坏的失效状态,这种失效状态的发生具有极大的偶然性,在一般的可靠性分析中不予考虑。按照《公路桥涵设计通用规范》(JTG D60—2004)的规定,公路桥涵结构应该按照承载能力极限状态和正常使用极限状态进行设计。

前面所列举的一系列极限状态都可以用极限状态函数(失效函数)来进行描述。设与结构可靠性分析有关的一组随机变量为 X。X 包括构件的几何尺寸、材料强度及荷载效应等,即

$$X = [X_1, X_2, \cdots, X_n] \tag{F2.1}$$

其中 $X_i (i = 1, 2, \cdots, n)$ 是第 i 个随机变量。设 X 的一个观测点为 x,即

$$x = [x_1, x_2, \cdots, x_n] \tag{F2.2}$$

X 构成一个 n 维空间,而 x 就是 n 维基本变量空间中的一个点。

针对上述基本随机变量 X,可以建立起表示这 n 个基本随机变量关系的极限状态函数:

$$Z = g(X_1, X_2, \cdots, X_n) \tag{F2.3}$$

它也被称为安全裕度,而

$$Z = g(X_1, X_2, \cdots, X_n) = 0 \tag{F2.4}$$

称为安全裕度方程。它在 n 维基本变量空间内确定了一个 $n-1$ 维的超曲面,称其为所讨论状况下的失效界面。它把所有可能引起失效的 X 的组合与不引起失效的组合分开来。

如果以 S 表示结构或构件截面上作用的综合效应，以 R 表示结构或构件的抗力，则

$$Z = g(S, R) = R - S \tag{F2.5}$$

表示结构的功能状态，故称之为"功能函数"或"裕度函数"。

如果对 R、S 做一次具体的观测，相应的 Z 值可能出现以下三种情况：$Z > 0$，结构处于可靠状态；$Z < 0$，结构处于失效状态；$Z = 0$，结构处于极限状态。因而 $Z = 0$ 称为极限状态方程，结构所处状态如图 F2-1 所示。

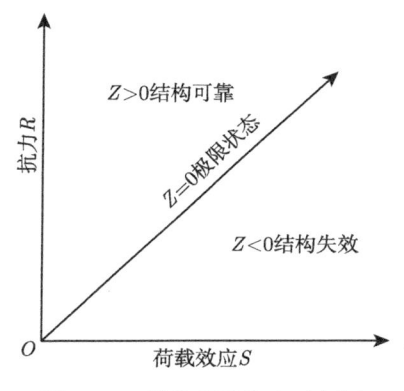

图 F2-1　结构所处状态示意图

2.2　失效概率和可靠度指标

结构可靠度的定义是：结构在规定的时间和规定的条件下，完成预定功能的概率，以 P_r 来表示。反之，结构不能完成预定功能的概率，称为失效概率，以 P_f 表示。

我们有下列假定：

设 S 为结构或构件截面上的综合荷载效应，它是各种荷载 (如恒载、活载、风载等) 分别产生效应的总和，假定可用非负的连续随机变量描述；设 R 为结构或构件截面上的抗力，假定可用非负的连续随机变量描述；设 R 和 S 是相互独立的，失效概率 P_f 的含义可用图 F2-2 来说明。

图 F2-2 是将 R、S 的概率密度函数画在同一平面内。荷载效应 S 在 $(s, s+\mathrm{d}s)$ 之上的概率为 $f_s(s)\mathrm{d}s$，则 $F_R(s)$ 是 $R \leqslant S$ 的概率，即 $F_R(s) = P(R \leqslant S)$。当 R、S 相互独立时，此两事件同时出现的概率等于这两事件概率的乘积，即

$$P = P(Z \leqslant 0) = P(R \leqslant S) = P(R \leqslant S)P(S = s) = F_R(s)f_s(s)\mathrm{d}s \tag{F2.6}$$

将此概率在 S 的全域内积分，即得

$$P_f = \int_0^{+\infty} F_R(s) f_s(s) \mathrm{d}s \tag{F2.7}$$

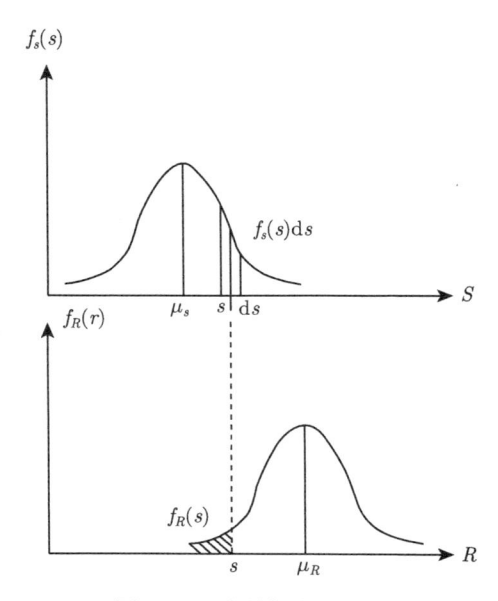

图 F2-2 失效概率的含义

可见，失效概率就是荷载效应 S 取所有可能的值 $s(S=s)$，而抗力 R 都低于它 $(R<s)$，或指抗力 R 取所有可能的值 $(R=r)$，而荷载效应 S 都高于它 $(S>r)$，即它们的总和（积分）。同理，可靠概率为

$$P_r = P(R>S) = \int_0^{+\infty} [1-F_R(s)] f_s(s) \mathrm{d}s \tag{F2.8}$$

一般情况下，功能函数 Z 都是多个随机变量的函数，如式 (2.3) 所示。如果设计基本变量 $X_1, X_2, \cdots, X_n$ 的概率分布为已知，则功能函数 Z 的概率密度函数 $f_z(z)$、概率分布函数 $F_z(z)$ 及其统计参数从理论上说，是可以求得的，于是由失效概率的物理意义可得下式：

$$P_f = P(Z<0) = F_Z(0) = \int_{-\infty}^0 f_z(z) \mathrm{d}z \tag{F2.9}$$

用失效概率 P_f 度量结构的可靠性具有明显的物理意义。但是，计算 P_f 时要进行多维积分，比较困难，因而现有的国际标准及一些国家的标准都用可靠度指

2.2 失效概率和可靠度指标

标 β 来代替 P_f 度量结构的可靠性,而且,由于 β 和 P_f 有着一一对应关系,所以得到广泛的应用。

β 的物理意义以具有两个统计独立的正态随机变量 R 和 S 的功能函数 $Z = R - S$ 来说明。

设 R 与 S 分别服从 $N(\mu_R, \sigma_R^2)$ 和 $N(\mu_S, \sigma_S^2)$,所以 $Z = R - S$ 服从 $N(\mu_Z, \sigma_Z^2)$。其中,$\mu_Z = \mu_R - \mu_S$,$\sigma_Z = \sqrt{\sigma_R^2 + \sigma_S^2}$。所以,$(Z - \mu_Z)/\sigma_Z$ 服从标准正态分布 $N(0,1)$,则式 (F2.9) 可以写为

$$P_f = F_Z(0) = \Phi\left(-\frac{\mu_Z}{\sigma_Z}\right) = 1 - \Phi\left(\frac{\mu_Z}{\sigma_Z}\right) = 1 - \Phi\left(\frac{\mu_Z}{\sigma_Z}\right) = \Phi\left(-\frac{\mu_R - \mu_S}{\sqrt{\sigma_R^2 + \sigma_S^2}}\right) \tag{F2.10}$$

$$P_r = 1 - P_f = \Phi\left(\frac{\mu_Z}{\sigma_Z}\right) = \Phi\left(\frac{\mu_R - \mu_S}{\sqrt{\sigma_R^2 + \sigma_S^2}}\right) \tag{F2.11}$$

比值 μ_Z/σ_Z 称为可靠度指标,以 β 表示,即

$$\beta = \mu_Z/\sigma_Z \tag{F2.12}$$

式 (F2.12) 虽然是在 R 和 S 服从正态分布的条件下导出的,但是在实际工程中,不管 Z 服从什么分布,都可以把可靠度指标 β 作为评价结构可靠性的标准。

表 F2-1 给出了 β 与 P_f 的一一对应关系,通过 β 则可以求得 P_f,其关系也可以用图 F2-3 来表示。

表 F2-1 β 与 P_f 的关系

β	0	3	3.7	4.2	4.7	5.2	5.7
P_f	0.5	1.350×10^{-3}	1.078×10^{-4}	1.335×10^{-5}	1.301×10^{-6}	9.964×10^{-8}	5.990×10^{-9}

如图 F2-3 所示,均值距离坐标原点的距离为 $\beta\sigma_Z$。Z 的概率密度函数落在原点左边的阴影部分,即 $Z < 0$ 的概率为 P_f 值。实质上,β 是反映 $f_R(r)$ 和 $f_S(s)$ 的相对位置 ($\mu_Z = \mu_R - \mu_S$) 和离散程度值 ($\sigma_Z = \sqrt{\sigma_R^2 + \sigma_S^2}$) 的一个量。因而,它能更加全面地反映影响结构可靠性各种主要因素的变异性,这是传统的安全系数所无法达到的。所以,用 β 评价结构的可靠性,比用安全系数更科学,更合理。而且 β 与 P_f 有直接对应关系,并有与 P_f 相同的物理意义,加之计算简便,表达直观,因此具备作为可靠性度量的条件,从而得到广泛的应用。

图 F2-3　β 与 P_f 的关系

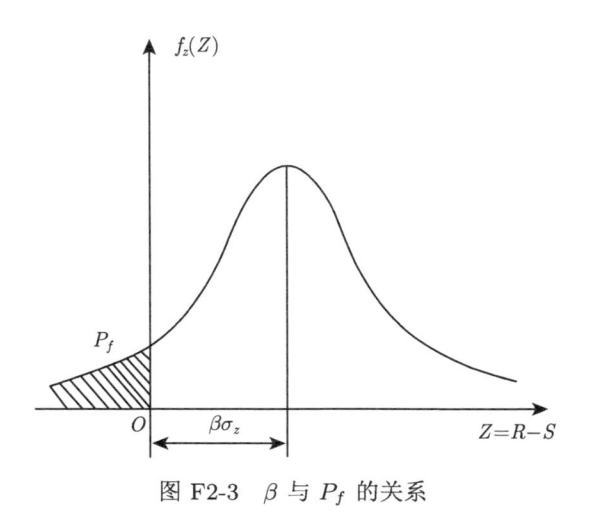

2.3　一次二阶矩理论的中心点法

通常来讲，结构的功能函数 Z 是基本变量的函数，而且在绝大多数情况下是非线性函数，因此，若想求得 Z 的概率分布是比较困难的。如何通过有效实用的近似方法来解决这一问题是近数十年来所关心的，"一次二阶矩法" 就是在这样的背景下出现的，它是将极限状态方程进行线性化处理，然后用可靠度指标来度量可靠度，分析过程中，只考虑基本变量的平均值 (一阶原点矩) 和标准差 (二阶中心矩) 的数学模型，故称其为一次二阶矩法 (first-order second-moment method)。目前在国内外已经普遍采用这种方法来制定设计规范，进入了工程实用阶段。

设有 n 个随机变量影响结构的可靠度，也即在极限状态功能函数中有 n 个基本变量，则功能函数表示为

$$Z = g(X_1, X_2, \cdots, X_n)$$

将极限状态功能函数的基本变量 $X_1, X_2, \cdots, X_n$ 用对应的均值 $\mu_{X_1}, \mu_{X_2}, \cdots, \mu_{X_n}$ 按照泰勒级数展开

$$Z = g(X_1, X_2, \cdots, X_n) + \sum_{i=1}^{n}(X_i - \mu_{X_i})\frac{\partial g}{\partial X_i}\bigg|_{\mu_{X_i}} + \sum_{i=1}^{n}\frac{(X_i - \mu_{X_i})}{2}\frac{\partial^2 g}{\partial X_i^2}\bigg|_{\mu_{X_i}} + \cdots \quad (\text{F2.13})$$

为了将式 (F2.13) 线性化，近似地对其取一次项，得到

$$Z = g(X_1, X_2, \cdots, X_n) + \sum_{i=1}^{n}(X_i - \mu_{X_i})\frac{\partial g}{\partial X_i}\bigg|_{\mu_{X_i}} \quad (\text{F2.14})$$

那么极限状态方程转变为

$$Z = g(X_1, X_2, \cdots, X_n) + \sum_{i=1}^{n}(X_i - \mu_{X_i})\frac{\partial g}{\partial X_i}\bigg|_{\mu_{X_i}} = 0 \qquad (F2.15)$$

通过误差传递公式，Z 的均值 μ_Z 从式 (F2.14) 中取一次近似项得

$$\mu_Z \approx g(\mu_{X_1}, \mu_{X_2}, \cdots, \mu_{X_Z}) \qquad (F2.16)$$

同理，Z 的标准差 σ_Z 也取一次近似式得到

$$\sigma_Z \approx \left[\sum_{i=1}^{n}\left(\frac{\partial g}{\partial X_i}\bigg|_{\mu_{X_i}}\sigma_Z\right)^2\right]^{\frac{1}{2}} \qquad (F2.17)$$

于是，当得到 μ_Z 与 σ_Z 后，结构可靠度指标 β 值可以根据式 (F2.12) 求得

$$\beta = \frac{\mu_Z}{\sigma_Z} = \frac{g(\mu_{X_1}, \mu_{X_2}, \cdots, \mu_{X_Z})}{\left[\sum_{i=1}^{n}\left(\frac{\partial g}{\partial X_i}\bigg|_{\mu_{X_i}}\sigma_Z\right)^2\right]^{\frac{1}{2}}} \qquad (F2.18)$$

2.4　一次二阶矩理论的验算点法

在分析结构可靠度的时候，若考虑基本变量的实际概率分布类型，除正态分布以外，对其他非正态分布，如对数正态分布、极值分布等，在分析过程中把它们当量为正态分布模式，而极限状态功能函数选择在与结构最大可能失效的设计验算点 P^* 上，用泰勒级数展开，使之线性化，求解结构的可靠度指标值。这就是一次二阶矩理论验算点法的基本原理。它是在中心点法的基础上改进而得的，又称为一次二阶矩的改进方法。这个方法被国际安全度联合委员会 (JCSS) 所推荐，所以也称为 JC 法。

设 $X_1, X_2, \cdots, X_n$ 为基本变量，且相互独立，则极限状态功能函数为

$$Z = g(X_1, X_2, \cdots, X_n) \qquad (F2.19)$$

当选择设计验算点 P^* 时，将其坐标点 X_i^* $(i=1,2,\cdots,n)$ 作为线性化点，也即将极限状态功能函数用泰勒级数在 X_i^* 点上展开，近似取一阶项，得到极限状态方程为

$$Z = g(X_1^*, X_2^*, \cdots, X_n^*) + \sum_{i=1}^{n}(X_i - X_i^*)\frac{\partial g}{\partial X_i}\bigg|_{P^*} = 0 \qquad (F2.20)$$

Z 的均值为

$$\mu_Z = g(X_1^*, X_2^*, \cdots, X_n^*) + \sum_{i=1}^{n} (\mu_{X_i} - X_i^*) \frac{\partial g}{\partial X_i}\bigg|_{P^*} \tag{F2.21}$$

而设计验算点正好在失效边界上，所以

$$g(X_1^*, X_2^*, \cdots, X_n^*) = 0$$

因此，式 (F2.21) 可写为

$$\mu_Z = \sum_{i=1}^{n} (\mu_{X_i} - X_i^*) \frac{\partial g}{\partial X_i}\bigg|_{P^*} \tag{F2.22}$$

Z 的标准差为

$$\sigma_Z = \left[\sum_{i=1}^{n} \left(\frac{\partial g}{\partial X_i}\bigg|_{P^*} \sigma_{X_i} \right)^2 \right]^{\frac{1}{2}} \tag{F2.23}$$

故，可靠度指标 β 为

$$\beta = \frac{\mu_Z}{\sigma_Z} = \frac{\sum_{i=1}^{n} (\mu_{X_i} - X_i^*) \frac{\partial g}{\partial X_i}\bigg|_{P^*}}{\left[\sum_{i=1}^{n} \left(\frac{\partial g}{\partial X_i}\bigg|_{P^*} \sigma_{X_i} \right)^2 \right]^{\frac{1}{2}}} \tag{F2.24}$$

式 (F2.24) 为验算点法求解可靠度指标的一般式，式中所设计验算点 X_i^* 是未知数，通常采用迭代法求得。

一般来讲，公路桥梁结构构件的功能函数都包含两个以上的基本变量，对于包含 n 个相互独立的正态变量情况，极限状态方程表示为

$$Z = g(X_1, X_2, \cdots, X_n) \tag{F2.25}$$

当极限状态方程为线性时，它表示 n 维空间 X_i 中的超平面；当它为非线性时，表示 n 维空间 X_i 中的超曲面，称其为极限状态面，它把 n 维欧氏空间分为可靠区和失效区两个部分。

进行标准化变换后得到

$$\hat{X}_i = \frac{X_i - \mu_{X_i}}{\sigma_{X_i}} \quad (i = 1, 2, \cdots, n) \tag{F2.26}$$

2.4 一次二阶矩理论的验算点法

则极限状态方程在新坐标系 $\hat{X}_i$ 中转换为

$$Z = g\left(\hat{X}_1 \sigma_{X_1} + \mu_{X_1}, \hat{X}_2 \sigma_{X_2} + \mu_{X_2}, \cdots, \hat{X}_n \sigma_{X_n} + \mu_{X_n}\right) = 0 \qquad \text{(F2.27)}$$

当 Z 为非线性函数时，可将其在设计验算点 $P^*\left(\hat{X}_i^*\right)$ 处展开为泰勒级数并且取其线性项，于是得到过 P^* 点的超切平面，其方程为

$$Z = g\left(\hat{X}_1^* \sigma_{X_1} + \mu_{X_1}, \hat{X}_2^* \sigma_{X_2} + \mu_{X_2}, \cdots, \hat{X}_n^* \sigma_{X_n} + \mu_{X_n}\right) + \sum_{i=1}^{n}\left(\hat{X}_i - \hat{X}_i^*\right)\frac{\partial g}{\partial \hat{X}_i}\bigg|_{P^*} = 0$$

$$\text{(F2.28)}$$

式中，$\dfrac{\partial g}{\partial \hat{X}_i}\bigg|_{P^*}$ 表示函数 $g\left(\hat{X}_i^* \sigma_{X_i} + \mu_{X_i}\right)$ 对 $\hat{X}_i$ 求偏导数并在 P^* 点处取值。

图 F2-4 表示了在三个正态变量的情况。图中 β 是在标准正态空间坐标系 $\hat{X}_i (i = 1, 2, \cdots, n)$ 中，从原点 O' 到极限状态曲面上通过点 P^* 的切平面的法线长度 $\overline{O'P^*}$。

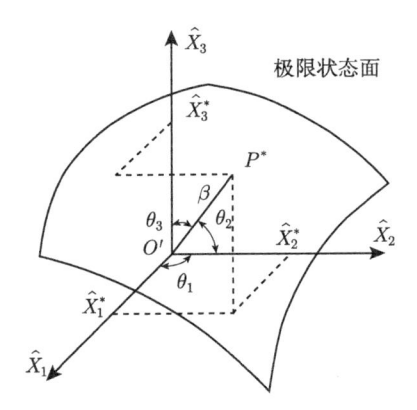

图 F2-4 极限状态面示意图

现将式 (F2.28) 改写为法线式方程

$$\sum_{i=1}^{n}\left(\frac{\partial g}{\partial \hat{X}_i}\bigg|_{P^*} \hat{X}_i^*\right) - \sum_{i=1}^{n}\left(\frac{\partial g}{\partial \hat{X}_i}\bigg|_{P^*} \hat{X}_i^*\right)$$
$$+ g\left(\hat{X}_1^* \sigma_{X_1} + \mu_{X_1}, \hat{X}_2^* \sigma_{X_2} + \mu_{X_2}, \cdots, \hat{X}_n^* \sigma_{X_n} + \mu_{X_n}\right) = 0 \qquad \text{(F2.29)}$$

将式 (F2.29) 再次变换为

$$\frac{\sum_{i=1}^{n}\left(\left.\frac{\partial g}{\partial \hat{X}_i}\right|_{P^*}\hat{X}_i^*\right)}{\sqrt{\sum_{i=1}^{n}\left(\left.\frac{\partial g}{\partial \hat{X}_i}\right|_{P^*}\right)^2}} - \frac{\sum_{i=1}^{n}\left(-\left.\frac{\partial g}{\partial \hat{X}_i}\right|_{P^*}\hat{X}_i^*\right) + g\left(\hat{X}_1^*\sigma_{X_1}+\mu_{X_1},\cdots,\hat{X}_n^*\sigma_{X_n}+\mu_{X_n}\right)}{\sqrt{\sum_{i=1}^{n}\left(\left.\frac{\partial g}{\partial \hat{X}_i}\right|_{P^*}\right)^2}} = 0$$

(F2.30)

式 (F2.30) 中第二项的绝对值即为法线 $\overline{O'P^*}$ 的长度，也就是坐标原点到切平面的最短距离 β，于是

$$\beta = \frac{\sum_{i=1}^{n}\left(-\left.\frac{\partial g}{\partial \hat{X}_i}\right|_{P^*}\hat{X}_i^*\right) + g\left(\hat{X}_1^*\sigma_{X_1}+\mu_{X_1},\cdots,\hat{X}_n^*\sigma_{X_n}+\mu_{X_n}\right)}{\sqrt{\sum_{i=1}^{n}\left(\left.\frac{\partial g}{\partial \hat{X}_i}\right|_{P^*}\right)^2}}$$

(F2.31)

同时，点 $P^*\left(\hat{X}_1^*,\hat{X}_2^*,\cdots,\hat{X}_n^*\right)$ 在极限状态面上，所以它满足极限状态方程，故

$$g\left(\hat{X}_1^*\sigma_{X_1}+\mu_{X_1},\cdots,\hat{X}_n^*\sigma_{X_n}+\mu_{X_n}\right) = 0 \quad (F2.32)$$

因此式 (F2.31) 可写为

$$\beta = \frac{\sum_{i=1}^{n}\left(-\left.\frac{\partial g}{\partial \hat{X}_i}\right|_{P^*}\hat{X}_i^*\right)}{\sqrt{\sum_{i=1}^{n}\left(\left.\frac{\partial g}{\partial \hat{X}_i}\right|_{P^*}\right)^2}} \quad (F2.33)$$

现定义方向余弦

$$\cos\theta_{\hat{X}_i} = -\frac{\left.\frac{\partial g}{\partial \hat{X}_i}\right|_{P^*}}{\sqrt{\sum_{i=1}^{n}\left(\left.\frac{\partial g}{\partial \hat{X}_i}\right|_{P^*}\right)^2}} \quad (F2.34)$$

并且满足 $\sum_{i=1}^{n}\cos^2\theta_{\hat{X}_i} = 1$。

因为 $\hat{X}_i = \frac{X_i - \mu_{X_i}}{\sigma_{X_i}}$，所以有 $\frac{\partial X_i}{\partial \hat{X}_i} = \sigma_{X_i}$，故

$$\cos\theta_{\hat{X}_i} = -\frac{\left.\frac{\partial g}{\partial \hat{X}_i}\right|_{P^*}\sigma_{X_i}}{\sqrt{\sum_{i=1}^{n}\left(\left.\frac{\partial g}{\partial \hat{X}_i}\right|_{P^*}\sigma_{X_i}\right)^2}} \quad (F2.35)$$

2.4 一次二阶矩理论的验算点法

切点 P^* 的坐标为 $\hat{X}_i^* (i=1,2,\cdots,n)$，$\hat{X}_i^*$ 可由过该点的切平面法线的方向余弦 $\cos\theta_{\hat{X}_i}$ 和法线 $\overline{O'P^*}$ 的乘积表示，且 $\beta = \overline{O'P^*}$

$$\hat{X}_i^* = \beta\cos\theta_{\hat{X}_i} \tag{F2.36}$$

再回到原坐标系中，P^* 的坐标为 $\hat{X}_i^* (i=1,2,\cdots,n)$，

$$X_i^* = \hat{X}_i^*\sigma_{X_i} + \mu_{X_i} = \beta\sigma_{X_i}\cos\theta_{\hat{X}_i} + \mu_{X_i} \tag{F2.37}$$

极限状态方程也变为

$$g(X_1^*, X_2^*, \cdots, X_n^*) = 0 \tag{F2.38}$$

式 (F2.35)~ 式 (F2.38) 一共包含 $2n+1$ 个独立方程，且包含共 $2n+1$ 个未知数，当已知时，联立求解上述方程，可算得验算点的位置 (或者) 及相应的 β 值。

在实际工程结构的可靠度分析中，往往是多个基本变量，而且还是非正态分布，此时，运用验算点法时，首先在验算点将非正态分布基本变量转换成当量正态变量，然后即可按照正态分布变量情况求解可靠度指标 β 值。